Quantenmechanik aus elementarer Sicht
Buch1

Gewidmet meiner Familie

Quantenmechanik aus elementarer Sicht
Buch1

von Karl Fischer

Herstellung und Verlag: Books on Demand GmbH, Norderstedt
3. Auflage
ISBN 9783839161425

Einleitung

Die Quantentheorie gibt es seit gut 100 Jahren, die Quantenmechanik seit etwa 80 Jahren. Eine große Zahl von Wissenschaftlern und Professoren, abgesehen von den Entdeckern selbst haben seither viele Publikationen und Bücher veröffentlicht. So stellt sich die Frage, welche Nische übrig bleibt, mit der eine weitere Publikation, eben dieses Buch, seine Existenz rechtfertigt. Nun, es bringt jeder auch in Sachthemen eine subjektive Sicht ein, die erlaubt ist, sofern sie nicht falsch ist. Eine objektive Beschreibung der Dinge gibt es, menschlicherseits, nicht, so wie auch kein Mensch die Welt ‚schon rein optisch, genauso sehen kann wie ein anderer, denn da wo er ist, ist nicht der Andere, und ist er an derselben Stelle, so sieht er es mit „anderen Augen". Auch kann man nicht die gesamte diesbezügliche Weltliteratur durchgehen, ob das schon vorhanden ist, und wenn es vorhanden ist, meistens ist es so, so will man es doch oft anders darstellen.
Zunächst vielleicht eine vereinfachte, aber griffige Unterscheidung der Begriffe:
Die **Quantentheorie** beschreibt quantenhafte Vorgänge in der Materie, ohne eigentlich zu wissen, was los ist, ohne zusammenhängende Hintergrundstheorie.
Sie ist verbunden mit dem Namen **Planck** mit der Einführung des Wirkungsquantums, symbolisch h, im Zusammenhang mit der Strahlungsformel für schwarze (Hohlraum)körper (1900),
mit dem Namen **Lenard** mit der Entdeckung des Photoeffekts, der Ablösung von Elektronen aus einer Metalloberfläche bei Bestrahlung mit Licht und deren Ausdeutung durch **Einstein** (1905),
mit dem Namen **Compton** und dem Comptoneffekt (1922), der Streuung von Röntgenstrahlen an einer Substanz (Graphit) und Messung der Streustrahlung ,
weiterhin mit **Rutherford** und seiner Streuformel. Dabei wird eine Goldfolie mit Alpha-Strahlen bestrahlt und die Winkelverteilung der herausfliegenden, gestreuten Alpha-Strahlen gemessen (1911).
Einen großen theoretischen Schritt brachte die Einführung des Begriffs Materiewellen, z.B. für Elektronen, in Analogie zu Lichtwellen durch **de Broglie** (1924), und deren experimenteller Nachweis durch **Davidson** und **Germer** (1927) bei der Ausdeutung der Reflexion von Elektronen an Nickel-Einkristallen.
Schließlich stehen die Namen **Bohr** und **Sommerfeld**, die ein Modell für das Wasserstoffatom erschlossen und Formeln für die Wellenlängen des von ihm ausgesandten Lichts (Spektrallinien) angaben (1913 bzw 1921). Dieses war

notwendig, weil klassisch gesehen die Elektronen auf ihren Umläufen im Atom dauernd elektromagnetische Energie abstrahlen müssten und so ihre Energieniveaus nicht stabil sein könnten wie sie es tatsächlich sind.
Die **Quantenmechanik** mit den Entdeckern **Schrödinger** (1926) und **Heisenberg** (1925) brachte Licht über diese Phänomene und lieferte eine einheitliche Theorie, die sowohl den Korpuskelcharakter (z.B. Comptoneffekt) wie auch den Wellencharakter (Beugungsexperimente) von Licht und Materie(teilchen) widerspruchsfrei beschreibt.
Das vorliegende Buch unterstellt die Richtigkeit der Quantenmechanik ohne Hinterfragung.
Es beabsichtigt nicht, wie ein Lehrbuch alle Kapitel der Theorie durchzugehen, es beabsichtigt weiterhin nicht, sozusagen die Rolle der Entdecker nachzuspielen und anhand der Deutung der Experimente die Theorie neu einzuführen. Vielmehr hat es die Absicht, die Quantenmechanik, künftig mit QM abgekürzt, aus einem elementaren Blickwinkel neu hochzuziehen, wohl wissend, was die Ergebnisse sind und sein müssen.
Dieses beginnt mit der Einführung des **Vektorraums** , also von Vektoren und Matrizen, sowohl endlicher wie unendlicher Dimension, als mathematischer und erkenntnistheoretischer Basis für die QM. Davon ausgehend werden durch Grenzübergang mit immer feineren Schrittweiten, die bekannten kontinuierlichen reellen Größen und Variablen sowie Differentialquotienten (Differentialoperatoren), z.B. für Ort und Impuls, Zeit und Energie, inklusive ihrer Vertauschungsregeln abgeleitet. Letztere sind in der QM so zu sagen Alltag und bringen für die praktischen Rechnungen erhebliche Vereinfachungen gegenüber dem Diskontinuierlichem.
Weiterhin wird eingangs die QM nur für eine klassische Dimension entwickelt, konkret für den Ortsraum, so als gäbe es für eine punktartige Masse m, die man als greifbares Objekt einfach unterstellen muss, nur die eine Eigenschaft, dass sie sich am Ort x befindet, wobei jedem Ort x, und das ist das Neue der QM gegenüber der klassischen Mechanik, einem Vektor im Sinne der QM entspricht.
Wohl wissend, dass etwa ein konkretes Elementarteilchen mehr Eigenschaften hat, werden weitere Vektorräume eingeführt. So gibt es neben dem Raum für die Ortsvariable x auch die Räume für die Ortsvariablen y und z, für die Zeitkoordinaten t, und später auch den Raum für Spin s, Isospin I, usw.
Die Verbindung dieser (Vektor)räume geschieht prinzipiell, und dieser Ansatz wird durchgehalten, durch **Produktbildung der Räume**, durch Bildung des kartesischen Produkts der Räume, was man sich wie ein Nebeneinanderstellen denken kann.

So bekommt man einen systematischen Aufbau der QM, der nach oben offen ist, denn es ist von vornherein nicht festgelegt, welche Räume zur Beschreibung der Phänomene noch hinzugefügt werden sollen. So waren ursprünglich nur die Räume für Ort und Zeit x, y, z, t und und später auch für den Spin s vorgesehen. Eine adäquate Beschreibung der Elementarteilchen, z.B. des Typenpaares Proton-Neutron, brachte die Hinzufügung des Raumes für den Isospin, ebenfalls mittels Produktbildung.
Dieses Buch unterstreicht die Bedeutung formaler Beziehungen und den Vorrang formaler Beziehungen gegenüber der Anschaulichkeit. Ein Beispiel hierfür ist die hohe Bedeutung des Distributivgesetzes, insbesondere für die Addition von Vektoren (Linearkombination, Superpositionsprinzip, Spektralanalyse). Ein Beispiel für den Vorrang von Regeln, von Axiomen, vor der Anschaulichkeit ist die Gleichwertigkeit von Koordinatensystemen.
Ob ein Dreieck in einem Koordinatensystem auf Tafel1 oder in einem anderen auf Tafel2 gezeichnet wird, spielt offenbar keine Rolle. Gegebenenfalls kann man die Koordinaten von einem System aufs andere umrechnen. Es kommt eigentlich nur auf die Gestalt an.
Wendet man dieses Prinzip auf die Physik an, die Gleichwertigkeit von Koordinatensystemen, und fügt hinzu, eine Auswahl ist zu treffen, dass dann fundamentale Größen wie Elektronenmasse, Plancksches Wirkungsquantum, Lichtgeschwindigkeit und andere, in jedem Koordinatensystem gleich zu sein haben, so wird insbesondere wegen der Gleichheit der Lichtgeschwindigkeit in zueinander gleichförmig bewegten Koordinatensysteme, die spezielle Relativitätstheorie gewissermaßen erzwungen, obwohl sie anschaulich Probleme macht.
Das Buch baut die QM in ihren wesentlichen Zügen Schritt für Schritt auf, bringt aber auch **Ungewöhnliches und Ergänzungen**:
Die Herleitung der Impuls-Orts-Vertauschungsrelation aus dem diskreten Ortsraum heraus,
die Herleitung der Lösung der freien Diracgleichung durch doppelte Anwendung der Helizitätsgleichung,
dabei Ersatz der bekannten diesbezüglichen Matrizen durch leichter händelbare Produktmatrizen,
die Erweiterung der Pauli-Matrizen auf das n-Dimensionale samt Vertauschungsregeln und Anwendungen,
allgemeine Relationen über unendliche und endliche Anzahlräume,
die Einführung des Begriffs der Diagonalmatrizen samt Rechenregeln und Anwendungen,

die allgemeine Beziehung zwischen klassischen Gruppen und der QM-Transformationsgruppen wie Drehungen, Lorentztransformation,
die Herleitung der Drehimpulsalgebra aus allgemeinen Betrachtungen über Schiebeoperatoren,
die Herleitung der Maxwellgleichungen und weitere über verschiedene Wege, so über Spin-Matrizen und über eine neue Art von Ortsvektoren,
Ableitung der Feldstärkematrix samt Gleichung unmittelbar aus den Maxwellgleichungen heraus und vieles andere mehr.
Es werden auch Anfänge der Quantenfeldtheorie gebracht.
Das Buch bringt viele **Beispiele** und viele **Nebenrechnungen**, die im Allgemeinen in der Literatur fehlen.
Insofern ist es für den Nicht-Profi lesenswert, für den Profi ist vielleicht auch Interessantes vorhanden.
Es lohnt sich, hineinzuschauen und es zu lesen.

Inhaltsverzeichnis

1.0 Was ist eine Quantenmechanik

Jede Theorie braucht zunächst einmal Begriffe, auf die sich Verknüpfungen beziehen können. Typische Begriffe der klassischen Physik, insbesondere der Mechanik, der Physik des Massenpunktes, sind

die Ortskoordinaten x,y,z , vektoriell mit **x** oder **r** bezeichnet
die Zeit t
die Masse m
daraus abgeleitete Größen wie

die Geschwindigkeit	**v**	
die Beschleunigung	**b**	
die Kraft	**K** = m * **b**	Masse mal Beschleunigung
der Impuls	**p** = m * **v**	Masse mal Geschwindigkeit
der Drehimpuls	**J** = **r** x **p**	Ortsvektor kreuz Impulsvektor
das Drehmoment	**M** = **r** x **K**	Ortsvektor kreuz Kraft
die Energie	E = **K** * **x**	Kraft mal Weg

Man kann **x**, t, m, **v** und **b** als elementare Größen betrachten, die nicht mehr zerlegbar sind,
K, **p**, **J**, **M** und E als zusammengesetzte Größen, die dann konkret eine größere Variationsbreite erlauben. Haben etwa zwei Massen gleichen Impuls, so müssen sie nicht in m und **v** übereinstimmen, es kann eine Masse größer als die andere sein und dafür die Geschwindigkeit kleiner. Weil die Energie darüber hinaus eine skalare (eindimensionale) Größe ist, ist die Variationsbreite besonders groß.
In der QM bleiben diese Begriffe erhalten, bekommen aber eine andere Gewichtung.
Im Blick stehen hier insbesondere die Begriffe Ort, Zeit, Impuls, Energie, Masse, Drehimpuls,
weniger die Begriffe Kraft, Geschwindigkeit, Beschleunigung.
Nun kommt der bedeutende Unterschied:
In der klassischen Mechanik entsprechen diesen Begriffen Variablen, Zahlen oder zu Vektoren vereinigte Zahlen,
in der QM entsprechen ihnen **(Hilbert)vektoren** und **Operatoren (Matrizen)**

Ein Beispiel:
Klassisch: Ein Massenpunkt m befinde sich am Ort x . x ist eine **Variable**.
Die Gesamtheit aller Orte bilden die x-Achse, die Menge aller reellen Zahlen.

QM: x ist keine Variable, sondern ein **(Hilbert)vektor** |x> x selbst dient zur Kennzeichnung des Vektors. Die Gesamtheit aller Orte bilden einen **Vektorraum.** Da es unendlich viele Werte von x gibt, sind es auch unendlich viele Vektoren. Die verschiedenen Werte von x sind in einem **Operator, Matrix** als so genannte **Eigenwerte** untergebracht, explizit oder implizit.
Was das nun auf sich hat, wird noch im Einzelnen erläutert werden.
Anmerkung: David **Hilbert** ,deutscher Mathematiker (1862-1943)

Nun ist es nicht so, dass jede klassische Größe in der QM in einen Hilbertvektor übergeführt wird, sondern manche Größen bleiben Zahlen, insbesondere Parameter wie die Masse, elektrische Elementarladung, Lichtgeschwindigkeit, Planksches Wirkungsquantum, Koppelungskonstanten, usw
Auch sind die bei der Überführung entstehenden Vektorräume nicht immer unabhängig voneinander, sondern benutzen in manchen Fällen denselben Vektorraum auf verschiedene Weise und sind so gewissermaßen in Konkurrenz zueinander. So ist der Hilbertraum für Ort und Impuls eigentlich derselbe, was Abhängigkeit untereinander bewirkt (Unschärferelation).
Konkurrenz zwischen verschiedenen Variablen gibt es auch klassisch. So kann man für ein freies Teilchen Impuls und Energie nicht frei vorgeben, weil da Abhängigkeiten bestehen. In der QM wird diese Konkurrenz eine Stufe tiefer gelegt, eben Beispiel Ort und Impuls, auch Zeit und Energie. Das hat zur Folge, dass für quantenmechanische Berechnungen auch die Ausgangssituation, die Startwerte nicht immer in dem Umfang präzise vorgegeben werden können wie im Klassischen. Man kann, im Beispiel, einer Masse im Klassischen Ort und Geschwindigkeit (Impuls) beide exakt vorgeben, in der QM nicht oder nur mit Einschränkungen. Das wirkt sich natürlich auch auf die Ergebnisse aus. Man bleibt von Anfang bis Ende im System.
Man kann natürlich fragen, warum man nicht zu jeder klassischen Variablenart einen eigenen unabhängigen Vektorraum aufmacht, um das Problem der Konkurrenz nicht aufkommen zulassen. Das ist deswegen, weil zu einem Vektorraum meist mehrere Operatoren definierbar sind, die verschiedene klassische Variablen vertreten. Neben dem nun bekannten Beispiel ein anderes. Fasst man die drei unabhängigen Vektorräume für die Ortskoordinaten x, y und z zu einem zusammen, so sind darin nun auch die Drehimpulsoperatoren formulierbar, die untereinander und auch mit den anderen wiederum in Konkurrenz treten.
In der QM kommt eine neue Größe hinzu, die es klassisch nicht gibt, das sind die **Wahrscheinlichkeitsamplituden**, die Koeffizienten zu den

(Hilbert)vektoren, die deren Isolierung aufheben und eine Verbindung zwischen ihnen herstellen. Aus ihnen sind dann **Wahrscheinlichkeiten** für physikalische Ereignisse errechenbar. Die Hilbertvektoren mit ihren Eigenwerten, auch **Observable** genannt, vertreten die experimentell erfassbaren Größen. Klassisch kennt man nur exakte Berechnung oder Rechnen mit Wahrscheinlichkeiten, aber eben nicht die Wahrscheinlichkeitsamplitude, sozusagen die „Wurzel aus der Wahrscheinlichkeit".

Klassisch		**QM**
Variable x	=>	Vektor zu x
Alle x-Werte		Operator X als Träger der x-Werte Vektorraum zu X mit Wahrscheinlichkeitsamplituden als Koeffizienten der Vektoren
Elementar-Variable ohne Konkurrenz zueinander		teilweise in Konkurrenz

Man hat gewissermaßen eine Anhebung des Gesamtsystems von der Variablen-Ebene auf die Vektor-Ebene. Auch die Kompliziertheit der Rechnungen werden damit angehoben.
Die QM gilt als **indeterministisch** , wegen auch prinzipiell nicht weg retuschierbarer Wahrscheinlichkeiten, aber natürlich ist die **Mathematik**, die sie benutzt **deterministisch**,hier folgt aus dem Einen zwangsläufig das Andere. Das ist ihr fester Boden, auf dem sie steht.
Die QM beschäftigt sich hauptsächlich mit der Welt im Kleinen , mit atomaren Verhältnissen, wo das Plancksche Wirkungsquantum h nicht mehr vernachlässigbar ist. Hier hat sie das Sagen. Das Makroskopische, die Welt wie wir sie kennen, dagegen ist mehr das Feld der klassischen Physik. Tatsächlich hat die QM das Bestreben, das Kleine und noch Kleinere (Atome, Elementarteilchen) zu verstehen. Sie strebt ins Innere der Dinge.

---

2. Mathematische Voraussetzungen

2.1 Vektoren

2.1.1 Allgemeines

Sowohl in der klassischen Physik wie in der QM ist der Begriff Vektor von großer Bedeutung.

Ein Vektor ist eine Kolonne von Zahlen, oft waagrecht geschrieben, dann spricht man von einem **Zeilenvektor**, senkrecht geschrieben, spricht man von einem **Spaltenvektor**.

Die einzelnen Zahlen eines Vektors heißen **Komponenten des Vektors**, die Anzahl der Zahlen in einem Vektor heißt **Dimension.** Unter einem **n-dimensionalen Vektorraum** versteht man die Gesamtheit der Vektoren der Dimension n. Bei komponentenhafter Darstellung eines Vektors schreibt man seine Komponenten in Klammern, entweder zeilenartig waagrecht oder spaltenartig senkrecht. Vektoren werden oft mit symbolischen Namen versehen und können so als Gesamtheit angesprochen werden. Darin liegt eine der Vorteile der Vektorrechnung.

Als Beispiel sei ein Raumpunkt mit seinen drei Koordinaten als Vektor dargestellt, etwa $\mathbf{x} = (2,-3,5)$, er hat also die Koordinaten $x=2$, $y=-3$, $z=5$.

Wie man am Beispiel sieht, geometrisiert man gern einen Vektorraum, indem man sich ein meist rechtwinkeliges n-dimensionales Koordinatensystem, im Beispiel $n=3$, zu Grunde liegend vorstellt, auch bei höheren Dimension $n>3$. In diesem Sinne kann man sich die Vektoren als Pfeile vorstellen, die vom Ursprung des KS ausgehen oder vom Pfeilschaft oder von der Pfeilspitze eines anderen Vektors oder von einem beliebigen Punkt ausgehen.

Durch seine Komponenten ist Richtung und Länge des Vektors fixiert, der Ausgangspunkt ist eigentlich beliebig.

Der Begriff Vektor wurde von Graßmann in die Mathematik eingeführt.

Anmerkung: Hermann **Graßmann**, deutscher Mathematiker, Physiker und Sprachforscher (1809-1877)

Beliebt ist natürlich wegen ihrer Anschaulichkeit die Darstellung zweidimensionaler Vektoren:

Figur:

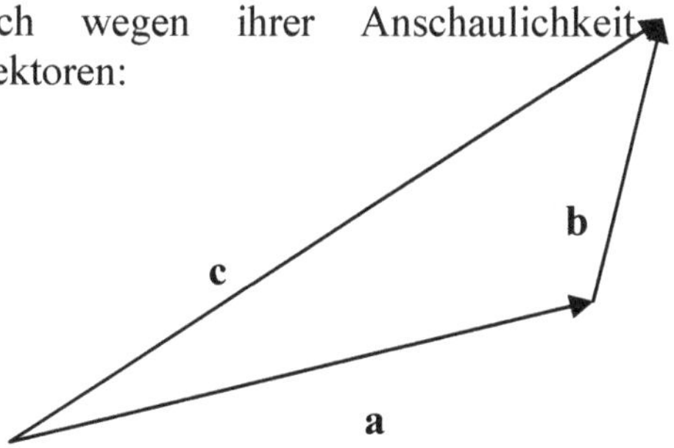

Vektor **a** , Vektor **b** , Vektor **c** und es gilt hier offenbar **c = a + b**
Man kann Vektoren addieren oder subtrahieren, indem man die entsprechenden Komponenten addiert oder subtrahiert.
Man kann einen Vektor mit einem Faktor multiplizieren, indem man jede Komponente mit diesem Faktor multipliziert. Dabei bleibt die Richtung des Vektors gleich, er wird verlängert oder verkürzt oder gar in seiner Richtung umgekehrt, wenn der Faktor negativ ist.

Eine erste Gruppe von **Axiomen** für Vektoren kann also unmittelbar von den Axiomen für reelle Zahlen übernommen werden. Es gilt offenbar für Vektoren **a, b** und **c**

a + b = b + a Kommutativgesetz für die Addition
Bei der Summenbildung können die Einzelvektoren nach Belieben vertauscht werden.

(a + b) + c = a + (b + c) Assoziativgesetz für die Addition
Bei der Summenbildung können Einzelvektoren nach Belieben zu Teilvektoren zusammengefasst werden.

Bezüglich von Faktoren gilt offenbar auch
a*(b***a**) = a*b***a** a*(**a + b**) = a***a** + a***b** sowie (a+b)***a** = a***a** + b***a**
Letztere sind die Distributivgesetze für Faktoren.

Die Regeln für die Summenbildung von Vektoren eröffnen auch , umgekehrt gelesen, die Möglichkeit, einen Vektor nach Belieben in Einzelvektoren zu zerlegen, wenn nur deren Summe stimmt.

Von besonderer Bedeutung sind die **Basisvektoren.** Bei gedachter Zugrundelegung eines Koordinatensystems weisen sie je in Richtung einer Koordinatenachse.
Bei einem **elementaren Basisvektor** sind alle Komponenten gleich 0 bis auf die eine Komponente der betroffenen Achse. Sie lauten also der Reihe nach
$\mathbf{e}_1$= (1,0,0,…), $\mathbf{e}_2$= (0,1,0,…), $\mathbf{e}_3$= (0,0,1,0,…), usw
Jeder Vektor ist in Basisvektoren zerlegbar oder kann, umgekehrt, aus ihnen kombiniert werden. Je nach Sicht kann man von einer **Spektralzerlegung in Basisvektoren** oder von einer **Linearkombination aus Basisvektoren** sprechen.
Gegeben seien die Basisvektoren $\mathbf{e}_1, \mathbf{e}_2, \ldots, \mathbf{e}_n$

Ein Vektor **a** kann dann dargestellt werden
durch $\mathbf{a} = a_1*\mathbf{e_1} + a_2*\mathbf{e_2} + \dots + a_n*\mathbf{e_n}$ n ist die Dimension
a_i sind die Komponenten des Vektors, man schreibt auch $\mathbf{a} = (a_1, a_2, \dots, a_n)$

2.1.2 Das Skalarprodukt

Der Vergleich zweier Vektoren **a** und **b** fällt leicht, wenn beide richtungsgleich oder richtungsentgegengesetzt sind, wenn sie sich also nur um einen Faktor unterscheiden. Trifft dies nicht zu, so stellt sich die Frage, was der Vergleich eigentlich aussagen soll.
Neben der **Richtungsgleichheit** ist die **Orthogonalität** zweier Vektoren, das zueinander Senkrechtstehen, ein besonderes Verhältnis zueinander hinsichtlich ihrer Lage, wie man aus der Geometrie allgemein kennt.
Bei Vorliegen ihrer Zahlenkolonnen kann man aber im Allgemeinen nicht unmittelbar erkennen, ob dies der Fall ist. Leicht hingegen tut man sich bei elementaren Basisvektoren.
Elementare Basisvektoren sind zu sich selber richtungsgleich, ansonsten orthogonal zueinander, weil nur eine Komponente ungleich 0 besetzt ist.
Es gibt daher Sinn, das skalare Produkt für Vektoren zunächst für elementare Basisvektoren einzuführen, das sowohl Richtungsgleichheit wie Orthogonalität ausdrückt, nämlich

---

Gegeben seien die elementaren Basisvektoren $\mathbf{e_1}, \mathbf{e_2}, \dots, \mathbf{e_n}$

Dann ist deren Skalarprodukt gegeben durch
$\mathbf{e_i} * \mathbf{e_j} = \mathbf{1}$ wenn i = j   die i-te Komponente ist je =1
Die Vektoren sind **richtungsgleich** .

$\mathbf{e_i} * \mathbf{e_j} = \mathbf{0}$ wenn i # j   entsprechende Komponenten sind ungleich
Die Vektoren sind **orthogonal** zueinander.
Man kann darin auch die Multiplikation betroffener stellungsgleicher Komponenten sehen.

Gegeben sei nun ein Vektor $\mathbf{a} = a_1*\mathbf{e_1} + a_2*\mathbf{e_2} + \dots + a_n*\mathbf{e_n}$
sowie ein Vektor $\mathbf{b} = b_1*\mathbf{e_1} + b_2*\mathbf{e_2} + \dots + b_n*\mathbf{e_n}$
Wir wenden nun das **Distributivgesetz** an und multiplizieren beide Ausdrücke
$\mathbf{a} * \mathbf{b} = (a_1*\mathbf{e_1} + a_2*\mathbf{e_2} + \dots + a_n*\mathbf{e_n}) * (b_1*\mathbf{e_1} + b_2*\mathbf{e_2} + \dots + b_n*\mathbf{e_n})$
Nun ist das Skalarprodukt der Basisvektoren mit verschiedenen Indizes gleich 0, so verbleibt
$\mathbf{a} * \mathbf{b} = a_1*b_1 * \mathbf{e_1}*\mathbf{e_1} + a_2*b_2 * \mathbf{e_2}*\mathbf{e_2} + \dots = a_1*b_1 + a_2*b_2 + \dots + a_n*b_n$

Das ist nun die allgemeine Definition des Skalarprodukts zweier Vektoren. Das Ergebnis ist ein Skalar, eine Zahl

----

Allgemeine Eigenschaften des Skalarprodukts

Das Skalarprodukt eines Vektors mit sich selbst

a*a $= a_1 * a_1 + a_2 * a_2 + ... + a_n * a_n$

ist geometrisch gesehen das Längenquadrat des Vektors und wird auch als Normquadrat des Vektors bezeichnet. Links ist das Quadrat der Hypothenuse, rechts sind die Quadrate der (An)katheten gemäß dem pythagoräischen Lehrsatz erkennbar. Das gilt nicht nur für den zwei-, drei- , sondern allgemein für den n-dimensionalen Raum.

Anmerkung: **Pythagoras** von Samos, griech.Philosoph (~570-500 v.Chr.)

Weiterhin gilt für das Skalarprodukt

a*b = b*a Kommutativgesetz, speziell bei Vektoren mit reellen Zahlen

(a + b) * c = a*c + b*c Distributivgesetz

a * (b + c) = a*b + a*c Distributivgesetz

Das Skalarprodukt einer Summe von Vektoren ist gleich der Summe der Saklarprodukte der Vektoren.

(f***a**)***b** = f * **a*b** speziell bei Vektoren mit reellen Zahlen, f ist ein Faktor

a*(f***b**) = f * **a*b**

----

a*b = 0 wenn **a** und **b** orthogonal zueinander sind

Dass dieses die **Bedingung für die Orthogonalität** ist, wollen wir nun **beweisen**. Wir wählen einen anschaulichen geometrischen Beweis, schließlich stammt der Begriff rechter Winkel, senkrecht und orthogonal aus der euklidischen Geometrie und wurde erst nachträglich verallgemeinert.

Also:

Gegeben sei ein Vektor **a** , von dessen Pfeilspitze gehe ein Vektor **b** ab, sowie ein weiterer Vektor **a** .Wenn nun **b** senkrecht zu **a** sein soll, so muss die Pfeilspitze von **b** vom Beginn des ersten Vektors **a** und vom Ende des zweiten Vektors **a** gleichweit entfernt sein (siehe Figur):

Der erste Distanzvektor ist **c = a + b**

Der zweite Distanzvektor ist **d = c** - 2***a = b – a** , wegen 2***a + d = c**

Die Längen und somit auch die Längenquadrate der Distanzvektoren sollen gleich sein, also muss sein **c*c = d*d**

oder **(a+b)*(a+b) = (b-a)*(b-a)**

Ausrechnen ergibt **a*a + b*b + 2* a*b = a*a + b*b – 2* a*b**
Linke und rechte Seite können nur gleich sein, wenn **a*b = 0** ist. Somit bewiesen.
Anmerkung: **Euklid** , griech.Mathematiker (~365-300 v.Chr.)

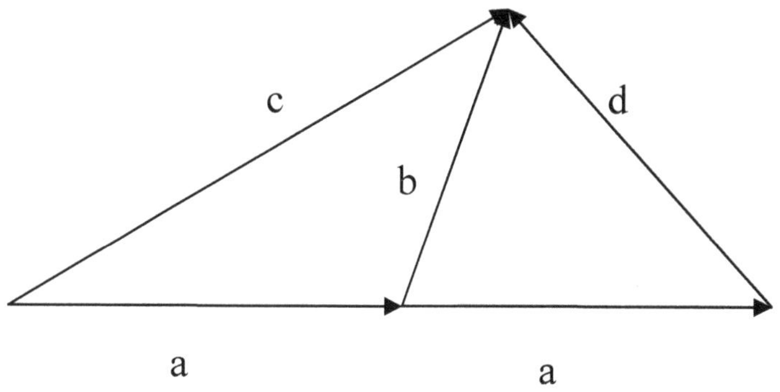

Nun ein **Beispiel für orthogonale Vektoren im Zweidimensionalen**.
Zu dem Vektor **a** = (a_1, a_2) ist der Vektor **b** = $(-a_2, a_1)$ orthogonal.
Figur

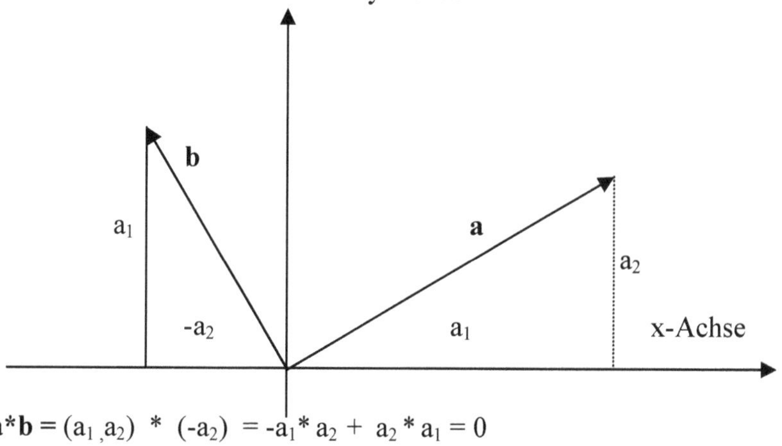

Denn **a*b** = $(a_1, a_2) * \begin{pmatrix}-a_2\\ a_1\end{pmatrix} = -a_1 * a_2 + a_2 * a_1 = 0$

Der erste Vektor wird als Zeile , der zweite als Spalte geschrieben.

Dieses verallgemeinert den Begriff des Basisvektors. Basisvektoren sind (im Allgemeinen) zueinander orthogonale Vektoren, die auf 1 normiert sind und den ganzen Vektorraum aufspannen. Für den n-dimensionalen Vektorraum

braucht man n Basisvektoren. Es ist nicht möglich, einen Basisvektor durch die restlichen Basisvektoren des Vektorraums auszudrücken, zu kombinieren, denn seien $\mathbf{a}_i$ die Basisvektoren und sei z.B. $\mathbf{a}_1 = a_2 * \mathbf{a}_2 + \ldots + a_n * \mathbf{a}_n$
Dann ergibt eine skalare Multiplikation von links mit $\mathbf{a}_1$ auf der linken Seite $\mathbf{a}_1 * \mathbf{a}_1$ und auf der rechten Seite 0, ein Widerspruch.

Orthogonale Basisvektoren bringen es mit sich, dass das Normquadrat, das Skalarprodukt des Vektors mit sich, keine gemischten Terme enthält, sondern nur solche, die sich je auf einen Basisvektor beziehen. Das ist wichtig für die QM im Hinblick auf die Wahrscheinlichkeitsdeutung eines Zustandes. Sie kann dann verstanden werden als die Summe der Wahrscheinlichkeiten der Teilzustände (Basisvektoren). Das gilt auch für irgendeine Zerlegung des Raumes in orthogonale Vektoren, die ihrerseits durch mehrere Basisvektoren dargestellt werden.

Ist der Winkel zwischen den Vektoren **a** und **b** spitz, kleiner 90 Grad,
so ist $\mathbf{a}*\mathbf{b} > 0$, positiv. Das gilt auch für Winkel von 0 bis zu -90 Grad.
Ist der Winkel rechtwinkelig, gleich 90 oder -90 Grad, so ist $\mathbf{a}*\mathbf{b} = 0$
Ist der Winkel stumpf, grösser 90 bis 270 Grad, so ist $\mathbf{a}*\mathbf{b} < 0$, negativ
Allgemein:
Es gilt $\mathbf{a}*\mathbf{b} = |\mathbf{a}|*|\mathbf{b}| * \cos\omega$ — ω ist der Winkel zwischen **a** und **b**, von **a** ausgehend.
$|\mathbf{a}|$, $|\mathbf{b}|$ sind die Beträge, die Längen der Vektoren

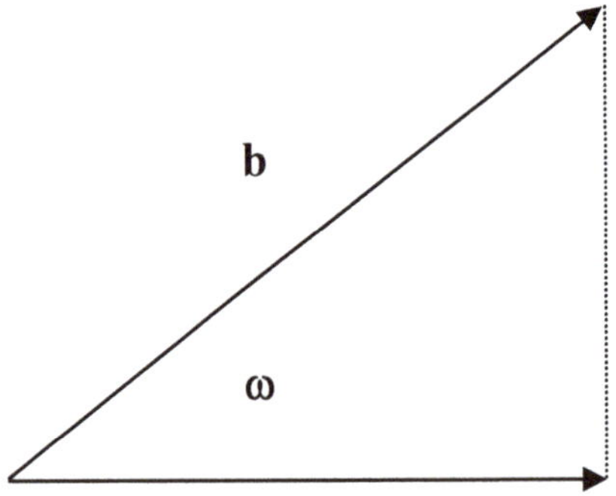

2.1.3 Das Vektorprodukt

Das Vektorprodukt , auch vektorielles oder Kreuzprodukt genannt, ist eigentlich nur im Dreidimensionalen definiert. Es ordnet zwei Vektoren **a** und **b** einen dritten Vektor **c** zu, der auf beiden senkrecht steht.
Dabei kann man sich allgemein der **Fußregel** bedienen: Steht der rechte Fuß auf dem ersten Vektor, der linke auf dem zweiten Vektor, so zeigt der Ergebnisvektor in Richtung des Rumpfes, des Kopfes (siehe Figur).

Wir wollen das Vektorprodukt zunächst anhand der elementaren Basisvektoren, der Einheitsvektoren in Richtung der Koordinatenachsen $\mathbf{e}_1$, $\mathbf{e}_2$, $\mathbf{e}_3$ definieren.
Es ist

$\mathbf{e}_1 \times \mathbf{e}_2 = \mathbf{e}_3$

$\mathbf{e}_2 \times \mathbf{e}_3 = \mathbf{e}_1$

$\mathbf{e}_3 \times \mathbf{e}_1 = \mathbf{e}_2$

Das Ergebnis ist je der nächstfolgende Achsenbasisvektor.

Weiterhin gilt $\mathbf{e}_i \times \mathbf{e}_i = \mathbf{0}$ für i=1,2,3
Das Vektorprodukt mit sich selbst ist gleich 0
Sowie $\mathbf{e}_i \times \mathbf{e}_j = -\mathbf{e}_j \times \mathbf{e}_i$
Vorzeichenumkehrung beim Vertauschen, nicht kommutativ

Nun wenden wir das **Distributivgesetz** an und haben allgemein

$$\mathbf{a} \times \mathbf{b} = (a_1*\mathbf{e}_1 + a_2*\mathbf{e}_2 + a_3*\mathbf{e}_3) \times (b_1*\mathbf{e}_1 + b_2*\mathbf{e}_2 + b_3*\mathbf{e}_3) =$$

$$= a_2*b_3*\mathbf{e}_2 \times \mathbf{e}_3 + a_3*b_2*\mathbf{e}_3 \times \mathbf{e}_2$$
$$+ a_1*b_3*\mathbf{e}_1 \times \mathbf{e}_3 + a_3*b_1*\mathbf{e}_3 \times \mathbf{e}_2$$
$$+ a_1*b_2*\mathbf{e}_1 \times \mathbf{e}_2 + a_2*b_1*\mathbf{e}_2 \times \mathbf{e}_1$$

$= (a_2*b_3 - a_3*b_2) * \mathbf{e}_1$ Komponente in x-Richtung
$+ (a_3*b_1 - a_1*b_3) * \mathbf{e}_2$ Komponente in y-Richtung
$+ (a_1*b_2 - a_2*b_1) * \mathbf{e}_3$ Komponente in z-Richtung

In den Klammern sind die Komponenten des Ergebnisvektors bezüglich der x-, y- und z-Achse.

Der Ergebnisvektor steht auf **a** und **b** und somit auch auf der von ihnen aufgespannten Ebene senkrecht. Es gilt also $(\mathbf{a} \times \mathbf{b}) * \mathbf{a} = (\mathbf{a} \times \mathbf{b}) * \mathbf{b} = 0$
Man beweist das, indem man die Komponenten des Vektorprodukts wie die der Einzelvektoren einsetzt und das Skalarprodukt ausrechnet.

Nun einige unmittelbar einsehbare Rechenregeln

a x a = 0

a x b = - b x a

(a + b) x c = a x c + b x c

a x (b + c) = a x b + a x c

f***a x b = a x** f***b =** f * **(a x b)**

Figur

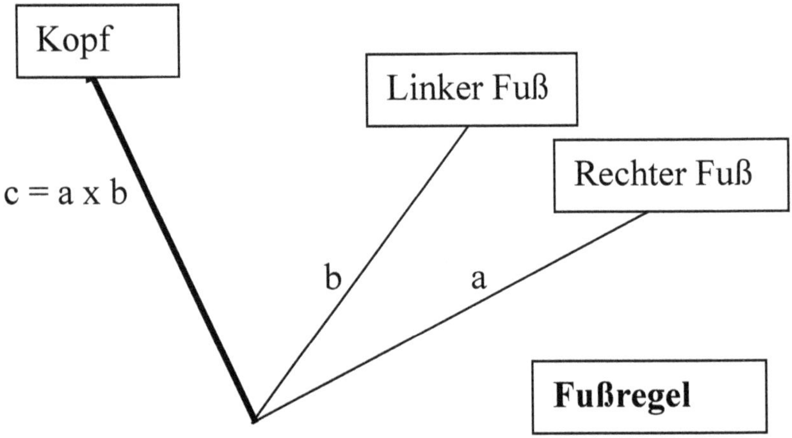

Speziell: Zeigt **a** in Richtung der x-Achse, **b** in Richtung der y-Achse , so zeigt der Ergebnisvektor **c** in Richtung der z-Achse. Bei Anwendung der Fußregel darf man einen Vektor so verschieben, dass die Vektoren vom gleichen Punkt weggehen.

Wie man sieht, sind die Komponenten hinsichtlich ihrer Indizes **antisymmetrisch**, **schiefsymmetrisch**: Beim **Vertauschen der Indizes i,j** dreht sich das Vorzeichen um.

Beispiel: $(a_2*b_3 - a_3*b_2) \Rightarrow (a_3*b_2 - a_2*b_3) = -(a_2*b_3 - a_3*b_2)$

Die Vergabe der Indizes ist **zyklisch**: Zum Basisvektor1 gehören die Komponentenindizes 2,3 , zum Basisvektor2 die Indizes 3,1 und zum Basisvektor3 die Indizes 1,2.

Schreibt man die Indizes mehrfach an, dann sind es jeweils die beiden Folgeindizes, also 1 2 3 1 2 3 1 2 3 … Auf 1 folgt 2,3 , auf 2 folgt 3,1 , usw

---

In der Elektrodynamik wird das **Vektorprodukt** auch **im Vierdimensionalen** verwendet. Man ergänzt die Vektoren je um eine nullte Komponente, die Zeit–Komponente:
Statt **a** hat man dann ($\mathbf{a}$,a_0) , statt **b** hat man ($\mathbf{b}$,b_0) und man definiert allgemein
($\mathbf{a}$,a_0) x ($\mathbf{b}$,b_0) = (**a x b** , a_0*$\mathbf{b}$ – $\mathbf{a}$*b_0)
Es entstehen so zwei dreidimensionale Vektoren. Der erste, das Ergebnis des gewöhnlichen Vektorprodukts, ist senkrecht zu den Vektoren **a** und **b** ,
der zweite liegt in der von **a** und **b** aufgespannten Ebene.
Wesentlich dabei ist die Schiefsymmetrie der Komponenten. Diese gilt auch für den zweiten Vektor.
Beispiel: (a_0*b_1 – a_1*b_0) => (a_1*b_0 – a_0*b_1) = – (a_0*b_1 – a_1*b_0)

Nun **Rechenregeln** für die kombinierte Verwendung von Skalar- und Vektorprodukt.

---

a * (b x c) = b * (c x a) = c * (a x b)
Ergebnis ein Skalar. Die Vektoren **a, b, c** können hier zyklisch vertauscht werden.

---

a x (b x c) = (a*c) * b – (a*b) * c
Das Ergebnis ist ein Vektor in der von **b** und **c** aufgespannten Ebene.

(a x b) * (c x d) = (a*c) * (b*d) – (b*c) * (a*d)
Das Ergebnis ist ein Skalar.

---

a x (b x c) + b x (c x a) + c x (a x b) = 0
Die Summe der zyklischen Vertauschungen führt zum Nullvektor.

Vektoren, die bei Raumspiegelung ihr Vorzeichen umkehren, im Kontext die Vektoren **a** und **b**, nennt man **polare Vektoren** , denn aus **a** wird –**a** und aus **b** wird –**b,**
Vektoren, die bei Raumspiegelung ihr Vorzeichen behalten, also gleich bleiben, nennt man **axiale Vektoren_**, hier **a x b** ,denn **(-a) x (-b) = a x b .**

2.1.4 Anwendungsbeispiel: Definition des Drehimpulses

Ausgangspunkt ist die Beziehung zwischen Beschleunigung $d^2\mathbf{r}/dt^2$ und Kraft **K** für eine Masse m gemäß Newton, nämlich

$$m * \frac{d^2\mathbf{r}}{dt^2} = \mathbf{K}$$ Masse mal Beschleunigung ist gleich Kraft

Man multipliziert die Gleichung von links mit dem Ortsvektor **r** vektoriell und hat $\mathbf{r} \times m*d^2\mathbf{r}/dt^2 = \mathbf{r} \times \mathbf{K}$

Aus der ersten richtigen Gleichung, dem Newton-Gesetz, folgt so wieder eine richtige Gleichung.

Auf diese Weise kommt sozusagen der Drehimpuls die Welt:

Nun ist $d/dt(\mathbf{r} \times d\mathbf{r}/dt) = (d\mathbf{r}/dt \times d\mathbf{r}/dt) + (\mathbf{r} \times d^2\mathbf{r}/dt^2) = \mathbf{r} \times d^2\mathbf{r}/dt^2$

Der erste Term ist 0, weil generell $\mathbf{a} \times \mathbf{a} = 0$ ist.

Somit kann man die Gleichung weiter schreiben zu

$d/dt(\mathbf{r} \times m*d\mathbf{r}/dt) = \mathbf{r} \times \mathbf{K}$ oder $d/dt(\mathbf{r} \times \mathbf{p}) = \mathbf{r} \times \mathbf{K}$

Dabei ist $\mathbf{p} = m*d\mathbf{r}/dt$, der Impuls

Man definiert nun

$\mathbf{L} = (\mathbf{r} \times \mathbf{p})$ als den **Drehimpuls** und $\mathbf{M} = \mathbf{r} \times \mathbf{K}$ als das **Drehmoment** und

hat so das Gesetz $$\frac{d\mathbf{L}}{dt} = \mathbf{M}$$

Die zeitliche Änderung des Drehimpulses ist gleich dem Drehmoment.

Das bedeutet:

Der Drehimpuls **L** ist ein (axialer) Vektor , wie auch das Drehmoment.

Er steht gemäß Fußregel senkrecht auf **r** und **p**.

Der Vektor bleibt konstant, wenn keine Kraft, kein Drehmoment einwirkt.

Der Vektor bleibt auch konstant, wenn eine Kraft einwirkt, die in Richtung oder Gegenrichtung zum Ortsvektor **r** ist , weil dann $\mathbf{M} \sim \mathbf{r} \times \mathbf{r} = \mathbf{0}$ ist.

Das ist der Fall bei zentraler Kraft, z.B. Sonne-Planeten (Keplersche Flächensatz).

Der **Änderungsvektor des Drehimpulses** d**L**

bei Einwirken eines Drehmoments $\mathbf{r} \times \mathbf{K}$ ist senkrecht zu **r** und **K** ,

also senkrecht zu der von ihnen gebildeten Ebene.

Der **Keplersche Flächensatz** besagt, der Fahrstrahl Sonne-Planet überstreicht in gleichen Zeiten gleiche Flächen. Das ist unmittelbar einsehbar bei einer kreisförmigem Bahn, nicht aber, wenn die Bahn eine Ellipse, eine Parabel oder eine Hyperbel ist, weil dann die Bahngeschwindigkeit nicht gleich bleibt.
Anmerkung:
Isaac **Newton** , engl. Physiker, Mathematiker, Astronom (1643-1727)
Anmerkung:
Johannes **Kepler**, deutscher Astronom und Mathematiker (1571-1630)

2.1.5 Anwendungsbeispiel: Die Präzession eines einfachen Kreisels

Vom (Koordinaten)Ursprung, dem Lager, gehe aus eine um ihn freibewegliche Achse **a** ,an deren Ende sich eine mittig um sie rotierende Hantel (2 Punktmassen m je mit Abstand r zur Achse) angebracht ist. Die Hantel, der Kreisel, möge im **Gegen-Uhrzeigersinn** bei Sicht vom Achsenende her rotieren. Ist die Achse in Richtung der z-Achse, so ist es die gewohnte Draufsicht.

Figur:

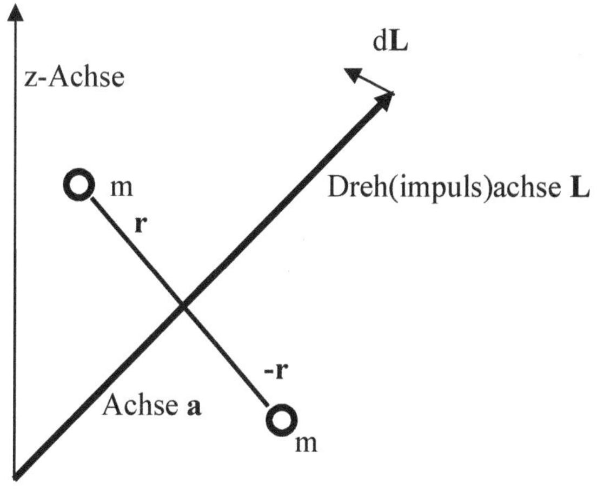

a Vektor der Achse vom Ursprung bis Achsenende
r Vektor Achsenende zur Punktmasse1 , **-r** zur Punktmasse2
r1 Vektor Ursprung zur Masse1, gleich **a+r**
r2 Vektor Ursprung zur Masse2, gleich **a - r**
p1 Impuls der Masse1 ,gleich m * **v**
p2 Impuls der Masse2 ,gleich m * (-**v**)

v Rotations-Geschwindigkeit der Masse1 , **-v** die für Masse2
K Kraft auf Masse1 bzw Masse2, die Schwerkraft, entgegen der z-Achse gerichtet
L Drehimpuls der beiden Massen
d**L** Änderung des Drehimpulsvektors in der Zeit dt
M Das durch die Kraft hervorgerufenen Drehmoment

Der Drehimpuls der beiden Massen ist
L = r1 x **p**1 + **r**2 x **p**2 = **(a+r)** x **m*v + (a-r)** x **m*(-v)** = 2*m* **(r** x **v)**
Also gleich der Summe der Einzeldrehimpulse, sichtlich nicht direkt abhängig von **a .**
Der Vektor **(r** x **v),** somit auch **L**, zeigt gemäß Fußregel in die gleiche Richtung wie die Achse **a** (bei Rotation im Gegenuhrzeigersinn, ansonsten dagegen). Das ist ein wichtiges Zwischenergebnis. Obwohl der Drehimpuls von der Lage des Koordinatensystem-Ursprungs abhängt, ist er hier gerade so, als läge der Ursprung im Rotationsmittelpunkt. Das gilt erkennbar auch dann, wenn zwischen **a** und **r** kein rechter Winkel besteht. Das erlaubt die Addition von Einzeldrehimpulsen, die je für sich auf ihren Mittelpunkt bezogen sind, z.B. den Spins von Elektronen (siehe später).
Das auf die beiden Massen wirkende Drehmoment wegen der an ihnen ansetzenden (Schwer)kraft ist
M = **r**1 x **K** + **r**2 x **K** = **(a+r)** x **K + (a-r)** x **K** = 2***(a** x **K)**
Unabhängig von **r** ,so als wären beide Massen am Achsenende angebracht.
Gemäß Fußregel ist **M** waagrecht, parallel zur x-y-Ebene, und zeigt von **a** ausgesehen nach links. Zur Erleichterung: Wäre **a** in Richtung der x-Achse, so würde **K** in Gegenrichtung zur z-Achse zeigen und **M** würde in Richtung der y-Achse zeigen.
Die Änderung des Drehimpulsvektors in der Zeit dt ist d**L** = **M** * dt , also gleichgerichtet wie **M, dL** ist kleines Stück des Präzessionskreises, waagrecht zeigend, und senkrecht zu **L**, denn das Skalarprodukt **L** * d**L** ist proportional
(r x **v) * (a** x **K) = (r*a)*(a*K) - (v*a)*(a*K)** = 0 **,**
weil **r** wie auch **v** senkrecht zu **a** sind, also **r*a**=0 und **v*a**=0 .

Unter **Präzession** versteht man hier den Umlauf der Drehimpulsachse um die z-Achse, also die von Spielkreiseln bekannte kreisende Bewegung der Kreiselachse um die Senkrechte.
Die Richtungen sind bekannt, nun die Beträge, die Längen der Vektoren:
K = m*g g = **Erdbeschleunigung** = 9.81 m/sek
ω ist die Rotationsgeschwindigkeit um die Achse im Bogenmaß,

es ist $v = r*\omega$,
$M = |\mathbf{M}| = 2*|\mathbf{a} \times \mathbf{K}| = 2*a*K*\sin\vartheta$ ϑ =Winkel von der z-Achse zur Drehachse
ω_p Präzessionswinkel $d\omega_p$ dessen Zuwachs im Bogenmass
Nun die <u>Präzession:</u>
Es ist $dL = L*\sin\vartheta * d\omega_p$, ein Stück auf dem Präzessionskreis, einerseits,
sowie $dL = M * dt = 2*a*K*\sin\vartheta * dt$, Drehmoment mal dt , andererseits,
somit $L*d\omega_p = a * 2*K * dt$, also ist die
Präzession =
$d\omega_p/dt = a*2*K/L = a*2*m*g / (2*m*r*v) = a*g /(r*v) = a*g /(r^2*\omega)$.
Sie ist also unabhängig von den Massen m und dem Neigungswinkel ϑ der Kreiselachse.

Also genügt es für die Berechnung, die Drehachse <u>waagrecht</u> anzunehmen:
Allgemein gilt dann **$d\omega_p/dt$ = Drehmoment / Drehimpuls**, wie es auch hier der Fall ist und beweisbar ist, indem man sich das Drehobjekt aus vielen symmetrisch um die Drehachse angeordneten Massen m bzw differenziell dm zusammengesetzt denkt.

Bezeichnen wir die Gesamtmasse des rotierenden Objekts mit **m** ,
so haben wir in unserem Fall ,Hantel,waagrechte Achse, **m** =2*m,
das Drehmoment = a***m***g und den Drehimpuls = **m***r²*ω .

Ist stattdessen am Achsenende eine **rotierende Scheibe** oder eine **Kugel** der Gesamtmasse **m** mit dem Radius r zentrisch angebracht,
so ist das Drehmoment ebenfalls a***m***g, aber
der Drehimpuls der Scheibe ist ½***m***r²*ω und
der Drehimpuls der Kugel 2/5***m***r²*ω

Den vor ω liegenden Term nennt man **Drehmasse** θ , also
bei einer **Scheibe** θ = ½***m***r²,
bei einer **Kugel** θ = 2/5***m***r² und
bei einem **dünnen Kreisring** (idealisiertes Rad) θ = **m***r² .

Der Umlaufsinn der Präzession ist derselbe wie der Rotationssinn des Kreisels. In der Ableitung hier war linksdrehend, gegen den Uhrzeigersinn angenommen worden, bei rechtsdrehend ändern sich entsprechende Vorzeichen.
Der Kreisel mit seiner Präzession, obwohl ein Beispiel der klassischen Physik, strapaziert durchaus die Anschaulichkeit. Dass etwa eine rotierende Scheibe

ihre Lage stabil halten will, wie etwa eine rollende Kugel ihre Bewegungsrichtung, ist einsehbar. Dass sie aber auf eine einwirkende Kraft nicht in Richtung der Kraft, sondern senkrecht dazu ausweicht, ist ohne Vorwissen verblüffend. Mathematiker und Physiker tun sich da leichter, indem sie es auf die zu Grunde liegenden elementaren Gesetze zurückführen. Die Bewegungsgleichungen für einen Kreisel wurden umfassend von **Euler** (Mechanica, 1736) aufgestellt.

Von Interesse mag auch sein das **Verhältnis von kinetischer Energie zur Rotationsenergie** einer massiven rollenden Kugel der Masse **m** und dem Radius r, etwa einer Billardkugel ohne Schlupf.

Die **kinetische Energie** ist $E_{kin} = ½*\mathbf{m}*v^2 = ½*\mathbf{m}*r^2\omega^2$

mit **Winkelgeschwindigkeit** $\omega = 2\pi\nu$ ν = Anzahl Umdrehungen pro Sekunde

Die **Rotationsenergie** ist $E_{rot} = ½*\theta*\omega^2 = ½*(2/5*\mathbf{m}*r^2)*\omega^2$ für die Kugel

---

Somit ist das Verhältnis $E_{kin} : E_{rot} = 5 : 2$ bei einer Kugel

Die Gesamtenergie ist $E = E_{kin} + E_{rot}$ Somit sind davon

etwa 71% kinetische Bewegungsenergie und 29% Rotationsenergie.

Analoge Rechnungen für eine Scheibe ergeben $E_{kin} : E_{rot} = 2 : 1$

entsprechend 67% bzw 33%

Analog bei einem dünnen Kreisring (Rad) $E_{kin} : E_{rot} = 1$

entsprechend 50% bzw 50%

Da ein Rad auch noch Speichen oder einen sonstigen Radialteil hat, ist der Anteil der Rotationsenergie in Praxis kleiner, aber größer als bei einer Scheibe.

2.2 Matrizen

Eine Matrix, eine Tabelle von Zahlen, kann man auffassen als eine Ansammlung von Spaltenvektoren.

Sind es die elementaren Basisvektoren ,also ($\mathbf{e}_1$, $\mathbf{e}_2$, ..., $\mathbf{e}_n$) , so ergibt jeder Basisvektor einen Spaltenvektor der Art

(1 0 0 0...)
(0 1 0 0...)
(0 0 1 0 ...)
(0 0 0 1 ...)

Konkret handelt es sich hier um die **Einheitsmatrix**, die Hauptdiagonale ist mit Einsen besetzt, alle anderen Elemente sind gleich 0.

Die Spaltenvektoren können beliebige Vektoren sein.

So wollen wir die **Elemente der Matrix** wie folgt bezeichnen

(A_{11} A_{12} A_{13}...)
(A_{21} A_{22} A_{23}...)
(A_{31} A_{32} A_{33}...)
(....)

Der erste Index gibt die Nummer der **Zeile** an,
der zweite Index die Nummer der **Spalte**,
also in unserem Sinne die Nummer des Spaltenvektors an.

In der QM werden meist quadratische Matrizen benutzt, deren Zeilen und Spalten also die gleiche Dimension n haben, z.B. n = 2,3 oder gar unendlich.

Produkt Matrix mal Vektor

Sei also eine Matrix geben als eine Ansammlung von Spaltenvektoren,
also $\mathbf{A} = (\mathbf{a}_1, \mathbf{a}_2, ..., \mathbf{a}_n)$,
sei ferner gegeben
ein Vektor $\mathbf{b} = b_1*\mathbf{e}_1 + b_2*\mathbf{e}_2 + \ldots + b_n*\mathbf{e}_n = (b_1, b_2, \ldots, b_n)$.

Das Produkt Matrix mal Vektor $\mathbf{A}*\mathbf{b} = \mathbf{c}$ ist dann nichts anderes als der Austausch der
Basisvektoren $\mathbf{e}_1, \mathbf{e}_2, ..., \mathbf{e}_n$ im Vektor **b** gegen die Vektoren $\mathbf{a}_1, \mathbf{a}_2, ..., \mathbf{a}_n$
also $\mathbf{b} \Rightarrow \mathbf{c} = b_1*\mathbf{a}_1 + b_2*\mathbf{a}_2 + \ldots + b_n*\mathbf{a}_n$

Es ist nun nicht mehr derselbe Vektor, sondern der Vektor ist transformiert, seine Komponenten sind gleich geblieben, aber die Basis ist eine andere, nämlich die, die durch die Matrix vorgegeben ist. Die neue Basis kann man interpretieren als die Achsen eines neuen Koordinatensystems, die auch Längen verschieden von 1 haben dürfen und nicht zueinander senkrecht sein müssen. Deren Koordinaten wie der des Vektors und Ergebnisvektors werden im Einheits-System ausgedrückt. Es geht nie anders, man braucht letztlich immer ein normiertes, orthogonales, elementares Hintergrunds-Basissystem. Das Produkt Matrix mal Vektor bewirkt also eine Transformation des Vektors.

Sind die Spaltenvektoren **orthogonal** zueinander und **auf 1 normiert**, also ein äquivalenter Ersatz für die Einheitsvektoren, so spricht man von einer **orthogonalen Matrix.**

Für die Multiplikation schreiben wir kurz $\mathbf{c} = \mathbf{A} * \mathbf{b}$.
Bei Umsetzung in Komponentenschreibweise wird daraus
$\mathbf{c}_i = \mathbf{A}_{ij} * \mathbf{b}_j$ summiert über j
c_i sind die Komponenten des Ergebnisvektors, eines Spaltenvektors.
Beispiel: $c_2 = A_{21}*b_1 + A_{22}*b_2 + A_{23}*b_3 + \ldots$
Man multipliziert also je die Elemente einer Zeile der Matrix mit den Komponenten des Vektors der Reihe nach, summiert und ordnet sie als Spalte an.
Beispiel für das Dreidimensionale

$$\begin{pmatrix} A_{11} & A_{12} & A_{13} \\ A_{21} & A_{22} & A_{23} \\ A_{31} & A_{32} & A_{33} \end{pmatrix} * \begin{pmatrix} b_1 \\ b_2 \\ b_3 \end{pmatrix} = \begin{pmatrix} A_{11}*b_1+A_{12}*b_2+A_{13}*b_3 \\ A_{21}*b_1+A_{22}*b_2+A_{23}*b_3 \\ A_{31}*b_1+A_{32}*b_2+A_{33}*b_3 \end{pmatrix} = \begin{pmatrix} c_1 \\ c_2 \\ c_3 \end{pmatrix}$$

Das Produkt Matrix mal Matrix
Es seien gegeben die Matrizen **A** und **B**

$$\begin{pmatrix} A_{11} & A_{12} & A_{13}\ldots \\ A_{21} & A_{22} & A_{23}\ldots \\ A_{31} & A_{32} & A_{33}\ldots \\ \ldots & & \end{pmatrix} \qquad \begin{pmatrix} B_{11} & B_{12} & B_{13}\ldots \\ B_{21} & B_{22} & B_{23}\ldots \\ B_{31} & B_{32} & B_{33}\ldots \\ \ldots & & \end{pmatrix}$$

Jeder Spaltenvektor der Matrix **B** versteht sich nun wie ein Vektor **b** im obigen Sinne, ein Vektor auf Basis der Einheitsvektoren. Die Multiplikation mit der Matrix **A** bewirkt nun wieder einen Austausch dieser Basis durch deren Spaltenvektoren und das nun für jeden Spaltenvektor von **B.**
Wir schreiben kurz $\mathbf{C} = \mathbf{A} * \mathbf{B}$, verwenden obige Formel für die Komponenten und haben als
Produktformel für die Elemente $\mathbf{C}_{ik} = \mathbf{A}_{ij} * \mathbf{B}_{jk}$ über j summiert.
Dieses ist wiederum eine Matrix mit den Elementen C_{ik}
Beispiel:
$C_{21} = A_{21}*B_{11} + A_{22}*B_{21} + A_{23}*B_{31} + \ldots$ Element ij = Zeile i mal Spalte j

---

Rechenregeln für Matrizen

A + B = B + A	kommutativ bezüglich der Summe
A + (B + C) = (A+ B) + C	assoziativ bezüglich der Summe
A* (B*C) = (A*B)* C	assoziativ bezüglich des Produkts
(A+B) * C = A*C + B*C	distributiv
C * (A+B) = C*A + C*B	distributiv
A*B # B*A	im Allgemeinen nicht kommutativ bezüglich des Produkts

Von besonderer Bedeutung ist die Einheitsmatrix, die wir bereits eingeführt haben.Sie sei mit **E** benannt.Für sie gilt allgemein **A*E = E*A.**
Wichtig ist auch die zu **A** gehörende **inverse Matrix** $\mathbf{A}^{-1}$.
Aber nicht immer gibt es sie.
Es gilt, falls sie existiert $\mathbf{A} * \mathbf{A}^{-1} = \mathbf{A}^{-1} * \mathbf{A} = \mathbf{E}$
Es gilt weiterhin $(\mathbf{A}*\mathbf{B})^{-1} = \mathbf{B}^{-1} * \mathbf{A}^{-1}$

Voraussetzung für die Existenz einer inversen Matrix ist, dass die **Determinante der Matrix** ungleich 0 ist. Die Determinante D ist das Volumen des von den Spaltenvektoren (oder auch Zeilenvektoren) aufgespannten Parallelgebildes, die man sich vom Ursprung ausgehend denkt und parallel zu einem Volumen ergänzt. Im Zweidimensionalen ist es ein Parallelogramm. Es kann auch einen negativen Wert haben. Konkret ist da $D = A_{11}*A_{22} - A_{12}*A_{21}$. Die Determinante ist sicher gleich 0, wenn ein Spaltenvektor (oder Zeilenvektor) ein **Nullvektor** ist, also nur aus Nullen besteht, aber auch dann, wenn einer von ihnen aus anderen kombinierbar ist, wenn sie also nicht den vollen n-dimensionalen Raum aufspannen. Das umschlossene Volumen des Parallelgebildes ist dann gleich 0.

2.3 Der komplexe Vektorraum

Der komplexe Vektorraum ist zunächst einmal genauso wie der reelle Vektorraum mit dem Unterschied, dass die Komponenten der Vektoren wie auch die Elemente der Matrizen komplexe Zahlen sein können, aber nicht sein müssen. Er ist in der QM die Regel.
Zunächst sei **der Begriff komplexe Zahl** erläutert:
Bei reellen Zahlen gelten die Vorzeichenregeln hinsichtlich der Multiplikation positiv mal positiv ergibt positiv, positiv mal negativ wie auch negativ mal positiv ergibt negativ, negativ mal negativ ergibt positiv. Dies folgt aus dem Distributivgesetz. Dabei tut sich eine Lücke auf:
Es gibt keine reelle Zahl, die mit sich selbst multipliziert, negativ ergibt, also die Gleichung x*x = -1 ist im Reellen nicht lösbar. Um den Zahlenraum zu

vervollständigen, führte dies zur Einführung einer künstlichen Zahl, der so genannten **imaginären Zahl i** , der man die Eigenschaft i * i = -1 zuschreibt (Cardano, Leonhard Euler).
Anmerkung:
Geronimo **Cardano**: ital. Mathematiker, Philosoph und Arzt (1501-1576)
Anmerkung: Leonhard **Euler**: schweiz. Mathematiker (1707-1783)
Wir wollen das nun bildlich darstellen:

*	**+1**	**-1**	+ i
+1	+ 1	-1	+i
-1	- 1	+1	-i
+ i	+ i	- i	-1

Ohne die imaginäre Zahl i gäbe es keine Funktionentheorie und auch keine Quantenmechanik

Elementare Multiplikationstabelle

Man kann imaginäre Zahlen auch als „natürliche Fortsetzung“ von reellen Zahlen sehen.
Betrachten wir die Parabel $y = x^2 - a$, zunächst mit $a \geq 0$.
Sie hat den Scheitel (Minimum) bei $x = 0$ mit Wert $y = -a$ und hat Nullstellen ($y=0$), die Schnittpunkte mit der x-Achse, bei $x = \pm a^{1/2}$.
Wenn man nun die Parabel immer höher schiebt, $|a|$ wird immer kleiner, so kommt man zu $a=0$ und man müsste nun hier Schluß machen. Darüber hinaus bleibt aber die Formel für die Nullstellen dieselbe , nur der Radikand der Wurzel wird negativ. Mittels der imaginären Einheit i haben die Nullstellen hier die Werte $x = \pm a^{1/2} = \pm i*|a|^{1/2}$. $|a|$ ist der Betrag von a .
In der Tat kam Cardano anlässlich der Lösung kubischer Gleichungen zu diesen „bildhaften“, imaginären Zahlen (lateinisch imago = Bild).
Eine komplexe Zahl ist nun eine Zahl, die einen reellen wie auch einen imaginären Anteil enthält, also $z = x + i*y$, wobei x, y reell sind.
Man rechnet mit ihnen wie mit gewöhnlichen Zahlen, wobei man gegebenenfalls $i*i$ durch -1 ersetzt.

Beispiel: z1*z2 = (x1+i*y1)*(x2+i*y2) = x1*x2+i*x1*y2+i*y1*x2+i*i*y1*y2 = (x1*x2–y1*y2) + i*(x1*y2+y1*x2)
Das Ergebnis ist also wieder eine komplexe Zahl.
Die zur Zahl z = x+i*y **konjugiert-komplexe Zahl** ist die Zahl zq=x–i*y.
Es errechnet sich z*zq = (x+i*y) * (x–i*y) = x*x – i*i*y*y = x*x + y*y stets reell.
Es errechnen sich weiterhin die Formeln
(z1+z2)q = z1q+z2q sowie(z1*z2)q = z1q*z2q
Das bedeutet z.B.: Besteht ein Ausdruck aus Summen und Produkten komplexer Zahlen und seinem Ergebnis und setzt man statt ihrer die entsprechenden konjugiert-komplexen Zahlen ein, so ist das Ergebnis dasselbe, allerdings konjugiert-komplex zu nehmen.

Die elementaren Basisvektoren sind **im komplexen Vektorraum** wie im reellen Vektorraum die Einheitsvektoren (1,0,…) , (0,1,0,…) ,usw.
Ein Unterschied tritt auf bei der Definition des **Skalarprodukt**s.
Wollte man das Längenquadrat, das Normquadrat bei komplexen Vektoren errechnen bei Beibehaltung der Definition, also **a*a** = $a_1*a_1 + \ldots$,
so bekommt man im Allgemeinen als Ergebnis eine komplexe Zahl, wie man schon im Eindimensionalen sieht, was der Vorstellung einer Länge, einer Norm widerspricht. Auch können bereits die Teil-Normquadrate, z.B. a_1*a_1 komplex sein. Das ist auch der Ausdeutung in der QM als reelle Teilwahrscheinlichkeiten zuwider.
So wird die Definition des Skalarprodukts dahingehend abgeändert, dass der erste Vektor, alle seine Komponenten, konjugiert-komplex (durch q angedeutet) genommen werden. Also aus
$\mathbf{a*b} = a_1*b_1 * \mathbf{e_1*e_1} + a_2*b_2 * \mathbf{e_2*e_2} + \ldots = a_1*b_1 + a_2*b_2 + \ldots + a_n*b_n$
wird
$\mathbf{aq*b} = aq_1*b_1*\mathbf{e_1*e_1} + aq_2*b_2*\mathbf{e_2*e_2} + \ldots = aq_1*b_1 + aq_2*b_2 + \ldots + aq_n*b_n$
Das sorgt dafür, dass die Normquadrate bei **aq*a** stets reell sind.
Bei verschiedenen Vektoren dagegen, wie hier **aq * b ,** können die einzelnen Anteile sehr wohl komplex sein.
Das Skalarprodukt im Komplexen ist nicht mehr kommutativ wie im Reellen, ist also von der Reihenfolge der Vektoren abhängig,
es gilt: $\mathbf{bq * a = (aq * b)^*}$
Denn $\mathbf{bq*a} = (bq_1, bq_2) * \begin{pmatrix} a_1 \\ a_2 \end{pmatrix} = bq_1 * a_1 + bq_2 * a_2$

$\mathbf{aq*b} = (aq_1, aq_2) * \begin{pmatrix} a_1 \\ a_2 \end{pmatrix} = aq_1 * b_1 + aq_2 * b_2$

Bildet man vom zweiten Ergebnis das Konjugiert-komplexe, so sind beide Ergebnisse gleich.

Hinsichtlich der Multiplikation Matrix mal Vektor oder Matrix mal Matrix gibt es **keine** Abänderung, es ist formal so wie im Reellen.
Wenn man die Spaltenvektoren einer Matrix als neue Basisvektoren interpretiert, so bedeutet das, dass es nun auch komplexwertige Basisvektoren gibt. Sollen diese wiederum wie die elementaren Basisvektoren den vollen Raum aufspannen und auch orthogonal zueinander sein, so hat das zur Bedingung, dass z.B Spaltenvektor1q mal Spaltenvektor2 gleich 0 ist, dass sie also gemäß der neuen Definition des Skalarprodukts untereinander orthogonal sind.

Beispiel
Gegeben ist die Matrix (1 1)
(i -i)
Dann ist das Skalarprodukt der beiden Spaltenvektoren
(1 –i) * (1) = 1*1 + i*i = 0
(-i)
Der erste Spaltenvektor wurde komplex-konjugiert genommen,
der zweite unverändert. Sie sind zueinander orthogonal.

2.4 Standardabwandlungen von Matrizen und Matrizentypen
Wir wollen das Folgende je an einer zweidimensionalen Matrix erläutern.
Gegeben sei also die Matrix $\mathbf{A} = (A_{ik})$ im Beispiel $\mathbf{A} = \begin{pmatrix} A_{11} & A_{12} \\ A_{21} & A_{22} \end{pmatrix}$

Unter der **transponierten Matrix $\mathbf{A}^t$** versteht man die Matrix, die durch Spiegelung an der Hauptdiagonalen aus **A** hervorgeht.
$\mathbf{A}^t = (A_{ki})$ im Beispiel $\mathbf{A}^t = \begin{pmatrix} A_{11} & A_{21} \\ A_{12} & A_{22} \end{pmatrix}$
Man kann auch sagen, es werden der Reihe nach die Spaltenvektoren zu Zeilenvektoren gemacht wie auch umgekehrt.

Die **komplex-konjugierte Matrix_$\mathbf{A}^*$** geht aus der Matrix **A** hervor, indem man jedes Element komplex-konjugiert macht.
$\mathbf{A}^* = (A^*_{ik})$ im Beispiel $\mathbf{A}^* = \begin{pmatrix} A^*_{11} & A^*_{12} \\ A^*_{21} & A^*_{22} \end{pmatrix}$

Die **adjungierte Matrix** $\mathbf{A}^+$ geht aus der Matrix **A** hervor, indem man jedes Element komplex-konjugiert macht und transponiert oder auch in umgekehrter Reihenfolge

$\mathbf{A}^+ = (A^*_{ki})$ im Beispiel $\mathbf{A}^+ = \begin{pmatrix} A^*_{11} & A^*_{21} \\ A^*_{12} & A^*_{22} \end{pmatrix}$

Eine Matrix heißt **selbstadjungiert oder hermitesch**, wenn die Matrix mit ihrer adjungierten Matrix identisch ist, wenn also gilt

$\mathbf{A}^+ = \mathbf{A}$ oder $(A^*_{ki}) = (A_{ik})$ im Beispiel $\begin{pmatrix} A^*_{11} & A^*_{21} \\ A^*_{12} & A^*_{22} \end{pmatrix} = \begin{pmatrix} A_{11} & A_{12} \\ A_{21} & A_{22} \end{pmatrix}$

Sind die Matrixelemente reell, so sagt man, die Matrix ist **symmetrisch** (bezüglich der Hauptdiagonalen), sie ist dann identisch mit der Transponierten.
Bei einer hermiteschen Matrix sind die Elemente der Hauptdiagonalen stets reell, denn aus $A^*_{ii} = A_{ii}$ folgt A_{ii} reell , i = Spaltennummer = Zeilennummer
Anmerkung: Charles **Hermite** , franz. Mathematiker (1822-1901)

Eine Matrix **A** heißt **unitär** , wenn ihre Spaltenvektoren orthogonal zueinander und auf 1 normiert sind.
Es gilt dann $\mathbf{A}^+ * \mathbf{A} = \mathbf{A} * \mathbf{A}^+ = \mathbf{E}$ Einheitsmatrix
Weiterhin ist dann $\mathbf{A}^{-1} = \mathbf{A}^+$
Bei $\mathbf{A}^+$ werden die Spaltenvektoren zu komplex-konjugierten Zeilenvektoren gemacht .Diese werden dann mit den Spaltenvektoren von **A** gemäß dem alten Skalarprodukt multipliziert.
Weil die Vektoren orthogonal zueinander und normiert sind, sind die Skalarprodukte 0 oder 1.
Ist die Matrix reell, so sagt man, die Matrix ist **orthogonal** .

Liegt vor **Matrix mal Vektor,** also **A*a,** und soll das **Skalarprodukt** mit einem Vektor **b** gebildet werden, so muss **A*a** auf die linke Seite gebracht und zu einem Zeilenvektor gemacht werden, zudem komplex-konjugiert, also
Skalarprodukt = $(\mathbf{a}^+ * \mathbf{A}^+) * \mathbf{b}$
+ macht aus einer Zeile eine Spalte und aus einer Spalte eine Zeile und die Komponenten bzw Elemente komplex-konjugiert.
Liegt vor **a** und **B*b,** so ist das Skalarprodukt = $\mathbf{a}^+ * (\mathbf{B}*\mathbf{b})$ **.**

Rechenregeln für transponierte und adjungierte Matrizen
Liegen zwei Matrizen **A** und **B** vor, so gelten die Regeln
$(\mathbf{A}+\mathbf{B})^t = \mathbf{A}^t + \mathbf{B}^t$ wenn transponiert
$(\mathbf{A}+\mathbf{B})^+ = \mathbf{A}^+ + \mathbf{B}^+$ wenn adjungiert

$(\mathbf{A}*\mathbf{B})^t = \mathbf{B}^t * \mathbf{A}^t$ wenn transponiert
$(\mathbf{A}*\mathbf{B})^+ = \mathbf{B}^+ * \mathbf{A}^+$ wenn adjungiert

---

Beweis: $(\mathbf{A}*\mathbf{B})^t = (A_{il} * B_{lk})^t = B_{kl} * A_{li} = \mathbf{B}^t * \mathbf{A}^t$ dabei wird über l summiert
Man kann es auch so einsehen:
Beim Transponieren wird aus einer Zeile eine Spalte und umgekehrt. Die Multiplikation **A*B** ist jeweils Zeile von **A** mal Spalte von **B.** Beim Transponieren wird daraus Spalte von **A** mal Zeile von **B**, also gemäß Schema Zeile mal Spalte muss vertauscht werden, also Zeile von **B** mal Spalte von **A.** War bei **A*B** Zeile i mal Spalte k, so wird daraus Zeile k von **B** mal Spalte i von **A** und dieses ist $(\mathbf{B}*\mathbf{A})_{ki}$.
Bei Adjunktion kommt hinzu, dass die Elemente komplex-konjugiert werden.

Unitäre Matrizen, oft **U** benannt, spielen in der QM eine zentrale Rolle.
Im Reellen vermitteln sie Drehungen von Vektoren oder Vektorgebilden, z.B. von einem Dreieck, und heißen da **orthogonale Matrizen**.
Unitäre Matrizen lassen Skalarprodukte, damit auch Längen und Winkel, <u>invariant</u>, unverändert, denn
seien **U*a** und **U*b** die von **U** transformierten Vektoren **a** und **b,**
dann ist $(\mathbf{a}^+ * \mathbf{U}^+) * (\mathbf{U}*\mathbf{a}) = \mathbf{a}^+ * (\mathbf{U}^+ * \mathbf{U})*\mathbf{a} = \mathbf{a}^+ * \mathbf{E} *\mathbf{a} = \mathbf{a}^+ * \mathbf{a}$

Bildung hermitescher Matrizen:
Aus der quadratischen Matrix A und seiner Adjungierten A^+ ,
kann man zwei hermitesche Matrizen bilden,
zum einen $H = ½*(A + A^+)$ **,** zum anderen $H = 1/(2i)*(A - A^+)$
Wird verwendet in Kapitel 3.4 .

Zusammenfassende Gegenüberstellung:

Matrix	**reell**	**komplex**
	symmetrisch	hermitesch, selbstadjungiert
	orthogonal	unitär
	transponiert	transponiert
	adjungiert	transponiert
	komplex-konjungiert	identisch
	Einheitsmatrix	Einheitsmatrix
	Elementare Basis	dieselbe Basis
Skalarprodukt	$\mathbf{a}^t * \mathbf{b}$	$\mathbf{a}^+ * \mathbf{b}$

---

3. Einstieg in die QM, der eindimensionale Ortsraum

3.1 Allgemeines

Bei der Beantwortung der Frage, was eine QM ist , wollen wir zunächst den eindimensionalen Ortsraum betrachten, in dem sich der Anschauung halber eine Punktmasse m befinden möge. Wir legen ein x-y-z-Koordinatensystem zu Grunde und interessieren uns aber nur für die x-Achse.
Klassisch sagen wir, die Masse m befindet sich am Ort mit der Koordinate x, eine Variable.
In der QM wird der Tatsache, dass sich m an der Stelle x befindet, ein (Hilbert)vektor $|x\rangle$ zugewiesen.
Wir verwenden dabei die **Dirac-Schreibweise**: Die einen Vektor charakterisierenden Größen werden in eine rechte Halbklammer $| \ldots \rangle$ geschrieben, auch **ket** genannt. Wird der Vektor anlässlich eines Skalarprodukts auf der linken Seite verwendet, so wird eine linke Halbklammer $\langle \ldots |$ geschrieben, auch **bra** genannt. Kommt vom Englischen bracket gleich Klammer.
Beispiel: $\langle x|x\rangle$ Skalarprodukt des Vektors $|x\rangle$ mit sich selbst.
Daß die linke Seite konjugiert-komplex zu nehmen ist, wird unterstellt.
Da es unendlich viele, sogar nichtabzählbar unendliche viele Werte von x gibt, erhalten wir einen unendlich-dimensionalen (Hilbert)vektorraum.
Anmerkung: Paul **Dirac** , brit. Physiker (1902-1984)

3.2 Der diskrete Ortsraum

Um Nähe zu den bisher vertrauten Vektoren zu schaffen, wollen wir x diskretisieren, d.h. x soll nicht mehr kontinuierlich sein, sondern bei gleicher Schrittweite h diskrete Werte x_i annehmen. Die Zählung soll bei x=0 beginnen und ins Negative wie ins Positive laufen.

.... x_{-2} x_{-1} x_0 x_1 x_2 .... also $x_i = i*h$
mit $i = \ldots -2,-1,0,1,2,\ldots$

Damit haben wir diskrete **Basisvektoren** $|x_i\rangle$, die man je als Spalten- oder Zeilenvektoren schreiben kann, wobei bei $|x_i\rangle$ die i-te Stelle mit 1, alle anderen mit 0 besetzt sind und die nach obiger Betrachtung somit automatisch orthogonal zueinander und auf 1 normiert sind, also $\langle x_i|x_j\rangle = \delta_{ij}$
δ_{ij} ist das **Kroneckersymbol** mit δ_{ij} =1,wenn i=j und δ_{ij} =0,wenn i # j .
Anmerkung: Leopold **Kronecker** ,deutscher Mathematiker (1823-1891)

Die Werte x_i selbst sind nicht in den Vektoren $|x_i\rangle$, sondern sind in einem zugehörigen Operator, einer Matrix untergebracht, deren Hauptdiagonale der Reihe nach mit diesen Werten x_i belegt ist ,ansonsten nur Nullen hat.

$$\mathbf{X} = \begin{pmatrix} \ldots\ldots\ldots\ldots\ldots\ldots\ldots\ldots\ldots \\ \ldots\ldots x_{-2} \ldots\ldots \\ \ldots\ldots x_{-1} \ldots\ldots \\ \ldots\ldots \mathbf{x_0} \ldots\ldots \\ \ldots\ldots x_1 \ldots\ldots \\ \ldots\ldots x_2 \ldots\ldots \\ \ldots\ldots\ldots\ldots\ldots\ldots\ldots\ldots\ldots \end{pmatrix} \quad \text{Matrizenmitte } i=j=0$$

Erst **Operator (Matrix)** und **Eigenvektor** (hier Basisvektor, Einheitsvektor) gemeinsam bringen die **Eigenwerte** x_i wieder zu Tage, also $\mathbf{X}*|x_i\rangle = x_i * |x_i\rangle$, mit Worten

Matrix mal Eigenvektor = Eigenwert mal Eigenvektor

Zu jedem Eigenwert x_i gehört ein Eigenvektor $|x_i\rangle$ Würden wir $x_i = i*h$ einsetzen und h vor die Matrix ziehen, so enthielte sie der Reihe nach alle ganzen Zahlen in der Hauptdiagonale , vom Negativen über 0 ins Positive gehend..

Ist der Operator vorgegeben und werden erst die ihm „eigenen" Eigenwerte und Eigenvektoren gesucht, so spricht man von einer **Eigenwertgleichung**, die hier sehr durchsichtig erscheint, aber nicht so einfach zu lösen ist, wenn der Operator, die Matrix keine Hauptdiagonalmatrix ist.

3.3 Interpretation des Zustandsvektors

Bislang steht die Antwort zur Frage noch aus, warum man in der QM aus Variablen x nun Vektoren $|x\rangle$ macht. Damit kommen wir zur Interpretation, zur Ausdeutung der QM, wenigstens fürs Erste.

Wir betrachten einen Vektor, einen **Zustandsvektor,** der aus einer **Linearkombination,** synonym **Überlagerung** oder **Superposition**, dieser Basisvektoren $|x_i\rangle$ (Eigenvektoren) besteht und auf 1 normiert ist, also

$|a\rangle = a_i * |x_i\rangle$, wobei hier über i summiert wird.

Dabei ist a_i eine reelle oder komplexe Zahl, die eben den Anteil des Basisvektors $|x_i\rangle$ am Zustandsvektor $|a\rangle$ ausdrückt.

Wir errechnen nun das **Normquadrat**

$\langle a|a\rangle = a^*_i * a_j * \langle x_i| x_j\rangle = a^*_i * a_j * \delta_{ij} = a^*_i * a_i = 1$ dabei wird über i,j summiert

Gemäß Interpretation der QM ist die reelle Größe $a^*_i{}^* a_i$, das Betragsquadrat von a_i, also $|a_i|^2$, die Wahrscheinlichkeit, dass sich das Teilchen, die Masse m, am Ort x_i befindet.
Die Summe aller dieser Teilwahrscheinlichkeiten $a^*_i{}^* a_i$ ist 1 , denn irgendwo muss das Teilchen ja sein.

Der im allgemeinen komplexe Koeffizient a_i selbst, aus dem die **Teilwahrscheinlichkeit** zum Basisvektor $|x_i>$ errechenbar ist, heißt **Wahrscheinlichkeitsamplitude .**
Diese Interpretation wie auch die QM selbst ist gewissermaßen von der Natur aufgezwungen worden, um die Experimente (siehe Einleitung) deuten zu können.
Vorher gab es diese Art von Wahrscheinlichkeitsrechnung nicht. Jede Wahrscheinlichkeit dachte man sich zusammengesetzt aus Teilwahrscheinlichkeiten möglicher realer Ereignisse.
Die Wahrscheinlichkeitsamplitude beschreibt, darüber hinaus, im allgemeinen mögliche virtuelle Ereignisse, die sich gegenseitig überlagern und auch auslöschen können, von denen man zwar bildhaft sprechen kann, aber ohne Anspruch auf Korrektheit. Das, "was passiert dazwischen", ist korrekt nicht aussprechbar, weil wir nur in realen Begriffen denken können, allerdings mathematisch formulierbar, wenn man sich zurücknimmt und sich eben mit Wahrscheinlichkeitsamplituden begnügt. Das verlangt rationale Zurückhaltung, die schwer fällt, weil man sich alles dinglich vorstellt. Man wird allerdings dafür auch belohnt: Man kann daraus Wahrscheinlichkeiten für reale Ereignisse oder Ergebnisse errechnen, man kann Eigenwerte errechnen, usw.
Eigentlich ist es eine Mischung:
Die **Eigenvektoren** , im Beispiel $|x_i>$, vertreten mögliche reale Ereignisse oder Ergebnisse, die sich letztlich makroskopisch bemerkbar machen können (Messungen) , die aber über **Wahrscheinlichkeitsamplituden**, im Beispiel a_i ,virtuell miteinander verbunden sind. Die Eigenvektoren haben ein exklusives Verhältnis zueinander, das gewissermaßen durch die Wahrscheinlichkeitsamplituden wieder aufgeweicht wird.
Das hat etwas **Universelles** an sich. Es gibt verschiedene Eigenvektoren, auch mit verschiedener Bedeutung, aber ihre Verbindung ist immer nur das eine, eben die Wahrscheinlichkeitsamplitude.
Die Deutung des Zustandsvektors über die Wahrscheinlichkeitsamplitude wie überhaupt die statistische Interpretation der QM wurde erstmalig von Max Born (1926) vorgeschlagen und fand in der so genannten Kopenhagener

Deutung durch die maßgeblichen Physiker auf diesem Gebiet 1927 ihre endgültige Fassung.
Anmerkung: Max **Born** , deutscher Physiker (1882-1970)

Die Wahrscheinlichkeit, dass sich die Masse m , sagen wir, an der Stelle x_1 oder x_2 befindet, ist das Normquadrat von $a_1*|x_1> + a_2*|x_2>$, was sich wie oben zu $a^*_1 * a_1 + a^*_2 * a_2$ errechnet, also die Summe der Teilwahrscheinlichkeiten.

Dieses ist eine Art **neue Wahrscheinlichkeitsrechnung**. Wir wollen sie nun vergleichen mit der traditionellen Wahrscheinlichkeitsrechnung, etwa der beim **Wurf eines Würfels**. Traditionell: Die Wahrscheinlichkeit , eine bestimmte Würfel-Augenzahl zu würfeln, ist je 1/6.
QM: Für die Wahrscheinlichkeit wird ein Wahrscheinlichkeits-Raum aufgemacht.
Jeder Fall wird durch einen Basisvektor |i> repräsentiert, also |1> steht für Augenzahl 1 , |2> für Augenzahl 2, usw. Diese sind auf 1 normiert und stehen aufeinander senkrecht, sie repräsentieren ja einander ausschließende Ereignisse.

Ein Wurf W wird also dargestellt durch
$W = (1/6)^{1/2}*|1> + (1/6)^{1/2}*|2> + (1/6)^{1/2}*|3> +$
$+ (1/6)^{1/2}*|4> + (1/6)^{1/2}*|5> + (1/6)^{1/2}*|6>$

Man breitet alle Möglichkeiten aus, jeder mögliche Fall ist gewissermaßen durch einen Basisvektor vom anderen abgetrennt. Das + kann man umgangssprachlich wie ein „oder“ lesen .
Um zur tatsächlichen Wahrscheinlichkeit zu kommen , wählt man einen gewünschten Teilraum aus und „legt ihn über die Möglichkeiten drüber“, indem man diesen skalar mit W multipliziert:

Beispiel: Die Wahrscheinlichkeit, eine eins zu würfeln ist
$[(1/6)^{1/2}*<1|] * [(1/6)^{1/2}*|1>+ (1/6)^{1/2}*|2> +\ldots] = (1/6)^{1/2}*(1/6)^{1/2}*<1|1> = 1/6$
Die Skalarprodukte der Basisvektoren sorgen dafür, dass alle anderen Varianten nichts beitragen.
Beispiel: Die Wahrscheinlichkeit, eine eins oder eine zwei zu würfeln ist
$[(1/6)^{1/2}*<1| + (1/6)^{1/2}*<2|] * [(1/6)^{1/2}*|1> + (1/6)^{1/2}*|2> +\ldots] =$
$= 1/6*<1|1> + 1/6*<2|2> = 2/6$

Um die Wahrscheinlichkeit zu berechnen, etwa zweimal sechs hintereinander zu würfeln, muss man zunächst den Produktraum bilden. Diesen erhält man, indem man beide Räume formal multipliziert, also
$W*W = [(1/6)^{1/2}*|1> + (1/6)^{1/2}*|2> + \ldots] * [(1/6)^{1/2}*|1> + (1/6)^{1/2}*|2> + \ldots]$
$= 1/6*|1>|1> + 1/6*|1>|2> + \ldots + 1/6*|6>|6>$
Die Produktbasisvektoren sind dann wiederum orthogonal zueinander und auf 1 normiert. Sie repräsentieren die kombinierten Fälle.
Die gewünschte Wahrscheinlichkeit ist dann nach vorgestelltem Muster
$[1/6*<6|<6|] * [1/6*|1>|1> + 1/6*|1>|2> + \ldots + 1/6*|6>|6>] =$
$= 1/36 * <6|<6|*|6>|6> = 1/36$
Beispiel: Die Wahrscheinlichkeit drei, dann vier oder vier, dann drei zu würfeln, ist
$[1/6*<3|<4| + 1/6*<4|<3|] * [1/6*|1>|1> + \ldots + 1/6*|3>|4> + \ldots +$
$+ 1/6*|4>|3> + \ldots] = 1/36 + 1/36 = 1/18$
Das Konzept mit Wahrscheinlichkeitsamplituden zu rechnen, statt direkt mit Wahrscheinlichkeiten, bringt Erweiterungen. So könnten im Würfelbeispiel die Amplituden auch negativ angegeben sein oder bei Verwendung des richtigen Skalarprodukts auch komplex und es würden sich trotzdem dieselben Wahrscheinlichkeiten ergeben.
Die QM macht ausführlich davon Gebrauch, in diesem klassischen Beispielen erscheint es allerdings wie ein unnötiger Unterbau.

Nun zurück zum Allgemeinen.
Im Allgemeinen kann man annehmen, dass die Wahrscheinlichkeit für den Ort eines Teilchens, einer Masse m, sich auf einen engen x-Bereich konzentriert, wird es doch z.B. in einer Nebelkammer so wahrgenommen. Insofern gibt es Sinn, nach dem **Mittelwert**, dem so genannten **Erwartungswert** hinsichtlich seiner x-Koordinate zu fragen. Er sei mit **xm** bezeichnet. Es ist dann

$\mathbf{xm} = x_j * a^*_j * a_j$ über j summiert, also jeweils
x_j mal Teilwahrscheinlichkeit für x_j
$= x_j * a^*_i * a_j * <x_i|x_j>$ über i,j summiert, erlaubte Aufweitung
$= (<x_i|a^*_i) * (x_j * a_j |x_j>)$ erlaubte Umordnung
$\mathbf{= <a|X|a>}$ allgemeiner Ausdruck,
denn $|a> = a_j * |x_j>$ und $\mathbf{X}|a> = x_j * a_j|x_j>$ über j summiert
Im allgemeinen Ausdruck für den Erwartungswert stellt man also den Operator in die Mitte und umrahmt ihn mit dem Zustandsvektor, für den er berechnet werden soll.

3.4 Suche nach einem weiteren elementaren Operator des Ortsraums

Den ersten elementaren Operator, den Operator **X** für die Ortskoordinaten x_i , haben wir bereits kennen gelernt. Dem zugehörig sind Eigenvektoren, Basisvektoren, die mit den Einheitsvektoren identisch sind. Seine Eigenwerte sind die Koordinaten x_i . Weil er nur Elemente in der Hauptdiagonalen hat, also besonders einfach ist, ist er für den ganzen Raum namens gebend.

Wäre dies der einzige Operator in diesem Raum, so wäre das Ganze ein starres, unveränderliches Gebilde. So suchen wir nach einem weiteren elementaren Operator.

Dazu betrachten wir eine **Linearkombination** im obigen Sinne,
also $|\mathbf{a}\rangle = \mathbf{a_i} * |\mathbf{x_i}\rangle$ über i summiert

---

Wir wünschen nun eine **Versetzung,** eine **Translation** dieses Gebildes um eine Einheit nach rechts, also zum nächst größeren x_i hin. In einem Einheitsvektor bedeutet das je, die 1 um eine Stufe nach unten zu verschieben, ohne die Form, die a_i , zu ändern.

Der entstehende Zustandsvektor sei $|b\rangle$**,** also $|b\rangle = a_i * |x_{i+1}\rangle$ über i wird summiert

Wir suchen also eine Matrix, die jedes $|x_i\rangle$ in $|x_{i+1}\rangle$ überführt.

Dabei schreiben wir

$|x_{i+1}\rangle = |x_i\rangle + (|x_{i+1}\rangle - |x_i\rangle)$ bisheriger Vektor + Änderung.

Die Matrix für die **Änderung** nennen wir $\mathbf{P_+}$ **.**

Es soll also sein $|x_{i+1}\rangle = \mathbf{E}*|x_i\rangle + \mathbf{P_+} * |x_i\rangle$ **E** ist die Einheitsmatrix

Nach einigem Probieren findet man, wir geben gleich ein Beispiel an:

$$\begin{array}{cccccccccccc}
(..) & & (\ldots\ldots\ldots\ldots\ldots\ldots .) & & (..) & & (..) & & & (..) & & (..) \\
(0) & & (\ldots\ldots 1\ \mathbf{-1}\ 0\ 0 \ldots\ldots) & & (0) & & (0) & & & (0) & & (0) \\
\mathbf{P_+} *(\mathbf{1}) & = & (\ldots\ldots\ 1\ \mathbf{-1}\ 0\ 0\ .) & * & (\mathbf{1}) & = & (\mathbf{-1}) & \text{,dazu } \mathbf{E}* & & (\mathbf{1}) & \text{ergibt} & (\mathbf{0}) \\
(0) & & (\ \ldots\ldots\ 1\ \mathbf{-1}\ 0\ 0\ ) & & (0) & & (1) & & & (0) & & (1) \\
(..) & & (\ldots\ldots\ldots\ldots\ldots .) & & (..) & & (.) & & & (..) & & (..)
\end{array}$$

Die 1 ist also im Ergebnisvektor um eine Stufe abgesenkt.

In der Hauptdiagonalen ist jeweils **-1,** links daneben 1 .

Da Matrix und Vektor unendlichdimensional ist , brauchen wir eine Justierung für ihre Zuordnung. Diese ist: In der Zeile, in der Matrix wie Vektor ein Fettdruck-Element haben, werden bei der Multiplikation diese übereinander gelegt, speziell hier **-1 * 1 .**

Analog wünschen wir nun eine Versetzung dieses Gebildes um
eine Einheit nach links, also zum nächst kleineren x_i hin, in einem Einheitsvektor bedeutet das, die 1 um eine Stufe nach oben verschieben,

ohne die Form, die a_i ,zu ändern. Der entstehende Zustandsvektor sei $|b>$**,**
also $|b> = a_i * |x_{i-1}>$ über i wird summiert
Wir suchen also eine Matrix, die jedes $|x_i>$ in $|x_{i-1}>$ überführt. .
Dabei schreiben wir
$|x_{i-1}> = |x_i> + (|x_{i-1}> - |x_i>)$ bisheriger Vektor + Änderung.
Die Matrix für die Änderung nennen wir $\mathbf{P_-}$ **.**
Es soll also sein $|x_{i-1}> = \mathbf{E}*|x_i> + \mathbf{P_-} * |x_i>$

Analog findet man, gleich mit Beispiel :

$$\begin{array}{ccccccccccc}
(..) & & (\ldots\ldots\ldots\ldots\ldots\ldots \ldots .) & & (..) & & (..) & & (..) & & (..)\\
(0) & & (\ldots.. 0\ \mathbf{-1}\ 1\ 0\ldots..) & & (0) & & (1) & & (0) & & (1)\\
\mathbf{P_-} *(\mathbf{1}) & = & (\ldots\ldots. 0\ \mathbf{-1}\ 1\ 0) & * & (\mathbf{1}) & = & (\mathbf{-1}) & \text{,dazu } \mathbf{E}* & (\mathbf{1}) & \text{ergibt} & (\mathbf{0})\\
(0) & & (\ldots\ldots 0\ \mathbf{-1}\ 0\ 0) & & (0) & & (0) & & (0) & & (0)\\
(..) & & (\ldots\ldots\ldots\ldots\ldots\ldots) & & (..) & & (.\ ) & & (..) & & (..)
\end{array}$$

Die 1 ist also im Ergebnisvektor um eine Stufe angehoben.
In der Hauptdiagonalen ist jeweils **-1,** rechts daneben 1 .

Daraus wollen wie nun eine unitäre Transformation machen,
unitär deshalb, weil dabei die Skalarprodukte invariant bleiben,
„im" sei hier die imaginäre Einheit, h ist die Schrittweite $h = x_{i+1} - x_i$, also
$\mathbf{U} = \mathbf{E} + h*im*\mathbf{P}$ **,** wobei hier **P** noch zu finden ist.
E ist die Einheitsmatrix
Nun muß sein $\mathbf{E} = \mathbf{U}^+ * \mathbf{U}$, somit
$E = (E - h*im*P^+) *(E + h*im*P) = E - h*im*P^+ + h*im*P + h*h*\ldots =$
$= E + h*im*(P - P^+) + \ldots$
Da h klein ist, wird der Folgeterm mit h*h vernachlässigt.
Linke und rechte Seite können nur übereinstimmen, wenn $\mathbf{P} = \mathbf{P}^+$**,**
also die Klammer zu 0 wird, d.h. **P** muss hermitesch sein.
Wir bilden nun diese Matrix, indem wir setzen $\mathbf{P} = 1/(2*h*im)*(\mathbf{P_-} - \mathbf{P_+})$
und erhalten

$$\begin{array}{ll}
 & (\ldots\ldots\ldots\ldots\ldots\ldots \ldots .)\\
 & (\ldots..{-1}\ \mathbf{0}\ 1\ 0\ldots..)\\
\mathbf{P} = 1/(2*h*im) * & (\ldots\ldots 0\ {-1}\ \mathbf{0}\ 1\ 0)\\
 & (\ldots\ldots 0\ {-1}\ \mathbf{0}\ 1\ 0)\\
 & (\ldots\ldots\ldots\ldots\ldots\ldots)
\end{array}$$

Die Hauptdiagonale enthält nur **0** ,
und links daneben -1 und rechts daneben +1.

Nun wollen wir studieren, was **P** bewirkt.
Gehen wir wieder von der Linearkombination $|a> = a_i * |x_i>$ aus,

und stellen uns nun die a_i als Spaltenvektor vor ,
der Einfachheit halber hier als Zeile geschrieben $(\ldots a_{i-1}\ a_i\ a_{i+1} \ldots)$,
dann entsteht in der i-ten Zeile die Komponente

$\mathbf{P} * (\ldots a_{i-1}\ a_i\ a_{i+1} \ldots) \Rightarrow 1/(2*h*im) * (-a_{i-1} + a_{i+1}) =$
$= 1/im*1/2*[(a_{i+1} - a_i)/h + (a_i - a_{i-1})/h]$

Wir haben in Klammern zweimal einen Differenzenquotienten,
also die Änderung von a_i ,
zum einen Richtung a_{i+1} , zu anderen Richtung a_{i-1} ,
beide durch den Faktor ½ gemittelt.
P bringt also die Änderung der a_i beim Übergang zu seinen Nachbarn zum Ausdruck.
Wir werden nachfolgend sehen, dass beide Terme zusammen
beim Grenzübergang h => 0 in einen Differentialquotienten übergehen.

Diese elementaren hermiteschen Operatoren **X** und **P** genügen,
um alle anderen hermiteschen Operatoren des x-Raums zu bilden
(ohne Beweis). So kann man Produkte bilden, wie z.B. **X*X , X*P , P*X , P*P** , usw , um so weitere hermitesche Operatoren zu erhalten.
X und **P** kann man als **Muster aller elementaren Operatoren** der QM ansehen, abgesehen von den endlich dimensionierten Matrizen.

3.5 Die Vertauschungsregel für P*X - X*P im diskreten Ortsraum

Es ist $\mathbf{P*X} = \Sigma\ P_{ij} * X_{jk}$ über j summiert, Matrizenmultiplikation
Die von 0 verschiedenen Elemente dieser Matrizen
sind $\mathbf{P_{i,i-1}} = -1$ sowie $\mathbf{P_{i,i+1}} = 1$, vom Faktor abgesehen, und $\mathbf{X_{ii}} = x_i$

Damit reduziert sich das Matrizenprodukt bezüglich der Zeile i auf
$\mathbf{(P*X)_i} = P_{i,i-1} * X_{i-1,i-1} + P_{i,i+1} * X_{i+1,i+1} =$
$= 1/(2*h*im) * (\ldots -1*x_{i-1}\ \mathbf{0}\ 1*x_{i+1} \ldots)$ Zeile i
Bemerkung: Die **0** steht an der Stelle Zeilennr = Spaltennr = i, liegt also in der Hauptdiagonalen, deshalb Fettdruck.

Es ist $\mathbf{X*P} = \Sigma\ X_{ij} * P_{jk}$ über j summiert
Analog reduziert sich das Matrizenprodukt bezüglich der Zeile i auf
$\mathbf{(X*P)_i} = X_{ii} * P_{i,i-1} + X_{ii} * P_{i,i+1} = 1/(2*h*im) * (\ldots x_i*(-1)\ \mathbf{0}\ x_i*1 \ldots)$

Somit ist
$(\mathbf{D})_i = (\mathbf{P*X - X*P})_i$ = 1/(2*h*im) * (... $x_i - x_{i-1}$ 0 $x_{i+1} - x_i$ ...) für Zeile i
Die Differenzen in der Klammer sind je die Schrittweite h, somit ergibt sich
$(\mathbf{D})_i = (\mathbf{P*X - X*P})_i$ = 1/(2*h*im)*(... h 0 h ...) = 1/(2*im)*(...1 **0** 1 ...)
Bemerkung: Die **0** steht an der Stelle Zeilennr = Spaltennr = i
Die Hauptdiagonale ist mit **0**, die beiden Nebendiagonalen sind mit 1 besetzt.
X und **P** kommutieren also nicht, denn **P*X** und **X*P** sind verschieden.
Wir werden später sehen , dass ihre Differenz **D** letztlich Anlass zur Unschärferelation gibt.

3.6 Der Begriff Unschärfe
Wir sind bereits in der Lage den Begriff Unschärfe zu definieren an Hand der Ortsbasisvektoren. Er sei mit Δx bezeichnet.
Es liege vor eine Linearkombination über sie , also $|a\rangle = \Sigma a_i^*|x_i\rangle$, somit eine Wahrscheinlichkeit $a_i^*a_i$, eine Masse m am Ort x_i anzutreffen.
Man unterstellt, muss aber nicht sein, dass die Wahrscheinlichkeit bei größerer Entfernung vom Mittelwert rasch abnimmt, dass also ein typisches „Wellenpaket" vorliegt. Den Erwartungswert für x, den Mittelwert haben wir bereits kennen gelernt, nämlich **xm =** $\Sigma x_i * a^*_i * a_i$, wobei über i summiert wird. Sei xm ausgerechnet.
Nun interessiert die gewichtete mittlere Abweichung der Messgrößen x_i vom Mittelwert xm, also $(x_i - xm)$, genau dessen Quadrat $(x_i - xm)^2$, um Vorzeichen unabhängig zu werden. Die Gewichtung bezieht sich also auf
$(x_i - xm)^2$ und kommt durch $a^*_i * a_i$, die Wahrscheinlichkeit für die Stelle i, zum Ausdruck. Je größer dieser Wert, desto mehr fällt er „ins Gewicht".

Es ist also **[Mittelwert von** $(\mathbf{x_i - xm})^2$**]** =
$= \Sigma (x_i - xm)^2 * a^*_i * a_i = (\Delta x)^2 =$ das Quadrat der Unschärfe.
Die Unschärfe Δx selber ist dann die positive Wurzel daraus.
Nun ein mathematischer Einschub, der das Ausrechnen vereinfacht:
Es ist $(\mathbf{\Delta x})^2 = \Sigma (x_i - xm)^2 * a^*_i * a_i = \Sigma [(x_i)^2 + (xm)^2 - 2 * x_i * xm] * a^*_i * a_i$
$= \Sigma [(x_i)^2 * a^*_i * a_i + (xm)^2 * a^*_i * a_i - 2 * x_i * a^*_i * a_i * xm] =$
$= \Sigma (x_i)^2 * a^*_i * a_i + (xm)^2 * \Sigma a^*_i * a_i - 2 * \Sigma x_i * a^*_i * a_i * xm =$
$= \Sigma (x_i)^2 * a^*_i * a_i + (xm)^2 * 1 - 2 * xm * xm] =$
$= [\Sigma (x_i)^2 * a^*_i * a_i] - [(xm)^2] =$
= [Mittelwert von $(\mathbf{x_i})^2$**] minus [(Mittelwert der** $\mathbf{x_i}$**) zum Quadrat]**
weil $\Sigma a^*_i * a_i = 1$ und $\Sigma x_i * a^*_i * a_i = xm$ ist.

Im Sinne der Fehlerrechnung und der mathematischen Statistik ist Δx der mittlere Fehler, dort mit σ bezeichnet, die **Standardabweichung** vom Mittelwert xm . Das Quadrat davon, also **$(\Delta x)^2$,** heisst in der Statistik **Varianz**.

3.7 Der Übergang vom diskreten zum kontinuierlichen Ortsraum

Wenn man die Schrittweite h immer kleiner macht, gegen 0 gehen lässt, gelangt man vom diskreten zum kontinuierlichen Ortsraum. Dies hat einige Abänderungen zur Folge:

Für die **Ortskoordinate** $x_i \Rightarrow x$

x ist nun eine kontinuierliche reelle Zahl, der Index i verschwindet, x dient zugleich als Index

Für die **Basisvektoren** $|x_j\rangle \Rightarrow |x\rangle$

Zu jedem reellen Wert x gibt es nun einen Basisvektor, nichtabzählbar unendlich viele, vorher abzählbar unendlich viele

Für die **Komponenten** $a_i \Rightarrow \phi(x)$

Abgesehen von einer anderen Bezeichnung der Komponente, frei gewählt, wird die indizierte Größe a_i nun zu einer Funktion ϕ von x, wobei x zugleich die Rolle des Index übernimmt .

Für die **Linearkombination** $|a\rangle = \Sigma\, a_i * |x_i\rangle \Rightarrow |\phi\rangle = \int \phi(x) * |x\rangle\, dx$

Die Summe über i wird zum Integral über x

Für die **Eigenwertgleichung** $\mathbf{X}|x_j\rangle = x_i * |x_j\rangle \Rightarrow \mathbf{X}|x\rangle = x * |x\rangle$

Für das

Skalarprodukt der Basisvektoren $\langle x_i| x_j\rangle = \delta_{ij} \Rightarrow \langle x|y\rangle = \delta(x-y)$

Statt dem Kroneckersymbol tritt nun die Deltafunktion auf. Für j haben wir nun y geschrieben, ist hier nur ein anderer Wert von x.

Die **Deltafunktion,** allgemein mit **$\delta(x-a)$** bezeichnet, ist erklärungsbedürftig: Man kann sie sich vorstellen als eine unendlich schmale **Glockenkurve**, von minus unendlich bis plus unendlich gehend, die an der Stelle a ihr Maximum und eine Gesamtfläche von 1 hat. Sie geht aus einer normalen Glockenkurve hervor, indem man sie immer schmäler macht und zugleich ihr Maximum, ihren Berg, immer höher treibt, so, dass die Fläche 1 bleibt. Siehe dazu 7.3

Ihre definierende Eigenschaft ist $\int \mathbf{f(x)*\delta(x-a)\, dx = f(a)}$

f(a) wirkt gewissermaßen wie ein Faktor für die Fläche der Deltafunktion.

Sie ist, wie die entsprechende Glockenkurve, symmetrisch um die Stelle a

d.h. es gilt $\mathbf{\delta(x-a) = \delta(a-x)}$.

Ihre Werte sind, durch Grenzübergang, überall = 0 außer an der Stelle a, wo der Wert unendlich ist. Sie wurde von Dirac erfunden.

Im Mehrdimensionalen ist es üblich für das Produkt von Deltafunktionen eine **Kurzschrift** zu benutzen, nämlich $\delta(x)*\delta(y)*\delta(z) = \delta(\mathbf{x})$.

Wir fahren nun mit den Abänderungen fort:
Aus dem **Skalarprodukt der Linearkombinationen**
$<a|b> = a^*_i * b_j * <x_i| x_j> = a^*_i * b_j * \delta_{ij} = a^*_i * b_i$ Summation über i,j
wird das Doppelintegral
$<\phi|\varphi> = \iint \phi^*(x)*\varphi(y)*<x|y>\, dxdy = \iint \phi^*(x)*\varphi(y)*\delta(x-y)\, dxdy =$
$= \int \phi^*(x) * \varphi(x)\, dx$
Speziell ist dann das **Normquadrat** $<\phi|\phi> = \int \phi^*(x) * \phi(x)\, dx$
Dieses ist endlich und **muss auf 1 normierbar sein** wie im Diskreten.

Dagegen sind die Basisvektoren |x> nicht auf 1 normierbar, siehe oben.
Wären sie auf 1 normiert, so ergäben die den Linearkombinationen entsprechenden Integrale unsinnige Werte.
Will man den Basisvektor |x> selbst über eine Linearkombination, über ein Integral darstellen, so ist $|\mathbf{x}> = \int \delta(\xi-\mathbf{x}) * |\xi>\, d\xi$ ξ ist die Integrationsvariable, die den ganzen x-Wertebereich durchläuft.
Die Komponente zu |x> ist also die Deltafunktion $\delta(\xi-x)$.

Nun wollen wir die **Operatoren** überführen:
Der **Operator X** bleibt namentlich, seine Komponenten sind nun die x-Werte. Man kann mit ihnen rechnen wie mit den klassischen x-Variablen.
Nun wollen wir den **Operator P** überführen. Wie im Diskreten konzentrieren wir uns auf seine Wirkung auf einen Zustandsvektor und betrachten nur die i-te Zeile.

$\mathbf{P} * (\ldots a_{i-1}\ a_i\ a_{i+1} \ldots) = 1/im * 1/2*((a_{i+1} - a_i)/h + (a_i - a_{i-1})/h) =$
$= 1/im * 1/2*[(\phi(x_{i+1}) - \phi(x_i))/h + (\phi(x_i) - \phi(x_{i-1}))/h]$
mit Umstellung auf die neue Bezeichnung
$=> 1/im * 1/2*(d/dx\, \phi(x) + d/dx\, \phi(x)) = 1/im * d/dx\, \phi(x)$
wenn der Grenzübergang h => 0 vollzogen ist

$d/dx\, \phi(x)$ ist der Differentialquotient von $\phi(x)$. Aus den Differenzenquotienten im Diskreten werden also entsprechende Differentialquotienten im Kontinuierlichen.
Ein Unterschied: Während man im Diskreten die Operatoren für **X** und **P** je als Matrix angeben kann in ihrer Gesamtheit, kann man sie im Kontinuierlichen

nur bezüglich der Komponente i bzw x angeben. **X** und **P** haben also hier nur symbolischen Charakter, sie können konkret nicht dargestellt werden. Hinsichtlich ihrer komponentenweisen Darstellung ist **X** gleich x , kann also ersetzt werden durch die Laufvariable x ,
ist **P** gleich 1/im * d/dx wirkt je auf die Komponente $\phi(x)$.

Bezüglich ihrer **Produkte** gilt Entsprechendes. So wird z.B.
X*X , im Diskreten das Matrizenprodukt, auf Komponentenebene umgesetzt in x*x,
P*P , im Diskreten das Matrizenprodukt, auf Komponentenebene umgesetzt in (1/im * d/dx) * (1/im * d/dx) = $-\ d^2/dx^2$ also gleich, vom Vorzeichen abgesehen, der Differentialquotient für die 2.Ableitung

---

Nun kommen wir zur Überführung des **Kommutators P*X - X*P = D**
Die linke Seite ist bekannt, wir werden sie unten nochmals hinschreiben,
für die rechte Seite haben wir im Diskreten bezüglich der Zeile i bei Wirkung auf einen Zustandsvektor |a>

$(\mathbf{D*a})_i = 1/(2*im) * (\ldots 1\ \mathbf{0}\ 1 \ldots) * (\ldots a_{i-1}\ a_i\ a_{i+1} \ldots)$
der Vektor müßte eigentlich als Spalte geschrieben werden
$= 1/(2*im) *(\ldots\phi(x_{i-1}) + \phi(x_{i+1}) \ldots) = 1/(2*im) *(\ldots\phi(x_i\text{-}h) + \phi(x_i\text{+}h) \ldots)$
neue Schreibweise
$=> 1/(2*im) *((\phi(x) + \phi(x)) = 1/im * \phi(x)$ beim Grenzübergang h => 0

Zusammengefasst haben wir also bezüglich der Zeile i bzw der Komponente x
$1/im * (d/dx\ *x*\phi(x) - x*d/dx\ \phi(x)) = 1/im * \phi(x)$ oder
$(1/im*d/dx\ * x\ - x * 1/im*d/dx)\ \phi(x) = 1/im * \phi(x)$ oder,
wenn nur noch die Operatoren stehen bleiben sollen
(1/im*d/dx * x – x * 1/im*d/dx) = 1/im oder symbolisch insgesamt
P*X - X*P = 1/im * **E** wobei **E** die Einheitsmatrix ist.

Ein unmittelbares Nachrechnen bestätigt dieses:
$d/dx\ (x*\phi(x)) = \phi(x) + x*d/dx\ \phi(x)$ gemäß Produktregel der Differentiation, davon wird abgezogen $x*d/dx\ \phi(x)$, so verbleibt $\phi(x)$

Wie wir schon an diesem Beispiel sehen, ist das Rechnen im Kontinuierlichem (Funktionen, Differenzieren, usw) erheblich leichter als im Diskreten (unendliche Matrizen und Vektoren).

Andererseits liefert das Diskrete mit seiner Begriffswelt der analytischen Geometrie (Matrizen, Vektoren, Skalarprodukt, Transformationen, usw) die Sprache und das eigentliche Verständnis für die QM. Da auch endlich dimensionierte Matrizen in der QM eine Rolle spielen, werden beide Welten ohnehin vermischt.

Nun möchten wir auf eine **Sonderheit für den Operator P** im Kontinuierlichen hinweisen:

Wenn man im Diskreten Matrix mal Vektor hat, also **A*a** , so wird bei Bildung des Adjungierten daraus $\mathbf{a}^+ * \mathbf{A}^+$, also die Reihenfolge wird vertauscht, der Spaltenvektor wird zum Zeilenvektor, die Matrix wird transponiert, die Komponenten bzw Elemente werden komplex-konjugiert genommen.

Aus $b_i = A_{ik} * a_k$ wird $a^*_k * A^*_{ki} = b^*_i$ wobei über k summiert wird

b_i ist ein Spaltenvektor, b^*_i ist ein Zeilenvektor

Verzichtet man auf das Transponieren, nimmt man nur das Komplex-konjugierte, so hat man

$A^*_{ik} * a^*_k = b^*_i$ Summierung über k

b^*_i ist nun ein Spaltenvektor

Es stellt sich die Frage, ob die b^*_i in beiden Fällen, Adjunktion einerseits, nur Komplex-konjugation andererseits, komponentenweise, unabhängig von der Anordnung, gleich sind.

Antwort: Sie wären gleich, wenn **A** reell und symmetrisch wäre. Sie sind im allgemeinen nicht gleich, wenn **A** hermitisch ist mit komplexen Elementen. Sie sind gleich bis auf die Umkehrung des Vorzeichens, wenn **A** hermitesch ist mit nur imaginären Elementen und das ist bei **P** der Fall.

Also hat $-\mathbf{P}^* * \mathbf{a}^*$ dieselben Komponenten wie $\mathbf{a}^+ * \mathbf{P}^+$, wenn auch eine andere Anordnung.

Wollen wir nun im Kontinuierlichen den Ausdruck $1/im * d/dx\ \phi(x)$ adjungiert machen, so haben wir nicht die Möglichkeit, die Funktion $\phi(x)$ auf die linke Seite zu bringen wie bei Vektoren. Da dieser dem Operator **P** entspricht, stört das nicht, wenn wir nur setzen

$1/im * d/dx\phi(x) \Rightarrow -1/im * d/dx\ \phi^*(x)$

Das Adjungierte von $1/im * d/dx$ ist also $-1/im * d/dx$,

$\phi(x)$ bleibt auf der rechten Seite und wird zu $\phi^*(x)$.

Zusammenfassung:

Die von 0 verschiedenen Elemente sind

Matrix **X**: $\mathbf{X}_{ii} = x_i$ Faktor f = 2h*im Koordinate $x_i = i*h$

Index i ganzzahlig: negativ oder null oder positiv

Matrix $\mathbf{P}_+$ **:** $(\mathbf{P}_+)_{ii} = -1$, $(\mathbf{P}_+)_{i,i-1} = 1$

Matrix $\mathbf{P}_-$ **:** $(\mathbf{P}_-)_{ii} = -1$, $(\mathbf{P}_-)_{i,i+1} = 1$

Matrix $\mathbf{P} = 1/f * (\mathbf{P}_- - \mathbf{P}_+)$ **:** $f*\mathbf{P}_{i,i-1} = -1$, $f*\mathbf{P}_{i,i+1} = 1$

Matrix **P*X** : $f*(\mathbf{P}*\mathbf{X})_{i,i-1} = -x_{i-1}$, $f*(\mathbf{P}*\mathbf{X})_{i,i+1} = x_{i+1}$

Matrix **X*P** : $f*(\mathbf{X}*\mathbf{P})_{i,i-1} = -x_i$, $f*(\mathbf{X}*\mathbf{P})_{i,i+1} = x_i$

Matrix **D = P*X–X*P:** $f*\mathbf{D}_{i,i-1} = x_i - x_{i-1}$, $f*\mathbf{D}_{i,i+1} = x_{i+1} - x_i$

Oder $2*im*\mathbf{D}_{i,i-1} = 1$, $2*im*\mathbf{D}_{i,i+1} = 1$

Vektor **a** : $a_i = \phi(x_i)$

Vektor **Xa** : $(\mathbf{Xa})_i = x_i*a_i = x_i*\phi(x_i) => x*\phi(x)$ mit h=>0

Vektor **Pa** : $(\mathbf{Pa})_i = (1/im)*1/2*[(a_{i+1}-a_i)/h + (a_i-a_{i-1})/h] =$

$= (1/im)*1/2*[(\phi(x_i+h)-\phi(x_i))/h + (\phi(x_i)-\phi(x_i-h))/h] =>$

$=> (1/im)*d\phi(x)/dx$ mit h=>0

Vektor Da : $(\mathbf{Da})_i = 1/(2*im)*(a_{i-1} + a_{i+1}) =$

$= 1/(2*im)*[\phi(x_i-h)+\phi(x_i+h)] => (1/im)*\ )*\phi(x)$ mit h=>0

---

4. Weiterer Aufbau der QM im Eindimensionalen

Nachdem wir nun die fundamentalen Operatoren **X** und **P** kennen gelernt haben, wollen wir den weiteren Aufbau der QM vorantreiben. Wir verbleiben im Eindimensionalen und im Kontinuierlichem, wie es allgemeine Praxis ist. Ausgangspunkt ist, entgegen dem historischen Weg, die Überlegung, unter welchen Umständen quantenmechanische Systeme unverändert oder fast unverändert bleiben. Das führt uns zu den unitären Transformationen, deren wesentliche Eigenschaften wir bereits angegeben haben.

4.1 Unitäre Transformationen und ihre Folgerungen

Wir verwenden die uns bekannten Operatoren und hatten bereits die Transformation

$\mathbf{dU} = \mathbf{E} + i*h*\mathbf{P}$,die eine kleine Verschiebung eines Zustandsvektors in x- oder entgegen der x-Richtung bewirkt. Diese lässt sich nun erweitern, indem man setzt

$$\mathbf{U} = e^{i*a*\mathbf{P}} = \mathbf{E} + i*a*\mathbf{P} + (ia)^2/2! * \mathbf{P}^2 + (ia)^3/3! * \mathbf{P}^3 + \ldots$$
$$= \mathbf{E} + i*a*\mathbf{P} - a^2/2! * \mathbf{P}^2 - ia^3/3! * \mathbf{P}^3 + \ldots$$

Dabei haben wir die e-Funktion benutzt , die die Darstellung hat

$$\mathbf{e^x = 1 + x + 1/2! * x^2 + 1/3! * x^3 + \ldots}$$

e Eulerzahl, Wachstumszahl **e = 2,7 1828 1828 4590…**

Anmerkung: Leonhard **Euler**, schweizer Mathematiker (1707-1783)

Wie wir bereits gesehen haben, muss der verwendete Operator, hier **P** , hermitesch sein, damit **U** unitär wird, was hier der Fall ist. Statt im schreiben wir nun wieder i als imaginäre Einheit.

Die umgekehrte Transformation ist dann, es ist ja $\mathbf{P}^+ = \mathbf{P}$,

$$\mathbf{U}^+ = e^{-i*a*\mathbf{P}} = \mathbf{E} - i*a*\mathbf{P} + (-ia)^2/2! * \mathbf{P}^2 + (-ia)^3/3! * \mathbf{P}^3 + \ldots$$
$$= \mathbf{E} - i*a*\mathbf{P} - a^2/2! * \mathbf{P}^2 - i*a^3/3! * \mathbf{P}^3 + \ldots$$

So befremdlich die Transformation fürs erste erscheinen mag, ist sie eigentlich schon bekannt. Setzt man für $\mathbf{P} = 1/i * d/dx$ ein und lässt sie auf eine Funktion $\phi(x)$ wirken, so wird daraus

----

$$\mathbf{U}\phi(x) = e^{i*a*\mathbf{P}} \phi(x) = (1+a*d/dx + a^2*1/2!*d^2/dx^2 + \ldots)\, \phi(x) = \phi(x+a)$$

analog ist

$$\mathbf{U}^+\phi(x) = e^{-i*a*\mathbf{P}} \phi(x) = (1- a*d/dx + a^2*1/2!*d^2/dx^2 - \ldots)\, \phi(x) = \phi(x-a)$$

Ist $\phi(x)$ reell , so sind das von der Mathematik her bekannte **Taylor-Reihen**.

Anmerkung: Brook **Taylor**, engl. Mathematiker (1685-1731)

Die erste $\phi(x) \Rightarrow \phi(x+a)$ bewirkt eine Versetzung der Funktionskurve (Objekt) um eine Strecke a nach links, gleichbedeutend mit einer Versetzung des Koordinatensystems (Objekt bleibt) um a nach rechts.
Man kann sich das etwa verdeutlichen bei der Funktion $y = x^2$,
sie wird zu $y = (x+a)^2$ .Der Berührpunkt, das Minimum, wandert an die Stelle $x = -a$, also die Figur geht nach links.
Die zweite $\phi(x) \Rightarrow \phi(x-a)$ bewirkt eine Versetzung der Funktionskurve um eine Strecke a nach rechts, gleichbedeutend mit einer Versetzung des Koordinatensystems um a nach links.

Der Vorgang nun in Schritten:Zunächst im Koordinatensystem K liegt vor $\phi(x)$, dann Beschreibung von K'aus $x' = x+a$ oder $x = x'-a$, also $\phi(x) = \phi'(x'-a)$, dann sagen wir das ist äquivalent, wenn wir in K das Objekt $\phi(x)$ versetzen würden, also $\phi(x) \Rightarrow \phi(x-a)$. Siehe Figur in 4.2 unten.
Ist $\phi(x)$ komplexwertig, so ist die Situation eigentlich dieselbe, lediglich die Anschaulichkeit leidet.
Anmerkung: Kontinuierliche Transformationen und die damit verbundenen Theorie (Lie-Gruppen) wurden vom norwegischen Mathematiker Marius **Lie** (1842-1899) eingeführt.
Wir können zunächst dreierlei festhalten:
Eine unitäre Transformation bringt zwei Operatoren in ein korrespondierendes Verhältnis.
Hier ist es der die Transformation vermittelnde Operator **P** =1/i * d/dx einerseits und dem der Transformation unterliegende Operator **X** = x andererseits. Beide werden hier in ihrer komponentenhaften Form, in ihrer Wirkung auf eine Komponente, verwendet.
Eine unitäre Transformation dieser Art mit Verschiebeparameter, hier a, erzwingt, dass der transformierende Operator, hier **P**, hermitesch ist.
Die Wirkung der Transformation ist eine Versetzung der ihr unterliegenden Größe, hier eine Versetzung von x um a und in der Folge der von ihr abhängigen Zustandsfunktionen, hier $\phi(x)$.

4.2 Generierung der Transformation U aus kleinen Transformationen dU
Nun wollen versuchen, die große Transformation **U**, dargestellt über die e-Funktion, aus der <u>Hintereinanderanwendung vieler kleiner Transformationen</u> aufzubauen. Die Gesamtverschiebung sei a. Sie soll über n Schritte h = a/n erreicht werden. Die kleine Transformation ist **dU = E** + i*h***P** ,

welche auf eine Funktion $\phi(x)$ einwirken möge. Wir kürzen ab **Q** = i*a***P**, wählen als Beispiel n=3, also 3 Schritte, es ist dann ist h=a/3 und
dU = E + **Q**/3 und wir haben dann für **U** schrittweise
1.Schritt S1 = 1+**Q**/3
2.Schritt $S2 = (1+\mathbf{Q}/3)*S1 = 1+2(\mathbf{Q}/3)+(\mathbf{Q}/3)^2 = 1+2/3*\mathbf{Q} + 1/9*\mathbf{Q}^2$
3.Schritt $S3 = (1+\mathbf{Q}/3)*S2 = 1+3(\mathbf{Q}/3)+3(\mathbf{Q}/3)^2 +(\mathbf{Q}/3)^3 =$
$= 1+\mathbf{Q} +1/3*\mathbf{Q}^2 +1/27*\mathbf{Q}^3$
Wie wir sehen, stellen sich die zur e-Funktion gehörenden Koeffizienten nur sehr ungenau ein. Wir zeigen nun, dass sie sich im Grenzfall n gegen unendlich exakt einstellen.

Nun allgemein **dU = E** + **Q**/n   **U** soll durch n Schritte hervorgehen

Es gilt die **binomische Formel** $(1+x)^n = 1+ \ldots + \frac{n!}{k!*(n-k)!} * x^k + \ldots$

x ist hier **Q**/n , k=1,2,3,...
Man kann formal so rechnen, als wäre **Q** eine Zahlengröße.

Nun ist n!/(k!*(n-k)!) = 1/k! * n*(n-1)*...*(n-k+1)
Das sind genau k Faktoren
Beispiel: 5!/(3!*2!) = 1/3! * 5*4*3 = 10   n=5, k=3

Somit ist das Glied
$1/k! * n!/(k!*(n-k)!) * x^k = 1/k! * n*(n-1)*\ldots*(n-k+1)/n^k *\mathbf{Q}^k =$
wegen x=**Q**/n $= 1/k! * [1 * (n-1)/n * (n-2)/n * \ldots * (n-k+1)/n] *\mathbf{Q}^k$
n erscheint k-mal im Nenner

Wenn nun n gegen unendlich geht, gehen die in []-Klammen stehenden Produkt-Terme gegen 1, es verbleibt $1/k! * \mathbf{Q}^k$
Es ergibt sich also die Potenzreihe
$S = 1 + \mathbf{Q} + 1/(1*2)*\mathbf{Q}^2 +\ldots+ 1/(1*2*\ldots*k)*\mathbf{Q}^k + \ldots$
oder knapper geschrieben $S = 1+ \mathbf{Q} + 1/2!*\mathbf{Q}^2 +\ldots+ 1/k!*\mathbf{Q}^k + \ldots$
Wir haben also S = exp(**Q**) . Damit ist der Beweis erbracht.
Unter der führenden 1 ist stets der Einheitsoperator oder die Einheitsmatrix **E** gemeint. Statt **P** könnte auch ein anderer Operator stehen, auch eine Matrix, auch wenn sie nicht unitär sind.

Das erinnert an die Zinseszinsrechnung für ein festes Kapital. Der Kapitalzuwachs am Jahresende ist jeweils für die weitere Verzinsung zu beachten. Ist die Verzinsung monatlich, so ist der Zinsfuß entsprechend kleiner, die Zahl der Zuwächse entsprechend größer. Rein theoretisch könnte man die Fristen immer kleiner machen, etwa täglich, usw und die Zahl der Zuschläge entsprechend immer größer. So kann man auch die **Wachstumszahl e** interpretieren: Wäre die Verzinsung 100% , so ist ein Jahresanfangskapital bei jährlicher Verzinsung am Jahresende auf das 2-fache gewachsen. Wählt man die Verzinsungsfristen kleiner, beliebig klein, so wächst es bis zum Jahresende auf das 2,71828- fache, eben die Zahl e.

Siehe Kapitel 4.1

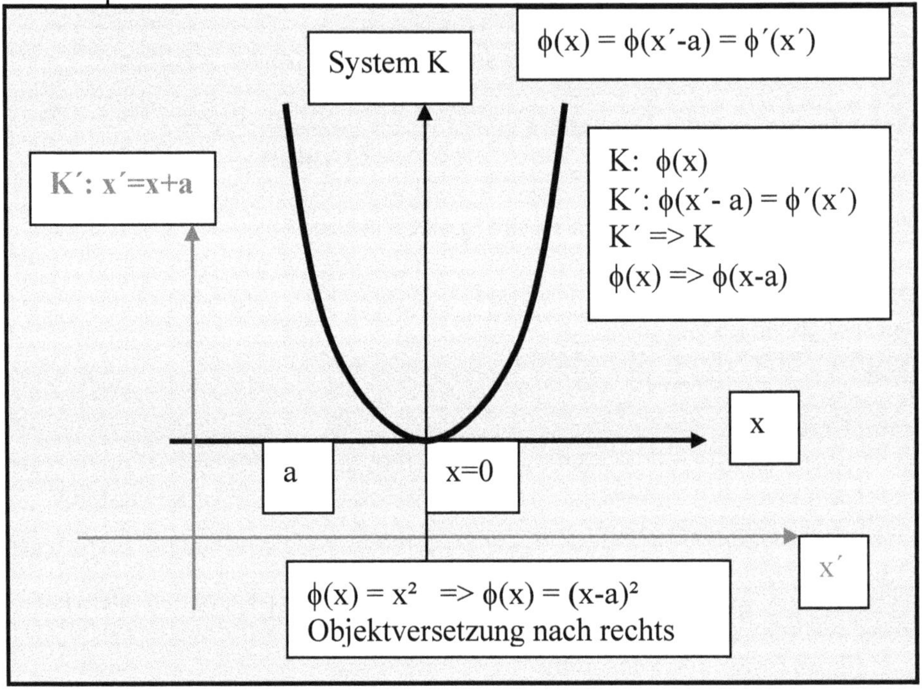

4.3 Die Eigenwertgleichung für P

Es stellt sich die Frage, welche Zustandsfunktionen $\phi(x)$ sich unter einer Transformation **U** = e^{i*a*P} sich nur wenig ändert.

Offenbar die Eigenfunktionen von **P**.

Das führt zur **Eigenwertgleichung P***$\phi(x) = p*\phi(x)$,

konkret $\frac{1}{i} * \frac{d}{dx} \phi(x) = p*\phi(x)$

Die Lösung dieser Gleichung ist eine e-Funktion,
nämlich $\boldsymbol{\phi(x) = (2\pi)^{-1/2} * e^{i*p*x}}$, denn $1/i*d/dx\,(2\pi)^{-1/2}e^{i*p*x} = p*\,(2\pi)^{-1/2}e^{i*p*x}$
p ist der **Eigenwert**, eine beliebige reelle Zahl.
Der Faktor $\boldsymbol{(2\pi)^{-1/2}}$ ist wegen der Normierung der Eigenfunktion notwendig.

Lässt man nun **U** auf $\phi(x) = (2\pi)^{-1/2} * e^{i*p*x}$ wirken, so folgt
$e^{i*a*\mathbf{P}} *(2\pi)^{-1/2}e^{i*p*x} = (2\pi)^{-1/2}e^{i*p*(x+a)} = e^{i*a*p} *(2\pi)^{-1/2}e^{i*p*x}$,
Es reproduziert sich dabei die Eigenlösung bis auf den **Phasenfaktor** $\boldsymbol{e^{i*a*p}}$.
Ermittelt man für diese transformierte Eigenlösung den Eigenwert erneut durch Anwenden von 1/i*d/dx , so folgt, dass p gleich geblieben ist, er ist eine **Erhaltungsgröße** unter dieser Transformation. Dagegen ändert sich die Ortskoordinate x, der Eigenwert von **X**, nämlich zu x+a .Er ist keine Erhaltungsgröße unter dieser Transformation.

Der **typische Form der kontinuierlichen und unitären Transformationen** in Gestalt der e-Funktion und ihre Parameterisierung mittels der zugehörigen Eigenwertgleichung , hier aus **P** wird p, ist es letztlich zuzuschreiben, das wird besonders deutlich, wenn wir später noch die Zeit t hinzunehmen, dass wir in der QM von **Wellen** sprechen, dass sich die Situation, dass sich ein Zustands-vektor als Überlagerung von wellenartigen Basisfunktionen darstellen lässt.

So gilt nach Euler für eine **komplexe Zahl** $\boldsymbol{z = r*e^{i*\alpha} = r*(\cos\alpha + i*\sin\alpha)}$
Es treten die wellenartigen Funktionen Cosinus und Sinus auf.
Die rechte Seite kann man sich nach Gauß in der **komplexen Zahlenebene** geometrisch in Form eines Pfeils dargestellt denken. Die x-Achse steht für den Realteil von z, die y-Achse für den Imaginärteil von z.
r ist der Betrag von z, die Länge des Pfeils, α ist sein Winkel zur x-Achse.
Anmerkung: Carl Friedrich **Gauß,** deutscher Mathematiker (1777-1855)

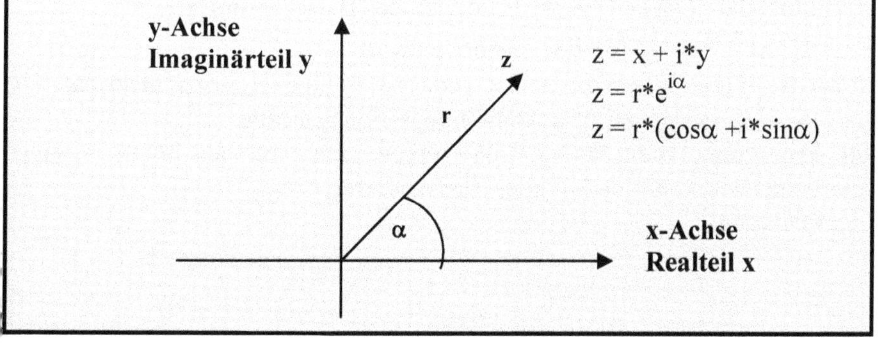

4.4 Identifizierung von P als Impulsoperator

Das führt nun zur Deutung des Operators **P**. Es handelt sich um eine physikalische Größe, die bei Translation, bei Versetzung des Koordinatensystems, gleich bleibt. Das weist auf den **Impuls** hin. Erst im Gesamtkontext, siehe auch de-Broglie-Wellen, können wir dessen sicher sein. Nachdem nun mal der Operator **P** im Ortsraum vorliegt, braucht er eine physikalische Deutung. Man kann ihn nicht einfach liegen lassen. Dass nun zwei Operatoren konkurrierend im gleichen Raum vorhanden sind, ist fundamental für die QM. Würde jede klassische Größe einen eigenen Raum beanspruchen, bräuchten wir keine QM, wir könnten bei den Variablen der klassischen Physik bleiben. Analoges gilt für das Verhältnis Zeit-Energie, Drehwinkel-Drehimpuls.
Die QM wäre eine mathematische Angelegenheit ohne physikalischen Boden. Dass allerdings eine QM nötig ist, sagen die physikalischen Gegebenheiten.
Erstaunlich ist, dass der Operator hierfür keinen Zeitanteil hat, obwohl der Impuls mit Geschwindigkeit und damit auch mit der Zeit zu tun hat. Wie schon gesagt, ist er im Ortsraum angesiedelt , tritt er also in Konkurrenz zum Ortsoperator X. Dieses ist fundamental und wirkt sich, wie wir später sehen werden, auf die Drehimpulsopertoren aus, die damit wiederum eine Einbettung in den/die Ortsräume bekommen.
Bislang haben wir gesagt, die Eigenwerte stecken im Operator. Das ist hier nicht der Fall. Sie sind je in einer Eigenfunktion. Sie können nur dann im Operator stecken, mittelbar oder unmittelbar, wenn dieser eine Matrix ist oder als Matrix dargestellt wird.
Wir haben mit den **Impulseigenfunktionen** einen **anderen Satz von Basisvektoren im Ortsraum** gewonnen, der selbstständig neben den Ortsbasisvektoren |x> existiert.

4.5 Der Impulsraum

Zu jedem festen p gehört der **Eigenvektor |p>**
mit der Komponente $\mathbf{(2\pi)^{-1/2} * e^{i*p*x}}$ bezüglich des Basisvektors |**x**>,
also $|\mathbf{p}\rangle = \int (2\pi)^{-1/2} * e^{i*p*x} \, |\mathbf{x}\rangle \, \mathbf{dx}$, wobei p fix ist.
Es wird integriert über alle Werte von x, sodass |p> keinen x-Anteil mehr hat.
Dagegen $|x\rangle = \int \delta(\xi - x) \, |\xi\rangle \, d\xi$ $\quad \xi$ ist die Integrationsvariable.
Faktisch kann man nicht integrieren wegen |x>, soll ausdrücken eine kontinuierliche Linerkombination aller Basisvektoren |x>,
je mit dem Faktor e^{i*p*x} .

Das **Skalarprodukt zweier Eigenvektoren |p> und |q>** ist

$$<p|q> = (1/2\pi)*\int e^{-i*p*x} \; * \; e^{i*q*y} <x|y> dx\, dy =$$

$$= (1/2\pi)*\int e^{-i*p*x} \; * \; e^{i*q*y} * \delta(x-y)\, dx\, dy =$$

$$= (1/2\pi)*\int e^{-i*p*x} \; * \; e^{i*q*x}\, dx = (1/2\pi)*\int e^{-i*(p-q)*x}\, dx = \delta(p-q)$$

Bemerkung: Der Beweis für diese Darstellung der δ-Funktion wird nachgeholt.
Das Skalarprodukt der Impulsbasisvektoren |p> und |q> ist also gleich 0, wenn p und q verschieden sind, sie sind dann orthogonal zueinander.
Wenn sie gleich sind und das Normquadrat errechnet wird, so ergibt sich die Deltafunktion. Die Norm ist also gleichfalls, wie bei den Ortsbasisvektoren |x>, nicht auf 1 normierbar.
Verwendet man nun die Eigenvektoren |p> als Basis für den Gesamtraum, statt |x>, so spricht man vom Impulsraum. Der Operator **P** ist dann einfach der Eigenwert p, ganz analog wie im Ortsraum der Operator **X** durch den Eigenwert, die Ortskoordinate x ersetzt werden kann. Wir haben also zwei konkurrierende Basissysteme zum selben Gesamtraum. Der Impulsraum wird allerdings meist nur temporär genutzt, wenn er Rechenvorteile bietet.

4.6 Darstellung von Orts-Zustandsvektoren durch Impulseigenfunktionen
Gegeben sei eine Zustandsfunktion $\phi(x)$ im Ortsraum mit Basis |x>, in Komponentenform.
Wir wollen sie nun durch die Eigenfunktionen des Impulses ausdrücken, d.h.

$$\boldsymbol{\phi(x)\,|x\rangle = \int dp*\varphi(p)*\,(2\pi)^{-1/2}*e^{i*p*x}\,|x\rangle}$$

In der Regel lässt man |x> beidseitig weg
Es wird über alle Eigenwerte p integriert, also alle Impulseigenfunktionen werden herangezogen. **$\varphi(p)$** gibt dann den Beitrag der jeweiligen Eigenfunktion $(2\pi)^{-1/2}*e^{i*p*x}$ an $\phi(x)$ an.
Man verbleibt im Ortsraum. Statt $\phi(x)$ unmittelbar mit Basis |x> , verwendet man die Basis $(2\pi)^{-1/2}*e^{i*p*x}\,|x\rangle$.
Der Operator **P** ist nach wie vor 1/i*d/dx in Komponentendarstellung.
Bei gegebenem $\phi(x)$ ermittelt man $\varphi(p)$ durch das Integral,
die sog. **Fouriertransformierte** $\boldsymbol{\varphi(p) = \int\phi(x)*(2\pi)^{-1/2}*e^{-\,i*p*x}\,dx}$.
Anmerkg: Jean Baptiste **Fourier**, frz. Mathematiker und Physiker (1768-1830)
Die Spektraldarstellungen von $\phi(x)$ und $\varphi(p)$ sind also analog aufgebaut. Es wird jeweils über die andere Größe integriert, in der Exponentialfunktion wird je das gegenteilige Vorzeichen verwendet.

Damit kann man obige Beziehung für die **Deltafunktion** ableiten, indem man für $\phi(x)$ eben die Deltafunktion $\delta(x\text{-}a)$ einsetzt. Man hat dann

$$\varphi(p) = \int\delta(x-a)*\,(2\pi)^{-1/2}*e^{-i*p*x}\,dx = (2\pi)^{-1/2}*e^{-i*p*a}\,,$$

somit $\boldsymbol{\delta(x-a)} = \int[(2\pi)^{-1/2}*e^{-i*p*a}\,]*[(2\pi)^{-1/2}*e^{i*p*x}\,]dp = \boldsymbol{1/2\pi*\int e^{i*p*(x-a)}\,dp}$

Nun wollen wir einen Zustand ausdrücken, im x-Raum einerseits und im p-Raum andererseits: $\boldsymbol{\int\phi(x)\,|x\rangle dx = \int\varphi(p)\,|p\rangle dp}$
Die rechte Seite ist:

$$\int\varphi(p)\,|p\rangle dp = \int\varphi(p)*((2\pi)^{-1/2}*\int e^{i*p*x}\,|x\rangle dx)*dp =$$

$$= \iint\varphi(p)*[(2\pi)^{-1/2}*e^{i*p*x}\,dp]\,|x\rangle*dx \qquad \text{nach Umordnung}$$

Der Vergleich mit der linken Seite ergibt wiederum

$$\phi(x)\,|x\rangle = \int\varphi(p)*(2\pi)^{-1/2}*e^{i*p*x}\,|x\rangle dp$$

$\varphi(p)$, die Fouriertransformierte , ist also die Komponente zu |p> im Impulsraum.

Fassen wir nun den Zustand ins Auge, **ein Teilchen befindet sich genau am Ort x**. Diesen wollen wir durch Impulseigenfunktionen ausdrücken.

Seine Komponente ist $\delta(\xi\text{-}x)^*\ |x>$

Es rechnet sich $\varphi(p)$ zu $\varphi(p) = (2\pi)^{-1/2} * \int \delta(\xi\text{-}x) * e^{-i*p*\xi}\ d\xi\ = (2\pi)^{-1/2} * e^{-i*p*x}$

Es ist dann $|x> = \int \delta(\xi\text{-}x)^*\ |\xi>d\xi$ einerseits

und $\quad |x> = \int [(2\pi)^{-1/2} * e^{\ i*p*x}\ ]^*\ |p>dp$ andererseits

Daraus entnehmen wir:

Ein singulärer Zustand, ein Teilchen genau an einem Ort x, wird durch **gleichgewichtige Überlagerung aller Impulseigenfunktionen** dargestellt.

Um den **Erwartungswert eines Operators** zu berechnen, setzt man den Operator in die Mitte des Skalarprodukts.

Beispiel Operator P , hinsichtlich h/2π eine Vorwegnahme

$$\mathbf{Pm} = \int \phi^*(x)^*\ P\ ^*\phi(x)^*dx = \boldsymbol{\int \phi^*(x)^*(h/2\pi i^*d/dx\ )^*\phi(x)^*dx} =$$

$$= \int \phi^*(x)^*(h/2\pi i^*d\phi(x)/dx)^*dx$$

Das begründet sich wie folgt.

Man denke sich $\phi(x)$ nach Basisvektoren des Operators entwickelt, im Beispiel $\phi(x)\ |x> = (2\pi)^{-1/2} * \int dp^*\varphi(p)^*e^{i*p*x}\ |x>$ und setzt die Entwicklung je ins Integral ein. Der Operator, dann angewendet, liefert den zu x gehörigen Eigenwert, hier p. Nun wird über x integriert, es verbleibt das Skalarprodukt der Basisvektoren des Operators , je gewichtet durch den Eigenwert.

Also:

Pm =

$= \int (\int dq^*\varphi^*(q)^*(2\pi)^{-1/2} * e^{-i*q*x})^*(1/i^*d/dx)^*(\ \int dp^*\varphi(p)^*(2\pi)^{-1/2} * e^{i*p*x}\ ^*dx) =$

$= 1/2\pi * \int (\int dq^*\varphi^*(q)^*e^{-i*q*x}\ )^*(\ \int dp^*p^*\varphi(p)^*e^{i*p*x} * dx =$ Operator wirken lassen

$= 1/2\pi * \iiint dqdp^*p^*\varphi^*(q)^*\varphi(p)^*e^{i*(p-q)*x}\ ^*dx =$ Zusammenfassen

$= 1/2\pi * \iint dqdp^*dp^*p^*\varphi^*(q)^*\varphi(p)^*2\pi^*\delta(p\text{-}q) =$ Integration über x

$= 1/2\pi * \int dp^*p^*\varphi^*(p)^*\varphi(p)^*2\pi =$ Integration über q, δ-Funktion wirkt

$\boldsymbol{= \int dp^*p^*\varphi^*(p)^*\varphi(p)}$ Ergebnis:

Pro p gibt es einen Beitrag $p^*\varphi^*(p)^*\varphi(p)$ zum Mittelwert des Operators P . $\varphi^*(p)^*\varphi(p)$ ist jeweils die Wahrscheinlichkeit, für das Teilchen den Impuls p vorzufinden. Analog geht es für andere Operatoren , z.B. für P^2 .

4.7 Allgemeines über die Fouriertransformation

Wir haben sie bereits kennengelernt bei der Darstellung von Zustandsfunktionen über Impulseigenfunktionen im Ortsraum.

Wir schreiben diese Formeln nochmals an

$\phi(x)=(2\pi)^{-1/2}* \int\varphi(p)*e^{i*p*x}\,dp$ Darstellung von $\phi(x)$ mittels ebener Wellen
$\varphi(p)=(2\pi)^{-1/2}*\int\phi(x)*e^{-i*p*x}\,dx$ Darstellung von $\varphi(p)$ mittels ebener Wellen
Die Formeln sind also weitgehend symmetrisch. Es werden nur die Rollen vertauscht: Steht in einem Integral e^{i*p*x}, so muss im anderen Integral e^{-i*p*x} stehen. Weiß man also eine Funktion $\phi(x)$, so kann man mittels des zweiten Integrals $\varphi(p)$ ermitteln und so seine Darstellung über ebene Wellen und auch umgekehrt. x und p stehen stellvertretend für irgendwie benannte Variable in einem analogen Verhältnis.

Nun eine **Verallgemeinerung**:
Bei p*x sei noch ein Faktor α vorhanden, also α*p*x
Dann gelten die allgemeineren Formeln, bislang war α=1

$$\boldsymbol{\phi(x)=(\alpha/2\pi)^{1/2}*\int\varphi(p)*e^{+i*\alpha*p*x}\,dp}$$

Darstellung von $\phi(x)$ mittels ebener Wellen $e^{+i*\alpha*p*x}$

$$\boldsymbol{\varphi(p)=(\alpha/2\pi)^{1/2}*\int\phi(x)*e^{-i*\alpha*p*x}\,dx}$$

Darstellung von $\varphi(p)$ mittels ebener Wellen $e^{-i*\alpha*p*x}$

Beispiel: Es sei gegeben die Funktion $\phi(x) = A*\exp(-x^2/2a^2)$
Sie soll nach ebenen Wellen $\exp(i*2\pi/h*p*x)$ entwickelt werden.
Es ist also $\alpha = 2\pi/h$ Dann ist
$\varphi(p)=(1/h)^{1/2}*\int\phi(x)*\exp(-i*2\pi/h*p*x)dx = A*\int\exp(-x^2/2a^2-i*2\pi/h*p*x)\,dx$
Hinsichtlich der Ausrechnung siehe 7.2

Den **Beweis für die Fourierintegrale** und deren Normierung erhalten wir durch Ineinandersetzen:

$$\phi(x) = (\alpha/2\pi)^{1/2}*\int\varphi(p)*e^{i*\alpha*p*x}\,dp =$$
$$= (\alpha/2\pi)^{1/2}*(\alpha/2\pi)^{1/2}*\iint\phi(\xi)*e^{-i*\alpha*p*\xi}\,d\xi * e^{i*p*x}\,dp =$$
$$= (\alpha/2\pi)*\iint\phi(\xi)*e^{i*\alpha*p*(x-\xi)}\,d\xi dp =$$

Nach Substitution $q = \alpha*p$, dann $dq = \alpha*dp$ und $dp = 1/\alpha*dq$

$$= (\alpha/2\pi)*1/\alpha*\iint\phi(\xi)*e^{i*q*(x-\xi)}\,d\xi dq =$$
$$= (1/2\pi)*\iint\phi(\xi)*e^{i*q*(x-\xi)}\,d\xi dq = (1/2\pi)*\int\phi(\xi)*2\pi*\delta(x-\xi)d\xi = \phi(x)$$

Statt der symmetrischen Normierung $(\alpha/2\pi)^{1/2}$ könnte man auch eine unsymmetrische wählen, für das eine Integral $\alpha/2\pi$, für das Umkehrintegral dann 1. Die symmetrische Normierung hat den Vorteil, dass unmittelbar die normierten Impulseigenfunktionen verwendet werden, wenn man QM betreibt, außerdem ist sie in der Anwendung einfacher zu handhaben.

4.8 Nützliche Formeln zur Deltafunktion

$\int f(x)*\delta(x-a)\,dx = f(a)$ $\delta(x-a) = \delta(a-x)$ im Eindimensionalen

$\int d^3x\, f(\mathbf{x})*\delta(\mathbf{x-a}) = f(\mathbf{a})$ $\delta(\mathbf{x-a}) = \delta(\mathbf{a-x})$ im Dreidimensionalen

$\delta(\mathbf{x-a}) = \delta(x_1 - a_1)*\delta(x_2 - a_2)*\delta(x_3 - a_3)$ Erläuterung der Kurzschrift

$\int f(x)*\delta(ax)\,dx = 1/|a|*f(a)$

$\int f(x)*\delta(ax-b)\,dx = 1/|a|*f(b/a)$

Denn: Substitution $\xi = ax$ $d\xi = a*dx$ oder $x = \xi/a$ $dx = 1/a*d\xi$

Dann $\int f(x)*\delta(ax-b)\,dx = \int f(\xi/a)*\delta(\xi-b) * 1/a*d\xi = 1/|a|*f(b/a)$

$\int f(x)*\delta(x^2 - a^2)\,dx = 1/(2|a|)*[f(a) + f(-a)]$

Denn: $\int f(x)*\delta(x^2-a^2)\,dx = \int f(x)*\delta[(x-a)(x+a)]\,dx =$

$= \int f(x)*\delta[2a(x-a) + (-2a)(x+a)]\,dx = 1/(2|a|)*[f(a) + f(-a)]$

$\int f(x)*\delta'(x-a)\,dx = -f'(a)$

Denn: $\int f(x)*\delta'(x-a)\,dx = f(x)*\delta(x-a)\,|^{\infty}_{-\infty} - \int f'(x)*\delta(x-a)\,dx =$

$= 0 - \int f'(x)*\delta(x-a)\,dx = -f'(a)$

$2\pi*\delta(x-a) = \int \exp(i*p*(x-a))dp$ im Eindimensionalen

$(2\pi)^3*\delta(\mathbf{x-a}) = \int d^3p\, \exp(i*\mathbf{p}*(\mathbf{x-a}))$ im Dreidimensionalen

Dabei ist $\mathbf{p}*(\mathbf{x-a})$ ist das Skalarprodukt von $\mathbf{p}$ und $(\mathbf{x-a})$

$\int f(x)*\delta(u(x))\,dx = f(x_0) / |u'(x_0)|$

Denn: Substitution $q = u(x)$ $dq = u'(x)*dx$ $dx = dq/u'(x)$

also $= \int f(x)*\delta(q)*1/u'(x) * dq = f(x_0)/|u'(x_0)|$

Dabei ist x_0 die Lösung, Nullstelle der Gleichung $q=0$ oder $u(x) = 0$

Bei mehreren Lösungen, Nullstellen, addieren sich die

zu den Nullstellen x_i gehörenden Ergebnisterme $f(x_i)/|u'(x_i)|$.

Mit dieser Formel lassen sich auch viele obige Formeln ableiten.

Die Beträge |…| erklären sich aus der Symmetrie der Deltafunktion,

so muss z.B. sein $\int f(x)*\delta(u(x))\,dx = \int f(x)*\delta(-u(x))\,dx$

---

5. Ergänzung zum vollständigen Orts- und Zeitraum durch Produktraumbildung

Bislang haben wir den eindimensionalen Ortsraum und komplementär dazu den eindimensionalen Impulsraum betrachtet. Jeder weiß, dass der geometrische Raum drei Dimensionen hat, dem noch die Zeit hinzuzufügen ist, um Physik betreiben zu können. In der QM brauchen wir pro Dimension einen vollen Hilbert-Vektorraum. Das geschieht, jeweils, durch **Bildung des kartesischen Produkts von Räumen**. Die Basisvektoren sind dann analog zum x-Raum das Produkt |x>|y>|z>|t>. Wenn diese Räume je hauptdiagonal sind, so stehen für sie die Variablen x,y,z,t und ganz analog zum x-Raum die Impulsoperatoren $1/i*\partial/\partial x$, $1/i*\partial/\partial y$, $1/i*\partial/\partial z$ und $i*\partial/\partial t$, entsprechend für den y- und z-Raum und t-Raum.

Die Differentialquotienten sind je partiell zu verstehen. Bemerkenswert ist, dass in diesen kontinuierlichen Räumen die namengebenden Basisvektoren einfach als Variable geschrieben werden können, z.B. x oder t und dass die Partneroperatoren im Wesentlichen Differentialquotienten sind.

Der **Produktraum** besagt nicht, dass sich, in unserem Paradebeispiel, ein Massenpunkt , ein Teilchen im einen oder anderen Raum aufhält, sondern dass er sich gleichzeitig in allen Räumen des Produkts befindet, so wie auch einem Raumpunkt gleichzeitig alle Koordinaten x,y,z zukommen und auch noch die Zeit t ,wenn es sich nicht um ein starres Gebilde handelt.

Sollen die Basisvektoren als Spaltenvektoren zu schreiben sein, so werden die Vektoren nebeneinander geschrieben, also z.B.

(1) (0) (0) (0)
(0) (1) (0) (0)
(0) (0) (1) (0)
(0) (0) (0) (1)

Die erste Spalte ist der Basisvektor für x ,usw, sofern überhaupt Vektordarstellung möglich ist und es nicht im Symbolischen verbleibt.

Wirken elementare Operatoren, so sind diese je einem bestimmten Raum zugeordnet und wirken nur in ihm. Will man einen Operatorsatz haben, der auf den Gesamtraum wirkt, so sind gegebenenfalls entsprechende Einheitsoperatoren, wenigstens gedanklich, hinzuzufügen.

Beispiel: $1/i*\partial/\partial y\ \phi_x(x)\ \phi_y(y)\ \phi_z(z)\ \phi_t(t) = \phi_x(x)\ (1/i*\partial/\partial y\phi_y(y))\ \phi_z(z)\ \phi_t(t)$

Es ist nicht abgemacht, dass pro Dimension eine eigene Wahrscheinlichkeitsamplitude $\phi_x(x)$ usw existiert und die Gesamtamplitude ein Produkt von ihnen ist, vielmehr ist der allgemeine Fall, dass eine **Gesamtwahrscheinlichkeitsamplitde** vorliegt, also **ϕ(x,y,z,t).**

Da ist ein Unterschied. Z.B. ist die Funktion x*y+z nicht durch ein Produkt darstellbar.

Pro Dimension x, y, z, t gibt es nun eine kontinuierliche unitäre Transformation, analog zum x-Raum.
Der **Differentialquotient** ist dann je **partiell** zu nehmen .
Die oben angeführte unitäre Transformation ist also ein Muster für die restlichen Koordinaten, insbesondere auch für die Zeit.

Die oben abgeleiteten **Vertauschungsregeln**, der Kommutator für **X** und **P** (Ortsraumdarstellung), gelten nun allgemein für die Paare (x,$\mathbf{P}_x$), (y,$\mathbf{P}_y$), (z, $\mathbf{P}_z$), (t, H), wobei letzterer rechts ein anderes Vorzeichen hat wie auch der Operator selbst. Der zu t gehörige elementare Operator wird allgemein mit H (Hamiltonoperator) bezeichnet.
Anmerkung: William **Hamilton**, irischer Mathematiker (1805-1865)
Die Tatsache, dass der Operator für die Zeit ein anderes Vorzeichen hat wie die übrigen, wird im nächsten Kapitel erläutert.

Die Bildung des kartesischen Produkt von Räumen setzt natürlich voraus, dass die elementaren Operatoren aus verschiedenen Räumen miteinander vertauschen.
An dieser Stelle kann man philosophieren, warum die Vertauschungsregeln in der QM eine so große Bedeutung haben.
Variable vertauschen immer. Vertauschungsregeln von Operatoren drücken, wenn sie ungleich 0 sind, eine Besonderheit gegenüber den Variablen aus und damit auch das Besondere der QM gegenüber dem Klassischen. In den Anfängen der QM wurde das auch besonders gewürdigt.
Wenn man irgendeine Potenzreihe von Operatoren hat, nehmen wir x und P, so kann man sie auf Grund der VR gliedweise umordnen, sagen wir alle P links und alle x rechts, was eine Vereinfachung darstellt.
Weitere minimale Erkenntnisse genügen oft, um Ergebnisse auszurechnen.
Ein Beispiel: Es ist PX-XP=1/i dazu sei bekannt X|x> =x|x> und P|x>=0
Dann folgt z.B.

$$Px^2*|x> = (Px)x*|x> = (xP+1/i)x*|x> = [x*Px +x/i]*|x>=$$
$$= [x*(xP+1/i)+x/i]*|x> =[x^2P+2x/i] *|x>= 2x/i*|x>$$

Wenn man weiß, dass P =1/i*d/dx ist , sieht man, dass man das Differenzieren nachahmt. Die Vertauschungsregeln spielen bei den Lie-Transformationen eine große Rolle.

---

6. Justierung der QM durch de-Broglie-Wellen

Bislang haben wir die QM wie eine Art Mathematik betrieben. Nun wollen wir sie an der realen Physik festmachen.

6.1 Materiewellen

Um unter anderem die Streuung von Elektronen an Kristallatomen erklären zu können, hatte de Broglie die Idee, den Teilchen nicht nur Korpuskelcharakter, sondern auch Wellencharakter ähnlich dem Licht zuzuordnen.

Anmerkung: Louis-Victor **de Broglie**, frz. Physiker (1892-1987)

Einem **Lichtteilchen**, einem **Photon**, schreibt man die Energie $E=h*\nu$ zu.

Dabei ist h das Plancksche Wirkungsquantum, eine Naturkonstante mit dem Wert $\mathbf{h = 6.626*10^{-34}\ kg*m^2/sec^2 * sec}$

ν = Frequenz des Lichtes, Schwingungen pro Sek, (Hertz)

Beispiele:

Rotes Licht $\nu \sim 3.8*10^{14}$ Hz entsprechende Wellenlänge $\lambda=0.78*10^{-6}$ m

Energie eines roten Photons $E = h*\nu = 25.18*10^{-20}\ kg*m^2/sec^2 = 1.57$ eV

Blaues Licht $\nu \sim 7.9*10^{14}$ Hz entsprechende Wellenlänge $\lambda=0.38*10^{-6}$ m

Energie eines blauen Photons $E=h*\nu = 52.35*10^{-20}\ kg*m^2/sec^2 = 3.27$ eV

Dabei $\mathbf{1\ kg*m^2/sec^2 = 6.24*10^{18}\ eV}$

1 eV (**Elektronenvolt**) ist die Energie, die eine Elektron aufnimmt, wenn es eine Spannung von 1 Volt, z.B. in einem Plattenkondensator, durchläuft.

Einem **Materieteilchen** der Masse m und der Energie E wird nun genauso wie einem Photon eine Frequenz zugeordnet,also es gilt auch hier $\nu = E/h$

Hinsichtlich der Wellenlänge ist es anders. Bei einem Photon gilt $\nu*\lambda = c$

c ist die **Lichtgeschwindigkeit,** also Frequenz mal Wellenlänge = Lichtgeschwindigkeit. Es ist **c = 299792458 m/sec ,** also fast 300000 km/sec

Ein Materieteilchen möge eine Geschwindigkeit v haben, die aber stets kleiner als c ist.

Die Beziehungen für Materiewellen leiten sich nun wie folgt ab:

Energiebeziehung $m*c^2 = h*\nu$ links Einstein-Formel, rechts Planck-Formel. Gültig für Photonen und Materieteilchen

Impulsbeziehung $m*c = E/c = h*\nu/c = h/\lambda$ gültig für Photonen

Diese Impulsbeziehung wird, was die rechte Seite anbetrifft, auch für Materiewellen übernommen:

Impulsbeziehung $m*v = h/\lambda$ links Korpuskelbild , rechts Wellenbild

Mit $p = m*v$ folgt $\lambda = h/p = h/(m*v)$ gültig für Materiewellen,

dabei ist m gegebenenfalls die relativistische Masse.

Es erweist sich so ,

dass die **Phasengeschwindigkeit** $u = \lambda*\nu = (h/m*v)*(m*c^2/h) = c^2/v$ stets größer als die Lichtgeschwindigkeit c ist. Im Grenzfall v => c, wird die Phasenschwindigkeit gleich c .
Ein anderer Ausdruck für u ergibt sich
durch $u = \lambda*\nu = (\lambda/h)*(h*\nu) = \mathbf{h*\nu/(m*v)}$
Dieses nennt man auch das **Dispersionsgesetz für u** , (lat. dispergere, zerstreuen), weil die Phasengeschwindigkeit u von der Frequenz ν abhängig ist (im Gegensatz zum Licht, wo Phasengeschwindigkeit gleich Lichtgeschwindigkeit ist) und so sich z.B. eine Gruppe von zunächst eng lokalisierten Wellen verschiedener Frequenz mit der Zeit zerstreuen, auseinander laufen.
Anmerkung: Albert **Einstein**, deutscher Physiker (1879-1955)
Anmerkung: Max **Planck**, deutscher Physiker (1858-1947)

Die de-Broglie-Beziehungen sind zum Teil klassische Physik. Es wird sich später erweisen, dass es nicht genügt, einem Teilchen mit m und v nur eine Materiewelle fester Frequenz ν zuzuordnen, sondern dass ein Wellenpaket, eine Überlagerung mehrerer Wellen ähnlicher Frequenz erforderlich ist, dessen Maximum sich dann mit der Geschwindigkeit v bewegt. Die Bewegung dieses Maximums nennt man **Gruppengeschwindigkeit**, also die mittlere Geschwindigkeit der Gruppe der Wellen.

Nun wollen wir konkret die **Materiewellenlänge für ein Elektron** ausrechnen, das in einem elektrischen Feld, hervorgerufen durch eine Spannung U, auf die Geschwindigkeit v gebracht wurde.
Es gilt die Energiebeziehung $e*U = m*v^2/2$
links die elektrische Energie, rechts die kinetische Energie.
Die **Ladung des Elektrons** ist $\mathbf{e = 1.602*10^{-19}}$ **Asek** (Amperesek = Coulomb),
Die **Masse des Elektrons** ist $\mathbf{m = 9.1091*10^{-31}}$ **kg** entspricht **510999 eV**
Die Spannung U sei in Volt gemessen.
Aus der Energiebeziehung folgt $v = (2*e*U/m)^{1/2}$, somit
$\lambda = h/(m*v) = h/(2*e*m*U)^{1/2}$, somit in Zahlen $\boldsymbol{\lambda = (150/U)^{1/2} * 10^{-10}}$ **m** .
Also bereits eine Spannung von 1.5 Volt erzeugt eine Wellenlänge von $\lambda = 10^{-9}$ m . Verglichen mit blauem Licht ist diese bereits um das 380-fache **kleiner**. Man kommt also sehr schnell zu extrem kleinen Wellenlängen, was die Beobachtung sehr kleiner Objekte (Atome, Moleküle) auf Grund der da bereits einsetzenden Streuung und Beugung z.B. beim Durchgang von Materiewellen durch Kristalle oder beim Elektronenmikroskop ermöglicht .

Denn: Die Wellenlänge λ ist maßgebend, wie stark Beugungs- und Interferenzerscheinungen auftreten. Dabei soll die Größe des streuenden Objekts b, ein Partikel oder ein Spalt, mit der Wellenlänge λ vergleichbar sein. Maßgeblich ist dabei das Verhältnis λ/b . Siehe dazu auch Kapitel 7.6 .
Anmerkungen: Alessandro **Volta**, ital. Physiker (1745-1827)
Andre-Marie **Ampere**, franz. Mathematiker und Physiker (1775-1836)
Charles Augustin de **Coulomb**, frz. Physiker und Ingenieur (1736-1806)

De- Broglie-Wellen bringen Anschaulichkeit in die QM, man kann sie auch als Brücke zwischen klassischer Physik und der QM sehen.
Die Wellennatur des Lichts ist gewissermaßen das Muster für sie und für die Wahrscheinlichkeitswellen der QM.

6.2 Justierung der Operatoren für Impuls und Energie

Eine klassische Welle, etwa eine **Wasserwelle**, wird beschreiben durch die

---

Beziehung $\mathbf{W = A*\sin[2\pi\nu(t - x/u)]}$
Dabei ist A die Amplitude, ν die Frequenz, also das Auf **und** Ab pro Sekunde, t die Zeit in Sekunden seit Beobachtungsbeginn, x der Beobachtungsort .
u ist die Wellengeschwindigkeit.

Startwerte seien W = x = t = 0, dem folgt hier zunächst ein Wellental bei einer Momentaufnahme des Wellenbildes zur Zeit t=0.
Der in Klammern stehende Ausdruck heißt die **Phase der Welle**, das ist der Winkel im Bogenmaß zum Sinus zur Zeit t am Ort x. Konzentrieren wir uns auf einen festen Wert der Phase, etwa dem Wellenberg, so entnehmen wir, dass er sich mit x = u*t nach rechts, zu größeren x-Werten hin bewegt
Der Vollständigkeit halber sei auch die **Kreiszahl** π angegeben:
$\boldsymbol{\pi = 3.14\ 159\ 265\ 358\ldots}$ Sie entspricht einem Winkel von 180 Grad.

Bei **Materiewellen** ist es analog. Wegen der Eigenfunktionen zu Impuls und Energie haben wir statt dem Sinus oder Cosinus die e-Funktion zu nehmen, also $e^{i*phase}$ mit, wegen $u=\lambda*\nu$,

$$\mathbf{phase = - 2\pi\nu(t\text{-}x/u) = 2\pi*(x/\lambda - \nu*t) = 2\pi/h * (h/\lambda *x - h*\nu*t) =}$$
$$\mathbf{= 2\pi/h * (p*x - E*t)}$$

Das Wellenbild zur Zeit t=0 beginnt gemäß der so gewählten Phase mit einem Wellenberg am Ort x = 0.

Damit bei Anwendung auf diese so geänderten Eigenfunktionen die Eigenwerte p und E richtig entstehen, sind auch die **Impuls-** und **Energie-Operatoren** umzuschreiben, nämlich der Reihe nach in

$\mathbf{P_1 = h/2\pi * 1/i * \partial/\partial x}$ $\mathbf{P_2 = h/2\pi * 1/i * \partial/\partial y}$ $\mathbf{P_3 = h/2\pi * 1/i * \partial/\partial z}$ $\mathbf{P_0 = h/2\pi * i * \partial/\partial t}$

Weil in der Phase –E auftritt, steht im Energieoperator i statt 1/i, damit der Eigenwert E richtig reproduziert wird,
denn $h/2\pi * i * \partial/\partial t\ e^{i*2\pi/h * (p*x-E*t)} = E * e^{i*2\pi/h * (p*x-E*t)}$
Weil die e-Funktion benutzt wird, können die Argumente der einzelnen p-E-Eigenfunktionen zusammengezogen werden, denn es gilt $e^x * e^y = e^{x+y}$.
In der Literatur wird häufig h/2π wie auch c gleich 1 gesetzt, um Rechnungen zu vereinfachen. Um richtige numerische Ergebnisse zu bekommen, müssen sie allerdings am Ende wieder eingesetzt werden.
Im **Dreidimensionalen** lautet das Argument statt p*x nun mit Fettdruck
$\mathbf{p}*\mathbf{x} = p_1*x + p_2*y + p_3*z$,
also wird dann die Wellenfunktion zu $e^{i*2\pi/h * (\mathbf{p}*\mathbf{x} - E*t)}$.
Das entspricht Wellen, die bei E>0 in Richtung des Impulses **p** laufen. Verfolgen wir etwa die Ausbreitungsrichtung der Phase = 0,
also wenn gilt $\mathbf{p}*\mathbf{x} - E*t = 0$.
Das ist eine Ebenengleichung. **p** steht auf dieser Ebene senkrecht.
Zur Zeit t=0 geht sie durch den Ursprung und bewegt sich mit der Geschwindigkeit E/p (p = Betrag des Impulses) in Richtung des Impulses **p**.
In der Literatur wird auch häufig hier vereinfacht,
indem man setzt „p*x“ = **p*x** - E*t , also schreibt man $e^{i*p*x} = e^{i * (\mathbf{p}*\mathbf{x} - E*t)}$.
Aus dem Kontext muss man dann erkennen, was gemeint ist.

Der **Normierungsfaktor** der Impuls-Energie-Eigenfunktionen wird nun
$(1/2\pi)^{1/2} \Rightarrow (1/2\pi*2\pi/h)^{1/2} = (1/h)^{1/2}$
Somit ist
die **normierte Impuls-Energie-Eigenfunktion** $\mathbf{(1/h)^{1/2} * e^{i*2\pi/h * (p*x-E*t)}}$

Das **Skalarprodukt zweier Impuls-Eigenvektoren |p> und |q>** ist nun
$\langle p|q\rangle = (1/h) * \int \exp(-i*2\pi/h*p*x)*\exp(i*2\pi/h*q*y)*\langle x|y\rangle\, dx\, dy =$
$= (1/h) * \int \exp(-i*2\pi/h*p*x)*\exp(i*2\pi/h*q*y)*\delta(x-y)\, dx\, dy =$
$= (1/h) * \int \exp(-i*2\pi/h*p*x)*\exp(i*2\pi/h*q*x)*dx =$
$= (1/h) * \int \exp(-i*2\pi/h*(p-q)*x)*dx = \delta(p-q)$

Denn: Es ist allgemein $2\pi*\delta(x-a) = \int exp(i*k*(x-a)dk$
Statt i darf auch –i stehen.
Somit ist $\int exp(i*\alpha*k*(x-a)dk = 1/\alpha*\int exp(i*\xi*(x-a)d\xi = 1/\alpha*2\pi*\delta(x-a)$
Nach Substitution $\alpha*k = \xi$, somit $\alpha*dk = d\xi$, $dk= d\xi/\alpha$
Übertragen auf die Situation hier $x-a \Rightarrow p-q$ $\alpha = 2\pi/h$ $k \Rightarrow x$
folgt $1/h*\int exp(-i*2\pi/h*(p-q)*x)*dx = 1/h*h*\delta(p-q) = \delta(p-q)$
Dieses begründet diese Wahl des Normierungsfaktors.

6.3 Mittelwerte, Unschärferelation

Der Mittelwert des Ortes errechnet sich zu $xm = \int \phi^*(x)*x*\phi(x)dx$
Der Mittelwert des Ortsquadrates x^2m errechnet sich zu
$x^2m = \int \phi^*(x)*x^2*\phi(x)dx$
Der Mittelwert des Impulses errechnet sich zu
$pm =\int \phi^*(x)*[h/2\pi*1/i*d\phi(x)/dx]*dx$
Der Mittelwert des Impulsquadrates p^2m errechnet sich zu
$p^2m = \int \phi^*(x)*[h/2\pi*1/i*d\phi(x)/dx]^2*dx = \int \phi^*(x)*[-h^2/4\pi^2*d^2\phi(x)/dx^2]*dx$

Unschärfequadrate

Das Unschärfequadrat bezüglich x ist dann $(\Delta x)^2 = x^2m - (xm)^2$
Das Unschärfequadrat bezüglich p ist dann $(\Delta p)^2 = p^2m - (pm)^2$
Siehe dazu auch Kapitel 3.6

Unschärferelation (ohne Beweis) ist
$\Delta x * \Delta p \geq h/4\pi$ h ist das Wirkungsquantum, gilt auch analog für y- und z-Richtung Je enger das lokale Wellenpaket ist, betrifft x, um so breiter sind die Impulse p gestreut und umgekehrt. Auch ist
$\Delta t * \Delta E \geq h/4\pi$
Je schärfer die Energie E gemessen wird, umso ungenauer ist die Zeitangabe oder umgekehrt.

Ein typisches Beispiel für die Unschärfe $\Delta y * \Delta p_y$ ist der Durchgang von Elektronen fixen Impulses in x-Richtung und Impuls=0 in y-Richtung durch einen Spalt der Breite Δy . Die Einengung des Ortes auf Δy hat dann ab sofort eine Impulsunschärfe Δp_y ,also in y-Richtung, zur Folge, was sich dann in der Beugung nach dem Spalt, in der Strahlverbreiterung zeigt. Siehe dazu auch Kapitel 7.5

Ein typisches Beispiel für die Unschärfe $\Delta t * \Delta E$ ist der „Zerfall“ .
Wenn in einem angeregten Atom ein Elektron von einer höheren Bahn auf eine tiefere stürzt, braucht es eine Zeit Δt. Das hat zur Folge,dass das ausgesandte Lichtquant hinsichtlich der Energie E, der Frequenz ν, eine Unschärfe von ΔE bzw $\Delta\nu=\Delta E/h$ hat.
Wenn ein Elementarteilchen eine Lebensdauer von Δt hat und diese sehr klein ist, so ist seine Energie E bzw seine Masse m um mindestens $\Delta E = \Delta m *c^2$ ungenau angebbar. Siehe auch Kapitel 7.3

---

7. Die Energiegleichung im eindimensionalen Ort- und Zeitraum

Die Energie spielt in der klassischen Physik wie in der QM eine zentrale Rolle. Sie ist gewissermaßen ein Oberbegriff, der auf unterer Ebene viele Variationen erlaubt. Vergleichbar etwa mit dem Begriff Fläche in der Geometrie. So kann z.B. ein Rechteck bei gleicher Fläche F hinsichtlich Länge a und Breite b ganz verschieden sein, schmal und lang, ausgewogen, quadratisch, usw, wenn nur $F=a*b$ erfüllt ist.
Wir haben den Energieoperator bei den unitären Transformationen **U** kennen gelernt. Ähnlich wie der Impulsoperator **P** eine lokale Versetzung (Translation) eines Zustandsvektors (Zustandsfunktion) bewirkt, bewirkt der Energieoperator H eine zeitliche Versetzung eines Zustandes,also
zum einen $e^{i*\mathbf{a}*\mathbf{P}}\ \phi(\mathbf{x},t) = \phi(\mathbf{x}+\mathbf{a},t)$, zum anderen $e^{i*b*H}\ \phi(\mathbf{x},t) = \phi(\mathbf{x},t+b)$.
Wir haben festgestellt, dass ein Funktion $\phi(\mathbf{x},t)$ gleich bleibt, bis auf einen Phasenfaktor $e^{i*\mathbf{a}*\mathbf{p}}$ bzw e^{i*b*E} , wenn sie eine Eigenfunktion des entsprechenden Operators ist, was zur Eigenwertgleichung zu ihrer Bestimmung führt.
Nun gibt der Energieoperator i*d/dt (vereinfacht) nicht viel ab, es sei denn, er wird mit anderen Operatoren, Impuls und Ort, in Verbindung gebracht. Im Klassischen lautet die Beziehung für
die mechanische Energie $\mathbf{E = p^2/2m + V(x)}$ nun wieder eindimensional.
Dabei ist p der Impuls, m die Masse und V die vom Ort x abhängige potentielle Energie (Energie der Lage). Der vordere Teil ist die kinetische Energie (Energie der Bewegung).

7.1 Die Schrödingergleichung

Ziel ist es nun, diese Energiebeziehung in die QM umzusetzen im Ort-Zeit-Raum. Wir folgen dem historischen Weg und suchen eine **Wellengleichung für die Materiewellen**.

Die allgemeine **Wellengleichung** ist $\mathbf{d^2\psi/dt^2 = u^2*d^2\psi/dx^2}$,

dabei ist u die Phasengeschwindigkeit der Welle, also $u = \lambda*\nu$.

Beispiel: $\boldsymbol{\psi(x,t) = A*\sin(2\pi\nu(t-x/u))}$

Dann ist $d^2\psi/dt^2 = 4\pi^2\nu^2* A*\sin(2\pi\nu(t-x/u))$

und $d^2\psi/dx^2 = 4\pi^2\nu^2/u^2* A*\sin(2\pi\nu(t-x/u))$

Der rechte Ausdruck mit u^2 multipliziert ist offenbar dann gleich dem linken Ausdruck.

Die Zeitabhängigkeit spalten wir ab durch den Ansatz $\psi = \phi(x)*\exp(-i2\pi\nu t)$.

Durch Einsetzen in die Wellengleichung folgt $-4\pi^2\nu^2*\phi = u^2*d^2\phi/dx^2$

oder $d^2\phi/dx^2 + 4\pi^2(\nu^2/u^2)*\phi = 0$

Wir verwenden das **Dispersionsgesetz für Materiewellen** $\mathbf{u = h*\nu/(m*v)}$ siehe Kapitel 6, und die **Energiebeziehung** $\mathbf{E = ½*mv^2 + V = h\nu}$

v ist die Partikelgeschwindigkeit.

Aus dem Dispersionsgesetz folgt $m^2*v^2 = h^2*\nu^2/u^2$,

aus der Energiebeziehung folgt $m^2*v^2 = 2m*(E - V)$,

aus beiden zusammen folgt also $\mathbf{\nu^2/u^2 = 2m/h^2*(E-V)}$.

Diese Beziehung sorgt offenbar dafür, dass E bzw (E-V) nur linear in die Gleichung eingeht, obwohl in der Wellengleichung die zweite Ableitung nach der Zeit vorliegt.

Einsetzen in die nur ortsabhängige Wellengleich ergibt

$d^2\phi/dx^2 +4\pi^2*2m/h^2*(E-U)*\phi = 0$ oder $d^2\phi/dx^2 + 8\pi^2m/h^2 * (E-V)*\phi = 0$

Das ist die zeitunabhängige Schrödingergleichung.

Die Zeitabhängigkeit bekommt hinzu, indem man die Gleichung wieder mit $\exp(-i2\pi\nu t)$ multipliziert, somit aus ϕ nun wieder ψ macht und $E*\phi(x)*\exp(-i2\pi\nu t)$ wegen der Materiewellenbeziehung $E=h*\nu$ umschreibt in $\phi(x)*i*h/2\pi*d/dt[\exp(-i*2\pi/h*Et)] = i*h/2\pi*d\psi(x,t)/dt$ mit dem Ergebnis

---

$$\mathbf{h/2\pi*i*d/dt\ \psi(x,t) =[-1/2m*h^2/4\pi^2*d^2/dx^2 + V(x)] * \psi(x,t)}$$

Wie man sieht, treten die Operatoren für Energie und Impuls auf.

Der Operator links wie auch rechts ist hermitesch, weil $h/2\pi*1/i*d/dx$ es ist und somit auch sein Quadrat, weil x hermitesch ist, der Vertreter vom Operator **X**, wir sind im Ortsraum , und somit auch V(x) hermitesch ist.

Ist das **Potential** $V(x)=0$, so ist offenbar jede sogenannte **Partialwelle** **$\exp(i*2\pi/h*(p*x-E*t)$** mit beliebigem p und $E = p^2/2m$ eine Lösung.

Die **allgemeine Lösung** ist dann eine **diskrete** Superposition mehrerer Partialwellen, auch zu negativem p, oder eine **kontinuierliche** Superposition (Überlagerung) aller möglichen Partialwellen, also

$$\phi(x,t)= (1/h)^{1/2}*\int\varphi(p)*\exp(i*2\pi/h*(p*x-E*t))\, dp$$

Bem.: $(\alpha/2\pi)^{1/2} = (2\pi/h*1/2\pi)^{1/2} =(1/h)^{1/2}$ Siehe auch Kapitel 4.7

Bei fixem E kann man separieren $\psi(x,t) \Rightarrow \phi(x)* \exp(-i*2\pi/h*E*t)$ und auf beiden Seiten die e-Funktion wegkürzen. Es verbleibt die Eigenwertgleichung für E

$$E*\phi(x) = [-1/2m*h^2/4\pi^2*d^2/dx^2 + V(x)] * \phi(x)$$

Man kommt also (rezeptartig) zur Schrödingergleichung, indem man die klassischen Variable p und E durch Operatoren ersetzt, x ist Variable und Operator zugleich, und sie auf eine Zustandsfunktion wirken lässt.

Schrödinger konnte mit dieser (auf das Dreidimensionale erweiterten) Wellengleichung für Materiewellen die Eigenfunktionen und Quantenzahlen (Eigenwerte) für das Wasserstoffatom herleiten (1926). Siehe später.
Anmerkung: Erwin **Schrödinger**, österr. Physiker (1887-1961)

Wie man sieht, wird man von einfachen arithmetischen Beziehungen im Klassischen zu Differenzialgleichungen in der QM geführt, was die Kompliziertheit bei Berechnungen erheblich steigert. Oft ist man angewiesen, Ausschau zu halten, ob der entstehende Differenzialgleichungstyp historisch schon mal behandelt wurde und macht sich dann dessen Lösungswelt zu eigen.

7.2 Das kräftefreie Wellenpaket

Es ist $V(x) = 0$. Die Partialwelle ist $\psi(\mathbf{x},t) = A*\exp(i*2\pi/h*(p*x-E*t)$

Bezüglich der Formeln für die Wahrscheinlichkeitsdichte und die Wahrscheinlichkeitsstromdichte eine Vorwegnahme, siehe Kapitel 8.3.1

Die **Wahrscheinlickeitsdichte** ist $\rho = \psi^*\psi = A^* * A = |A|^2$

Die **Wahrscheinlichkeitsstromdichte** ist

$\mathbf{j} = (h/4\pi mi)*(\psi^* * d\psi/dx - \psi * d\psi^*/dx) = |A|^2*(h/4\pi mi)*2*(i*2\pi/h)*p =$

$= |A|^2*p/m = |A|^2*v$

also sehr anschaulich: Wahrscheinlichkeitsdichte mal Geschwindigkeit

---

Die allgemeine Lösung zu $V(x)=0$ ist dann die Überlagerung aller möglichen Partialwellen, abhängig vom Impuls p, also

$\boldsymbol{\psi(x,t)} = (1/h)^{1/2}*\int\varphi(p)*\exp(i*2\pi/h*(p*x - E*t)dp =$

$\boldsymbol{= (1/h)^{1/2}*\int\varphi(p)*\exp(i*2\pi/h*(p*x - (p^2/2m)*t)dp}$

Speziell zur Zeit t=0 haben wir als Überlagerungsintegral

$\boldsymbol{\psi(x,0) =(1/h)^{1/2}*\int\varphi(p)*\exp(i*(2\pi/h)*p*x)dp}$

7.3 Das Gaußsche Wellenpaket:

Das Wellenpaket für ein Teilchen soll nun so sein, dass seine Wahrscheinlichkeitsdichte am Ort $x_0 = 0$ zur Zeit t=0, das sind die Anfangsbedingungen, rasch nach beiden Seiten hin abnimmt, ähnlich einer Glockenkurve. Dazu soll es einen mittleren Anfangsimpuls p_0 haben.

Dazu setzen wir an $\boldsymbol{\psi(x,0) =A*\exp(-x^2/2a^2)*\exp(i*(2\pi/h)*p_0*x)}$

Die erste exp-Funktion drückt die Form aus, die zweite exp-Funktion steht für den Impuls.

Das es der mittlere Impuls ist, sieht man ein durch Ausrechnung

$pm = \int\psi^*(x,0)*[h/2\pi*1/i*d/dx]\psi(x,0)\,dx = p_0$ Normierung unterstellt

---

Zum Vergleich, die Formel für die **Gaußsche Normalverteilung** lautet

$$\mathbf{f(x) = \frac{1}{(2\sigma^2\pi)^{1/2}}*\exp\left(\frac{-(x-x_0)^2}{2\sigma^2}\right)}$$

Glockenkurve **Fläche = 1** $\boldsymbol{\Delta x = \sigma}$

Bem.:Mit dem Grenzübergang $2\sigma^2 \Rightarrow 0$ erhalten wir die Deltafunktion $\delta(x-x_0)$

An den Stellen $x = x_0$ +- σ hat die Kurve **Wendepunkte**.

Ab hier, vom Maximum x_0 kommend, geht sie also rasch in die Breite.

Die **Fläche** zwischen - σ und + σ beträgt 0.6827, die Gesamtfläche ist 1 .

Die Orts-Wahrscheinlichkeitsdichte, die Intensität, ist dann
$\boldsymbol{\rho(x) = \psi(x)^* * \psi(x) = |A|^2 * \exp(-x^2/a^2)}$ im Sinn der Normalform ist $\boldsymbol{2\sigma^2 = a^2}$
Damit wir die **Normierung** auf 1 bekommen, wie bei der Glockenkurve, also $\int \rho(x)dx = 1$, muss sein $|\mathbf{A}|^2 = 1/(2\sigma^2\pi)^{1/2} = 1/(a^2\pi)^{1/2} = \mathbf{1/[a^*(\pi)^{1/2}]}$
$\boldsymbol{\psi(x,0)}$ ist also eine Welle mit Maximum bei x=0 und äquidistanten Wellenbergen abfallender Amplitude symmetrisch nach beiden Seiten hin. Betrachten wir nur den Realteil, so ist das eine entsprechende Cosinuslinie.
Der durch den Faktor $\exp(-x^2/2a^2)$ bewirkte Abfall ist umso größer, je größer dem Betrag nach der Exponent ist, somit je kleiner a^2 ist.
Um diese Wellenform zu erzeugen, braucht man die Überlagerung von Partialwellen mit verschiedenen p, also das obige ÜberlagerungsIntegral für $\psi(x,0)$.

Berechnung der Fouriertransformierten $\boldsymbol{\varphi(p)}$ zum Überlagerungsintegral $\boldsymbol{\psi(x,0)}$

also von $\varphi(p) = (1/h)^{1/2} * \int \psi(x,0) * \exp(-i*(2\pi/h)*px)*dx$
Einsetzen von $\psi(x,0)$ ergibt

$$\varphi(p) = A*(1/h)^{1/2} * \int \exp(-x^2/2a^2)*\exp(i*(2\pi/h)*p_0*x)*\exp(-i*(2\pi/h)*px)\,dx$$
$$= (1/h)^{1/2} * A * \int \exp(-x^2/2a^2)*\exp(i*(2\pi/h)*(p_0-p)x)*dx\text{, also}$$
$$\boldsymbol{\varphi(p) = (1/h)^{1/2} * A * \int \exp[-x^2/2a^2 - i*(2\pi/h)*(p-p_0)*x]*dx}$$

Zur Lösung des Integrals greifen wir in die Integralformelsammlung und finden das bestimmte Integral

$$\boldsymbol{\int \exp(-\alpha x^2 - 2\beta x - \gamma)dx = (\pi/\alpha)^{1/2} * \exp[(\beta^2 - \alpha\gamma)/\alpha]} \quad \text{für } \boldsymbol{\alpha > 0}$$

Wir identifizieren $\alpha = 1/2a^2$, $\beta = i*\pi/h*(p-p_0)$, $\gamma = 0$ und setzen ein und erhalten $\varphi(p) = (1/h)^{1/2} * A * (\pi * 2a^2)^{1/2} * \exp[-\pi^2/h^2 * (p-p_0)^2 * 2a^2]$ also

----

$$\boldsymbol{\varphi(p) = (A*a)*(2\pi/h)^{1/2} * \exp[-(2a^2\pi^2/h^2)*(p-p_0)^2]}$$

Die Wahrscheinlichkeitsdichte bezüglich des Impulses ist dann
$\boldsymbol{\rho(p) = \varphi(p)^* * \varphi(p) = |A|^2 * a^2 * (2\pi/h) * \exp[-(4a^2\pi^2/h^2)*(p-p_0)^2]}$
Im Sinne der Normalform ist $2\sigma^2$, hier mit $2\mu^2$ neu benannt, gleich $\boldsymbol{2\mu^2 = h^2/(4a^2\pi^2)}$, wie man durch Exponentenvergleich erkennt.
Die **Normierung** auf 1 wie bei der Glockenkurve verlangt
$|A|^2 * a^2 * (2\pi/h) = 1/(2\mu^2\pi)^{1/2} = 2a\pi/h * 1/\pi^{1/2}$, somit $|\mathbf{A}|^2 = \mathbf{1/[a^*(\pi)^{1/2}]}$
Also dasselbe Ergebnis wie zuvor.

Bilden wir das Produkt, betreffend Ort- und Impuls-Abweichung bei $\rho(x)$ und $\rho(p)$, so ist
$2\sigma^2 * 2\mu^2 = a^2 * h^2/(4a^2\pi^2) = h^2/(4\pi^2)$ Somit $\sigma * \mu = \frac{1}{2} * h/(2\pi)$
Also: Je breiter die eine Glockenkurve ist, desto schmäler die andere, ein Beispiel der **Unschärferelation** $\Delta x * \Delta p \geq h/(4\pi)$ Dabei entspricht $\Delta x = \sigma$ und $\Delta p = \mu$ und es ist dann sogar exakt $\Delta x * \Delta p = h/(4\pi)$

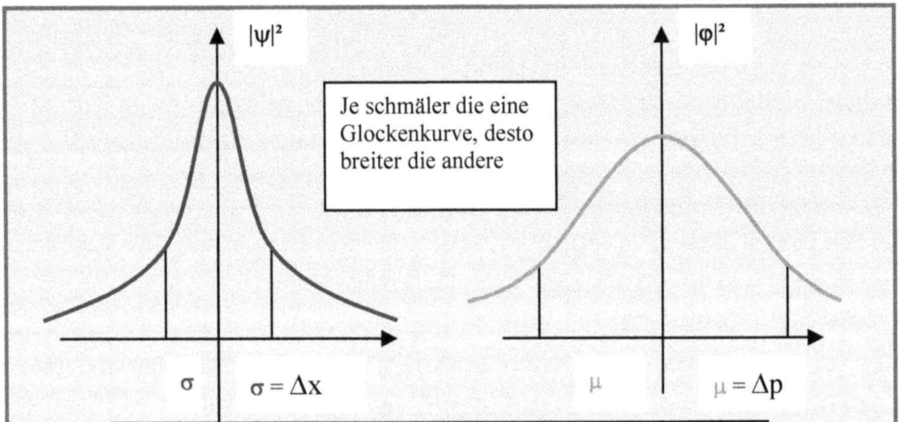

Zwei Glockenkurven in einem Fourier-Verhältnis

Berechnung von $\psi(x,t)$
Diese nun gewonnene Spektralfunktion $\varphi(p)$ kann für die zeitabhängige Lösung benutzt werden. Im Sinne eines Fourierintegrals gehört zu $\varphi(p)$ noch der Energie-Funktionsteil $\exp(-i*p^2t/2m)$ dazu, der bei $t=0$ zu 1 wird.
Also $\psi(\mathbf{x},t) = (1/h)^{1/2} * \int \varphi(p) * \exp(i*2\pi/h*(p*x - (p^2/2m)*t)dp =$
$= (1/h)^{1/2} * (A*a) * (2\pi/h)^{1/2} *$
$* \int \exp[-(2a^2\pi^2/h^2)*(p-p_0)^2] * \exp(i*2\pi/h*(p*x - (p^2/2m)*t)dp =$
$= A*a/h*(2\pi)^{1/2} * \int \exp[-(2a^2\pi^2/h^2)*(p-p_0)^2] * \exp(i*2\pi/h*(p*x - (p^2/2m)*t)dp$

Der Exponent ist eine quadratische Form in p und zwar
$-\{p^2*[2a^2\pi^2/h^2 + i*2\pi/h*\ t/2m] + 2p*[-(2a^2\pi^2p_0)/h^2 - i*\pi/h*x] + [(2a^2\pi^2p_0^2)/h^2]\}$
Zur Ausrechnung dieses Integrals über p benutzen wir dieselbe Integralformel wie zuvor und identifizieren nun
$\alpha = [2a^2\pi^2/h^2 + i*2\pi/h*\ t/2m]$ $\beta = [-(2a^2\pi^2p_0)/h^2 - i*\pi/h*x]$ $\gamma = [(2a^2\pi^2p_0^2)/h^2]$
oder $\alpha = (2a^2\pi^2/h^2)*[1+i*h*t/(2ma^2\pi)]$ $\beta = (2a^2\pi^2/h^2)*[\ [-p_0 - i*h/(2a^2\pi)*x]$
$\gamma = (2a^2\pi^2/h^2)*p_0^2$

Die Teile der Lösungsformel sind dann
$(\pi/\alpha)^{1/2} = (\pi*h^2/2a^2\pi^2)^{1/2} *[\ldots]^{-1/2} = h/a*(1/2\pi)^{1/2}*[\ldots]^{-1/2}$

$A*a/h*(2\pi)^{1/2}* (\pi/\alpha)^{1/2} *[1+i*h*t/(2ma^2\pi)]^{-1/2} =$
$= A*a/h*(2\pi)^{1/2}*h/a*(1/2\pi)^{1/2}*[\ldots]^{-1/2} = A*[1+i*h*t/(2ma^2\pi)]^{-1/2}$

$\beta^2 =(2a^2\pi^2/h^2)^2*[(-h^2/(2a^2\pi)^2*x^2 +2i*h*p_0/(2a^2\pi) *x + (p_0)^2]$
$\alpha*\gamma = (2a^2\pi^2/h^2)^2*p_0{}^2*[1+i*h*t/(2ma^2\pi)] =$
$= (2a^2\pi^2/h^2)^2*p_0{}^2 + i*\pi*t*p_0{}^2*/(mh)$

Somit $(\beta^2-\alpha\gamma)/\alpha =$
$= 1/[1+i*h*t/(2ma^2\pi)] * \{[-1/2a^2*x^2+2i\pi/h*p_0*x+(2a^2\pi^2/h^2)*(p_0)^2] -$
$- [(2a^2\pi^2/h^2)*p_0{}^2+ i*\pi*t*p_0{}^2/mh]\} =$
$= 1/[1+i*h*t/(2ma^2\pi)] * \{[-1/2a^2*x^2 + 2i\pi/h*p_0*x - i*\pi*t*p_0{}^2/mh]\} =$
$= 1/2a^2*[1+i*h*t/(2ma^2\pi)] * \{[-x^2 + 4ia^2\pi/h*p_0*x - i*\pi*t*2a^2*p_0{}^2/mh]\}$

Somit insgesamt $\boldsymbol{\psi(x,t)} =$

$$= \frac{\mathbf{A}}{\mathbf{[1 + i*h*t/(2ma^2\pi)]^{1/2}}} * \mathbf{exp}\left\{\frac{\mathbf{-[x^2 - 4ia^2\pi/h*p_0*x + i*t*2\pi*a^2*p_0{}^2/(mh)]}}{\mathbf{2a^2*(1 + i*h*t/(2\pi ma^2)}}\right\}$$

Im Fall t=0 erhalten wir
wieder obige Formel $\psi(x,0) =A*\exp(-x^2/2a^2)*\exp(i*(2\pi/h)*p_0*x)$
Die Fouriertransformierte, nochmals gesagt,
ist $\varphi(p) = (A*a)*(2\pi/h)^{1/2}*\exp[-(2a^2\pi^2/h^2)*(p-p_0)^2]$
Unmittelbar kann man erkennen:
Je schmäler die Hüllkurve der Maxima von $\psi(x,0)$ ist, das ist der Fall, wenn $1/2a^2$ groß ist, um so breiter ist die Hüllkurve der Maxima von $\varphi(p)$, weil dann in seinem exp-Exponenten $2a^2$ klein ist. Ersteres drückt aus, dass das Teilchen , das durch die Masse m repräsentiert ist, eng um x=0 lokalisiert ist, das Zweite drückt aus, dass dann die Impulse p weit um p_0 herum streuen.

Nun wollen wir die **Wahrscheinlichkeitsdichte** $\boldsymbol{\rho(x,t) = \psi^* * \psi}$ ausrechnen.
Wenn wir die Exponentialfunktion betrachten, so ist die Rechnung nach dem Muster $\exp[(a-i*b)/(c-i*d)] * \exp[(a+i*b)/(c+i*d)] =$
$= \exp\{[(a-i*b)/(c-i*d)] + [(a+i*b)/(c+i*d)]\} =$
$= \exp\{\{[(a-i*b)*(c+i*d)] + [(a+i*b)*(c-i*d)] / (c^2+d^2)\} =$
$= \exp\{[ac-ibc+iad+bd + ac+ibc-iad+bd] / (c^2+d^2) = \exp\{2[ac+bd] / (c^2+d^2)\}$

Nun ersetzen wir
$a \Rightarrow -x^2 \quad b \Rightarrow 2\pi/h*a^2*p_0*(2x - p_0*t/m) \quad c \Rightarrow 2a^2 \quad d \Rightarrow h*t/(\pi m)$

$ac+bd = -2a^2*x^2 + 2*a^2*p_0*(2x - p_0*t/m)*t/m =$
$= -2a^2*x^2 + 4x*a^2*p_0*t/m - 2*a^2*p_0^2*t^2/m^2 =$
$= -2a^2*(x^2 - 2x*p_0*t/m + p_0^2*t^2/m^2) = -2a^2*(x - p_0*t/m)^2$

$c^2+d^2 = 2a^2*[2a^2+h^2*t^2/(2\pi^2m^2a^2)] = 2a^2*2a^2*[1+(h*t/(2\pi ma^2))^2]$
$\{2[ac+bd]/(c^2+d^2)\} = -(x - p_0*t/m)^2/[a^2*[1+(h*t/(2\pi ma^2))^2]]$

Insgesamt hat man für die Wahrscheinlichkeitsdichte bezüglich des Ortes
$\rho = \psi^**\psi = |A|^2*[1+(h*t/(2\pi ma^2))^2]^{-1/2}*\exp\{2[ac+bd]/(c^2+d^2)\}$ also

---

$$\boldsymbol{\rho(x,t) = \frac{|A|^2}{[1 + (h*t/(2\pi ma^2)^2]^{1/2}} * \exp\left\{\frac{-(x - p_0/m*t)^2}{a^2*[1+(h*t/(2\pi ma^2)^2]}\right\}}$$

An dem Zähler in der Exponentialfunktion kann man erkennen, dass das Maximum von ρ, der Zähler ist dann gleich 0, nach rechts wandert gemäß $\mathbf{x = p_0*t/m = v_0*t}$, also mit der Anfangsgeschwindigkeit v_0.
An dem Nenner in der Exponentialfunktion kann man erkennen, dass er, anfänglich gleich a^2, linear mit der Zeit t zunimmt, d.h. die (Glocken)kurve wird breiter.
An dem Faktor vor der Exponentialfunktion kann man erkennen, dass das Amplitudenquadrat, anfänglich $|A|^2$, immer kleiner wird.
Das **Wellenpaket** bewegt sich also gleichförmig dahin und wird dabei immer breiter und flacher, aber doch so, dass die von ihm eingeschlossene Gesamtfläche, die Gesamtwahrscheinlichkeit $\int\rho(x)dx$ gleich bleibt und **es die Form einer Glockenkurve behält.**
Konkret: Im Vergleich zur Glockenkurve ist $x_0 = p_0/m*t = v_0*t$
Mit $2\sigma^2 = a^2*[1+(h*t/(2\pi ma^2)^2]$ und $|A|^2 = 1/[a*(\pi)^{1/2}]$ erhält man tatsächlich
$|A|^2/(2\sigma^2/a^2)^{1/2} = 1/[a*(\pi)^{1/2}]/(2\sigma^2/a^2)^{1/2} = 1/[a*(\pi)^{1/2}]/(2\sigma^2/a^2)^{1/2} =$
$= 1/[a*(\pi)^{1/2}]*(a^2/2\sigma^2)^{1/2} = 1/(2\sigma^2\pi)^{1/2}$ wie bei der Glockenkurve

---

Nun zur Berechnung der **Stromdichte**
Es ist $d\psi/dx = (-2x + 4ia^2\pi/h*p_0)/[2a^2*(1+h*i*t/(2\pi ma^2)] * \psi$
Sowie $d\psi^*/dx = (-2x - 4ia^2\pi/h*p_0)/[2a^2*(1-h*i*t/(2\pi ma^2)] * \psi^*$
Somit $\mathbf{j} = (h/4\pi mi)*(\psi^**d\psi/dx - \psi*d\psi^*/dx) = h/(4\pi mi)*\psi^*\psi*\{\ldots\}$

Berechnungsmuster

$[(a+i*b)/(c+i*d)] - [(a-i*b)/(c-i*d)] =$

$= \{[ac+ibc-iad+bd] - [ac-ibc+iad+bd]/(c^2+d^2)\} =$

$= 2i*[bc-ad]]/(c^2+d^2)\}$

mit $a \Rightarrow -2x$ $\quad b \Rightarrow 4a^2\pi/h*p_0$ $\quad c \Rightarrow 2a^2$ $\quad d \Rightarrow h*t/(\pi m)$

$bc-ad = 2a^2*4a^2\pi/h*p_0 + 2x*h*t/(\pi m) = 2a^2*4a^2\pi/h*p_0 *$

$*[1+(h^2*x*t)/(4\pi^2*a^4*p_0*m)]$

$c^2+d^2 = 2a^2*2a^2 + h^2*t^2/(\pi m)^2 = 2a^2*2a^2*[1+((h*t)/(2a^2\pi m))^2]$

Also $\mathbf{j} = i*h/(4\pi mi)*\psi^*\psi *\{4\pi/h*p_0 *$

$* [1+(h^2*x*t)/(4\pi^2*a^4*p_0*m)]/[1+((h*t)/(2a^2\pi m))^2]\}$

$= \psi^*\psi * p_0/m * [1+(h^2*x*t)/(4\pi^2*a^4*p_0*m)]/[1+((h*t)/(2a^2\pi m))^2]\}$

$$\mathbf{j = \rho*v_0* \frac{1 + (h^2*x*t)/(4\pi^2*a^4*p_0*m)}{1 + (h*t/(2a^2\pi m))^2}}$$

Zur Zeit t=0 ist also $j = \rho*v_0 = \rho*p_0/m$. Das ist so, als hätten alle Teile des Wellenpakets den Impuls p_0.

Greifen wir einen festen Zeitpunkt t heraus, also t fix, dann ist das Wellenpaketmaximum bei $x = v_0*t$, siehe zuvor. Es ist dann der Zähler

$1 + (h^2*x*t)/(4\pi^2*a^4*p_0*m) =1 + (h^2*v_0*t*t) /(4\pi^2*a^4*mv_0*m) =$

$= 1 + h^2*t*t /(4\pi^2*a^4*m^2)$, also gleich dem Nenner.

Somit ist am Ort des Maximums $x = v_0*t$ der Strom gleich $j = \rho*v_0$ **.**

Für $x > v_0*t$, also rechts vom Maximum, wird der Zähler größer als der gleich bleibende Nenner , der Strom ist da also größer, umso mehr je größer x ist.

Für $x < v_0*t$, also links vom Maximum, wird der Zähler kleiner als der gleich bleibende Nenner , der Strom ist also da kleiner als in Mitte, und zwar umso kleiner, je kleiner ist x ist.

Der größere Strom rechts von der Mitte bzw der kleinere Strom links von der Mitte bewirken die Verbreiterung, das Auseinanderlaufen des Wellenpakets.

Das Wellenpaket beschreibt also ein Teilchen, das hinsichtlich Ort und Impuls von Anfang an eine gewisse Unschärfe aufweist und sich mit einer mittleren Geschwindigkeit v_0 , der Gruppengeschwindigkeit der Wellengruppe, der Überlagerung aller Partialwellen, dahin bewegt.

Aus praktischen Gründen begnügt man sich oft für die Bewegung eines Teilchens durch die Darstellung mit einer einzigen Partialwelle

$A*exp(i*2\pi/h*(p*x-E*t)$. Diese muss man auffassen als Grenzwert des Wellenpakets , hinsichtlich des Ortes sehr breit, also sehr unbestimmt, hinsichtlich des Impulses sehr eng, also sehr genau, letztlich die Deltafunktion.

7.4 Herleitung der eindimensionalen Kontinuitätsgleichung an Hand eines einfachen Modells

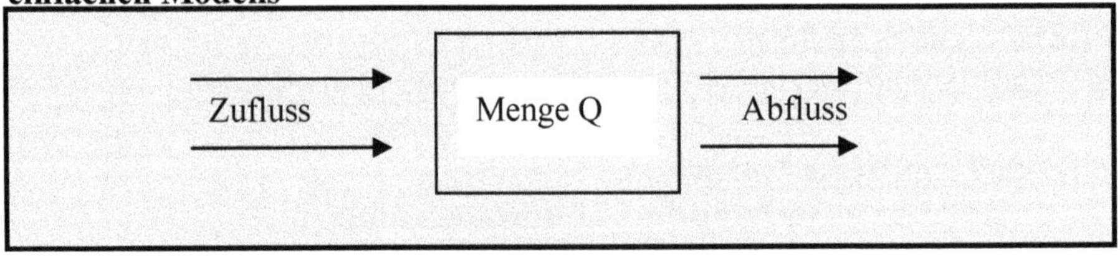

In einem beliebig kleinen Volumen befinde sich die Menge Q. Auf der einen Stirnseite mit der Fläche F haben wir einen Zufluss, auf der anderen Stirnseite gleicher Fläche einen Abfluss. Der Abstand dieser Flächen sei dx.

Wir betrachten die Situation in einem kleinen Zeitraum dt.

Der Zufluss ist $dQ(x)= j(x)*F*dt$

Stromdichte j = Mengendurchsatz pro Zeiteinheit und pro Flächeneinheit

Der Abfluss ist $dQ(x+dx) = j(x+dx)*F*dt = j(x)*F*dt + (dj/dx)*dx*F*dt$

Abfluss minus Zufluss ist $(dj/dx)*dx* F*dt$

Die Menge Q im Volumen ist $\rho*F*dx$

Dichte ρ = Menge pro Volumeneinheit

Die Mengenänderung im Innern ist einerseits die Abfluss-Zufluss-Differenz und andererseits auch

$- d\rho*F*dx = - (d\rho/dt)*dt*F*dx$ also Dichteänderung mal Volumen

Wenn die Dichte im Inneren zunimmt, ist die dort verbleibende Menge Q größer, die Differenz Abfluß-Zufluß geringer und umgekehrt, deswegen minus.

Beides muss gleich sein, weil die Menge insgesamt sich nicht ändern soll, also

$- (d\rho/dt)*dt*F*dx = (dj/dx)*dx* F*dt$ oder $\mathbf{d\rho/dt + dj/dx = 0}$

Das ist die Kontinuitätsgleichung im Eindimensionalen

7.5 Das Zwei-Loch-Experiment

Ein homogener Teilchenstrahl oder Lichtstrahl bewege sich auf eine Blende mit zwei sehr engen Löchern zu, je im Abstand a von der x-Achse zu. Von den Löchern ausgehend gehen zwei Kugelwellen weg, die auf einem Photo-Schirm im Abstand d von der Blende Schwärzungen verursachen können. Wir wollen die Intensität, die Einschlagswahrscheinlichkeit auf dem Schirm am Ort y berechnen. Figur

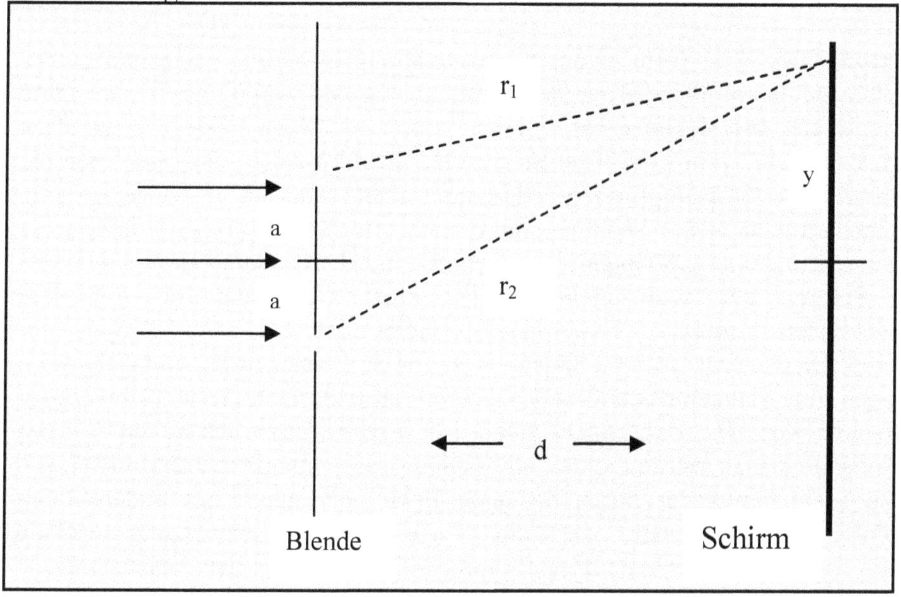

Vor der Blende ist der Einlaufstrahl **A*exp(i(kx-ωt))**

A ist die (reelle) Amplitude, k die Wellenzahl, ω die Kreisfrequenz

Es gelten die Beziehungen **k = 2π/h *p = 2π/h* h/λ = 2π/λ , E = h/2π *ω**

p ist der Impuls, λ die Wellenlänge , E die Energie

Von jedem Loch geht eine Kugelwelle aus , gleicher Wellenlänge λ und Frequenz ω . **Nach** der Blende sind also die Wellen

$A*(1/r_1)*exp(i(kr_1-\omega t))$ und **$A*(1/r_2)*exp(i(kr_2-\omega t))$**

Sie überlagern sich, sodass die Wellenfunktion (die Wahrscheinlichkeitsamplitude) an einem festen Ort (y am Schirm) gleich ist der Summe der Kugelwellen, also

$\phi = A*[(1/r_1)*exp(i(kr_1-\omega t)) + (1/r_2)*exp(i(kr_2-\omega t))]$ Wellenfunktion danach

---

Die örtliche Auftreffwahrscheinlichkeit auf dem Schirm ist dann

$W = \phi^{*} * \phi = A^2*[(1/r_1)^2 + (1/r_2)^2] + A^2/(r_1*r_2)*$

$* [\exp(-i(kr_1-\omega t)) * \exp(i(kr_2-\omega t)) + \exp(-i(kr_2-\omega t)) * \exp(i(kr_1-\omega t))] =$

$= A^2*[(1/r_1)^2 + (1/r_2)^2] + A^2/(r_1*r_2)*[\exp(ik(r_2-r_1)) + \exp(-ik(r_2-r_1))]$

also

$\mathbf{W = A^2*[(1/r_1)^2 + (1/r_2)^2] + 2A^2/(r_1*r_2)*\cos(k(r_2-r_1))}$

Das ist die lokale Einschlagwahrscheinlichkeit

Deutung: Der erste Term ist der Wahrscheinlichkeitsbeitrag des ersten Lochs, so als wäre es nur allein offen, der zweite analog des zweiten Lochs, der dritte Term ist der **Interferenzterm**, der nur vorkommt, wenn beide Löcher offen sind. Der letzte Term ist typisch für die QM. Er rührt daher, dass sich eben die Wahrscheinlichkeitsamplituden addieren, nicht wie im Klassischen die Wahrscheinlichkeiten. Würde man ein Loch zudecken, dafür die Wahrscheinlichkeit errechnen, dann dasselbe mit dem anderen Loch tun, so ist die Summe der Wahrscheinlichkeiten eben nicht identisch mit dem tatsächlichen Ergebnis. Experimentell heißt das, die Schwärzung der Photoplatte (Schirm) ist eine andere, wenn beide Löcher offen sind , als wenn erst das eine, danach das andere Loch offen ist und deren Gesamtschwärzung betrachtet wird. Das Experiment gibt der QM recht. Das widerspricht sehr der Anschauung. Man würde meinen, die Teilchen des einlaufenden Strahls gehen, wenn schon, entweder durch das eine Loch oder durch das andere Loch hindurch, also müsste die sie verursachende Schwärzung (lokale Auftreffwahrscheinlichkeit) deren Summe sein. Diese Art der Anschauung ist also zu reduzieren, vielmehr darf man sich anschaulich vorstellen, wie die Materiewelle, die Wahrscheinlichkeitsamplitude, durch die Löcher hindurchgeht und danach zu Sekundärwellen Anlass gibt, ähnlich wie wenn eine Wasserwelle auf zwei Löcher zuläuft, von denen dann (halb)kreisförmige Wellen ausgehen, die sich überlagern. Siehe auch [14] .

Nun unterstellen wir, dass der Lochabstand viel kleiner ist als der Abstand der Blende zum Schirm, also dass $2a \ll d$ ist. Dann laufen die beiden Strahlen zum Aufpunkt praktisch parallel.

Wir führen den Ablenkwinkel α ein, der Winkel zwischen der x-Achse und der Geraden vom Ursprung zum Aufpunkt . Der Abstand des Aufpunktes vom Ursprung sei mit r bezeichnet.

Dann ist $r_1 = r - a*\sin\alpha$ und $r_2 = r + a*\sin\alpha$

sowie $r_2 - r_1 = 2a*\sin\alpha$ = Gangunterschied

$1/r_1^2 \sim 1/r^2 \qquad 1/r_2^2 \sim 1/r^2 \qquad 1/(r_1*r_2) \sim 1/r^2$

Selbst wenn die Strahlen parallel und lang sind, so ist doch der Strahl r_1 gegenüber dem gedachten Mittelstrahl r stets um a*sinα kürzer, Strahl r_2 entsprechend länger.

Es ist
$\Delta = a \cdot \sin\alpha$

$r_1 = r - a \cdot \sin\alpha$
$r_2 = r + a \cdot \sin\alpha$

Gangunterschied =
= $r_2 - r_1 = 2 \cdot \Delta$ =
= $2 \cdot a \cdot \sin\alpha$

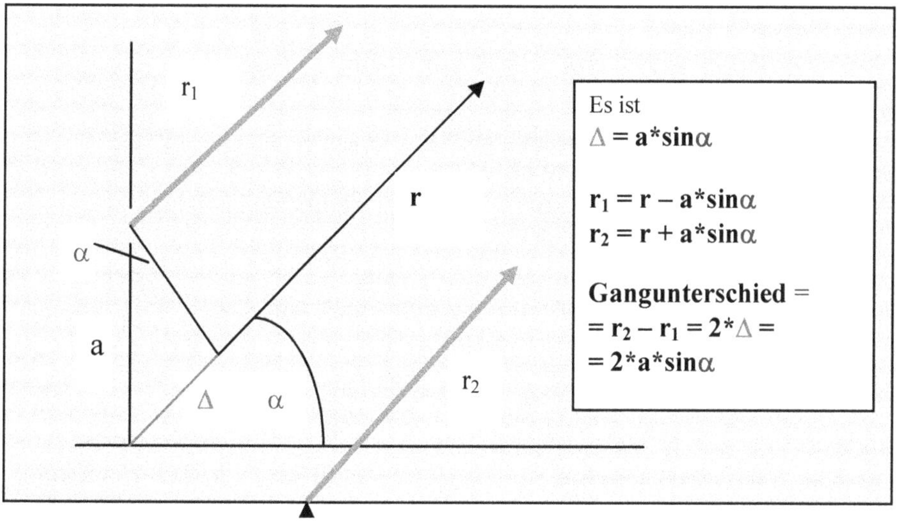

Aus dem exakten $W = A^2 \cdot [(1/r_1)^2 + (1/r_2)^2] + 2A^2/(r_1 \cdot r_2) \cdot \cos(k(r_2-r_1))$
wird dann genähert
$W = 2A^2/r^2 \cdot [1+\cos(2ak \cdot \sin\alpha)] = 4A^2/r^2 \cdot \cos^2(ka \cdot \sin\alpha)$
Letzteres, weil allgemein ist
$1+\cos 2\beta = (\cos^2\beta+\sin^2\beta) + (\cos^2\beta-\sin^2\beta) = 2\cos^2\beta$

W hat **Maxima**, wo der cos zu +-1 wird,
das ist bei $ka \cdot \sin\alpha = n \cdot \pi$ mit n=0,1,2,...,
also bei $\sin\alpha = (n \cdot \pi)/(ak) = \mathbf{n \cdot \lambda/2a}$ mit $k = 2\pi/\lambda$
In der Mitte (n=0) ist also ein Maximum.
Die Werte der Intensitätsmaxima W
sind dann, wegen $r \cdot \cos\alpha = d$, d ist der Abstand Schirm-Blende,
$W = 4A^2/r^2 = 4A^2/d^2 \cdot \cos^2\alpha = 4A^2/d^2 \cdot [1 - (n \cdot \lambda/2a)^2]$

W hat **Minima**, wenn der cos zu 0 wird,
das ist bei $ka \cdot \sin\alpha = \pi/2 + n \cdot \pi$ mit n=0,1,2,...,
also bei $\sin\alpha = 1/(ak) \cdot (n+1/2) \cdot \pi = \mathbf{(n+1/2) \cdot \lambda/2a}$
W hat dann die Werte W = 0

Einfügung:
Weil a<<d ist, könnten wir bereits die Wahrscheinlichkeitsamplitude vereinfachen. Aus $\phi = A*[(1/r_1)* \exp(i(kr_1-\omega t)) + (1/r_2)* \exp(i(kr_2-\omega t))]$ wird

$$\phi \sim A/r * [\exp(i*k(r-a*\sin\alpha) - \omega t)) + \exp(i*k(r+a*\sin\alpha) - \omega t))] =$$
$$= A/r * \exp(i*(kr - \omega t))* [\exp(-i*ka*\sin\alpha) + \exp(i*ka*\sin\alpha))]$$

oder

$$\boldsymbol{\phi = 2A/r*\exp(i*(kr - \omega t)) * \cos(ka*\sin\alpha)}$$

Das ist die Wahrscheinlichkeitsamplitude

$\boldsymbol{W = \phi^* * \phi = 4A^2/r^2 * \cos^2(ka*\sin\alpha)}$ die Wahrscheinlichkeitsdichte

Das ist dieselbe Lösung wie zuvor

Man kann natürlich fragen, warum von jedem Loch eine Kugelwelle ausgeht. Der Effekt ist von ebenen Wasserwellen her bekannt, wo sie nach dem Loch kreisförmig weggehen.
Die Antwort gibt das **Huygens-Prinzip**: Von jedem Punkt, der von einer (elementaren) Welle erfasst wird, geht eine neue Kugel- oder Kreiswelle aus mit gleicher Wellenlänge, Frequenz, Amplitude und Phase wie die Primärwelle (bei gleichem Medium)
Im Normalfall überlagern sich diese Sekundärwellen derart, dass sie das gewohnte Wellenbild, z.B. ebene Wellen beim Vorwärtsschreiten, gerade, kreisförmige oder kugelförmige Wellenfronten, reproduzieren. Erst bei Löchern, Kanten, Spalten, Wänden, also bei geometrischen Hindernissen, wird gewissermaßen der Ausgleich gestört und das Prinzip kommt zum Vorschein.
Das Prinzip kann man auch anders herum lesen: Der Wellenzustand an einem festen Ort und Zeitpunkt ist die Summe der aus allen Raumrichtungen zu diesem Zeitpunkt angekommenen Kugelwellen. Die Primärwelle selber, außer bei ihrer Entstehung, geht also aus den Sekundärwellen hervor.
Dieses Prinzip lieferte für die Optik erstmals eine Erklärung für die Reflexion, Beugung, Brechung und Interferenz von Licht(wellen).
Anmerkung: Christiaan **Huygens**,
niederl. Mathematiker, Physiker und Astronom (1629-1695)
Anmerkung: Gustav.R. **Kirchhoff**, deutscher Physiker (1824-1887)

Nun wird ein einzelnes Photon oder Elektron nicht bereits ein sichtbare Schwärzung auslösen, sondern eben viele , also längere Zeit der Einwirkung. Da sie aber von einander unabhängig, ohne Wechselwirkung untereinander sind, kann man so rechnen , als wäre es je nur eins. Durch Wiederholung wird also ein makroskopisch erfassbarer Effekt ausgelöst, aber nicht nur, man denke

an die Nebelkammer oder Blasenkammer. Eine minimale „Berührung“ durch ein einzelnen Elementarteilchen löst ein sichtbares Nebeltröpfchen bzw eine Blase aus. Etwa nach dem Prinzip: Kleine Ursache, große Wirkung, wie es auch von der Meteorologie und auch vom alltäglichem Leben und auch von jeglicher Kipp-Situation her bekannt ist.
Auch kann man fragen, warum man „am Schirm“ gewissermaßen die QM beendet und wieder in die klassische Physik übergeht. Nun man muss es irgendwo tun, einen **Schnitt** machen, denn unserer Sinnenwelt ist nur die klassische Physik unmittelbar zugänglich. Die Anfangssituation wie die Endsituation ist also klassisch. Die QM ist das Dazwischen.
Wenn man so will, ist die Mathematik , von Haus aus anwendungsneutral, selber klassisch. Man beschreibt mit sichtbaren Symbolen, was nicht immer direkt zugänglich. Man denke eben an die Wahrscheinlichkeitsamplitude, mathematisch beschreibbar, aber sinnlich nicht greifbar.

7.6 Die Beugung an einem Spalt

Der Spalt habe die Breite b und sei symmetrisch zur x-Achse.
Wir fassen den Spalt auf als unendlich viele Lochpaare, je mit Abstand 2a, und beziehen uns so auf die Lösung zuvor.
Die Amplitude, die Wellenfunktion Φ, ist dann die Summe der Wellenfunktionen aller Lochpaare, also ein Integral über a von 0 bis b/2.
Wir unterstellen gleiche Näherungen. Also ist

$\Phi = \int\phi*da = 2A/r*\exp(i*(kr-\omega t))* \int da*\cos(ka*\sin\alpha)$

Es wird integriert von 0 bis b/2

Substitution $\xi = ka*\sin\alpha \quad d\xi = k*\sin\alpha * da$ oder $da = 1/(k\sin\alpha) * d\xi$

Dann ist $\int da*\cos(ka*\sin\alpha) = 1/(k\sin\alpha) * \int d\xi*\cos(\xi) =$

$= 1/(k\sin\alpha) * [\sin\xi$ oben minus unten$] = 1/(k\sin\alpha) * \sin(k* b/2 *\sin\alpha))$

Somit ist nach Erweiterung um b/2 im Zähler und Nenner

$\Phi = (2A*(b/2)/r* \exp(i*(kr - \omega t)) * 1/(k*b/2*\sin\alpha) * \sin(k* b/2* \sin\alpha))$

$= A*b/r* \exp(i*(kr - \omega t)) * 1/(k*b/2*\sin\alpha) * \sin(k* b/2 *\sin\alpha)$

Wenn A die Amplitude einer Einzelwelle ist, eigentlich A*da, so ist B =A*b die Gesamt-Amplitude der Wellen, die durch den Spalt hindurch-gehen .
Es ist $k = 2\pi/h*p = 2\pi/h*h/\lambda = 2\pi/\lambda$, λ ist die Wellenlänge , p ist der Impuls
Somit können wir auch schreiben

$\Phi = B/r * \exp(i*(2\pi r/\lambda - \omega t)) * [\sin(\pi/\lambda*b*\sin\alpha) / (\pi/\lambda*b*\sin\alpha)]$

Die Wellenfunktion ist also $\mathbf{\Phi = B/r * \exp(i*(2\pi r/\lambda - \omega t)) * (\sin\beta / \beta)}$
mit der Bezeichnung $\beta = (\pi*b/\lambda*\sin\alpha)$

Die daraus folgende Intensität oder Wahrscheinlichkeit ist dann

$$\mathbf{W = \Phi^* * \Phi = \frac{B^2}{r^2} * \frac{\sin^2\beta}{\beta^2}} \quad \text{mit} \quad \mathbf{\beta = (\pi * \frac{b}{\lambda} * \sin\alpha)}$$

An den **Stellen der Maxima und Minima** ist die Steigung von W gleich null, also $0 = dW/d\beta \sim 2(\sin\beta/\beta)*[\cos\beta/\beta - \sin\beta/\beta^2]$

Sei $\sin\beta = 0$, aber $\beta \# 0$, dann ist $\beta = n*\pi$ n=1,2,...
oder $\mathbf{\sin\alpha = n*\lambda/b}$ mit n=1,2,...
Das sind die Stellen der **Minima** mit Wert W=0

Wie man sieht, kommt es sehr auf das Verhältnis von Spaltbreite b zur Wellenlänge λ an. Ist b zu groß im Vergleich zu λ, werden die Streuwinkel α sehr klein, also kaum beobachtbar.

Sei $\alpha = 0$, dann ist gemäß obige Beziehung $\beta=0$ und $\sin\beta/\beta = 1$
Letzteres wegen der Reihenentwicklung von $\sin\beta$, die mit β beginnt
Also ist $\mathbf{W= B^2/r^2 = B^2/d^2 = W_0}$ das **Intensitäts-Maximum in der Mitte**
Bei einem geeignet gebogenen Schirm ist stets r = d.
Die **weitere**n **Maxima** sind schwierig zu ermitteln, sie liegen jedenfalls zwischen den Minima, also zwischen $\beta = \pi, 2\pi,...$
Man möchte meinen sie liegen je mittig, also bei $\beta = n*\pi+\pi/2 = (2n+1)*\pi/2$ n=1,2,... ,dem ist aber nicht so, weil die Vorfunktion von $\sin^2\beta$, nämlich $1/\beta^2$, die Maxima verschiebt.
Sei nun $\beta \# 0$. Dann folgt aus $0 = dW/d\beta$ nach Multiplikation mit β^2
die Beziehung $\beta\cos\beta - \sin\beta = 0$ oder $\mathbf{\tan\beta = \beta}$
Wir suchen eine erste Lösung für $\pi < \beta < 2\pi$. Davor gibt es keine.
Bezeichne $\beta = \pi+\gamma$ Dann ist $\tan\beta = \tan\gamma$ Somit $\tan\gamma = \pi+\gamma$
Wie man aus dem Graphen von tan durch den Nullpunkt $\beta=\pi$ entnehmen kann, liegt sie nahe, aber unter $3\pi/2$ oder $\gamma < \pi/2$.
Weil nun $\tan(n*\pi+\gamma) = \tan\gamma$ ist, gilt auch für die anderen Maxima $\tan\gamma = (n*\pi+\gamma)$ mit n=1,2,...d.h. aber auch, zu jedem n ist die Maximumstelle β_n bzw γ_n individuell zu berechnen.

Aus dem Graphen ist auch erkennbar, je größer n ist, desto näher rückt γ_n an $\pi/2$ heran, also an die senkrechte Asymptote von tan.
Konkret ist $\beta_0 = 0$, $\beta_1 \sim (180+77{,}5)$ Grad und $\beta_2 \sim (360+82{,}6)$ Grad, …
Schreiben wir $\gamma_n = g_n*\pi$, so haben wir für die Stellen der Maxima schließlich $(g_n+n)*\pi = \pi*b/\lambda*\sin\alpha$ oder $\sin\alpha = (g_n+n)*\lambda/b$, jedenfalls mit $0 < g_n < ½$
Die Intensitätsnebenmaxima fallen gegenüber dem Hauptmaximum (W_0, $\alpha=0$, r=d) rasch ab. Unterstellen wir gleichen Abstand d vom Spalt, (kleine Winkel α oder leicht gebogener Schirm), und setzen wie grob an
$|\sin\beta|=1$ und $\beta = (2n+1)*\pi/2$,so haben wir
$W(n) = W_0*(\sin\beta / \beta)^2 = W_0*4/\pi^2 * 1/(2n+1)^2$ n=1,2,.... Konkret:
$W(n=1,2,3) = W_0*0.405*$ (1/9 bzw 1/25 bzw 1/49) $= W_0*$ 0.045 bzw *0.016 bzw *0.008

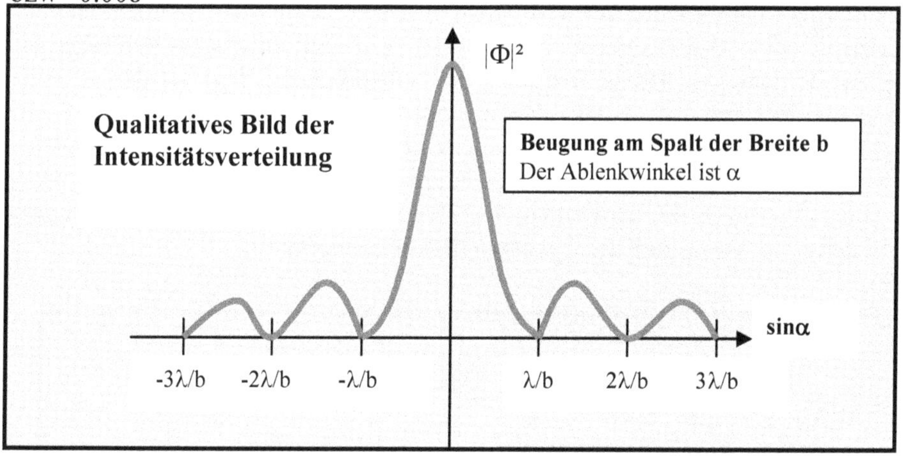

Bem.: Die Ablenkung nimmt also wie auch beim Doppelspalt mit λ zu, also mit der Energie des Teilchens ab. So ist sie bei rotem Licht größer als bei blauem Licht, es geht mehr in die Breite, sie ist auch größer beim Durchflug von langsameren Elektronen als bei schnelleren, siehe Materiewellen. Anders bei der **Brechung** von Licht. Blaues Licht wird da stärker als rotes Licht abgelenkt.

Dieses Phänomen der **Maximaverschiebung** wollen wir an der Intensitätsfunktion einer Sinuskurve abfallender Amplitude studieren.
Die Funktion sei also $y = \exp(-2ax)*\sin^2 x$, a ist der Abklingfaktor mit $a>0$.
$\sin^2 x$ für sich hat Maxima bei $\pi/2 + n*\pi$ mit Wert $\sin^2 x=1$
und Minima bei $n*\pi$ mit n=0,1,2,…mit Wert $\sin^2 x=0$
Für die Extrema ist dann $0 = dy/dx$

also 0 =exp(-2ax)*2sinx*cosx –2a*exp(-2ax)*$\sin^2x$
oder 0 = sinx*(cosx –a*sinx)
Die Minima sind bei sinx=0 also ebenfalls bei x=n*π mit Wert =0
Für die Maxima ist cosx –a*sinx =0
oder $\cos^2x = a^2 * \sin^2x$ oder $(1-\sin^2x) = a^2 * \sin^2x$ oder $\sin^2x = 1/(1+a^2)$
Nun ist $1/(1+a^2)$ kleiner 1 ,
somit gilt für das erste Maximum $x_0<\pi/2$ und allgemein $x= x_0+n*\pi$
a=0 bedeutet keine Dämpfung. x_0 liegt umso näher an π/2, je kleiner a ist.

7.7 Der Tunneleffekt

Es liege folgende Situation vor: Ein Teilchen der Masse m möge von x = - unendlich kommend gegen eine Potentialschwelle U zwischen x=0 und x=a anlaufen. Die Potentialschwelle kann man sich vorstellen wie einen Hügel, beginnend bei x=0 und endend bei x=a, der sehr steil anhebt, in der Höhe U eine Art Plateau der Breite a bildet, und entsprechend steil wieder abfällt. Dieses nun im Grenzfall, sodass eine Kastenform entsteht
Klassisch stelle man sich eine anrollende Kugel vor, die, hat sie nicht genügend Energie E<U, ein Stück des Hügels hochläuft und dann wieder zurückrollt. Hat sie genug Energie E>U, so wird sie den Hügel überwinden und schließlich auf der anderen Seite mit gleicher Geschwindigkeit weiterlaufen.
Figur:

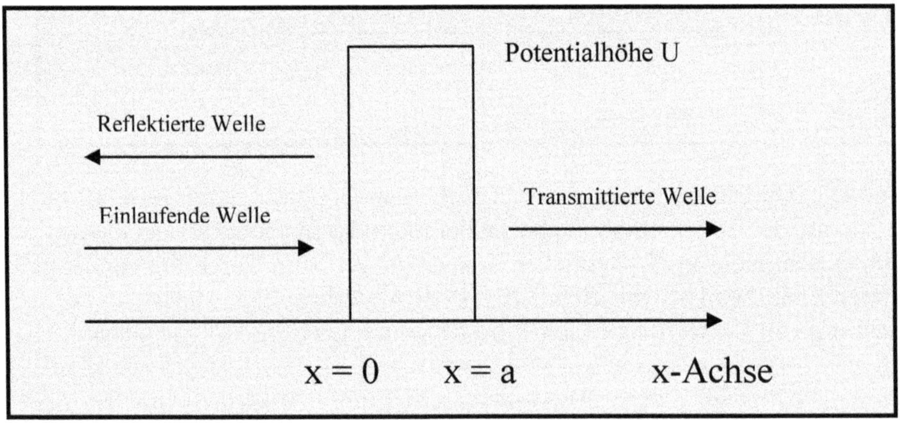

Nun die Behandlung in der QM.
Eigentlich ist das kein Eigenwertproblem, E ist beliebig vorgebbar, sondern ein Streuproblem:

Ein Teilchen , aus dem Unendlichen kommend, oft $x = -\infty$, immer $t = -\infty$, läuft auf eine Situation zu und man ist interessiert, was daraus wird, meist im Grenzfall bei $t = \infty$.
Wir verwenden die Schrödinger-Gleichung in der Form, E ist ja fix
$E*\phi(x) = [-1/2m*h^2/4\pi^2*d^2/dx^2 + V(x)] * \phi(x)$
Wir haben drei Bereiche:
Im Bereich1 ist V=0, im Bereich2 ist V=U, im Bereich3 ist wieder V=0
Wir multiplizieren die Gleichung beidseitig mit dem Faktor $\mathbf{f^2=2m*4\pi^2/h^2}$ und vereinfachen so zu
$f^2*E*\phi(x)= [-d^2/dx^2 + f^2*V(x)] * \phi(x)$ oder $\mathbf{[d^2/dx^2 + f^2*(E-V)] * \phi(x)=0}$
Diese Gleichung hat
die **Partikularlösungen** $\mathbf{exp(+ i*f*(E-V)^{1/2})}$ und $\mathbf{exp(- i*f*(E-V)^{1/2})}$
bei $(E-V)^{1/2}$ ist stets die positive Wurzel gemeint,
denn die Anwendung des Operators ergibt $-f^2*(E-V)*\phi(x)+f^2*(E-V)*\phi(x) = 0$

Wir bezeichnen nun $\mathbf{k = f*(E-V)^{1/2}}$ mit $f = 2\pi/h*(2m)^{1/2}$
Und betrachten den **Fall E<U** , also wenn die Energie kleiner als die Potentialschwelle ist und haben als Lösungsansätze im
Bereich1: V=0, deshalb $\mathbf{\phi_1(x)= A_1*e^{i*k*x} + A_2*e^{-i*k*x}}$ hier ist $\mathbf{k= f*E^{1/2}}$
Wenn wir uns den Zeitanteil e^{-i*E*t} hinzudenken, erkennen wir dass der erste Anteil die nach rechts einlaufende Welle und der zweite Anteil eine nach links laufende, reflektierte Welle ist.
Bereich2: V=U Weil E<U ist, wird $(E-V)^{1/2}$ und damit k imaginär.
Wir haben also $\mathbf{k = f*(E-U)^{1/2} = i*\kappa}$ mit $\kappa = f*(U-E)^{1/2}$ und $ik = -\kappa$
Einsetzen in den allgemeinen Ansatz ergibt $\mathbf{\phi_2(x)= B_1*e^{-\kappa*x} + B_2*e^{+\kappa*x}}$
also e-Funktionen mit reellen Argumenten
Bereich3: V=0, deshalb $\mathbf{\phi_3(x)= C_1*e^{i*k*x}}$. hier ist $\mathbf{k = f*E^{1/2}}$
Wir haben nur noch eine auslaufende Welle

Zur Bestimmung der Konstanten bedienen wir uns der **Randbedingungen** hier besser gesagt **Anschlussbedingungen**:
An den Berührstellen der Funktionen bei x=0 und x=a müssen je beide Funktionen hinsichtlich ihres Funktionswertes wie ihrer Ableitung übereinstimmen,
also $\phi_1(0)= \phi_2(0)$ und $d/dx\phi_1(0)= d/dx\phi_2(0)$ für x=0
sowie $\phi_2(a)= \phi_3(a)$ und $d/dx\phi_2(a)= d/dx\phi_3(a)$ für x=a
Das liefert der Reihe nach die Bedingungen

Bed1: $A_1 + A_2 = B_1 + B_2$.
Bed2: $i*k*(A_1 - A_2) = -\kappa*(B_1 - B_2)$
Bed3: $B_1*e^{-\kappa*a} + B_2*e^{\kappa*a} = C_1*e^{i*k*a}$
Bed4: $-B_1*\kappa*e^{-\kappa*a} + B_2*\kappa*e^{\kappa*a} = C_1*i*k*e^{i*k*a}$

Sei bezeichnet **$\lambda=\kappa/k = [(U-E)/E]^{1/2}$** und sei bezeichnet $C= C_1*e^{i*k*a}$,
Dann folgt
Bed1: $A_1 + A_2 = B_1 + B_2$ Bed3: $B_1*e^{-\kappa*a} + B_2*e^{\kappa*a} = C$
Bed2: $(A_1 - A_2) = i*\lambda*(B_1 - B_2)$ Bed4: $B_1*e^{-\kappa*a} - B_2*e^{\kappa*a} = -i*1/\lambda* C$
Es folgt: Bed3 + Bed4: $2*B_1* e^{-\kappa*a} = (1-i*1/\lambda) * C$
Bed3 - Bed4: $2*B_2 * e^{\kappa*a} = (1+i*1/\lambda) * C$

Passend aufmultipliziert folgt $B_1 = ½*(1-i*1/\lambda)*C * e^{\kappa*a}$
und $B_2 = ½*(1+i*1/\lambda)*C*e^{-\kappa*a}$
Bed1+Bed2: $2 A_1 = B_1 * (1+i*\lambda) + B_2* (1-i*\lambda)$
Bed1-Bed2: $2 A_2 = B_1 * (1-i*\lambda) + B_2 * (1+i*\lambda)$

Es ist $(1+i*\lambda)*(1-i/\lambda) = 2+i(\lambda-1/\lambda)$ und $(1-i*\lambda)*(1+i/\lambda) = 2 - i*(\lambda-1/\lambda)$
$A_1 =1/2*C*(e^{\kappa*a} + e^{-\kappa*a})+1/2*i/2(\lambda-1/\lambda)*(e^{\kappa*a} - e^{-\kappa*a}) =$
$= (\cosh\kappa a+i/2(\lambda-1/\lambda)*\sinh\kappa a))*C_1*e^{i*k*a}$

Es ist $(1-i*\lambda)*(1-i/\lambda)= -i(\lambda+1/\lambda)$ und $(1+i*\lambda)*(1+i/\lambda)= i*(\lambda+1/\lambda)$
$A_2 = -1/2*C*i/2(\lambda+1/\lambda)*(e^{\kappa*a} - e^{-\kappa*a}) = -i/2(\lambda+1/\lambda)*\sinh\kappa a * C_1*e^{i*k*a}$

Die dabei benutzten hyperbolischen Funktionen (Sinus hyperbolicus, Cosinus hyperbolicus) sind wie folgt definiert
$\sinh(x) = ½*(e^x - e^{-x})$ und **$\cosh(x) = ½*(e^x + e^{-x})$**
Cosh ist auch bekannt als **Kettenlinie**, hat die Form einer an beiden Enden aufgehängten Kette.
Sinh geht durch den Ursprung, hat einen im Positiven aufsteigenden Zweig und spiegelbildlich zum Ursprung einen im Negativen abfallenden Zweig.

Zusammengefasst:
$A_1 = (\cosh\kappa a + i/2(\lambda - 1/\lambda)*\sinh\kappa a)*C_1*e^{i*k*a}$
$A_2 = -i/2(\lambda + 1/\lambda)*\sinh\kappa a * C_1*e^{i*k*a}$
$B_1 = 1/2* e^{\kappa*a} * (1-i/\lambda) * C_1*e^{i*k*a}$
$B_2 = 1/2* e^{-\kappa*a} * (1-i/\lambda) * C_1*e^{i*k*a}$

Die Tatsache, dass ein Teilchen in den Potentialhügel eindringen und ihn durchdringen kann, B1 und B2 sind verschieden von Null, dass es ihn trotz E<U durchtunneln kann, klassisch unmöglich, führte zum Begriff Tunneleffekt.

Nun kümmern wir uns um **Intensität**sfragen. Wir fragen nach der Wahrscheinlichkeit, das/die Teilchen reflektiert bzw transmittiert werden, d.h. den Potentialhügel durchschreiten, verglichen zur Wahrscheinlichkeit, sie im einlaufenden Strom vorzufinden.

Die Wahrscheinlichkeit, ein Teilchen mit der Zustandsfunktion $\phi(x)$ im Bereich dx vorzufinden ist $\phi^*(x)*\phi(x)*dx$. Ohne höhere Theorien zu bemühen, berechnen wir einfach die Wahrscheinlichkeit, sie im Einlaufteil, im Reflexionsteil oder im Auslaufteil vorzufinden. Leider divergieren diese Integrale, vom Unendlichen kommend oder ins Unendliche gehend, so beschränken wir uns je auf eine Strecke der Länge 1, ist doch der Strom je gleichmäßig. Die Stecke sei in dem jeweiligen Bereich, hinreichend vom Potentialhügel entfernt.

Wir setzen also an $\quad Wein = \int A^*_1 * e^{-i*k*x} * A_1 * e^{i*k*x}\, dx = A^*_1 * A_1$

Analog $\quad Wref = \int A^*_2 * e^{i*k*x} * A_2 * e^{-i*k*x}\, dx = A^*_2 * A_2$

Sowie $\quad Wtra = \int C^*_1 * e^{-i*k*x} * C_1 * e^{i*k*x}\, dx = C^*_1 * C_1$

Der Reflexionsanteil R ist dann das Verhältnis $R = (A^*_2 * A_2)/(A^*_1 * A_1)$,

der Transmissionsanteil T ist das Verhältnis $T = (C^*_1 * C_1 / (A^*_1 * A_1)$

$$\mathbf{R = \frac{1/4*(\lambda+1/\lambda)^2*\sinh^2\kappa a}{1 + 1/4*(\lambda+1/\lambda)^2*\sinh^2\kappa a}} \qquad \mathbf{T = \frac{1}{1 + 1/4*(\lambda+1/\lambda)^2*\sinh^2\kappa a}}$$

$$\mathbf{\lambda = [(U-E)/E]^{1/2}\,,\ (\lambda+1/\lambda)^2 = U^2/[E(U-E)]\,,\ \kappa = 2\pi/h*[2m*(U-E)]^{1/2}}$$

Es folgt **R+T=1** Die Einlauf-Welle teilt sich also vollständig auf in eine Reflexions-Welle und in eine Transmissions-Welle. Für das Verhältnis zwischen der Wahrscheinlichkeit für Transmission zu der für Reflexion ergibt sich unmittelbar $T : R = 1 : \{1/4 * U^2/[E(U-E)] * \sinh^2\kappa a\}$

Von Interesse mag auch sein, nach der Wahrscheinlichkeit zu fragen, das Teilchen innerhalb des Potentialhügels vorzufinden, also

$Wpot = \int(B^*_1 * e^{-\kappa*x} + B^*_2 * e^{+\kappa*x}) * (B_1 * e^{-\kappa*x} + B_2 * e^{+\kappa*x})\, dx$ Integral von 0 bis a

Es ist $B^*_1*B_1*$ ...= $B^*_2*B_2*$ … = $\frac{1}{4}*(1+1/\lambda^2)*C^*_1*C_1$

$B^*_1*B_2*$ …+ $B^*_2*B_1*$ … = $\frac{1}{4}*((1-i/\lambda)^2+(1+i/\lambda)^2)*C^*_1*C_1$…=

= $1/2*(1-1/\lambda^2)*C^*_1*C_1$

Somit Wpot = $\int(\frac{1}{2}*((1+1/\lambda^2)+(1-1/\lambda^2))*C^*_1*C_1)\,dx = C^*_1*C_1*a$

Der Anteil im Potentialhügel ist also **P** = $(C^*_1*C_1*a)/(A^*_1*A_1*a)$ = **T**

d.h. alles was sich im Potentialhügel befindet, wird an die Transmission weitergereicht.

Der Transmissionsanteil T, die Wahrscheinlichkeit für das Durchdringen des Potentialhügels, nimmt, gemäß Formel, mit wachsendem $\kappa*a$ ab, wird also umso geringer, je höher U sich über E erhebt, $\kappa \sim (U-E)^{1/2}$,

und umso geringer, je größer seine Breite a ist.

Betrachten wird nun die Formel T für den Fall, dass **κa sehr groß** wird,

also κa>>1. Zunächst können wir dann im Nenner die 1 vernachlässigen und haben dann die Faktoren

=> $1/(\frac{1}{4}*(\lambda+1/\lambda)^2) = 4/(\lambda+1/\lambda)^2 = 4E(U-E)/U^2 = 4*E/U*(1-E/U)$

$\sinh^2 ka = \frac{1}{4}*(e^{\kappa a}-e^{-\kappa a})^2 = \frac{1}{4}*(e^{2\kappa a}+e^{-2\kappa a}-2) \Rightarrow \frac{1}{4}*e^{2\kappa a}$

Somit **T =>** $\mathbf{4/(\lambda+1/\lambda)^2 * e^{-2\kappa a}}$

Es verbleibt also immer ein Rest an Transmission.

Nun der **Fall E>U** : Die Energie E ist größer als Potentialschwelle U.

Im Bereich2 seien die periodische Partikularlösungen e^{iKx} und e^{-iKx}

mit $\mathbf{K = f*(E-U)^{1/2}}$, K≥0 ansonsten $\mathbf{k = f*E^{1/2}}$ In den Bereichen haben wir also

$\boldsymbol{\phi_1(x)=A_1*e^{i*k*x}+A_2*e^{-i*k*x}}$, $\boldsymbol{\phi_2(x)=B_1*e^{iK*x}+B_2*e^{-iK*x}}$, $\boldsymbol{\phi_3(x)=C_1*e^{i*k*x}}$.

Wir lehnen uns an die vorherige Lösung an: $\kappa = f*(U-E)^{1/2}$ wird hier imaginär.

Es ist so im ersten Exponenten $-\kappa x$ zu ersetzen durch $i*Kx$,

also ist $-\kappa = i*K$ oder $\kappa = -i*K$

Wir haben dann $\lambda = \kappa/k = -i*K/k = -i\Lambda = -i*[(E-U)/E]^{1/2}$ und

$\sin k\kappa a = \frac{1}{2}*(e^{\kappa a}-e^{-\kappa a}) = \frac{1}{2}*(e^{-iKa}-e^{iKa}) = -i*1/2i*(e^{iKa}-e^{-iKa}) = -i*\sin Ka$

Die Gleichungen werden analog auf den neuen Fall übergeführt, indem wir κ und λ entsprechend austauschen und haben dann

$$\mathbf{R} = \frac{\frac{1}{4}*(\Lambda-1/\Lambda)^2*\sin^2 Ka}{1+\frac{1}{4}*(\Lambda-1/\Lambda)^2*\sin^2 Ka} \qquad \mathbf{T} = \frac{1}{1+\frac{1}{4}*(\Lambda-1/\Lambda)^2*\sin^2 Ka}$$

mit $\mathbf{\Lambda = [(E-U)/E]^{1/2}}$ $\mathbf{(\Lambda-1/\Lambda)^2 = U^2/[E(E-U)]}$ $\mathbf{K = 2\pi/h*[2m*(E-U]^{1/2}}$

Ist Ka=0 oder Ka=n*π, so ist $\sin^2 Ka = 0$, somit erreicht T dann den klassischen Wert T=1 .
Zwischen diesen Stellen, an den Stellen $\sin^2 Ka=1$, also bei Ka=(2n+1)*π/2, sinkt T immer wieder zu Minima ab, in denen ein Teil des Stroms reflektiert wird.
An den Minima ist $T = 1/(1 + ¼ (\Lambda-1/\Lambda)^2 = 4E(E-U) / (2E-U)^2$.
Je größer E ist, desto flacher werden diese Minima und gehen im Grenzfall auch gegen 1.
Bemerkenswert ist, dass, obwohl E>U ist, ein Teil des einfallenden Strahls reflektiert wird, was klassisch nicht der Fall ist.
Es ist wieder R + T = 1.

Bezüglich des Anteils im Potentialhügels ist eine Neuberechnung nach obigen Muster erforderlich (wegen e^{iKx} und e^{-iKx} ,so ist $(e^{iKx})^* = e^{-iKx}$,aber $(e^{Kx})^* = e^{Kx}$).
Es errechnet sich P zu
$P = ½*[(1+1/\Lambda^2) + (1-1/\Lambda^2) *(\sin Ka*\cos Ka)/Ka)] /$
$[\cos^2 Ka \quad +¼(\Lambda+1/\Lambda)^2*\sin^2 Ka]$

$$\mathbf{P = \frac{1}{2} * \frac{(1+1/\Lambda^2) + (1-1/\Lambda^2)*\sin Ka*\cos Ka/(Ka)}{\cos^2 Ka + \frac{1}{4}*(\Lambda+1/\Lambda)^2*\sin^2 Ka}}$$

Diese Funktion schwankt ebenfalls zwischen
den Maxima $½*(1+1/\Lambda^2)$ an den Stelle Ka=n*π und
den Minima $2/(1+\Lambda^2)$ an den Stellen Ka=(n+1/2)*π.

Der Tunneleffekt ist wirksam beim radiaktiven Zerfall von Isotopen, z.B. beim Radium. Die ausgeschleuderten Alpha-Teilchen dürften nach klassischer Physik den Atomkern nie verlassen, es liegt der Fall E<U vor, im kugelsymmetrischen Dreidimensionalen, weil eben ihre Bindung, ihre potentielle Energie stärker ist als ihre Bewegung innerhalb des Atomkerns.
Aber auch bei der **Elementbildung in der Sonne**: Protonen, die es gerade nicht schaffen würden, in einen Kern einzudringen (klassisch), haben doch eine gewisse Wahrscheinlichkeit, die elektrische Abstoßung, den Potentialwall zu überwinden und werden da eingefangen, vorausgesetzt der Kern hat auch bereits genügend anziehende Neutronen. Bei zu hoher Energie würden sie am Kern streuen und ihn wieder verlassen. Neutronen haben dieses Problem nicht, da sie elektrisch neutral sind.

Die **Bindungsenergie**, mit der Protonen und Neutronen in einem Atomkern zusammengehalten werden, ist relativ hoch, verglichen zur Bindung Elektron und Proton in einem Wasserstoffatom. Während letztere maximal 13,6 eV ausmacht, siehe späteres Kapitel 8.3.2 , ist die Bindungsenergie z.B. bei einem Deuteron (Proton-Neutron-System), dem Atomkern von schwerem Wasser, gleich 2,19 MeV, also weit über das Hunderdtausendfache.

7.8 Der Unterschied zwischen Halbwertszeit und mittlerer Lebensdauer

Bei radioaktiven Zerfällen, wo sehr viele Teilchen beteiligt sind, verwendet man gern den Begriff Halbwertszeit. Das ist die Zeit, nach der die anfangs vorhandene Menge der Teilchen um die Hälfte zerfallen ist. Waren es 1000, so sind es dann 500, waren es 500, so sind es dann 250 verbleibende Teilchen, usw. Bei Zerfällen von wenig vorhandenen Teilchen, so bei Elementarteilchen, verwendet man gern den Begriff mittlere Lebensdauer. Das ist, wie allgemein bekannt, der Mittelwert der Lebensdauern der Beteiligten.

Beide unterliegen dem statistischen Zerfallsgesetz $\mathbf{N = N_0 * e^{-\lambda * t}}$.

Dabei ist N_0 die Anzahl der Teilchen zum Zeitpunkt t=0, N die Anzahl zur Zeit t und λ ist die positive Zerfallskonstante, je größer desto schneller erfolgt der Zerfall. Differentiell ausgedrückt ist $\mathbf{dN = - N * \lambda * dt}$.

Es zerfallen (-dN) Teilchen von je N vorhandenen Teilchen in der (kurzen) Zeitspanne dt. (dN selber ist negativ). dN ist also proportional der aktuell vorhandenen Menge N. Für die **Halbwertszeit TH** gilt dann:

$N_0/2 = N_0 * e^{-\lambda * TH}$ oder $½ = e^{-\lambda * TH}$ oder $\ln ½ = -\lambda * TH$ oder $-\ln 2 = -\lambda * TH$,

somit $\mathbf{TH = \ln 2/\lambda}$ Bemerkung: ln ist der natürliche Logarithmus zur Basis e.

Bei dem gleichen Zerfallsgesetz gilt für die **mittlere Lebensdauer TM**:

Zum Zeitpunkt t, also nach einer Lebenszeit t, zerfallen, sterben (-dN) Teilchen. Ihr Beitrag zum arithmetischen Zeitmittel ist also $t*(-dN)/N_0$.

Über alle Lebenszeiten summiert haben wir also

$$TM = -1/N_0 * \int t * dN = -1/N_0 * \int t * (-N_0 * e^{-\lambda * t} * \lambda) * dt = \lambda * \int t e^{-\lambda * t} * dt$$

integriert über t von 0 bis ∞ .

$$\text{Es ist } \int t e^{-\lambda * t} * dt = [t * e^{-\lambda * t} /(-\lambda)]_0^{\text{unendlich}} - \int e^{-\lambda * t} /(-\lambda) * dt =$$

$$= 0 - 1/(-\lambda) * [1/(-\lambda) * e^{-\lambda * t}]_0^{\text{unendlich}} = 0 - 1/\lambda^2 * (-1) = 1/\lambda^2$$

Es wurde partiell integriert. Somit $\mathbf{TM = 1/\lambda}$

Das ergibt den Zusammenhang

TH = TM*ln2 mit **ln2 = 0.6931** bzw **TM = 1.4426*TH** also TH < TM

Beispiele:
Freie Neutronen haben eine mittlere Lebenszeit (TM) von 880 sek, somit eine Halbwertszeit (TH) von 610 sek.
Radium (Ra 226) hat eine Halbwertszeit von 1620 Jahren, somit hat ein individuelles Radiumatom eine mittlere Lebenserwartung von 2337 Jahren.
Das Kohlenstoffisotop C14 (Standard C12, kein Zerfall) hat eine Halbwertszeit von 5730 Jahren, somit hat ein individuelles Atom eine mittlere Lebenserwartung von 8266 Jahren.
Die Halbwertszeit ist also stets geringer als die mittlere Lebensdauer.
----

8. QM im Dreidimensionalen

Nun wollen wir den Schwerpunkt auf den dreidimensionalen Ortsraum inklusive dem Zeitraum legen. Der Zeitraum ist üblicherweise ähnlich dem Ortsraum so angesetzt, dass die Zeit t Operator und Variable zugleich ist. So wie der Impulsraum komplementär zum Ortsraum ist, ist der Energieraum das analoge Komplementäre zum Zeitraum.

8.1 Die Bahndrehimpulsoperatoren

Klassisch ist der Drehimpuls eines Massenpunktes **l = r x p** .
Dabei ist **r** der Vektor vom Ursprung zum Massenpunkt, **p** ist dessen Impuls.
l steht auf der von **r** und **p** auf gespannten Ebene senkrecht. Der Drehimpuls ist nicht unabhängig von der Lage des Ursprungs, der Impuls dagegen schon. Er ist eine **axialer Vektor**: Bei Umkehrung des Vorzeichen von **r** und **p**, bei Total-spiegelung am Ursprung, also wenn x=>-x, y=>-y und z=>-z, bleibt er gleich. **r** und **p** dagegen sind **polare Vektoren**, die bei Spiegelung ihr Vorzeichen umdrehen.
Im Produktraum für den Ort mit seien Operatoren X, Y, Z, die wir hier in X_1, X_2, X_3 umbenennen, und den Operatoren für den Impuls P_1, P_2, P_3 kann man hermitesche Operatoren bilden, die gemäß **Korrespondenzprinzip** dem Drehimpuls entsprechen. Diese sind

$$\mathbf{L_1 = X_2 * P_3 - X_3 * P_2, \quad L_2 = X_3 * P_1 - X_1 * P_3, \quad L_3 = X_1 * P_2 - X_2 * P_1}$$

Die Vertauschungsregeln für X_i und P_j induzieren Vertauschungsregeln für die L_i . Beispiel für $[L_1, L_2] = L_1 * L_2 - L_2 * L_1$
$[L_1, L_2] =$
$= [X_2*P_3, X_3*P_1] - [X_2*P_3, X_1*P_3] - [X_3*P_2, X_3*P_1] + [X_3*P_2, X_1*P_3]$
Es vertauschen alle X_i untereinander und alle P_i untereinander, sowie alle P_i mit allen X_j ,sofern i#j ist, weil sie verschiedenen Räumen angehören. Es verbleibt $[P_j, X_j] = -i$ imaginär, wobei j =1,2,3 ist . Somit sind Kommutator2 und Kommutator3 gleich 0.
Es bleibt übrig $[X_2*P_3, X_3*P_1] = X_2*P_3 * X_3*P_1 - X_3*P_1 * X_2*P_3 =$
$= X_2*P_1*(P_3*X_3 - X_3*P_3) = -i * X_2*P_1$
$[X_3*P_2, X_1*P_3] = X_3*P_2 * X_1*P_3 - X_1*P_3 * X_3*P_2 =$
$= P_2*X_1*(X_3*P_3 - P_3*X_3) = +i * P_2*X_1$
Somit $[L_1, L_2] = i*(X_1*P_2 - X_2*P_1) = i* L_3$
Es wurde die leicht einsehbare **Kommutatorregel**
[A+B,C+D] = [A,C]+[A,D]+[B,C]+[B,D] benutzt.

Insgesamt errechnen sich die

Vertauschungsregeln für den Bahndrehimpuls zu

$[L_1, L_2] = i*L_3$, $[L_2, L_3] = i*L_1$, $[L_3, L_1] = i*L_2$

Die Indizes 1,2,3 treten zyklisch auf.

Zur Darstellung zyklischer Indizes wird gern das **Symbol** ε_{ijk} verwendet. Dieses ist gleich 1, wenn i,j,k zyklisch angeordnet sind, gleich -1, wenn dies nicht der Fall ist und gleich 0,wenn Indizes übereinstimmen. Außerdem wird rechts über k summiert, was hier doch nur einen Summanden ergibt. Man kann dann alle drei Regeln zusammenfassen zu

$[L_i, L_j] = i*\varepsilon_{ijk}*L_k$ i,j,k = 1,2,3 i,j je fix, über k wird summiert

Der Bahndrehimpuls verwendet die Operatoren X_1, X_2, X_3 und P_1, P_2, P_3 vermischt, bringt also die einzelnen Räume 1,2 und 3 untereinander in Beziehung.

Die Vertauschungsregeln gelten allgemein für einen Drehimpuls.

Neben dem **Bahndrehimpuls** gibt es noch den **Eigendrehimpuls** von Elementarteilchen, z.B.von Elektronen, und von Atomkernen, **Spin** genannt.

Man kann nun eine Stufe höher steigen, indem man den vom Klassischen bekannten **Gesamtdrehimpuls** in die QM überträgt.

Klassisch gilt $\mathbf{l}^2 = l_1^2 + l_2^2 + l_3^2$

Der Gesamtdrehimpuls ist gleich der Summe der Quadrate der achsenorientierten Einzeldrehimpulse. Sei $\mathbf{l} = \mathbf{l}_1 + \mathbf{l}_2 + \mathbf{l}_3$ der Drehimpulsvektor, dargestellt als Summe der Einzeldrehimpulsvektoren.

Dann ist $\mathbf{l}^2 = \Sigma\, \mathbf{l}_i * \mathbf{l}_j = (\mathbf{l}_1)^2 + (\mathbf{l}_2)^2 + (\mathbf{l}_3)^2 = l_1^2 + l_2^2 + l_3^2$,weil die $\mathbf{l}_i$ orthogonal zueinander sind. Die $\mathbf{l}_i$ kann man als die Projektionen des Drehimpulsvektors **l** auf die Achsen interpretieren.

Die analoge Übertragung ist $\mathbf{L}^2 = \mathbf{L}_1^2 + \mathbf{L}_2^2 + \mathbf{L}_3^2$, wobei mit **L** nun obige Operatoren gemeint sind. Der **Gesamtdrehimpulsoperater** $\mathbf{L}^2$ vertauscht mit jedem Einzeldrehimpulsoperator L_i , z.B. mit L_3 , diese aber nicht untereinander.

Die QM bringt also für den Drehimpuls Einschränkungen. Es können nicht alle drei Drehimpulskomponenten gleichzeitig Eigenwerte sein, sondern nur eine. Vom Drehimpulsvektor ist ansonsten nicht seine Lage, sondern nur das „Längenquadrat" l(l+1) als Messwert zugänglich. Anders ist es beim Impuls. Hier sind alle drei Komponenten wegen der Vertauschbarkeit der zugehörigen Operatoren simultane Eigenwerte.

Wir beweisen nun speziell den Kommutator $[L_3,\mathbf{L}^2] = 0$.
Dazu bemühen wir etwas Kommutatoralgebra. Sei gegeben [A,B] = i*C oder A*B - B*A = i*C, dann ist

$[A,B^2] = AB^2-B^2A = (BA+iC)B - B^2A = BAB+iCB - B^2A =$
$= B(BA+iC) + iCB-B^2A = B^2A+iBC+iCB-B^2A = i(BC+CB)$

Sei nun zugeordnet

$A= L_3$, $B= L_1$, dann ist $C= L_2$ und $[L_3, L_1^2] = i(L_1*L_2 + L_2*L_1)$
Sei $B= L_2$, dann ist $C= -L_1$ und $[L_3, L_2^2] = i(-L_2*L_1 - L_1*L_2)$
Sei $B= L_3$, dann ist $C= 0$ und $[L_3, L_3^2] = 0$

In der Summe ist die linke Seite gleich $[L_3, L_1^2 + L_2^2 + L_3^2]$ und die rechte Seite gleich 0. Damit bewiesen.

In kartesischen Koordinaten lauten die Bahndrehimpulsoperatoren

$L_1 = h/2\pi i*(y*\partial/\partial z - z*\partial/\partial y)$
$L_2 = h/2\pi i*(z*\partial/\partial x - x*\partial/\partial z)$
$L_3 = h/2\pi i*(x*\partial/\partial y - y*\partial/\partial x)$

Diese Operatoren kann man wie ein Kreuzprodukt zusammenfassen.
Nun wollen wir die Bahndrehimpulsoperatoren in **Kugelkoordinaten** darstellen. Diese sind wie folgt definiert:

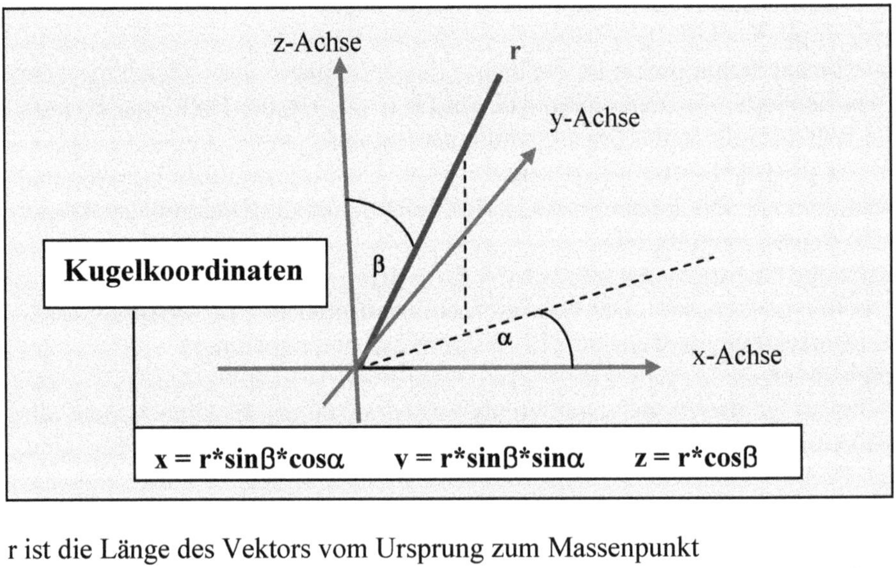

r ist die Länge des Vektors vom Ursprung zum Massenpunkt
α ist der Winkel zwischen der x-Achse und der Projektion des Vektors auf die x-y-Ebene in dieser Richtung
β ist der Winkel zwischen der z-Achse und dem Vektor **r** in dieser Richtung

Das bedeutet, wir verwenden im Ortsproduktraum eine andere Basisvektoren, nämlich |r>|α>|β>
Wir schreiben die Operatoren auf Polarkoordinaten um.
Sei gegeben eine Funktion $f(x,y,z) = f(r\sin\beta\cos\alpha, r\sin\beta\sin\alpha, r\cos\beta)$,
also in kartesischen Koordinaten einerseits und in Polarkoordinaten andererseits.
Vorbereitungen: Es ist
$x = r*\sin\beta*\cos\alpha \quad y = r*\sin\beta*\sin\alpha \quad z = r*\cos\beta$
$\partial x/\partial\alpha = -r*\sin\beta*\sin\alpha \quad \partial x/\partial\beta = r*\cos\beta*\cos\alpha$
$\partial y/\partial\alpha = r*\sin\beta*\cos\alpha \quad \partial y/\partial\beta = r*\cos\beta*\sin\alpha$
$\partial z/\partial\beta = - r*\sin\beta$
Fall L_3 $= h/2\pi i*(x*\partial/\partial y - y*\partial/\partial x)$, es sind r,z,β fix , x,y,α variabel
$df = \partial f/\partial x*(-r*\sin\beta*\sin\alpha*d\alpha)+ \partial f/\partial y*(r*\sin\beta*\cos\alpha*d\alpha) =$
$= \partial f/\partial x*(-y)+ \partial f/\partial y*x) = \partial f/\partial\alpha * d\alpha$
Wenn man also f nach α differenziert und das Ergebnis in kartesische Koordinaten rückverwandelt, entsteht das richtige L3.

Somit $\mathbf{L_3 = h/2\pi i*\partial/\partial\alpha}$ in Polarkoordinaten.

Wegen des Differentialquotienten $\partial/\partial\alpha$ ist L_3 das Analogon zum Impulsoperator $P\sim\partial/\partial x$.
So wie P mittels unitäre Transformation e^{iaP} einen Zustand $\phi(x)$ um a versetzt , also $e^{iaP}\,\phi(x) = \phi(x+a)$,
bewirkt L_3 mittels einer analogen unitären Transformation e^{iwL} eine Drehung eines Zustandes um einen Winkel w um die z-Achse, also
$e^{iwL}\;\phi(\alpha) = \phi(\alpha+w)$. Analoges gilt für L_2 bezüglich der y-Achse und L_1 bezüglich der x-Achse.

Fall L_2 $= h/2\pi i*(z*\partial/\partial x - x*\partial/\partial z)$ es sind r,y fix, x,z,α,β variabel
$\partial f/\partial\alpha*d\alpha = \partial f/\partial x*\partial x/\partial\alpha*d\alpha=\partial f/\partial x*(-r*\sin\beta*\sin\alpha) *d\alpha$
$\partial f/\partial\beta*d\beta = \partial f/\partial x*\partial x/\partial\beta*d\beta+\partial f/\partial z*\partial z/\partial\beta*d\beta =$
$= \partial f/\partial x*r*\cos\beta*\cos\alpha*d\beta - \partial f/\partial z* r*\sin\beta*d\beta$
Für das gesuchte L setzen wir eine Linearkombination an
$L = \xi*\partial f/\partial d\alpha + \eta*\partial f/\partial d\beta$
$\xi * \partial f/\partial x*(-r*\sin\beta*\sin\alpha) + \eta* (\partial f/\partial x*r*\cos\beta*\cos\alpha - \partial f/\partial z* r*\sin\beta) = L$
Daraus entnimmt man
$\xi * (-r*\sin\beta*\sin\alpha) + \eta * r*\cos\beta*\cos\alpha = r*\cos\beta$ muß sein = z betrifft
Faktor zu $\partial/\partial x$

$\eta * r*\sin\beta = r*\sin\beta*\cos\alpha$ muß sein = x betrifft Faktor zu $\partial/\partial z$

Somit $\eta = \cos\alpha$ $\xi = (\cos\alpha*\cos\beta*\cos\alpha - \cos\beta)/(\sin\beta*\sin\alpha) =$
$= \cot\beta*(\cos^2\alpha - 1)/\sin\alpha = -\cot\beta*\sin\alpha$

Somit L_2 = h/2πi*L = **h/2πi*(–cotβ*sinα* ∂/∂α + cosα*∂/∂β)**

Fall L_1 = h/2πi*(y*∂/∂z – z*∂/∂y) es sind r,x fix, y,z,α,β variabel

$\partial f/\partial\alpha*d\alpha = \partial f/\partial y*\partial y/\partial\alpha*d\alpha = \partial f/\partial y*(r*\sin\beta*\cos\alpha)*d\alpha$

$\partial f/\partial\beta*d\beta = \partial f/\partial y*\partial y/\partial\beta*d\beta + \partial f/\partial z*\partial z/\partial\beta*d\beta =$
$= \partial f/\partial y*r*\cos\beta*\sin\alpha*d\beta - \partial f/\partial z*r*\sin\beta*d\beta$

Für das gesuchte L setzen wir eine Linearkombination an

$L = \xi*\partial f/\partial\alpha + \eta*\partial f/\partial\beta$

$\xi * \partial f/\partial y*(r*\sin\beta*\cos\alpha) + \eta*(\partial f/\partial y*r*\cos\beta*\sin\alpha - \partial f/\partial z*r*\sin\beta) = L$

Daraus entnimmt man

$\xi * (r*\sin\beta*\cos\alpha) + \eta * r*\cos\beta*\sin\alpha = -r*\cos\beta$ muß sein =-z betrifft Faktor zu $\partial/\partial y$

$\eta * (-r*\sin\beta) = r*\sin\beta*\sin\alpha$ muß sein =y betrifft Faktor zu $\partial/\partial z$

Somit $\eta = -\sin\alpha$ $\xi = (\sin\alpha*\cos\beta*\sin\alpha - \cos\beta)/(\sin\beta*\cos\alpha) =$
$= \cot\beta*(\sin^2\alpha - 1)/\cos\alpha = -\cos\alpha*\cot\beta$

Somit L_1 = h/2πi*L = **h/2πi*(–cotβ*cosα* ∂/∂α - sinα*∂/∂β)**

8.2 Die Bahndrehimpuls-Eigenfunktionen (Kugelflächenfunktionen)

Der Operator für die dritte Komponente des Bahndrehimpulses in Polarkoordinaten ist, wie wir gesehen haben, L_3 = h/2πi*∂/∂α . Im Gegensatz zu kartesischen Koordinaten ist er nur von einer Variablen abhängig. Er ist analog zum Impulsoperator und seine Eigenfunktion kann daher leicht nach diesem Muster gewonnen werden, nämlich

h/2πi*∂/∂α * φ(α) = h/2π*m*φ(α) mit der Lösung **φ(α)= $e^{i*m*\alpha}$**
und dem Eigenwert **h/2π*m**

Der Wert m ist, anders als beim Impuls, nicht mehr eine beliebige Zahl. Weil α ein Winkel ist, ist es erforderlich, dass der Funktionswert nach einer Vollumdrehung, also bei α+2π, derselbe ist wie bei α. Das ist erfüllt, wenn m irgendeine ganze Zahl ist. Also gilt für den Wert **m = …-2, -1, 0 ,1, .2,…**
h/2π ist das elementare **Drehimpulsquantum**, Dimension $kg*m^2/sek$.

Bezüglich Orthogonalität und Normierung ist
Die Integration über α geht je von 0 bis2π :

$$<m_1| m_2> = \int d\alpha_1 d\alpha_2 * \exp(-i*m_1\alpha_1)* \exp(i*m_2\alpha_2)*<\alpha_1|\alpha_2> =$$
$$= \int d\alpha_1 d\alpha_2 * \exp(-i*m_1\alpha_1)* \exp(i\, m_2\alpha_2)*\delta(\alpha_1-\alpha_2) =$$
$$= \int d\alpha_1 * \exp(-i*m_1\alpha_1)* \exp(i*m_2\alpha_1) = \int d\alpha_1 * \exp[i*(m_2-m_1)*\alpha_1] =$$

$= 2\pi$,wenn $m_2 = m_1$ also ist der Normierungsfaktor $(2\pi)^{-1/2}$
$= 0$,wenn $m_2 \# m_1$ sie sind dann orthogonal zueinander

Wir sehen, dass die Eigenwerte m erst durch eine spezielle, natürlich sinnvolle Forderung entstehen, nicht durch eine pauschale Bedingung (Determinante=0) wie im Endlichen. Das ist typisch für Differentialoperatoren.
Elektronen, die um den Atomkern kreisen, haben einen Bahndrehimpuls $m*h/2\pi$. m kann auch 0 sein.

Der **Operator für den Gesamtbahndrehimpuls** in Polarkoordinaten errechnet sich zu $\mathbf{L}^2 = L_1^2 + L_2^2 + L_3^2 = \mathbf{- h^2/4\pi^2 * \Lambda}$ mit

$$\mathbf{\Lambda = 1/\sin\beta*\partial/\partial\beta(\sin\beta*\partial/\partial\beta) + 1/\sin^2\beta*\partial^2/\partial\alpha^2}$$

Bemerkung: Es wirkt zuerst $(\sin\beta*\partial/\partial\beta)$, darauf wirkt dann $1/\sin\beta*\partial/\partial\beta$.

Zur **Bestimmung der Eigenfunktionen und Eigenwerte** konzentrieren wir uns auf diesen Operator Λ .Da L_3 und $\mathbf{L}^2$ miteinander vertauschen, so können, nach einem noch zu beweisenden Theorem, gemeinsame Eigenfunktionen angestrebt werden, also Eigenfunktionen, die sowohl zum einen wie auch zum anderen Operator passen.
Meistens geschieht dies durch Separierung wie auch hier, indem man sie als Produkt der Einzeleigenfunktionen ansetzt.

Wir machen also einen **Produktansatz** $\boldsymbol{\phi_1(\beta)*\phi_2(\alpha)}$ und zerlegen den Operator in zwei Teile:
Die **Eigenwertgleichung** $\boldsymbol{\Lambda*\phi(\beta,\alpha) = \lambda*\phi(\beta,\alpha)}$ wird zu
$\Lambda*\phi_1(\beta)*\phi_2(\alpha)=\lambda* \phi_1(\beta)*\phi_2(\alpha)$ mit $\Lambda=\Lambda_1(\beta)+f(\beta)*\Lambda_2(\alpha)$
Der erste Differentialoperator wirkt nur auf β, der zweite nur auf α.
Somit $\Lambda*\phi = [\Lambda_1(\beta)+f(\beta)*\Lambda_2(\alpha)] * \phi_1(\beta)*\phi_2(\alpha) =$
$= [\Lambda_1(\beta)*\phi_1(\beta))*\phi_2(\alpha) +\phi_1(\beta)*(f(\beta)*\Lambda_2(\alpha))*\phi_2(\alpha)] = \lambda* \phi_1(\beta)*\phi_2(\alpha)$
Nun ist
$d/d\alpha*\phi(\alpha) = m*\phi(\alpha)$ mit der Lösung $\phi(\alpha) = e^{i*m*\alpha}$ und dem Eigenwert m, somit

$\Lambda_2(\alpha))*\phi_2(\alpha)) = d^2/d\alpha^2*\phi_2(\alpha)) = -m^2*\phi_2(\alpha)$ mit $\phi_2(\alpha) = e^{i*m*\alpha}$, also
$\Lambda*\phi = (\Lambda_1(\beta)*\phi_1(\beta))*\phi_2(\alpha) - \phi_1(\beta)*f(\beta)*m^2*\phi_2(\alpha) = \lambda* \phi_1(\beta)*\phi_2(\alpha)$

Man kann somit auf beiden Seiten $\phi_2(\alpha)$ wegkürzen , mit $f(\beta) = 1/\sin^2\beta$ verbleibt nur noch eine **Eigenwertgleichung mit der Variablen β**, nämlich
$\Lambda_\beta(\beta)*\phi_\beta(\beta) = \lambda* \phi_\beta(\beta)$ mit **$\Lambda_\beta(\beta) = 1/\sin\beta*\partial/\partial\beta(\sin\beta*\partial/\partial\beta) - m^2/\sin^2\beta$**

Mag sein, dass das geübte Auge die sich auf β reduzierte Gleichung sofort sieht, aber eine Schritt für Schritt Herleitung legt den Mechanismus der Separierung offen und lässt leichter erkennen, wann sie möglich ist und wann sie nicht möglich ist.
Die Eigenwertgleichung mit der Variablen β ist nicht ganz unabhängig von der mit der Variablen α, denn der Eigenwert m ist von der einen zur anderen übergegangen. Diese lässt auch eine Abhängigkeit hinsichtlich der Eigenwerte λ und m vermuten

---

Nun zur **Lösung von $\Lambda_\beta(\beta)*\phi_\beta(\beta)) = \lambda* \phi_\beta(\beta)$**
Wir machen den **Ansatz einer endlichen Reihe $\phi_\beta(\beta) = \Sigma\, a_{k\,l}*\sin^k\beta*\cos^l\beta$**
mit k,l = 0,1,… beginnend mit 0 , k betrifft den sin, l betrifft den cos, also
$\phi_\beta(\beta) = a_{00} + a_{10}*\sin\beta + a_{01}*\cos\beta + a_{20}*\sin^2\beta + a_{11}*\sin\beta*\cos\beta + a_{02}*\cos^2\beta + \ldots$
Da sin und cos sich beim Differenzieren reproduzieren, ist dieser Ansatz nahe liegend, wenn auch nicht der einzige, es könnten auch negative Potenzen vorkommen, die allerdings bei β=0,π/2,… Singularitäten (Unendlichkeits-stellen) haben könnten.
Diese Reihe setzen wir nun beidseitig in die Gleichung ein, wir lassen links den Operator auf sie wirken und vergleichen dann gliedweise.
$\Lambda_\beta(\beta)*\Sigma\, a_{kl}*\sin^k*\cos^l\beta = \lambda* \Sigma\, a_{kl}*\sin^k*\cos^l\beta$ k,l=0,1,2
Betrifft die linke Seite:
Für das allgemeine Glied $\sin^k\beta* \cos^l\beta$ ist, mit $k,l \geq 0$, ist
$d/d\beta*(\sin^k\beta* \cos^l\beta) =$
$= k* \sin^{k-1}\beta*\cos\beta* \cos^l\beta - \sin^k\beta* l*\cos^{l-1}\beta*\sin\beta =$
$= k* \sin^{k-1}\beta*\cos^{l+1}\beta - l*\sin^{k+1}\beta*\cos^{l-1}$
somit $\sin\beta*d/d\beta*(\sin^k\beta* \cos^l\beta) = k* \sin^k\beta*\cos^{l+1}\beta - l*\sin^{k+2}\beta*\cos^{l-1}\beta$
Somit $d/d\beta*(\sin\beta*d/d\beta*(\sin^k\beta* \cos^l\beta)) =$
$= k*(k*\sin^{k-1}\beta*\cos^{l+2}\beta - (l+1)*\sin^{k+1}\beta*\cos^l\beta) -$
$- l*((k+2)*\sin^{k+1}\beta*\cos^l\beta - (l-1)*\sin^{k+3}\beta*\cos^{l-2}\beta)$
nun mal $1/\sin\beta$ ergibt

$k^* k^*\sin^{k-2}\beta^*\cos^{l+2}\beta - k^*(l+1)^*\sin^k\beta^*\cos^l\beta -$
$- l^*(k+2)^*\sin^k\beta^*\cos^l\beta + l^*(l-1)^*\sin^{k+2}\beta^*\cos^{l-2}\beta$
Nun das letzte Glied $-m^2/\sin^2\beta$ beachten, gleich $-m^2{}^*\sin^{k-2}\beta^*\cos^l$,
insgesamt $\Lambda_\beta{}^*(\sin^k\beta^* \cos^l\beta) =$
$= k^2{}^*\sin^{k-2}\beta^*\cos^{l+2}\beta - k^*(l+1)^*\sin^k\beta^*\cos^l\beta -$
$- l^*(k+2)^*\sin^k\beta^*\cos^l\beta + l^*(l-1)^*\sin^{k+2}\beta^*\cos^{l-2}\beta - m^2{}^*\sin^{k-2}\beta^*\cos^l$

Zur Vereinfachung bezeichnen wir **$x=\sin\beta$** und **$y=\cos\beta$** und haben für das allgemeine Glied **$x^k{}^*y^l$**

$$\boldsymbol{\Lambda_\beta{}^*(x^k{}^*y^l) = k^2{}^*x^{k-2}{}^*y^{l+2} - k^*(l+1)^*x^k{}^*y^l -}$$
$$\boldsymbol{- l^*(k+2)^*x^k{}^*y^l + l^*(l-1)^*x^{k+2}{}^*y^{l-2} - m^2{}^*x^{k-2}{}^*y^l}$$

Beispiele: Nun wollen wir der Reihe nach Lösungen angeben, beginnend mit
$\phi_\beta(\beta) = a_{00}$ also nur ein Konstante. Es ist k=l=0, somit verbleibt
$\Lambda_\beta{}^*(a_{00}) = (- m^2{}^*x^{-2}{}^*y^0)^*a_{00} = \lambda^*a_{00}$
Nur lösbar für m=0 mit Eigenwert $\lambda=0$

Sei nun allgemein **m=0**
Sei $\phi_\beta(\beta) = a_{00}+a_{10}{}^*x+ a_{01}{}^*y$,
Also $\Lambda_\beta{}^*(a_{00}+ {}_{10}{}^*x+ a_{01}{}^*y) = \lambda^*(a_{00}+a_{10}{}^*x+ a_{01}{}^*y)$
somit $a_{10}{}^*(x^{-1}{}^*y^2-x)+a_{01}{}^*(-1^*2^*y) = \lambda^*(a_{00}+a_{10}{}^*x+a_{01}{}^*y)$
dann $a_{10}{}^*(x^{-1}{}^*y^2-x) =\lambda^*a_{10}{}^*x$ keine Lösung möglich, also $a_{10} =0$
dann $a_{01}{}^*(-1^*2^*y) =\lambda^*a_{01}{}^*y$
daraus folgt $\lambda= -1^*2$ und die Lösung $\phi_\beta(\beta) = y$

Sei nun $\phi_\beta(\beta) = a_{00} + a_{02}{}^*y^2$, also k=0, l=2 und m=0
$\Lambda_\beta{}^*(y^2) = - 2^*2^*y^2 + 2^*1^*x^2$, also
$a_{00}+a_{02}{}^*(-2^*2^*y^2 + 2^*1^*x^2) = \lambda^*(a_{00}+a_{02}{}^*y^2)$
$a_{00}+a_{02}{}^*(-2^*2^*y^2 + 2^*1^*(1-y^2)) = \lambda^*(a_{00}+a_{02}{}^*y^2)$ oder
$a_{00}+a_{02}{}^* (2^*1-6y^2) = \lambda^*(a_{00}+a_{02}{}^*y^2)$
Also $2^*1 = \lambda^*a_{00}$ und $-6y^2{}^*a_{02} = \lambda^*a_{02}{}^*y^2$ oder $-6 = \lambda$,
somit $\lambda= -2^*3$, $a_{02} = 1$ und $a_{00} = -1/3$

Sei nun $\phi_\beta(\beta) = a_{01}{}^*y+ a_{03}{}^*y^3$, also k=0, l=3 ,
dann ist die Gleichung $\Lambda_\beta{}^*(a_{01}{}^*y+ a_{03}{}^*y^3) =\lambda^*(a_{01}{}^*y+ a_{03}{}^*y^3)$
$a_{01}{}^*(-1^*2^*y) + a_{03}{}^*(-2^*3^*y^3+3^*2^*y-3^*2^*y^3) = \lambda^*(a_{01}{}^*y+ a_{03}{}^*y^3)$
dabei war $x^2 = 1-y^2$

$(-1*2*a_{01}+3*2*a_{03})*y - 2*2*3*a_{03}*y^3 = \lambda*(a_{01}*y+a_{03}*y^3)$
Der Vergleich gleicher Potenzen ergibt
$\lambda = -4*3$ $6*a_{03} = -10*a_{01}$ somit $a_{03} = -5/3$, wenn $a_{01} = 1$ gesetzt wird
Wie man an den Beispielen sieht, gewinnt man den **Eigenwert λ** durch Vergleich der auch links nur einmal vorhandenen höchsten Potenz. Weiterhin, nach Reduzierung des allgemeinen Ansatzes, dass man so zu den Eigenlösungen für l mit m=0 kommt. Deshalb:

Sei nun allgemein k = 0 , l = l, m = 0 , dann ist
$\Lambda_\beta*(x^k*y^l) = -l*2*y^l + l*(l-1)*x^2*y^{l-2} =$
$= -2*l*y^l + l*(l-1)*(1-y^2)*y^{l-2} = l*(l-1)*y^{l-2} - l(l+1)*y^l$
Wenn l die höchste Potenz ist, so ist $\lambda = - l(l+1)$ der Eigenwert.
Für die Eigenfunktion kann man für m=0, wie man aus den Beispielen sieht,
$\boldsymbol{\phi_\beta(\beta) = a_{0l}*y^l + a_{0\,l-2}*y^{l-2} + \ldots}$ ansetzen.
Es ist dann
$\boldsymbol{\Lambda_\beta*(a_{0l}*y^l + a_{0l-2}*y^{l-2} + \ldots) =}$ am Anfang sei l=n fest vorgegeben
$\boldsymbol{= a_{0l}*(-l(l+1)y^l + l*(l-1)*y^{l-2})\ a_{0l-2}*(-(l-2)(l-1)y^{l-2}+(l-2)*(l-3)*y^{l-4}) + \ldots}$
Nun wird nach y^l sortiert und
wir haben für die Eigenwertgleichung $\Lambda_\beta(\beta)*\phi_\beta(\beta)) = \lambda*\phi_\beta(\beta)$ konkret
$\boldsymbol{y^l*[-a_{0l}*l(l+1)] + y^{l-2}*[a_{0l}*l*(l-1) - a_{0l-2}*(l-2)(l-1)] + \ldots =}$
$\boldsymbol{= -n(n+1)*(a_{0l}*y^l + a_{0l-2}*y^{l-2} + \ldots)}$
Das führt zu den Beziehungen durch Vergleich von links und rechts
bezüglich y^{l-2} ,a_{0n} ist also frei wählbar, am besten $a_{0n} = 1$
$[a_{0l}*l*(l-1) - a_{0l-2}*(l-2)(l-1)] = -n(n+1)*a_{0l-2}$,
somit $a_{0l}*l*(l-1) = ((l-2)(l-1) - n(n+1))*a_{0l-2}$,

Also hat man für die Reihe $\boldsymbol{\phi_\beta(\beta) = a_{0\,l}*y^l + a_{0\,l-2}*y^{l-2} + \ldots}$ mit $\boldsymbol{y = \cos\beta}$

die **Rekursionsformel** $\boldsymbol{a_{0\,l-2} = a_{0\,l} * \dfrac{l*(l-1)}{(l-2)(l-1) - n(n+1)}}$ Kugel-fl-funktion zu n, l, m=0

Start mit $\boldsymbol{a_{0n}}$ (=1) und **l = n**
da man ja vom **obersten n = l** beginnend Schritt für Schritt das nächst tiefere $a_{0\,l-2}$ berechnen kann. **l** ist der Bahndrehimpuls im Sinne von **l**(**l**+1)

Ermittlung der untersten $\boldsymbol{Y_l^m(\beta,\alpha)}$**, unnormiert:** Stets sei **m=0**
Dann ist $\boldsymbol{\phi_\beta(\beta) =}$
Start n=l=0 : $a_{00} = 1$
$\boldsymbol{Y_0^0(\beta,\alpha) = 1}$

Start n=l=1 : a_{01} =1 kein weiteres a errechenbar

$Y_1^0(\beta,\alpha) = \cos\beta$

Start n=l=2 : a_{02} = 1 a_{00} = 2*1/(-2*3)*a_{02} = -1/3

$Y_2^0(\beta,\alpha) = \cos^2\beta - 1/3$

Start n=l=3 : a_{03} = 1 a_{01} = 3*2/(1*2-3*4)* a_{03} = -3/5

$Y_3^0(\beta,\alpha) = \cos^3\beta - 3/5*\cos\beta$

Start n=l=4 : a_{04} = 1 a_{02} = 4*3/(2*3-4*5)*a_{04} = -6/7

sodann a_{00}= 2*1/(-4*5)*a_{02} = -1/10 *(-6/7) = 6/70

$Y_4^0(\beta,\alpha) = \cos^4\beta - 6/7*\cos^2\beta + 3/35$

Start n=l=5 : a_{05}=1 a_{03}=5*4/(3*4-5*6)*a_{05} = -10/9

sodann a_{01}= 2*1/(-4*5)*a_{03} = -3/14 *(-10/9) = 5/21

$Y_5^0(\beta,\alpha) = \cos^5\beta - 10/9*\cos^3\beta + 5/21*\cos\beta$

Start n=l=6 : a_{06}=1 a_{04} =6*5/(4*5-6*7)*a_{06} = -15/11

sodann a_{02}= 4*3/(2*3-6*7)*a_{04} = -1/3 *(-15/11) = 5/33

----

sodann a_{00}= 2*1/(-6*7)*a_{02} = -1/21 *(5/33) = - 5/693

$Y_6^0(\beta,\alpha) = \cos^6\beta - 15/11*\cos^4\beta + 5/33*\cos^2\beta - 5/693*\cos\beta$

In Kombination mit den Eigenfunktionen zu L_3 werden die Funktionen **Kugelflächenfunktionen** genannt und mit **$Y_l^m(\beta,\alpha)$** bezeichnet. Sie heißen deswegen so, weil sie die Fläche der (Einheits)kugel in Sektoren einteilen, an deren Grenzlinien gilt $Y_l^m(\beta,\alpha) = 0$. Die Funktionen $Y_l^0(\beta)$ mit der Setzung

$x = \cos\beta$ heissen auch **Legendre-Polynome**.

Anmerkung: Adrien-Marie **Legendre** , frz. Mathematiker (1752-1833)

Bei Y_0^0 ist der Sektor die ganze Kugelfläche.

Bei $Y_1^0 = \cos\beta$ ist die Grenzlinie der Äquator, β wird vom Pol aus gemessen.

Bei $Y_2^0 = 3\cos^2\beta - 1$ sind die Sektorengrenzen gegeben durch $\cos^2\beta = 1/3$ das entspricht Breitengrade von 35.26 Grad nördlich und südlich des Äquators.

Bei $Y_3^0 = 5\cos^3\beta - 3\cos\beta$ sind die Grenzen bei $\cos\beta=0$ und $\cos^2\beta = 3/5$, das entspricht dem Äquator und Breitengrade von 50.76 Grad nördlich und südlich davon.

Ist m#0 ,so erfolgt eine sektorielle Einteilung auch entlang von Längengraden.

$Y_l^m(\beta,\alpha)$ sind die Eigenfunktionen zu
$\mathbf{L}^2 Y_l^m = l(l+1)*Y_l^m$ und zu $L_3 Y_l^m = m*Y_l^m$ .Dabei ist **$l=0,1,\ldots$** und **$-l\leq m\leq l$** . m ist also durch l eingegrenzt, nicht mehr frei wie als Eigenwert zu L_3 allein. In den Beispielen oben wurden die Eigenfunktionen Y_l^m unnormiert angegeben. Die Y_l^m sind auf 1 normierbar und zueinander orthogonal, wenn sie sich bezüglich l oder m unterscheiden. Dabei ist je das Integral über die ganze Kugelfläche zu nehmen,also je ist dann, hier Normierung unterstellt

$$\int d\alpha \int d\beta * \sin\beta * Y_l^{m*}(\beta,\alpha)*Y_k^n(\beta,\alpha) = \delta_{lk} * \delta_{mn} \quad l,k,m,n \text{ fix} \quad 0\leq\alpha\leq 2\pi,\ 0\leq\beta\leq\pi$$

$Y_l^{m*}(\beta,\alpha)*Y_l^m(\beta,\alpha)*\sin\beta*d\beta d\alpha$ ist die Wahrscheinlichkeit, dass sich ein Teilchen, z.B. ein Elektron beim Wasserstoffatom, im Winkelbereich $\alpha,\alpha+d\alpha$ und $\beta,\beta+d\beta$ aufhält.

Sei nun m#0 Bislang haben wir nur den Fall m=0 behandelt, also Funktionen Y_l^0 .Mit obiger Methode des Reihenansatzes kann man auch die Funktionen für m#0 ermitteln. Da L ein Drehimpuls ist und somit der für ihn allgemein abgeleiteten Algebra unterliegt, kann man, ein Vorgriff, sich der Schiebeoperatoren bedienen, um bei bekanntem Y_l^m die Funktion Y_l^{m+1} bzw Y_l^{m-1} zu ermitteln.

Die **Schiebeoperatoren**
sind $\mathbf{L_+ = L_1 + i*L_2}$ mit der Wirkung $L_+*Y_l^m = f*Y_l^{m+1}$
und $\mathbf{L_- = L_1 - i*L_2}$ mit der Wirkung $L_-*Y_l^m = f*Y_l^{m-1}$
mit $f = (l(l+1)-m(m+-1))^{1/2}$

Startend mit Y_l^0 kann man zu gegebenen l so die gewünschten Funktionen Y_l^m sukzessive ableiten.

Es errechnet sich $\mathbf{L_+} = L_1 + i*L_2 =$
$= h/2\pi i*[(-\cot\beta*\cos\alpha*\partial/\partial\alpha - \sin\alpha*\partial/\partial\beta] + i*[-\cot\beta*\sin\alpha*\partial/\partial\alpha+\cos\alpha*\partial/\partial\beta)]$
$= h/2\pi i*(-\cot\beta*e^{i*\alpha}*\partial/\partial\alpha + i*e^{i*\alpha}*\partial/\partial\beta)$

---

also $\mathbf{L_+ = -h/2\pi i*e^{i*\alpha}*(\cot\beta*\partial/\partial\alpha - i*\partial/\partial\beta)}$
Dabei wurde die Euler-Beziehung $e^{i*\alpha} = \cos\alpha + i*\sin\alpha$ verwendet

---

$L_- = L_1 - i*L_2 = -h/2\pi i*(\cot\beta*e^{-i*\alpha}*\partial/\partial\alpha + i*e^{-i*\alpha}*\partial/\partial\beta)$

---

also $\mathbf{L_- = -h/2\pi i*e^{-i*\alpha}*(\cot\beta*\partial/\partial\alpha + i*\partial/\partial\beta)}$
Es wurde die Euler-Beziehungen $e^{-i*\alpha} = \cos\alpha - i*\sin\alpha$ verwendet.

Beispiel: $L_+ * Y_1^0(\beta,\alpha) = \mathbf{-h/2\pi i * e^{i*\alpha} (\cot\beta * \partial/\partial\alpha - i * \partial/\partial\beta)} * \cos\beta =$
$= -f * h/2\pi * \sin\beta * e^{i*\alpha} = Y_1^1$
konkret hier mit $f = (l(l+1)-m(m+1))^{1/2} = 2^{1/2}$

Beispiel: $L_+ * Y_2^0(\beta,\alpha) = \mathbf{-h/2\pi i * e^{i*\alpha} (\cot\beta * \partial/\partial\alpha - i * \partial/\partial\beta)} * (\cos^2\beta - 1/3) =$
$= -f * h/2\pi * 2\cos\beta\sin\beta * e^{i*\alpha} = Y_2^1$

Beispiel: $L_+ * Y_2^1(\beta,\alpha) = L_+ * [\cos\beta\sin\beta * e^{i*\alpha}] =$
$= -f * h/2\pi i * * e^{i*\alpha} * \{\cot\beta * \cos\beta\sin\beta * i * e^{i*\alpha} - i * (-\sin^2\beta + \cos^2\beta) * e^{i*\alpha}\} =$
$= -f * h/2\pi * e^{2i*\alpha} * \sin^2\beta = Y_2^2$

Bem.: Die Y_l^m sind hier unnormiert, sodass die reellen Vorfaktoren nicht interessieren. Ist m#0 , so erfolgt, wie man sieht, neben der Einteilung der Einheitskugelfäche gemäß Längengraden (α), oft auch eine Abänderung der Einteilung hinsichtlich der Breitengrade (β).

Klassisch ist ein Drehimpuls ein frei wählbarer Vektor mit einer entsprechenden dritten Komponente. In der QM ist sogar das „Längenquadrat" l(l+1) mit l=0,1,... gequantelt. Zu jedem l ist auch die Projektion des Drehimpulses **l** auf die dritte Achse mittels m gequantelt. Das hängt damit zusammen, dass sich die Eigenfunktionen nach jedem Winkelumlauf 0 bis 2π identisch sein müssen. Wir haben hier ein erstes diskretes Quantelungssystem, obwohl die Operatoren kontinuierliche Differentialoperatoren sind.

Zusammenfassung der Bahndrehimpuls-Formeln in Kugelkoordinaten:

$\mathbf{L_1 = h/2\pi i * (-\cot\beta * \cos\alpha * \partial/\partial\alpha - \sin\alpha * \partial/\partial\beta)}$

$\mathbf{L_2 = h/2\pi i * (-\cot\beta * \sin\alpha * \partial/\partial\alpha + \cos\alpha * \partial/\partial\beta)}$

$\mathbf{L_3 = h/2\pi i * \partial/\partial\alpha}$

$\mathbf{L_+ = L_1 + i * L_2 = -h/2\pi i * e^{+i*\alpha} * (\cot\beta * \partial/\partial\alpha - i * \partial/\partial\beta)}$

$\mathbf{L_- = L_1 - i * L_2 = -h/2\pi i * e^{-i*\alpha} * (\cot\beta * \partial/\partial\alpha + i * \partial/\partial\beta)}$

$L^2 = L_1^2 + L_2^2 + L_3^2 = \mathbf{-h^2/4\pi^2 * \Lambda}$ mit

$\mathbf{\Lambda = (1/\sin\beta) * \partial/\partial\beta(\sin\beta * \partial/\partial\beta) + (1/\sin^2\beta) * \partial^2/\partial\alpha^2}$

8.3 Die Schrödingergleichung mit elektromagnetischem Potential

Die eindimensionale Schrödingergleichung haben wir bereits kennen gelernt. Wie wir gesehen haben, geht sie aus der klassischen Energiebeziehung für eine Punktmasse m hervor, indem man rezeptartig Impuls und Energie durch entsprechende Operatoren der QM ersetzt, die man auf eine Zustandsfunktion wirken lässt. Dieses wollen wir auch im Dreidimensionalen tun.

Die klassische Energiebeziehung ist

$1/2m*(p_1*p_1 + p_2*p_2 + p_3*p_3) + V(x,y,z) = E$,

also kinetische Energie plus potentielle Energie = Gesamtenergie.

Die quantenmechanische Gleichung ist dann

$(-1/2m*h^2/4\pi^2*(\partial^2/\partial x^2+\partial^2/\partial y^2+\partial^2/\partial z^2) + V(\mathbf{x},t))*\psi(\mathbf{x},t) = i*h/2\pi*\partial/\partial t\psi(\mathbf{x},t)$

Der Operator $\Delta = \partial^2/\partial x^2 + \partial^2/\partial y^2 + \partial^2/\partial z^2)$ heißt **Laplace-Operator**, hier in kartesischen Koordinaten.

Anmerkung:

Pierre-Simon **Laplace**, frz. Mathematiker und Physiker (1749-1827)

Liegt keine explizite Zeitabhängigkeit vor, wenn also das Potential zeitunabhängig ist, so kann man den Separationsansatz $\psi(\mathbf{x},t) = \phi(\mathbf{x})*e^{i*E*t}$ machen, rechts den Operator wirken lassen und die Energieeigenfunktion beidseitig wegkürzen. Es verbleibt

$(-h^2/8m\pi^2*\Delta+V(\mathbf{x}))*\phi(\mathbf{x}) = E*\phi(x)$ oder $\boldsymbol{\Delta\phi(x)+8m\pi^2/h^2*(E -V(x))*\phi(x) = 0}$

V(x) ist ein **skalares Potential**, etwa das eines statischen elektrischen Feldes.

Aus der klassischen Physik wissen wir, dass es außerdem **vektorielle Potentiale** gibt, womit man magnetische Felder beschreibt.

Der Energiebeziehung mit skalarem und vektoriellem Feld ist

$1/2m*(\mathbf{p} - e*\mathbf{A})^2 + V = E$

Dabei ist $\mathbf{p} = (p_1, p_2,p_3)$ der Impulsvektor

A das Vektorpotential für das Magnetfeld

e die elektrische Elementarladung

V das skalare Potential für das elektrische Feld, hier $V=e*A_0$

Beim Übergang zur QM werden aus **p** die drei Impulsoperatoren, die man wie folgt zusammenfassen kann

$\mathbf{p} \Rightarrow h/2\pi i * (\partial/\partial x, \partial/\partial y, \partial/\partial z) = h/2\pi i * \text{grad}$

grad = $(\partial/\partial x, \partial/\partial y, \partial/\partial z)$ heißt Gradient, wird wie ein Vektor behandelt

Also wird der erste Term der Energiebeziehung zu

$(\mathbf{p} - e*\mathbf{A})^2 \Rightarrow (h/2\pi i*\text{grad} - e*\mathbf{A})*(h/2\pi i*\text{grad} - e*\mathbf{A})\psi =$

$\quad = \boldsymbol{-h^2/4\pi^2*\Delta\psi - he/2\pi i*grad(A\psi) - he/2\pi i*Agrad\psi + e^2*A^2\psi}$

Es ist $\text{grad}(\mathbf{A}\psi) = \text{grad}\mathbf{A}*\psi + \mathbf{A}*\text{grad}\psi = \psi*\text{div}\mathbf{A} + \mathbf{A}*\text{grad}\psi$

Es ist grad*grad=Δ und grad**A** = $\partial A_1/\partial x + \partial A_2/\partial y + \partial A_3/\partial z$ = div**A**
Es ist div**A** die Divergenz von **A** , es ist grad**A** = div**A** beide stets identisch
Nun **Vereinfachungen**: Den letzten Term mit dem Faktor e^2 lässt man weg, weil dieser Faktor sehr sehr klein ist. Ebenso wird der Term mit grad**A** weggelassen, weil er wegen der Lorentzkonvention div**A** + $1/c^2*\partial A_0/\partial t=0$ wegen dem c im Nenner relativistisch klein und bei statischem V sogar gleich 0 ist. Es verbleibt (h/2πi*grad-e***A**)^2 => $-h^2/4\pi^2*\Delta$ - 2*he/2πi***A**grad und somit

die Gleichung $\mathbf{-h^2/8m\pi^2*\Delta\psi + i*he/2\pi m*Agrad\psi + V*\psi = ih/2\pi*\partial\psi/\partial t}$

Das ist also die Schrödingergleichung für den Fall, dass auf ein Teilchen ein elektrisches und/oder magnetisches Feld einwirkt. Siehe auch Kapitel 10.2

Das Vektorpotential zu einem homogenen Magnetfeld:
Das Magnetfeld **B** (magnetische Flussdichte **B** = μ_0***H**) sei homogen, d.h. in jedem Raumpunkt in Stärke und Richtung gleich.
Dann ist **A** = 1/2***B** x **r** Vektorprodukt

Beweis : Es ist gemäß Elektrodynamik **B** = rot**A** und div**B** = 0
Somit rot(**B** x **r**) = (**r**grad)**B** - (**B**grad)**r** + **B**div**r** - **r**div**B** Vektoranalysis
(**r**grad)**B** = 0 Weil **B** konstant ist, sind alle Ableitungen davon gleich 0
(**B**grad)**r** = (B_1d/dx+ B_2d/dy+ B_3d/dz)*(x,y,z) = (B_1,B_2,B_3) = **B**
div**r** = dx/dx + dy/dy + dz/dz = 3 ,also
½*rot(**B** x **r**) = ½*(-**B**+3**B**) = **B** damit bewiesen.

Ein Beispiel: Sei **B** homogen in z-Richtung, also **B**= (0,0,B),
dann ist an der Stelle (x,y,z) **A** = (-1/2*B*y, 1/2*B*x, 0)

In diesem Spezialfall (**B** homogen) kann man wie folgt weiterentwickeln:
Agradψ = ½*(**B** x **r**)*gradψ = ½***B***(**r** x gradψ) =1/2*2πi/h***B*****L**ψ
Dabei wurde identifiziert h/2πi*(**r** x gradψ) = **L***ψ , wobei **L** der vektorielle Bahndrehimpulsoperator ist, also alle 3 Komponenten zusammengefasst.
Somit wird dann aus dem Term i*he/2πm***A**gradψ = -e/2m* **H*****L**ψ
Dieses erlaubt folgende Ausdeutung: Ein auf seiner Bahn umlaufendes Elektron erzeugt ein magnetisches Moment, also einen kleinen Magneten mit Nordpol und Südpol. Der anteilige Energiebetrag ist magnetische Feldstärke **H** mal magnetisches Moment M = e/2m***L**.
L hat die Eigenwerte m*h/2π. Siehe auch Kapitel 10.3

8.3.1 Die Kontinuitätsgleichung zur Schrödingergleichung

Es sei allgemein

$(h/2\pi)*i*\partial\psi/\partial t = H\psi$ dann folgt $-(h/2\pi)*i*\partial\psi^*/\partial t = (H\psi)^*$

Nach Multiplikation ist

$\psi^*(h/2\pi)*i*\partial\psi/\partial t) = \psi^*(H\psi)$ und $(-(h/2\pi)*i*\partial\psi^*/\partial t)*\psi = (H\psi)^**\psi$

Somit $(h/2\pi)*i*\partial(\psi^*\psi)/\partial t =$

$= (h/2\pi)*i*\psi^**\partial\psi/\partial t) + (h/2\pi)*i*\partial\psi^*/\partial t *\psi = \psi^*(H\psi) - (H\psi)^**\psi$

Nun sei $H = -(h/2\pi)^2*1/2m*\Delta + V(\mathbf{r})$,

also die linke Seite der Schrödingergleichung mit skalarem, reellem Potential.

Dann ist

$\psi^*(H\psi) = -(h/2\pi)^2*1/2m* \psi^*(\Delta\psi) + V(\mathbf{r})*(\psi^*\psi)$

$(H\psi)^**\psi = -(h/2\pi)^2*1/2m* (\Delta\psi^*)*\psi + V(\mathbf{r})*(\psi^*\psi)$

Somit ist deren Differenz

$\psi^*(H\psi) - (H\psi)^**\psi = -(h/2\pi)^2*1/2m* [\psi^*(\Delta\psi) - (\Delta\psi^*)*\psi]$ Es ist Δ = divgrad

---

Gemäß Formel div($\psi\mathbf{A}$) = … ,siehe unten, ist

$div(\psi^**grad\psi) = \psi^**divgrad\psi + (grad\psi)*(grad\psi^*)$

$div(\psi*grad\psi^*) = \psi*divgrad\psi^* + (grad\psi^*)*(grad\psi)$

Subtrahieren wir von der ersten Beziehung die zweite, so ist

$div[(\psi^**grad\psi) - (\psi*grad\psi^*)] = [\psi^*(\Delta\psi) - (\Delta\psi^*)*\psi]$

Zusammenfassend ist also

$(h/2\pi)*i*\partial(\psi^*\psi)/\partial t =$

$= \psi^*(H\psi) - (H\psi)^**\psi = -(h/2\pi)^2*1/2m*div[(\psi^**grad\psi) - (\psi*grad\psi^*)]$

oder

$\partial(\psi^*\psi)/\partial t = -1/2mi*(h/2\pi)*div[(\psi^**grad\psi) - (\psi*grad\psi^*)]$

Das ist eine **Kontinuitätsgleichung** $\partial\rho/\partial t = -div\mathbf{j}$

mit $\rho = \psi^*\psi$ die **Wahrscheinlichkeitsdichte**

und $\mathbf{j} = 1/2mi*(h/2\pi)*[(\psi^* * grad\psi) - (\psi * grad\psi^*)]$

die **Wahrscheinlichkeitsstromdichte**

Die Wahrscheinlichkeit hat also Mengencharakter. Was in ein Volumen einfließt, muss auch wieder ausfließen, es sei denn im Inneren findet eine Dichteänderung statt, also ganz analog zu einem Gas. Das Komplex-Konjugierte von ρ ist gleich ρ und das von **j** gleich **j** . Somit sind diese Größen reell.

Beispiel: **Ebene Welle** $\psi = \exp(i\mathbf{kr})$ mit $\mathbf{p} = (h/2\pi)*\mathbf{k}$
Dann ist $\psi^* = \exp(-i\mathbf{kr})$, $\text{grad}\psi = i\mathbf{k}*\exp(i\mathbf{kr})$, $\text{grad}\psi^* = -i\mathbf{k}*\exp(-i\mathbf{kr})$
Somit $\mathbf{j} = 1/2mi*(h/2\pi)*[i\mathbf{k} + i\mathbf{k}] = (h/2\pi)*\mathbf{k}/m = \mathbf{p}/m$

Beispiel: **Kugelwelle** $\psi = 1/r * \exp(ikr)*f(\beta)$
Für die Radialkomponente ist dann grad = d/dr
Dann ist $\psi^* = 1/r*\exp(-ikr))*f^*(\beta)$,
$\text{grad}\psi = ik*1/r*\exp(ikr) - 1/r^2*\exp(ikr)*f(\beta) = (ik/r - 1/r^2)*\exp(ikr))*f(\beta)$
sowie $\text{grad}\psi^* = (-ik/r - 1/r^2)*\exp(-ikr)*f^*(\beta)$ somit
$\mathbf{j} = 1/2mi*(h/2\pi)*[1/r*(ik/r - 1/r^2) - 1/r*(-ik/r - 1/r^2)]*f^*(\beta)*f(\beta) =$
$= 1/2mi*(h/2\pi)*2ik/r^2*f^*(\beta)*f(\beta)$
Also ist $\mathbf{j} = (h/2\pi)*k/m * 1/r^2*|f(\beta)|^2 = p/m*1/r^2*|f(\beta)|^2$ die Radialkomponente der Stromdichte. Weiteres Beispiel siehe Kapitel 7.3

8.3.2 Kurzer Abriss über die Vektoranalysis

Die Vektoranalysis verwendet Methoden der Vektorrechnung wie den Begriff Vektor selbst, das Skalarprodukt sowie das Vektorprodukt, um skalare oder vektorielle Funktionen zu differenzieren.

Bleiben wir bei obigen Funktionen ψ und **A**.
ψ ist eine **skalare Funktion** von x,y,z
A ist eine **vektorielle Funktion** von x,y,z ,
nämlich $(A_1(x,y,z), A_2(x,y,z), A_3(x,y,z))$
B eine andere **vektorielle Funktion** von x,y,z
Nun typische Begriffe

$\text{grad} = (\partial/\partial x, \partial/\partial y, \partial/\partial z)$ <u>Gradient</u>, wird formal wie ein Vektor behandelt
Beispiel: $\text{grad}\psi = (\partial\psi/\partial x, \partial\psi/\partial y, \partial\psi/\partial z)$ als würde man von rechts mit einem Faktor ψ aufmultiplizieren, Ergebnis ein **Vektor**
Beispiel: $\text{grad}\mathbf{A} = (\partial/\partial x, \partial/\partial y, \partial/\partial z) * (A_1, A_2, A_3) =$
$= (\partial A_1/\partial x + \partial A_2/\partial y + \partial A_3/\partial z) = \text{div}\mathbf{A}$
formal wie ein Skalarprodukt von grad und **A** , Ergebnis ein **Skalar**

---

div**A** = grad**A** <u>Divergenz</u> von **A** siehe Zeile zuvor

---

rot**A** = grad x **A** Ergebnis ein **Vektor**
<u>Rotation</u> von **A** , formal wie das Vektorprodukt von grad und **A ,**
somit $\text{rot}A = (\partial A_3/\partial y - \partial A_2/\partial z, \partial A_1/\partial z - \partial A_3/\partial x, \partial A_2/\partial x - \partial A_1/\partial y)$

Formeln:

rot(gradψ) = 0 sowie div(rot**A**) = 0 unabhängig von ψ und **A**

---

div(gradψ) = $\partial^2\psi/\partial x^2+\partial^2\psi/\partial y^2+\partial^2\psi/\partial z^2 = \Delta\psi$ Laplace-Operator

---

rot(rot**A**) = grad(div**A**) - Δ**A** dabei Δ**A**= (ΔA_1, ΔA_2, ΔA_3)

---

div(ψ**A**) = ψdiv**A** + **A**gradψ

gemäß Differenzierregel d(u*v)/dx = u*dv/dx+v*du/dx

---

rot(ψ**A**) = ψrot**A** – **A** x gradψ

---

div(**A** x **B**) = **B**rot**A** – **A**rot**B**

---

rot(**A** x **B**) = (**B**grad)**A** – (**A**grad)**B** + **A**div**B** – **B**div**A**

---

grad(**A***B**) = (**A**grad)**B** + (**B**grad)**A** + **A** x rot**B** + **B** x rot**A**

Der <u>Gradient in Polar/Zylinderkoordinaten</u>

gradϕ(r,α,z) = [∂/∂r, 1/r*$\partial/\partial\alpha$, ∂/∂z]*ϕ(r,α,z)

Der <u>Gradient in Kugelkoordinaten</u>

gradϕ(r,α,β) = [∂/∂r, 1/(rsinβ)*$\partial/\partial\alpha$, 1/r*($\partial/\partial\beta$]*ϕ(r,α,β)

Aus einer skalaren Funktion ϕ wird also eine vektorielle Funktion.

Die Komponenten, die Basisvektoren, zeigen der Reihe nach in Richtung **r**, in Richtung des aktuellen α und in Richtung des aktuellen β

8.4 Kugelsymmetrische Potentiale (Wasserstoffatom)

Wenn das Potential V kugelsymmetrisch ist, sind zur Lösung der Schrödingergleichung Kugelkoordinaten von Vorteil.

In Wiederholung, sie lauten $x = r*\sin\beta*\cos\alpha$ $y = r*\sin\beta*\sin\alpha$ $z = r*\cos\beta$

Die Schrödingergleichung lautet $\Delta\phi(\mathbf{x}) + 8m\pi^2/h^2*(E - V(\mathbf{x}))*\phi(\mathbf{x}) = 0$

In Kugelkoordinaten lautet der **Laplaceoperator**

$\boldsymbol{\Delta = \partial^2/\partial r^2 + 2/r*\partial/\partial r + 1/r^2*\Lambda}$,

wobei $\boldsymbol{\Lambda = 1/\sin\beta*\partial/\partial\beta(\sin\beta*\partial/\partial\beta) + 1/\sin^2\beta*\partial^2/\partial\alpha^2}$

Wir haben also die Gleichung

$\boldsymbol{[\partial^2/\partial r^2 + 2/r*\partial/\partial r + 1/r^2*\Lambda + 8m\pi^2/h^2*(E - V(r)]*\phi(r,\beta,\alpha) = 0}$

Λ ist der Operator für die Kugelflächenfunktionen mit

$\boldsymbol{\Lambda Y_l^m(\beta,\alpha) = -l(l+1)*Y_l^m(\beta,\alpha)}$

Es kann also ein Separationsansatz gemacht werden

$\boldsymbol{\phi(r,\beta,\alpha) = f(r)*Y_l^m(\beta,\alpha)}$

Beim Einbringen dieses Ansatzes hinterlässt Λ die Eigenwerte $-(l(l+1)$ und es verbleibt die

---

Radialgleichung

$\boldsymbol{[d^2/dr^2 + 2/r*d/dr - l(l+1)/r^2 + 8m\pi^2/h^2*(E - V(r)]*f(r) = 0}$

Für die weitere Behandlung müssen wir das Potential V(r) konkret vorgeben.

Beim **Wasserstoffatom** lautet dieses $\boldsymbol{V(r) = -e^2/(4\pi\varepsilon_0)*1/r = -g^2*1/r}$

g zur Vereinfachung

e elektrische Elementarladung ,

ε_0 elektrische Feldkonstante = $8{,}85*10^{-12}$ As/Vm

Das Proton im Kern hat die Ladung +e, das Elektron die Ladung –e.

Das Potential ist so gehalten, dass es im Unendlichen gegen 0 geht, ansonsten negativ ist.

Die Energie E soll ebenfalls im Unendlichen gleich 0 sein, somit in tieferen Bahnen negativ.

Stürzt ein Elektron von einer höheren Bahn (größerer Radius) auf eine untere Bahn mit Aussendung eines Lichtquants, so ist die Energiedifferenz positiv.

Man sucht zunächst die **asymptotische Lösung** auf, die gilt, wenn r gegen unendlich geht, d.h. man lässt die Glieder mit 1/r und $1/r^2$ weg. Es verbleibt dann $\boldsymbol{(d^2/dr^2 + 8m\pi^2/h^2*E)\phi = 0}$, die mit dem **Ansatz** $\boldsymbol{\phi = e^{-a*r}}$ gelöst wird.

Es folgt dann $a^2 = 8m\pi^2/h^2*(-E)$ oder $\boldsymbol{a = 2\pi/h * (-2mE)^{1/2}}$

Diese Lösung wird 1 bei r => 0, hat also hier keine Singularität, und wird 0 bei r gegen unendlich.

Für die eigentliche Lösung macht man nun den **Ansatz $f(r)=W(a*r)*e^{-a*r}$** und setzt zur Abkürzung $\rho = 2*a*r$, man hat also **$f(r) = W(\rho)*e^{-\rho/2}$** .

Wir berechnen Gleichungsteile:

$df/dr = df/d\rho*d\rho/dr = [dW/d\rho *e^{-\rho/2} +W(\rho)*(-1/2)*e^{-\rho/2}]*2a =$

$= [2a*W' - a*W]*e^{-\rho/2}$

$d^2f/dr^2 = \{[2a*W''-a*W']*e^{-\rho/2} +[2a*W'-a*W]*(- \tfrac{1}{2})e^{-\rho/2}\}*2a =$

$= (4a^2*W''- 4a^2*W'+ a^2*W)*e^{-\rho/2}$

Mit $1/r = 2*a/\rho$ ist

$(d^2/dr^2 + 2/r*d/dr)\ f(r) =$

$= [(4a^2*W''- 4a^2*W'+a^2*W)+4a/\rho*(2a*W' - a*W)]*e^{-\rho/2}$

$= [4a^2*W''- 4a^2(2/\rho-1)*W' + (a^2 - 4a^2/\rho)*W]*e^{-\rho/2}$

Die restlichen Terme der Gleichung sind, mit $a^2= 8m\pi^2/h^2*(-E)$, je mit $W*e^{-\rho/2}$ multipliziert,

$(8m\pi^2/h^2*(E +g^2/r) - l(l+1)/r^2 \quad =[-a^2 + a^2/(-E)*2ag^2/\rho - l(l+1)*4a^2/\rho^2 =$

$= -a^2 - 2a^2ag^2/E*1/\rho \quad - l(l+1)*4a^2/\rho^2$

Alle W zusammengefasst: $a^2-a^2 - 4a^2/\rho - 4a^2*ag^2/2E*1/\rho \quad - l(l+1)*4a^2/\rho$

Wir dividieren die Gleichung mit $4a^2$ und $e^{-\rho/2}$ und haben

$[W''- (2/\rho-1)*W' + (-1- ag^2/2E*)1/\rho*W \quad - l(l+1)*1/\rho^2*W]*e^{-\rho/2}$

Also, mit $\rho = 2*a*r$:

$$\mathbf{d^2W/d\rho^2 \ +(2/\rho -1)*dW/d\rho - [(ag^2/2E+1) * 1/\rho + l(l+1)/\rho^2]*W = 0}$$

Nun macht man den Reihenansatz

$W(\rho) \ = \ \rho^l*(a_0*\rho^0+ a_1*\rho^1+ a_2*\rho^2+ \ldots+a_p*\rho^p)$, Ende bei **p**

Dabei ist l die Gesamtdrehimpulszahl, im Sinne von $l(l+1)$.

Das Verschwinden aller Koeffizienten nach a_p ist erforderlich ist, damit $W(\rho)$ => 0, wenn ρ gegen unendlich geht.

Wir ordnen nun die Differentialgleichung für $W(\rho)$ wie folgt um

$[d^2W/d\rho^2 +2/\rho*dW/d\rho - l(l+1)/\rho^2]*W + [-1*dW/d\rho - (ae^2/2E+1)*1/\rho]*W = 0$

Der erste Teil senkt eine Potenz von ρ um 2, der zweite Teil um 1 ab.

Wir schreiben den Ansatz in der Form

$$\mathbf{W(\rho) = a_0 * \rho^{l} + a_1 * \rho^{l+1} + a_2 * \rho^{l+2} + \ldots + a_{p-1} * \rho^{l+p-1} + a_p * \rho^{l+p}}$$

DG=Differentialgleichung

Teil1 der DG bewirkt für **das allgemeine Glied** $\mathbf{a_k * \rho^{l+k}}$

$a_k*[(l+k)(l+k-1)+2(k+l)-l(l+1)]*\rho^{k+l-2} = a_k*k(2l+k+1)*\rho^{k+l-2}$

Teil2 der DG bewirkt für das allgemeine Glied $a_k*[-(l+k+1+A]*\rho^{k+l-1}$

mit **A=ae²/2E**

Die Summe zweier aufeinander folgender Glieder $a_k*\rho^{k+l}$ + $a_{k+1}*\rho^{k+l+1}$ ist

$a_k*k(2l+k+1)*\rho^{k+l-2} - a_k*(l+k+1+A)*\rho^{k+l-1} + a_{k+1}*(k+1)(2l+k+2)*\rho^{k+l-1} -$

$- a_{k+1}*(l+k+2+A)*\rho^{k+l} =$

$= a_k*k(2l+k+1)*\rho^{k+l-2} - \mathbf{[a_k*(l+k+1+A) - a_{k+1}*(k+1)(2l+k+2)] * \rho^{k+l-1}} -$

$- a_{k+1}*(l+k+2+A)*\rho^{k+l}$

Zur Verdeutlichung ein drittes Glied:

Ein drittes Glied $a_{k+2}*\rho^{k+l+2}$

erbringt $a_{k+2}*(k+2)(2l+k+3)*\rho^{k+l} - a_{k+2}*(l+k+3+A)*\rho^{k+l+1}$

Alle drei Glieder zusammengefasst:

$= a_k*k(2l+k+1)*\rho^{k+l-2} - \mathbf{[a_k*(l+k+1+A) - a_{k+1}*(k+1)(2l+k+2)]*\rho^{k+l-1}} -$

$- \mathbf{[a_{k+1}*(l+k+2+A) - a_{k+2}*(k+2)(2l+k+3)]*\rho^{k+l}} - a_{k+2}*(l+k+3+A)*\rho^{k+l+1}$

Die Wirkung der DG, der beiden Teile, auf die Potenzreihe von ρ, macht aus ihr wieder eine Potenzreihe von ρ. Die so entstehenden Koeffizienten der neuen Potenzreihe müssen sämtliche gleich 0 sein, damit DG =0 ist. Mit fett haben wir den allgemeinen neuen Koeffizienten gekennzeichnet, der , wenn er =0 ,eine Beziehung zwischen $\mathbf{a_{k+1}}$ und $\mathbf{a_k}$
herstellt. Also:

Bei Kenntnis eines unteren Koeffizienten a_k kann also je der nächst höhere Koeffizienten a_{k+1} ermittelt werden, siehe eckige Klammer ,
nämlich $\mathbf{a_{k+1} = a_k*(l+k+1+A) / [(k+1)(2l+k+2)]}$

$$\mathbf{a_{k+1} = a_k * \frac{l + k + 1 - n}{(k+1)(2l+k+2)}}$$ **Rekursionsformel** für W(ρ)

beginnend mit k=0, mit A = -n siehe nachfolgend , **l** Gesamtdrehimpulszahl

---

Wenn wir eine Reihe betrachten, so ist **das letzte Glied** , nach Einwirken der DG-Teile, $a_p*[-(l+p+1+A]*\rho^{p+l-1}$. Dieses bleibt isoliert, denn diese höchste Potenz p+l-1 soll kein Nachfolge-Glied haben.
Also muss l+p+1+A=0 sein, damit die Klammer =0 ist. Somit
–A= **p+l+1 = n** , mit n neu benannt, offensichtlich ganzahlig, ≥ 1,
n heißt die **Hauptquantenzahl**.

Durch Ersetzen von A durch –n hat man also für die Koeffizienten a_k der allgemeinen Lösung der Reihe nach
$\mathbf{a_0, a_1 = a_0*(l+1-n)/[(2l+2)], \; a_2 = a_1*(l+2-n)/[2*(2l+3)],}$
$\mathbf{a_3 = a_2*(l+3-n)/[3*(2l+4)],}$ usw

Die Bedingung für das letzte Glied liefert auch die allgemeine Formel für die Energie, denn $A = \mathbf{a}*g^2/2E = (8m\pi^2/h^2*(-E))^{1/2}*g^2/2E = -n$,
indem man nach E auflöst mit $g^2 = e^2/(4\pi\varepsilon_0)$
Denn setzt man **n = (p+l+1)** ,
so folgt $-n= ag^2/2E \; = \; 2\pi/h *(-2mE)^{1/2} \; e^2/(4\pi\varepsilon_0)*1/2E$
oder $-2E*n =$
$= 2\pi/h *(-2mE)^{1/2} \; e^2/(4\pi\varepsilon_0)$ oder $4E^2*n^2 = 4\pi^2/h^2*(-2mE)* \; e^4/(4\pi\varepsilon_0)^2$
oder $E*n^2 = -\pi^2/h^2*2m* \; e^4/(4\pi\varepsilon_0)^2$

Somit folgt für die Energie allgemein $$\mathbf{E_n = -\frac{1}{(4\pi\varepsilon_0)^2}*\frac{2\pi^2 me^4}{h^2*n^2}} \quad n=1,2,\ldots$$

Das unterste Energieniveau E_1 (n=1) hat konkret einen Wert von -13,5 eV (Elektronenvolt). Also
E_1=-13,5eV , $E_2=1/4*E_1$=-3,3eV , $E_3=1/9*E_1$=-1,5eV , $E_4=1/16*E_1$=-0,8eV

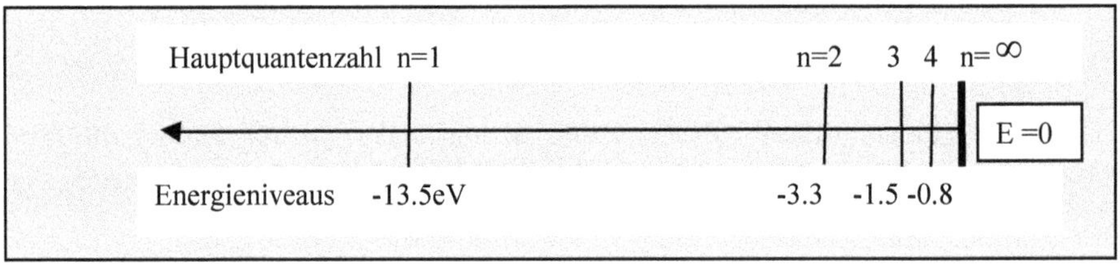

Bei $n \Rightarrow \infty$ geht offenbar $E_n \Rightarrow 0$. Dieses ist das Basisenergieniveau. Zwar ist die kinetische Energie T positiv, aber von diesem Niveau aus wird die potentielle Energie U berechnet, je tiefer unten (anziehende Kraft), desto negativer ist sie, gemäß Formel E=T+U mit U<0.

Negative Energie heißt also hier, die potentielle Energie überwiegt. Andernfalls wäre der Zustand nicht gebunden, d.h. im Zentrumsumlauf , geometrisch eng lokalisiert, sondern es wäre ein Streuzustand, aus dem Unendlichen kommend, ins Unendliche gehend. Das Energieniveau $E=0$ trennt also die gebundenen Zustände ($E<0$) von den ungebundenen Zuständen ($E>0$).
Die Energieniveaus sind also zugleich die **Bindungsenergie**, mit der das Elektron an den Atomkern gebunden ist. Sie ist stets negativ. Diese Energie ist mindestens aufzubringen, wenn das Elektron (durch Einschlag eines Photons) aus dem Atom entfernt wird bzw wird frei (durch Aussenden eines Photons) , wenn das Elektron von außen kommend auf einer Bahn eingefangen wird. Im Vergleich dazu ist die Bindungsenergie, mit der **ein** Proton oder Neutron an einen Atomkern gebunden ist nicht einige Elektronenvolt.(eV), sondern 1 bis 9 MeV, also das Millionenfache.
Auch hier, wie bei Differentialgleichungen allgemein, sehen wir, dass erst Zusatzbedingungen zu Eigenwerten führen. Im Endlichen war es einfach das Verschwinden der Determinante, also det $(A-\lambda*E) = 0$. Das Wesentliche davon ist, dass die Funktion im Unendlichen hinreichend gegen 0 geht, damit das Integral endlich bleibt. Aber auch hier kann man die Eigenwerte ermitteln, bevor man die Gleichung gelöst hat.

Nun wollen wir mit dieser Iterationsformel die untersten **Radial-Lösungen** ermitteln: Wir setzen, o.B.d.A (ohne Beschränkung der Allgemeinheit), $a_0 = 1$.
Es sei
n=1 , $l=0$, somit $p=0$ gemäß $p+l+1 = n$
$a_0=1$, $a_1 = 0$, also
$\mathbf{f(\rho) = e^{-\rho/2} = e^{-a*r}}$, denn $\mathbf{\rho = 2*a*r}$

---

n=2, $l=1$, somit $p=0$
$a_0=1$, $a_1 = 0$, also
$\mathbf{f(\rho) = \rho*e^{-\rho/2} = 2a*r*e^{-a*r}}$

---

n=2 , $l=0$, somit $p=1$ gemäß $p+l+1 = n$
$a_0=1$, $a_1 = a_0*(l+1-n)/[(2l+2)] = -1/2$, also
$\mathbf{f(\rho) = (1-1/2*\rho)*e^{-\rho/2} = (1 - a*r)*e^{-a*r}}$

---

n=3 , $l=2$, somit $p=0$
$a_0=1$, $a_1 = a_0*(l+1-n)/[(2l+2)] =0$,
Somit $\mathbf{f(\rho) = \rho^2*e^{-\rho/2} = 4a^2*r^2*e^{-a*r}}$

---

n=3, l=1, somit p=1

$a_0=1$, $a_1 = a_0*(l+1-n)/[(2l+2)] = -1/4$, $a_2 = 0$

Somit **f(ρ) = ρ*(1 -1/4*ρ)*e^{-ρ/2}** $= (2ar- a^2*r^2)* e^{-a*r}$ **= 2ar(1-½*a*r)*e^{-a*r}**

----

n=3, l=0, somit p=2

$a_0=1$, $a_1 = a_0*(l+1-n)/[(2l+2)] =-1$,

$a_2 = a_1*(l+2-n)/[2*(2l+3)]= -1*(-1)/6=1/6$

Somit **f(ρ) = (1 - ρ + 1/6*ρ²)*e^{-ρ/2} = (1 - 2*a*r + 2/3*a²*r²)*e^{-a*r}**

---

n=4 , l=3, somit p=0

$a_0=1$, $a_1 = 0$,

Somit **f(ρ) = ρ³*e^{-ρ/2} = 8a³*r³*e^{-a*r}**

$$f(\rho) = \rho^3*e^{-\rho/2} = 8a^3*r^3*e^{-a*r}$$

----

n=4, l=2, somit p=1

$a_0=1$, $a_1 = a_0*(2+1-4)/[(2*2+2)] =-1/6$, $a_2 = 0$

Somit $f(\rho) = \rho^2*(1 -1/6*\rho)*e^{-\rho/2} = 4a^2r^2(1 - 1/3*a*r)*e^{-a*r}$

----

n=4, l=1, somit p=2

$a_0=1$, $a_1 = a_0*(1+1-4)/[(2*1+2)] =-1/2$,

$a_2 = a_1*(1+1+1-4)/[2*(2*1+1+2)] = -1/10*a_1$, $a_3 = 0$

Somit $f(\rho) = \rho*(1 - 1/2*\rho + 1/20*\rho^2)*e^{-\rho/2} = 2ar*(1 - ar + 1/5*a^2r^2)*e^{-a*r}$

----

n=4, l=0, somit p=3

$a_0=1$, $a_1 = a_0*(1-4)/[2)] =-3/2$, $a_2 = a_1*(1+1-4)/[2*(1+2)] = -1/3*a_1$,

$a_3 = a_2*(2+1-4)/[3*(2+2)] = -1/12*a_2$, $a_4 =0$

Somit **f(ρ) =**

$$= (1 - 3/2*\rho + 1/2*\rho^2 - 1/24*\rho^3)*e^{-\rho/2} = (-3*a*r+2*a^2*r^2-1/3a^3r^3)*e^{-a*r}$$

Für die Gesamtlösung ist jeweils noch die passende Kugelflächenfunktion hinzuzufügen, also $\phi(r,\beta,\alpha) = f(r)* Y_l^m(\beta,\alpha)$

Die **Wahrscheinlichkeit** , dass sich das Teilchen, das Elektron im Radialbereich r, r+dr und im Winkelbereich α,α+δα sowie β,β+δβ aufhält, also im Volumenelement dV = rsinβdα*rdβ*dr, (Volumenelement = = Flächenelement mal dr), ist $f(r)*f(r)*dr * Y_l^{m*}(\beta,\alpha)*Y_l^m(\beta,\alpha)*r\sin\beta d\alpha*rd\beta$.
Ist man nur an der Wahrscheinlichkeit für den Radialbereich r,r+dr interessiert, so ist über die Winkel, über die Kugelfläche zu integrieren, also
$r^2*f(r)*f(r)dr * \int d\alpha \int d\beta*\sin\beta*Y_l^{m*}(\beta,\alpha)*Y_l^m(\beta,\alpha)$ f(r) ist reell und sei normiert.

Sind Y_l^m die normiert, so ist das Winkelintegral über die ganze Kugelfläche stets gleich 1.
Somit ist dann die Wahrscheinlichkeit für den Aufenthalt zwischen r und r+dr über die ganze Kugelfläche hinweg gleich $w(r)dr = r^2*f(r)*f(r)dr$.

Nun fragen wir nach dem **Wahrscheinlichkeitsmaximum** , wo also die Aufenthaltswahrscheinlichkeit am größten ist. Hier spielt die Normierung keine Rolle, wir können also obige Lösungen unmittelbar nehmen: Die Bedingung für das Maximum ist $d/dr[r^2*f^2(r)] = 0$ oder $2r*f^2(r)+r^2*2f(r)*df/dr = 0$
oder $r*f(r)+r^2*df/dr = 0$ oder $\mathbf{f(r) + r*df/dr = 0}$ sowie die Stelle r=0

Sei $\mathbf{f(r)= e^{-\rho/2} =e^{-a*r}}$, also n=1, l=0 , hier ist also $w(r) = r^2*\exp(-2ar)$
Dann ist $f(r)+r*df/dr = e^{-a*r} *(1-a*r) = 0$
Das Maximum ist also bei $r = 1/a = -g^2/2E = -g^2*h^2/4\pi^2mg^4 = h^2/4\pi^2mg^2$
Dieses ist der im Rahmen des Bohr-Sommerfeld-Atommodells (vor der QM entwickelt, ab 1913 aufwärts) von Bohr ermittelte Radius für die unterste Elektronenbahn, der sog. **Bohrsche Radius** r_1, konkret $r_1 = \mathbf{0.529*10^{-10}}$ **Meter**
Anmerkung: Niels **Bohr**, dänischer Physiker (1885-1962)
Anmerkung: Arnold **Sommerfeld**, deutscher Physiker (1868-1951)

Sei $\mathbf{f(r) = r^l*e^{-a*r}}$, also n=n, l=n-1, p=0
Dann ist $f(r)+r*df/dr = e^{-a*r}*[r^l + r*(l* r^{l-1} + r^l *(-a))] = e^{-a*r} * r^l*(l + 1- a*r)$
Das Maximum ist also bei $r = (l+1)/a = n/a = n^2* r_1$ also das n^2-fache des Bohr-Radius. Auch das Bohrsche Atommodell errechnet für n diesen Radius.
Dabei ist folgende Kompliziertheit zu beachten: a ist von der Energie abhängig, konkret proportional zu $(-E)^{1/2}$, somit proportional zu 1/n, kurz $a(n)=1/n*a(1)$, somit $r = n/a = n^2/a(1)$, wenn mit a(1) das a des unmittelbar vorher angegebenen Grundzustandes gemeint ist.
Zu **l=n-1** gehören , klassisch gesprochen, einfache Bahnen, nämlich **Kreisbahnen**, andernfalls sind es **Ellipsen** und die Lage der Maxima ist kompliziert.

Nun betrachten wir die **Energiedifferenzen** zwischen den verschiedenen Niveaus oder Bahnen, durchnummeriert gemäß Hauptquantenzahl n bzw m. Gemäß Energieformel ist die Energiedifferenz $\Delta E = E1* (1/n^2 - 1/m^2)$
E1 ist die, dem Betrage nach, maximale Energie, die Energie der Bahn1, nämlich 13.5 eV.

Stürze von höheren Bahnen auf die **Bahn1** haben eine Energie von mindestens ¾*E1 und höchstens E1. Das führt zur Aussendung von je eines **ultraviolett**en Lichtquants. Die im Spektrum erscheinenden Linien (nach Durchlauf eines Prismas) wird **Lyman-Serie** genannt.
Anmerkung: Theodore **Lyman**, amerikan.Physiker (1874-1954)

Stürze von höheren Bahnen auf **Bahn2** haben eine Energie von mindestens 5/36*E1 und höchsten von ¼*E1. Die dabei ausgesandten Lichtquanten haben Wellenlängen im **sichtbar**en Bereich. Die zugehörigen Spektrallinien wird **Balmer-Serie** genannt.
Anmerkung: Johann **Balmer**, schweizer Mathematiker (1825-1898)

Stürze von höheren Bahnen auf **Bahn3** haben eine Energie von mindestens 7/144*E1 und höchsten von 1/9*E1. Die dabei ausgesandten Lichtquanten haben Wellenlängen im **Infrarot**-Bereich. Diese Spektrallinienserie wurde von **Paschen** entdeckt und nach ihm benannt.
Anmerkung: Friedrich **Paschen**, deutscher Physiker (1865-1947)

Gäbe es nur die Coulombkraft, die elektrostatische Anziehung und Abstoßung, so wären die Atome auch bei höheren Bahnen stabil. Die Möglichkeit der Lichtaussendung, der Aussendung elektromagnetischer Wellen, macht höhere Bahnen instabil, sofern die unteren Bahnen nicht besetzt sind. Dieses geschieht nach dem allgemeinen, negativ formulierten Prinzip: Es wird, wo möglich, der maximale Zerfall angestrebt, so dass im Gesamten möglichst wenig an Materie-Energie zugunsten der Abstrahlung und der kinetischer Energie übrig bleibt.
Es gibt aber auch den umgekehrten Effekt: Anhebung eines Elektrons auf eine höhere Bahn durch Einfangen eines Lichtquants.
Wenn wir die Energieformel betrachten, so erscheint der **Faktor** $\mathbf{e^4}$ nicht plausibel, vielmehr würde man den Faktor e^2 erwarten. Zur Beantwortung wollen wir das **Bohr-Atommodell** (Sommerfeld brachte eine Verfeinerung) kurz umreißen: Ausgangspunkt ist , dass der Drehimpuls (es werden nur Kreisbahnen angenommen) ein Vielfaches von h/2π ist, also **m*v*r = n*h/2π.**
Die Ladung des Atomkerns sei Z*e (Z ist gleich 1 beim Wasserstoffatom, gleich 2 beim Helium, usw). Für ein Elektron auf seiner Bahn muss sein:
Anziehungskraft = Fliehkraft, also $Ze*e/(4\pi\varepsilon_0)*1/r^2 = mv^2/r$ oder $Z*g^2/r = mv^2$
oder $Z*g^2= mvr*v = n*h/2\pi*v$ gemäß Drehimpulsbeziehung,
somit $v = Z*g^2*2\pi/(n*h) = Z*e^2/(2h\varepsilon_0)*1/n$
Konkret hat ein Elektron beim Wasserstoffatom auf Bahn1 (n=1) eine Geschwindigkeit von v=2190 km/sek , nicht gerade wenig.

Durch Einsetzen von v in die Drehimpulsbeziehung $m*v*r = n*h/2\pi$ folgt
$r = n*h/2m\pi * nh/(2Zg^2\pi) = n^2h^2 / (4\pi^2mZg^2) = n^2*(h^2\varepsilon_0)/(\pi mZe^2)$
Nun ist $E = T+V$ kinetische Energie + potentielle Energie
$T = mv^2/2 = +m/2*Z^2e^4 /(4n^2h^2\varepsilon_0^2)$, $V = -Zg^2/r = - m*Z^2e^4 /(4n^2h^2\varepsilon_0^2)$
Somit $E = T+V = - Z^2me^4/(8n^2h^2\varepsilon_0^2)$
Weil sowohl v wie 1/r proportional e^2 ist, entsteht der Faktor e^4 .

Interessant ist auch, dass bei **Kernladungszahl Z** die Energie das Z^2-fache der entsprechenden Energie des Wasserstoffatoms ist.
Die **Anzahl der Eigenfunktionen** eines Atoms ist im Prinzip unbegrenzt
Liegt die **Hauptquantenzahl** n vor, so kann der **Gesamt-Bahn-Drehimpuls l** die Werte von 0 bis n-1 annehmen, also $\mathbf{0 \leq l \leq n-1}$ **,** entspricht **J** .
Zu jedem **l** kann nun die **Orientierungsquantenzahl** m die Werte von –l bis l annehmen, also $\mathbf{-l \leq m \leq l}$, entspricht J_3 . Zudem hat jedes Elektron noch einen Spin **s**, der 2 Werte annehmen kann.

Bei n=1 ist zwangsläufig l=0 , aber s ist frei. Es gibt also 2 Eigenfunktionen
Betrifft die Elemente Z=1 H (Wasserstoff) und Z=2 He (Helium).

Bei n=2 kann l=0 sein, ergibt 2 Eigenfunktionen,
betrifft die Elemente 3 Li (Lithium), 4 Be (Beryllium),
es kann l=1 sein, m=-1, 0,1 ergibt 6 Eigenfunktionen,
betrifft die Elemente 5 B (Bor), 6 C (Kohlenstoff), 7 N (Stickstoff),
8 O (Sauerstoff), 9 F (Fluor) und 10 Ne (Neon).
Insgesamt sind es zusätzliche 8 Eigenfunktionen.

Bei n=3 kann l=0 sein,
betrifft die Elemente 11 Na (Natrium), 12 Mg (Magnesium),
es kann l=1, betrifft die Elemente 13 Al (Aluminium), 14 Si (Silizium),
15 P (Phosphor), 16 S (Schwefel), 17 Cl (Chlor) und 18 Ar (Argon).
Insgesamt sind es zusätzliche 8 Eigenfunktionen.
Es kann auch l=2 sein und dabei m=-2,-1,0,1,2 , also 5 Einstellungen, ergibt zusätzlich 10 Eigenfunktionen, also insgesamt 18 Eigenfunktionen. In der Gesamtsumme (n=1,2,3) sind es dann 2+8+18=28 Eigenfunktionen.

Betrachten wir nun ein Atom mit Kernladungszahl Z und entsprechend vieler Elektronen. Dann besagt das **Pauli-Prinzip** (1925): Jedem Elektron ist innerhalb eines Atoms eine eigene Eigenfunktion, gekennzeichnet durch die Eigenwerte n, l, m, s, zuzuordnen, kein Elektron darf die Eigenfunktion und die

Eigenwerte eines anderen haben. Im übrigen werden die Eigenfunktionen energetisch aufsteigend vergeben, beginnend mit n=1.
Anmerkung: Wolfgang **Pauli**, österr. Physiker (1900-1958)
So hat z.B. Kohlenstoff mit Z=6 die Eigenfunktionen
ϕ(n=1,l=0,s=+1/2), ϕ(n=1,l=0,s=-1/2),
ϕ(n=2,l=0,s=+1/2), ϕ(n=2,l=0,s=-1/2), ϕ(n=2,l=1,m=1,s=+1/2),
ϕ(n=2,l=1,m=1,s=-1/2).
Bei den letzten beiden herrscht offenbar eine gewisse Willkür, was die Wahl von m und s anbetrifft.

Auffüllen der Schalen: Man möchte meinen, die Schalen (n=1,2,..) werden von unten her voll aufgefüllt, bis die nächste angefangen wird.
Das stimmt für die Elemente von 1 H bis 18 Ar (Argon).
Ab 19 K (Kalium) wird aus energetischen Gründen bereits die N-Schale n=4 begonnen, bevor n=3 voll angefüllt ist. Betrifft die Elemente 19 K (Kalium), 10 Ca (Kalzium), 21 Sc (Scandium) 22 Ti (Titan), 23 (Vanadium), 24 Cr (Chrom), 25 Mn (Mangan), 26 Fe (Eisen), 27 Co (Kobalt), 28 Ni (Nickel). Das hängt damit zusammen, dass die Elektronen ihrerseits das elektrische Potential beeinflussen und so zur Abweichung von obiger Standard-Energieformel führen.
Bei 29 Cu (Kupfer) ist erstmalig und von nun an für immer auch n=3 voll aufgefüllt . Ein Elektron befindet sich zwangsläufig in Schale N n=4. Es heißt Leitungselektron, weil es sich für den elektrischen Strom zur Verfügung stellt.
Beim nachfolgenden Element 30 Zn (Zink) sind es zwei Leitungselektronen.
Die Information über den Schalenaufbau der Elemente wurde weitgehend über die **Spektroskopie** gewonnen, also über die Analyse der von ihnen (bei Anregung) ausgesandten Lichts und seiner Wellenlängen.
Die **Anzahl der Plätze**, die eine **Schale n** für Elektronen anbietet, bei Berücksichtigung aller Kombinationsmöglichkeiten von l, m und s, ist **$2n^2$**, also 2,8,18,32,50,72,98 ,entsprechend n=1,2,3,4,5,6,7 oder mit Buchstaben bezeichnet K,L,M,N,O,P,Q. Mehr Schalen gibt es nicht. Die Gesamtbahn-drehimpulszahlen l=0,1,2,3 werden auch mit s,p,d,f bezeichnet.
Mit dem Element 37 Rb (Rubidium) wird die Schale O n=5 begonnen,
mit dem Element 55 Cs (Cäsium) wird die Schale P n=6 begonnen und
mit dem **Element 87 Fr (Frankium)** wird die Schale Q n=7 begonnen.
Mit dem **Element 70 Yb (Ybrium)** wird die Schale N n=4 vollendet und sie bleibt vollendet für alle Elemente mit noch größerer Kernladungszahl Z, alle weiteren Schalen O,P,Q, also n>4, erreichen nie mehr die volle Besetzungszahl. Allgemein bekannte Elemente in diesem Bereich sind

47 Ag (Silber), 50 Sn (Zinn), 51 Sb (Antimon), 53 J (Jod), 56 Ba (Barium), 74 W (Wolfram), 78 Pt (Platin), 79 Au (Gold), 80 Hg (Quecksilber), 82 Pb (Blei), 83 Bi (Wismut), 88 Rd (Radium), 92 U (Uran), 94 Pu (Plutonium). Siehe dazu auch [1] .

Eine typische Charakterisierung der Stärke der elektrischen Kräfte (Potential), der elektrischen Wechselwirkung, ist durch die Sommerfeldsche **Feinstrukturkonstane** α gegeben. Sie lautet
$\alpha = g^2*2\pi/hc = e^2/(4\pi\varepsilon_0)*2\pi/hc = e^2/(2hc\varepsilon_0) = 1/137$, c = Lichtgeschwindigkeit
Im Vergleich dazu hat die Strukturkonstante für die Kernkräfte, die starke Wechselwirkung, z.B. für die Kraft zwischen Proton und Neutron, etwa den Wert 1. Dann gibt es noch die schwache Wechselwirkung mit einem Wert von etwa 10^{-7} bis 10^{-6} , und die Gravitationswechselwirkung, die Schwerkraft, die Anziehung z.B. zwischen Proton und Neutron auf Grund ihrer Masse, mit einem Wert von $5{,}9*10^{-39}$.

Nun wollen wir das **Verhältnis von Bahndrehimpuls zur Energie** anschaulich betrachten. Klassisch gilt bei einer Zentralkraft die Energiebeziehung
$E = m/2*(dr/dt)^2+ m/2*(r*d\alpha/dt)^2+V(r) = m/2*(dr/dt)^2+L^2/2mr^2+V(r)$,
wobei $L = m*r*d\alpha/dt$ der Bahndrehimpuls ist.
Der erste Teil ist die kinetische Energie in Richtung des Radius, der zweite in Richtung des Winkelzuwachses in der Bahnebene, der dritte die potentielle Energie. Möge das Teilchen an der Stelle $r=r_0$ ohne Radialgeschwindigkeit, also mit $dr/dt=0$,starten. Nun ist es einleuchtend, wenn der Winkelanteil der Energie gleich 0 ist, also $d\alpha/dt=0$ und damit auch L=0, fällt das Teilchen auf das Zentrum zu, wird danach abgebremst, kehrt zurück und pendelt so hin und her. Ist der Winkelanteil gering, damit auch L gering, wird es eine schlanke Ellipse um das Zentrum laufen. Ist dieser größer, wird die Ellipse dicker, schließlich ein Kreis, dann eine Ellipse, orthogonal dazu, die den Kreis einhüllt. Bei weiterer Steigerung wird es eine Parabel und dann eine Hyperbel, also eine Bahn ohne Wiederkehr. So bestimmt also L wesentlich die Form der Bahn. Je kleiner L verglichen zur Energie, desto schlanker die Bahn. Das bedeutet etwa für eine äußeres Elektron eines Atoms mit kleinem l, dass es die Wolke der anderen Elektronen durchdringt, in Kernnähe kommt, soviel Energie aufnimmt, dass es mehr hat als ihre Elektronennachbarn mit geringerer Quantenzahl n, die aber wegen des großen l mehr draußen bleiben und so die Abschirmung der Zentralkraft durch die Elektronenwolke mehr spüren. Das ist, anschaulich ausgedrückt, die Ursache dafür, dass eine neue Schale oft begonnen wird, bevor die vorherige aufgefüllt ist. Wenn man ein Atom mit dem Sonnensystem

vergleicht, erinnert das an Kometen. Das sind Himmelskörper, die weit hinaus schwingen, wenig eigene Bahnenergie, wenig Drehimpuls haben, so dass sie am sonnen-fernen Umkehrpunkt sehr bald sich wieder auf die Sonne zu bewegen und ihre Bahn einer schlanken Ellipse gleicht. Wegen der sehr geringen Anziehungskraft in dieser Entfernung dauert es doch sehr lange, bis sie wieder in Erd- oder Sonnennähe kommen.

Auflistung bekannter Elemente: Anzahl Protonen und Elektronen pro **n** und **l**

	n=1	n=2	
	l=0	0	1
H1	1		
He2	2		
Li3	2	1	0
Be4	2	2	0
B5	2	2	1
C6	2	2	2
N7	2	2	3
O8	2	2	4
F9	2	2	5
Ne10	2	2	6

	n=1	n=2		n=3		
	l=0	0	1	0	1	2
Na11	2	2	6	1	0	0
Mg12	2	2	6	2	0	0
Al13	2	2	6	2	1	0
Si14	2	2	6	2	2	0
P15	2	2	6	2	3	0
S16	2	2	6	2	4	0
CL17	2	2	6	2	5	0
Ar18	2	2	6	2	6	0

	n=1	n=2		n=3			n=4
	l=0	0	1	0	1	2	0 1 2 3
K19	2	2	6	2	6	0	1
Ca20	2	2	6	2	6	0	2
Sc21	2	2	6	2	6	1	2
Ti22	2	2	6	2	6	2	2
V22	2	2	6	2	6	3	2
Cr24	2	2	6	2	6	5	1
Mn25	2	2	6	2	6	5	2
Fe26	2	2	6	2	6	6	2
Co27	2	2	6	2	6	7	2
Ni28	2	2	6	2	6	8	2
Cu29	2	2	6	2	6	10	1
Zn30	2	2	6	2	6	10	2

---

	n=1	n=2		n=3			n=4				n=5					n=6						n=7	
	l=0	0	1	0	1	2	0	1	2	3	0	1	2	3	4	0	1	2	3	4	5	0	1 … 6
Rb37	2	2	6	2	6	10	2	6	0	0	1	0	0	0	0								
Ag47	2	2	6	2	6	10	2	6	10	0	1	0	0	0	0								
Cs55	2	2	6	2	6	10	2	6	10	0	2	6	0	0	0	1							
Yb70	2	2	6	2	6	10	2	6	10	14	2	6	0	0	0	2	0	0	0	0	0		
W74	2	2	6	2	6	10	2	6	10	14	2	6	4	0	0	2	0	0	0	0	0		
Au79	2	2	6	2	6	10	2	6	10	14	2	6	10	0	0	1	0	0	0	0	0		
Hg80	2	2	6	2	6	10	2	6	10	14	2	6	10	0	0	2	0	0	0	0	0		
Pb82	2	2	6	2	6	10	2	6	10	14	2	6	10	0	0	2	2	0	0	0	0		
Fr87	2	2	6	2	6	10	2	6	10	14	2	6	10	0	0	2	6	0	0	0	0	1	
Ra88	2	2	6	2	6	10	2	6	10	14	2	6	10	0	0	2	6	0	0	0	0	2	
U92	2	2	6	2	6	10	2	6	10	14	2	6	10	3	0	2	6	1	0	0	0	2	
Pu94	2	2	6	2	6	10	2	6	10	14	2	6	10	5	0	2	6	1	0	0	0	2	

9.0 Theorie-Nachschub

Nun wollen wir uns wieder allgemeinen theoretischen Aussagen der QM zuwenden. Diese wollen wir festmachen an endlichen Matrizen, weil sie dann deutlicher und einfacher erklärbar sind.

9.1 Die Hauptachsentransformation

Liegt eine Matrix in Hauptdiagonalform vor, so liegen Eigenwerte und Eigenzustände auf der Hand. Beispiel Operator **X** mit den Eigenwerten x_i und den Eigenzuständen $|x_i >$, konkret den Einheitsvektoren. Wie verhält es sich aber mit Matrizen, die nicht hauptdiagonal sind?

Betrachten wir eine Matrix A. Wir wollen sie auf Hauptdiagonalform D bringen durch eine Transformationsmatrix S, also es soll sein

$$S^{-1}*A*S = D \quad \text{mit} \quad D = \begin{pmatrix} \lambda_1 & 0 & 0 & \dots \\ 0 & \lambda_2 & 0 & \dots \\ \dots & & & \end{pmatrix} \quad S^{-1} \text{ ist die Inverse von S}$$

Wir multiplizieren von links mit S und haben A*S = S*D

Die Matrix S besteht wie jede Matrix aus einer Reihe von Spaltenvektoren, nennen wir sie ϕ_i , also $S = (\phi_1 ,\phi_2 ,\dots)$.

Die Gleichung

A*S = S*D schreibt sich dann $A*(\phi_1 ,\phi_2 ,\dots) = (\phi_1 ,\phi_2 ,\dots) * D$

Die beiden Matrizen auf der rechten Seite kann man ausmultiplizieren und erhält $S*D = (\lambda_1*\phi_1 , \lambda_2*\phi_2 ,\dots)$

Spaltenweises Ausmultiplizieren auf der linken Seite ergibt eine Matrix mit den Spaltenvektoren $(A*\phi_1 ,A*\phi_2 , \dots)$

Die Spaltenvektoren links und rechts müssen der Reihe nach gleich sein, also ergeben sich die **Einzeleigenwertgleichungen**

$\mathbf{A*\phi_1 = \lambda_1*\phi_1 , \quad A*\phi_2 = \lambda_2*\phi_2 , \dots}$

Die ϕ_i heißen die **Eigenvektoren(zustände)** zu A und
die λ_i heißen die **Eigenwerte zu A**.

Zugleich haben wir die Aussage, dass die Spaltenvektoren ϕ_i die Transformationsmatrix S aufbauen.

Diese sind aber zunächst nicht bekannt und müssen vielmehr über die **Eigenwertgleichung** $\mathbf{A*\phi = \lambda*\phi}$ ermittelt werden. Die Gleichung ist identisch mit $(A-\lambda*E)*\phi = 0$ E ist die Einheitsmatrix. Bei endlich-dimensionierten Matrizen gibt es Lösungen, gemäß Theorie für lineare Gleichungssysteme, wenn die Determinante von $(A-\lambda*E)$ gleich 0 ist, also wenn $\det(A-\lambda*E) = 0$.

Die linke Seite ist ein Polynom über λ, das sogenannte **charakteristische Polynom**. Im Ganzen ist es eine algebraische Gleichung für λ ,die Ergebnisse sind dann die Eigenwerte λ_i . Pro λ_i ist dann die Eigenwertgleichung zu lösen und man erhält so die Eigenlösungen ϕ_i .

Einschub: Dass eine Gleichung $M*\phi=0$ nur Lösungen hat verschieden vom Nullvektor, wenn det(M) = 0 ist, ist leicht einsehbar. Die Gleichung besagt, dass der Vektor ϕ senkrecht auf allen Zeilenvektoren von M steht. Sind diese linear unabhängig, bilden sie ein Basissystem zur Dimension n. So kann es keinen weiteren Vektor geben, der auf ihnen senkrecht steht, sonst wäre das Basissystem eine Dimension höher. Also muss eine lineare Abhängigkeit der Zeilenvektoren von M bestehen, das heißt, sie sind keine vollständige Basis, so dass dann der nichttriviale Lösungsvektor ϕ in diesem Raum Platz finden kann. Ausdruck dafür ist, dass die Determinante = 0 ist, dass für diese Dimension kein „räumliches“ Polyeder bildbar ist mit einem Volumen # 0.
Mit $M\phi=0$ und $M = (A-\lambda*E)$ wird quasi eine Lösung erzwungen, weil die Determinante zu einer algebraischen Gleichung für λ führt, die stets Lösungen hat. Dass diese nur reell sind , ist eine Sonderheit. Siehe unten.

Beispiel: (0 1)(x) = λ (x) somit det(-λ 1) = 0 also $\lambda^2+1=0$
(-1 0) (y) (y) (-1 –λ)
mit den Lösungen $\lambda_1 = i$ und $\lambda_2 = -i$

Einsetzen von $\lambda_1 = i$ ergibt die Gleichung
(-i 1)(x) = 0 mit der Lösung (1)
(-1 -i)(y) (i)
Einsetzen von $\lambda_2 =- i$ ergibt die Gleichung
(i 1)(x) = 0 mit der Lösung (i)
(-1 i)(y) (1)
Die Lösungen sind bis auf einen Faktor eindeutig.
Im Beispiel sind die Eigenwerte imaginär. In der QM ist man aber an reellen Eigenwerten interessiert, weil diese physikalischen messbaren Größen entsprechen. So kommt man zur Frage, wie eine Matrix A sein muss, damit ihre Eigenwerte reell sind.

9.2 Reelle Eigenwerte

Wir wollen uns der Dirac-Schreibweise bedienen, weil sie für unsere Zwecke einfacher ist. Es liege vor die Eigenwertgleichung $A*|\phi> = \lambda*|\phi>$
Sei λ ein Eigenwert und $|\phi>$ sein zugehöriger Eigenvektor.
Multiplikation der Gleichung von links mit $<\phi|$
ergibt $<\phi|A|\phi> = <\phi|\lambda|\phi> = \lambda*<\phi|\phi>$
Das Komplex-konjugierte ist $<\phi|A|\phi>^* = \lambda^**<\phi|\phi>^* = \lambda^**<\phi|\phi>$
weil $<\phi|\phi>$ reell ist.
Gemäß der Regeln für ein komplexwertiges Skalarprodukt
ist $<\phi|A|\phi>^* = <\phi|A^+|\phi>$
Wenn nun $A = A^+$ vorliegt, wenn also A hermitesch ist,
dann ist $<\phi|A|\phi>^* = <\phi|A^+|\phi> = <\phi|A|\phi>$ also reell.
Dieses entspricht aber $\lambda^**<\phi|\phi> = \lambda*<\phi|\phi>$ also folgt $\lambda^* = \lambda$
Das Ergebnis ist: Hermitesche Operatoren (also wenn gilt $A = A^+$) haben reelle Eigenwerte und nur solche, sofern $<\phi|\phi>$ # 0 ist..Im obigen Beispiel ist die Matrix A nicht hermitesch und die Eigenwerte sind auch nicht reell.

9.3 Orthogonale Eigenvektoren

Sei A hermitesch, sei λ_1 ein erster Eigenwert mit Eigenvektor ϕ_1 und sei λ_2 ein zweiter Eigenwert mit Eigenvektor ϕ_2,
also $A*|\phi_1> = \lambda_1*|\phi_1>$ und $A*|\phi_2> = \lambda_2*|\phi_2>$. Dann ist:

Multiplikation dieser Gleichungen von links mit $<\phi_2|$ bzw mit $<\phi_1|$ ergibt
$<\phi_2|A|\phi_1> = \lambda_1*<\phi_2|\phi_1>$ sowie $<\phi_1|A|\phi_2> = \lambda_2*<\phi_1|\phi_2>$.
Das Komplex-konjugierte der zweiten Gleichung ist , weil allgemein die λ_i reell sind
einerseits $<\phi_1|A|\phi_2>^* = \lambda_2*<\phi_1|\phi_2>^* = \lambda_2*<\phi_2|\phi_1>$
andererseits $<\phi_1|A|\phi_2>^* = <\phi_2|A^+|\phi_1> = <\phi_2|A|\phi_1> = \lambda_1*<\phi_2|\phi_1>$
Subtraktion der beiden Beziehungen ergibt $0 = (\lambda_2 - \lambda_1)*<\phi_2|\phi_1>$

Wenn nun λ_1 # λ_2 ist, die Eigenwerte verschieden sind,
so muss sein $<\phi_2|\phi_1> = 0$,
d.h. $|\phi_1>$ und $|\phi_2>$ sind orthogonal zueinander.
Allgemein ausgedrückt $<\phi_i|\phi_j> = \delta_{ij}$ sofern zusätzlich die ϕ_i auf 1 normiert sind.
Ergebnis: Die Eigenvektoren eines hermiteschen Operators (Matrix) sind notwendigerweise zueinander orthogonal.

Kehren wir zur **Hauptachsentransformation** zurück.
Es soll sein $S^{-1}*A*S = D$. Wir haben gefunden $S = (\phi_1, \phi_2, \ldots)$, wobei die ϕ_i , hier Spaltenvektoren, die Eigenvektoren zu A sind.
Wir können nun beweisen, dass die Transformationsmatrix S unitär ist, dass also gilt $S^{-1} = S^+$, wenn A hermitesch ist.

Denn $S^+ = (\phi_1^*)$ Dieses ist eine Matrix, wobei jedes (ϕ_1^*) nun ein
(ϕ_2^*) Zeilenvektor ist
(..)

Es folgt $S^+ * S = 1$ Einheitsmatrix, weil die ϕ_i orthogonal zueinander sind.
Dabei wird unterstellt, dass die ϕ_i auf 1 normiert sind.
Man kann es auch allgemeiner formulieren, indem man obige Beziehung $<\phi_i|\phi_j> = \delta_{ij}$ als Matrixelement und in der Gesamtheit als Matrix interpretiert, wobei dann die rechte Seite die Einheitsmatrix ist.

Beispiel: Sei A = (0 –i) also A hermitesch
(i 0)
Der Eigenwertgleichung $(A-\lambda*E)*\phi = 0$ folgt die Determinatenbedingung $0=\det(A-\lambda*E) = (-\lambda)*(-\lambda)-(-i)*i = \lambda^2-1$ mit den Lösungen $\lambda_1 = 1$ und $\lambda_2 = -1$ als Eigenwerte, also reelle Eigenwerte.

Die Eigenwertgleichung für λ_1 ist somit
(-1 -i)(x) = 0 mit der Lösung ϕ_1 = (-i)
(i -1)(y) (1)

Die Eigenwertgleichung für λ_2 ist analog
(1 -i)(x) = 0 mit der Lösung ϕ_2 = (i)
(i 1)(y) (1)

ϕ_1 und ϕ_2 sind orthogonal zueinander, denn $\phi_2^* * \phi_1$ = (-i 1)*(-i) = 0
(1)
Die Normierung auf 1 ergibt 1 = $\phi_1^* * \phi_1$ = (i 1)*(-i) = 2
(1)
Der Normierungsfaktor für ϕ_1 ist also $(1/2)^{1/2}$.
Auch ϕ_2 hat diesen Normierungsfaktor.

Nun wollen wir die Hauptachsentransformation an diesem Beispiel konkret durchführen: Es ist

$$S = (\phi_1, \phi_2) = (1/2)^{1/2} * \begin{pmatrix} -i & i \\ 1 & 1 \end{pmatrix} \quad \text{und } S^{-1} = S^{+} = \begin{pmatrix} \phi_1^{*} \\ \phi_2^{*} \end{pmatrix} = (1/2)^{1/2} * \begin{pmatrix} i & 1 \\ -i & 1 \end{pmatrix}$$

Man rechnet nach, dass $S^{+} * S$ tatsächlich die Einheitsmatrix ist.
Die Hauptachsentransformation ist dann

$$S^{-1}*A*S = S^{+}*A*S =$$
$$= \tfrac{1}{2} * \begin{pmatrix} i & 1 \\ -i & 1 \end{pmatrix} * \begin{pmatrix} 0 & -i \\ i & 0 \end{pmatrix} * \begin{pmatrix} -i & i \\ 1 & 1 \end{pmatrix} = \tfrac{1}{2} * \begin{pmatrix} i & 1 \\ i & -1 \end{pmatrix} * \begin{pmatrix} -i & i \\ 1 & 1 \end{pmatrix} = \begin{pmatrix} 1 & 0 \\ 0 & -1 \end{pmatrix} = \begin{pmatrix} \lambda_1 & 0 \\ 0 & \lambda_2 \end{pmatrix} = D$$

Damit ist A mittels S auf Diagonalform gebracht. In der Hauptdiagonalen sind die Eigenwerte. Die Eigenvektoren in dieser Form wären dann wieder die Einheitsvektoren.
Die Hauptachsentransformation stellt einen theoretischen Rahmen dar.
In Praxis genügt die Lösung der Eigenwertgleichung, möge sie nun in Matrizenform oder als Differentialgleichung oder beides gemischt vorliegen.

9.4 Simultane Eigenvektoren zweier Operatoren
Es seien A und B zwei hermitesche Operatoren mit den Eigenwertgleichungen $A|a\rangle = a|a\rangle$ und $B|b\rangle = b|b\rangle$.
Die Frage ist, unter welchen Bedingungen können für A und B gemeinsame Eigenvektoren(funktionen), nennen wir sie $|c\rangle$, angeben,gefunden werden, für die also gilt $A|c\rangle = a|c\rangle$ und $B|c\rangle = b|c\rangle$

Wir haben bereits kennen gelernt: Gehören A und B getrennten Räumen an, so sind die gemeinsamen Eigenvektoren einfach das (kartesische) Produkt der Eigenvektoren $|a\rangle$ und $|b\rangle$, also $|c\rangle=|a\rangle|b\rangle$.
Beispiel: Die Ortsräume für x und y mit den Operatoren **X** und **Y**
Die gemeinsamen (Basis)vektoren sind dann $|x\rangle|y\rangle$ und
es ist etwa $\mathbf{X}|x\rangle|y\rangle = x*|x\rangle|y\rangle$.
Weiteres Beispiel: Der Impuls- und Energieraum mit den Operatoren **P** und H (die Differentialoperatoren sind gemeint). Wenn A und B getrennten Räumen angehören, wird zudem von vornherein ihre Vertauschbarkeit unterstellt, also A*B = B*A. Bei Differentialoperatoren ist es durch die Vertauschbarkeit der partiellen Ableitungen gewährleistet.

Gehören A und B nun nicht getrennten Räumen an, so ist die Frage nicht elementar. Beispiel: Die Bahndrehimpulsoperatoren L^2 und L_3 . Ersterer wirkt im Winkelraum (β,α), letzterer im Winkelraum (α) .

Es sei nun unterstellt, A und B haben gemeinsame Eigenvektoren |c> . Dann ist
AB|c> = A(B|c>) = Ab|c>= bA|c>= ab*|c> und
BA|c> = B(A|c>) = Ba|c>= aB|c>= ab*|c>
Somit gilt für deren Differenz (AB-BA) |c> = 0*|c> = 0 Null-Vektor
Nun gilt Letzteres nicht nur für einen Vektor |c>, sondern für alle Vektoren $|c_i>$,also für jedes Matrixelement $(AB-BA)_{ij}$ = $<c_i|(AB-BA)|c_j>$ somit auch für die ganze Matrix. Es folgt:
Haben A und B gemeinsame Eigenvektoren |c>, so ist (AB-BA) = **0** die Nullmatrix,
also gilt A*B = B*A, d.h. A und B müssen vertauschen.

Nun die umgekehrte Frage:
Wenn A und B vertauschen, kann man dann gemeinsame Eigenvektoren |c> ermitteln?
Zunächst schaffen wir für beide Operatoren einen gemeinsamen Raum, er soll jeweils der Raum sein, in dem beide wirken können. Im obigem Beispiel der Winkelräume (β,α) und (α) ist es der Raum (β,α).
Betrachten wir o.B.d.A. die Eigenwertgleichung A|a>=a|a> mit ihren gegebenenfalls mehreren Eigenvektoren |a> zum Eigenwert a. Die Einbettung in einen größeren Raum kann die Zahl der Eigenvektoren zu fixem a noch erheblich vermehren. Im Beispiel können zu einer Eigenfunktion von α noch beliebige Funktionen von β hinzugefügt werden, wie immer sie auch lauten.
In jedem Falle bringt das eine Einteilung des Gesamtraumes in separate Gebiete, wo jedes zu einem fixen a gehört und alle Funktionen, Eigenvektoren umfasst, die eben zum Eigenwert a gehören, ähnlich einem Regal, das durch Einlagebretter in Fächer unterteilt wird..
Sie seien mit $|e_i,a>$ bezeichnet und es gilt $A|e_i,a> =a*|e_i,a>$. Sie seien formal mit i durchnummeriert.
Nun ist ist $AB|e_i,a>) = A(B|e_i,a>) = BA|e_i,a> = B(a|e_i,a>) = a*(B|e_i,a>)$ weil AB=BA ist, also vertauscht werden darf.
D.h. auch $B|e_i,a>$ ist Eigenvektor von A zum Eigenwert a, gehört also auch zum Gebiet a.
Man sagt: B lässt jeden Teilraum von A invariant. Sämtliche Ergebnisvektoren von $B|e_i,a>$ verbleiben in diesem Raum, in diesem Fach a.
B vermengt also nicht die Eigenvektoren verschiedener Fächer.

Unterteilung des Gesamtraumes durch A in Fächer $|e_i\ a_j>$

B wirkt auf	Fach a_1	Alle Eigenvektoren $\|e_i\ a_1>$ mit i durchnumeriert
B wirkt auf	Fach a_2	Alle Eigenvektoren $\|e_i\ a_2>$
B wirkt auf	Fach a_3	Alle Eigenvektoren $\|e_i\ a_3>$

Alle Eigenvektoren eines Fachs i, also $|e_i\ a_i>$, sind untereinander und zu den Eigenvektoren eines anderen Fachs j, also zu $|e_j\ a_j>$, orthogonal.
Der Gesamtraum wird also in orthogonale Teilräume zerlegt.

Um zu einer Eigenlösung für B in einem Fach a zu kommen und damit auch den **Beweis für simultane Eigenvektoren** zu erbringen, setzen wir eine Linearkombination an

$|b> = \Sigma\lambda_j^*|e_j\ a>$ Summe über j , und setzen in die Eigenwertgleichung

$B|b> = b|b>$ ein, also

$B\ \Sigma\lambda_j^*|e_j\ a> = b^*\ \Sigma\lambda_j^*|e_j\ a>$ oder $\Sigma\lambda_j^*B|e_j\ a> = b^*\ \Sigma\lambda_j^*|e_j\ a>$

Multiplikation von links je mit einem fixen $<e_i\ a|$ ergibt

$\Sigma\lambda_j^*<e_i\ a|B|e_j\ a> = b^*\lambda_i^*\delta_{ij}$

Oder $<e_i\ a|B|e_j\ a>^*\lambda_j = b^*\lambda_i$ oder $B_a{}^*\ \boldsymbol{\lambda} = b^*\boldsymbol{\lambda}$

mit Eigenvektor $\boldsymbol{\lambda}$ und Eigenwert b .

B_a ist der auf das Fach a reduzierte Operator B. Wir sind so zu einer Eigenwertgleichung speziell für das Fach a gekommen, welche, da B_a auch hermitesch ist, lösbar sein muss.

Als Beispiel siehe auch Kapitel 11.2 .

Wenn wir das Beispiel der Kugelflächenfunktionen nochmals betrachten, so können wir dies in diesem Lichte wie folgt interpretieren:

A entspricht L_3 und B entspricht $\mathbf{L}^2$ .Es werden die Eigenfunktionen von L_3 ermittelt. Ihre Eigenwerte m unterteilen den Gesamtraum (β,α) in Fächer. Die Eigenfunktionen pro Fach m sind $f(\beta)^*\exp(im\alpha)$ mit beliebigen $f(\beta)$.

Die Eigenfunktionen zu $\mathbf{L}^2$ bzw Λ werden nun gesucht . Der Operator $\Lambda(\beta,\alpha)$ wird auf das Fach m reduziert durch die **Separation** . Er ist dann nur noch von β abhängig, also $\Lambda(\beta,\alpha) \Rightarrow \Lambda(\beta,m)$. Damit wird die Eigenwertgleich gelöst.

Also gibt es simultane Eigenvektoren(funktionen) $|c>$ zu den Operatoren A und B, wenn sie vertauschbar sind.

Vertauschbare Operatoren spielen in der QM eine große Rolle, weil sie mehrere gleichzeitig messbare Eigenwerte, Observable ermöglichen.
Bislang bekannte vertauschende Operatoren sind:

X,Y, Z	die Orts-Operatoren vertauschen untereinander
$\mathbf{P}_1$, $\mathbf{P}_2$, $\mathbf{P}_3$,	die Impulsoperatoren vertauschen untereinander
$\mathbf{L}^2$,L_1, L_2, L_3	$\mathbf{L}^2$ vertauscht mit allen L_i, aber die L_i nicht untereinander
H~d/dt	vertauscht mit allen angeführten Operatoren

Es sei **ein weiterer Beweis für simultane Eigenvektoren** angegeben:
Sei $|b>$ dargestellt als eine Linearkombination mit **geeignet** ausgewählten Basisvektoren $|a_m>$, je aus einem Fach m, fachübergreifend, also Ansatz
$\mathbf{|b> = \Sigma|a_m>}$ mit $A|a_m> = a_m*|a_m>$.
Wir zielen auf die Eigenwertgleichung $B|b> = b|b>$ ab.
Nun ist nicht nur $B|a_m>$ Eigenvektor zu A, wie wir oben gesehen haben, sondern auch , sei er so benannt, $|b_m> = (B-b) |a_m>$ ist Eigenvektor zu A , denn
$A|b_m> = (B-b)A|a_m> = (B-b)*a_m*|a_m> = a_m* (B-b)* |a_m> = a_m*|b_m>$,
weil AB=BA ist.
Also sind die $|b_m>$ ebenfalls Eigenvektoren zu A .Weil die Eigenwerte a_m einander verschieden sind, sind die $|b_m>$ zumindest linear unabhängig von einander.
Nun ist $\Sigma|b_m> = (B-b)*\Sigma|a_m> = (B-b)* |b> = 0$
Letzteres ist die Eigenwertgleichung für $|b>$, die es geben muss.
Nun kann die Summe linear unabhängiger Vektoren nur 0 sein, wenn jeder einzelne Vektor gleich 0 ist, d.h. hier $|b_m> = 0$ für jedes m, für jedes Fach m.
oder $|b_m> = (B-b)* |a_m> = 0$. Das ist eine Eigenwertgleichung je nur für m.
Das besagt: $|a_m> = |b>$, also $|a_m>$ ist zugleich Eigenvektor von A und B , m je fix, also aus einem Fach gegriffen. Siehe dazu auch [2, Band1]
Pro Fach m gibt es also diese Eigenwertgleichung samt Lösung.

9.5 Die allgemeine Drehimpulsalgebra

Wir haben sie zum Teil schon kennen gelernt bei der Behandlung der Bahndrehimpulse L_i .
Die Einzeldrehimpulsoperatoren werden nun mit J_i bezeichnet.

Für sie gelten die **Vertauschungsregeln** analog zu den Bahndrehimpulsen
$[\mathbf{J_1,J_2}] = \mathbf{i^*J_3}$ $\quad [\mathbf{J_2,J_3}] = \mathbf{i^*J_1}$ $\quad [\mathbf{J_3,J_1}] = \mathbf{i^*J_2}$
Zudem gibt es den **Gesamtdrehimpulsoperator** $\mathbf{J}^2 = J_1^2 + J_2^2 + J_3^2$
Mit der Vertauschungsregel $[\mathbf{J}^2, J_1] = [\mathbf{J}^2, J_2] = [\mathbf{J}^2, J_3] = 0$
Das sind die Basisregeln.

Daraus abgeleitet werden nun **zwei Schiebeoperatoren**,
nämlich $J_+ = J_1 + i^*J_2$ und $J_- = J_1 - i^*J_2$
Für diese folgen die Vertauschungsregeln
$[\mathbf{J_3 , J_+}] = \mathbf{J_+}$ $\quad [\mathbf{J_3 , J_-}] = \mathbf{-J_-}$ $\quad [\mathbf{J_+ , J_-}] = \mathbf{2^*J_3}$
Weil $\mathbf{J}^2$ mit allen Einzeldrehimpulsen vertauscht, vertauscht es auch mit J_+ und J_- , also $[\mathbf{J}^2, J_+] = [\mathbf{J}^2, J_-] = 0$

Mittels dieser Schiebeoperatoren kann man auch schreiben
$\mathbf{J}^2 = ½^*(J_+{}^*J_- + J_-{}^*J_+) + J_3^2$
Daraus folgt $2^*(\mathbf{J}^2 - J_3^2) = (J_+{}^*J_- + J_-{}^*J_+)$
andererseits ist $2^*J_3 = (J_+{}^*J_- - J_-{}^*J_+)$
Beides beachtend folgt $J_-{}^* J_+ = \mathbf{J}^2 - J_3^2 - J_3$ und $J_+{}^* J_- = \mathbf{J}^2 - J_3^2 + J_3$

Da $\mathbf{J}^2$ mit J_3 vertauscht, es ist üblich, J_3 auszuwählen, gibt es
simultane Eigenvektoren |j,m>
Und es ist dann $J_3 |jm> = m^*|jm>$ und $\mathbf{J}^2 |jm> = j(j+1)^* |jm>$
Der Eigenwert von $\mathbf{J}^2$ ist wegen der J_i –Quadrate ≥ 0 und es ist zweckmäßig, ihn so zu schreiben.
Wir betrachten nun die Wirkung der Schieboperatoren auf den Vektor |jm>, zunächst $J_+| jm>$.
Aus der Regel $[J_3,J_+] = J_+$ folgt $J_3{}^*J_+ = J_+{}^*J_3 + J_+$
somit
$J_3{}^*J_+|jm> = J_+{}^*J_3|jm> + J_+|jm> = J_+{}^*m^*|jm> + J_+|jm> = (m+1)^*J_+|jm>$
also $J_+ |jm>$ ist ein Eigenvektor von J_3 mit dem Eigenwert m+1,
also $\mathbf{J_+ |jm> = f_+{}^*|j,m+1>}$
Nun zur Wirkung des Schiebeoperator J_-, es interessiert $J_-|j,m>$
Aus der Regel $[J_3,J_-] = -J_-$ folgt $J_3{}^*J_- = J_-{}^*J_3 - J_-$

somit

$J_3 * J_- |jm> = J_- * J_3 |jm> - J_- |jm> = J_- * m * |jm> - J_- |jm> = (m-1) * J_- |jm>$

also $J_- |jm>$ ist ein Eigenvektor von J_3 mit dem Eigenwert m-1,

also $\mathbf{J_- |jm> = f_- * |j,m-1>}$

Es ist $\mathbf{<jm|J_-}$ das Hermitesch-konjugierte zu $\mathbf{J_+|jm>}$,

also $(J_+|jm>)^+ = <jm|J_-$ und umgekehrt.

Es ist also einerseits $<jm|J_-^* J_+|jm> = f_+^2 * <jm+1|jm+1>$

und andererseits

$<jm|J_-^* J_+|jm> = <jm|(\mathbf{J}^2 - J_3^2 - J_3)|jm> = j(j+1) - m(m+1) * <jm/jm>$

Die $|jm>$ werden als normiert unterstellt, also $<jm|jm> = 1$.

So folgt $\boxed{\mathbf{f_+ = [j(j+1) - m(m+1)]^{1/2}}}$

Analoges nun für J_- .

Es ist einerseits $<jm|J_+^* J_-|jm> = f_-^2 * <jm-1|jm-1>$

und andererseits

$<jm|J_+^* J_-|jm> = <jm|(\mathbf{J}^2 - J_3^2 + J_3)|jm> = j(j+1) - m(m-1) * <jm|jm>$

Weil $|jm>$ auf 1 normiert ist, so folgt $\boxed{\mathbf{f_- = [j(j+1) - m(m-1)]^{1/2}}}$

Mit J_+ bzw J_- schreitet man von Eigenvektor zu Eigenvektor bei gleichem j mit Schrittweite $\Delta m = +1$ bzw $\Delta m = -1$.

Das maximale m ist, wie man an f_+ erkennt, bei m=j,

das minimale m ist,wie man an f_- erkennt, bei m=-j erreicht, also gilt $\mathbf{-j \leq m \leq j}$

Bei weiterem Fortschreiten würde der Radikand imaginär, f^2 negativ und damit das Normquadrat dieser Eigenvektoren negativ werden. Außerdem darf j nur ganzahlig oder halbzahlig sein, damit beim Maximum und Minimum von m der Radikand gleich 0 wird, was ein weiteres Fortschreiten verhindert.

An den Faktoren f_+ und f_- kann man auch erkennen, warum der Eigenwert von $\mathbf{J}^2$ diese spezielle Form j(j+1) hat, um eben mit m zu korrespondieren. Ansonsten ist j halbzahlig oder ganzzahlig frei wählbar.

Es gibt 2j+1 Eigenvektoren zu j.

Es gibt also die Werte $m = -j, m = -j+1, \ldots, m = j-1, m = j$

Um die Mitte ist m = 0 oder m = +1/2 und m = -1/2, je nachdem ob j ganzzahlig oder halbzahlig ist.

9.6 Die Addition zweier Drehimpulse

Man denke etwa an zwei Elektronen in einem Atom, je mit einem Bahndrehimpuls ausgestattet. Klassisch gesehen ist dann die Summe der Drehimpulse einfach die Summe der Drehimpulsvektoren.
In der QM entspricht der Summe der Drehimpulsvektoren die Summe der Drehimpulsoperatoren.

Es liegen vor die Einzeldrehimpuls(räume):
$\mathbf{J}_1^2$ und J_{13} die Drehimpulsoperatoren für den Drehimpuls1 mit den Eigenvektoren $|j_1m_1>$
Und es gilt $\mathbf{J}_1^2|j_1m_1> = j_1(j_1+1)* |j_1m_1>$ und $J_{13} |j_1m_1> = m_1* |j_1m_1>$
sowie
$\mathbf{J}_2^2$ und J_{23} die Drehimpulsoperatoren für den Drehimpuls2 mit den Eigenvektoren $|j_2m_2>$
Und es gilt $\mathbf{J}_2^2|j_2m_2> = j_2(j_2+1)* |j_2m_2>$ und $J_{23} |j_2m_2> = m_2* |j_2m_2>$

Der Addition der Drehimpulse entspricht hier die Bildung des Produktraumes aus Drehimpulsraum1 und Drehimpulsraum2 mit den
Operatoren $\mathbf{J}^2 = (\mathbf{J}_1 + \mathbf{J}_2)^2$ und $J_3 = J_{13} + J_{23}$ und Eigenvektoren $|j_1m_1>|j_2m_2>$
Die Vertauschungsregeln für die Summenoperatoren sind dieselben wie für die Einzeloperatoren.
Sie sind also auch Drehimpulsoperatoren und die Ergebnisse gelten vice versa, denn ist $[A_1,A_2] = A_3$ und $[B_1,B_2] = B_3$,so ist $[A_1+B_1, A_2+B_2] = A_3+B_3$,
wenn A die Operatoren zum Raum1 und B die Operatoren zum Raum2 sind.
Somit gelten auch
die Eigenwertgleichungen $\mathbf{J}^2|JM>=J(J+1) |JM>$ und $J_3|JM>=M*|JM>$,
wobei J(J+1) und M die Eigenwerte der Summenoperatoren sind.
Weil $\mathbf{J}^2$ mit $\mathbf{J}_1^2$ und $\mathbf{J}_2^2$ vertauscht, werden ihre Eigenwerte häufig mit notiert, also $|JM;j_1\, j_2>$. Auch hier gilt $-J \leq M \leq J$.
Zu einem J gibt es also (2J+1) Eigenvektoren |JM>.
Die $|\mathbf{j_1 m_1}>|\mathbf{j_2 m_2}>$ bilden den Basisraum für die Lösung der Eigenwertgleichungen.

J_3 auf einen Basisvektor angewendet ergibt
$J_3|j_1m_1>|j_2m_2> = (J_{13} + J_{23}) |j_1m_1>|j_2m_2> = m_1*|j_1m_1>|j_2m_2> + m_2*|j_1m_1>|j_2m_2>=$
$= (m_1+m_2)* |j_1m_1>|j_2m_2>= M*|j_1m_1>|j_2m_2>$ kurz es ist $\mathbf{M = m_1+m_2}$
Jedes $|j_1m_1>|j_2m_2>$ ist also Eigenvektor zu J_3 mit dem
Eigenwert $M = m_1+m_2$ .Die Anzahl der $|j_1m_1>|j_2m_2>$ ist $(2j_1+1)*(2j_2+1)$.

Nach obigem Theorem unterteilen die Eigenwerte M den gesamten Basisraum in Fächer zu je gleichem M. Pro Fach muss dann auch die zweite Eigenwertgleichung $\mathbf{J}^2|JM> = J(J+1)\,|JM>$ lösbar sein.
Die Lösung $|JM>$ ist also je eine Linearkombination all der $|j_1m_1>|j_2m_2>$, das ist der Inhalt des Faches, bei denen $M= m_1+m_2$ ist, wobei je M fix ist.
Da M auf verschiedene Weise zusammengesetzt werden kann, z.B 1=0+1 oder =1+0 oder -1+2 usw, vorausgesetzt m_1 und m_2 überschreiten nicht die durch j_1 bzw j_2 gesetzten Grenzen, kann es pro Fach, pro M, mehrere Basisvektoren geben.
Beginnen wir mit dem obersten Fach. Hier ist $M= m_1+m_2 = j_1+j_2=J$ und es gibt nur den einen Basisvektor $|j_1j_1>|j_2j_2>$.
Die Lösung ist also $|JM> = |j_1+j_2,j_1+j_2>= |j_1j_1>|j_2j_2>$ mit $J= j_1+j_2$.
Die weiteren Lösungen zu diesem J können mittels Schiebeoperatoren, hier speziell J_- , gewonnen werden. Diese wollen wir uns nun zurechtlegen. Wegen derselben Vertauschungsalgebra im Produktraum wie in den Einzelräumen können wir schreiben:

$\mathbf{J_+ = (J_{11} + i{*}J_{12}) + (J_{21} + i{*}J_{22}) = J_{1+} + J_{2+}}$ sowie
$\mathbf{J_- = (J_{11} - i{*}J_{12}) + (J_{21} - i{*}J_{22}) = J_{1-} + J_{2-}}$
Die Schiebeoperatoren des Produktraumes addieren sich aus den Schieboperatoren der Einzelräume.

Es ist **einerseits**
$J_+\,|JM> = F_+{*}|J,M+1>$ mit $F_+= [J(J+1) - M(M+1)]^{1/2}$
$J_-\,|JM> = F_-{*}\,|J,M-1>$ mit $F_-= [J(J+1) - M(M-1)]^{1/2}$
andererseits ist die Wirkung von J_+ bzw J_- auf einen Basisvektor $|j_1m_1>|j_2m_2>$ gegeben durch
$(J_{1+} + J_{2+})|j_1m_1>|j_2m_2> = f_{1+}{*}|j_1,m_1+1>|j_2m_2> + f_{2+}{*}|j_1,m_1>|j_2m_2+1>$
mit $f_{1+} = (j_1(j_1+1)-m_1(m_1+1))^{1/2}$ und $f_{2+} = (j_2(j_2+1)-m_2(m_2+1))^{1/2}$.
sowie
$(J_{1-} + J_{2-})|j_1m_1>|j_2m_2> = f_{1-}{*}|j_1,m_1-1>|j_2m_2> + f_{2-}{*}|j_1,m_1>|j_2m_2-1>$
mit $f_{1-} = (j_1(j_1+1)-m_1(m_1-1))^{1/2}$ und $f_{2-} = (j_2(j_2+1)-m_2(m_2-1))^{1/2}$.
Das bringt den Zusammenhang.

Beispiel: $j_1=1/2, j_2=1/2 \quad J = j_1+j_2 = 1$ Serie zu J =1 :
Startvektor $|JM\rangle = $ **$|11\rangle = |½, ½\rangle|½, ½\rangle$**

Benutze links $J_- |JM\rangle = F_-{*} |J,M-1\rangle$ also $J_- |11\rangle = [2]^{1/2} * |1,0\rangle$
Benutze rechts $(J_{1-} + J_{2-})|j_1m_1\rangle|j_2m_2\rangle$ also
$(J_{1-} + J_{2-})|½, ½\rangle|½, ½\rangle = f_{1-}{*}|½,- ½\rangle|½, ½\rangle + f_{2-}{*}|½,½\rangle|½,-½\rangle$
mit $f_{1-} = [3/4 -1/2*(-1/2))]^{1/2} = 1$ und $f_{2-} = [3/4 -(-1/2)*(-1/2))]^{1/2} = 1$
Also **$|1,0\rangle = (2)^{-1/2} * [|½,-½\rangle|½, ½\rangle + |½, ½\rangle|½,-½\rangle]$**

$J_- |1,0\rangle = [1*2]^{1/2} * |1,-1\rangle$
$(J_{1-} + J_{2-})(2)^{-1/2}* [|½,-½\rangle|½, ½\rangle+|½,½\rangle|½,-½\rangle] =$
$= (2)^{-1/2}*f*[|½,-½\rangle|½,-½\rangle+ |½,-½\rangle|½,-½\rangle] = 2*(2)^{-1/2}*|½,-½\rangle|½,-½\rangle$
mit $f = [3/4 -1/2*(-1/2))]^{1/2} = 1$
Also **$|1,-1\rangle = |½,-½\rangle|½,-½\rangle$**

Die geplante Vorgehensweise ist nun folgende:
Pro Fach M soll ein Kringel einen passenden Basisvektor symbolisieren, also

° Oberstes Fach, $MM=M=j_1+j_2$, $m_1= j_1, m_2 =j_2$ MM ist das maximale M
1 Basisvektor
° ° eins tiefer M=MM-1,also entweder m_1-1, m_2 oder m_1,m_2-1,
2 Basisvektoren
° ° ° zwei tiefer M=MM-2,also m_1-2,m_2 oder m_1-1,m_2-1 oder m_1,m_2-2
3 Basisvektoren

....

Sei o.B.d.A. $j_1 \geq j_2$ .Die Zahl der Basisvektoren wird pro nächstes Fach um 1 mehr, bis das kleinere j_2 ausgeschöpft ist, wenn da keine Bewegung mehr möglich ist ,wenn also m_2 von j_2 bis $-j_2$ gelaufen ist. Die Zahl der Basisvektoren ist dann $2*j_2+1$, bleibt gleich und/oder nimmt (später) wieder ab bis auf 1.
Sind in einem Fach n unabhängige Basisvektoren, so kann man, statt ihrer, auch n unabhängige Linearkombinationen aus ihnen bilden.
Das oberste J verbraucht nun für seine Eigenvektoren $|JM\rangle$ pro Fach eine Linearkombination.
Im Fach tiefer bleibt so eine Linearkombination übrig. Diese kann nun zum Ausgangspunkt einer weiteren Serie von Eigenvektoren gemacht werden, nämlich die Eigenvektoren $|J-1,M\rangle$.
Diese verbraucht im nächst tieferen Fach eine weitere Linearkombination, es bleibt dennoch eine übrig, die wiederum Startpunkt für die Serie $|J-2,M\rangle$ ist,

usw, bis das Maximum erreicht ist, keine Linearkombination mehr für eine neue Serie übrig bleibt.
Also gibt es $2*j_2+1$ Serien, also verschiedene J,
nämlich $\mathbf{J = j_1+j_2, j_1+j_2-1,\ldots, |j_1-j_2|}$
Betrag am Ende für den Fall, dass $j_1 < j_2$ ist, Rollentausch,
dann sind es $2*j_1+1$ Serien.

Beispiele:

Ist $j_1=1/2, j_2=1/2$ dann sind die möglichen Werte von J= 1,0
Ist $j_1=1, j_2=0$ dann sind die möglichen Werte von J= 1
Ist $j_1=3/2, j_2=1/2$ dann sind die möglichen Werte von J= 2,1
Ist $j_1=2, j_2=1$ dann sind die möglichen Werte von J= 3,2,1

Zur **Bestimmung des Start-Eigenvektors einer Serie zu J** wollen wir uns des Schiebeoperators J_+ bedienen. Diesen auf beiden Seiten einer Linearkombination angewendet, muss 0 ergeben, was auf der rechten Seite zu einer Gleichung führt.
Zur Vereinfachung formen wir um, indem wir setzen **m = j-n** n=0,1,..
$j(j+1) - m(m+1) = j^2+j-(j^2+n^2-2jn) - j+k = (2j - n + 1)*n$

Der **Startvektor im obersten Fach,** n=0, ist unmittelbar angebbar,
nämlich |JM> = |JJ>

Wir ermitteln nun den **Startvektor im zweit-obersten Fach**, **n = 1** :
Es ist J=MM-1, links stehe also |JM> = |MM-1,MM-1>
Es steht rechts $x*|j_1, j_1>|j_2, j_2-1> + y*|j_1,j_1-1>|j_2, j_2>$
Also ist $\mathbf{|MM-1,MM-1> = x*|j_1, j_1>|j_2, j_2-1> + y*|j_1,j_1-1>|j_2, j_2>}$
Beidseitige Anwendung von J_+ bzw $J_{1+} + J_{2+}$ ergibt:
$0 = x*(2j_2)^{1/2}*|j_1,j_1>|j_2, j_2> + y*(2j_1)^{1/2}*|j_1,j_1>|j_2, j_2> =$
$= [x*(2j_2)^{1/2} + y*(2j_1)^{1/2}] *|j_1,j_1>|j_2,j_2>$
Daraus folgen die Koeffizienten x und $y = - (j_2/j_1)^{1/2} *x$,
die eckige Klammer muss =0 sein
Normungsquadrat: $x^2*(1+ j_2/j_1) = 1$
somit $x = +-(j_1/(j_1+j_2))^{1/2}$ $y = - (j_2/(j_1+j_2))^{1/2}$
Also Startvektor im zweitobersten Fach n=1:

$$|JM> = |MM-1,MM-1> = \frac{(j_1)^{1/2}}{(j_1+j_2)^{1/2}} * |j_1, j_1>|j_2, j_2-1> - \frac{(j_2)^{1/2}}{(j_1+j_2)^{1/2}} * |j_1,j_1-1>|j_2, j_2>$$

Beispiele für Startvektoren aus dem zweit-obersten Fach:
Bei $j_1=1/2$, $j_2=1/2$ sind die möglichen $J = 1$ oder 0
Speziell ist $|J=0,M=0> =$
$= (1/2)^{1/2} *|1/2,1/2>|1/2,-1/2> - (1/2)^{1/2} * |1/2,-1/2>|1/2,1/2>$

Bei $j_1=1$, $j_2=1/2$ sind die möglichen $J = 3/2$ oder $1/2$
Speziell ist
$|J=1/2,M=1/2> = (2/3)^{1/2} *|1,1>|1/2,-1/2> - (1/3)^{1/2} * |1,0>|1/2,1/2>$

Bei $j_1=1/2$, $j_2=1$, also **bei j_1-j_2-Vertauschung** ist
ebenfalls $J = 3/2$ oder $J =1/2$
aber $|J=1/2,M=1/2> = (1/3)^{1/2} *|1/2,1/2>|1,0> - (2/3)^{1/2*} |1/2,-1/2> *|1,1>$

Bei $j_1=3/2$, $j_2=1/2$ sind die möglichen $J = 2$ oder 1
Speziell ist
$|J=1,M=1> = (3/4)^{1/2}*|3/2,3/2>|1/2,-1/2> - 1/2 *|3/2,1/2>|1/2,1/2>$

Bei $j_1=2$, $j_2=1$ sind die möglichen $J = 3$, 2 oder1
Speziell ist $|J=2,M=2> = (2/3)^{1/2} * |2,2>|1,0> - (1/3)^{1/2} * |2,1>|1,1>$

Nun wollen wir uns einige Kringel-Diagramme an Beispielen ansehen:

Sei $j_1=1$, $j_2=1$, dann ist $J=2,1,0$ und hat das Diagramm:
o Da jedes Kringel für einen Basisvektor und genauso gut für eine
o o geeignete Linearkombination $|$**JM**$>$ steht, haben wir pro **Senkrechte**
o o o --- M fix alle Vektoren zu einem festem J, aber verschiedenem M.
o o Wir haben in der **Waagrechten** alle Vektoren zu festem
o M, aber verschiedenem J. Pro oberstes Kringel beginnt eine Serie
| Das Diagramm ist immer spitz, wenn j_1 gleich j_2 ist.
J fix

Sei $j_1=3/2$, $j_2=1/2$, dann ist $J=2,1$ und hat das Diagramm:
o Unterstellen wir wieder $j_1 \geq j_2$, so ist das Diagramm offenbar stumpf,
o o wenn j_2 tatsächlich kleiner als j_1 ist. Es gibt nur 2 Serien
o o wenn immer$j_2 = j_1 -1$, nur 3 Serien, wenn $j_2 = j_1 -2$, usw.
o o Das Diagramm hat stets die Form eines Trapezes oder Dreiecks.
o

So können wir die Zahl der Kringel, der verschiedenen |JM>,
geometrisch berechnen nach der
Flächenformel für ein Trapez = ½*(Grundlinie + Decklinie)*Höhe .
Die Grundlinie ist $2(j_1+j_2)+1$
die Decklinie ist $2(j_1+j_2)+1-2*(2j_2+1-1)$ pro Serie 2 weniger außer der 1.
die Höhe ist $(2j_2+1)$ soviel Serien gibt es
½*(Grundlinie + Decklinie) = $2j_1+2j_2+1 - 2j_2 = (2j_1+1)$
Somit ist die **Anzahl der |JM>** gleich $(2j_1+1)* (2j_2+1)$
und das ist gleich der Anzahl der Basisvektoren $|j_1m_1>|j_2m_2>$.

Wir ermitteln nun den **Startvektor im dritt-obersten Fach**, **n = 2** :
Es ist J=MM-2, links stehe also |JM> = |MM-2,MM-2>
Es steht rechts $x*|j_1, j_1>|j_2, j_2-2> + y*|j_1,j_1-1>|j_2,j_2-1> + z*|j_1,j_1-2>|j_2, j_2>$
Also ist
$$\mathbf{|MM-2,MM-2> = x*|j_1, j_1>|j_2, j_2-2>+y*|j_1,j_1-1>|j_2,j_2-1>+z*|j_1,j_1-2>|j_2, j_2>}$$

Beidseitige Anwendung von J_+ bzw $J_{1+} + J_{2+}$ ergibt:
$$0 = x*(4j_2-2)^{1/2} * |j_1,j_1>|j_2, j_2-1> +$$
$$+ y*[(2j_1)^{1/2} *|j_1,j_1>|j_2,j_2-1> + (2j_2)^{1/2} *|j_1,j_1-1>|j_2,j_2>] +$$
$$+ z*(4j_1-2)^{1/2} * |j_1,j_1-1>|j_2, j_2> =$$

$$= [y*(2j_1)^{1/2} + x*(4j_2-2)^{1/2}]* |j_1,j_1>|j_2, j_2-1> +$$
$$+ [z*(4j_1-2)^{1/2} + y*(2j_2)^{1/2}]* |j_1,j_1-1>|j_2,j_2>]$$

Die eckigen Klammern müssen gleich 0 sein, somit
$y = - (2j_2-1)^{1/2}/(j_1)^{1/2} *x$ sowie
$z = - (j_2)^{1/2} /(2j_1-1)^{1/2} *y = (2j_2-1)^{1/2}/(2j_1-1)^{1/2}*(j_2/j_1)^{1/2} *x$

Das Normierungsquadrat ist
$x^2+y^2+z^2 = [1+ (2j_2-1)/(j_1) + (2j_2-1)/(2j_1-1)*(j_2/j_1)]*x^2 = 1$

$$[\ldots] = [(j_1)*(2j_1-1) +(2j_2-1)*(2j_1-1) + (2j_2-1)*(j_2)] / [(j_1)*(2j_1-1)] =$$
$$= [2j_1^2 - j_1 + 4j_2j_1 - 2j_1 - 2j_2+1 + 2j_2^2 - j_2] / [(j_1)*(2j_1-1)] =$$
$$= [2(j_1+j_2)^2 - 3(j_1+j_2) +1] / [(j_1)*(2j_1-1)]$$

$$x = \frac{[j_1*(2j_1-1)]^{1/2}}{[2(j_1+j_2)^2 - 3(j_1+j_2) + 1]^{1/2}} \qquad y = \frac{-(2j_2-1)^{1/2}}{(j_1)^{1/2}}*x \qquad z = \frac{[(2j_2-1)*j_2]^{1/2}}{[(2j_1-1)*j_1]^{1/2}}*x$$

Beispiel: $j_1=1, j_2=1$ und $J=2,1,0$ $n=2$,
dann ist $x = (1/3)^{1/2}$, $y = -(1/3)^{1/2}$, $z = (1/3)^{1/2}$, also $|J=0,M=0> =$
$= (1/3)^{1/2}*|j_1, j_1>|j_2, j_2-2> - (1/3)^{1/2}*|j_1,j_1-1>|j_2,j_2-1>+(1/3)^{1/2}*|j_1,j_1-2>|j_2, j_2>$

Beispiel: $j_1=2, j_2=1$ und $J=3,2,1$ $n=2$
dann ist $x = (6/10)^{1/2}$ $y = -(3/10)^{1/2}$ $z = (1/10)^{1/2}$ also
$|J=1,M=1> =$
$= (6/10)^{1/2}*|2, 2>|/1, -1> - (3/10)^{1/2}*|2,1>|1,0> + (1/10)^{1/2}*|2,0>|1,1>$

Bei $j_1=1, j_2=2$, also **bei j_1-j_2-Vertauschung** ist ebenfalls $J = 3,2,1$
Es dann $x = (1/10)^{1/2}$ $y = -(3/10)^{1/2}$ $z = 6/10$
$|J=1,M=1> =$
$= (1/10)^{1/2}*|1,1>|2,0> - (3/10)^{1/2}*|1,0>|2,1> + (6/10)^{1/2}*|1,-1>|2,2>$

Hinsichtlich der **Orthogonalität** gilt Folgendes:
Nach obigem Theorem sind alle Eigenvektoren einer Eigenwertgleichung mit verschiedenen Eigenwerten zueinander orthogonal. Das gilt auch für simultane Eigenvektoren, also auch für
$J_3\, |jm>= m*|jm>$ und $\mathbf{J}^2\, |jm> = j(j+1)*\, |jm>$, denn bezüglich der ersten Gleichung sind sie orthogonal, wenn m verschieden ist, so auch bezüglich der zweiten Gleichung, wenn j verschieden ist. Somit sind bei Drehimpuls-Addition alle Eigenlösungen zu einem J, über alle zugehörigen Serien hinweg, zueinander orthogonal, denn sie gehören zu diesem einen Paar von Eigenwertsgleichungen.
Unsicherheit mag entstehen, wenn wir den Herleitungsweg der Eigenlösungen betrachten, nämlich über die Schieboperatoren J_+ und J_- .Die maximale Lösung $|JJ>$ wird als Eigenlösung unmittelbar erkannt. Da J_+ und J_- mit J^2 vertauscht, sind auch die über J_- ermittelten Lösungen Eigenlösungen zu gleichem J. Wie steht es aber mit dem über J_+ ermittelten Startvektor einer Serie. Sei in einem Fach höher eine Lösung $|a>$. Daraus entstehe durch $J_-|a> =|b>$ eine Lösung im Fach tiefer. In diesem soll auch der Startvektor $|c>$ sein, für den gilt $J_+|c> =0$.
Dann folgt $<c|b> = <c|\, (J_-|a>) = (<c|\, J_-)|a> = 0$
denn $<c|\, J_-$ ist das Hermitesch-konjugierte zu $J_+|c>$,was gleich 0 ist.
Also ist $|c>$ orthogonal zu $|b>$, also muss es eine Eigenlösung sein, denn diese besetzen alle orthogonalen Vektoren eines Fachs.

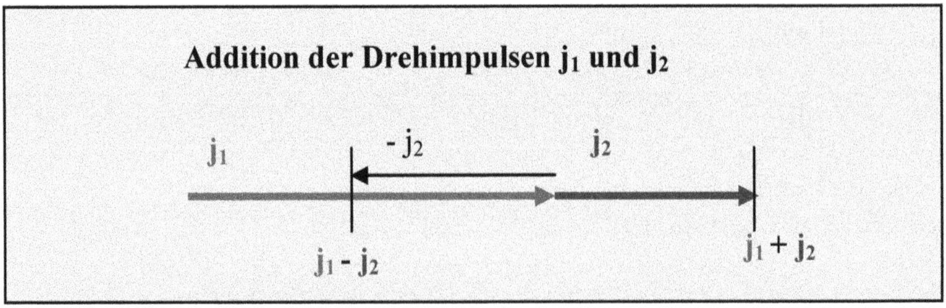

Die möglichen Werte von j liegen zwischen $j_1 - j_2$ und $j_1 + j_2$, unterstellt $j_1 \geq j_2$ in Schritten von 1

Wenn man mit dem Klassischen vergleicht, entspricht j_1 einem Drehimpulsvektor der „Länge" j_1 und j_2 einem Drehimpulsvektor der „Länge" j_2 . Auch hier kann ein Gesamtvektor maximal der „Länge" $j_1 + j_2$ und minimal der „Länge" $j_1 - j_2$ entstehen, aber auch mit allen Zwischenwerten. Im Unterschied dazu sind in der QM mit den Grenzen auch die Zwischenwerte j in Schritten von 1 gequantelt. Die Addition von Drehimpulsen ist also, wenn man so will, die Addition zweier gequantelter Systeme, das wiederum zu einem solchen führt.

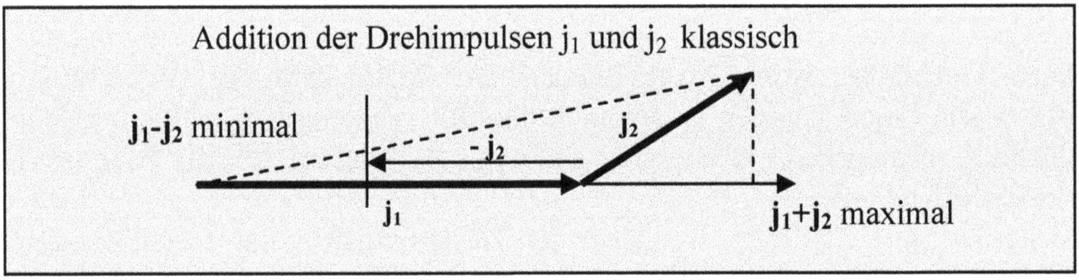

Die $\mathbf{j_1}$, $\mathbf{j_2}$ sind die Längen der sonst freien Drehimpulsvektoren.

Gewissermaßen als Anhang wollen wir nun eine **allgemeine Formel für die Bestimmung des Startvektors einer Serie zu einem J** ableiten:

Es ist $\mathbf{MM = j_1+j_2}$ Start im **Fach n** , n = 0 oder 1 oder …

Ansatz für den Startvektor **j-n** mit $MM = j = j_1 + j_2$

$\mathbf{|MM, MM - n> = \Sigma x_\nu^* \, |j_1, j_1-\nu>|j_2, j_2+\nu-n>}$ mit $\nu = 0,\ldots,n$

stets ist $(j_1 - \nu) + (j_2 + \nu - n) = MM - n$

Das ist eine Linearkombination über alle möglichen Basisvektoren mit $m_1 + m_2 = MM - n$, $\mathbf{x_\nu}$ **sind die gesuchten Koeffizienten**

Beidseitige Anwendung von J_+ bzw $J_{1+} + J_{2+}$ muß 0 ergeben, weil es eben ein Startvektor ist:

$0=\Sigma x_\nu * f(j_1-\nu)*|j_1,j_1-\nu+1>|j_2, j_2+\nu-n>+\Sigma x_\mu * f(j_2+\mu-n)*|j_1,j_1-\mu>|j_2,j_2+\mu-n+1>$

Dabei ist gemeint

$f(j_1-\nu) = f_+(j_1,j_1-\nu)$ und $f(j_2+\mu-n) = f_+(j_2,j_2+\mu-n)$ mit

allgemein $f_+(j,m)= [j(j+1)-m(m+1)]^{1/2}$

Suche je gleiche Basisvektoren:

$j_1-\nu+1= j_1-\mu$ sowie $j_2+\nu-n = j_2+\mu-n+1$ aus beiden folgt $\mu = \nu - 1$

Also können wir Paare anschreiben:

$0 = \Sigma [x_\nu * f(j_1-\nu) + x_{\nu-1} * f(j_2+\nu-n-1)] * |j_1,j_1-\nu+1>|j_2, j_2+\nu-n>$

beginnend mit $\nu=1$

Der Eck-Klammer-Inhalt muss je = 0 sein, weil die Basisvektoren linear unabhängig sind.

Benutze $j(j+1) - m(m+1) = j^2+j -(j^2+k^2-2jk) - j+k = (2j - k + 1)*k$

$m = j-k$ $k=0,1,\ldots,2j$ betrifft J_+

Analog $j(j+1) - m(m-1) = j^2+j -(j^2+k^2-2jk) + j-k = (2j - k - 1)*k +2j$

$m = j-k$ $k=0,1,\ldots,2j$ betrifft J_-

$f^2(j_1-\nu) = (2j_1 - \nu + 1)*\nu$ Gemeint ist $f = f_+$

$f^2(j_2 - (n+1-\nu)) = (2j_2 - (n+1-\nu) +1)*(n+1-\nu) = (2j_2 - n + \nu)*(n+1-\nu)$ somit

$x_\nu = - x_{\nu-1}*[((2j_2 - n + \nu)*(n+1-\nu) /((2j_1 +1 - \nu)*\nu)]^{1/2}$ mit $\nu = 1,\ldots,n$

also es gibt $x_0, x_1 \ldots x_n$

Rekursionsformel für den Startvektor **n**, $n\geq 1$ für Serie ab J-n mit $J = j_1+j_2$

$$\mathbf{x_\nu} = - x_{\nu-1}*f(j_2+\nu-n-1)/ f(j_1-\nu) = - \mathbf{x_{\nu-1}}*\left[\frac{(2j_2 - n + \nu)*(n+1-\nu)}{(2j_1 +1 - \nu)*\nu}\right]^{1/2}$$

$\nu = \mathbf{1,\ldots,n}$

Berechnung erster x_ν :

$x_1 = - x_0*[(2j_2 - n + 1) * n /(2j_1)]^{1/2}$ $\nu=1$

$x_2 = - x_1*[(2j_2 - n + 2) * (n-1) /((2j_1 -1)*2)]^{1/2}$ $\nu=2$

$x_3 = - x_2*[(2j_2 - n + 3)* (n-2) /((2j_1 -2)*3)]^{1/2}$ $\nu=3$

$x_4 = - x_3*[(2j_2 - n + 4)* (n-3) /((2j_1 -3)*4)]^{1/2}$ $\nu=4$

usw

$\mathbf{x_0}$ wird am Ende über das Normquadrat ermittelt.

An dieser Rekursionsformel kann man ersehen:
Sie gilt für beliebige j_1 und j_2 .
Alle Terme bis hin zu $\nu \leq n$ werden benötigt. Es sind n+1 Terme.
Die Folgekoeffizienten werden automatisch zu Null, wenn ν die Absenkung n überschreitet.
Man kann die Koeffizienten x_ν quasi auf Vorrat produzieren, j_1, j_2 und n sind dann je einzusetzen.

Im Sinne obiger Kringel-Diagramme sind die Startvektoren jeweils die obersten Kringel einer senkrechten Serie.

Beispiel: $j_1=1/2, j_2=1/2$ und $J = 1, 0$ n=1 $|JM> = |MM-1,MM-1>$
mit $MM= j_1 + j_2$
Dann folgt $x_1 = - x_0$ Normaquadrat $1 = (x_0)^2 * (1+1) = 2*(x_0)^2$ also
$|J=0,M=0> = x_0*|j_1, j_1>|j_2, j_2-2> + x_1*|j_1,j_1-1>|j_2,j_2-1> =$
$= (1/2)^{1/2} * |1/2,1/2>|1/2,-1/2> - (1/2)^{1/2} *|1/2,-1/2>|1/2,1/2>$

Beispiel: $j_1=1, j_2=1/2$ und $J = 3/2, 1/2$ n=1
Dann folgt $x_1 = - x_0*[1/2]^{1/2}$ Normquadrat $1 = (x_0)^2 * (1+1/2) = 3/2*(x_0)^2$
also $x_0 = (2/3)^{1/2}$ $x_1 = - (1/3)^{1/2}$
$|J=1/2,M=1/2> = x_0*|j_1, j_1>|j_2, j_2-1> + x_1*|j_1,j_1-1>|j_2,j_2-1> =$
$= (2/3)^{1/2} * |1,1>|1/2,-1/2> - (1/3)^{1/2} *|1,0>|1/2,1/2>$

Beispiel: $j_1=3/2, j_2=1/2$ und $J = 2,1$ n=1
Dann folgt $x_1 = - x_0*[1/3]^{1/2}$ Normquadrat $1 = (x_0)^2 * (1+1/3) = 4/3*(x_0)^2$
also $x_0 = (3/4)^{1/2}$ $x_1 = - (1/4)^{1/2}$
$|J=1,M=1> = x_0*|j_1, j_1>|j_2, j_2-1> + x_1*|j_1,j_1-1>|j_2,j_2-1> =$
$= (3/4)^{1/2} * |3/2,3/2>|1/2,-1/2> - (1/2)* |3/2,1/2>|1/2,-1/2>$

Beispiel: $j_1=1, j_2=1$ und $J=2,1,0$ n=2 , also Start im zweit-obersten Fach
Dann ist $2j_2 - n = 0$ $2j_1 = 2$ somit
$x_1 = - x_0$ $x_2 = - x_1 = x_0$ Normquadrat: $1 = (x_0)^2 * (1+1+1) = 3*(x_0)^2$
Somit $x_0 = (1/3)^{1/2}$ $x_1 = -(1/3)^{1/2}$ $x_2 = (1/3)^{1/2}$
Es kann auch $x_0 = -(1/3)^{1/2}$ gewählt werden.
$|J=0,M=0> = x_0*|j_1, j_1>|j_2, j_2-2> + x_1*|j_1,j_1-1>|j_2,j_2-1> + x_2*|j_1,j_1-2>|j_2, j_2>$
$= (1/3)^{1/2} *|1,1>|1,-1> - (1/3)^{1/2} *|1,0>|1,0> + (1/3)^{1/2} *|1,-1>|1,1>$

Beispiel: $j_1=2$, $j_2=1$ und J=3,2,1 n=2
Dann ist $2j_2 - n = 0$ $2j_1 = 4$ somit
$x_1 = - x_0*[1/2]^{1/2}$ $x_2 = - x_1*(1/3)^{1/2} = x_0*[1/6]^{1/2}$
Normquadrat: $1 = (x_0)^2*(1+1/2+1/6) = 10/6*(x_0)^2$
Somit $x_0 = (6/10)^{1/2}$ $x_1 = -(3/10)^{1/2}$ $x_2 = (1/10)^{1/2}$
$|J=1,M=1> = x_0*|j_1, j_1>|j_2, j_2-2> + x_1*|j_1,j_1-1>|j_2,j_2-1> + x_2*|j_1,j_1-2>|j_2, j_2>$
$= (6/10)^{1/2} *|2,2>|1,-1> - (3/10)^{1/2} *|2,1>|1,0> + (1/10)^{1/2} *|2,0>|1,1>$

Voll entfaltete Koppelungsserien findet man im Kapitel 12.1

Da der Mechanismus der Herleitung bei **Vertauschung von j_1 und j_2** derselbe ist , nämlich Anhebung des ersten Produktterms und dann des zweiten oder umgekehrt durch $J_{1+} + J_{2+}$,ermitteln sich für den Startvektor auch dieselben x_v und damit dieselben Clebsch-Gordan-Koeffizienten. Lediglich in den Basisvektoren werden die Terme vertauscht, wie man auch an den Beispielen sieht. Siehe dazu auch Kapitel 11.3

Dasselbe gilt auch, wenn man ausgehend von einem Startvektor mittels J_- in unserem Fall, da wir von oben starten oder J_+ , wenn man von unten startet, bei der Ermittlung der weiteren Vektoren, Zustände einer J-Serie, eines Multipletts. Die so genannten **Clebsch-Gordan-Koeffizienten** sind dieselben bei einer Vertauschung von j_1 und j_2 .
Anmerkung: Alfred **Clebsch**, deutscher Mathematiker (1833-1872)
Anmerkung: Paul **Gordan**, deutscher Mathematiker (1837-1912)

---

10. Der zweidimensionale (komplexe) Spinraum

10.1 Allgemeines, die Pauli-Matrizen

Unter **Spin** versteht man den Eigendrehimpuls eines Elementarteilchens, z.B. eines Elektrons. Er kann elementar zwei Werte annehmen, nämlich +1/2 und -1/2 mal h/2π .

Im allgemeinen nimmt man die z-Achse als Orientierungsachse. Wegen der Zweiwertigkeit braucht man zweidimenionale (komplexe) Vektoren und Matrizen der Dimension 2 x 2 , um ihn zu beschreiben.

Die dritte Matrix, die die Eigenwerte enthält, kann man sofort angeben, nämlich $J_3 = h/2\pi * 1/2 * \begin{pmatrix} 1 & 0 \\ 0 & -1 \end{pmatrix}$

Die beiden anderen J_1 und J_2 sind dadurch bestimmt, dass sie mit J_3 zusammen die Drehimpulsvertauschungsregeln erfüllen müssen, die da lauten

$$[J_1,J_2] = i*J_3 \quad , [J_2,J_3] = i*J_1 \quad , [J_3,J_2] = i*J_1$$

Man spaltet den Matrizenteil ab und hat

$$J_1 = h/2\pi*1/2*\sigma_1 \qquad J_2 = h/2\pi*1/2*\sigma_2 \qquad J_3 = h/2\pi*1/2*\sigma_3$$

Die Matrizen σ_1, σ_2 ,σ_3 zusammen mit der Einheitsmatrix σ_0 heißen **Pauli-Matrizen**, sie wurden von Wolfgang Pauli (1927) eingeführt. Sie lauten

$$\sigma_1 = \begin{pmatrix} 0 & 1 \\ 1 & 0 \end{pmatrix} \quad \sigma_2 = \begin{pmatrix} 0 & -i \\ i & 0 \end{pmatrix} \quad \sigma_3 = \begin{pmatrix} 1 & 0 \\ 0 & -1 \end{pmatrix} \quad \sigma_0 = \begin{pmatrix} 1 & 0 \\ 0 & 1 \end{pmatrix}$$

Die Paulimatrizen sind hermitesch und zugleich die Basismatrizen des zweidimensionalen Vektorraums, d.h. alle anderen **hermiteschen** Matrizen dieses Raums können linear aus ihnen kombiniert werden mit **reellen** Koeffizienten, also $\mathbf{H} = \lambda_1*\sigma_1 + \lambda_2*\sigma_2 + \lambda_3*\sigma_3 + \lambda_0*\sigma_0$

Diesen Raum nennt man $\mathbf{U_2}$, lässt man die Einheitsmatrix σ_0 weg, so heißt er $\mathbf{SU_2}$.

Erstaunlich ist, dass bereits endliche zweidimensionalen Paulimatrizen die Drehimpulsalgebra nachvollziehen, dass also Regeln die im Unendlichen, bezüglich der Matrixdimension, gefunden wurden, auch im Endlichen ihre Entsprechung finden. Das erinnert an die Körpertheorie der Algebra. Standard ist da der unendliche Körper der rationalen und reellen Zahlen, aber es gibt auch endliche Gebilde, die die Körperaxiome erfüllen, bei geeigneter Definition der Verknüpfungen.

U erinnert an unitär. In diesem Raum lassen sich alle zweidimensionalen unitären Transformationen ausführen. S kürzt „speziell“ ab.

Die Pauli-Matrizen haben also eine doppelte Rolle, einerseits als Spinmatrizen, andererseits als Basismatrizen des Raums U_2.

Die **Vertauschungsregeln** sind

$[\sigma_1,\sigma_2] = 2i*\sigma_3$ $\quad [\sigma_2,\sigma_3] = 2i*\sigma_1$ $\quad [\sigma_3,\sigma_2] = 2i*\sigma_1$

Dazu die Sondereigenschaften **$\sigma_1^2 = \sigma_2^2 = \sigma_3^2 = \sigma_0$**

und die **Antivertauschungsregeln** **$\{\sigma_1,\sigma_2\} = \{\sigma_2,\sigma_3\} = \{\sigma_3,\sigma_1\} = 0$**

d.h. z.B. $\sigma_3*\sigma_2 = - \sigma_2*\sigma_3$

Das ist ein Sonderfall. Antivertauschungsregeln für Drehimpulskomponenten sind im Allgemeinen nicht gleich Null.

Praktisch sind auch die Formeln **$\sigma_1*\sigma_2 = i*\sigma_3$, $\sigma_2*\sigma_3 = i*\sigma_1$, $\sigma_3*\sigma_1= i*\sigma_2$**

Die Indizes sind, wie man sieht, zyklisch.

Die **Eigenwertgleichungen zu den Paulimatrizen** sind der Reihe nach

$\sigma_3\ \phi = \lambda*\phi$ mit den Eigenwerten $\lambda_1 = 1$ und der Eigenlösung $\phi_1 = (1\ 0)$

und $\lambda_2 = -1$ und der Eigenlösung $\phi_2 = (0\ 1)$

hier waagrecht geschrieben

Das ist gewissermaßen die Referenz-Paulimatrix, die bevorzugt ist, und deswegen auch so einfache Lösungen hat.

Diese Eigenvektoren sind zugleich die Basisvektoren für den Raum U_2.

Eigenwertgleichung **$\sigma_1\ \phi = \lambda*\phi$**

mit den Eigenwerten $\lambda_1 = 1$ und der Eigenlösung $\phi_1 = (1/2)^{1/2}*\ (1\ \ 1)$

und $\lambda_2 = -1$ und der Eigenlösung $\phi_2 = (1/2)^{1/2}*\ (1\ -1)$

Eigenwertgleichung **$\sigma_2\ \phi = \lambda*\phi$**

mit den Eigenwerten $\lambda_1 = 1$ und der Eigenlösung $\phi_1 = (1/2)^{1/2}*\ (1\ \ i)$

und $\lambda_2 = -1$ und der Eigenlösung $\phi_2 = (1/2)^{1/2}*\ (1\ -i)$

Da die Matrizen $\sigma_1,\sigma_2,\sigma_3$ nicht miteinander vertauschen, können die Eigenlösungen nicht simultan nebeneinander bestehen.

Die beiden **Eigenlösungen ϕ_1 und ϕ_2,** die sich auf **dieselbe** Matrix beziehen, sind zueinander orthogonal, wie es die Theorie verlangt. Für Eigenvektoren, die sich auf verschiedene Matrizen beziehen, gibt es keine verbindliche Aussage.

Trotzdem gilt folgende **Aussage für den Erwartungswert**, an σ_3 festgemacht. Liegt ein Eigenvektor von σ_3 vor, also die dritte Spinkomponente zeige in z-Richtung oder entgegen der z-Richtung, so ist der Erwartungswert**,** also der Mittelwert bei Messungen, für den Spin in x-Richtung oder y-Richtung gleich 0.

Beispiel: Es liege vor $\phi_1 = (1\ 0)$ mit Eigenwert 1.
Dann ist der Erwartungswert in x-Richtung

$$\phi_1^+ \sigma_1 \phi_1 = (1\ 0) * \begin{pmatrix} 0 & 1 \\ 1 & 0 \end{pmatrix} * \begin{pmatrix} 1 \\ 0 \end{pmatrix} = (1\ 0) * \begin{pmatrix} 0 \\ 1 \end{pmatrix} = 0$$

und es ist der Erwartungswert in y-Richtung

$$\phi_1^+ \sigma_2 \phi_1 = (1\ 0) * \begin{pmatrix} 0 & -i \\ i & 0 \end{pmatrix} * \begin{pmatrix} 1 \\ 0 \end{pmatrix} = (1\ 0) * \begin{pmatrix} 0 \\ i \end{pmatrix} = 0$$

Nun der allgemeine **Beweis**:
Sei |i>, so bezeichnet, ein Eigenvektor zur Matrix σ_i mit Eigenwert λ, also $\sigma_i|i\rangle = \lambda * |i\rangle$, somit $|i\rangle = 1/\lambda * \sigma_i|i\rangle$
Dann ist der Erwartungswert für eine andere Matrix σ_j mit j # i
$\langle i|\sigma_j|i\rangle = 1/\lambda^2 * \langle i|\sigma_i * \sigma_j * \sigma_i|i\rangle = - \langle i|\ \sigma_i * \sigma_i * \sigma_j\ |\ i\rangle = - \langle i|\sigma_j\ |i\rangle$
Es ist $\lambda^2 = 1$ und $\sigma_j \sigma_i = - \sigma_i \sigma_j$ sowie $\sigma_i^2 = \sigma_0$.
Wenn nun allgemein a = -a ist, so ist a=0. Also ist $\langle i|\sigma_j|i\rangle = 0$ was zu beweisen war.

10.2 Das magnetische Moment

Der Spin deines Elektrons macht sich bemerkbar durch sein magnetisches Moment. Jedes Elektron erzeugt auf Grund seiner Ladung und seiner Eigenrotation (Spin) ein magnetisches Feld, wirkt wie ein kleiner Magnet.
Zunächst einige Begriffserklärungen:

Ein **magnetischer Dipol** ist ein kleiner Stabmagnet mit Nordpol und Südpol. Vertraut ist die Kompassnadel, deren Nordpol nach Norden zeigt und deren Südpol nach Süden, deswegen weil sie sich nach dem Magnetfeld der Erde ausrichtet. Man sagt, am Nordpol des **Magneten** treten die magnetischen Feldlinien aus, um am Südpol wieder einzumünden. So gilt in diesem Sinne der irdische Nordpol als magnetischer Südpol, als Einmündungsgebiet der Feldlinien.

Die **Polstärke** p ist das Produkt von eigener magnetischer Feldstärke H_p am Pol mal der Polfläche F (mal der magnetischer Feldkonstante μ_0),also $p = H_p * F$
Bei Verwendung des Ampere-Volt-Meter-Sekunde-Kilogramm-System ,
kurz A-V-m-s-kg gilt: Die Einheit für die Feldstärke H ist A/m,
die Polstärke p hat dann die Einheit $A/m * m^2 = Am$
Die Polstärke ist das Analogon zur elektrischen Ladung der Elektrostatik.
So gilt zwischen zwei elektrischen Ladungen q_1 und q_2 im Abstand r das Coulombgesetz für die Kraft $K = 1/4\pi\varepsilon_0 * q_1 * q_2 / r^2$ $\boldsymbol{\varepsilon_0 = 8.86 * 10^{-12}}$ **As/Vm**

Zwischen zwei magnetischen Polen mit den Polstärken p_1 und p_2 im Abstand r ist die Kraft K = $1/4\pi\mu_0 * p_1*p_2 /r^2$ **$\mu_0 = 1,257*10^{-6}$ Vs/Am**
Voraussetzung: hinreichender Abstand der Pole verglichen zur Polausdehnung.

Das **magnetische Moment** M ist bei einem Stabmagnet das Produkt von Stablänge d mal Polstärke p, also M = d*p. Es ist ein Vektor in Richtung des Nordpols des Stabmagneten. M hat die Einheit m*Am = Am^2

Ist der Stabmagnet mittig drehbar, so wie bei einer Kompassnadel,
so erfährt er in einem äußeren homogenen Magnetfeld H ein **mechanisches Drehmoment D**. Dieses ist **$D = M*\mu_0*H*\sin\alpha$** Dabei ist M das magnetische Moment, H die Feldstärke des Magnetfeldes, α der Winkel zwischen der Richtung des Moments (des Stabmagneten) und dem Magnetfeld.
Das Magnetfeld versucht, ihn in die Ruheposition (α=0) zu drehen.
Als Einheit errechnet sich Am^2*Vs/Am*A/m = AVs = Ws = kg * m^2/s^3 * s = kg*m^2/s^2 ,also die Einheit des Drehmoments der Mechanik

----

Dreht man den (drehbaren) Stabmagneten aus seiner Ruheposition hin zum Winkel α, so ist **Energie** aufzuwenden. Pro Winkelstück dα ist die Energiezufuhr dE = D*dα = $\mu_0*M*H*\sin\alpha*d\alpha$ nötig. Insgesamt ist es das Integral von 0 bis α mit dem Ergebnis E = $(1-\cos\alpha)*\mu_0*M*H$.
Die Energie ist E = 0 bei α=0 , E = μ_0*M*H bei α=90 Grad und
E = 2*μ_0*M*H bei α=180 Grad.

Eine **elektrische Ladung** erzeugt ein elektrisches Feld. Eine elektrische **Ladung in Bewegung** erzeugt zusätzlich ein magnetisches Feld. Konkret: Fließt Strom durch einen geraden Leiter, z.B. einen Draht, so erzeugt er um sich herum ein Magnetfeld, dessen Feldlinien ihn in konzentrischen Kreisen umschließen. Ein Strom fließt gemäß Definition vom Pluspol zum Minuspol. Die Feldlinien umkreisen ihn dann im Uhrzeigersinn. Es ist zu bemerken, dass der eigentliche Ladungstransport, die Bewegung der Elektronen (im Draht), in entgegen gesetzter Richtung, von Minus nach Plus, erfolgt.
Die Feldstärke des **Umlauf-Magnetfeld**es eines geraden Leiters ist **$H = I / 2\pi r$**
Dabei ist I die Stromstärke, r der Abstand von der Drahtmitte.
Ist der Leiter zu einem Kreis mit dem Radius R gebogen, z.B. bei einer **Schleife** einer Drahtspule, so werden die Feldlinien auch durch das Kreisinnere gezwängt, es entsteht dort ein im Idealfall homogenes Magnetfeld. Dieses Feld wirkt wie ein Magnet. Fließt der Kreisstrom in Ein/Aus-Dreh-

richtung einer Schraube, so ist der Nordpol in Richtung der Schraubenbewegung. Die Feldstärke im Kreisinneren (in seiner Mitte) ist H = I ,
das magnetische Moment ist $M = H*R^2\pi$.
Bei N Windungen einer **Spule** ist H = N*I
Da der Kreisring keine Längenausdehnung hat, braucht es eine Erklärung: Ersatzweise für den Kreisstrom, stellt man sich im Kreisinnern sehr viele Dipole, Stabmagnete mit sehr kleiner Länge d aufgestellt. Jeder hat ein magnetisches Moment nach obiger Definition p*d . Es zeigt sich, dass die Summe dieser Einzel-Momente im Grenzfall d=>0 gleich dem oben angegebenen Wert des Moments des Kreisstromes ist. Insofern kann man auch einem einzelnen Kreisring Dipolcharakter zuordnen.

Kehren wir zu atomaren Verhältnissen zurück. Den Umlauf eines Elektrons um den Atomkern kann man als einen elektrischen Strom interpretieren.
Der Kreisbahnradius sei r, seine Geschwindigkeit v und seine Ladung –e.
Dann entspricht das einem Strom $I = - e*v/2\pi r$.
Das begründet sich so: Strom= Durchfluss-Ladung (in Coulomb) pro Sekunde. Dann gibt der Faktor $v/2\pi r$ an, wie oft die Ladung –e in der Sekunde durch den Bahnquerschnitt läuft, faktisch, gemäß Bohr-Modell, bei der untersten Wasserstoffbahn $6.5*10^{15}$ mal, eine unvorstellbar große Zahl.
Das magnetische Moment ist $M = H*r^2\pi = I*r^2\pi = - e*v*r^2\pi/2\pi r = - e*v*r/2$
Bringen wir den Bahndrehimpuls L = m*r*v ins Spiel, dabei ist m die Masse des Elektrons.
Dann können wir für das magnetische Moment schreiben **M= - (e/2m)*L**
Diesen Zusammenhang zwischen magnetischem Moment und Drehimpuls nennt man **magnetomechanischen Parallelismus**.

Gemäß Schrödingergleichung, anders beim Vorläufer, dem Bohr-Atom-Modell, ist erst bei der zweit-untersten Wasserstoff-Bahn n=2 der Bahndrehimpuls gleich $h/2\pi$, sofern l=1 und nicht l=0 ist. h ist das Plancksche Wirkungsquantum. Also ist da $M= - e/2m*h/2\pi$.
Des magnetische Moment $\mathbf{M_B = e/2m_e*h/2\pi}$ heißt das **Bohrsche Magneton**. Es hat einen Wert von $9.274*10^{-24}$ Am^2 .
Der elementare Drehimpuls $h/2\pi$ hat den Wert $1.05457*10^{-34}$ kgm^2/s
Bem.: Drehimpuls und Wirkung haben „zufällig" dieselbe Dimension.

Prinzipiell kann man, klassisch gesehen, ein Elektron als eine kleine, elektrisch geladene, rotierende Kugel auffassen, die, weil auch hier Ladungen im Kreis herumlaufen, ein magnetisches Moment haben muss, welches in ähnlicher

Weise mit der Eigenrotation, dem Spin, verbunden ist. Experimentell hat sich nun herausgestellt, dass sein magnetische Moment nun **doppelt** so groß ist, als es seinem Spin, dieser ist ½*h/2π , entsprechen würde.
D.h. das **magnetische Elektron-Spin-Moment** ist genau so groß wie das kleinste **magnetische Elektron-Bahn-Moment** im Atom.

Auch das Proton, der Wasserstoffatomkern, hat ein magnetisches Moment.
Ein Proton hat wie das Elektron einen Spin ½*h/2π, dieselbe Ladung, nur positiv, aber eine 1836-fache Masse.
Das zugehörige Magneton, das sog. **Kernmagneton** M_K, eine neue Einheit, errechnet sich formal nach derselben Formel $\mathbf{M_K = - e/2m_p{*}h/2\pi}$
Statt der Elektronenmasse ist die Protonmasse m_p eingesetzt, entsprechend kleiner ist es. Konkret hat ein Proton das Moment 2,792* M_K .

Auch das Neutron mit gleichem Spin, nur etwas größerer Masse als das Proton, aber keiner Ladung, hat ein magnetisches Moment, nämlich -1,913* M_K . Deshalb, weil man sich das Neutron u.a. aus Proton und Elektron virtuell zusammengesetzt denken kann, wo offenbar der negative Elektronenanteil überwiegt.

Verglichen zum Elektron sind die Momente von Proton und Neutron sehr klein. Die nach außen wirkenden magnetische Momente, die Magneteigenschaften von Atomen, stammen also praktisch nur von den Elektronen, von den Momenten der Elektronen-Bahnen und der Elektronen-Spins, insbesondere von letzteren.

Die **Einheit für die magnetische Feldstärke H**, nämlich A/m, ist relativ klein. Um einen Anhaltspunkt zu geben, das **magnetische Erdfeld** hat in unseren Breiten (Grad 50) einen Wert von 38 A/m (entspricht der magnetischen Flussdichte μ_0*H von 48 Mikro-**Tesla** = $48{*}10^{-6}$ Vs/m², am Äquator ist die Flussdichte $31{*}10^{-6}$ Vs/m²). Wird ein gerader Draht von einem Strom mit 2.4 A durchflossen, so ist das Magnetfeld H in 1 cm Entfernung von der Drahtmitte etwa gleich stark wie das Magnetfeld hierzulande.
Anmerkung: Nikola **Tesla**, kroatischer Erfinder, Elektro-Ingenieur (1856-1943)

10.3 Über elektromagnetischen Einheiten und die Feldkonstanten ε_0 u. μ_0

Man hat auf der einen Seite mechanische Größen, Ort, Zeit, Impuls, Geschwindigkeit, Masse, insbesondere auch Kraft, Energie, Drehmoment, Drehimpuls, auf der anderen Seite elektro-magnetische Größen wie Ladung, Stromstärke, Feldstärke.

Es ist einleuchtend, dass wenn diese beiden Gruppen miteinander zu tun haben, z.B. die Kraft die zwei Ladungen aufeinander ausüben, eine Anpassungskonstante nötig ist, damit das Ergebnis numerisch richtig wird.

Im Sinne des **SI-Einheiten-System**s gibt es eigentlich nur eine elementare elektrische Größe, nämlich die Stromstärke, gemessen in Ampere (Einheit 1A). Die elementaren mechanischen Einheiten sind Meter m, Sekunde s und Kilogramm kg .

Die **Stromstärke** 1 A entspricht dem Durchtritt von $6.241460*10^{18}$ Elektronen(ladungen) pro Sekunde durch einen Leiterquerschnitt.

Der Ladung ‚1 Coulomb, entspricht der gleichen Anzahl von Elektronen(ladungen), Einheit 1Coulomb = 1 As .

Siehe auch unten Lorentzkraft.

Ist zwischen zwei Punkten eines metallischen Leiters die **elektrische Spannungsdifferenz** (Potentialdifferenz) U = 1Volt (1V) , so wird dazwischen bei einer Stromstärke von I =1 Ampere eine **Leistung** L von

L =1 **Watt** (1W) erzeugt, somit 1 V = 1 W/A = 1 $m^2kg/s^3*1/A$,

Formel L = U*I Leistung = Spannung mal Stromstärke.

Erst in Kombination mit einer Ladung q wird die Spannung (Potentialdifferenz) zu einer Energiedifferenz, also

q*U Einheit = 1As* $m^2kg/s^3*1/A$ = 1 m^2kg/s^2 = 1 J (**Joule**) = 1 Ws (Wattsek)

Bem.: Ein Joule entspricht in etwa eine Tafel Schokolade h=1m hochzuheben gemäß Formel E = mgh, g Erdbeschleunigung. Wenn also eine Ladung q eine Spannung U durchläuft, entsteht eine kinetische Energie mit dem Wert q*U. Dieses findet in der Schrödingergleichung Verwendung.

Die (statische) **elektrische Feldstärke E** versteht sich als örtliche Ableitung einer Potentialdifferenz oder Feldstärke mal Weg = Potentialdifferenz.

Einheit = 1 V/m = 1 $mkg/s^3*1/A$

Bei einem Coulombfeld der Ladung q ist $\mathbf{E} = 1/4\pi\varepsilon_0 * q/r^2$

Hier ist die vermittelnde elektrische Feldkonstante ε_0 notwendig.

Eine Feldstärke E übt auf eine Ladung q die Kraft **K** = **E***q aus.

Kraft-Einheit =1 $mkg/s^3*1/A$ * As = 1 mkg/s^2

Anmerkung: James Prescott **Joule**, brit.Physiker (1818-1889)
Anmerkung: James **Watt**, schott.Physiker (1736-1819)

Das Analogon zur elektrischen Feldstärke auf der magnetischen Seite ist nicht die **magnetische Feldstärke H**, sondern
die **magnetische Flussdichte B** = μ_0***H**
mit der Einheit Vs/Am * A/m = Vs/m^2 , denn die Kraftausübung eines magnetischen Feldes **B** auf einen magnetischen Pol p , analog der Kraftausübung eines elektrischem Feld **E** auf eine Ladung q,
ist **K** = **B***p =μ_0***H***p analog zu **K** = **E***q.
Die Einheit von **B** ist Vs/Am*A/m = Vs/m^2
Die vermittelnde Feldkonstante μ_0 ist also hier notwendig.

Deutlich sieht man das auch an der **Lorentz-Kraft**, die Kraft, die eine mit der Geschwindigkeit **v** bewegte Ladung q in einem elektrischen und magnetischen Feld erfährt,
nämlich **K** = q***E** +q***v** x **B** , wo also **E** und **B** in die Formel eingehen.
Allerdings wirkt hier das Magnetfeld auf eine elektrische Ladung q, so dass der Term **v** x **B** sich wie eine zusätzliche elektrische Feldstärke präsentiert.
Anwendung: Fließt in einem geraden Leiter ein Strom I_1 , so ist sein Umlaufmagnetfeld $H=I_1 /2\pi r$ (siehe zuvor). Fließt in einem zweiten geraden Leiter parallel dazu im Abstand r ein Strom I_2 , so wirkt auf die bewegten Elektronen in ihm dadurch eine Lorentzkraft, der Leiter wird angezogen oder abgestoßen, Anziehung, wenn beide Ströme in gleiche Richtung fließen.
Es ist $I_2 = q/l*v$ oder $q*v = l*I_2$, l Länge des Leiters
Somit $K = q*v * \mu_0*H = l*I_2 * \mu_0*H = l*\mu_0*I_1*I_2 / 2\pi r$
Ist nun $I_1=I_2 =1A$ und r=1m , so ist die Kraft pro Meter Leitung
$K/l = \mu_0/2\pi = 2*10^{-7}$ N/m . Dabei ist 1 N (Newton) = 1 kgm/s^2 .
Dieses definiert umgekehrt die Stromstärke 1 A .
Voraussetzung: Der Draht muss sehr lang sein und einen sehr kleinen kreisförmigen Querschnitt haben.

10.4 Die Einheiten bei der Maxwell-Gleichung und Dirac-Gleichung

Nun betrachten wir die Einheiten der Gleichungsteile, die bei der Maxwell-Gleichung und Dirac-Gleichung auftreten.
In Wiederholung:
Einheit von **H** ist A/m , Einheit von **B** ist Vs/m^2 ,
Einheit von ε_0 ist As/Vm . Einheit von μ_0 ist Vs/Am ,
Einheit von **E** ist V/m

Maxwell-Gleichungen:

$\boxed{\text{rot}\mathbf{H} = \mathbf{j} + \partial\mathbf{D}/\partial t}$ **D** ist die elektrische Flussdichte

rot**H** hat die Dimension 1/m*A/m = A/m²

j ist die **Stromdichte**, somit Einheit = A/m²

$\mathbf{D} = \varepsilon_0 * \mathbf{E}$ somit Einheit = As/Vm * V/m = As/m²

$\boxed{\text{rot}\mathbf{E} = -\partial\mathbf{B}/\partial t}$

rot**E** hat die Dimension 1/m*V/m = V/m²

$\partial\mathbf{B}/\partial t = \mu_0 * \partial\mathbf{H}/\partial t$ hat die Dimension Vs/Am * A/m *1/s = V/m²

$\boxed{\text{div}\mathbf{D} = \rho}$

$\text{div}\mathbf{D} = \varepsilon_0 * \text{div}\mathbf{E}$ hat die Dimension As/Vm * 1/m* V/m = As/m³

ρ ist die **Ladungsdichte**, somit Einheit As/m³

$\boxed{\text{div}\mathbf{B} = 0}$

$\text{div}\mathbf{B} = \mu_0 * \text{div}\mathbf{H}$ hat die Dimension Vs/Am *1/m * A/m = Vs/m³

$c^2\mathbf{P}^2 * \mathbf{A} - (P_0)^2 * \mathbf{A} = 1/\varepsilon_0 * \mathbf{j}$ dreidimensionaler elektrischer Strom

$\mathbf{P}^2 A_0 - 1/c^2 * (P_0)^2 * A_0 = 1/\varepsilon_0 * \rho$ eindimensionale elektrische Ladung

$P_i = 1/i * \partial/\partial x_i \quad P_0 = i * \partial/\partial x_0$

oder

$c^2\Delta\mathbf{A} - d^2\mathbf{A}/dt^2 = -1/\varepsilon_0 * \mathbf{j}$ m²/s²*1/m²*Vs/m - Vs/m*1/s² = = Vm/As * A/m² also V/ms

$\Delta A_0 - 1/c^2 * d^2A_0/dt^2 = -1/\varepsilon_0 * \rho$ 1/m²*V- s²/m²*1/s²*V = = Vm/As *As/m³ also V/m²

Das Vektorpotential **A** ist definiert durch $\boxed{\text{rot}\mathbf{A} = \mu_0 * \mathbf{H} = \mathbf{B}}$

rot**A** hat die Dimension 1/m * x = Vs/Am * A/m = Vs/m²

somit x = Vs/m also

Das Vektotpotential A hat die Dimension Vs/m,

das skalare Potential A_0 (Spannungsdifferenz) hat die Einheit 1 V

Der Ausdruck für die elektrische Feldstärke ist $\boxed{\mathbf{E} = -\partial\mathbf{A}/\partial t - \text{grad}A_0}$

$\partial\mathbf{A}/\partial t$ hat die Einheit Vs/m*1/s = V/m

$\text{grad}A_0$ hat die Einheit 1/m*V = V/m

$\boxed{\text{div}\mathbf{A} = -\varepsilon_0\mu_0 * \partial A_0/\partial t}$ **Lorentzkonvention**

div**A** hat die Dimension 1/m * Vs/m = Vs/m^2
$\varepsilon_0\mu_0$*dA_0/dt hat die Dimension As/Vm * Vs/Am *V/s = Vs/m^2
Es ist, ohne Beweis, $\varepsilon_0\mu_0 = 1/c^2$

Der in der **Diracgleichung** bei der **minimale**n Substitution vorkommende Term q***A** hat somit die Dimension As* Vs/m = AV*s^2/m = kgm^2/s^3 *s^2/m = kgm/s = Einheit des Impulses. q ist die elektrische Ladung

---

10.5 Die Pauli-Gleichung

Sie ist eine Erweiterung der Schrödingergleichung (siehe Kapitel 8.3) , um die Koppelung des magnetischen Spin-Moments M eines Elektrons mit einem äußeren Magnetfeld zu berücksichtigen (Pauli, 1927). Es wird in die Gleichung ein Term eingebracht, der die zusätzliche potentielle Energie des Elektrons darstellt. Diese ist, nach obiger Energiebetrachtung W = (1-cosα)*μ_0*M*H . Bei fixem H ist der erste Teil konstant, man lässt ihn in der potentiellen Energie weg, den zweiten Teil kann man in Form eines Skalarprodukts schreiben (M ist eigentlich ein Vektor, wie auch H) und hat

W = -μ_0***M*H** = - (μ_0*e/2m)*2**S*H** doppelt großes magnetisches Moment
Den Spin-Drehimpuls **S** ersetzt man nun durch die
Spin-Matrizen h/2π*1/2*(σ_1 , σ_2 ,σ_3), somit wird der Term zu
- (μ_0*e*h/4πm)*(H_1*σ_1 + H_2*σ_2 + H_3*σ_3) = -(μ_0*e*h/4πm)***H*σ**
Das Skalarprodukt am Ende ist eine Art Kurzschrift.

Dieser Matrizen-Term wirkt nun auf die Eigenfunktion ψ, die dann notgedrungen, zweidimensional sein muss,
also ψ = (ψ_1) Eigenfunktion für Spin +1/2
(ψ_2) Eigenfunktion für Spin –1/2
Die restliche Schrödingergleichung muss sich dem Zweidimensionalen anpassen. Ihre Operatoren multipliziert man formal mit der Einheitsmatrix σ_0 , lässt sie aber beim Schreiben weg. Insgesamt hat man dann die Gleichung

[-$h^2/8m\pi^2$*Δ + i*he/(2πm)***A**grad + V - (μ_0*e*h/4πm)***H*σ**] ψ = ih/2π*∂ψ/∂t

V ist das skalare Potential. Die beide ersten Terme gingen durch Näherung aus 1/2m*[(h/(2πi)*grad - e***A**$]^2$ hervor (siehe Kapitel 8.3)
Wir haben hier erstmalig auch endliche Matrizen in der Gleichung.
Lösungen sind wiederum ein Stück komplizierter geworden, weil bei einem wirkenden Magnetfeld sowohl Term2 wie auch Term4 zu berücksichtigen sind

---

Nun wollen wir diese Gleichung speziell für ein schwaches komogenes Magnetfeld **B** anwenden. Für dieses gilt **A** = 1/2***B** x **r** , **B** = μ_0***H** , siehe auch Kapitel 8.3 . Es ist dann

Agradψ = ½*(**B** x **r**)*gradψ = ½*gradψ*(**B** x **r**) = ½***B***(**r** x gradψ) =

= ½***B***2πi/h***L** Gemäß Formel **a***(**b** x **c**) = **b***(**c** x **a**)

L = (**r** x h/(2πi)*gradψ) ist der Bahndrehimpuls

Es ist dann i*he/2πm***A**gradψ – e*h/4πm***B***$\sigma\psi$ =

= -e/(2m)***B*****L**ψ - e/(m)***B*****S**ψ = -e/(2m)***B***[**L**+2**S**]ψ

mit **S** = h/2π*1/2*σ

---

11. Mehr-Teichen-Systeme

Die bisherigen Gleichungen, z.B. die Schrödingergleichung, galten immer nur einem Teilchen, einem Elektron. Wir wissen, in einem Atom können mehr Elektronen vorhanden sein. Wenn wir von der gegenseitigen Beeinflussung, Wechselwirkung absehen, genügt es eigentlich, die Lösung pro Elektron einzeln anzugeben. Trotzdem ist von Interesse, wie eine Lösung für mehrere Teilchen aussieht. Ähnlich wie bei der Koppelung von Drehimpulsen bedeutet das Vorliegen mehrerer Teilchen die Bildung des kartesischen Produkts der Einzelräume.

Deren Basisvektoren sind das Produkt der Basisvektoren der Einzelräume.

Handelt es sich um zwei Elektronen in einem Atom, so ist das Produkt der Einzelbasisvektoren $|n_1,l_1\ m_1,s_1>|n_2,l_2\ m_2,s_2>$

Dabei sind s_1, s_2 die Spinvektoren für +1/2 und -1/2

Hinsichtlich der Operatoren ist die Summe der Operatoren der Einzelräume zu bilden, wie bei der Drehimpulskoppelung. Da die Summen-operatoren genauso vertauschen wie die Einzelraumoperatoren, ist die simultane Existenz der Eigenwerte der neuen Basisvektoren gewährleistet. Das heißt z.B. ,dass nicht nur l_1 und l_2 wie auch s_1 und s_2 nebeneinander existieren, sondern auch die Summeneigenwerte für Bahndrehimpuls und Spin.

11.1 Die formelhafte Erfassung des Pauli-Prinzips

Nun möchte man bei den Elektronen im Atom das Pauliprinzip in die Formulierung mit einbinden, dass eben zwei Elektronen nicht gleiche Eigenwerte haben dürfen. Das Basisprodukt allein tut es nicht Ist z.B. l_1 gleich l_2 , so wird nichts zu null, was ein Verbot zum Ausdruck bringt. Um dieses zu erreichen, um das Pauliprinzip formelmäßig unterzubringen, bedient man sich folgendes Prinzips.

Sei a(x) die Eigenfunktion zum Eigenwertset a und b(y) die Eigenfunktion zum Eigenwertset b, x und y seien ihre Koordinaten. Dann entspricht dem Produkt der Basisvektoren die Funktion a(x)*b(y). Nun setzt man aber die Funktion wie folgt an a(x)*b(y) – a(y)*b(x) , d.h. man zieht einen sonst gleichen Zweitteil mit vertauschten Koordinaten ab. Diese Funktion hat dieselben Eigenwerte wie die Basisfunktion, nämlich a und b, wird an der Stelle x=y zu Null und, das ist das Entscheidende: Sollten die Eigenwerte a und b übereinstimmen, sollten also zwei Teilchen dieselben Eigenwerte haben, dann müssen auch die Eigenfunktionen übereinstimmen, also a(x) und b(x) sind dann dieselben Funktionen, somit wird dann der Ausdruck permanent zu Null.

Dieses können wir unmittelbar auf die unterste Schale eines Atoms anwenden, da gibt es nur zwei Elektronen. Wir schreiben die Eigenfunktion für beide Elektronen wie folgt.

$|n=1,l=0,m=0,s_1;x_1>|n=1,l=0,m=0,s_2;x_2>$ –

– $|n=1,l=0,m=0,s_1;x_2>|n=1,l=0,m=0,s_2;x_1>$

x_1 bezeichnet alle Orts-Koordinaten von Teilchen1 und x_2 von Teilchen2

Wenn s_1 mit s_2 übereinstimmt, dann sind auch Teilfunktionen gleich und der Ausdruck ist 0 .

Allgemeiner: $|n,l,m,s_1; x_1>|n,l,m,s_2;x_2> - |n,l,m,s_1; x_2>|n,l,m,s_2;x_1>$
wenn n, l, m gleich sind.

Bei zwei Elektronen (Helium-Atom) müssen also die Spins gegenpolig sein, bei nur einem Elektron (Wasserstoffatom) dagegen ist der Spin frei.

Gehen wir zur nächsten Schale n=2. Ist l=0, so auch m=0.

Wir haben dieselbe Situation wie zuvor, also ist die Funktion

$|n,l,m,s_1;x_1>|n,l,m,s_2;x_2> - |n,l,m,s_1;x_2>|n,l,m,s_2;x_1>$ mit n=2,l=m=0 .

Gegenpolige Spins bei hier 2 Elektronen ,Element Beryllium, freien Spin dagegen beim Element Lithium, nur 1 Elektron in dieser Schale. Bei l=1 kann m=-1,0,1 sein. Die Basisfunktion ist dann

$|2,1,-1,s_1;x_1>|2,1,-1,s_2; x_2>*|2,1,0,s_1;x_3>|2,1,0,s_2; x_4>*|2,1,-1,s_1;x_5>|2,1,-1,s_2;x_6>$

Wie bildet man nun daraus eine Ausdruck, der, wenn l und m und s übereinstimmen, gleich 0 wird?

Offenbar braucht man eine **Theorie-Erweiterung**:

Zunächst der Begriff **Permutation**: Unter Permutation versteht man die Vertauschung von Objekten relativ zu ihren Plätzen. Dies sei an den Objekten, den Ziffern 1,2,3, demonstriert. Die Plätze seien hier durch die Lesereihenfolge von links nach rechts gegeben.

Gegeben sei also die Ziffernfolge 123. Dann sind alle möglichen Permutationen, alle möglichen Umordnungen 123, 213, 132, 321, 231, 312 .

Bei n Objekten gibt es n!=n*(n-1)*…*2*1 Permutationen inklusive der identischen, also hier bei n=3 sind es 3*2*1=6 verschiedene Anordnungen der Ziffern.

Unter **Transposition** versteht man eine Anweisung für das paarige Vertauschen von Objekten auf ihren Plätzen. Es werden in Klammern die Objektnummern für den Objekttausch angegeben, die Plätze selber bleiben fix. Es gilt der Satz: Jede Permutation lässt sich durch Anwendung eventuell mehrerer Transpositionen aus der Ausgangsanordnung herstellen.
Wir studieren alle Permutationen mit 3 Ziffern:
also **123** , 213 , 132 , 321 , **231** , **312**
Es ist: (12)*123 =213 (23)*123=132 (13)*123=321
(13)(12)*123=(13)*213=**231** (12)*(13)*123 = (12)*321 = **312**
Die Transpositionen sollen von rechts nach links abgearbeitet werden wie bei Operatoren.
Die Permutationen, die eine gerade Zahl von Transpositionen brauchen, um aus der Grundordnung erzeugt zu werden, sind fett geschrieben.

Wenn wir mit oben, den Elektroneneigenfunktionen vergleichen, entsprechen den Plätzen die Eigenfunktionen a,b,… und den Objekten die durchnummerierten Koordinaten x_1, x_2, usw
Damit wird man wieder unabhängig von der Schreibreihenfolge.
So ist z.B. $a(x_1)*b(x_2) = b(x_2)*a(x_1)$
Die Vertauschung von Platz samt Objekt ist keine Permutation und jederzeit erlaubt.

Nun gilt der in diesem Zusammenhang sehr wichtige mathematische Satz, dass, um von der Grundanordnung zu einer Anordnung zu kommen,
die **Zahl der** dafür nötigen **Transpositionen** entweder **gerade** oder **ungerade** ist, wenn auch ansonsten nicht immer eindeutig. Außerdem gibt es genau so viele Anordnungen, die eine gerade (die identische inklusive) wie Anordnungen, die eine ungerade Zahl von Transpositionen brauchen. Siehe Beispiel zuvor.

Nun bildet man einen **Gesamtausdruck, eine Gesamtfunktion als Summe aller möglichen Permutationen (Anordnungen) und stellt denen mit ungerader Transpositionszahl ein negatives Vorzeichen , denen mit gerader Transpositionszahl ein positives Vorzeichen voran**.
Im Beispiel:

A = a(1)b(2)c(3) – a(2)b(1)c(3) – a(1)b(3)c(2) –
  – a(3)b(2)c(1) + a(2)b(3)c(1) + a(3)b(1)c(2)

Die Ziffern stehen für x_1 , x_2 ,... Sie charakterisieren die Objekte, die Teilchen.

Jeder Buchstaben vertritt eine Eigenfunktion mit einem eigenen Eigenwertset , beim Atom n,l,m,s . Vertauscht werden hier also die Koordinaten , die Teilchen.

Wendet man auf einen solchen Gesamtausdruck irgendeine Transposition an, so geht jeder Term in einen anderen Term des Gesamtausdrucks über , es gibt ja nicht mehr, und zwar in einen solchen, der statt gerader Zahl eine ungerade Zahl von Transpositionen braucht oder umgekehrt . Das Lager (gerade-ungerade Transpositionszahl) pro Term wird gewechselt, die Vorzeichen bleiben stehen, so dass der Gesamtausdruck nun das gegenteilige Vorzeichen bekommt. Ein Beispiel, vereinfacht geschrieben:

(12)*[123 – 213 – 132 – 321 + 231 + 312] =
= 213 – 123 – 231 – 312 + 132 + 321
= – [123 – 213 – 132 – 321 + 231 + 312]

Deswegen wird ein derartiger Gesamtausdruck **total-antisymmetrisch** genannt.

Nun wenden wir diese Erkenntnisse auf ein Produkt von Eigenfunktionen an. Die Eigenfunktionen (die Plätze) sollen mit a,b,c,... symbolisiert sein, ihre Koordinaten (die Objekte, die Teilchen), sollen mit Ziffern symbolisiert sein, also z.B. 1 statt x_1 .

Der **total-antisymmetrische Ausdruck für 3 Funktionen** ist dann

A = a(1)b(2)c(3) – a(2)b(1)c(3) – a(1)b(3)c(2) – a(3)b(2)c(1) +
  + a(2)b(3)c(1) + a(3)b(1)c(2)

Nun kommen wir zum zweiten Schritt:

Unterstellt, zwei Funktionen wären gleich, sagen wir a und c, dann lautet der Ausdruck

A = a(1)b(2)a(3) – a(2)b(1)a(3) – a(1)b(3)a(2) – a(3)b(2)a(1) +
  + a(2)b(3)a(1) + a(3)b(1)a(2) = **0**

Denn, zu jedem Term gibt es einen Gegenterm, der ihn aufhebt,

z.B. a(1)b(2)a(3) - a(3)b(2)a(1) = a(1)a(3)b(2) - a(1)a(3)b(2) = 0 erlaubte Vertauschung

---

Nun allgemein die **Behauptung**: Unterstellt zwei Funktionen von den a,b,... wären gleich, dann wird der gesamt-antisymmetrische Ausdruck A=0. Die Funktionen sind gleich, wenn ihr Eigenwertsets gleich ist.

Beweis: Greifen wir einen beliebigen Term heraus, sagen wir a und c seien gleich, also c=a. Dann gibt es genau einen Term im Rahmen des antisymmetrischen Gesamtausdrucks, der sonst gleich ist, aber durch **eine** Vertauschung, durch eine Transposition hinsichtlich der Koordinaten aus ihm hervorgeht, im Beispiel rot bzw blau bzw grün eingefärbt. Eine Transposition mehr, heißt, er hat umgekehrtes Vorzeichen. Dieser Gegenterm hebt den ersten Term auf.

Also: Bei Gleichheit der entsprechenden Funktionen hebt er den ersten Term auf. Weil das nun für alle Terme gilt, wird der Gesamtausdruck zu null.

Man kann das auch zahlenmäßig verifizieren: Seien n Ziffern vorhanden. Dann gibt es n! Permutationen, damit auch n! Terme. Seien nun zwei Ziffern i,j für die Vertauschung ausgewählt. Dann gibt es zu i,j genau
(n-2)! Permutationen der restlichen Ziffern, die je von Term zu Term gleich sind. Die Zahl der i,j-Kombinationen mit i#j ist n(n-1), wobei ji verschiedenes Vorzeichen gegenüber ij bewirkt. Insgesamt sind es also
n(n-1)*(n-2)! = n! Kombinationen, Terme, also alle.

Auf diese Weise wird das Pauli-Prinzip formelhaft implementiert: Kein Teilchen, gekennzeichnet durch x_1,x_2 ,..., darf die Eigenfunktion eines anderen benutzen, zu jedem Teilchen gehört eine eigene Eigenfunktion und somit ein eigener Eigenwertset.

In Praxis wird man kaum so einen Ausdruck hinschreiben, denn bereits bei 6 Eigenfunktionen (a,b,c,d,e,f) und 6 Teilchen (1,2,3,4,5,6), siehe oben n=2,l=1,m=+1,0,-1 und s=+1/2,-1/2, besteht der Ausdruck A, der für die vollständige gemeinsame Eigenfunktion der 6 Elektronen steht, aus 6!=6*5*4*3*2*1= 720 Termen. Jeder Term hat 6 Einzelfunktionen, 3 Terme pro Zeile gerechnet, ergäbe das 240 Schreibzeilen.

11.2 Elementare Spin-Koppelungen

Wir haben bereits die Drehimpulsaddition, synonym Drehimpulskoppelung, kennen gelernt (Kapitel 9.6). Insofern ist es ein Leichtes, die Koppelung von Spins hinzuschreiben. Sie seien wieder mit $s_1=1/2$ und $s_2=-1/2$ bezeichnet. Es ist $j_1=1/2$ und $j_2=1/2$ .Der dabei resultierende Gesamtspin kann die Werte J=0 und J=1 annehmen, die dritte Komponente M kann -1,0,+1 sein.

Wir wollen nun aber bedenken, dass die Spins nicht isoliert existieren, sondern mit anderen simultanen Eigenwerten zusammen, z.B. beim Atom mit den Eigenwerten für die Schale n, für den Bahndrehimpuls l, für seine Projektion auf den Drehimpulsvektor m. Voraussetzung für das simultane Existieren, somit auch für die Koppelung ist, dass die zugehörigen Operatoren vertauschen. So vertauscht der Spinoperator S_3 und $\mathbf{S}^2$ mit den Bahndrehimpulsoperatoren wie auch mit dem Radialanteil des Hamiltonoperators der Schrödingergleichung. In Verallgemeinerung wollen wir die anderen Eigenwerte mit dem Buchstaben a oder b zusammenfassen. Für den Spin-Spin-Produktraum haben wir also dann die Basisvektoren $|a,s_1>|b,s_1>$, $|a,s_1>|b,s_2>$, $|a,s_2>|b,s_1>$, $|a,s_2>|b,s_2>$

Für die Spin-Addition können wir Formeln vom Kapitel 9.6 übernehmen und haben $|a,b,J=0,M=0> = (1/2)^{1/2}*(|a,s_1>|b,s_2>-|a,s_2>|b,s_1>)$ Wir wiederholen den

Formelsatz für die Drehimpuls-Schiebeoperatoren

$J_+ |JM> = F_+*|J,M+1>$ mit $F_+= (J(J+1)-M(M+1))^{1/2}$

$J_- |JM> = F_-*|J,M-1>$ mit $F_-= (J(J+1)-M(M-1))^{1/2}$

$(J_{1+} + J_{2+})|j_1m_1>|j_2m_2> =$

$= f_{1+}*|j_1,m_1+1>|j_2m_2> + f_{2+}*|j_1,m_1>|j_2m_2+1$

mit $f_{1+} = (j_1(j_1+1)-m_1(m_1+1))^{1/2}$ und $f_{2+} = (j_2(j_2+1)-m_2(m_2+1))^{1/2}$

$(J_{1-} + J_{2-})|j_1m_1>|j_2m_2> = f_{1-}*|j_1,m_1-1>|j_2m_2> + f_{2-}*|j_1,m_1>|j_2m_2-1>$

mit $f_{1-} = (j_1(j_1+1)-m_1(m_1-1))^{1/2}$ und $f_{2-} = (j_2(j_2+1)-m_2(m_2-1))^{1/2}$

$j(j+1) - m(m+1) = (2j - n + 1)*n$ wobei n=j-m ist , dient zur Rechenerleichterung

----

Zur Ermittlung der Eigenvektoren zu J=1 fangen wir mit dem untersten $|J, M= -J>$ an und heben M je um 1 an.

Es ist $|a,b,J=1,M=-1>= |a,s_2>|b,s_2>$ unterster Zustand zu J=1,beide Spins nach unten

----

Anhebung auf der linken Seite, also bezüglich |JM> :

$J_+|a,b,J=1,M=-1>= ((2j-n+1)*n)^{1/2} *|a,b,J,M=0> = (2)^{1/2} *|a,b,J=1,M=0>$

hier ist $j=1, n=2$
Anhebung auf der rechten Seite, also bezüglich $|a,s_2>|b,s_2>$:
$J_+|a,b,J=1,M=-1> = ((2j-n+1)*n)^{1/2} *(|a,s_2+1>|b,s_2> + |a,s_2>|b,s_2+1>)$
$= 1* (|a,s_2+1>|b,s_2> + |a,s_2>|b,s_2+1>)$
hier ist $j=1/2$ und $n=1$
Beide Seiten zusammengebracht ergibt
$|a,b,J=1,M=0>=(2)^{-1/2} * (|a,s_2+1>|b,s_2> + |a,s_2>|b,s_2+1>)$

Den obersten Eigenvektor kann man direkt hinschreiben
$|J=1,M=1> = |a,s_1>|b,s_1>$

Wie man sieht, ist die Schreibweise kompliziert. Wir vereinfachen wieder, indem wir a,b weglassen .
Wenn wir betrachten $\mathbf{J}^2 = (\mathbf{J}_1 + \mathbf{J}_2)^2 = \mathbf{J}_1^2 + \mathbf{J}_2^2 + 2*\mathbf{J}_1*\mathbf{J}_2$, so sind die Eigenwerte für das erste Glied $j_1(j_1+1)$, für das zweite Glied $j_2(j_2+1)$, aber für das letzte Glied $\mathbf{J}_1*\mathbf{J}_2$ ohne Weiteres nicht erkennbar.

Nun wollen wir ein augenfälliges **Beispiel** zur Gewinnung **simultaner Eigenvektoren** geben in Anknüpfung an Kapitel 9.4 .
Wir betrachten das **Produkt zweier Spin-Räume**, je vertreten durch die Pauli-Matrizen .
Also zum einen $\boldsymbol{\sigma} = (\sigma_1, \sigma_2, \sigma_3)$ und $\boldsymbol{\sigma}' = (\sigma_1', \sigma_2', \sigma_3')$ zum anderen.

Zunächst sei Schreibweise und Technik beispielhaft erläutert:

$$|12> = \begin{pmatrix}1\\0\end{pmatrix}\begin{pmatrix}0\\1\end{pmatrix} \qquad \sigma_2\sigma_2'|12> = \sigma_2\begin{pmatrix}1\\0\end{pmatrix}*\sigma_2'\begin{pmatrix}0\\1\end{pmatrix} = i*\begin{pmatrix}0\\1\end{pmatrix}*(-i)*\begin{pmatrix}1\\0\end{pmatrix} = |21>$$

Also die gestrichene Matrix wirkt je auf den zweiten Vektor.

Die A und B entsprechen den Operatoren
$A = S_3 = \sigma_3 + \sigma_3'$ entspricht der 3.Komponente des Spins $J_3 = ½*S_3$
$B = S^2 = (\boldsymbol{\sigma} + \boldsymbol{\sigma}')^2$ entspricht dem Gesamtspin $J^2 = ¼*S^2$

Die Eigenvektoren und Eigenwerte m zu S_3 sind:
$S_3|11> = +1*|11>$ $S_3|12> = 0*|12>$ $S_3|21> = 0*|21>$ $S_3|22> = -1*|11>$

Wir haben also 3 Fächer:
[Fach1:m=1, |11>] [Fach2:m=0, |12>, |21>] [Fach3: m=-1, |22>]
Wir wollen nun die simultanen Eigenvektoren zu S^2 finden, speziell zu Fach2.
Es ist $S^2 = (\boldsymbol{\sigma} + \boldsymbol{\sigma}')^2 = \boldsymbol{\sigma}^2 + \boldsymbol{\sigma}'^2 + 2\boldsymbol{\sigma\sigma}'$ $\qquad \boldsymbol{\sigma\sigma}' = \sigma_1\sigma_1' + \sigma_2\sigma_2' + \sigma_3\sigma_3'$

Somit $(\sigma^2+\sigma'^2)\,|12> = (3+3)*\,|12> = 6*|12>$
und $(\sigma^2+\sigma'^2)\,|21> = (3+3)*\,|21> = 6*|21>$
sowie: $\sigma\sigma'\,|12> = |21> + |21> - |12>$ und $\sigma\sigma'\,|21> = |12> + |12> - |21>$

Die auf das Fach2 reduzierte Matrix S^2 ist dann:
$<12|S^2|12> = 6 + -2 = 4$ $<12|S^2|21> = 2*(1+1) = 4$
$<21|S^2|12> = 2*(1+1)=4$ $<21|S^2|21> = 4$

Also $S^2 = \begin{pmatrix} 4 & 4 \\ 4 & 4 \end{pmatrix}$ Das charakteristische Polynom ist dann $(4-\lambda)^2 - 4*4 = 0$ oder $(\lambda-4)^2 = 16$
Somit $\lambda_{1,2} = 4 +- 4$ also $\lambda_1 = 8$ und $\lambda_2 = 0$

Eigenwertgleichungen $(S^2 - \lambda*E)\,\mathbf{x} = 0$ mit Lösungen $x*|12>+y*|21>$

Betrifft $\lambda_1 = 8$:
$\begin{pmatrix} -4 & 4 \\ 4 & -4 \end{pmatrix}\begin{pmatrix} x \\ y \end{pmatrix} = 0$ ergibt y=x also Ergebnis $|12> + |21>$

Betrifft $\lambda_2 = 0$:
$\begin{pmatrix} 4 & 4 \\ 4 & 4 \end{pmatrix}\begin{pmatrix} x \\ y \end{pmatrix} = 0$ ergibt y=-x Ergebnis $|12>-|21>$

Die Eigenlösung für S^2 zu $\lambda_1 = 8$ ist dann $|12>+|21>$, sie ist zugleich Eigenlösung von S_3 mit m=0
bzw für J^2 ist $j(j+1) = ¼*8 = 1*2$ also j=1 und für J_3 ist $j_3 = ½*0 = 0$
Die Eigenlösung für S^2 zu $\lambda_2 = 0$ ist dann $|12> - |21>$, sie zugleich Eigenlösung von S_3 mit m=0 entsprechend j=0 und $j_3 = 0$
je noch unnormiert.

Nun die Fächer eins, m=1 und drei, m=-1 :

$\sigma\sigma'|11> = |22> - |22> + |11> = |11>$
$(\sigma^2+\sigma'^2)|11> = 6*|11>$
$<11|S^2|11> = 6 + 2*1 = 8$
$(8-\lambda)*x=0$ $\lambda = 8$ x=1
Also Eigenlösung $|11>$

$\sigma\sigma'|22> = |11> - |11>+|22> = |22>$
$(\sigma^2+\sigma'^2)|22> = 6*|22>$
$<22|S^2|22> = 6 + 2*1 = 8$ reduzierte Matrix
$(8-\lambda)*x=0$ $\lambda = 8$ x=1 Gleichung, Eigenwert
Also Eigenlösung $|22>$

Hinsichtlich des Vorgehens sei erinnert an den ersten Beweis für simultane Eigenvektoren in Kapitel 9.4 .

11.3 Ergänzung des Drehimpulses durch die Anzahl der Elementarspins

Wir bezeichnen die beiden Elementarspins zur Schreibvereinfachung mit
$|j,m> = |½,½> = |+>$ und $|j,m> = |½,-½> = |->$
So schreibt sich dann
$|1,1> = |++>$ $|1,0> = (2)^{-1/2}*(|+-> + |-+>)$ $|1,-1> = |-->$
$|0,0> = (2)^{-1/2}*(|+-> - |-+>)$

Das Problem besteht nun darin, dass ein Zustand $|JM\rangle$ gegebenenfalls aus verschieden vielen Elementarspins zusammengesetzt werden kann. Nennen wir deren Anzahl $\mathbf{n_s}$.

Beispiele: $|JM\rangle = |\frac{1}{2},\frac{1}{2}\rangle = |+\rangle$ $J=1/2$ $n_s = 1$

$$|j_1,j_2;JM\rangle = |\tfrac{1}{2},1;\tfrac{1}{2},\tfrac{1}{2}\rangle = (2/3)^{1/2}*|\tfrac{1}{2},-\tfrac{1}{2}\rangle|1,1\rangle - (1/3)^{1/2}*|\tfrac{1}{2},\tfrac{1}{2}\rangle|1,0\rangle$$

$J=1/2$, $n_s=3$

$|j_1,j_2;JM\rangle = |\frac{1}{2},0;\frac{1}{2},\frac{1}{2}\rangle = |\frac{1}{2},\frac{1}{2}\rangle|0,0\rangle$ $J=1/2$ $n_s= 3$

$$|j_1,j_2;JM\rangle = |1,\tfrac{1}{2};\tfrac{1}{2},\tfrac{1}{2}\rangle =(2/3)^{1/2}*|1,1\rangle|\tfrac{1}{2},-\tfrac{1}{2}\rangle - (1/3)^{1/2}*|1,0\rangle|\tfrac{1}{2},\tfrac{1}{2}\rangle$$

$J=1/2$,$n_s= 3$

Es brauchen $|1,1\rangle$ wie auch $|0,0\rangle$ mindestens 2 Elementarspins,
$|\frac{1}{2},-\frac{1}{2}\rangle$ braucht mindestens einen Elementarspin.
Allgemein gilt $n_s \geq 2j$. Ausnahme $j=0$ hier ist $n_s \geq 2$.
Ist j ganzzahlig, so ist n_s eine gerade Zahl.
Ist j halbzahlig, so ist n_s eine ungerade Zahl.
Werden j_1 und j_2 verkoppelt, so addieren sich deren n_s .
Insofern kann die Angabe der Anzahl der Elementarspins n_s manchmal von Interesse sein.

Auflösung in Elementarspins:
Nun wollen wir Drehhimpulsprodukte in Elementarspins auflösen

$$|\tfrac{1}{2},-\tfrac{1}{2}\rangle|1,1\rangle = |-\rangle * |++\rangle = |-++\rangle$$

$$|\tfrac{1}{2},\tfrac{1}{2}\rangle|1,0\rangle = |+\rangle * (2)^{-1/2}*(|+-\rangle + |-+\rangle) = (2)^{-1/2}*(|++-\rangle + |+-+\rangle)$$

$$|\tfrac{1}{2},\tfrac{1}{2}\rangle|0,0\rangle = |+\rangle * (2)^{-1/2}*(|+-\rangle - |-+\rangle) = (2)^{-1/2}*(|++-\rangle - |+-+\rangle)$$

$$|1,1\rangle|\tfrac{1}{2},-\tfrac{1}{2}\rangle = |++-\rangle$$

$$|1,0\rangle|\tfrac{1}{2},\tfrac{1}{2}\rangle = (2)^{-1/2}*(|+-\rangle + |-+\rangle) * |+\rangle = (2)^{-1/2}*(|+-+\rangle + |-++\rangle)$$

Somit

$$|\tfrac{1}{2},1;\tfrac{1}{2},\tfrac{1}{2}\rangle = (2/3)^{1/2}* |-++\rangle - (1/3)^{1/2}*(2)^{-1/2}*(|++-\rangle + |+-+\rangle)$$

$$|\tfrac{1}{2},0;\tfrac{1}{2},\tfrac{1}{2}\rangle = (2)^{-1/2}*(|++-\rangle - |+-+\rangle)$$

$$|1,\tfrac{1}{2};\tfrac{1}{2},\tfrac{1}{2}\rangle = (2/3)^{1/2} *|++-\rangle - (1/3)^{1/2}*(2)^{-1/2}*(|+-+\rangle + |-++\rangle)$$

Nach Auflösung in Elementartspins können „unerwartete“ Beziehungen gefunden werden.

So eine Beziehung zwischen Basisvektoren, die sich durch **die Reihenfolge von j_1 und j_2** unterscheiden. Ein Beispiel:

Behauptung: $|\mathbf{1,½;\ ½,½}\rangle = x^* \,|\mathbf{½,0;\ ½,½}\rangle + \ y^*|\mathbf{½,1;\ ½,½}\rangle$
links $j_1=1$, $j_2=1/2$, rechts $j_1=1/2$, $j_2=1$
Bilanziere bezüglich:
$|- + +\rangle$: $x^*\mathbf{(2/3)}^{1/2} + y^*0 = \mathbf{(1/3)}^{1/2}\mathbf{*(2)}^{-1/2}$ somit $x = -1/2$
$|+ - +\rangle$: $-x^*\mathbf{(1/3)}^{1/2}\mathbf{*(2)}^{-1/2} + y^*\mathbf{(2)}^{-1/2} = \mathbf{(1/3)}^{1/2}\mathbf{*(2)}^{-1/2}$
somit $y = (1/3)^{1/2} + x^*(1/3)^{1/2} = (3/4)^{1/2}$
Die Bilanz für $|+ + -\rangle$ widerspricht dem nicht.
Also $|\mathbf{1,½;\ ½,½}\rangle = \ \mathbf{-1/2^*}\ |\mathbf{½,0;\ ½,½}\rangle + \ \mathbf{(3/4)}^{1/2}\mathbf{*}|\mathbf{½,1;\ ½,½}\rangle$

Genauso errechenbar
$|\mathbf{1,½;\ ½,-½}\rangle = -1/2^*\ |\mathbf{½,0;\ ½,-½}\rangle + (3/4)^{1/2}\mathbf{*}|\mathbf{½,1;\ ½,-½}\rangle$
Eine Verwendung davon findet man bei [13, Seite 104]

Durch **fortgesetzte Addition des Elementarspins** $j=1/2$ können höhere J-Multipletts generiert werden. Wir wählen die Hinzufügung von links. Aus $j_1= ½$ und $j_2 =1$ wird z.B. $|1/2,1;3/2,m\rangle$. Dazu das folgende Diagramm

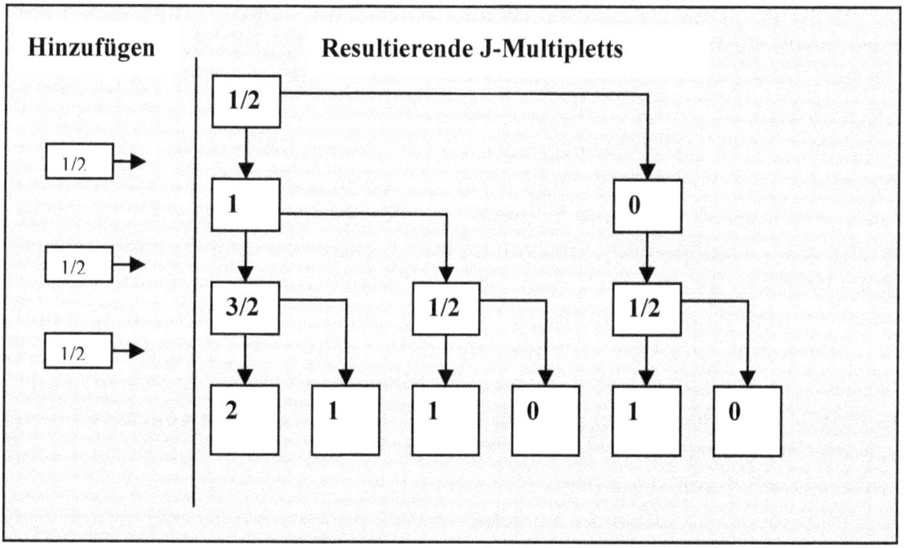

Wie man sieht, treten J-Multipletts auch mehrfach auf.

Zu einem J-Multplett gehören 2J+1 Zustände, Basisvektoren. Also zu J=1/2 gehören 2 Zustände, zu J=0 gehört 1 Zustand, zu J=1 gehören 3 Zustände, zu J=3/2 gehören 4 Zustände und zu J=2 gehören 5 Zustände.
Bei n_s = 1 sind es also 2 Zustände, bei n_s = 2 sind es insgesamt (3+1) = 4 Zustände,
bei n_s = 3 sind es (4+2+2) = 8 Zustände und bei n_s = 4 sind es (5+3+3+1+3+1) = 16 Zustände.
Das sind jeweils **2^{ns} Zustände**, also genauso viele wie man aus n_s Spins bilden kann.
Multipletts zu gleichem J haben, wie man sieht, einen verschiedenen Generierungsweg und unterscheiden sich auch hinsichtlich der Auflösung ihrer Vektoren in Elementarspins .
In n_s ist kann man eine Quantenzahl sehen. Es sortiert Multipletts mit gleichem J . Auf den Isospin angewendet und mit Hinzufügung von Antiteilchen mit eigenen Multipletts und eigener Anzahl von Elementarisospins n_a wird n_s zusammen mit n_a als Quantenzahl in der Form $Y \sim n_s - n_a$ als Hyperladung Y in [13, Seite 102] gedeutet.

---

12. (Iso)spin-koppelungen, Wirkungsquerschnitt

Der Isospin wurde von Heisenberg in die Theorie eingeführt. Anlass war die experimentelle Tatsache, dass beim Blick auf einen Atomkern die Anziehungskräfte zwischen Proton und Proton oder Neutron und Neutron wie zwischen Proton und Neutron gleich sind, wenn man von den elektrischen Kräften absieht.
Anmerkung: Werner **Heisenberg**, deutscher Physiker (1901-1976)
Hinsichtlich der Kernkräfte sieht man in ihnen eine Teilchenart in zwei verschiedenen Zuständen und bedient sich des Basisraums der U2 zu ihrer Beschreibung analog dem Spinraum bei Elektronen und schreibt ihnen entsprechend den Isospin +1/2 bzw -1/2 zu. Sie haben auch annähernd gleiche Masse. Der mathematische Formalismus ist identisch mit dem für den Spin und ganz allgemein für den Drehimpuls. Alle schweren Elementarteilchen (Baryonen) wie auch die mittelschweren Elementarteilchen (Mesonen) kann man mittels des **Isospin**s gruppieren. Jedes Teilchen ist dabei gekennzeichnet durch die Zugehörigkeit zu einem Multiplett, zu einem Gesamtisospin I und darin zusätzlich durch seine dritte Komponente I_3 , also durch **$|I, I_3\rangle$** .
Wir wollen den Formalismus zunächst einmal nutzen, um Koppelungen von (Iso)spin mittels Elementarteilchennamen transparenter ausdrücken zu können.

Die Standardvertreter hierfür seien also, rechts steht |Gesamtisospin, 3.Komp.>

Das Proton (938 MeV), bezeichnet mit **|p>= |1/2,1/2>**
das Neutron (939,5 MeV), bezeichnet mit **|n> = |1/2,-1/2>**
sowie die Mesonen
Pion-plus (139,5 MeV), bezeichnet mit $|\pi^+> = |1,1>$ positiv geladen
Pion-null (135 MeV), bezeichnet mit $|\pi^0> = |1,0>$ elektrisch neutral
Pion-minus (139,5 MeV), bezeichnet mit $|\pi^-> = |1,-1>$ negativ geladen
Im Vergleich, ein Elektron hat eine Masse von 0,51 MeV, ein von einem Wasseratom abgestrahltes Photon hat maximal eine Energie (Masse) von 13,6 eV. 1MeV= 1000000 eV.
Das Proton ist stabil, das Neutron zerfällt durchschnittlich nach 880 Sekunden, das positive und negative Pion zerfällt in $2{,}6*10^{-8}$ Sekunden, das neutrale Pion sogar schon in $2{,}3*10^{-16}$ Sekunden. Die Pionen wie die meisten Elementarteilchen verdanken ihre Existenz nur sekundären Effekten wie Zerfällen oder Zusammenstößen von anderen Elementarteilchen.
Da bei diesen Prozessen die Pionen meist annähernd Lichtgeschwindigkeit bekommen, legen die geladenen von ihnen während ihrer Lebensdauer immerhin eine Strecke von gut 7 Metern zurück - dabei wurden Zeit verlängernde relativistische Effekte nicht berücksichtigt - ausreichend um in einer Nebelkammer sichtbare Spuren (wegen des Magnetfeldes Krümmungsbögen) zu hinterlassen. Anders beim neutralen Pion. Dieses kann nur indirekt erschlossen werden.

12.1 Koppelungen

Nun zu den Isospinkoppelungen , die eins zu eins in Spin- oder Drehimpulskoppelungen umgeschrieben werden können:
Es ist jeweils: **Links der resultierende Gesamtzustand $|I,I_3>$,**
rechts die Linearkombination der Basisvektoren des Produktraumes .

Nukleon-Nukleon-Zustände: Koppelung von $I_1=1/2$ mit $I_2=1/2$
resultierender **Gesamtisospin I=1**
$|1,1>= |p>|p>$ $\quad |1,0> = (1/2)^{1/2}*(|p>|n> + |n>|p>)$ $\quad |1,-1>= |n>|n>$

$|0,0> = (1/2)^{1/2}*(|p>|n> - |n>|p>)$ **Gesamtisospin I=0**

Nukleon-Pion-Zustände: Koppelung von $I_1=1/2$ mit $I_2=1$
$|3/2,3/2> = |p>|\pi^+>$ resultierender **Gesamtisospin I=3/2**
$|3/2,1/2> = (1/3)^{1/2}*|n>|\pi^+> + (2/3)^{1/2}*|p>|\pi^0>$
$|3/2,-1/2> = (1/3)^{1/2}*|p>|\pi^-> + (2/3)^{1/2}*|n>|\pi^0>$
$|3/2,-3/2> = |n>|\pi^->$

$|1/2,1/2> = (2/3)^{1/2}*|n>|\pi^+> - (1/3)^{1/2}*|p>|\pi^0>$

$|1/2,-1/2> = (1/3)^{1/2}*|n>|\pi^0> - (2/3)^{1/2}*|p>|\pi^->$

resultierender **Gesamtisospin $I=1/2$**

Gemäß Kapitel 9.6 ist $|1/2,1/2>$ der zweit-obersten Startvektor. Wir benutzen die dortige Formel mit $j_1= j_2=1/2$ und n=1 oder 0 mit m=j-n

---

Pion-Pion-Zustände: Koppelung von $I_1=1$ mit $I_2=1$

$|2,2> = |\pi^+>|\pi^+>$ resultierender **Gesamtisospin $I=2$**

$|2,1> = (1/2)^{1/2}*|\pi^+>|\pi^0> + (1/2)^{1/2}*|\pi^0>|\pi^+>$

$|2,0> = (4/6)^{1/2}*|\pi^0>|\pi^0> + (1/6)^{1/2}*|\pi^+>|\pi^-> + (1/6)^{1/2}*|\pi^->|\pi^+>$

$|2,-1> = (1/2)^{1/2}*|\pi^0>|\pi^-> + (1/2)^{1/2}*|\pi^->|\pi^0>$

$|2,-2> = |\pi^->|\pi^->$

$|1,1> = (1/2)^{1/2}*|\pi^+>|\pi^0> - (1/2)^{1/2}*|\pi^0>|\pi^+>$ resultierender

$|1,0> = (1/2)^{1/2}*|\pi^+>|\pi^-> - (1/2)^{1/2}*|\pi^->|\pi^+>$ **Gesamtisospin $I=1$**

$|1,-1> = (1/2)^{1/2}*|\pi^0>|\pi^-> - (1/2)^{1/2}*|\pi^->|\pi^0>$

$|0,0> = -(1/3)^{1/2}*|\pi^+>|\pi^-> - (1/3)^{1/2}*|\pi^->|\pi^+> + (1/3)^{1/2}*|\pi^0>|\pi^0>$

resultierender **Gesamtisospin $I=0$**

Gemäß Kapitel 9.6 handelt es sich hier um den dritt-obersten Startvektor. Wir benutzen die dortige Formel mit $j_1= j_2=1$ und n=2 oder 1 mit m=j-n

Wie man sieht, braucht man in der Regel mehrere **Elementarteilchenpaare**, beide zusammen je mit gleichem I_3, um einen eindeutigen Gesamtisospin I zu bekommen. Umgekehrt wird in der Regel ein Elementarteilchenpaar über eine Linearkombination von $|I, I_3>$ mit verschiedenen I, aber gleichem I_3 dargestellt , siehe dazu Kapitel 12.7 .

Ein Elementarteilchenpaar sind z.B. zwei Elementarteilchen, die aneinander streuen, aufeinander stoßen, sie müssen also physisch nicht benachbart sein.

Rechenhilfen: Gemäß Formel $J_+|j,m>=[(j(j+1)-m(m+1)]^{1/2}*|j,m+1>$ haben wir

$J_+|p>=0$ $J_+|n>=|p>$ hier j=1/2

$J_+|\pi^->=(2)^{1/2}*|\pi^0>$ $J_+|\pi^0>=(2)^{1/2}*|\pi^+>$ $J_+|\pi^+>=0$ hier j=1

Sowie

$J_+|3/2,-3/2> = (3)^{1/2}*|3/2,-1/2>$ $J_+|3/2,-1/2> = 2*|3/2,1/2>$

$J_+|3/2,1/2> = (3)^{1/2}*|3/2,3/2>$

$J_+|2,-2> = 2*|2,-1>$ $J_+|2,-1> = (6)^{1/2}*|2,0>$

$J_+|2,0> = (6)^{1/2}*|2,1>$ $J_+|2,1> = 2*|2,2>$
$J_+|1,-1> = (2)^{1/2}*|1,0 >$ $J_+|1,0> = (2)^{1/2}*|1,1>$

Beispiel-Anwendungen:
$J_+|2,-2> = 2*|2,-1 >$ einerseits
$J_+|\pi^->|\pi^-> = (2)^{1/2}*|\pi^0>|\pi^-> + (2)^{1/2}*|\pi^->|\pi^0>$ andererseits

$J_+|2,-1> = (6)^{1/2}*|2,0 >$ einerseits
$J_+*[(1/2)^{1/2}*|\pi^0>|\pi^-> + (1/2)^{1/2}*|\pi^->|\pi^0>] =$ andererseits
$= (1/2)^{1/2}*(2)^{1/2}*|\pi^+>|\pi^-> + (1/2)^{1/2}*(2)^{1/2}*|\pi^0>|\pi^0> +$
$+ (1/2)^{1/2}*(2)^{1/2}*|\pi^0>|\pi^0> + (1/2)^{1/2}*(2)^{1/2}*|\pi>|\pi^+>$
$= 1*|\pi^+>|\pi^-> +2*|\pi^0>|\pi^0> + 1*|\pi^->|\pi^+>$ siehe oben

---

Gemäß Formel $\mathbf{J_-|j,m>=((j(j+1)-m(m-1))^{1/2}*|j,m-1>}$ haben wir
$J_-|p>=|n>$ $J_-|n>=0$ hier $j=1/2$
$J_-|\pi^->=0$ $J_-|\pi^0>=(2)^{1/2}*|\pi^+>$ $J_-|\pi^+>=(2)^{1/2}*|\pi^0>$ hier $j=1$
Sowie $J_-|1/2,1/2> = |1/2,-1/2>$

Beispiel-Anwendung:
$J_-|1/2,1/2> = |1/2,-1/2 >$ einerseits |
$J_-* [(2/3)^{1/2}* |n>|\pi^+> - (1/3)^{1/2}*|p>|\pi^0] =$ andererseits
$= [(2/3)^{1/2}*(2)^{1/2}*|n>|\pi^0> - (1/3)^{1/2}*|n>|\pi^0> - (1/3)^{1/2}*(2)^{1/2}*|p>|\pi^->]$
$= (1/3)^{1/2}*|n>|\pi^0> - (2/3)^{1/2}*|p>|\pi^+>$ siehe oben
Der Isospin spielt eine Rolle bei den Kernbindungskräften wie auch bei Streuprozessen von Elementarteilchen. Wir wollen uns dieser Thematik nähern, indem wir Begriffe und Gesetze in diesem Zusammenhang erklären.

12.2 Der differentielle und totale Wirkungsquerschnitt

Wie schon der Begriff Querschnitt sagt, handelt es sich um eine Fläche. Es liegt folgende Vorstellung zu Grunde. Es sei etwa ein Atomkern , angenommen fix am Koordinatenursprung. Auf den hin bewegt sich ein in seiner Dichte homogener Strom, sagen wir von Protonen, in seiner Breite und Länge unendlich ausgedehnt (Idealisierung) parallel zur x-Achse nach wachsenden x hin. Je nach Abstand von der x-Achse (Stoßparameter q) wird jedes Proton abgelenkt, je näher der x-Achse um so mehr, so dass die Teilchen am Ende in verschiedenen Richtungen, unter verschiedenen Winkel β wegfliegen (siehe Figur unten).

Nun fragt man oder misst man, wie viele Teilchen dN im Winkelbereich β und β+dβ ausfliegen und zwar pro Zeiteinheit, pro Sekunde. Offenbar umso mehr, je mehr einfliegen. Von eigentlichem Interesse ist aber das Verhältnis der Zahl der ausfliegenden zu der der einfliegenden Teilchen. Da wegen der Strahlbreite die einfliegenden immer unendlich viele sind (N), gibt das Verhältnis dN/N keinen Sinn.

Aber Sinn gibt das Verhältnis dN/n , wobei n die Zahl der pro Sekunde und Flächeneinheit einfliegenden Teilchen ist, also die Stromdichte ist.

Dieses nennt man nun den differentiellen, Winkel bezogenen, Wirkungsquerschnitt dσ , also dσ = dN/n oder **dN = n*dσ .**

dσ hat die Dimension einer Fläche mit der Aussage: Die Zahl der in den Winkelbereich β und β+dβ abgelenkten Teilchen dN ist genauso groß wie die Zahl der auf eine Fläche der Größe dσ auftreffenden Teilchen (pro Sekunde , bei gegebener Stromdichte n). dσ ist gewissermaßen wie eine Scheibe oder Scheibenring , den man dem Strahl entgegenhält.

Im Klassischen: Der Scheibenring hat den Radius q und eine Breite dq, seine Fläche ist daher 2πq*dq (siehe nachfolgende Figur). Jedem q ist exakt ein Ausflugwinkel β zugeordnet und einem Bereich von q bis q+dq sind Ausflugswinkel von β bis β+dβ zugeordnet. Es kommt also darauf an, die funktionale Beziehung zwischen q und β zu finden, also die Funktion q(β) .

Dann ist der differentielle Wirkungsquerschnitt

$$d\sigma = 2\pi q * dq = 2\pi q * \frac{dq}{d\beta} * d\beta \qquad \text{klassisch}$$

Das bringt also den Zusammenhang von Ausflugswinkel mit einer gewissen Breite dβ und der Auffangfläche dσ, die nötig ist, um diese Ausflugswinkel zu versorgen.

In der QM: In der QM ist uns der Begriff Teilchenbahn nicht gegeben, insofern ist auch die Funktion q(β) nicht formulierbar. Aber wir können Stromdichten sowohl für den Einlauf wie für den Auslauf aus den jeweiligen Zustandsfunktionen berechnen. Sei die Stromdichte für den Einflug mit j_{ein} (vorher n) und die für den Ausflug in Richtung β mit j_{aus} bezeichnet. Dann sagen wir, der(selbe) Anteil von Einflug-Teilchen j_{ein} * dσ , also Stromdichte mal Fläche, erscheint als Ausflug-Teilchen im Winkelbereich um β und strömt durch eine Fläche dF von 2π*rsinβ*rdβ . Das ist die Fläche einer ringförmigen Kugelzone, r ist der Radius der Kugel, rsinβ der Ringumfang, rdβ seine Breite . Beides setzen wir nun gleich, also

$$dN \sim j_{ein} * d\sigma = j_{aus} * dF = j_{aus} * 2\pi * r^2 \sin\beta * d\beta$$

Somit wird $\mathbf{d\sigma = |j_{aus}| * dF / |j_{ein}| = \frac{|j_{aus}|}{|j_{ein}|} * 2\pi * r^2 \sin\beta * d\beta}$ QM

Wir unterstellen hier, dass es nur einen Ablenkwinkel β gibt, dass die Streuung rotationssymmetrisch ist. Ansonsten ist dF = 2π*rsinβ*rdβ durch ein allgemeines zweiwinkeliges Flächenelement, meist mit dΩ bezeichnet, auszutauschen. Wir werden davon im Kapitel 26.3 Gebrauch machen.

Den <u>totalen Wirkungsquerschnitt</u> σ erhält man, wenn man nun über alle Ausflugwinkel (Ablenkwinkel) summiert, σ = ΣdN/n Summation über alle Raumwinkel, ebenfalls eine Fläche, entsprechend größer.

Als Integral $\boldsymbol{\sigma = \int \frac{d\sigma}{d\beta} * d\beta}$ mit $0 \leq \beta \leq \pi$

12.2.1 Der Wirkungsquerschnitt bei Reflexion an einer harten Kugel:

In der Tat, wenn z.B. das Ziel (engl. Target) eine fixierte Kugel mit Radius R ist, an der die einfliegenden Teilchen einfach abprallen, so errechnet sich σ zu $R^2\pi$, also gleich dem Kugelquerschnitt, wie folgende Rechnung zeigt:

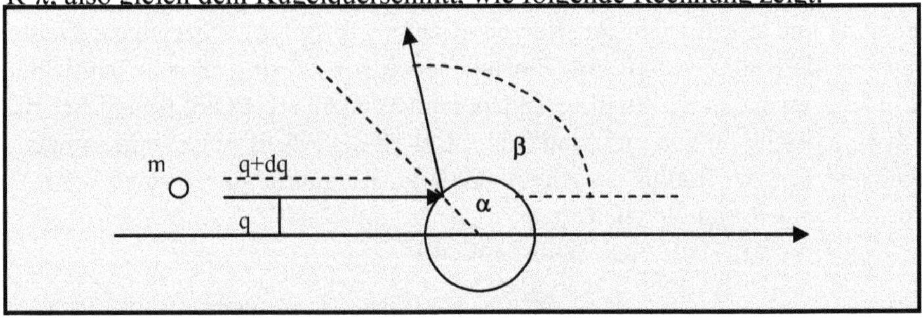

Die Einflieg-Teilchen dN der ring-artigen Fläche zwischen q und q+dq werden in den kegelrand-artigenWinkelbereich β und β+dβ abgelenkt: dN = n*2πq*dq

Winkelbetrachtung: γ+α = π   2γ+β = π   somit β = 2α−π   oder α = (β+π)/2

(π entspricht 180 Grad)

Stoßparameter q durch Winkel ausdrücken:

q = R*sinα = R*sin((β+π)/2) =R*cos(β/2)

Somit dq = -1/2*R*sin(β/2)*dβ und

dσ = dN/n =2πq*dq =

= 2π*R*cos(β/2)* (-1/2)*R*sin(β/2)*dβ = -1/2* π*R^2*sinβ*dβ also ist

dσ/dβ= ½*R^2π*sinβ der **differentielle Wirkungsquerschnitt**

dσ wird stets positiv verstanden,

Wie man sieht ist dσ =f(β)*dβ gleich 0 beim Ablenkwinkel 0 (ausserhalb des Kugelbereichs) und wächst bis zum Maximum bei β=π/2 und fällt dann zum Minimum bei β=π ab.

Das entspricht Winkeln von β gleich 90 und 180 Grad bzw von α gleich 135 und 180 Grad.

Der **totale Wirkungsquerschnitt** ist dann

$\sigma = \int d\sigma/d\beta * d\beta = ½*R^2\pi*\int \sin\beta * d\beta$ mit $0 \le \beta \le \pi$

$\int \sin\beta * d\beta = -\cos\pi - (-\cos 0) = 1+1$ somit $\boldsymbol{\sigma = R^2\pi}$

12.2.2 Der totale Wirkungsquerschnitt für Meteoriteneinschlag

Nun berechnen wir den totalen Wirkungsquerschnitt, dass ein Teilchen der Masse m (Meteorit) auf die Oberfläche einer Kugel (Erde) mit dem Radius R fällt, wenn es nach dem Newton-Gesetz (Schwerkraft) angezogen wird. Die

Kugel sei fix im Ursprung, das Teilchen bewege sich entlang der x-Achse anfangs im Abstand q (vom Negativen kommend) auf die Kugel zu:
Der Drehimpuls des Teilchens bleibt dabei konstant (Keplersche Flächensatz), also $L = |\mathbf{r} \times \mathbf{p}| = r*mv*\sin\phi = m*v_u*q$ Dabei ist v_u die Geschwindigkeit des Teilchens bei sehr großem r (Grenzfall r gegen Unendlich), r der Abstand vom Kugelmittelpunkt und ϕ der Winkel zwischen x-Achse und dem Strahl zum Teilchen.
Das Teilchen bewegt sich in Form einer Hyperbel auf die Kugel zu. Am Umkehrpunkt (r_0,v_0), dem der Kugelmitte nächsten Punkt der Bahn, gilt die Energiebeziehung: $m*v_0^2/2 - A/r_0 = m*v_u^2/2$
Im Unendlichen ist die potentielle Energie gleich 0 ,
weiterhin für den Drehimpuls $L = m*v_u*q = m*r_0*v_0$, somit $v_0 = v_u*q/r_0$
Bemerkung: Man kann die Anziehungskraft der massiven Kugel so berechnen, ohne Fehler, als wäre ihre gesamte Masse im Mittelpunkt vereinigt.
Dann wird aus der Energiebeziehung: $m*v_u^2*q^2/(2r_0^2) - A/r_0 = m*v_u^2/2$
Alle Teilchen, deren Umkehrpunkt innerhalb oder am Rand der Kugel wäre oder ist, fallen auf die Kugel. Im Extremen ist also $r_0=R$ und q maximal.
Der totale Wirkungsquerschnitt ist somit die Kreisfläche $\sigma = \pi*q^2$
wenn q maximal genommen wird
In der Energiebeziehung r_0 durch R ersetzen und nach q^2 auflösen, ergibt
$q^2 = (A/R + m*v_u^2/2)*2R^2/(m*v_u^2) = R^2*(1+2A/(R*m*v_u^2))$
Nun ist $A = \gamma*m*M$
γ ist die Gravitationskonstante und M die Erd(Kugel)masse

Somit ist $\sigma = R^2\pi*\left[1 + \frac{2*\gamma*M}{R*v_u^2}\right]$ der **totale Wirkungsquerschnitt**

Er ist stets größer als der Kugelquerschnitt, aber umso kleiner, je größer v_u ist.
Es ist die **Gravitationskonstante** $\gamma = 6{,}670*10^{-11}\ m^3/kgs^2$,
der **Erdradius** $R=6{,}370*10^6$ m, die **Erdmasse** $M=5{,}97*10^{24}$ kg ,
somit $2*\gamma*M/R = 1{,}250*10^8\ m^2/s^2$

Beispiel: Sei $v_u = 10000$ m/s $=10^4$ m/s , dann ist $\sigma = R^2\pi*2{,}25$,also gut das Doppelte des Erd-Querschnitts. Dass entspricht einem Abstand von der Erdmitte von 1.5*R (9555km).
Beispiel: Sei $v_u = 1000$ m/s $=10^3$ m/s , dann ist $\sigma = R^2\pi*126$,also über das Hundertfache des Erd-Querschnitts, d.h. Meteoriten, die bei Gerade-aus-Flug, ohne Ablenkung, die Erde im Abstand zur Erdmitte von weniger als 11.2*R (71344 km) passieren würden, stürzen auf die Erde.

12.2.3 Der Wirkungsquerschnitt der Rutherford-Streuung

Darunter versteht man die Streuung eines positiv geladenen Alpha-Teilchens an einem schweren positiv geladenen Atomkern. Es erfolgt Abstoßung durch die elektrischen Kräfte gemäß dem Coulomb-Gesetz, analog der Schwerkraft, nur hier abstoßend. Seit Keplers Zeiten weiß man, dass die Bahnen bei einer solchen Zentralkraft Kegelschnitte sind, also Kreise, Ellipsen, Hyperbeln und im Übergang von Ellipse zur Hyperbel sind es Parabeln. In unserem Fall ist die Bahnkurve eine Hyperbel. Wir zeichnen sie wie in der Mathematik üblich.

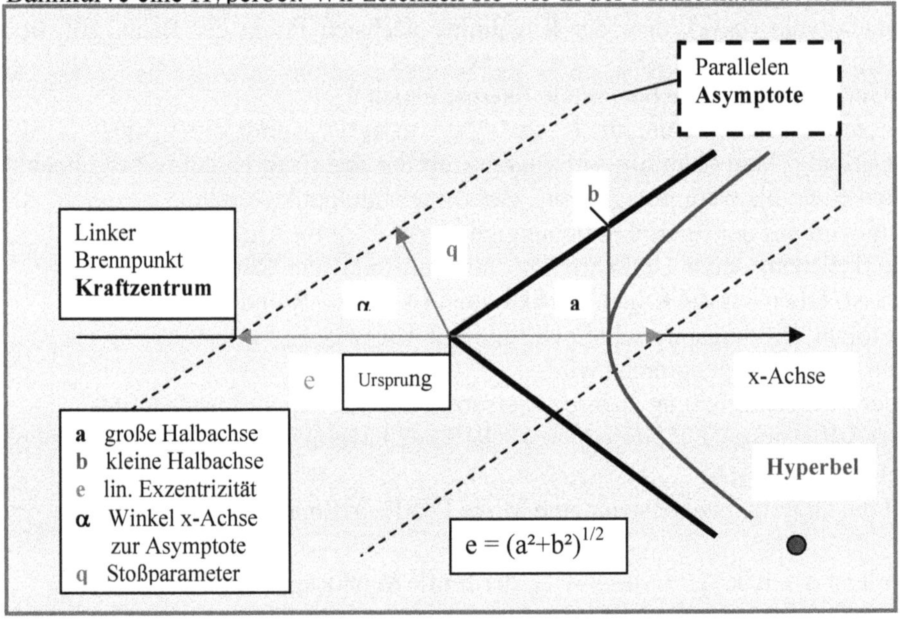

Das **Kraftzentrum** liege für folgende Prinzipbetrachtung nicht im **Ursprung,** sondern im linken **Brennpunkt**.

Die Hyperbelformel lautet: $\mathbf{\frac{x^2}{a^2} - \frac{y^2}{b^2} = 1}$

a ist die große Halbachse, der Abstand vom Ursprung zum Scheitel, gemäß Formel für y=0

b ist die kleine Halbachse, der Abstand vom Hyperbelscheitel senkrecht zur Asymptote

$e=(a^2+b^2)^{1/2}$ ist **die lineare Exzentrizität**, der Abstand eines Brennpunktes vom Ursprung

Die Asymptoten (Geraden) gehen vom Ursprung aus und „berühren" die Hyperbeläste im Unendlichen. Einfache Begründungen:

Gemäß Formel folgt $1/a^2 - y^2/(x^2b^2) = 1/x^2$ oder $y^2/x^2 = b^2/a^2 - b^2/x^2$
Für den Grenzübergang, x gegen unendlich, wird daraus $y^2/x^2 \Rightarrow b^2/a^2$. Somit ist b/a die Steigung der Asymptoten, dem Betrage nach, und somit ist auch b der oben definierte Abstand (Asymptotengerade $\eta = b/a * x$ an der Stelle $x = a$)
Die **Asymptoten** schneiden sich im Koordinatenursprung (x=0).
Bezüglich der Exzentrizität e gilt: Die Differenz der Abstände irgendeines Hyperbelpunkts von den beiden Brennpunkten ist konstant.
Sei der Hyperbelpunkt der Scheitelpunkt, so folgt Abstand
von Brennpunkt1 minus Abstand vom Brennpunkt2 $= (e+a) - (e-a) = 2a$.
Die Konstante ist also 2a und für alle Punkte gleich. Aus der Hyperbelformel kann dann auch obige Beziehung für e ermittelt werden.
Nun zur Physik: **Der Stoßparameter q** ist hier der Abstand der Asymptoten von einer zu ihr parallelen Gerade durch den Brennpunkt, dem Kraftzentrum. Wenn man sich die ganze Figur um den linken Brennpunkt geeignet gedreht denkt, so ist es wieder der Abstand der Asymptote von der x-Achse.
Sei α der Winkel zwischen **Bahnsymmetrieachse** (x-Achse) und der oberen Asymptote. So folgt, wie man der Figur entnimmt:
$\mathbf{\sin\alpha = q/e}$, aber auch $\mathbf{\sin\alpha = b/e}$, weil e in beiden Fällen gleich $(a^2+b^2)^{1/2}$ ist.
Somit b=q , weiterhin entnimmt man $\mathbf{\cos\alpha = a/e}$

Der Abstand des **Umkehrpunkt**es $\mathbf{r_0}$ ist gleich dem Abstand des Scheitelpunktes der Bahnkurve vom Brennpunkt1 (Kraftzentrum) .
$r_0 = e+a = q/\sin\alpha + e*\cos\alpha = q/\sin\alpha + q/\sin\alpha * \cos\alpha = q*[(1+\cos\alpha)/\sin\alpha]$
Es gelten die Formeln
$\sin\alpha = 2\sin\alpha/2 * \cos\alpha/2$ und $\cos\alpha = \cos^2\alpha/2 - \sin^2\alpha/2$
Somit $[(1+\cos\alpha)/\sin\alpha] =$
$= [(\cos^2\alpha/2+\sin^2\alpha/2) + (\cos^2\alpha/2-\sin^2\alpha/2)]/(2\sin\alpha/2*\cos\alpha/2) =$
$= [2\cos^2\alpha/2] / (2\sin\alpha/2*\cos\alpha/2) = \mathrm{ctg}\,\alpha/2$ somit $\mathbf{r_0 = q*ctg(\alpha/2)}$

Das ist der gesuchte Zusammenhang zwischen Stoßparameter und Winkel.
Nun zur Ermittlung des **Umkehrpunkt** r_0 :
Dazu benutzen wir die Energiebeziehung und Drehimpulsbeziehung,
wie oben, $m*v_0^2/2 + U_0 = m*v_u^2/2 = E$ und $m*v_u*q = m*r_0*v_0$,
also $v_0 = v_u*q/r_0$, somit $m*v_u^2*q^2/(2r_0^2) + U_0 = m*v_u^2/2$ oder $E*q^2/r_0^2 + U_0 = E$ und $r_0^2 = E*q^2/(E-U_0)$ oder
$r_0^2 *(E-U_0) = E*q^2$ oder $r_0^2*E - r_0^2*U_0 = E*q^2$ oder $\mathbf{r_0^2 - r_0^2*U_0 /E = q^2}$
Für das weitere brauchen wir das Potential U, konkret U=A/r, somit $U_0=A/r_0$, A ist positiv, es liegt Abstoßung vor.
Das führt zur quadratischen Gleichung für r_0 , nämlich $r_0^2 - A/E*r_0 = q^2$

mit der Lösung $\mathbf{r_0 = +A/2E + (q^2+A^2/4E^2)^{1/2}}$
Der Grenzfall q=0 ergibt r_{0min}= A/E . Das ist der zentrumsnächste Umkehrpunkt.
Aus $r_0^2 - r_0 * A/E = q^2$ wird
mit $r_0 = q*ctg\alpha/2$ und mit der Abkürzung $c = ctg\alpha/2$ und $cc = ctg\alpha$
$q^2*c^2 - q*c*A/E = q^2$ oder $q^2*(c^2-1) = q*c*A/E$ oder $q = c/(c^2-1) * A/E$
Es ist $c^2-1 = 2*c*cc$, somit $qc = 1/(2cc)*A/E = 1/2*tg\alpha*A/E$
Der **Ablenkwinkel** ist gemäß Figur $2\alpha = \pi - \beta$ oder $\beta = \pi - 2\alpha$
$ctg\alpha = ctg(\pi/2 - \beta/2) = (ctg\pi/2*ctg\beta/2 + 1)/(ctg\beta/2 - ctg\pi/2) = 1/ctg(\beta/2)$
also $tg\alpha = ctg(\beta/2)$ Somit $\mathbf{q = A/2E*ctg\beta/2}$
Daraus folgt $dq/d\beta = A/2E*(-1/\sin^2\beta/2)*1/2$
$d\sigma = 2\pi q*dq/d\beta*d\beta = -\pi*A/E*\cos\beta/2/\sin\beta/2 * A/4E*1/\sin^2\beta$ Also

---

$$\frac{d\sigma}{d\beta} = \pi*(A/2E)^2 * \frac{\cos\beta/2}{\sin^3\beta/2} = \mathbf{2\pi\sin\beta*(A/4E)^2 * \frac{1}{\sin^4\beta/2}}$$

Letzteres wegen $\sin\beta = 2\sin\beta/2 * \cos\beta/2$ Auch ist $(A/4E)^2 = (A/2mv^2)^2$

Das ist der **differentielle Wirkungsquerschnitt** der Rutherford-Streuung.
Historisch: $A = 2e*Ze*1/(4\pi\varepsilon_0)$ = Ladung Alphateilchen mal Ladung Gold-Atomkern (Z=79),
e ist die Elementarladung E ist die kinetischen Energie des Alphateilchen im Unendlichen, d.h. praktisch in großer Entfernung verglichen zum Atomkern, also die Energie vor Eintritt in die Goldfolie.
Der **totale Wirkungsquerschnitt**, das Integral über den differentiellen Wirkungsquerschnitt, über alle Winkel, divergiert, hat keinen endlichen Wert.
Anmerkung: Ernest **Rutherford** , brit./neuseeländ. Physiker (1871-1937)

12.3 Allgemeines zum Wirkungsquerschnitt
Zwei Erhaltungssätze beherrschen die Situation:
Erhaltung des Drehimpulses: $L = m*r*v = m*r*rd\alpha/dt$
α ist der Winkel des Fahrstrahls vom Ursprung, dem Asymptotenschnittpunkt, zur x-Achse.
Die Bahnkurve ist stets in einer Ebene, der Bahnebene, wir wählen die x-y-Ebene
Erhaltung der Energie:
$E = m/2*[(dr/dt)^2 + r^2(d\alpha/dt)^2] + U(r) = ½*m(dr/dt)^2 + L^2/2mr^2 + U(r)$

Es ist $(dx/dt)^2 + (dy/dt)^2 = (dr/dt)^2 + r^2(d\alpha/dt)^2$
Daraus folgt: $d\alpha= L/mr^2*dt$ sowie $(dr/dt)^2 = [2/m((E-U(r))-L^2/m^2r^2]$
Somit $dt= [2/m((E -U(r)) - L^2/m^2r^2]^{-1/2}*dr$
Beides zusammengesetzt: $\mathbf{d\alpha = L/r^2*[2m((E - U(r)) - L^2/r^2]^{-1/2}*dr}$
$d\alpha$ ist der Winkelzuwachs des Fahrstrahls (der Strahl vom Ursprung zu einem Bahnpunkt, $\alpha = 0$ am Umkehrpunkt, am Scheitelpunkt).
α ist dann das Integral über r vom Umkehrpunkt bis ins Unendliche

Gemäß obiger Figur gelten beim Streuvorgang zusätzlich:
$\mathbf{E=m/2*v_u^2}$ und $\mathbf{L=m*q*v_u}$
Dabei ist v_u die Geschwindigkeit des Teilchens im Unendlichen, beim Ein-flug wie beim Aus-flug, künftig gleich v benannt, q ist der Stoßparameter.

Nun wollen wir das konkret auf das abstoßende Coulomb-Potential anwenden , also damit erneut die Rutherford-Formel ermitteln:
Für den **Umkehrpunkt r_0** gilt die Gleichung (siehe Kapitel 12.2)
$r_0^2- r_0^2*U_0 /E = q^2$, die beim Potential $U=A/r$
die Lösung $r_0= +A/2E+ (q^2+A^2/4E^2)^{1/2} = A/mv^2 +[(q^2+(A/mv^2)^2]^{1/2}$ hat .
Also $\mathbf{r_0 = B +[(q^2+B^2]^{1/2}}$ mit $\mathbf{B = A/mv^2}$
Einsetzen von $U=A/r$ in den Ausdruck für $d\alpha$ ergibt :
$d\alpha = L/r^2 * [2m(E-A/r) - L^2/r^2]^{-1/2}*dr =$
$= mqv/r^2 * [m^2v^2 - 2mA/r – m^2q^2v^2 /r^2]^{-1/2}*dr$
$= mqv/r^2 *1/mv* [1 - 2A/(mv^2)*1/r –q^2 /r^2]^{-1/2}*dr =$
$= q/r^2* [1 - 2A/(mv^2r) – q^2/r^2]^{-1/2}*dr$
Also $\mathbf{d\alpha = q/r^2* [1 - 2B/r – q^2/r^2]^{-1/2}*dr}$
Für die Integration über r
hilft hier die Substitution $R=q/r$, somit $dR= -q/r^2*dr$.
Es wird dann $d\alpha = -dR*[1 - 2B/q * R - R^2]^{-1/2}$

Man kann sich dann einer Integral-Formel bedienen, nämlich:
$\mathbf{\int(ax^2+2bx+c)^{-1/2}*dx = -1/(-a)^{1/2} *\arcsin[(ax+b)/(b^2-ac)^{1/2}]}$ **gültig für a<0**
Es entspricht $a= -1$ $b= -B/q$ $c=1$ $x=R$

Somit ist $\mathbf{\alpha = \int d\alpha = -\arcsin[(-R – B/q)/(B^2/q^2+1)^{1/2}]}$
Die Integralgrenzen vom Umkehrpunkt $r = r_0$ bis $r = \infty$ müssen wegen der Substitution umgeschrieben werden in $R = q/r_0$ bis $R = 0$, somit
$\alpha_1 = \arcsin[(– B/q)/(B^2/q^2+1)^{1/2}] = \arcsin[– B/(B^2+q^2)^{1/2}]$ Wert bei R=0
$\alpha_2 = \arcsin[(-q/r_0 – B/q) / (B^2/q^2+1)^{1/2}] = \arcsin[(-q^2/r_0 – B)/(B^2+q^2)^{1/2}]$

Das ist der Wert bei $R=q/r_0$

Seien die Argumente von arcsin bezeichnet mit

$x = (-B)/(q^2+B^2)^{1/2}$ und $y = [(-q^2/r_0 - B)/(B^2+q^2)^{1/2}]$

Dann ist

$y = [(q^2/B * 1/r_0*x + x] = x*(1+ q^2/B*1/r_0)$

$q^2/B*1/r_0 = q^2/B * 1/[B +(q^2+B^2)^{1/2}] = q^2/B * [B -(q^2+B^2)^{1/2}] / (B^2 - q^2 - B^2)$

$= -1/B*[B-(q^2+B^2)^{1/2}] = - [1-(q^2/B^2+1)^{1/2}]$

Somit ist $y = x*(q^2/B^2+1)^{1/2}$

Es ist $(q^2/B^2 + 1)^{1/2} = 1/B* (q^2+B^2)^{1/2} = -1/x$

somit schließlich $y = -x*1/x = -1$

Es gilt die Formel **$\arcsin x - \arcsin y = \arcsin[x*(1-y^2)^{1/2} - y*(1-x^2)^{1/2}]$**

wenn $x*y \geq 0$ ist

Es ist hier $x*(1-y^2)^{1/2} = 0$ $y*(1-x^2)^{1/2} = -(1-x^2)^{1/2}$

Also ist $\alpha_1 - \alpha_2 = \arcsin x - \arcsin y = \arcsin[x*(1-y^2)^{1/2} - y*(1-x^2)^{1/2}] =$

$= \arcsin[(1-x^2)^{1/2}]$

Nun ist allgemein **$\arcsin[(1-x^2)^{1/2}] = \arccos x$**

Mit $x = (-B/q)/(B^2/q^2+1)^{1/2} = -A/(mv^2q) / [1+(A/(mv^2q))^2]$

wird somit

$$\boldsymbol{\alpha = \alpha_1 - \alpha_2 = \arccos x = \arccos\left\{\frac{-A/(mv^2q)}{1+(A/(mv^2q))^2}\right\}}$$

Bezeichne $Q = -A/(mv^2q)$, dann ist $\cos\alpha = -Q/(1+Q^2)^{1/2}$

$\cos^2\alpha = Q^2/(1+Q^2)$ und $\sin^2\alpha = 1- \cos^2\alpha = 1/(1+Q^2)$

somit $tg^2\alpha = 1/Q^2$

$1/Q^2 = (mv^2q)^2/A^2 = (mv^2/A)^2*q^2$ also $tg^2\alpha =(mv^2/A)^2*q^2$ oder

$q^2 = (A/mv^2)^2*tg^2\alpha$

Mit Verwendung des Ablenkwinkel $\beta = \pi- 2\alpha$ wird daraus

$q^2 = (A/mv^2)^2*ctg^2\beta/2$

Mittels der Beziehung $d\sigma = 2\pi q(\beta)*dq/d\beta*d\beta$ führt das nun wiederum zur Rutherfordformel. Siehe auch [5, Band1]

12.4 Das Schwerpunktsystem

Oft ist es so, dass die aufeinander treffenden Teilchen ähnliche Masse haben und man nicht sagen kann, eines ruht, bleibt ruhend, nur das andere bewegt sich.

Dafür ist das **Schwerpunktsystem** geeignet (engl. center of mass system, CMS). Das allgemein vertraute fixe Koordinatensystem nennt man im Gegensatz dazu das **Laborsystem.**

Wir betrachten 2 Teilchen, 2 Punktmassen m_1 und m_2 . Sie mögen sich an den Orten $\mathbf{x}_1$ und $\mathbf{x}_2$ befinden und die Geschwindigkeiten $\mathbf{v}_1$ und $\mathbf{v}_2$ haben (bezüglich des Laborsystems).

Der **Schwerpunkt** ist dann am Ort $\mathbf{xs} = (m_1 * \mathbf{x}_1 + m_2 * \mathbf{x}_2)/(m_1 + m_2)$,

allgemein $\mathbf{xs} = \Sigma m_i \mathbf{x}_i)/\Sigma m_i$

Der Schwerpunkt bewegt sich mit der Geschwindigkeit

$\mathbf{vs} = (m_1 * \mathbf{v}_1 + m_2 * \mathbf{v}_2)/(m_1 + m_2)$,

das ist gleich der Ableitung nach der Zeit t des Schwerpunktortes,

allgemein $\mathbf{vs} = \Sigma m_i \mathbf{v}_i)/\Sigma m_i$

Nun relativieren wir bezüglich des Schwerpunktes

Die Orte $\mathbf{xs}_1 = \mathbf{x}_1 - \mathbf{xs}$ $\quad \mathbf{xs}_2 = \mathbf{x}_2 - \mathbf{xs}$,

die Geschwindigkeiten $\mathbf{vs}_1 = \mathbf{v}_1 - \mathbf{vs}$ $\quad \mathbf{vs}_2 = \mathbf{v}_2 - \mathbf{xs}$,

allgemein $\mathbf{xs}_i = \mathbf{x}_i - \mathbf{xs}$ sowie $\mathbf{vs}_i = \mathbf{v}_i - \mathbf{vs}$

Speziell für 2 Punktmassen folgt

$\mathbf{xs}_1 = \mathbf{x}_1 - \mathbf{xs} \quad = \mathbf{x}_1 - (m_1 * \mathbf{x}_1 + m_2 * \mathbf{x}_2)/(m_1 + m_2) = \quad m_2/(m_1 + m_2) * (\mathbf{x}_1 - \mathbf{x}_2)$

sowie

$\mathbf{xs}_2 = \mathbf{x}_2 - \mathbf{xs} \quad = \mathbf{x}_2 - (m_1 * \mathbf{x}_1 + m_2 * \mathbf{x}_2)/(m_1 + m_2) = -m_1/(m_1 + m_2) * (\mathbf{x}_1 - \mathbf{x}_2)$

Analog gilt für die Geschwindigkeiten speziell

Zum einen

$\mathbf{vs}_1 = \mathbf{v}_1 - \mathbf{vs} \quad = \mathbf{v}_1 - (m_1 * \mathbf{v}_1 + m_2 * \mathbf{v}_2)/(m_1 + m_2) = \quad m_2/(m_1 + m_2) * (\mathbf{v}_1 - \mathbf{v}_2)$

wie auch

$\mathbf{vs}_2 = \mathbf{v}_2 - \mathbf{vs} \quad = \mathbf{v}_2 - (m_1 * \mathbf{v}_1 + m_2 * \mathbf{v}_2)/(m_1 + m_2) = -m_1/(m_1 + m_2) * (\mathbf{v}_1 - \mathbf{v}_2)$

Es folgt weiterhin $m_1 * \mathbf{xs}_1 + m_2 * \mathbf{xs}_2 = (m_1 * \mathbf{x}_1 + m_2 * \mathbf{x}_2) - (m_1 + m_2) * \mathbf{xs} = 0$,

oder allgemein $\quad \Sigma m_i * \mathbf{xs}_i = \Sigma m_i * \mathbf{x}_i - \Sigma m_i * \mathbf{xs} = 0$

Für den **<u>Gesamtimpuls</u>** gilt

$\mathbf{p} = m_1 * \mathbf{v}_1 + m_2 * \mathbf{v}_2 = (m_1 + m_2) * \mathbf{vs}$ $\quad$ allgemein $\mathbf{p} = \Sigma m_i \mathbf{v}_i = \Sigma m_i * \mathbf{vs}$

Das ist so, als wären alle Massen im Schwerpunkt vereinigt.

Für die Summe der **Relativimpulse** folgt

$\Sigma m_i \mathbf{vs}_i = \Sigma m_i(\mathbf{v}_i - \mathbf{vs}) = \Sigma m_i \mathbf{v}_i - \Sigma m_i * \mathbf{vs} = 0$

Die Summe der Relativimpulse ist also stets gleich 0.

Speziell bei 2 Punktmassen:

$\mathbf{ps} = m_1 * \mathbf{vs}_1 + m_2 * \mathbf{vs}_2 = m_1 m_2/(m_1+m_2) * (\mathbf{v}_1 - \mathbf{v}_2) - m_2 m_1 (m_1+m_2) * (\mathbf{v}_1 - \mathbf{v}_2) = 0$

Der Ausdruck $m_1 m_2/(m_1 + m_2)$ heißt die **reduzierte Masse**.

Für die <u>**Gesamtenergie**</u> gilt

$E = ½*(m_1 * \mathbf{v}_1^2 + m_2 * \mathbf{v}_2^2) = ½*m_1*(\mathbf{vs}+\mathbf{vs}_1)^2 + ½*m_2*(\mathbf{vs}+\mathbf{vs}_2)^2 =$

$= ½*(m_1+m_2)*\mathbf{vs}^2 + ½*m_1*\mathbf{vs}_1^2 + ½*m_2*\mathbf{vs}_2^2 + m_1*(\mathbf{vs}*\mathbf{vs}_1) + m_2*(\mathbf{vs}*\mathbf{vs}_2)$

Der letzte Term ist $m_1*(\mathbf{vs}*\mathbf{vs}_1)+m_2*(\mathbf{vs}*\mathbf{vs}_2) = \mathbf{vs}* (m_1*\mathbf{vs}_1+m_2*\mathbf{vs}_2) = 0$ siehe oben

Somit $E = ½*(m_1+m_2)*\mathbf{vs}^2 + ½*m_1*\mathbf{vs}_1^2 + ½*m_2*\mathbf{vs}_2^2$,

verallgemeinert $E = ½*\Sigma m_i * \mathbf{vs}^2 + ½*\Sigma m_i \mathbf{vs}_i^2$

Die Gesamtenergie ist die Schwerpunktsenergie plus die Summe der Relativenergien.

Wenn wir $\mathbf{vs}_1$ und $\mathbf{vs}_2$ gemäß obiger Beziehungen ersetzen, erhalten wir

$E = ½*(m_1+m_2)*\mathbf{vs}^2 + ½*m_1 m_2/(m_1 + m_2)*(\mathbf{v}_1 - \mathbf{v}_2)^2 =$

$= ½*(m_1+m_2)*\mathbf{vs}^2 + ½* m*\mathbf{v}^2$

Man kann also die **Relativenergien** der beiden Massen durch <u>eine</u> Energieformel ausdrücken, wenn wir die Massen durch die reduzierte Masse und die Geschwindigkeiten durch die Differenzgeschwindigkeit ersetzen. Die potentielle Energie U hängt ebenfalls nur von der Differenz ihrer Ortskoordinaten ab, also $U(|\mathbf{x}_1 - \mathbf{x}_2|)$.

Für den <u>**Gesamtdrehimpuls**</u> gilt

$\mathbf{L} = \mathbf{x}_1 \times m_1 \mathbf{v}_1 + \mathbf{x}_2 \times m_2 \mathbf{v}_2 = (\mathbf{xs}+\mathbf{xs}_1) \times m_1(\mathbf{vs}+\mathbf{vs}_1) + (\mathbf{xs}+\mathbf{xs}_2) \times m_2(\mathbf{vs}+\mathbf{vs}_2) =$

$= \mathbf{xs} \times (m_1+m_2)\mathbf{vs} + \mathbf{xs} \times (m_1 \mathbf{vs}_1 + m_2 \mathbf{vs}_2) +$

$+ (m_1 \mathbf{xs}_1 + m_2 \mathbf{xs}_2) \times \mathbf{vs} + \mathbf{xs}_1 \times m_1 \mathbf{vs}_1 + \mathbf{xs}_2 \times m_2 \mathbf{vs}_2 =$

$= \mathbf{xs} \times (m_1+m_2)\mathbf{vs} + 0 + 0 + \mathbf{xs}_1 \times m_1 \mathbf{vs}_1 + \mathbf{xs}_2 \times m_2 \mathbf{vs}_2 = \mathbf{Ls} + \Sigma\, \mathbf{Ls}_i$ summiert über i , also

Gesamtdrehimpuls = Schwerpunktsdrehimpuls + Relativdrehimpulsen

Im Zwei-Körperfall gilt zusätzlich $\mathbf{xs}_1 \times m_1 \mathbf{vs}_1 + \mathbf{xs}_2 \times m_2 \mathbf{vs}_2 =$

$= m_1 m_2/(m_1 + m_2)*(\mathbf{x}_1 - \mathbf{x}_2) \times \mathbf{vs}_1 - m_1 m_2/(m_1 + m_2)*(\mathbf{x}_1 - \mathbf{x}_2) \times \mathbf{vs}_2 =$

$= m_1 m_2/(m_1 + m_2)*(\mathbf{x}_1 - \mathbf{x}_2) \times (\mathbf{vs}_1 - \mathbf{vs}_2) = m*(\mathbf{x}_1 - \mathbf{x}_2) \times (\mathbf{vs}_1 - \mathbf{vs}_2)$

m ist die reduzierte Masse

Man kann also auch hier mit Relativkoordinaten und Relativgeschwindigkeiten arbeiten.

Im Schwerpunktsystem lässt man nun den Schwerpunktsimpuls, den Schwerpunktdrehimpuls wie auch die Schwerpunktsenergie weg, tut also so, also würde der Schwerpunkt ruhen, und beschäftigt sich nur noch mit den Relativgrößen.
So kann man also speziell das **Zweikörperproblem** auf ein Einkörperproblem reduzieren. Das gilt dann auch für die Berechnung von Wirkungsquerschnitten und stellt den besonderen Vorteil dar. Da man aber immer im Laborsystem misst, muss man am Ende die Ergebnisse in dieses umrechnen.
Dass Impuls, Energie und auch Drehimpuls nicht immer absolute Größen sind, ist eigentlich nichts Besonderes. Man denke daran, dass sich die Erde dreht, sich um die Sonne bewegt, diese wiederum in der Milchstraße umläuft, welche ihrerseits in Bewegung zu anderen Galaxien ist, usw, sodass jede gemessene Geschwindigkeit, kinetische Energie, usw nur relativ gemeint sein kann. So beträgt die Erdrotation am Äquator immerhin 463 m/s, mehr als die Schallgeschwindigkeit.

12.5 Die Streumatrix

Dieses ist ein Werkzeug in der QM, um insbesondere den Wirkungsquerschnitt bei einer Streuung, an einem festen Kraftzentrum oder beim Zusammenstoß von Teilchen, zu ermitteln.
Man unterscheidet zwischen **elastischer Streuung**, die einlaufenden Teilchen kommen am Ende wieder heraus, und **nicht-elastischer Streuung**, wenn am Ende mehr oder auch weniger Teilchen da sind wie am Anfang des Streuvorgangs infolge von Teilchenerzeugung oder Teilchenvernichtung. Der Wirkungsquerschnitt und die Streumatrix sind für beide Fälle geeignet.
Wir haben bereits einen Streuvorgang in der QM kennen gelernt, nämlich den Tunneleffekt: Einlaufende Teilchen laufen gegen eine „Wand“, eine Potentialschwelle endlicher Höhe. Ein Teil der Teilchen wird reflektiert, ein anderen durchdringt die Schwelle, keines bleibt in der Schwelle stecken.
Man kann die Situation durch drei Sachverhalte kennzeichnen: Zum einen der ganze Vorgang unterliegt einer übergeordneten Gleichung, hier der Schrödingergleichung, zum anderen man ist eigentlich nur an der Randsituation interessiert, was läuft ein, was kommt raus, was intern passiert, interessiert wenig, und schließlich man weiß eigentlich schon die Lösung für die einlaufende Welle oder Wellen und auch die Lösungen für die auslaufende Wellen, nur nicht deren Gewichtung. Im Beispiel Tunneleffekt kommt das durch den Lösungsansatz zum Ausdruck. Die Elemente der Streumatrix sind ein Ausdruck eben für diese Gewichtung, für die Wahrscheinlichkeitsamplituden der auslaufenden Wellen in Relation je zu einer einlaufenden

Welle. Die Randsituation heisst hier entweder große Entfernung zum Geschehen (Kraftzentrum, Potentialmitte), konkret Ort **x** gleich minus unendlich bzw plus unendlich oder/und die Zeit t ebenfalls gleich minus bzw plus unendlich.

Fassen wir eine feste einlaufende Welle ins Auge, bezeichnet mit $|i\rangle$ englisch initial, eingangs. Wir wissen experimentell, am Ende, nach dem Kontakt mit dem Wechselwirkungszentrum, zersplittert sie in viele auslaufende Wellen, bezeichnet mit $|f\rangle$ englisch final, ausgangs.

Die einlaufende Welle oder ein um einen Impuls eng begrenztes Wellenpaket sei auf 1 normiert. Da für die übergeordnete Gleichung eine Kontinuitätsgleichung für die Wahrscheinlichkeit gilt, erwartet man, dass für alle Zeit, insbesondere auch am Ende die Summe der Wahrscheinlichkeit der auslaufenden Wellen gleich 1 ist wie am Anfang.

Die **Streumatrix** geht ein Stück weiter und sagt, eigentlich ist der Zustand am Ende, in der Summe, derselbe wie am Anfang, nur anders zerlegt.

Das entspricht einem **Theorem von Wigner**, wonach aus

$|\langle\phi_2|\varphi_2\rangle|^2 = |\langle\varphi_1|\varphi_1\rangle|^2$ folgt , dass $|\varphi_1\rangle = U|\varphi_2\rangle$, wobei U ein unitärer oder antiunitärer Operator ist.

Anmerkung: Eugene **Wigner**, ungar./amerik. Physiker (1902-1995)

Sei nun $|i\rangle$ eine auf 1 normierte einlaufende Welle, in der Rolle von $|\varphi_1\rangle$.

Die Streumatrix S übernimmt die Rolle von U.

Dann schreibt sich die „Zersplitterung“ von $|\varphi_2\rangle$

$|i\rangle = \Sigma S_{if}^*|f\rangle$ summiert über f, über alle auslaufenden Wellen, orthonormiert.

Bei fixem Ein-Vektor i sind die S_{if} die Koeffizienten für die Aus-Vektoren $|f\rangle$ **.**

Es folgt $1 = \langle i|i\rangle = \Sigma\langle f|S_{fi}^{\ *} * S_{if}\,|f\rangle$ i fix, summiert über f

$S_{fi}^{\ *} * S_{if} = |S_{if}|^2$ nennt man auch die **Übergangswahrscheinlichkeit**,

die Wahrscheinlichkeit dafür, dass der Zustand $|i\rangle$ (hier auf Grund der Streuung) in den Zustand $|f\rangle$ übergeht, dass $|f\rangle$ am Ende vorgefunden wird, nach dem eingangs $|i\rangle$ war.

Die Summe der Übergangswahrscheinlichkeiten ist 1 .

Nach unserem Bild ist ein $|i\rangle$ eine einlaufende ebene Welle entlang der x-Achse, $|f\rangle$ sind Wellen, die in alle Raumrichtungen auslaufen.

In der Gesamtheit bilden die S_{if} eine Matrix, eben die unitäre Streumatrix.

Wenn man auf den Tunneleffekt blickt, hat man den Eindruck, dass die einlaufende Welle und die auslaufenden Wellen gleichzeitig nebeneinander herlaufen. Um im Bild eine stärkere Trennung von einlaufender und auslaufenden Wellen zu bekommen, ist es gut, sich die einlaufende Welle, das einlaufende Teilchen, als Wellenpaket vorzustellen, das vor unendlicher Zeit isoliert einläuft, gestreut wird, um dann nach unendlicher Zeit als freie Wellen wieder auszulaufen. Das entspricht auch der Wirklichkeit. Das einlaufende Partikel ist zunächst fernab von jeder Streuung, wird gestreut und wird nach langer Zeit, verglichen zum Streuvorgang, als solches registriert. Um die Rechnung zu vereinfachen, denkt man sich dann das Wellenpaket hinsichtlich des Impulses immer enger, hinsichtlich der örtlichen Ausdehnung immer breiter, was letzten Endes einer ebenen Welle entspricht

Es bleibt natürlich die Frage, wie man die Streumatrix, deren Elemente ermittelt. Im Fall des Tunneleffekts, aber auch bei der Rutherfordstreuung kann man die Schrödingergleichung total lösen und die Streuformeln durch Grenzübergang daraus ableiten. Da braucht man eigentlich keine Streumatrix. Meist jedoch muß man sich mit Näherungsverfahren begnügen. Bei den Bornschen Näherungen setzt man zunächst eine allgemeine Lösung als Potenzreihe der kleinen Koppelungskonstante an, mit der auch das Wechselwirkungspotential, die potentielle Energie angebunden ist, und bricht nach einer oder wenigen Potenzen ab wegen zu großer Komplexität. Man ermittelt dabei nicht die Streumatrix als Ganzes, vielmehr die einzelnen Elemente davon. Siehe späteres Kapitel.

Anmerkung: Max **Born**, deutscher Physiker (1882-1970)

Ähnlich ist es in der Quantenelektrodynamik nach Feynman. Allerdings ist da die Basisgleichung die Diracgleichung, die Dynamik ist relativistisch, hier stets klassisch, und die rechnerische Kompliziertheit nochmals deutlich höher.

Anmerkung: Richard **Feynman**, amerik. Physiker (1918-1988)

Die Vertauschbarkeit von Operatoren ist, wie wir kennen gelernt haben, die Voraussetzung für simultane Eigenvektoren und Eigenwerte. Das gilt insbesondere auch für Operatoren, die mit dem Hamiltonoperator H vertauschen und so zusammen mit seiner Eigenwertgleichung $H\phi = h*\phi$ zum Lösungs-Set beitragen. Die Streumatrix als unitäre Matrix kann man sich, wie wir auch schon kennengelernt haben, aus einer hermiteschen Matrix H generiert denken in der Form $S = \exp(-i*H*t)$, H vertritt das Streupotential und t die Zeit der Einwirkung auf die einlaufende Welle (im Grenzfall wieder minus unendlich bis plus unendlich). Operatoren, die mit H vertauschen, vertauschen auch mit jeder Potenz von H und damit auch mit S. Die Vertauschbarkeit mit der Streumatrix S ist also notwendige Voraussetzung, damit Eigenwerte beim Streuvorgang unverändert bleiben.

So kommen wir zum Isospin zurück. Nun eigentlich eine Umkehrung: Wenn man postulieren darf, dass der Isospin bei der Streuung von Elementarteilchen invariant bleibt, so hat das Folgerungen bezüglich der Streumatrix, die man hinsichtlich des Vergleichs von totalen Wirkungsquerschnitten ausnutzen kann. Dazu ein Theorem vorweg:

12.6 Das Wigner-Eckart-Theorem

Zu seiner Formulierung verwenden wir die Bezeichnungen für den Drehimpuls, der ja algebraisch dem Isospin gleich ist.
Es sei gegeben ein skalarer Operator S, wir denken an die Streumatrix, der mit **J,** mit allen seinen Komponenten, speziell mit J_3 vertauscht, wir denken an den Drehimpuls, aber insbesondere an den Isospin, also $[S,J_i] = 0$ mit $i = 1,2,3$.
S vertaucht dann auch mit $J_+ = J_1 + iJ_2$ und mit $J_- = J_1 - iJ_2$ sowie mit $\mathbf{J}^2$.
J und J_3 spannen den Raum $|a,j,m>$ auf, wobei a die sonstigen Eigenwerte vertritt. Daraus folgt
$\mathbf{J}^2*S|a,j,m>= S*\mathbf{J}^2|a,j,m>=S*j(j+1)\ |a,j,m>=j(j+1)*S|a,j,m>$ sowie
$J_3*S|a,j,m>=S*J_3|a,j,m>= S*m|a,j,m>= m*S|a,j,m>$
Der Vektor $S|a,j,m>$ ist also ebenfalls Eigenvektor zu $\mathbf{J}^2$ und J_3 mit den Eigenwerten j und m, also proportional zu $|a,j,m>$.
Deswegen sind die Skalarprodukte $<a_1 j_1,m_1|*S|a_2 j_2,m_2>$ gleich null, wenn immer $a_1 \# a_2$ oder $j_1 \# j_2$ oder $m_1 \# m_2$ ist. Die Skalarprodukte sind aber nichts anderes als die Elemente der Matrix S im Raum (a,j,m).
Die nicht-hauptdiagonalen Elemente von S sind also sämtliche gleich null im Raum (a,j,m).
Nun wenden wir uns den Hauptdiagonalelementen $<a,j,m|S|a,j,m>$ zu.
Mittels des Schiebeoperators J_+ können wir aus $|a,j,m-1>$ den Vektor $|a,j,m>$ gewinnen, nämlich $J_+|a,j,m-1> = \gamma*|a,j,m>$ mit $\gamma = (j(j+1)-((m-1)*m)^{1/2}$
Wir haben somit
$<a,j,m|S|a,j,m> = <a,j,m|S*\ J_+|a,j,m-1>*1/\gamma\ = <a,j,m|J_+*S|a,j,m-1>*1/\gamma$
Es ist nun $J_-|a,j,m> =\ (j(j+1)-(m*(m-1))^{1/2}*|a,j,m-1> = \gamma*|a,j,m-1>$
Auf die linke Seite gebracht wird $J_-|a,j,m>$ zu $<a,j,m|J_+$
also $<a,j,m|\ J_+\ = \gamma*<a,j,m-1|$
Somit können wir weiterschreiben
$<a,j,m|S|a,j,m> = \gamma*<a,j,m-1|\ S|a,j,m-1>*1/\gamma = <a,j,m-1|S|a,j,m-1>$
Das ist die entscheidende Zeile: Das Matrixelement $<a,j,m|S|a,j,m>$ ist unabhängig von m, anders gesagt, für alle m gleich, nur von j abhängig, abgesehen natürlich von a.
Man spricht so vom **reduziertem Matrixelement**.
Die Nicht-Hauptdiagonalelemente bezüglich a,j,m sind ohnehin gleich 0, wie wir gesehen haben.
Dieses wollen wir nun auf den Isospin anwenden.

12.7 Verzweigungsverhältnisse von Wirkungsquerschnitten und Zerfällen

Eingangs des Kapitels (12.1 haben wir, in Drehimpuls-Sprache, $|JM\rangle$ = Linearkombination von $|j_1,m_1\rangle|j_2,m_2\rangle$ dargestellt.

Nun wollen wir für unsere Zwecke **umgekehrt** $|j_1,m_1\rangle|j_2,m_2\rangle$ gegebenenfalls aus mehreren solchen Beziehungen isolieren. Die $|J_iM_i\rangle$ bilden ja ein den $|j_1,m_1\rangle|j_2,m_2\rangle$ äquivalentes Basissystem, also $\mathbf{|j_1,m_1\rangle|j_2,m_2\rangle = \Sigma c_i^*|J_iM\rangle}$ summiert über i

Dabei ist $M = m_1 + m_2$ je fix.

Es stehe also im Folgenden je links $|j_1,m_1\rangle|j_2,m_2\rangle$ und rechts $\Sigma c_i^*|J_iM\rangle$

Wir haben also links ein Elementarteilchenpaar und rechts seine Darstellung über den Isospin.

Betrifft Nukleon-Nukleon-Kombinationen:

$\mathbf{|p\rangle|p\rangle = |1,1\rangle}$ $\quad$ $\mathbf{|n\rangle|n\rangle = |1,-1\rangle}$ $\quad$ Gesamtisospin I=1

$\mathbf{|p\rangle|n\rangle = (1/2)^{1/2}*(|1,0\rangle + |0,0\rangle)}$ $\quad$ $\mathbf{|n\rangle|p\rangle = (1/2)^{1/2}*(|1,0\rangle - |0,0\rangle)}$

Gesamtisospin I = 1 und 0

Betrifft Nukleon-Pion-Kombinationen:

$\mathbf{|p\rangle|\pi^+\rangle = |3/2,3/2\rangle}$ $\quad$ $\mathbf{|n\rangle|\pi^-\rangle = |3/2,-3/2\rangle}$

$\mathbf{|n\rangle|\pi^+\rangle = (1/3)^{1/2}*|3/2,1/2\rangle + (2/3)^{1/2}*|1/2,1/2\rangle}$ $\quad$ Gesamtisospin

$\mathbf{|p\rangle|\pi^0\rangle = (2/3)^{1/2}*|3/2,1/2\rangle - (1/3)^{1/2}*|1/2,1/2\rangle}$ $\quad$ I = 3/2 und I = 1/2

$\mathbf{|n\rangle|\pi^0\rangle = (2/3)^{1/2}*|3/2,-1/2\rangle + (1/3)^{1/2}*|1/2,-1/2\rangle}$

$\mathbf{|p\rangle|\pi^-\rangle = (1/3)^{1/2}*|3/2,-1/2\rangle - (2/3)^{1/2}*|1/2,-1/2\rangle}$

Wir betrachten nun Streuungen, bei denen links stehende Elementarteilchen einlaufen, gestreut werden durch Stoß aneinander, und gegebenenfalls sogar als andere Teilchen auslaufen. Nur die starke Wechselwirkung sei im Folgenden beachtet.

Wir betrachten den Gesamtisospin links, unterstellen, dass er erhalten bleibt (Isospin-Invarianz), wissen, dass dann die Streuamplitude $\langle i|S|f\rangle = S_{if}$ hinsichtlich des Isospins nur vom Gesamtisospin I, nicht aber von der dritten Komponente I_3 abhängt (Wigner-Eckart-Theorem).

Anmerkungen:

Eugene P. **Wigner**, ungarischer/amerik. Physiker (1902-1995)

Carl H. **Eckart**, amerik. Physiker und Ozeanograph (1902-1973)

Der **totale Wirkungsquerschnitt** für den Übergang $|i\rangle$ nach $|f\rangle$ ist dann proportional der Übergangswahrscheinlichkeit, also $\sigma \sim \langle f|S|i\rangle^{*}*\langle i|S|f\rangle = |S_{if}|^2$

Bezeichne: A ist die Übergangs-Amplitude, bezüglich des Isospins nur abhängig vom Gesamtisospin I, also A(I), aber auch abhängig von der Energie E und dem Impuls p . Hier seien gleicher Wert dafür unterstellt.

Zunächst **Allgemeines**:
Die Teilchen(zustände) a und b sollen durch Stoß aneinander übergehen in die Teilchen(zustände) c und d), kurz **a,b => c,d** .
Gegebenenfalls gibt es mehrere Möglichkeiten bezüglich c und d (Kanäle).
Siehe Beispiel nachfolgend $|p\rangle|d\rangle \Rightarrow |He^3\rangle|\pi^0\rangle$ oder $\Rightarrow |H^3\rangle|\pi^+\rangle$ Proton-Deuteron-Stoß. Jeder individuelle Prozess nimmt immer nur eine Möglichkeit wahr. Sie sind also alternativ zueinander. Eine der Möglichkeiten sei im Folgenden gemeint.

Ihre Aufschlüsselung hinsichtlich des Isospins für Eingang und Ausgang, die dritte Komponente ist hier unwichtig, seien je bekannt, siehe zuvor, und sei
|ab> = α*|e,I> + β*|e,J> erster Gesamtisospin + zweiter Gesamtisospin
|cd> = γ*|e,I> + δ*|e,J> erster Gesamtisospin + zweiter Gesamtisospin

---

Die Clebsch-Gordan-Koeffizienten α,β,γ,δ sind reell.
Sie können auch 0 sein, was die allgemeinen Formeln vereinfacht.
e sind sonstige Eigenwerte, die beim Streuprozess erhalten bleiben wie Gesamtenergie und Gesamtimpuls. Zur Schreibvereinfachung lassen wir e bei den Beispielen weg.
Wir stellen also den Anfangszustand wie auch den Endzustand als **Linearkombination** von zueinander orthogonalen Gesamtisospin-Zuständen dar wie Vektoren im komplexen Vektorraum.
Multiplikation mit der Streumatrix ergibt S|cd> = γ*S|e,I> + δ*S|e,J>
Das ist gewissermaßen vom Endzustand rückgerechnet der Zustand **vor** der Streuung. Da S|e,I>~ |e,I> wie auch S|e,J>~ |e,J> , siehe Kapitel 12.6, können wir folgern S|cd> = γ*S|e,I> + δ*S|e,J> = γ*x*|e,I> + δ*y*|e,J>
mit <e,I|S|e,I> = x und <e,J|S|e,J> = y wegen der Orthogonalität.
Sieht man, nach Multiplizieren von Term2 und Term3 z.B. mit <e,I| und Vergleich beider Terme.
Skalarprodukt mit <ab| liefert dann seinen Anteil am Eingangszustand analog dem Skalarprodukt bei Vektoren, also
<ab|S|cd> = (α*<e,I| + β*<e,J|) * (γ*S|e,I> + δ*S|e,J>) also

<ab|S|cd> = αγ*<e,I|S|e,I> + βδ*<e,J|S|e,J> allgemeine Formel

---

Die gemischten Terme z.B. $<e,I|S|e,J>$ sind gleich null, weil durch die Streuung der Isospin erhalten bleiben soll, wegen der Orthogonalität.
Das sind die **Streuamplituden** zum Isospin I und J mit ihren Koeffizienten.

Bez $a = \alpha\gamma$, $A = A(e,I) = < e,I|S|e,I>$ und $b = \beta\delta$, $B = A(e,J) = <e,J|S| e,J>$,
also ist $<ab|S|cd> = a*A + b*B$

Dann errechnet sich daraus der **totale Wirkungsquerschnitt** wie folgt

$1/f*\sigma = <a|<b|S|c>|d>^* * <a|<b|S|c>|d> = (aA+bB)^* * (aA+bB) =$

$= a^2A^* * A + b^2B^* * B + ab(A^* * B + B^* * A) =$

$= a^2 * |A|^2 + b^2 * |B|^2 + 2ab * Re(A^* * B) = |<a|<b|S|c>|d>|^2$

Re = Realteil , f ist ein gemeinsamer Faktor, der insbesondere den Flächencharakter von σ zum Ausdruck bringt. Bei den Verzweigungsverhältnissen fällt er weg.

Dazu ein Beispiel:
$|ab>$ und zugleich $|cd>$ sei vertreten je durch die **Linearkombination**
$|p>|\pi^-> = (1/3)^{1/2} * |3/2,-1/2> - (2/3)^{1/2} * |1/2,-1/2>$ also I=3/2 und J = 1/2
Dann ist $a = \alpha\gamma = (1/3)^{1/2} * 1/3)^{1/2} = 1/3$, $b = \beta\delta = (-2/3)^{1/2} * (-2/3)^{1/2} = 2/3$
Also $<p|<\pi^-|S|p>|\pi^-> = 1/3 * A(3/2) + 2/3 * A(1/2)$ **Streuamplitude**
Somit ist der totale **Wirkungsquerschnitt** $1/f * \sigma(p+\pi^- => p+\pi^-) =$
$= 1/9 * |A(3/2)|^2 + 4/9 * |A(1/2)|^2 + 4/9 * [Re(A^*(3/2) * A(1/2)]$

Eine unmittelbare Ausrechnung ist hier nicht möglich, aber es können auf diese Weise **Verzweigungsverhältnisse** von totalen Wirkungsquerschnitten gewonnen werden, und dieses allein auf Basis des Isospins bei sonst gleichen Bedingungen wie z.B. die Energie und Impuls.
Siehe dazu auch [9] und [11]

Zusammenhängende Beispiele:
Beispiel: $|p>|p> => |p>|p>$ elastische Streuung , I=1
$<p|<p|S|p>|p> = <I=1|S|I=1> = A(1)$ Übergangsamplitude

Beispiel: $|n>|n> => |n>|n>$ elastische Streuung ,I=1
$<n|<n|S|n>|n> = <I=1|S|I=1> = A(1)$ Streuamplitude
Somit **σ(p+p => p+p) = σ(n+n => n+n)** totaler Wirkungsquerschnitt
Betrifft nicht nur die elastische Streuung, sondern auch die Bindungskraft im Atomkern

---

Zusammenhängende Beispiele (Proton-Pion-Streuung) **:**
Beispiel: $|p>|\pi^+> \Rightarrow |p>|\pi^+>$ I=3/2 elastische Streuung A(3/2)
Somit $<p|<\pi^+|S\,|p>|\pi^+> \;=\; <I=3/2|S|I=3/2> = A(3/2)$ Streuamplitude

---

Beispiel: $|p>|\pi^-> \Rightarrow |p>|\pi^->$ I=3/2 und I=1/2 elastische Streuung
Es ist $|p>|\pi^-> = (1/3)^{1/2}*|3/2,-1/2> \;-\; (2/3)^{1/2}*|1/2,-1/2>$
somit $<p|<\pi^-|S|p>|\pi^-> = 1/3*<I=3/2|S|I=3/2> + 2/3*<I=1/2|S|I=1/2>$
$= 1/3*A(3/2) + 2/3*A(1/2)$
Ein Beispiel, wo zwei verschiedene Übergangsamplituden auftreten.

Beispiel: $|p>|\pi^0> \Rightarrow |p>|\pi^0>$ I=3/2 und I=1/2 elastische Streuung
Es ist $|p>|\pi^0> = (2/3)^{1/2}*|3/2,1/2> \;-\; (1/3)^{1/2}*|1/2,1/2>$
somit $<p|<\pi^0|S|p>|\pi^0> = 2/3*<I=3/2|S|I=3/2> + 1/3*<I=1/2|S|I=1/2>$
$= 2/3*A(3/2) + 1/3*A(1/2)$

Beispiel: $|p>|\pi^-> \Rightarrow |n>|\pi^0>$ I=3/2 und I=1/2 nicht-elastische Streuung
Es ist $|p>|\pi^-> = (1/3)^{1/2}*|3/2,-1/2> \;-\; (2/3)^{1/2}*|1/2,-1/2>$
und $|n>|\pi^0> = (2/3)^{1/2}*|3/2,-1/2> + (1/3)^{1/2}*|1/2,-1/2>$ somit
$<p|<\pi^-|S|n>|\pi^0> = (2/9)^{1/2}*<I=3/2|S|I=3/2> - (2/9)^{1/2}*<I=1/2|S|I=1/2> =$
$= (2/9)^{1/2}*[A(3/2) - A(1/2)]$
Wenn wir auf die rechten Seiten, auf die Übergangsampliduden A blicken, sehen wir eine Verbindung der Beispiele und können wir folgende Beziehung für die Streuamplituden ausmachen:
$$\mathbf{<p|<\pi^-|S|p>|\pi^-> + 2^{1/2}*<p|<\pi^-|S|n>|\pi^0> = <p|<\pi^+|S\,|p>|\pi^+>}$$

Zusammenhängende Beispiele (p-p bzw p-n-Stoß, inelastisch) **:**
Beispiel: $|p>|p> \Rightarrow |d>|\pi^+>$ I=1 nicht-elastische Streuung
$|d> = |0,0>$ = Deuterium = p-n-System mit Gesamtisospin I=0
Es ist $|p>|p> = |1,1>$ $|d>|\pi^+> = |1,1>$
somit $<p|<p|S|d>|\pi^+> = <I=1|S|I=1> = A(I=1)$, also $\sigma(p+p \Rightarrow d+\pi^+) = |A(I=1)|^2$

Beispiel: $|p>|n> \Rightarrow |d>|\pi^0>$ I=1 nicht-elastische Streuung
$|p>|n> = (1/2)^{1/2}*(|1,0> + |0,0>)$
$|d>|\pi^0> = |1,0>$
somit
$<p|<n|S|d>|\pi^0> = (1/2)^{1/2}*<I=1|S|I=1> = (1/2)^{1/2}*A(1)$,
also $\sigma(p+n \Rightarrow d+\pi^0) = ½*\,|A(I=1)|^2$

Somit ergibt sich die Relation **$\sigma(p+p \Rightarrow d+\pi^+) = 2^* \sigma(p+n \Rightarrow d+\pi^0)$**
Beim inelastischen p-p-Stoß werden neben Deuterium doppelt soviele postive geladene Pionen erzeugt als beim p-n-Stoß neutrale Pionen erzeugt werden.

Zusammenhängende Beispiele (Proton-Deuterium-Stoß) :
Also $|p\rangle|d\rangle \Rightarrow |He^3\rangle|\pi^0\rangle$ bzw $|p\rangle|d\rangle \Rightarrow |H^3\rangle|\pi^+\rangle$
Helium He^3 besteht aus p-p-n, Waserstoff H^3 besteht aus p-n-n
$|p\rangle|d\rangle = |1/2,1/2\rangle$ I=1/2 d hat I=0

$|He^3\rangle|\pi^0\rangle$ kann ersetzt werden durch
$|p\rangle|\pi^0\rangle = (2/3)^{1/2}*|3/2,1/2\rangle - (1/3)^{1/2}*|1/2,1/2\rangle$
Somit $\langle p|\langle d|S|He^3\rangle|\pi^0\rangle = - (1/3)^{1/2}*\langle I=1/2|S|I=1/2\rangle = - (1/3)^{1/2} * A(1/2)$
also **$\sigma(p+d \Rightarrow He^3+\pi^0\rangle) = 1/3*|A(1/2)|^2$**

$|H^3\rangle|\pi^+\rangle$ kann ersetzt werden durch
$|n\rangle|\pi^+\rangle = (1/3)^{1/2}*|3/2,1/2\rangle + (2/3)^{1/2}*|1/2,1/2\rangle$
Somit $\langle p|\langle d|S|H^3\rangle|\pi^+\rangle = (2/3)^{1/2}*\langle I=1/2|S|I=1/2\rangle = - (2/3)^{1/2} * A(1/2)$
also **$\sigma(p+d \Rightarrow H^3+\pi^+\rangle) = 2/3*|A(1/2)|^2$**
Somit also **$\sigma(p+d \Rightarrow H^3+\pi^+) = 2*\sigma(p+d \Rightarrow He^3+\pi^0)$**

Indem man also schnelle Protonen gegen schwere Wasserstoffatome (Deuterium, im Kern p-n) schießt, kann man Pionen erzeugen, und zwar entstehen doppelt so viele positiv geladene Pionen wie neutrale Pionen, bei sonst gleichen Voraussetzungen wie (kinetischer) Einschuß-Energie des Protons, Größenordnung von 450MeV bis 600MeV .

Die **Einheit für den Wirkungsquerschnitt** im Bereich der Atome und Elementarteilchen ist die Flächeneinheit 1b (1 **barn**) = 10^{-28} m², das entspricht etwa dem Querschnitt eines Atomkerns.
Bei der elastischen Streuung von positiven Pionen an Protonen wird für den totalen Wirkungsquerschnitt maximal ein Wert von 200 mb (=0.2 barn) erreicht, bei einer kinetischen Pionen-Energie von 180 MeV, also ein sehr kleiner Wert.
Zum Vergleich, der totale Wirkungsquerschnitt, dass ein **thermisches Neutron** (kinetische Energie im Mittel 0,025 eV, soviel wie die Wärmeenergie eines Atoms des Neutronen-bremsenden Moderators) einen Urankern U^{235} spaltet, ist 585 barn, also relativ groß.

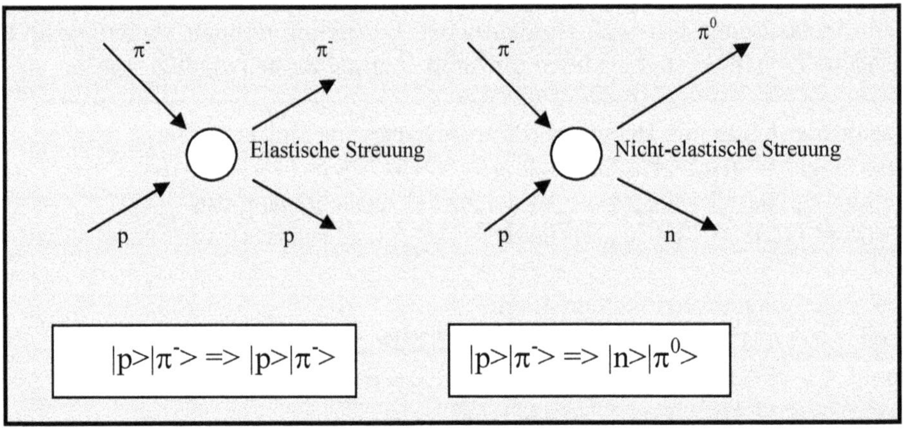

Auch bei inelastischer Streuung stellt sich der (totale) Wirkungsquerschnitt quasi wie ein Scheibchen dar, das es bei Geradeausflug zu treffen gilt. Wird es getroffen, wird der Prozess ausgelöst, sonst nicht.

---

13. Die erweiterten Pauli-Matrizen

Mit den Paulimatrizen kann man nicht nur den elementaren Spin oder Isospin (s =1/2 bzw I=1/2) darstellen, sie bilden auch eine Matrizen-Basis für alle hermiteschen Matrizen des zweidimensionalen komplexen Vektorraums $\mathbf{U}_2$.
Die Pauli-Matrizen seien erneut hingeschrieben:

$$\sigma_1 = \begin{pmatrix} 0 & 1 \\ 1 & 0 \end{pmatrix} \qquad \sigma_2 = \begin{pmatrix} 0 & -i \\ i & 0 \end{pmatrix} \qquad \sigma_3 = \begin{pmatrix} 1 & 0 \\ 0 & -1 \end{pmatrix} \qquad \sigma_0 = \begin{pmatrix} 1 & 0 \\ 0 & 1 \end{pmatrix}$$

Nun ist es nahe liegend, eine derartige Matrizenbasis allgemein für den n-dimensionalen komplexen Vektorraum $\mathbf{U}_n$ anzugeben.
Wir führen analog aufgebaute Matrizen mit den Namen $\mathbf{S_1^{ik}}$, $\mathbf{S_2^{ik}}$, $\mathbf{S_3^{ik}}$ sowie $\mathbf{S_0}$ und $\mathbf{S_0^{ik}}$.
Stets soll sein **i<k** . Es bezeichnet das die Matrix charakterisierende Element in der Hauptdiagonalen oder rechts davon.
$\mathbf{S_0}$ ist die Einheitsmatrix in diesem Raum .
$\mathbf{S_1^{ik}}$ ist analog zu σ_1 , an der Stelle i k (i = Zeile, k = Spalte) steht 1, gleichfalls an der an der Hauptdiagonale gespiegelten Stelle k i.
$\mathbf{S_2^{ik}}$ ist analog zu σ_2 , an der Stelle i k steht -i, an der an der Hauptdiagonale gespiegelten Stelle k i steht der komplex-konjugierte Wert i .
$\mathbf{S_3^{ik}}$ ist analog zu σ_3 , an der Stelle i i steht eine 1, an der Stelle k k steht -1 .
$\mathbf{S_0^{ik}}$ ist analog zu σ_0 , an der Stelle i i steht eine 1, an der Stelle k k

steht ebenfalls 1 . Alle anderen Stellen der Matrix sind mit 0 besetzt.
Die Bezeichnungsweise ist so, dass sie für (quadratische) Pauli-Matrizen jeglicher Dimension n verwendet werden kann.
S_3^{ik}, S_0^{ik} sowie S_0 sind Hauptdiagonalmatrizen.
Die Standard-Paulimatrizen sind dann nach diesem Namensschema wie folgt bezeichnet: $S_1^{12} = \sigma_1$, $S_2^{12} = \sigma_2$, $S_3^{12} = \sigma_3$, $S_0^{12} = \sigma_0$
Zur Darstellung dieser erweiterten Pauli-Matrizen sowie zur Herleitung ihrer Vertauschungsregeln und Antivertauschungsregeln wollen wir die Ein-Element-Matrix einführen.

11	12	13	14
	22	23	24
		33	34
			44

Die **Platznummern** zur Kennzeichnung der S-Matrizen am Beispiel der Dimension n=4
Beispiele:

S^1_{12} , S^1_{13} , S^1_{23} , S^1_{34}

S^2_{12} , S^2_{13} , S^2_{23} , S^2_{34}

S^3_{12} , S^3_{34} , S^0_{12} , S^0_{34}

13.1 Die Ein-Element-Matrix

Die Ein-Element-Matrix, bezeichnet mit $\mathbf{E}^{ij}$, hat an der Stelle ij den Wert 1, ansonsten überall den Wert 0 .
Gemäß Matrizenrechnung ist das Produkt zweier Matrizen allgemein $C = A*B = \Sigma A_{in}*B_{nk}$,summiert über n, und speziell für zwei Ein-Element-Matrizen $\mathbf{E}^{ij}$ und $\mathbf{E}^{kl}$,

$C = \Sigma E^{ij}{}_{in}*E^{kl}{}_{nk} = \delta_{jk}*E^{ij}*E^{kl} = \delta_{jk}*E^{il}$, also $\boxed{\mathbf{E}^{ij}*\mathbf{E}^{kl} = \delta_{jk}*\mathbf{E}^{il}}$

Also die inneren Indizes bestimmen über δ_{jk} ,die äusseren Indizes bestimmen in der Reihenfolge über die Matrix.
Das Produkt zweier Ein-Element-Matrizen ist also wieder eine Ein-Element-Matrix, wenn j=k ist, ansonsten ist es die Nullmatrix.

Beispiel: (0 0 0) * (0 0 0)) $= E^{23}*E^{31} = E^{21} =$ (0 0 0)
(0 0 1) (0 0 0) (1 0 0)
(0 0 0) (1 0 0) (0 0 0)

Die **Vertauschungsregel und Antivertauschungsregel** zweier Ein-Element-Matrizen sind $\mathbf{[E^{ij},E^{kl}] = \delta_{jk}*E^{il} - \delta_{il}*E^{kj}}$, $\mathbf{\{E^{ij},E^{kl}\} = \delta_{jk}*E^{il} + \delta_{il}*E^{kj}}$
denn $[E^{ij},E^{kl}] = E^{ij}*E^{kl} - E^{kl}*E^{ij} = \delta_{jk}*E^{il} - \delta_{il}*E^{kj}$

Die Darstellung der erweiterten Pauli-Matrizen durch Ein-Element-Matrizen
$\mathbf{S_1^{ij} = E^{ij} + E^{ji}}$ $\mathbf{S_2^{ij} = -i*E^{ij} + i*E^{ji}}$ $\mathbf{S_3^{ij} = E^{ii} - E^{jj}}$ $\mathbf{S_0^{ij} = E^{ii} + E^{jj}}$

Hinsichtlich der Vertauschung der oberen Indizes folgt:
$\mathbf{S_1^{ji} = S_1^{ij}}$ $\mathbf{S_2^{ji} = - S_2^{ij}}$ $\mathbf{S_3^{ji} = - S_3^{ij}}$ $\mathbf{S_0^{ji} = S_0^{ij}}$
Sonderheiten auf Grund der Definition:
$\mathbf{S_1^{ii}} = 2*\mathbf{E^{ii}}$ $\mathbf{S_2^{ii}} = 0$ $\mathbf{S_3^{ii}} = 0$ $\mathbf{S_0^{ii}} = 2*\mathbf{E^{ii}}$.

13.2 Ableitung der Vertauschungsregeln der erweiterten Pauli-Matrizen

$[S_n^{ij},S_m^{kl}] = [aE^{ij}+bE^{ji}, cE^{kl}+dE^{lk}] =$ n = 1 oder 2 , m = 1 oder 2
$= ac*[E^{ij},E^{kl}] + ad*[E^{ij},E^{lk}] + bc*[E^{ji},E^{kl}] + bd*[E^{ji},E^{lk}] =$
$= ac*(\delta_{jk}*E^{il} - \delta_{il}*E^{kj}) + ad*(\delta_{jl}*E^{ik} - \delta_{ik}*E^{lj}) +$ Bei Antikommutatoren
$+ bc*(\delta_{ik}*E^{jl} - \delta_{jl}*E^{ki}) + bd*(\delta_{il}*E^{jk} - \delta_{jk}*E^{li}) =$ wird [...] gegen {...}
getauscht und jedes
$= \delta_{ik}*(-ad*E^{lj}+bc*E^{jl}) + \delta_{il}*(-ac*E^{kj}+bd*E^{jk}) +$ Vorzeichen positiv
$+ \delta_{jk}*(ac*E^{il} - bd*E^{li}) + \delta_{jl}*(ad*E^{ik} - bc*E^{ki})$ gemacht

---

$[S_m^{ij},S_n^{kl}] = [aE^{ii}+bE^{jj}, cE^{kl}+dE^{lk}] =$ m = 3 oder 0 , n = 1 oder 2
$= ac*(\delta_{ik}*E^{il} - \delta_{il}*E^{ki}) + ad*(\delta_{il}*E^{ik} - \delta_{ik}*E^{li}) +$
$+ bc*(\delta_{jk}*E^{jl} - \delta_{jl}*E^{kj}) + bd*(\delta_{jl}*E^{jk} - \delta_{jk}*E^{lj}) =$

$= \delta_{ik}*(ac*E^{il}-ad*E^{li}) + \delta_{il}*(ad*E^{ik}-ac*E^{ki}) +$
$+ \delta_{jk}*(bc*E^{jl} - bd*E^{lj}) + \delta_{jl}*(-bc*E^{kj} + bd*E^{jk})$

$[S_n^{ij},S_m^{kl}] = [aE^{ij}+bE^{ji}, cE^{kk}+dE^{ll}] =$ n = 1 oder 2 , m= 0 oder 3
$= ac*(\delta_{jk}*E^{ik} - \delta_{ik}*E^{kj}) + ad*(\delta_{jl}*E^{il} - \delta_{il}*E^{lj}) +$
$+ bc*(\delta_{ik}*E^{jk} - \delta_{jk}*E^{ki}) + bd*(\delta_{il}*E^{jl} - \delta_{jl}*E^{li}) =$

$= \delta_{ik}*(-ac*E^{kj}+bc*E^{jk}) + \delta_{il}*(-ad*E^{lj}+bd*E^{jl}) +$
$+ \delta_{jk}*(ac*E^{ik} - bc*E^{ki}) + \delta_{jl}*(ad*E^{il} - bd*E^{li})$

$[S_1^{ij},S_1^{kl}] =$ a=b=c=d=1 Muster: $(-E^{lj}+E^{jl}) = i*S_2^{jl}$
$= i*\delta_{ik}*S_2^{jl} + i*\delta_{il}*S_2^{jk} + i*\delta_{jk}*S_2^{il} + i*\delta_{jl}*S_2^{ik}$ bc,bd,ac,ad = 1,1,1,1

$[S_1^{ij},S_2^{kl}] =$ a=b=1 c=-i d=i Muster: $(i*E^{lj}+i*E^{jl}) = i*S_1^{jl}$
$= -i*\delta_{ik}*S_1^{jl} + i*\delta_{il}*S_1^{jk} - i*\delta_{jk}*S_1^{il} + i*\delta_{jl}*S_1^{ik}$ bc,bd,ac,ad = -i,i,-i,i

$[S_2^{ij},S_2^{kl}] =$ a=-i b=i c=-i d=i Muster: $(-E^{lj}+E^{jl}) = i*S_2^{jl}$
$= i*\delta_{ik}*S_2^{jl} - i*\delta_{il}*S_2^{jk} - i*\delta_{jk}*S_2^{il} + i*\delta_{jl}*S_2^{ik}$ bc,bd,ac,ad = 1,-1,-1,1

$[S_2^{ij},S_3^{kl}] =$ a=-i b=i c=1 d=-1 Muster: $(i*E^{lj}+i*E^{jl}) = i*S_1^{jl}$
$= i*\delta_{ik}*S_1^{jk} - i*\delta_{il}*S_1^{jl} - i*\delta_{jk}*S_1^{ik} + i*\delta_{jl}*S_1^{il}$ bc,bd,ac,ad = i,-i,-i,i

$[S_3^{ij},S_1^{kl}] =$ a=1 b=-1 c=d=1 Muster: $(-E^{lj}+E^{jl}) = i*S_2^{jl}$
$= i*\delta_{ik}*S_2^{il} + i*\delta_{il}*S_2^{ik} - i*\delta_{jk}*S_2^{jl} - i*\delta_{jl}*S_2^{jk}$ ac,ad,bc,bd = 1,1,-1,-1

$[S_0^{ij},S_1^{kl}] =$ a=b=c=d=1 Muster: $(-E^{lj}+E^{jl}) = i*S_2^{jl}$
$= i*\delta_{ik}*S_2^{il} + i*\delta_{il}*S_2^{ik} + i*\delta_{jk}*S_2^{jl} + i*\delta_{jl}*S_2^{jk}$ ac,ad,bc,bd = 1,1,1,1

$[S_0^{ij},S_2^{kl}] =$ a=b=1 c=-i d=i Muster: $(i*E^{lj}+i*E^{jl}) = i*S_1^{jl}$
$=- i*\delta_{ik}*S_1^{il} + i*\delta_{il}*S_1^{ik} - i*\delta_{jk}*S_1^{jl} + i*\delta_{jl}*S_1^{jk}$ ac,ad,bc,bd = -i,i,-i,i

---

$\{S_1^{ij},S_1^{kl}\} =$ a=b=c=d=1 Muster: $(E^{lj}+E^{jl}) = S_1^{jl}$
$= \delta_{ik}*S_1^{jl} + \delta_{il}*S_1^{jk} + \delta_{jk}*S_1^{il} + \delta_{jl}*S_1^{ik}$ bc,bd,ac,ad = 1,1,1,1

$\{S_1^{ij},S_2^{kl}\} =$ a=b=1 c=-i d=i Muster: $(i*E^{lj}-i*E^{jl}) = S_2^{jl}$
$= \delta_{ik}*S_2^{jl} - \delta_{il}*S_2^{jk} + \delta_{jk}*S_2^{il} - \delta_{jl}*S_2^{ik}$ bc,bd,ac,ad = -i,i,-i,i

$\{S_2^{ij},S_2^{kl}\} =$ a=-i b=i c=-i d=i Muster: $(E^{lj}+E^{jl}) = S_1^{jl}$
$= \delta_{ik}*S_1^{jl} - \delta_{il}*S_1^{jk} - \delta_{jk}*S_1^{il} + \delta_{jl}*S_1^{ik}$ bc,bd,ac,ad = 1,-1,-1,1

$\{S_2^{ij},S_3^{kl}\} =$ a=-i b=i c=1 d=-1 Muster: $(i*E^{kj}-i*E^{jk}) = S_2^{jk}$
$= - \delta_{ik}*S_2^{jk} + \delta_{il}*S_2^{jl} + \delta_{jk}*S_2^{ik} - \delta_{jl}*S_2^{il}$ bc,bd,ac,ad = i,-i,-i,i

$\{S_3^{ij},S_1^{kl}\} =$ a=1 b=-1 c=d=1 Muster: $(E^{lj}+E^{jl}) = S_1^{jl}$
$= \delta_{ik}*S_1^{il} + \delta_{il}*S_1^{ik} - \delta_{jk}*S_1^{jl} - \delta_{jl}*S_1^{jk}$ ac,ad,bc,bd = 1,1,-1,-1

$\{S_0^{ij},S_1^{kl}\} =$ a=b=c=d=1 Muster: $(E^{lj}+E^{jl}) = i*S_1^{jl}$
$= \delta_{ik}*S_1^{il} + \delta_{il}*S_1^{ik} + \delta_{jk}*S_1^{jl} + \delta_{jl}*S_1^{jk}$ ac,ad,bc,bd = 1,1,1,1

$\{S_0^{ij},S_2^{kl}\} =$ a=b=1 c=-i d=i Muster: $(-i*E^{il}+i*E^{li}) = S_2^{il}$
$= \delta_{ik}*S_2^{il} - \delta_{il}*S_2^{ik} + \delta_{jk}*S_2^{jl} - \delta_{jl}*S_2^{jk}$ ac,ad,bc,bd = -i,i,-i,i

$\{S_n^{\,i\,j},S_m^{\,k\,l}\} = \{aE^{ii} + bE^{jj}, cE^{k\,k} + dE^{l\,l}\} =$ n = 0 oder 3 , m = 0 oder 3

$= ac*\{\mathbf{E}^{ii},\mathbf{E}^{k\,k}\} + ad*\{\mathbf{E}^{ii},\mathbf{E}^{l\,l}\} + bc*\{\mathbf{E}^{jj},\mathbf{E}^{k\,k}\} + bd*\{\mathbf{E}^{jj},\mathbf{E}^{l\,l}\}$

$= 2ac*\delta_{ik}*\mathbf{E}^{ik} + 2ad*\delta_{il}*\mathbf{E}^{il} + 2bc*\delta_{jk}*\mathbf{E}^{jk} + 2bd*\delta_{jl}*\mathbf{E}^{jl}$

$\{S_0^{\,i\,j},S_0^{\,k\,l}\} = 2*\delta_{ik}*\mathbf{E}^{ik} + 2*\delta_{il}*\mathbf{E}^{il} + 2*\delta_{jk}*\mathbf{E}^{jk} + 2*\delta_{jl}*\mathbf{E}^{jl}$ a=b=c=d= 1

$\{S_0^{\,i\,j},S_3^{\,k\,l}\} = 2*\delta_{ik}*\mathbf{E}^{ik} - 2*\delta_{il}*\mathbf{E}^{il} + 2*\delta_{jk}*\mathbf{E}^{jk} - 2*\delta_{jl}*\mathbf{E}^{jl}$ a=b=c=1 d=-1

$\{S_3^{\,i\,j},S_3^{\,k\,l}\} = 2*\delta_{ik}*\mathbf{E}^{ik} - 2*\delta_{il}*\mathbf{E}^{il} - 2*\delta_{jk}*\mathbf{E}^{jk} + 2*\delta_{jl}*\mathbf{E}^{jl}$ a=c=1 b=d=-1

13.3 Liste der Kommutatoren und Antikommutatoren

$[S_1^{\,i\,j},S_1^{\,k\,l}] = i*\delta_{ik}*S_2^{\,jl} + i*\delta_{il}*S_2^{\,jk} + i*\delta_{jk}*S_2^{\,il} + i*\delta_{jl}*S_2^{\,ik}$

$\{S_1^{\,i\,j},S_1^{\,k\,l}\} = \delta_{ik}*S_1^{\,jl} + \delta_{il}*S_1^{\,jk} + \delta_{jk}*S_1^{\,il} + \delta_{jl}*S_1^{\,ik}$

$[S_1^{\,i\,j},S_2^{\,k\,l}] = -\,i*\delta_{ik}*S_1^{\,jl} + i*\delta_{il}*S_1^{\,jk} - i*\delta_{jk}*S_1^{\,il} + i*\delta_{jl}*S_1^{\,ik}$

$\{S_1^{\,i\,j},S_2^{\,k\,l}\} = \delta_{ik}*S_2^{\,jl} - \delta_{il}*S_2^{\,jk} + \delta_{jk}*S_2^{\,il} - \delta_{jl}*S_2^{\,ik}$

$[S_2^{\,i\,j},S_2^{\,k\,l}] = i*\delta_{ik}*S_2^{\,jl} - i*\delta_{il}*S_2^{\,jk} - i*\delta_{jk}*S_2^{\,il} + i*\delta_{jl}*S_2^{\,ik}$

$\{S_2^{\,i\,j},S_2^{\,k\,l}\} = \delta_{ik}*S_1^{\,jl} - \delta_{il}*S_1^{\,jk} - \delta_{jk}*S_1^{\,il} + \delta_{jl}*S_1^{\,ik}$

$[S_2^{\,i\,j},S_3^{\,k\,l}] = i*\delta_{ik}*S_1^{\,jk} - i*\delta_{il}*S_1^{\,jl} - i*\delta_{jk}*S_1^{\,ik} + i*\delta_{jl}*S_1^{\,il}$

$\{S_2^{\,i\,j},S_3^{\,k\,l}\} = -\,\delta_{ik}*S_2^{\,jk} + \delta_{il}*S_2^{\,jl} + \delta_{jk}*S_2^{\,ik} - \delta_{jl}*S_2^{\,il}$

$[S_3^{\,i\,j},S_1^{\,k\,l}] = i*\delta_{ik}*S_2^{\,il} + i*\delta_{il}*S_2^{\,ik} - i*\delta_{jk}*S_2^{\,jl} - i*\delta_{jl}*S_2^{\,jk}$

$\{S_3^{\,i\,j},S_1^{\,k\,l}\} = \delta_{ik}*S_1^{\,il} + \delta_{il}*S_1^{\,ik} - \delta_{jk}*S_1^{\,jl} - \delta_{jl}*S_1^{\,jk}$

$[S_3^{\,i\,j},S_3^{\,k\,l}] = 0$, $\{S_3^{\,i\,j},S_3^{\,k\,l}\} = 2*\delta_{ik}*\mathbf{E}^{ik} - 2*\delta_{il}*\mathbf{E}^{il} - 2*\delta_{jk}*\mathbf{E}^{jk} + 2*\delta_{jl}*\mathbf{E}^{jl}$

$[S_0^{\,i\,j},S_1^{\,k\,l}] = i*\delta_{ik}*S_2^{\,il} + i*\delta_{il}*S_2^{\,ik} + i*\delta_{jk}*S_2^{\,jl} + i*\delta_{jl}*S_2^{\,jk}$

$\{S_0^{\,i\,j},S_1^{\,k\,l}\} = \delta_{ik}*S_1^{\,il} + \delta_{il}*S_1^{\,ik} + \delta_{jk}*S_1^{\,jl} + \delta_{jl}*S_1^{\,jk}$

$[S_0^{\,i\,j},S_2^{\,k\,l}] = -\,i*\delta_{ik}*S_1^{\,il} + i*\delta_{il}*S_1^{\,ik} - i*\delta_{jk}*S_1^{\,jl} + i*\delta_{jl}*S_1^{\,jk}$

$\{S_0^{\,i\,j},S_2^{\,k\,l}\} = \delta_{ik}*S_2^{\,il} - \delta_{il}*S_2^{\,ik} + \delta_{jk}*S_2^{\,jl} - \delta_{jl}*S_2^{\,jk}$

$[S_0^{\,i\,j},S_3^{\,k\,l}] = 0$, $\{S_0^{\,i\,j},S_3^{\,k\,l}\} = 2*\delta_{ik}*\mathbf{E}^{ik} - 2*\delta_{il}*\mathbf{E}^{il} + 2*\delta_{jk}*\mathbf{E}^{jk} - 2*\delta_{jl}*\mathbf{E}^{jl}$

$[S_0^{\,i\,j},S_0^{\,k\,l}] = 0$, $\{S_0^{\,i\,j},S_0^{\,k\,l}\} = 2*\delta_{ik}*\mathbf{E}^{ik} + 2*\delta_{il}*\mathbf{E}^{il} + 2*\delta_{jk}*\mathbf{E}^{jk} + 2*\delta_{jl}*\mathbf{E}^{jl}$

Die rechte Seite der (Anti)kommutatoren besteht, dem ersten Eindruck nach, aus maximal vier Matrizen, unabhängig von der Dimension n. Angeboten werden alle Paarkombinationen, die aus ij und kl bildbar sind, sowohl für die Kronecker-Symbole und wie für die Matrizen.

Weil stets links i<j und k<l ist, können maximal aber nur zwei Paare mit gleichen Ziffern gebildet werden, z.B. i=k und j=l, also die Paare ik und jl , das Paar der kleineren und das Paar der größeren Ziffern. Es können also rechts nur maximal zwei Matrizen auftreten, in unserer Darstellung die erste und die letzte. Beispiel: ij=23, kl=23

Dagegen gibt es vier Paarkombinationen , wenn nur eine Ziffernübereinstimmung gefordert wird, nämlich ik, wenn i=k ist, il bei i=l, jk bei j=k und jl bei j=l. Dann haben wir rechts nur eine Matrix, aber es gibt mehr solche Fälle.

Sind ik und jl vollkommen ziffernfremd, so wird rechts jedes Kroneckersymbol zu 0, d.h. der (Anti)kommutator = 0 ,z.B. ij=12, kl=34.

Es ist

δ_{ik}=1, wenn i=k ist, wenn Zeile1=Zeile2, die Referenzelemente liegen in der gleichen Zeile.

Beispiele: ij-kl = 12-14 , ij-kl = 13-12 , auch 14-12 , 12-13

δ_{il}=1, wenn i=l ist, wenn Zeile1=Spalte2, die Referenzelemente sind einander versetzt. Beispiele: ij-kl = 23-12 , 24-12 , 34-13 , 34-23

δ_{jk}=1, wenn j=k ist, wenn Spalte1=Zeile2, die Referenzelemente sind einander versetzt. Beispiele: ij-kl = 12-23 , 12-24 , 13-34 , 23-34

δ_{jl}=1, wenn j=l ist, wenn Spalte1=Spalte2, die Referenzelemente liegen in der gleichen Spalte.

Beispiele: ij-kl = 13-23 , 14-24 , 14-34, auch 23-13,24-14,34-14

Es fällt auf, dass bei den Kommutatoren und Antikommutatoren auf der rechten Seite stets die gleiche Sorte Pauli-Matrix, z.B. stets S_2 auftritt oder Ein-Element-Matrizen,

weiterhin, dass nur der Antikommutator $\{S_1^{ij}, S_1^{kl}\}$ und der Kommutator $[S_2^{ij}, S_2^{kl}]$ links wie rechts dieselbe Sorte von Matrix verwenden.

Haben S_1^{ij}, S_2^{ij} ,S_3^{ij} gleiche obere Indizes, also im Fall i=k und j=l , so widerspiegeln sie einen Satz von Paulimatrizen und ihre Kommutatoren sind entsprechend:

$$[S_1^{ij}, S_2^{ij}] = - i*S_1^{jj} + i*S_1^{ii} = 2i*(E^{ii} - E^{jj}) = 2i*S_3^{ij} \quad k = i, l = j \;\; i \# j$$

$$[S_2^{ij}, S_3^{ij}] = i*S_1^{ji} + i*S_1^{ij} = 2i*S_1^{ij}$$

$$[S_3^{ij}, S_1^{ij}] = i*S_2^{ij} - i*S_2^{ji} = 2i*S_2^{ij}$$

$\{S_1{}^{ij},S_1{}^{ij}\} = S_1{}^{jj} + S_1{}^{ii} = 2E^{jj} + 2E^{ii} = 2*S_0{}^{ij}$
$\{S_2{}^{ij},S_2{}^{ij}\} = S_1{}^{jj} + S_1{}^{ii} = 2*S_0{}^{ij}$
$\{S_3{}^{ij},S_3{}^{ij}\} = 2E^{ii} + 2E^{jj} = 2*S_0{}^{ij}$

$\{S_1{}^{ij},S_2{}^{ij}\} = S_2{}^{jj} - S_2{}^{ii} = 0$
$\{S_2{}^{ij},S_3{}^{ij}\} = -S_2{}^{ji} - S_2{}^{ij} = 0$
$\{S_3{}^{ij},S_1{}^{ij}\} = S_1{}^{ij} - S_1{}^{ji} = 0$

Wie wir sehen, können die zunächst zwei Matrizen zu einer Matrix zusammengefasst werden. Dieses Ergebnis ist unabhängig von n .

Beispiel: **Drehimpulsmatrizen zu J=1** siehe dazu auch Kapitel 18.6 und 19
Dimension n=3 Zuordnung: $J_1 = S_2{}^{23}$, $J_2 = -S_2{}^{13}$, $J_3 = S_2{}^{12}$
Dann ist z.B.
$[J_3 , J_1] = [S_2{}^{12}, S_2{}^{23}] = -i*\delta_{jk}*S_2{}^{il} = -i*\delta_{22}*S_2{}^{13} = i*J_2$ j=k=2

Daneben gibt es zu J=1 die Darstellung , siehe Kapitel 22.9
$J_1 = (2^{-1/2})*(S_1{}^{12} + S_1{}^{23})$, $J_2 = (2^{-1/2})*(S_2{}^{12} + S_2{}^{23}$, $J_3 = S_3{}^{13}$ Analog ist
$[J_3 , J_1] = (2^{-1/2})*[S_3{}^{13}, (S_1{}^{12} + S_1{}^{23})] = (2^{-1/2})*i*(S_2{}^{12} + S_2{}^{23}) = i*J_2$

Beispiel: **Drehimpulsmatrizen zu J=3/2** , siehe dazu Kapitel 22.9, sind

$$J_1 = \tfrac{1}{2}*\begin{pmatrix} \mathbf{0} & 3^{1/2} & 0 & 0 \\ 3^{1/2} & \mathbf{0} & 2 & 0 \\ 0 & 2 & \mathbf{0} & 3^{1/2} \\ 0 & 0 & 3^{1/2} & \mathbf{0} \end{pmatrix} \quad J_2 = \tfrac{1}{2}*\begin{pmatrix} \mathbf{0} & -i*3^{1/2} & 0 & 0 \\ i*3^{1/2} & \mathbf{0} & -i*2 & 0 \\ 0 & i*2 & \mathbf{0} & -i*3^{1/2} \\ 0 & 0 & i*3^{1/2} & \mathbf{0} \end{pmatrix} \quad J_3 = \tfrac{1}{2}*\begin{pmatrix} 3 & 0 & 0 & 0 \\ 0 & 1 & 0 & 0 \\ 0 & 0 & -1 & 0 \\ 0 & 0 & 0 & -3 \end{pmatrix}$$

$[J_3 , J_1] = 1/4*[(3*S_3{}^{14}+S_3{}^{23})\,,\ (3^{1/2}*S_1{}^{12} + 2*S_1{}^{23} + 3^{1/2}*S_1{}^{34})] =$
$= \tfrac{1}{4}*i*\{3*3^{1/2}*S_2{}^{12} + 0 + 3*3^{1/2}*S_2{}^{34} \quad -3^{1/2}*S_2{}^{12} + 2*2S_2{}^{23} - 3^{1/2}*S_2{}^{34}\} =$
$= \tfrac{1}{4}*i*\{2*3^{1/2}*S_2{}^{12} + 2*2*S_2{}^{23} - 2*3^{1/2}*S_2{}^{34}\} =$
$= i*\{1/2*(3^{1/2}*S_2{}^{12} + 2*S_2{}^{23} + 3^{1/2}*S_2{}^{34})\} = i*J_2$

13.4 Erklärungen anhand der U_3

Die hermiteschen Basismatrizen des komplexen Vektorraums $\mathbf{U}_3$ sind:

$$\lambda_1 = \begin{pmatrix} 0 & 1 & 0 \\ 1 & 0 & 0 \\ 0 & 0 & 0 \end{pmatrix} \quad \lambda_2 = \begin{pmatrix} 0 & -i & 0 \\ i & 0 & 0 \\ 0 & 0 & 0 \end{pmatrix} \quad \lambda_3 = \begin{pmatrix} 1 & 0 & 0 \\ 0 & -1 & 0 \\ 0 & 0 & 0 \end{pmatrix}$$

$$\lambda_4 = \begin{pmatrix} 0 & 0 & 1 \\ 0 & 0 & 0 \\ 1 & 0 & 0 \end{pmatrix} \quad \lambda_5 = \begin{pmatrix} 0 & 0 & -i \\ 0 & 0 & 0 \\ i & 0 & 0 \end{pmatrix}$$

$$\lambda_6 = \begin{pmatrix} 0 & 0 & 0 \\ 0 & 0 & 1 \\ 0 & 1 & 0 \end{pmatrix} \quad \lambda_7 = \begin{pmatrix} 0 & 0 & 0 \\ 0 & 0 & -i \\ 0 & i & 0 \end{pmatrix}$$

$$\lambda_8 = \begin{pmatrix} 1 & 0 & 0 \\ 0 & 1 & 0 \\ 0 & 0 & -2 \end{pmatrix} \quad \lambda_0 = \begin{pmatrix} 1 & 0 & 0 \\ 0 & 1 & 0 \\ 0 & 0 & 1 \end{pmatrix}$$

Mit den neuen Bezeichnungen haben wir
$S_1^{12} = \lambda_1$, $S_2^{12} = \lambda_2$, $S_3^{12} = \lambda_3$, $S_1^{13} = \lambda_4$, $S_2^{13} = \lambda_5$,
$S_1^{23} = \lambda_6$, $S_2^{23} = \lambda_7$, $S_0 = \lambda_0$
Ausnahme ist die Matrix λ_8 . Sie können wir nicht unmittelbar als S-Matrix, gemeint erweiterte Pauli-Matrix, angeben.

Festlegung der Hauptdiagonalmatrizen:
In der Summe sind es 9 λ-Matrizen, wobei 3, nämlich λ_3 , λ_8 und λ_0 für die Hauptdiagonale zuständig sind. Für die Hauptdiagonale stehen andererseits 4 S-Matrizen zur Verfügung, nämlich S_3^{12} , S_3^{13} , S_3^{23} sowie S_0 .
Analog zu den Pauli-Matrizen selbst, gehen die hauptdiagonalen S_3-Matrizen aus den Kommutatoren $[S_1, S_2]$ hervor, konkret hier $[S_1^{13}, S_2^{13}] = 2i*S_3^{13}$.
Es bleibt natürlich die Frage, konkret hier, was die Matrix λ_8 festlegt.
Im Allgemeinen legt man sie fest auf Grund ihrer Bedeutung:
λ_3 wird mit dem Isospin identifiziert und λ_8 mit der Hyperladung.
Allgemeiner ist die Forderung, wenn auch nicht ausreichend:
λ_8 als Träger neuer Eigenwerte, darf nicht von den Matrizen der Untergruppe $\mathbf{U}_2$ verändert werden. Das bedeutet hier λ_1, λ_2 ,λ_3, die Matrizen der $\mathbf{U}_2$, müssen

mit λ_8 vertauschen. Das ist gewährleistet, wenn in λ_8 von oben beginnend zweimal 1 steht, also die Einheitsmatrix bezüglich der $\mathbf{U}_2$ steht. Die dritte Stelle bleibt noch unbestimmt, als $\lambda_8 = (1,1, x)$. Wenn man zusammen mit diesem Ansatz fordert, dass die Summe der Eigenwerte, die ja ladungsartigen Charakter haben, 0 sein soll, so folgt $x = -2$.
Ein anderer Ansatz ist, dass man sagt: So wie λ_3 aus dem Kommutator $[\lambda_1,\lambda_2]$ hervorgeht, soll λ_8 aus dem Kommutatoren $[\lambda_4,\lambda_5]$ und $[\lambda_6,\lambda_7]$ hervorgehen, und zwar aus deren Summe, also $2i*\lambda_8 = [\lambda_4,\lambda_5] + [\lambda_6,\lambda_7]$ oder auch
$\lambda_8 = S_3^{13}+ S_3^{23}$, also die Summe der gegenüber der Untergruppe neuen S_3-Matrizen.
Das bislang dazu Gesagte hat durchaus allgemeinen Charakter, also auch für die Dimension n verwendbar.
So lauten die entsprechenden Matrizen der $\mathbf{U}_4$:
$(1,-1,0\ 0) = S_3^{12}$, $(1,1,-2,0) = S_3^{13}+ S_3^{23}$, $(1,1,1,-3) = S_3^{14}+ S_3^{24} + S_3^{34}$.
Allgemein: $\lambda_{neu} = S_3^{1n}+ S_3^{2n} +\ldots+ S_3^{n-1\ n}$.
Dabei ist λ_{neu} die für die $\mathbf{U}_n$ neu hinzugekommene Hauptdiagonalmatrix anlässlich der Erweiterung von der Dimension n-1 zu n .
Statt der S_3-Matrizen können natürlich auch die passenden Kommutatoren hingeschrieben werden. Die Matrizen bleiben also gleich, abgesehen von der Ergänzung durch Nullen, es kommt jeweils beim Übergang zur nächst höheren Dimension eine neue Hauptdiagonalmatrix hinzu.

Indexpaarvertauschung bei den (Anti)Kommutatoren

Die Indexpaar-Vertauschung ij ⇔ kl , also i⇔k und j⇔l bedeutet im Einzelnen für die Indexkombinationen
ik⇔ki il⇔kj jk⇔li jl⇔lj ij⇔kl kl⇔ij
Je nach Relation bewirkt das eines der Muster
$\delta_{ik}*S_2^{jl}$, $\delta_{il}*S_2^{jk}$, $\delta_{jk}*S_2^{il}$, $\delta_{jl}*S_2^{ik}$ => $\delta_{ik}*S_2^{lj}$, $\delta_{jk}*S_2^{li}$, $\delta_{il}*S_2^{kj}$, $\delta_{jl}*S_2^{ki}$ Muster1
$\delta_{ik}*S_2^{jk}$, $\delta_{il}*S_2^{jl}$, $\delta_{jk}*S_2^{ik}$, $\delta_{jl}*S_2^{il}$ => $\delta_{ik}*S_2^{li}$, $\delta_{jk}*S_2^{lj}$, $\delta_{il}*S_2^{ki}$, $\delta_{jl}*S_2^{kj}$ Muster2
$\delta_{ik}*S_2^{il}$, $\delta_{il}*S_2^{ik}$, $\delta_{jk}*S_2^{jl}$, $\delta_{jl}*S_2^{jk}$ => $\delta_{ik}*S_2^{kj}$,$\delta_{jk}*S_2^{ki}$, $\delta_{il}*S_2^{lj}$, $\delta_{jl}*S_2^{li}$ Muster3
Beispiel:
$[S_3^{i\,j},S_1^{k\,l}] =$ $i*\delta_{ik}*S_2^{il} + i*\delta_{il}*S_2^{ik}$ - $i*\delta_{jk}*S_2^{jl}$ - $i*\delta_{jl}*S_2^{jk}$ Muster3
wird zu
$[S_3^{kl},S_1^{ij}] =$ $i*\delta_{ik}*S_2^{kj} + i*\delta_{jk}*S_2^{ki}$ - $i*\delta_{il}*S_2^{lj}$ - $i*\delta_{jl}*S_2^{li}$
$= - i*\delta_{ik}*S_2^{jk}$ - $i*\delta_{jk}*S_2^{ik} + i*\delta_{il}*S_2^{jl}$ + $i*\delta_{jl}*S_2^{il}$

Beispiel:
$[S_2^{ij},S_3^{kl}] = \mathbf{i*\delta_{ik}*S_1^{jk}} - i*\delta_{il}*S_1^{jl} - \mathbf{i*\delta_{jk}*S_1^{ik}} + i*\delta_{jl}*S_1^{il}$ Muster2
wird zu
$[S_2^{kl},S_3^{ij}] = \mathbf{i*\delta_{ki}*S_1^{li}} - i*\delta_{kj}*S_1^{lj} - i*\delta_{li}*S_1^{ki} + i*\delta_{lj}*S_1^{kj}$
$= \mathbf{i*\delta_{ik}*S_1^{il}} - i*\delta_{jk}*S_1^{jl} - i*\delta_{il}*S_1^{ik} + i*\delta_{il}*S_1^{jk}$

Beispiel:
$[S_1^{ij},S_2^{kl}] = - \mathbf{i*\delta_{ik}*S_1^{jl}} + i*\delta_{il}*S_1^{jk} - \mathbf{i*\delta_{jk}*S_1^{il}} + i*\delta_{jl}*S_1^{ik}$ Muster1
wird zu
$[S_1^{kl},S_2^{ij}] = - \mathbf{i*\delta_{ki}*S_1^{lj}} + i*\delta_{kj}*S_1^{li} - \mathbf{i*\delta_{li}*S_1^{kj}} + i*\delta_{lj}*S_1^{ki}$
$= - \mathbf{i*\delta_{ik}*S_1^{jl}} + i*\delta_{jk}*S_1^{il} - \mathbf{i*\delta_{il}*S_1^{jk}} + i*\delta_{jl}*S_1^{ik}$
Daraus kann man allgemeine Schlüsse ziehen. So kann man aus dem letzten Beispiel erschließen, das andere Ziffernpaar sei je ungleich:
Sei i=k ,
dann ist $[S_1^{ij},S_2^{il}] = - \mathbf{i*\delta_{ii}}*S_1^{jl}$ und $[S_1^{il},S_2^{ij}] = - \mathbf{i*\delta_{ii}}*S_1^{jl} = [S_1^{ij},S_2^{il}]$
Sei j=l ,
dann ist $[S_1^{ij},S_2^{kj}] = \mathbf{i*\delta_{jj}}*S_1^{ik}$ und $[S_1^{kj},S_2^{ij}] = \mathbf{i*\delta_{jj}}*S_1^{ik} = [S_1^{ij},S_2^{kj}]$
Sei i=l ,
dann ist $[S_1^{ij},S_2^{ki}] = \mathbf{i*\delta_{ii}}*S_1^{jk}$ und $[S_1^{ki},S_2^{ij}] = \mathbf{-i*\delta_{ii}}*S_1^{jk} = - [S_1^{ij},S_2^{ki}]$
Sei j=k ,
dann ist $[S_1^{ij},S_2^{jl}] = \mathbf{-i*\delta_{jj}}*S_1^{il}$ und $[S_1^{jl},S_2^{ij}] = \mathbf{i*\delta_{jj}}*S_1^{il} = - [S_1^{ij},S_2^{jl}]$
Betreffend die $\mathbf{U}_3$ haben wir so z.B.
$[S_1^{12},S_2^{13}] = [\lambda_1 ,\lambda_5] = - \mathbf{i}*S_1^{23} = -i*\lambda_6$ und
$[S_1^{13},S_2^{12}] = [\lambda_4 ,\lambda_2] = - \mathbf{i}*S_1^{23} = -i*\lambda_6$
Man kann also so Beziehungen zwischen Kommutatoren und zwischen Antikommutatoren herstellen. Siehe auch $\mathbf{U}_3$-(Anti)Kommutatorenliste folgend.

Die Kommutatoren mit λ_{neu}

Bekannt ist die Hauptdiagonalmatrix $\boldsymbol{\lambda}_{\mathbf{neu}}$ vertauscht mit allen Matrizen der $\mathbf{U}_{n-1}$
Es interessieren die Kommutatoren von λ_{neu} mit den beim Übergang$\mathbf{U}_{n-1}$ zu $\mathbf{U}_n$ neu hinzugekommenen Matrizen , nämlich
S_1^{1n} , S_1^{2n} ,…., $S_1^{n-1\,n}$ sowie S_2^{1n} , S_2^{2n} ,…., $S_2^{n-1\,n}$.
λ_{neu} lässt sich wie folgt darstellen
$\lambda_{neu} = S_0 + n* ½*(S_3^{n-1\,n} – S_0^{n-1\,n})$ (…) = (0 …0 -1)
Gemäß Kommutatorliste ist $[S_3^{ij} – S_0^{ij} , S_1^{kl}] = - 2i*\delta_{jk}*S_2^{jl} - 2i*\delta_{jl}*S_2^{jk}$
Wir setzen ein ij = n-1 n , kl = kn mit **k=1,2,..,n-1**
Dann folgt δ_{jk}= 0 , weil k stets kleiner als n ist.
Es verbleibt $- 2i*\delta_{nn}*S_2^{nk} = 2i*\delta_{nn}*S_2^{kn}$.

Also ist $[\boldsymbol{\lambda}_{neu}, \mathbf{S_1}^{kn}] = n^* \frac{1}{2}*2i*\delta_{nn}*S_2^{kn} = \mathbf{n*i*S_2}^{kn}$

Gemäß Kommutatorliste ist

$[\mathbf{S_3}^{ij},\mathbf{S_2}^{kl}] = -\mathbf{i}*\boldsymbol{\delta}_{ik}*\mathbf{S_1}^{il} + i*\boldsymbol{\delta}_{kj}*\mathbf{S_1}^{jl} + \mathbf{i}*\boldsymbol{\delta}_{li}*\mathbf{S_1}^{ik} - i*\boldsymbol{\delta}_{lj}*\mathbf{S_1}^{jk}$

siehe zuvor, Matrizenvertausch

$[\mathbf{S_0}^{ij},\mathbf{S_2}^{kl}] = -\mathbf{i}*\boldsymbol{\delta}_{ik}*\mathbf{S_1}^{il} + i*\boldsymbol{\delta}_{il}*\mathbf{S_1}^{ik} - \mathbf{i}*\boldsymbol{\delta}_{jk}*\mathbf{S_1}^{jl} + i*\boldsymbol{\delta}_{jl}*\mathbf{S_1}^{jk}$

gemäß Liste

Somit ist $[S_3^{ij} - S_0^{ij}, S_2^{kl}] = +2i*\delta_{jk}*S_1^{jl} - 2i*\delta_{jl}*S_1^{jk}$

Analoge Indexbetrachtungen wie vorher ergibt dann

$[\boldsymbol{\lambda}_{neu}, \mathbf{S_2}^{kn}] = -n^* \frac{1}{2}*2i*\delta_{nn}*S_1^{kn} = \mathbf{-n*i*S_1}^{kn}$.

Bereits die $\mathbf{U}_2$ kann man als Erweiterung der $\mathbf{U}_1$ auffassen. $\boldsymbol{\lambda}_{neu}$ ist dann die σ_3, und es ist $S_1^{12} = \boldsymbol{\sigma}_1$ und $S_2^{12} = \boldsymbol{\sigma}_2$. Die Dimension ist n=2.

Beispiele betreffend die $\mathbf{U}_3$, n=3, siehe Kapitel 13.4 und 13.6 .

$[\lambda_8, \lambda_4] = [\lambda_8, S_1^{13}] = 3*i*S_2^{13} = 3*i*\lambda_5$

$[\lambda_8, \lambda_5] = [\lambda_8, S_2^{13}] = -3*i*S^{13} = -3*i*\lambda_4$

Somit haben wir eine allgemeine Übersicht über die Kommutatoren, auch Antikommutatoren, der $\mathbf{U}_n$ gewonnen. Wir können voraussagen, welche Kommutatoren zu 0 werden und schlanke Ergebnisse für die anderen angeben.

Umsetzverfahren für hauptdiagonale Matrizen

Nun gehen wir der Frage nach, wie irgendeine **hauptdiagonale Matrix** $\mathbf{S_3}^{ij}$, die als Ergebnis eines Kommutators auftreten mag, in die hauptdiagonalen Matrizen der U_n wie z.B. $\boldsymbol{\lambda}_3$ und $\boldsymbol{\lambda}_8$ umgesetzt werden kann:

Wenn man je die Hauptdiagonale dieser Matrizen als Vektor auffasst,

also z.B. bei der $\boldsymbol{\lambda}_3$ ist es der Vektor (1,-1,0,0,...), so sind diese Vektoren zueinander orthogonal, für jede Dimension n, inklusive der Einheitsmatrix.

Beispiel: (1,-1,0,0)*(1,1,-2,0) = 0 Skalarprodukt gleich 0.

Wir setzen also eine Zerlegung an: Vektor $S_3^{ij} = \mathbf{s} = x_1*\mathbf{a}_1 + x_2*\mathbf{a}_2 + x_3*\mathbf{a}_3 + \ldots$

Dabei ist $\mathbf{a}_i$ je der Vektor der Hauptdiagonalen

Nun multiplizieren wir beide Seiten skalar mit einem fixen $\mathbf{a}_i$ und

wir haben $\mathbf{s}*\mathbf{a}_i = x_i*\mathbf{a}_i*\mathbf{a}_i$

Alle anderen Skalarprodukte werden zu 0 wegen der Orthogonalität.

So bekommen wir den gewünschten Koeffizienten $x_i = \mathbf{s}*\mathbf{a}_i / \mathbf{a}_i*\mathbf{a}_i$.

Beispiel: Es liege vor $\mathbf{s} = S_3^{13} = (1,0,-1)$
Es ist $\mathbf{a_1} = \lambda_3 = (1,-1,0)$ und $\mathbf{a_2} = \lambda_8 = (1,1,-2)$
Dann ist $\mathbf{s}*\mathbf{a_1} = 1$ sowie $\mathbf{s}*\mathbf{a_2} = 3$ und es ist $\mathbf{a_1}*\mathbf{a_1} = 2$ und $\mathbf{a_2}*\mathbf{a_2} = 6$
Somit ist $x_1 = ½$ und $x_2 = ½$, also ist $\mathbf{S_3^{13}} = ½*\lambda_3 + ½*\lambda_8$
Natürlich kann auf diese Weise jede andere hauptdiagonale Matrix in hauptdiagonale Matrizen der U_n aufgefächert werden.
Beispiel: $\mathbf{s} = S_3^{23} = (0,1,-1)$, dann $x_1 = -½$, $x_2 = ½$,also $\mathbf{S_3^{23}} = -½*\lambda_3 +½*\lambda_8$

13.5 Eigenwerte und Basisvektoren

Es ist leicht, die Eigenwerte und Basisvektoren zur $\mathbf{U}_3$, allgemein zur $\mathbf{U}_n$ anzugeben. Die Basisvektoren sind die Einheitsvektoren,
also bei der $\mathbf{U}_3$ die Vektoren |1>= (1,0,0), |2> =(0,1,0) und |3> = (0,0,1).
Die hauptdiagonalen Matrizen sind λ_3 und λ_8 mit den Eigenwerten 1,-1,0 bzw 1,1,-2 , die, da hauptdiagonal, miteinander vertauschen. Ihre physikalische Bedeutung ist, wie gesagt, der Isospin I bzw die Hyperladung Y. Bei der $\mathbf{U}_2$ allein ist es nur der Isospin, in diesem Zusammenhang.
Als Sonderheit ist da zu beachten, dass bei höheren Räumen als der $\mathbf{U}_2$ der Isospin nicht nur mit I_3 + - ½ auftritt, sondern auch mit dem Wert 0. Die Matrizen sind ja dann 3-dimensional, allgemein n-dimensional.
Eine $\mathbf{U}_n$ hat n Basisvektoren und inklusive der Einheitsmatrix n hauptdiagonale Matrizen und kann somit auch n Sorten von Eigenwerten darstellen. Der Einheitsmatrix kann man die Baryonenzahl B zurechnen, man spaltet dann die Hyperladung auf in Y=B+S (S = Strangeness). Meistens sieht man aber davon ab und spricht nur von n-1 Eigenwert-Sorten.
Jeder Basisvektor (Einheitsvektor) ist simultaner Eigenvektor von simultanen Eigenwerten, im Beispiel $\mathbf{U}_3$ von Isospin und Hyperladung. Siehe unten.
Wenn man die Einheitsmatrix weglässt, spricht man von der speziellen unitären Gruppe, allgemein $\mathbf{SU}_n$. Deshalb, weil man aus den verbleibenden hermiteschen Matrizen unitäre Transformationen, analog zu Drehungen machen kann.
Man kann eine $\mathbf{U}_n$ interpretieren, als ein Bündel von $\mathbf{U}_2$-Untergruppen, wobei jedem Element rechts der Hauptdiagonalen eine S_1-Matrix und eine S_2-Matrix zugeordnet werden kann. Die dann daraus durch Kommutatorbildung entstehenden hauptdiagonalen S_3-Matrizen sind, außer im Fall n=2, überzählig, was eine Verknüpfung untereinander erforderlich macht. Dieses erlaubt eine geometrische Darstellung. Wenn wir jedem Basisvektor einen Punkt (Ziffer) zuordnen und jedem S_1-S_2-Paar eine Kante, so erhalten wir im Fall $\mathbf{U}_2$, $\mathbf{U}_3$ und $\mathbf{U}_4$ die Figuren:

Figur

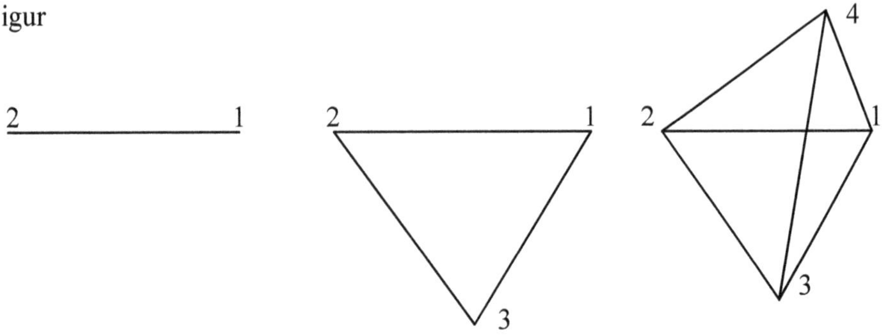

2
1
2
1
3
4
2
1
3

Strecke Dreieck Tetraeder

Bei der $\mathbf{U}_n$, also bei der Dimension n, gibt es n Punke (Einheitsvektoren) und ½*n(n-1) Kanten (S_1-S_2-Paare), denn eine quadratische Matrix der Dimension n hat n^2 Elemente, n davon in der Hauptdiagonalen und somit ½*(n^2-n) rechts von ihr. Zwischen je zwei Punkten wird eine Kante gezogen. Aber bereits im Fall n=5 scheitert eine räumliche Darstellung, es gibt einfach zu viele Kanten. Es bleibt übrig eine ebene Darstellung mit n Punkten, die untereinander mit Kanten verbunden sind.
Die **Zahl der Untergruppen** zur $\mathbf{U}_n$ der Dimension k ist n!/(k!*(n-k)!)
z.B. 5!/(3!*2!) = 10 bei n=5 und k=3 , Figur:

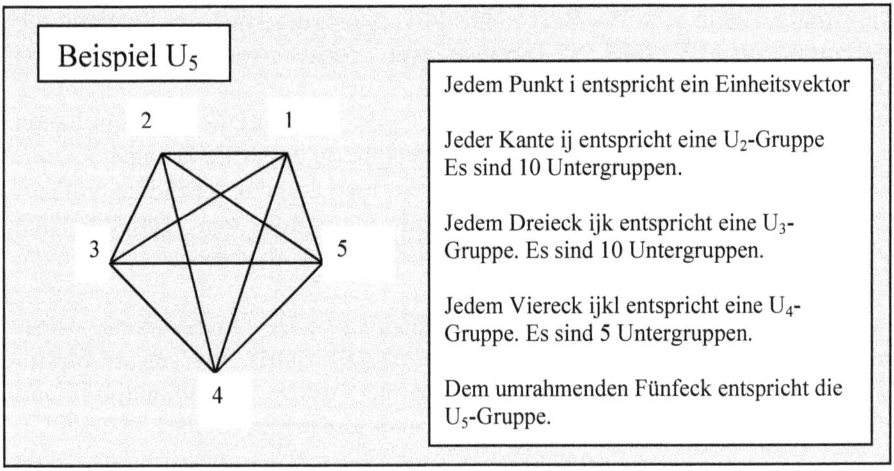

Beispiel U5
2
1
3
5
4
Jedem Punkt i entspricht ein Einheitsvektor
Jeder Kante ij entspricht eine U2-Gruppe
Es sind 10 Untergruppen.
Jedem Dreieck ijk entspricht eine U3-Gruppe. Es sind 10 Untergruppen.
Jedem Viereck ijkl entspricht eine U4-Gruppe. Es sind 5 Untergruppen.
Dem umrahmenden Fünfeck entspricht die U5-Gruppe.

Zur Schreibvereinfachung schreiben wir für die Matrizen nur den Index in Fettdruck, z.B. statt $\boldsymbol{\lambda}_3$ nur **3** .

13.6 Liste der Komutatoren und Antikommutatoren der U_3

[**1**,**2**] = 2i***3**	[**2**,**3**] = 2i***1**	[**3**,**1**] = 2i***2**	Pauli-Matrizen
{**1**,**2**} =	{**2**,**3**} =	{**3**,**1**} = 0	Ansonsten:

[**1**,**4**] = i***7**	[**1**,**5**] = -i***6**	[**1**,**6**] = i***5**	[**1**,7] = -i***4**	[**1**,**8**] = 0
{**1**,**4**}= **6**	{**1**,**5**} = **7**	{**1**,**6**}= **4**	{1,7}= **5**	{**1**,**8**} = 2***1**

[**2**,**4**] = i***6**	[**2**,**5**] = i*7	[**2**,**6**] = - i***4**	[**2**,7] = -i***5**	[**2**,**8**] = 0
{**2**,**4**} = -7	{**2**,**5**} = **6**	{**2**,**6**} = **5**	{**2**,7} = - **4**	{**2**,**8**} = 2***2**

[**3**,**4**] = i***5**	[**3**,**5**] = -i***4**	[**3**,**6**] = - i***7**	[**3**,7] = i***6**	[**3**,**8**] = 0
{**3**,**4**} = **4**	{**3**,**5**} = **5**	{**3**,**6**} = - **6**	{**3**,7} = - 7	{**3**,**8**} = 2***3**

[**4**,**5**] = i***3** + i***8**	[**4**,**6**] = i***2**	[**4**,7] = i***1**	[**4**,**8**] = -3i***5**
{**4**,**5**} = 0	{**4**,**6**} = **1**	{**4**,7} = - **2**	{**4**,**8**} = - **4**

[**5**,**6**] = -i***1**	[**5**,7] = i***2**	[**5**,**8**] = 3i***4**
{**5**,**6**} = **2**	{**5**,7} = **1**	{**5**,**8**} = - **5**

[**6**,7] = -i***3**+i***8**	[**6**,**8**] = -3i*7	[7,**8**] = 3i***6**
{**6**,7} = 0	{**6**,**8**} = - **6**	{7,**8**} = - 7

$\mathbf{1}^2 = \mathbf{2}^2 = \mathbf{3}^2 = 2/3*\mathbf{0} + 1/3*\mathbf{8}$ $\mathbf{4}^2 = \mathbf{5}^2 = 2/3*\mathbf{0} + 1/2*\mathbf{3} - 1/6*\mathbf{8}$

$\mathbf{6}^2 = \mathbf{7}^2 = 2/3*\mathbf{0} - 1/2*\mathbf{3} - 1/6*\mathbf{8}$ $\mathbf{8}^2 = 2*\mathbf{0} - \mathbf{8}$

In Wiederholung: $S_1^{12} = \lambda_1$, $S_2^{12} = \lambda_2$, $S_3^{12} = \lambda_3$,
$S_1^{13} = \lambda_4$, $S_2^{13} = \lambda_5$,
$S_1^{23} = \lambda_6$, $S_2^{23} = \lambda_7$, $S_0 = \lambda_0$

Nun einige Beispielrechnungen:

[**4**,**5**] = $[S_1^{13}, S_2^{13}] = 2i*S_3^{13}$ siehe oben

Ansatz: $S_3^{13} = (1,0,-1) = x*(1,-1,0) + y*(1,1,-2)$

somit x+y=1 -x+y=0 -2y=-1 also x=y=½

Also $S_3^{13} = ½*\lambda_3 + ½*\lambda_8$ somit [**4**,**5**] = i***3** + i***8**

[**6**,7] = $[S_1^{23}, S_2^{23}] = 2i*S_3^{23}$ siehe oben

Ansatz: $S_3^{23} = (0,1,-1) = x*(1,-1,0) + y*(1,1,-2)$

somit x+y=0 -x+y=1 -2y=-1 also -x=y=½

Also $S_3^{23} = -½*\lambda_3 + ½*\lambda_8$ somit [**6**,**7**] = - i***3** + i***8**

$[\mathbf{7,8}] = [S_2^{23}, S_3^{13} + S_3^{23}]$

$[S_2^{23}, S_3^{13}] = i*S_1^{23}$ i=2,j=3 k=1, l=3 siehe oben

$[S_2^{23}, S_3^{23}] = 2i*S_1^{23}$ somit $[\mathbf{7,8}] = 3i*S_1^{23} = 3i*\mathbf{6}$

Siehe auch das zuvor angegebene Umsetzverfahren

$\mathbf{6}^2 = S_1^{23}*S_1^{23} = S_0^{23} = (0,1,1) = x*(1,1,1) + y*(1,-1,0) + z*(1,1,-2) =$
$= x*\mathbf{0} + y*\mathbf{3} + z*\mathbf{8}$

Somit x+y+z = 0 x-y+z = 1 x-2z=1 Lösung: x = 2/3 y = -1/2 z = -1/6

13.7 Darstellung der Matrizen und Kommutatoren durch Schiebeoperatoren

Schiebeoperatoren haben wir bei der Drehimpulsalgebra kennen gelernt und sie mit $\mathbf{J}_+$ und $\mathbf{J}_-$ bezeichnet. $\mathbf{J}_+$ führt vom Zustand |j,m> zum Zustand |j,m+1> und $\mathbf{J}_-$ vom Zustand |j,m> zum Zustand |j,m-1>.

Ihre Definitionen sind $\mathbf{J}_+ = \mathbf{J}_1 + i*\mathbf{J}_2$ und $\mathbf{J}_- = \mathbf{J}_1 - i*\mathbf{J}_2$.

In Anwendung auf den Spin bzw Isospin ½ definieren wir

$\sigma_+ = ½*(\sigma_1 + i*\sigma_2) = \begin{pmatrix} 0 & 1 \\ 0 & 0 \end{pmatrix}$ und $\sigma_- = ½*(\sigma_1 - i*\sigma_2) = \begin{pmatrix} 0 & 0 \\ 1 & 0 \end{pmatrix}$

mit der Wirkung $\sigma_+*\begin{pmatrix} 0 \\ 1 \end{pmatrix} = \begin{pmatrix} 1 \\ 0 \end{pmatrix}$ bewirkt den Übergang von (Iso)spin -1/2 zu +1/2

sowie

mit der Wirkung $\sigma_-*\begin{pmatrix} 1 \\ 0 \end{pmatrix} = \begin{pmatrix} 0 \\ 1 \end{pmatrix}$ bewirkt den Übergang von (Iso)spin +1/2 zu -1/2

Der Faktor ½ macht die Schiebematrizen einfach. Es ist auch zu bedenken, dass die Paulimatrizen ohnehin einen Faktor ½ brauchen,
um (Iso)spin-Matrizen zu werden.

Bildlich kann man sich die Schiebeoperatoren als Pfeile vorstellen,
die von einem zum anderen Zustand führen. Figur:

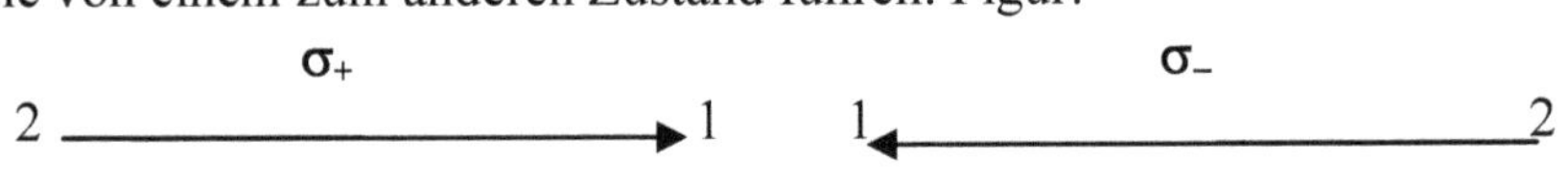

Der untere Einheitsvektor geht in den oberen über

Der obere Einheitsvektor geht in den unteren über

Die Ziffer ist die Positionsziffer der 1 im Einheitsvektor.
Die Eigenwerte in den Matrizen bleiben dabei an ihrem Platz stehen.

In Analogie dazu führen wir Schiebematrizen im Rahmen der erweiterten Pauli-Matrizen ein:

> $\mathbf{W_+^{ij} = ½*(S_1^{ij} + i*S_2^{ij})}$ und $\mathbf{W_-^{ij} = ½*(S_1^{ij} - i*S_2^{ij})}$
> W soll an Wechsel erinnern. $i < j$

$\mathbf{W_+^{ij}}$ führt vom Zustand |j> zum Zustand |i> , also W_+^{ij} |j> = |i> ,alle anderen Zustände #j werden zu 0 , wie man aus der Ein-Element-Matrix $\mathbf{E^{ij}}$ unmittelbar erkennen kann.
$\mathbf{W_-^{ij}}$ führt vom Zustand |i> zum Zustand |j> , also W_-^{ij} |i> = |j> ,alle anderen Zustände #i werden zu 0 , wie man aus der Ein-Element-Matrix $\mathbf{E^{ji}}$ unmittelbar erkennen kann.
Gegebenenfalls werden Zwischenzustände übersprungen,
z.B. W_+^{13} |3> = |1> .

W_+^{ij}: **j ⟶ I**   **W_-^{ij}**: **j ⟵ I**

I < j

Diese Schiebematrizen können leicht durch Ein-Element-Matrizen ausgedrückt werden, und zwar $\mathbf{W_+^{ij} = E^{ij}}$ und $\mathbf{W_-^{ij} = E^{ji}}$ mit i<j und so kann man sich auch deren Vertauschungsregeln bedienen, insbesondere von $\mathbf{[E^{ij},E^{kl}] = \delta_{jk}*E^{il} - \delta_{il}*E^{kj}}$

Vertauschungsregeln für W_+, W_-, S_3 :

$$[W_+^{ij},W_+^{kl}] = [E^{ij},E^{kl}] = \delta_{jk}*E^{il} - \delta_{il}*E^{kj} \qquad i<j \text{ und } k<l$$
$$[W_-^{ij},W_-^{kl}] = [E^{ji},E^{lk}] = \delta_{il}*E^{jk} - \delta_{jk}*E^{li}$$
$$[W_+^{ij},W_-^{kl}] = [E^{ij},E^{lk}] = \delta_{jl}*E^{ik} - \delta_{ik}*E^{lj}$$
$$[W_+^{ij},S_3^{kl}] = -\delta_{ik}*E^{kj} + \delta_{il}*E^{lj} + \delta_{jk}*E^{ik} - \delta_{jl}*E^{il}$$
$$[W_-^{ij},S_3^{kl}] = \delta_{ik}*E^{jk} - \delta_{il}*E^{jl} - \delta_{jk}*E^{ki} + \delta_{jl}*E^{li}$$

Begründung: Wir bedienen uns für Letzteres obiger Formel für $[S_n^{ij},S_m^{kl}]$,

$[S_n^{ij},S_m^{kl}] = [aE^{ij}+bE^{ji},cE^{kk}+dE^{ll}] =$ n = 1 oder 2   m= 0 oder 3

$= \delta_{ik}*(-ac*E^{kj}+bc*E^{jk}) + \delta_{il}*(-ad*E^{lj}+bd*E^{jl}) +$
$+ \delta_{jk}*(ac*E^{ik}-bc*E^{ki}) + \delta_{jl}*(ad*E^{il}-bd*E^{li})$

setzen a=1 und b=0 bzw a=0 und b=1und haben

$[W_+^{ij},S_m^{kl}] =[E^{ij},cE^{kk}+dE^{ll}] =$
$= -c*\delta_{ik}*E^{kj} -d*\delta_{il}*E^{lj} + c*\delta_{jk}*E^{ik} + d*\delta_{jl}*E^{il}$

$[W_-^{ij},S_m^{kl}] =[E^{ji},cE^{kk}+dE^{ll}] =$
$= c*\delta_{ik}*E^{jk} +d*\delta_{il}*E^{jl} - c* \delta_{jk}*E^{ki} -d*\delta_{jl}*E^{li}$

Speziell mit c=1, d=-1 ergeben sich diese Vertauschungsregeln
Durch Umkehrung folgt auch

$\mathbf{W_-^{ij}, W_+^{kl}]} = [\mathbf{E^{ji}, E^{kl}}] = \delta_{ik} * \mathbf{E^{jl}} - \delta_{jl} * \mathbf{E^{ki}}$

$[\mathbf{W_+^{ij}, W_-^{ij}}] = [\mathbf{E^{ij}, E^{ji}}] = \delta_{jj} * \mathbf{E^{ii}} - \delta_{ii} * \mathbf{E^{jj}} = \mathbf{S_3^{ij}}$

Wegen der unbekannten Größenverhältnisse der Indizes auf der rechten Seite kann im allgemeinen Fall nicht entschieden werden, ob jeweils $\mathbf{W_+}$ oder $\mathbf{W_-}$ hinzuschreiben ist. Deswegen bleiben die **E**-Matrizen stehen.
Weil die Vertauschungsregeln mit $\mathbf{W_+}$ oder $\mathbf{W_-}$ untereinander auf der rechten Seite nur zwei Kroneckersymbole haben, kann man leicht überblicken, wann sie zu Null werden. Das ist z.B. bei $[\mathbf{W_+^{ij}, W_-^{kl}}]$ der Fall, wenn j#l und zugleich i#k ist, etwa bei i,j=1,2 und k,l=2,3 .

Will man die (Anti)kommutatoren eines Raumes $\mathbf{U_n}$ berechnen, so genügt es, die gegenüber $\mathbf{U_{n-1}}$ neu hinzugekommenen zu ermitteln, denn die des Unterraumes bleiben gleich. Die neu hinzugekommenen (Anti)kommutatoren erhält man, indem man die Elemente der nun rechtesten Spalte der Reihe nach durchgeht, diese aber auch mit den bisherigen Elementen in Verbindung bringt.

Beispiele:

$[W_+^{13}, W_+^{12}] = \delta_{jk} * E^{il} - \delta_{il} * E^{kj} = \delta_{31} * E^{12} - \delta_{12} * E^{13} = 0$

es ist i=1, j=3 und k=1, l=2

Element 13 gehört zur U_3, Element 12 gehört zur U_2

$[W_+^{13}, W_-^{12}] = \delta_{jl} * E^{ik} - \delta_{ik} * E^{lj} = \delta_{32} * E^{11} - \delta_{11} * E^{23} = - W_+^{23}$

$[W_+^{13}, S_3^{12}] = -\delta_{ik} * E^{kj} + \delta_{il} * E^{lj} + \delta_{jk} * E^{ik} - \delta_{jl} * E^{il} =$
$= -\delta_{11} * E^{13} + \delta_{12} * E^{23} + \delta_{31} * E^{11} - \delta_{32} * E^{12} = - W_+^{13}$

$[W_+^{13}, W_-^{13}] = \delta_{jl} * E^{ik} - \delta_{ik} * E^{lj} = \delta_{33} * E^{11} - \delta_{11} * E^{33} = S_3^{13}$

es ist i=1, j=3 und k=1, l=3

$[W_+^{13}, W_-^{23}] = \delta_{jl} * E^{ik} - \delta_{ik} * E^{lj} = \delta_{33} * E^{12} - \delta_{12} * E^{33} = W_+^{12}$

es ist i=1, j=3 und k=2, l=3

Man bezeichnet
die mit dem Element 12 verbundenen Paulimatrizen als Isospin, kurz I-Spin,
die mit dem Element 23 verbundenen Paulimatrizen als **U-Spin**,
und die mit dem Element 13 verbundenen Pauli-Matrizen als **V-Spin**.
Man identifiziert somit
$\mathbf{W_+^{12} = I_+ , \; W_-^{12} = I_- , \; W_+^{23} = U_+ , W_-^{23} = U_- , \; W_+^{13} = V_+ , W_-^{13} = V_-}$

Die zu einem Element ij gehörenden Schiebeoperatoren $\mathbf{W_+^{ij}}$, $\mathbf{W_-^{ij}}$ ersetzen die Matrizen $\mathbf{S_1^{ij}}$ und $\mathbf{S_2^{ij}}$, es verbleiben die hauptdiagonalen Matrizen wie vorher. Sie führen von einem Zustand zum anderen, sind insofern anschaulicher und kompakter und repräsentieren je eine $\mathbf{U}_2$, wenn man sie durch die Matrizen $\mathbf{S_3^{ij}}$ und $\mathbf{S_0^{ij}}$ ergänzt. Man kann die Drehimpulsalgebra verwenden und wie wir daher wissen, führen sie Bewegungen innerhalb eines jeweiligen „Gesamtdrehimpuls"-Multipletts aus. Das kann man nutzen, wenn man mehrere **U**-Räume koppelt analog der Koppelung von Drehimpulsräumen. Siehe dazu später.

Beispiel: Es ist $\lambda_8 = S_1^{13}+S_2^{23}$
$[U_+ ,\lambda_8] = [W_+^{23}, S_1^{13}+S_2^{23}] = - \delta_{33}*E^{23} \quad -\delta_{22}*E^{23} - \delta_{33}*E^{23} =$
$= -3E^{23} = -3*W_+^{23} = -3*U_+$, somit $[Y , U_+] = U_+$ Dabei ist $Y = 1/3*\lambda_8$
Beispiel:
$[U_+ ,U_-] = [W_+^{23} ,W_-^{23}] = \delta_{33}*E^{22} - \delta_{22}*E^{33} = S_3^{23} = -½*\lambda_3 + ½*\lambda_8 =$
$= -I_3 + 3/2*Y$ Dabei ist $I_3 = ½*\lambda_3$ Siehe auch zuvor Umsetzverfahren

----

13.8 Die Bedeutung der U-Matrizen

Die U-Matrizen, die Matrizen einer $\mathbf{U}_n$, kann man als einen Teil der Mathematik betrachten, die nicht darauf angewiesen ist, dass sie in der Physik Anwendung findet. In Tat ist es so, dass das Angebot viel größer ist als der Bedarf durch die Physik.
Unstrittig ist die $\mathbf{U}_2$ in ihrer Verwendung für den Spin und für den Isospin.
Die Nutzung der $\mathbf{U}_3$ kam durch Einführung der Quantenzahl Hyperladung in der Elementarteilchenphysik .Eine analoge Nutzung der $\mathbf{U}_4$ gibt es nicht. Höhere Dimensionen n bei den U-Matrizen spielen bei manchen theoretischen Modellen eine Rolle, gehören aber gewissermaßen nicht zum Standard.

Nun zu den Begriffen **Isospin** und **Hyperladung**: Diese so genannten **innere Quantenzahlen** finden ihre Anwendung bei Baryonen (schwere Teilchen wie Proton und Neutron) sowie bei Mesonen (mittelschwere Teilchen wie die

Pionen). Mit ihnen wird, wenn auch nicht allein durch sie, wesentlich ist noch der Gesamtspin z.B. ½ bei Nukleonen, wird der Teilchentyp charakterisiert.
Die so genannten **äußeren Quantenzahlen** wie Energie, Impuls und auch Spin (die 3.Komponente) charakterisieren dagegen das Auftreten der Teilchen in einer konkreten physikalischen Situation.

Alle **Baryonen** und **Mesonen** lassen sich nach dem Isospin gruppieren, sich in Isospin-Multipletts (haben gleichen Gesamtisospin) einordnen. Standardbeispiel sind das Dublett Neutron-Proton mit Gesamtisospin gleich ½ , sowie das Pionen-Triplett mit Gesamtisospin gleich 1. Man sagt, die Teilchen innerhalb eines Multipletts sind eigentlich gleich, sie unterscheiden sich nur durch die dritte Isospin-Komponente, siehe auch Wirkungsquerschnitte bei Streuungen. Die tatsächlich vorhandenen anderen Unterschiede, z.B. hinsichtlich der Masse, werden dann als Störungen durch andere Phänomene betrachtet.

Nun zum Begriff **Hyperladung Y**. Da ist abzuspalten der Begriff **Baryonenzahl B** (griech. baryos=schwer). Der ist Ausdruck dafür, dass das Proton selber nicht zerfällt und dass jedes schwerere Teilchen als das Proton mit halbzahligem Spin in seiner Zerfallskette letztlich neben anderen Teilchen bei einem Proton endet. Also gibt man allen diesen Teilchen die Baryonenzahl B=1. Ausnahme das im Jahr 1975 entdeckte schwere **Lepton** Tauon τ (griech. leptos=leicht, eine Ausnahme, 1777MeV), das der starken Wechselwirkung nicht unterliegt, sondern nur der elektromagnetischen und deswegen ein Lepton ist.Die beiden anderen Leptonen sind das Elektron e (0.5MeV) und das Myon μ (105.6MeV). Analog zur Baryonenzahl definiert sich die **Leptonenzahl L** über die Stabilität des Elektrons als Endprodukt bei elektrischen Zerfällen. Aber auch dem Neutrino (stabil) ordnet man eine Leptonenzahl zu.
Den **Mesonen** (griech. meson = mittig), z.B. den Pionen, ordnet man B=0 zu.

Weiterhin ist abzuspalten der Begriff **Strangeness S** (Seltsamkeit)
Sie wurde erstmals im Jahr 1947 bei Nebelkammeraufnahmen der Höhenstrahlung, der **kosmischen Strahlung** beobachtet. Die kosmische Strahlung besteht primär zu einem guten Teil aus hochenergetischen Protonen von der Sonne und aus der Milchstraße (mittlere Energie 10^4 bis 10^{10} MeV), neben anderen stabilen Teilchen, die die weite Reise überstanden haben, also nicht kollidiert sind. Sofern sie nicht in höheren Schichten bereits Sekundärteilchen, hauptsächlich Pionen, erzeugen, stoßen sie nun in der Nebelkammer auf andere Protonen und erzeugen unter anderem Pionen, die wiederum mit Protonen oder

Neutronen zusammenstoßen können. So hat man dabei neue Teilchen entdeckt, erkennbar an der größeren Masse, an der geringeren Bahnkrümmung. Auffallend war, dass sie gleich **paarig** auftraten, etwa bei dem Prozess $p + \pi^- \Rightarrow \Sigma^- + K^+$ oder $p + \pi^0 \Rightarrow \Lambda + K^+$ oder $n + \pi^+ \Rightarrow \Lambda + K^+$ und viele andere mehr. Man spricht von **Paarerzeugung**.

Das führte zu der Vorstellung, dass man der Tatsache am besten durch eine neue additive Quantenzahl, nämlich die Strangeness S gerecht wird.

Man schrieb per Definition dem Λ-Teichen S = -1 und den bisherigen Teilchen, Nukleonen und Pionen, S=0 zu.

Das führte in der Folge zu weiteren Zuordnungen:

Den Kaonen K, gehören zu den Mesonen, S = 1,

den Sigma-Teilchen Σ S = -1 ,

den Xsi-Teilchen Ξ S = -2 ,

dem Omega-Teilchen Ω S = -3 ,

letztere gehören zu den Baryonen, so

dass die Bilanz links und rechts eines Streuvorgangs jeweils stimmte.

Schließlich wurde ein Zusammenhang zwischen den Quantenzahlen Ladung Q, Isospin I_3 , Baryonenzahl B und Strangeness S erkannt und formuliert, nämlich $\mathbf{Q = I_3 + \frac{1}{2}*(B+S)}$ die **Gell-Mann-Nishijima-Relation** (1953).

Die Formel gilt für stark wechselwirkende Baryonen und Mesonen.

Bespiel: Neutron n $Q = 0 = -1/2 + \frac{1}{2}*1$

Die Zusammenfassung von B und S zur Hyperladung , also **Y=B+S**, wird so nahe gelegt. Anmerkung: Murray **Gell-Mann** , amerik. Physiker (1929-).

Nach wie vor ist Y eine isolierte Größe, ein Skalar. Eine Zusammenfassung mit der Isospin-Gruppe $\mathbf{U}_2$ zu einer größeren Gruppe $\mathbf{U}_3$ kam erst später. Insbesondere hat sich da das Quark-Modell (1964) durchgesetzt, das ursprünglich mit drei Quarks auskam entsprechend den drei Eigenvektoren der $\mathbf{U}_3$ .Die **Quarks** selber sind keine freien Teilchen, sondern verstehen sich als Bausteine der Baryonen und Mesonen. Um zu Teilchen zu kommen, ist die Kombination mehrerer Quarks, auch Antiquarks notwendig, also die Produktbildung der Einzelräume der Quarks wie auch der Antiquarks. Das geschieht in ähnlicher Weise wie bei der $\mathbf{U}_2$ und beim Drehimpuls. Im nächsten Schritt hat man im Quarkmodell analog zu S die Quantenzahl **Charm** C, dann Bottom B′, dann Topness T eingeführt , also die $\mathbf{U}_3$ zur $\mathbf{U}_4$, dann zur $\mathbf{U}_5$, dann zur $\mathbf{U}_6$ erweitert und die Hyperladung ergänzt zu Y = B+S+C+B′+T erweitert bei Beibehaltung der Formel $Q = I_3 + \frac{1}{2}*Y$, also $Q = I_3 + \frac{1}{2}*(B+S+C+B'+T)$.

---

14. Die erweiterten Paulimatrizen, Ergänzungen

Keinesfalls ist es so, dass die Mathematik immer wie ein breites Feld vorliegt, auf dem man Physik aufbaut. Oft ist es so, dass Physiker die für ihre Probleme passende Mathematik erst erfinden müssen, die dann nachträglich von Mathematikern ausgebaut wird, manchmal so, dass die Physiker sie nicht mehr verstehen. Ein Beispiel für durch Physik inspirierte Mathematik sind komplexe Vektorräume und eben auch die Paulimatrizen, die vor ihrer Zeit kein Thema waren. Diese bedürfen wiederum einer Erweiterung durch die Entdeckung von Antiteilchen.

14.1 Ergänzung für Antiteilchen

Seit Aufstellung der relativistischen Dirac-Gleichung mit Standardlösungen für positive Energie E und negative Energie –E, wurde vermutet, dass dem negativen Energieteil auch Teilchen entsprechen müssten, Antiteilchen, die sich gewissermaßen nur durch ein Vorzeichen von Teilchen unterscheiden (**Löchertheorie**, 1929). Die Vermutung wurde Gewissheit durch die Entdeckung des Positrons (1932) in der **kosmischen Strahlung** durch Anderson, das Positron, dem Antiteilchen zum Elektron mit dem einzigen Unterschied, dass dessen Ladung positiv ist. In der Folge wurden auch weitere Antiteilchen entdeckt.

Anmerkung: Charles D. **Anderson**, amerik. Physiker (1905-1991)

Ein typisches Kennzeichen der Antiteilchen ist, dass sich die Vorzeichen aller **ladungsartigen Quantenzahlen** umkehren. Diese sind die elektrische Ladung Q, der dritte Komponente des Isospins I_3, die Leptonenzahl L, die Baryonenzahl B, die Strangeness S und somit auch die Hyperladung Y.

(Der Gesamtspin ist zwar teilchen-typisierend, gehört aber nicht zu den inneren Quantenzahlen, so auch nicht seine dritte Komponente.) Es müssen also die die Eigenwerte tragenden Hauptdiagonal-Matrizen, wir denken an I_3 und Y, positionsgenau im Vorzeichen umgekehrte Werte haben.

Beispiel: $\sigma_3 = \begin{pmatrix} 1 & 0 \\ 0 & -1 \end{pmatrix}$ geht über in $\begin{pmatrix} -1 & 0 \\ 0 & 1 \end{pmatrix}$

Es bleibt die Frage, im Beispiel bleibend, wie dann die anderen zur Algebra gehörenden Matrizen σ_1 und σ_2 anzupassen sind:

Wenn man wünscht, dass die Drehimpulsalgebra, die Spinalgebra in gleicher Weise für die Antiteilchen gelten soll, so müssen sie auch gleiche Vertauschungsregeln haben. Das führt zur Lösung.

So soll $\sigma_1*\sigma_2 - \sigma_2*\sigma_1 = 2i*\sigma_3$ übergehen in $\sigma_1*\sigma_2 - \sigma_2*\sigma_1 = 2i*\sigma_3$

Zur Unterscheidung sind die Anti-Symbole rot geschrieben.

Wir wissen bereits $\sigma_3 = -\sigma_3$

Nun ist $\sigma_1^* = \sigma_1$, $\sigma_2^* = -\sigma_2$, $\sigma_3^* = \sigma_3$
* bedeutet Komplex-Konjugation für jedes Element
Wenn man nun in der Gleichung die σ_i durch $-\sigma_i^*$ austauscht, beidseitig, so bleibt die Vertauschungsregel unverändert,
also $(-\sigma_1^*)*(-\sigma_2^*) - (-\sigma_2^*)*(-\sigma_1^*) = 2i*(-\sigma_3^*)$
Das ist nun das allgemeine Rezept $\sigma_i = -\sigma_i^*$ für i=1,2,3 σ_0 bleibt gleich

---

Dieses kann nun leicht auf die allgemeinen erweiterten Paulimatrizen übertragen werden.
Es ist also $S_1^{ij} = \mathbf{-S_1^{ij*}}$ $S_2^{ij} = \mathbf{-S_2^{ij*}}$ $S_3^{ij} = \mathbf{-S_3^{ij*}}$
$\mathbf{S_0^{ij}}$ sowie $\mathbf{S_0}$ bleiben gleich.
Der Vorzeichenwechsel findet dann auch bei allen Eigenwert-tragenden Hauptdiagonalmatrizen (z.B. $\boldsymbol{\lambda_8}$ bei der $\mathbf{U_3}$) statt, weil sie sich als Summe der S_3^{ij} bzw der S_3^{ij} darstellen lassen .
Schwieriger ist die Situation bei den Schiebeoperatoren. Dieses sei wiederum an den Pauli-Matrizen erläutert:
Es ist $\boldsymbol{\sigma_+ = ½*(\sigma_1 + i*\sigma_2)}$ und $\boldsymbol{\sigma_- = ½*(\sigma_1 - i*\sigma_2)}$
σ_+ macht aus dem Zustand |2> den Zustand |1>
und ändert den Eigenwert von -1 zu +1
σ_- macht aus dem Zustand |1> den Zustand |2>
und ändert den Eigenwert von +1 zu -1
Eine analoge Übertragung ergibt $\sigma_+ = ½*(\sigma_1 + i*\sigma_2)$ somit
$\sigma_+ = ½*((-\sigma_1^*) + i*(-\sigma_2^*)) = -½*(\sigma_1 - i*\sigma_2) = \mathbf{-\sigma_-}$
σ_+ wirkt also wie $-\sigma_-$, macht aus dem Zustand |1> den Zustand -|2>
Zum Zustand |1> gehört im Antiraum der Eigenwert -1 ,
zum Zustand |2> der Eigenwert +1
σ_+ verschiebt also den Eigenwert von -1 zu +1 wie auch σ_+ .
Entsprechend ist $\sigma_- = ½*(\sigma_1 - i*\sigma_2)$ somit
$\sigma_- = ½*((-\sigma_1^*) - i*(-\sigma_2^*)) = -½*(\sigma_1 + i*\sigma_2) = \mathbf{-\sigma_+}$
σ_- wirkt also wie $-\sigma_+$, macht aus dem Zustand |2> den Zustand -|1>
Zum Zustand |2> gehört im Antiraum der Eigenwert +1 ,
zum Zustand |1> der Eigenwert -1
σ_- verschiebt also den Eigenwert von +1 zu -1 wie auch σ_- .
Die Schiebeoperatoren, in beiden Fällen, verschieben eigentlich nur von einem zum anderen Zustand, bewegen nur die Eins im Einheitsvektor. Sie verschieben eigentlich nicht den Eigenwert, sondern durch die „Eins-Verschiebung“ wird dann aus der Eigenmatrix ein anderer Wert gegriffen.

Beispiel: Vorher σ_3 |1> = -1*|1> Verschiebung σ_+ |1> = - |2>
Nachher σ_3 |2> = +1*|2>
Diese Muster übertragen sich auf die erweiterten Pauli-Matrizen allgemein, nämlich

$\mathbf{W_+^{ij}} = \frac{1}{2}*(\mathbf{S_1^{ij}} + \mathbf{i}*\mathbf{S_2^{ij}}) = -\mathbf{W_-^{ij}}$ und

$\mathbf{W_-^{ij}} = \frac{1}{2}*(\mathbf{S_1^{ij}} - \mathbf{i}*\mathbf{S_2^{ij}}) = -\mathbf{W_+^{ij}}$ mit **i<j**

Die Wirkungen zusammengefasst sind:

$\mathbf{W_+^{ij}}$ |**a**> = δ_{ja}*|**i**> und $\mathbf{W_-^{ij}}$ |**a**> = δ_{ia}*|**j**> sowie

$\mathbf{W_+^{ij}}$ |**b**> = – δ_{ib}*|**j**> und $\mathbf{W_-^{ij}}$ |**b**> = – δ_{jb}*|**i**>

Nur wenn links der passende Zustand vorliegt, ergibt sich wieder ein Zustand, sonst 0.
Beispiel: $\mathbf{W_+^{12}}$ |**2**> = δ_{22}*|**1**> = |1> aber $\mathbf{W_+^{12}}$ |**1**> = δ_{21}*|**1**> = 0

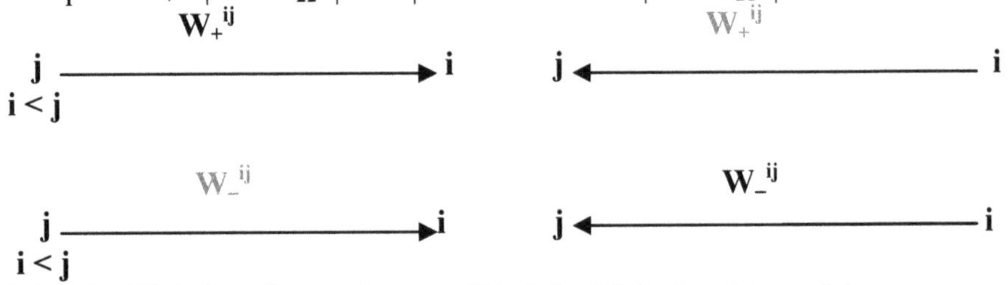

Die 1 im Einheitsvektor geht im Spaltenvektor nach oben Die 1 im Einheitsvektor geht geht im Spaltenvektor nach unten
Die Hauptdiagonalmatrizen bleiben gleich, haben aber im Fall rot entgegen gesetztes Vorzeichen und damit eine umgekehrte Wertreihenfolge.
Die Verhältnisse im Fall $\mathbf{U_3}$

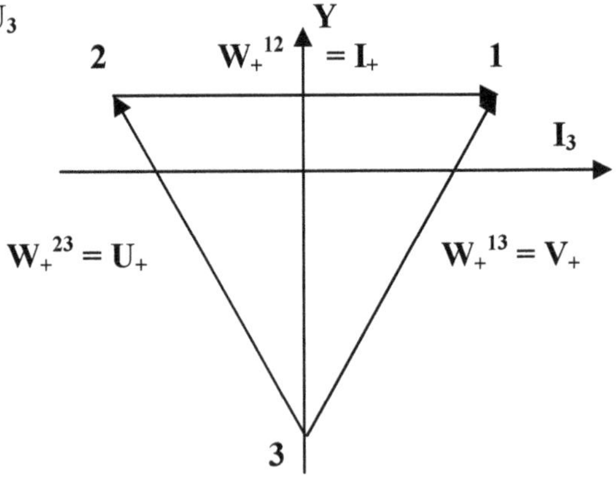

Um es konkret zu unterbauen, identifizieren im Sinne des Quarkmodells mit dem Zustand

Zustand **1** = q1 = Quark u mit $I_3 = +1/2$ und $Y = +1/3$
Zustand **2** = q2 = Quark d mit $I_3 = -1/2$ und $Y = +1/3$
Zustand **3** = q3 = Quark s mit $I_3 = 0$ und $Y = -2/3$
Vektoriell werden diese Zustände der Reihe nach durch die Einheitsvektoren (1,0,0) , (0,1,0) , (0,0,1) dargestellt, worauf dann die Matrizen wirken.

Die den Quarks zugeschriebenen ungefähren Massen sind:
u hat 2.5MeV || **d** hat 5MeV || **s** hat 105MeV ||
später entdeckte Quarks:
c hat 1260MeV || **t** hat 172000MeV || **b** hat 4250MeV ||

Die Verhältnisse im Fall U_3

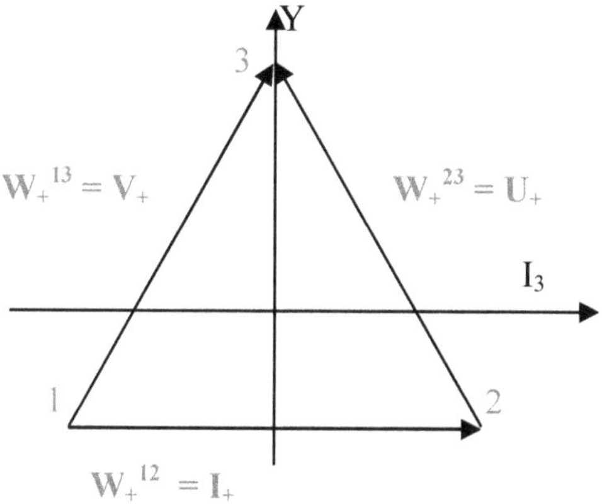

Es ist üblich, die Ziffern hier in dieser Anordnung hinzuschreiben, damit die größeren Eigenwerte rechts bzw oben sind.
Um es konkret zu unterbauen, identifizieren im Sinne des Quarkmodells mit dem Antizustand

Antizustand 1 = q1 = Quark u mit $I_3 = -1/2$ und $Y = -1/3$
Antizustand 2 = q2 = Quark d mit $I_3 = +1/2$ und $Y = -1/3$
Antizustand 3 = q3 = Quark s mit $I_3 = 0$ und $Y = +2/3$
Vektoriell werden diese Zustände der Reihe nach durch die Einheitsvektoren (1,0,0) , (0,1,0) , (0,0,1) dargestellt, worauf dann die Matrizen wirken.
Wie man sieht haben $\mathbf{W}_+^{ij}$ und W_+^{ij} je gleiche Pfeilrichtung.
Dasselbe gilt für $\mathbf{W}_-^{ij}$ und W_-^{ij} .

14.2 U_n–Produkträume, Kombination von Zuständen

Analog zur Algebra des Spins oder Drehimpulses kann man Produkträume bilden. Weil jeder Raum mit dem anderen vertauscht, haben die aus beiden Räumen durch Summenbildung entstehenden Operatoren dieselben Vertauschungsregeln. Die Kombizustände sind das kartesische Produkt der Einzelzustände. Wir illustrieren das an der Kombination von einem $\mathbf{U_n}$–Raum mit einem U_n–Anti-Raum:

Die Kombizustände sind |k>|l> = |kl> in Kurzschrift, k,l gehen von 1 bis n
Das ergibt also n^2 Kombizustände
Auf |i> wirken die Operatoren des gewöhnlichen Raums ,
auf |j> die des Antiraums.
Die Kombischiebeoperatoren sind $\mathbf{W_+^{ij}} + W_+^{ij}$ sowie $\mathbf{W_-^{ij}} + W_-^{ij}$
Die Hauptdiagonalmatrizen sind $\mathbf{S_3^{ij}} + S_3^{ij}$ und die daraus ableitbaren.

Die Wirkung der Operatoren ist
($\mathbf{W_+^{ij}} + W_+^{ij}$)* |ab> = δ_{ja}*|ib> - δ_{ib}*|aj> sowie
($\mathbf{W_-^{ij}} + W_-^{ij}$)* |ab> = δ_{ia}*|jb> - δ_{jb}*|ai>

Wir wollen sie als Beispiel auf die Kombizustände |**a**b> mit **a**=1,2,3 **und** b=1,2,3 anwenden,
das entspricht der Kombination des Raumes $\mathbf{U_3}$ mit dem Antiraum U_3 ,
beginnend mit |**a**b> = |**1**3> ,dem Zustand mit den maximalen Eigenwerten.
Bezeichne $\mathbf{W}W_+^{ij} = (\mathbf{W_+^{ij}} + W_+^{ij})$ und $\mathbf{W}W_-^{ij} = (\mathbf{W_-^{ij}} + W_-^{ij})$
Es ist dann
Umlauf im Gegenuhrzeigersinn, beginnend mit |**1**3> ,siehe Diagramm

$\mathbf{W}W_-^{12}$ |**1**3> = |**2**3>	$\mathbf{W}W_-^{12}$ |**2**3> = 0	I-Spin-Pfad
$\mathbf{W}W_-^{13}$ |**2**3> = -|**2**1>	$\mathbf{W}W_-^{13}$ |**2**1> = 0	V-Spin-Pfad
$\mathbf{W}W_-^{23}$ |**2**1> = |**3**1>	$\mathbf{W}W_-^{23}$ |**3**1> = 0	U-Spin-Pfad
$\mathbf{W}W_+^{12}$ |**3**1> = -|**3**2>	$\mathbf{W}W_+^{13}$ |**3**2> = 0	I-Spin-Pfad
$\mathbf{W}W_+^{13}$ |**3**2> = |**1**2>	$\mathbf{W}W_+^{13}$ |**1**2> = 0	V-Spin-Pfad
$\mathbf{W}W_+^{23}$ |**1**2> = -|**1**3>	$\mathbf{W}W_-^{23}$ |**1**3> = 0	U-Spin-Pfad

I-Spin-Pfad durch die Mitte:
$\mathbf{W}W_+^{12}$ |**2**1> = |**1**1>-|**2**2> $\mathbf{W}W_+^{12}$ (|**1**1>-|**2**2>) = -2* |**1**2> I-Spin-Pfad
U-Spin-Pfad durch die Mitte:
$\mathbf{W}W_-^{23}$ |**2**3> = |**3**3>- |**2**2> $\mathbf{W}W_-^{23}$ (|**3**3>- |**2**2>) = -2* |**3**2> U-Spin-Pfad
V-Spin-Pfad durch die Mitte:
$\mathbf{W}W_-^{13}$ |**1**3> = |**3**3>- |**1**1> $\mathbf{W}W_-^{13}$ (|**3**3>- |**1**1>) = -2* |**3**1> V-Spin-Pfad

---

Bildliche Anordnung der Zustände:

|**2**3> |**1**3> Ein I-Dublett zu I=1/2 und I_3 =-1/2,+1/2
Der Waagrechten entspricht wachsendem Isospin I_3

|**2**1> (|**1**1>-|**2**2>) |**1**2> Ein I-Triplett zu I=1 und I_3 =-1,0,1
der Senkrechten wachsender Hyperladung Y

|**3**1> |**3**2> Ein I-Dublett zu I=1/2 und I_3 =-1/2,+1/2

Die **Kombizustände in der Mitte**, zugehörig zu I_3 = Y = 0, sind sichtlich nicht eindeutig.
Sie sind jeweils eine Linearkombination a*|**1**1> + b*|**2**2> +c*|**3**3> ,
also eine Summation über alle Möglichkeiten zu diesen Eigenwerten.
Es müssen drei Linearkombinationen sein.
Wir wollen das Total-Singulett auffindig machen. Da es allseits nur Rand hat, macht es jeder Schiebeoperator zu Null. Also
0 = **W**W_+^{12}(a*|**1**1> + b*|**2**2> +c*|**3**3>) = -a*|**1**2> + b*|**1**2>
somit folgt a=b I-Pfad
0 = **W**W_+^{13}(a*|**1**1> + b*|**2**2> +c*|**3**3>) = -a*|**1**3> + c*|**1**3>
es folgt c=a V-Pfad
0 = **W**W_+^{23}(a*|**1**1> + b*|**2**2> +c*|**3**3>) = -b*|**2**3> + c*|**2**3>
es folgt c=b U-Pfad
0 = **W**W_-^{12}(a*|**1**1> + b*|**2**2> +c*|**3**3>) = a*|**2**1> - b*|**2**1> es folgt a=b
0 = **W**W_-^{13}(a*|**1**1> + b*|**2**2> +c*|**3**3>) = a*|**3**1> - c*|**3**1> es folgt c=a
0 = **W**W_-^{23}(a*|**1**1> + b*|**2**2> +c*|**3**3>) = b*|**3**2> - c*|**3**2> es folgt c=b
Der Singulettzustand, der also von allen Schiebeoperatoren zu Null gemacht wird, das Totalsingulett, ist also |**1**1> + |**2**2> + |**3**3> (ohne Normierung).
Es ist a=b=c .
Der Singulettzustand, der nur von den I-Schiebeoperatoren zu Null gemacht wird, das Isospin-Singulett, ist also a*|**1**1> + a*|**2**2> + c*|**3**3>
Es ist a=b, c ist noch frei.
Fordert man zusätzlich Orthogonalität zum Totalsingulett ,
so folgt 1+1+c =0 somit c=-2
Also ist das Isospin-Singulett |**1**1> + |**2**2> - 2*|**3**3>
gehört also zu I= I_3 = 0 und Y=0
Fordert man stattdessen zusätzlich Orthogonalität zum
Iso-Zustand (I=1, I_3 =0) ,
also zu |**1**1> - |**2**2> , so kann es |**1**1> + |**2**2> oder auch |**3**3> sein,
also a=b=1,c=0 bzw a=b=0,c=1.

Nun wollen wir das untermauern durch Angabe des (leichtesten) **Mesonenoktett**s, das dem Gesagten entspricht. Im Sinne des Quarkmodells ist jedes Meson eine Kombination von einem Quark und einem Antiquark. Der Gesamtspin bei jedem Teilchen ist S = 0 .

$23 = d\bar{s} = K^0$	$K^+ = u\bar{s} = 13$	$I = \frac{1}{2}, Y = 1$
$21 = d\bar{u} = \pi^-$	π^0 $u\bar{u}, d\bar{d}$ 11-22 η und η' $\pi^+ = u\bar{d} = 12$	$I = 1, Y = 0$
$31 = s\bar{u} = K^-$	$K^{0Q} = s\bar{d} = 32$	$I = \frac{1}{2}, Y = -1$

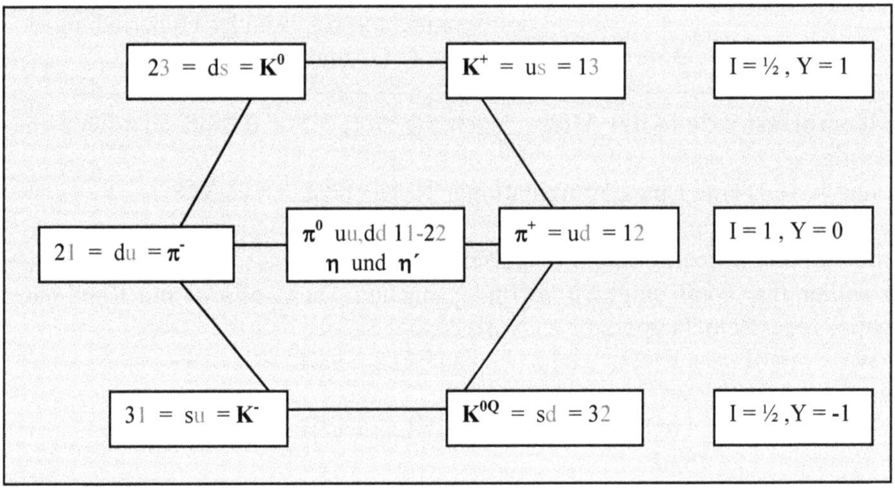

Die Zustände in der Mitte sind
$\pi^0 = 11 - 22 = u\bar{u} - d\bar{d}$,
also zu 50% $u\bar{u}$ und zu 50% $d\bar{d}$
sowie $\eta = 11 + 22 - 2*33 = u\bar{u} + d\bar{d} - 2*s\bar{s}$,
also zu 25% $u\bar{u}$, zu 25% $d\bar{d}$ und zu 50% $s\bar{s}$
sowie $\eta' = 33 = s\bar{s}$ also zu 100% $s\bar{s}$ (Eta'-Teilchen)
Die für η und η' getroffene Zustands-Auswahl ist der Literatur entnommen und kann mit den Mitteln vor Ort nicht begründet werden.

Wir haben relativ hohe Massenunterschiede, wenn die Teilchen nicht zum selben Isospin-Multiplett gehören:
π^- sowie π^+ hat 139MeV || π^0 hat 135MeV || aber
K^- sowie K^+ hat 494MeV || K^0 sowie K^{0Q} hat 498MeV
|| η hat 547MeV || η' hat 958MeV ||

Beim I-Pfad , waagrecht von links nach rechts unten, nimmt die Ladung Q in Schritten von +1 zu.
Beim U-Pfad , schräg von links oben nach rechts unten, bleibt die Ladung Q gleich.

Beim V-Pfad , schräg von rechts oben nach links unten, nimmt die Ladung Q in Schritten von -1 ab.
Wenn man will, kann man analog dem Isospin I auch dem U-Spin und V-Spin einen Gesamt-U-Spin bzw Gesamt-V-Spin zuordnen und daraus Folgerungen ziehen. Insbesondere für die Mitte, wo die Pfade sich kreuzen, können für die Zustände Beziehungen untereinander abgleitet werden. Siehe dazu [8] .

Nun haben wir alle drei Zustände in der Mitte gefunden, die auch zueinander orthogonal sind, in der Summe sind es 9 Zustände. Aber wie wir bei der Verfolgung des U-Spin- bzw V-Spin-Sonderpfades gesehen haben , gibt es in der Mitte noch andere Zustände. Diese sind dann notgedrungen von den ersten drei linear abhängig, also aus ihnen kombinierbar.
Bei einem zusammenhängenden Durchgang mittels Schiebeoperatoren kann man jeweils ein Multiplett erfassen, analog dem Durchgang bei einem Drehimpuls-Multiplett. Da es aber mehrere geben kann, sind mehrere Ansätze notwendig, im Beispiel für das Singulett.
Vielleicht sind dem Leser zwei Sachen aufgefallen. Zum einen die Bevorzugung des I-Spins gegenüber dem U- bzw V-Spins , die $\mathbf{U_3}$ betreffend. Zum anderen, dass es zu Y gar keine Gruppe gibt, sondern Y gewissermaßen als Single im Raum $\mathbf{U_3}$ integriert wird. In der Tat ist es so, dass bei jeder $\mathbf{U_n}$ jede Hauptdiagonalmatrix, außer bei der $\mathbf{U_2}$**,** aus mehreren $\mathbf{S_3}^{ij}$-Matrizen zu kombinieren ist.
Die Bevorzugung des I-Spins hat physikalische Gründe, keine mathematischen. Jeder $\mathbf{U_2}$-Unterraum einer $\mathbf{U_n}$ ist gleichberechtigt. Jeder hat seine Schiebeoperatoren, seine $\mathbf{S_3}$-Matrix und auch seinen Gesamtspin, welcher bei Kombination von $\mathbf{U_n}$-Räumen, beispielsweise wie oben $\mathbf{U_3}$ mit U_3 , zu Gesamtspin-Multipletts Anlass gibt .
Im Beispiel war es ein Multiplett zu I=1 und 0 und zwei zu I=1/2. Es wurde ja kombiniert I=1/2 mit I=1/2, ergibt I=1 und I=0 , aber auch I=1/2 mit I=0 zweimal, ergibt je I=1/2.
So kann man genauso, im Beispiel, einen Gesamtspin zum U-Spin auch zum V-Spin einführen. Weil es aber eine Überzahl an $\mathbf{U_2}$-Räumen gibt, entstehen Abhängigkeiten.
Bei Kombination von gleichdimensionalen **U**-Räumen führt das zu gleich vielen und gleich starken Multipletts.
Diese Gleichberechtigung ist Ursache dafür, dass die bildhafte Darstellung der Kombizustände in einem **Diagramm** eine **½*n(n-1) fache Symmetrie** aufweisen, im Beispiel bei n=3 eine 3-fache Symmetrie, symmetrisch zur I-Achse, zur U-Achse und zur V-Achse, respektive zur x-Achse, zur

Diagonalachse von links unten nach rechts oben und zur Diagonalachse von rechts unten nach links oben. Es gibt in jede Richtung gleich viele und gleich starke Multipletts, zum einen zu I, dann zu U und zu V.
Nachdem man sich mal für den I-Spin als bevorzugten $\mathbf{U_2}$-Unterraum einer $\mathbf{U_n}$ entschieden hat, hat das einige Folgerungen. Wenn man sich die Eigenwerte in einem n-dimensionalen rechtwinkeligen Koordinatensystem dargestellt denkt, wobei jeder Eigenwertart einer Achse entspricht, also z.B. für I_3 und Y, so ist die I-Achse die einzige, auf der sich auch Schiebeoperatoren bewegen, während es zu den anderen Achsen keine $\mathbf{U_2}$-Schiebeoperatoren gibt. Diese vermitteln stets zwischen den Achsen und ihren Paralellen.
Die I-Schiebeoperatoren lassen somit alle anderen Eigenwerte unverändert. Das gilt auch für Kombi-Räume. Das kann man nutzen, um die Zustände einer $\mathbf{U_n}$, auch Kombizustände nach Isospin-Multipletts zu gruppieren, wobei neben dem Gesamtisopsin I die anderen Eigenwerte zur Unterscheidung der Multipletts, gewissermaßen als Aufhänger, dienen können. Im obigen Beispiel ist es Y=1 mit I-1/2-Multiplett, Y=0 mit I-1-Multiplett , Y=0 mit I-0-Multiplett und Y=-1 mit I-1/2-Multiplett.
Weil sich alle Hauptdiagonalmatrizen aus S_3–Matrizen aufbauen lassen, sind sie wie diese bei Kombizuständen additiv, wie etwa Y= $\mathbf{S_3^{13} + S_3^{23}}$.
Beispiel: (Y+Y) |**13**> = (Y|**1>**)|3> + |**1**>(Y|3>) = 1*|**1**3>+2*|**13**> = 3*|**1**3>
Bemerkung: Die Ziffer sagt aus, der wievielte Eigenwert von oben beginnend jeweils zu greifen ist.
Bei Y sind es der Reihe nach (1,1,-2,0 ,…) und
bei Y der Reihe nach (-1,-1,2,0,…).
Die Eigenwerte sind hier Paulimatrizen-Eigenwerte, noch in Rohform, physikalisch noch nicht angepasst, also ohne Faktor, Ausnahme beim Isopsin.

So bietet sich bei der Koppelung von Räumen unmittelbar die **Koppelung von I-Spin-Multipletts** an. Wenn wir im obigem Beispiel verbleiben, haben wir für die $\mathbf{U_3}$ die Multipletts (I= 1/2,Y=1) und (I=0,Y=-2) und
für die U_3 die Multipletts (I=1/2,Y=-1) und (I=0,Y=2).

Die Kombination, nun in Kurzschrift, ergibt (wie Ausmultiplizieren):
$\mathbf{U_3}$ x U_3 = {(½,1),(0,-2)}x {(½,-1),(0,2) } =
= (1,0), (0,0) ; (½,3), (½,-3), (0,0)
Das sind 3+1+2+2+1 = 9 Kombizustände, also alle.

Ein anderes Beispiel:
$\mathbf{U_3}$ x $\mathbf{U_3}$ x $\mathbf{U_3}$ = {(½,1),(0,-2)}**x** {(½,1),(0,-2)}**x**{(½,1),(0,-2)}=

= {(1,2), (0,2); (½,-1), (½,-1), (0,-4)} **x** {(½,1),(0,-2)}=
= {(3/2,3),(1/2,3); (1/2,3); (1,0),(0,0); (1,0),(0,0); (1/2,-3) , (1,0), (0,0); (½,-3), (½,-3), (0,-6)}
Das sind 4+2 + 2 + 3+1 + 3+1 + 2 +3+1 + 2+2+1 = 27 Kombizustände, wiederum alle. Wie man an den Beispielen sieht, können mehrere gleich gekennzeichnete Multipletts entstehen. Erst durch Einsetzen der tatsächlichen Basiszustände |kl> bzw |klm> werden sie unterschieden.

Nun bringen wir das (leichteste) **Baryonenoktett**: Im Sinne des Quarkmodells ist jedes Baryon eine Kombination von drei Quarks. Der Gesamtspin bei jedem Teilchen ist S = 1/2 .

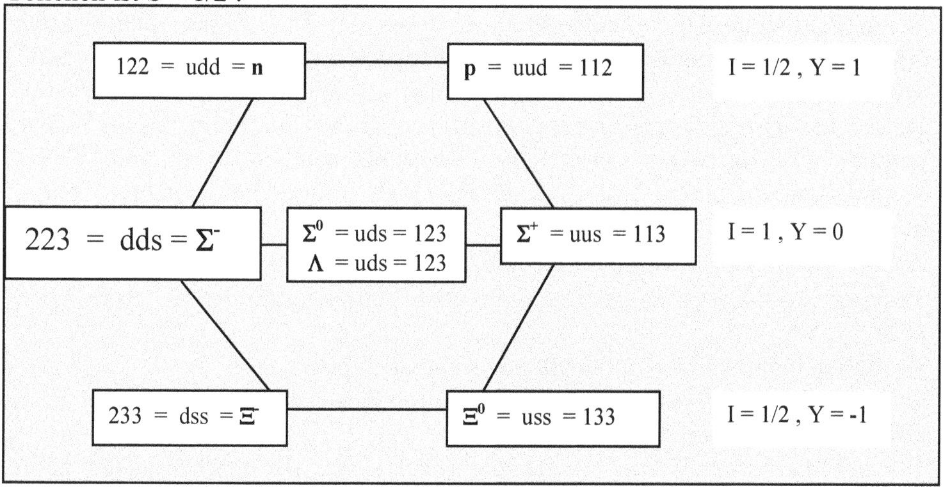

Die Massen sind: **n** hat 939.5MeV || **p** hat 938MeV
|| Ξ^- hat 1321MeV || Ξ^0 hat 1314MeV ||
Σ^- hat 1189MeV || Σ^0 hat 1192MeV || Σ^+ hat 1197MeV ||
Λ hat 1115MeV ||

Die für dieses Drei-Quark-System passenden Schiebeoperatoren sind
Wegen $\mathbf{W}_+^{ij}\,|\mathbf{k}\rangle = \delta_{jk}*|\mathbf{i}\rangle$ und $\mathbf{W}_-^{ij}\,|\mathbf{k}\rangle = \delta_{ik}*|\mathbf{j}\rangle$ ist

$$\mathbf{WW}_+^{ij}\,|\mathbf{abc}\rangle = (\mathbf{W}_{a+}^{ij} + \mathbf{W}_{b+}^{ij} + \mathbf{W}_{c+}^{ij})\,|\mathbf{abc}\rangle = $$
$$= \delta_{ja}*|\mathbf{ibc}\rangle + \delta_{jb}*|\mathbf{aic}\rangle + \delta_{jc}*|\mathbf{abi}\rangle$$
$$\mathbf{WW}_-^{ij}\,|\mathbf{abc}\rangle = (\mathbf{W}_{a-}^{ij} + \mathbf{W}_{b-}^{ij} + \mathbf{W}_{c-}^{ij})\,|\mathbf{abc}\rangle = $$
$$= \delta_{ia}*|\mathbf{jbc}\rangle + \delta_{ib}*|\mathbf{ajc}\rangle + \delta_{ic}*|\mathbf{abj}\rangle$$

Beispiele:

$\mathbf{WW}_-^{12}$ |112> = |212>+|122> $\mathbf{WW}_+^{12}$ |122> = |112> +|121> I-Pfad
$\mathbf{WW}_-^{13}$ |122> = |322> $\mathbf{WW}_+^{13}$ |223> = |221> V-Pfad
$\mathbf{WW}_-^{23}$ |223> = |323>+|233> $\mathbf{WW}_+^{23}$ |233> = |223> + |232> U-Pfad
$\mathbf{WW}_-^{23}$ |333> = 0 $\mathbf{WW}_+^{23}$ |333> = |233> + |323>+ |332> U-Pfad

---

Wie wir gesehen haben, steht bei den W-Schiebeoperatoren die Ziffernkombination 12 für den I-Pfad, 13 für den V-Pfad und 23 für den U-Pfad. Bei einer $\mathbf{U}_4$ kommen noch weitere Schiebeoperatoren hinzu mit den Ziffernkombinationen 14, 24 und 34.

Wenn man beim Drei-Quarksystem, also bei der $\mathbf{U}_3$, durch **fortgesetztes Navigieren** das **zusammenhängende Multiplett** zusammensucht, ausgehend etwa von |333> oder |112>, so kommt man zu einem Dekuplett (Spin 3/2). Dieses hat also 10 verschiedene Positionen (I_3,Y) im Sinne des I_3-Y-Diagramms. Erst durch eine zusätzliche Forderung, nämlich $|I_3| \leq 1$ und $|Y| \leq 1$, kommt man zu einem Oktett. Kombinationen mit je drei gleichen Quarks bleiben dann weg.
An der untersten Spitze des dreieckförmigen Dekupletts befindet sich das Ω-Teilchen (1675MeV), an der Decklinie oben befinden sich die vier Δ-Teilchen (1232MeV).
Bezüglich Quarks und Kombinationen siehe auch [16] .

14.3 Andere Sichten auf die $\mathbf{U}_n$

Wir orientieren uns wieder am Beispiel der $\mathbf{U}_3$ .Wie wir gesehen haben, kann die Matrix für Y aus S_3-Matrizen zusammengesetzt werden,
konkret Y= $\mathbf{S}_3^{13} + \mathbf{S}_3^{23}$ .Passend dazu könnte man auch Schiebeoperatoren definieren, nämlich $Y_+ = -\mathbf{W}_-^{13} + \mathbf{W}_+^{23}$ und $Y_- = \mathbf{W}_+^{13} + \mathbf{W}_-^{23}$.
In den Begriffen der $\mathbf{U}_3$: $Y_+ = \mathbf{U}_+ - \mathbf{V}_-$ und $Y_- = \mathbf{U}_- + \mathbf{V}_+$.
Sie gehorchen den Vertauschungsregeln

$$[Y_+,Y_-] = [\mathbf{U}_+-\mathbf{V}_- , \mathbf{U}_-+\mathbf{V}_+] = [\mathbf{U}_+,\mathbf{U}_-] +[\mathbf{U}_+,\mathbf{V}_+] -[\mathbf{V}_-,\mathbf{U}_-] + [\mathbf{V}_+,\mathbf{V}_-] =$$
$$= \mathbf{S}_3^{23} + 0 + 0 + \mathbf{S}_3^{13} = Y .$$

Zugegeben, wirkt reichlich konstruiert und dürfte wohl nicht weiterführen.
Ein anderer Ansatz könnte sein, auf Y zu verzichten, stattdessen U und U_3 zu benutzen.

---

15. Kurze Vorstellung der relativistischen Mechanik

Weil wir im Folgenden des Öfteren relativistische Beziehungen bringen, mag es dienlich sein, die spezielle Relativitätstheorie in ihrem Kern, der relativistischen Mechanik kurz vorzustellen. Ausgangspunkt dieser Theorie ist die experimentelle Erkenntnis, dass die Lichtgeschwindigkeit c in jedem Bezugssystem den gleichen numerischen Wert hat, insbesondere auch in Bezugssystemen, die sich gleichförmig mit einer Geschwindigkeit v gegeneinander bewegen. Noch bis Ende des 19. Jahrhunderts dachte man sich das insgesamt ruhende Weltall mit einem „Äther" erfüllt, eine Art Luft, bezüglich dessen das Licht sich mit fester Geschwindigkeit c ähnlich der Schallgeschwindigkeit bewegt. Ein dem gegenüber sich bewegender Beobachter müsste dann je nach Eigengeschwindigkeit und Bewegungsrichtung andere Wert von c messen. Insbesondere für die sich bewegende Erde selber müssten verschiedene Werte erscheinen, je nach dem, aus welcher Richtung man Licht empfängt. Die Messungen von Michelson kamen zu dem Ergebnis, dass dem nicht so ist, sondern dass stets das gleiche c vorhanden ist.

Anmerkung: Albert **Michelson**, deutsch/amerik. Physiker (1852-1931)

Dieses wurde nun zum Postulat der 1905 von Einstein entwickelten Relativitätstheorie . Diese hat zunächst etwas Vertrautes: In jedem Labor, ob in Europa oder in Australien, wird der gleiche Wert c gemessen, auch wenn das Licht von außen kommt, etwa von der Sonne, zunächst wie selbstverständlich, wenn man nicht bedenkt, dass wegen der Erddrehung verschiedene Geschwindigkeiten gegenüber dem „ruhenden" Weltall wie auch relativ zum ankommenden Licht vorliegen. Bedenkt man es, so hat es etwas Paradoxes an sich. Es fällt unter die Kategorie: „Es kann doch nicht sein, dass…".

Prinziphafte Darstellung:

Labor1 bewege sich mit v zum Licht hin.Labor2 bewege sich mit v vom weg

Zu erwartende Lichtgeschwindigkeit c+v   Zu erwartende Lichtgeschw. c-v

Und doch wird in beiden Fällen c gemessen.

Dieses Paradox, nun mal in der Welt, bedurfte wiederum einer paradoxen, aber mathematisch einwandfreien Antwort: Zueinander bewegte Koordinatensysteme (Labor1 und Labor2) haben verschiedene Längen- und Zeitmessungen , wenn sie sich auf ein gleiches Objekt beziehen. Nun zur Herleitung dieser Beziehungen, der so genannten Lorentz-Transformation.

15.1 Herleitung der Lorentz-Transformation

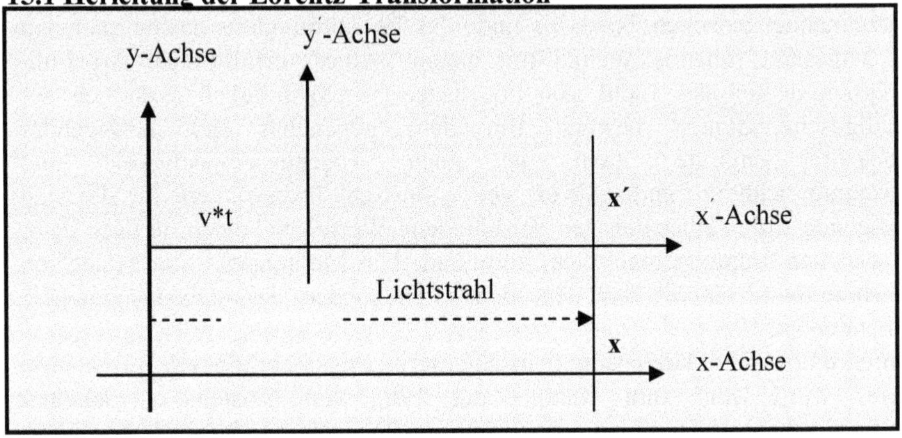

Es liege vor ein Koordinatensystem K mit den Koordinaten x, y, z, t sowie ein Koordinatensystem K' mit den Koordinaten x', y' , z', t' . Dieses bewege sich gegenüber K mit einer konstanten Geschwindigkeit v in Richtung der x-Achse. Zum Zeitpunkt $t = t' = 0$ soll sein $x = x' = 0$, haben da also gleiche Startposition. Für die Beziehung der Koordinaten zueinander gilt klassisch,
die sog. **Galilei-Transformation:**
$\mathbf{x' = x - v*t}$ bzw $\mathbf{x = x' + v*t}$ sowie $y' = y$, $z' = z$ und $t' = t$
v*t ist die Verschiebung des Koordinatensystemursprungs nach Ablauf der Zeit t,
y, z soll in beiden Systemen gleich sein und natürlich, klassisch, auch die Zeit t.

Nun zur Herleitung
Zur Startzeit $t = t' = 0$ und Startposition $x = x' = 0$ soll nun ein Lichtstrahl in Richtung der positiven x-Achse ausgehen. Dieser möge zur Zeit t an der Stelle x bzw zur Zeit t' an der Stelle x' ankommen. Physisch ist es dieselbe Position und derselbe Zeitpunkt, aber jeweils von den verschiedenen Koordinatensystemen aus gesehen.
Ist nun die Lichtgeschwindigkeit c in beiden Systemen dieselbe , gemäß Postulat, so gilt für den Lichtstrahl $\mathbf{x = c*t}$ bzw $\mathbf{x' = c*t'}$.

Weil offenbar x verschieden von x' ist , kann nicht mehr t gleich t' sein.
Würde man das so in die Galilei-Transformation einsetzen, käme ein Widerspruch heraus.
Man modifiziert diese deshalb mit dem Ansatz
$\mathbf{x' = \gamma*(x - v*t)}$ bzw $\mathbf{x = \gamma*(x' + v*t')}$
γ ist in beiden Fällen gleich, weil die Koordinatensysteme als gleichwertig angesehen werden.
Setzt man nun ein, so hat man
$c*t' = \gamma*(c*t - v*t)$ bzw $c*t = \gamma*(c*t' + v*t')$
Multipliziert man die Beziehungen miteinander, linke Seite wie rechte Seite , so folgt
$c^2*t*t' = \gamma^2*(c- v) * (c+v) * t*t'$ oder $c^2 = \gamma^2*(c^2-v^2)$ oder

---

$$\gamma = \frac{1}{(1 - v^2/c^2)^{1/2}}$$

Fast in allen Formeln der Relativitätstheorie kommt dieser dimensionslose Faktor vor.

Das ist die fundamentale Beziehung der Relativitätstheorie. Aus ihr folgt alles andere.
γ hat offenbar bei v=0 den Wert 1, insgesamt gilt $\gamma \geq 1$ und es wächst eingangs mit v nur langsam an.
Um z.B. nur den Wert γ=1.01 zu erreichen, ist v = 42111 km/sec erforderlich, also 14% der Lichtgeschwindigkeit.

Um die **Beziehung zwischen t und t'** herzustellen, nimmt man obige Beziehungen und setzt ineinander ein:
$x = \gamma*(x' + v*t') = \gamma*[\gamma*(x - v*t) + v*t'] = \gamma^2*x - \gamma^2*v*t + \gamma*v*t'$
oder $(1 - \gamma^2)*x + \gamma^2*v*t = \gamma*v*t'$ oder $t' = \gamma*t + (1 - \gamma^2)/(\gamma*v) *x$
Es ist $1 - \gamma^2 = 1 - 1/(1 - v^2/c^2) = (-v^2/c^2)/ (1-v^2/c^2) = (-v^2/c^2)*\gamma^2$
also $(1 - \gamma^2)/(\gamma*v) = (-v/c^2)*\gamma$
Somit $\mathbf{t' = \gamma*(t - (v/c^2)*x)}$ analog folgt $\mathbf{t = \gamma*(t' + (v/c^2)*x')}$
Zusätzlich ist $\mathbf{y' = y}$ und $\mathbf{z' = z}$
Es ist t= t', wenn v=0. Obwohl die Beziehung für die Zeit nur anhand der Bewegung entlang der x-Achse abgeleitet wurde, gilt die generell für das ganze Koordinatensystem K bzw K' , die Zeit ist gewissermaßen allgegenwärtig.

Diese Beziehungen für x und t bzw x' und t' heißen die **Lorentz-Transformation**, sie löst die klassische Galilei-Transformation im

Relativistischen ab, wenn man also der Auffassung ist, dass eine exakte Rechnung notwendig ist, insbesondere bei großem v.
Anmerkung: Hendrik A. **Lorentz**, niederl. Physiker (1853-1928), hat vieles der Relativitätstheorie bereits erkannt im Zusammenhang mit der Elektrodynamik, nicht aber die zu Grunde liegende Philosophie.
Die Formeln im Überblick:

$\mathbf{x' = \gamma*(x - v*t)}$	bzw	$\mathbf{x = \gamma*(x' + v*t')}$	$\mathbf{y' = y}$	$\mathbf{z' = z}$
$\mathbf{t' = \gamma*(t - (v/c^2)*x)}$	bzw	$\mathbf{t = \gamma*(t' + (v/c^2)*x')}$	$\mathbf{\gamma = 1/(1 - v^2/c^2)^{1/2}}$	

Das Anwachsen von γ durch v in Einheiten von 1000 km/sec

0	30	60	90	120	150	180	210	240	270	290
1	1,005	1,020	1,048	1,091	1,154	1,250	1,4	1,6	2,29	3,9

Wie man sieht, wächst γ sehr zögerlich an, erreicht aber bei v = 300000 km/sec den Wert unendlich .

15.2 Folgerungen:
15.2.1 Verlust der Gleichzeitigkeit. Gleichzeitigkeit ist für jedes System K bzw K' für sich definierbar, nicht mehr aber für die Systeme im Verhältnis zueinander.
Im System K' finde ein Ereignis am Ort x'_1 und gleichzeitig, d.h. $t'_1 = t'_2$, am Ort x'_2 statt.
Vom System K aus gesehen gilt dann:
$t_1 = \gamma*(t'_1 + (v/c^2)* x'_1)$ und $t_2 = \gamma*(t'_1 + (v/c^2)* x'_2)$.
Im System K tut sich somit eine Differenz auf: $t_2 - t_1 = \gamma*(v/c^2)*(x'_2 - x'_1)$,
in K' dagegen nicht.

15.2.2 Längenkontraktion (Längenverkürzung). Im System K' liege ein Stab in Richtung der x-Achse der Länge $a' = x'_2 - x'_1$.
Somit folgt für das System K $x'_2 - x'_1 = \gamma*[(x_2 - x_1) - v*(t_2 - t_1)]$
Längenmessung in K heißt, gleichzeitig, d.h. $t_2 - t_1 = 0$, Anfang und Ende des bewegten Stabes zu bestimmen.
Dann wird aus der Beziehung
$x'_2 - x'_1 = \gamma*(x_2 - x_1)$ oder $a = x_2 - x_1 = 1/\gamma *(x'_2 - x'_1) = 1/\gamma*a'$
Weil $\gamma \geq 1$ ist, so ist $1/\gamma \leq 1$. Der Stab ist in K kürzer, hat in K einen numerisch kleinere Länge. Läge er in Richtung der y-Achse , so wäre die Länge gleich.

15.2.3 Zeitdilatation (Zeitverlangsamung, Zeitverlängerung).
Im System K' werde auf einer am Ort x' fixierten Uhr eine Zeitspanne $t'_2 - t'_1$ abgelesen.
Dann folgt für das System K $t_2 - t_1 = \gamma*[(t'_2 - t'_1) + v/c^2*(x'_2 - x'_1)]$
Da die Position der Uhr in K' gleich bleibt, also $x'_2 - x'_1 = 0$,
folgt $t_2 - t_1 = \gamma*(t'_2 - t'_1)$. Die Zeitspanne $t_2 - t_1$ im System K ist also numerisch größer als die Zeitspanne $t'_2 - t'_1$ in K'.
Praktisches Beispiel: Ein ruhendes Elementarteilchen habe eine bestimmte Lebensdauer, dieselbe in jedem System, in dem es ruht. Bewegt es sich mit hoher Geschwindigkeit v, von K aus gesehen, so hat es diese Lebensdauer $t'_2 - t'_1$ auch im ihm angehefteten System K', weil es da ruht. Bezüglich K ist seine Lebensdauer $t_2 - t_1$ gemäß Formel größer. Das hat zur Folge , dass es in K gemäß $v*(t_2 - t_1)$ eine deutlich größere Wegspanne, als es seiner Lebensdauer entspräche, zurücklegen kann, bis es zerfällt.

Mit dem Begriff Zeitdilatation ist auch der Begriff **Eigenzeit** τ verbunden. Sie ist die Zeitdifferenz $\tau = t'_2 - t'_1$ auf einer am Ort x' fixierten Uhr (mit Vorliebe $x' = 0$, der Ort einer Punktmasse), die von einem anderen Bezugssystem, wie dargelegt, mit $t_2 - t_1 = \gamma*(t'_2 - t'_1)$, also länger, wahrgenommen wird.
Innerhalb eines Bezugssystems ist die Zeit eindeutig definiert, auch Gleichzeitigkeit. Erst die Sicht aus einem anderen System bringt „Probleme“. Deswegen ist hier der gleiche Ort x' so wichtig.

15.3 Die Lorentz-Transformation für Koordinatendifferenzen
Wie wir an den Beispielen gesehen, gelten analoge Beziehungen für Koordinatendifferenzen, z.B. für $(x_2 - x_1)$. Denkt man sich diese beliebig klein, so kann man schreiben
$\mathbf{dx' = \gamma*(dx - v*dt)}$ bzw $\mathbf{dx = \gamma*(dx' + v*dt')}$ sowie
$\mathbf{dt' = \gamma*(dt - (v/c^2)*dx)}$ und $\mathbf{dt = \gamma*(dt' + (v/c^2)*dx')}$
Daraus kann man Differentialquotienten bilden:
$dx'/dt = \gamma*(dx/dt - v)$ $dt'/dt = \gamma*(1 - (v/c^2)*dx/dt)$ Zeile1
$dx/dt' = \gamma*(dx'/dt' + v)$ $dt/dt' = \gamma*(1 + (v/c^2)*dx'/dt')$ Zeile2
Die Lorentz-Transformation, wie hier angegeben, gilt auch für variable v.
Betrachten wir K als das ruhende System, so bewegt sich K' mit der Geschwindigkeit v gegen über K. Von K' ausgesehen, bewegt sich K mit $-v$. v ist im Folgenden immer so gemeint.
Das augenblickliche v bestimmt je die Transformation. Zudem kann die x-Achse augenblicklich eine der Situation angepasste Richtung haben.

15.4 Geschwindigkeitsadditionstheoreme

Aus Zeile 1 folgt

$dx'/dt' = dx'/dt * (1/ dt'/dt) =$

$= [\gamma*(dx/dt - v)] / [\gamma*(1 - (v/c^2)*dx/dt)] = (dx/dt - v) / [(1 - (v/c^2)*dx/dt)]$

Sei **u=dx/dt** bezeichnet, dann haben wir für die Addition der Geschwindigkeiten

$$\frac{dx'}{dt'} = \frac{(u - v)}{(1 - (v*u)/c^2}$$

Additionstheorem aus Sicht von K', eindimensional

Ausdeutung: Bewegt sich eine Masse m im System K mit einer Geschwindigkeit u , so wird diese Geschwindigkeit im bewegten System K' gemäß dieser Formel für dx'/dt' wahrgenommen.

Veranschaulichung: Von einem mit der Geschwindigkeit v fahrenden Zug (System K') schaue man auf eine parallel laufende Strasse (System K), auf dem sich ein Auto mit der Geschwindigkeit u bewegt, sagen wir in gleiche Richtung, so nehmen wir dessen Geschwindigkeit klassisch mit u - v wahr, relativistisch etwas schneller (Nenner < 1).

Aus Zeile 2 folgt

$dx/dt = dx/dt' * dt'/dt = dx/dt' * (1/dt/dt') =$

$= (dx'/dt' + v) / [(1 + (v/c^2)*dx'/dt']$

Nun ist dx'/dt' die Geschwindigkeit des Massenpunktes m im System K'. Wir wollen sie mit u bezeichnen, also **u = dx'/dt'** .Das System selbst bewegt sich mit der Geschwindigkeit v .

Neu geschrieben lautet also die Beziehung für die Geschwindigkeits-Addition

$$\frac{dx}{dt} = \frac{(u + v)}{(1 + (v*u)/c^2}$$

Additionstheorem aus Sicht von K, eindimensional

Ausdeutung: Bewegt sich eine Masse m im System K' mit einer Geschwindigkeit u , so wird diese Geschwindigkeit im ruhenden System K gemäß dieser Formel für dx/dt wahrgenommen.

Veranschaulichung: Von einem Bahnsteig (System K) schaue man auf einen mit der Geschwindigkeit v fahrenden Zug (System K'), in dem sich ein Mensch mit der Geschwindigkeit u bewegt, sagen wir in Fahrtrichtung, so nehmen wir dessen Geschwindigkeit klassisch mit u + v wahr, relativistisch etwas langsamer (Nenner > 1) .

dx/dt ist die Geschwindigkeit des Massenpunktes m, wie er im System K wahrgenommen wird. Dieses löst obiges Paradoxon bezüglich der Lichtgeschwindigkeit in Labor1 und Labor2.

Es sei u=c und v positiv, dann ist $dx'/dt' = (c+v)/[1+vc/c^2) = c$. Ist v negativ, dann ist $dx/dt = (c-v)/[1-vc/c^2) = c$, also in beiden Fällen gleich c . Es ist nicht möglich, dass dx/dt größer c wird.

15.5 Kraft und Beschleunigung:

$d^2x'/dt'^2 = d/dt'(dx'/dt') = d/dt(dx'/dt')*dt/dt' = d/dt(dx'/dt') * (1/(dt'/dt) =$

$= d/dt\{u-v)/[(1-(v*u)/c^2)]\}* (1/(dt'/dt)$ bei Nutzung des Geschwindigkeitadditionstheorems

Sei bezeichnet $\mathbf{u = dx/dt}$, $\mathbf{w = du/dt = d^2x/dt^2}$ und $\mathbf{N = 1 - (v*u)/c^2}$, so ist

$d/dt\{u-v)/[1-(v*u)/c^2]\} = w/N + (u-v)*(-1)/N^2*(-v*w/c^2) =$

$= 1/N^2*[wN+(u-v)*vw/c^2] =$

$= 1/N^2*[w - vwu/c^2 + uvw/c^2 - v^2w/c^2] = w/N^2*[1-v^2/c^2] = 1/\gamma^2*w/N^2$

Es ist $(1/(dt'/dt) = 1/\gamma*1/N$

Somit ergibt sich insgesamt $\mathbf{d^2x'/dt'^2 = 1/\gamma^2*w/N^2 * 1/\gamma*1/N}$

----

also $$\frac{d^2x'}{dt'^2} = \frac{1}{\gamma^3*N^3} * \frac{d^2x}{dt^2}$$ mit $\mathbf{N = (1 - (v*u)/c^2)}$

So wird die Beschleunigung einer Masse m im System K' wahrgenommen, die in K bereits die Geschwindigkeit u hat und da beschleunigt wird.

Speziell bewegt sich m in K mit der Geschwindigkeit **u=v,**

so ist $\mathbf{N = 1-v^2/c^2 = 1/\gamma^2}$.

Es ist dann $\boxed{\mathbf{d^2x'/dt'^2 = \gamma^3*d^2x/dt^2}}$ Die Beschleunigung aus Sicht von K'

Bezeichne nun

$\mathbf{u = dx'/dt'}$ und $\mathbf{w = du/dt' = d^2x'/dt'^2}$ sowie $\mathbf{N = 1 + (v*u)/c^2}$, dann ist

$d^2x/dt^2 =$

$= d/dt(dx/dt) = d/dt'(dx/dt)*dt'/dt = d/dt'\{(u+v)/[1+(v*u)/c^2]\}* dt'/dt =$

$= \{w/N - (u+v)*(v*w/c^2)/N^2\}* dt'/dt =$

$= (w + v*u*w/c^2 - vwu/c^2 - v^2w/c^2)/N^2 = w*(1-v^2/c^2)/N^2* dt'/dt$

Es ist $dt'/dt = 1/(dt/dt') = 1/[\gamma*(1+(v/c^2)*dx'/dt')] =$

$= 1/[\gamma*(1+(v*u)/c^2] = 1/(\gamma*N)$

Also $\mathbf{d^2x/dt^2} = w*1/(\gamma^2*N^2)* 1/(\gamma*N) = w*1/\gamma^3*1/N^3 =$

$\mathbf{= 1/\gamma^3*1/(1+(v*u)/c^2)^3 * d^2x'/dt'^2}$

----

also $$\frac{d^2x}{dt^2} = \frac{1}{\gamma^3 * N^3} * \frac{d^2x'}{dt'^2}$$ mit $N = 1 + (v*u)/c^2$

So wird die Beschleunigung einer Masse m im System K wahrgenommen, die in K´ bereits die Geschwindigkeit u hat und da beschleunigt wird.

Es ist besonders einfach, wenn m in K´ bislang noch ruht, d.h. u=0,

nämlich **$d^2x/dt^2 = 1/\gamma^3 * d^2x'/dt'^2$** Die Beschleunigung aus Sicht von K

oder umgekehrt $d^2x'/dt'^2 = \gamma^3 * d^2x/dt^2$ wie oben.

15.6 Der Impuls

Ein Massenpunkt m möge im bewegten System K´ ruhen. In K´ möge auf m eine beschleunigende Kraft einwirken.
Dann ist da der Impulszuwachs
$Kraft' = dP'/dt' = m * d^2x'/dt'^2 = m * \gamma^3 * d^2x/dt^2$
Andere physikalische Gründe besagen, dass die Kraft bezüglich der x-Achse in beiden Systemen gleich ist, also Kraft = Kraft´. Das berechtigt zu schreiben
$Kraft = dP/dt = Kraft' = m * \gamma^3 * d^2x/dt^2$, also **$dP/dt = m * \gamma^3 * d^2x/dt^2$**
Nun vergisst man gewissermaßen das System K´, betrachtet das Weitere als eine innere Angelegenheit von K, ersetzt dx/dt durch v sowie d^2x/dt^2 durch dv/dt und hat dann
$dP/dt = m*(1-v^2/c^2)^{-3/2}*dv/dt$.
Beachte bislang galt v als Konstante, nun wird sie als eine Funktion von t, also v(t), angesehen. Integrieren liefert dann folgende Stammfunktion

---

$$P = \frac{m*v}{(1 - v^2/c^2)^{1/2}} = \gamma * m * v$$ Formel für den Impuls
Der Impuls ist also wegen γ größer als im

15.7 Die Energie $E = mc^2$

In ähnlicher Weise stützt man sich auch hier auf den Kraftbegriff und nutzt die Gleichheit der Kraft in beiden Systemen, also
$Kraft' = dE'/dx' = m * d^2x'/dt'^2 = m*\gamma^3*d^2x/dt^2$
$Kraft = dE/dx = Kraft' = m*\gamma^3*d^2x/dt^2$
Somit **$dE/dx = m*\gamma^3*d^2x/dt^2$** oder $dE = m*\gamma^3*d^2x/dt^2*dx/dt*dt$

Auch ab hier wird wieder K´ vergessen, dx/dt durch v sowie d^2x/dt^2 durch dv/dt und v als Funktion von t angesehen und so die Stammfunktion von $m*(1-v^2/c^2)^{-3/2}*v*dv/dt$ gesucht mit dem Ergebnis

---

$$\mathbf{E = \frac{m*c^2}{(1-v^2/c^2)^{1/2}} = \gamma*m*c^2} \quad \text{Formel für die Energie}$$

Neu ist hier: Im Fall v=0 ist $E=m*c^2$ .Das ist die so genannte **Ruheenergie**, die zur Ruhemasse m gehört und klassisch nicht vorhanden ist. Die (kinetische) Energie (Energie minus Ruheenergie) steigt mit v stärker an als im klassischen Fall wegen γ. Das ist die berühmte Formel Einsteins. Umgekehrt ist:
$dE/dt = mc^2*(-1/2)*(1-v^2/c^2)^{-3/2}*(-2v*dv/dt)/c^2= m*(1-v^2/c^2)^{-3/2}*v*dv/dt = K*v$
Die Reihenentwicklung von E nach v liefert
$E = mc^2*(1+1/2*v^2/c^2+3/8*(v^2/c^2)^2 + \ldots) = mc^2+1/2*mv^2+3/8*(v^2/c^2)*mv^2 + \ldots.$
Also zuerst die Ruheenergie, dann die klassisch bekannte kinetische Energie $½*mv^2$, sodann rasch kleiner werdende Terme .
Die Ruheenergie ist verhältnismäßig sehr hoch verglichen zur kinetischen Energie. Erst bei einem $v = 3^{1/2}/2 *c = 0.866*c$ wird die kinetische Energie ihr gleich und überschreitet sie dann. Herleitbar aus $E =2mc^2 = mc^2*(1-v^2/c^2)^{-1/2}$

15.8 Die dreidimensionalen Formeln
Im Dreidimensionalen lautet der Ausdruck
für den **Impuls** $\mathbf{P}= \gamma*m*\mathbf{v}$ und für die **Energie** $E = \gamma*m*c^2$ mit $\gamma = 1/(1\mathbf{v}^2/c^2)^{1/2}$
Dabei ist **v** der Geschwindigkeitsvektor des Massenpunktes (im System K).

Zwischen **P** und E besteht die Beziehung $E^2 - \mathbf{P}^2c^2 = m^2c^4$
In jedem Inertialsystem ist dieser Ausdruck wertmäßig gleich, er ist eine Invariante bei Lorentztransformationen. Er spielt eine große Rolle bei der QM als Basis für relativistische Gleichungen.

Der Ausdruck für die **Kraft** ist
$\mathbf{K} = d\mathbf{P}/dt = \gamma*m*d\mathbf{v}/dt + \gamma^3*m*\mathbf{v}/c^2*(\mathbf{v}*d\mathbf{v}/dt)$ mit $\gamma = 1/(1-\mathbf{v}^2/c^2)^{1/2}$
d**v**/dt ist die Beschleunigung. Ist diese senkrecht zur aktuellen Geschwindigkeit **v** , so ist das Skalarprodukt **v***d**v**/dt =0 und somit ist auch der zweite Term gleich 0. In obiger Herleitung, nur Transformation und Bewegung entlang der x-Achse, war **v** = (v,0,0) und d**v**/dt = (dv/dt,0 0) und somit **v***d**v**/dt = v*dv/dt .
Term1 und Term2 der Kraftformellassen sich dann zusammenfassen zu
$K = dP/dt = \gamma^3*m*d\mathbf{v}/dt$.

15.9 Die Lorentz-Transformation als Matrix

Man kann die **Lorentztransformation als Matrix** darstellen analog einer räumlichen Drehung als Matrix. Man hat 3 Raumkomponenten und eine Zeitkomponente. Die Matrizendarstellung für eine Transformation entlang der x-Achse ist dann

$$\begin{array}{lllllllll} (x') = & (\gamma & 0 & 0 & -\gamma*v/c) & * & (x) & = & \gamma*(x-v/c*ct) \\ (y') = & (0 & 1 & 0 & -1) & & (y) & = & y \\ (z') = & (0 & 0 & 1 & 0) & & (z) & = & z \\ (ct') = & (-\gamma*v/c & 0 & 0 & \gamma) & & (ct) & = & \gamma*(ct-v/c*x) \end{array}$$

Man schreibt ct statt t, damit jede Komponente die Dimension einer Länge hat. Vierkomponentige Vektoren , die sich genauso transformieren wie (x,y,z,ct), unter Benutzung derselben Transformationsmatrix, heißen **Vierervektoren**.

Die **inverse Transformation** ist

$$\begin{array}{lllllllll} (x) = & (\gamma & 0 & 0 & +\gamma*v/c) & * & (x') & = & \gamma*(x'+v/c*ct') \\ (y) = & (0 & 1 & 0 & 0) & & (y') & = & y' \\ (z) = & (0 & 0 & 1 & 0) & & (z') & = & z' \\ (ct) = & (+\gamma*v/c & 0 & 0 & \gamma) & & (ct') & = & \gamma*(ct'+v/c*x') \end{array}$$

Bildet man das Produkt beider Matrizen, so ergibt sich in der Tat die Einheitsmatrix, d.h. die zweite Matrix ist die Inverse zur ersten Matrix. Sei die erste mit L bezeichnet, so ist die zweite Matrix L^{-1} . Die Matrix ist offenbar nicht orthogonal, sonst müsste die Inverse gleich der transponierten Matrix von L sein, vielmehr ist L^{-1} # L^{τ}. Wäre L orthogonal, so wäre das „Längenquadrat" eine Invariante bei Transformationen, das ist hier nicht der Fall. Vielmehr ist $x^2+y^2+z^2 - (ct)^2$ **invariant**, d.h. gleich $x'^2+y'^2+z'^2 - (ct')^2$, denn $x'^2+y'^2+z'^2 - (ct')^2 = [\gamma*(x-v/c*ct)]^2+y^2+z^2 - [\gamma*(ct-v/c*x)]^2 =$

$= \gamma^2*[x^2+v^2/c^2*(ct)^2 - 2x*v/c*ct - (ct)^2- v^2/c^2*x^2+2ct*v/c*x] + y^2 + z^2 =$

$= \gamma^2*[x^2*(1-v^2/c^2) - (ct)^2 *(1-v^2/c^2)]+ y^2+ z^2 = \gamma^2*1/\gamma^2*[x^2 - (ct)^2]+y^2+z^2 =$

$= x^2+y^2+z^2 - (ct)^2$

Betrachtet man zwei **Ereignisse**, je gekennzeichnet durch Ort und Zeit, also (x_1, y_1, z_1, ct_1) und (x_2, y_2, z_2, ct_2) , so ist ersichtlich, dass auch die Differenz $(x_2-x_1)^2 + (y_2-y_1)^2 + (z_2-z_1)^2 - (ct_2-ct_1)^2$ eine Invariante ist. Überwiegen die Längenquadrate gegenüber dem Zeitquadrat, so sagt man, der Ereignisabstand ist **raumartig**. Ein Lichtsignal schafft es nicht, in dieser Zeitdifferenz beide Ereignisse zu verbinden. Das gilt insbesondere, wenn $t_2-t_1= 0$ ist. Überwiegt der Zeitanteil, so ist der Ereignisabstand **zeitartig**. Sie können voneinander mittels eines Lichtsignals wissen.

Da sich die Koordinatendifferenzen genau so transformieren wie die Koordinaten, siehe oben, ist auch $dx^2+dy^2+dz^2 - c^2dt^2$ invariant bei Lorentztransformationen.

Betrachten wir nun eine im Ursprung von K' fixierte Masse m.
Diese hat von K aus gesehen die Geschwindigkeit v bzw für dessen Quadrat ist $(dx^2+dy^2+dz^2)/dt^2 = v^2$. Dann ist:
Invariante = $dx^2+dy^2+dz^2 - c^2dt^2 = v^2dt^2-c^2dt^2 = -c^2*(1-v^2/c^2)*dt^2 =$
$= -c^2*1/\gamma^2*dt^2 = -c^2*d\tau^2$
$d\tau$ ist die **Eigenzeit-Differential**, wofür gilt, $\mathbf{dt = \gamma * d\tau}$ bzw $d\tau = 1/\gamma*dt$
siehe oben. Stets ist die Eigenzeit kleiner oder gleich der Zeit des Beobachters.
Damit folgt, dass $d\tau^2$ somit auch $d\tau$ invariant unter Lorentztransformationen ist.

Da mit (x,y,z,ct) auch (dx,dy,dz,cdt) ein Vierervektor ist, so folgt daraus, dass auch die **Vierergeschwindigkeit** $(dx/d\tau,dy/d\tau,dz/d\tau,cdt/d\tau)$ sowie die **Vierer-beschleunigung** $(d^2x/d\tau^2,d^2y/d\tau^2,d^2z/d\tau^2,cd^2t/d\tau^2)$ ein Vierervektor ist.In Kombination mit einer Masse m als Faktor spricht man dann von **Viererkraft**

Wenn wir mit oben vergleichen, erkennen wir, dass sich die Komponenten des **Impuls**es wie folgt schreiben lassen $\mathbf{P} = (m*dx/d\tau, m*dy/d\tau, m*dz/d\tau)$,
denn es ist z.B. $m*dx/d\tau = m*dx/dt*dt/d\tau = m*v_x*\gamma$
Für die **Energie** können wir schreiben, mit Blick auf die vierte Komponente,
$E = m*c*cdt/d\tau = mc^2*\gamma$
Daraus folgt nun, dass (**P**,E/c), somit auch (c**P**,E), ebenfalls ein Vierervektor ist. Damit ist deren Transformationsverhalten wie auch ihre Invariante festgelegt. Man beschreibt also die Bewegung eines Massenpunktes m mit Vorteil, wenn man einerseits die Koordinaten (x,y,z) bezüglich des Systems K nimmt, andererseits die Zeit (τ) bezüglich K' nimmt, in dem die Masse ruht, also $x(\tau),y(\tau),z(\tau)$.

15.10 Der metrische Fundamentaltensor

Die dargestellten Invarianten zur Lorentztransformation haben den „Schönheitsfehler", dass sie sich zwar als Summe von Quadraten darstellen lassen, nicht aber immer mit positiven Vorzeichen wie man es von einer Länge gewohnt ist. Dem begegnet man, in dem man formal die Zeitkomponente imaginär macht und entsprechend die Matrix L anpasst, oder, wie es allgemein üblich ist, indem man eine **Metrik** einführt und L belässt.
Rein praktisch heißt das hier: Man führe eine Hauptdiagonalmatrix g ein, den so genannten **metrischen Fundamentaltensor**, mit den Elementen (1,1,1,-1) .

Das führt zur folgenden Unterscheidung:
(Vierer)vektoren, so wie sie da stehen, heissen **kontravariante** (Vierer)vektoren, Vierer)vektoren aufmultipliziert mit der Metrik-Matrix, heissen **kovariante** (Vierer)vektoren.
Um sie zu unterscheiden, stellt man für Letztere, für die kovarianten, die Indizes hoch.
Also$(x^1,x^2, x^3,x^0) = g*(x_1, x_2, x_3, x_0)$ x^i sind die Raumkoordinaten x,y,z , x^0 ist die Zeitkoordinate ct .
Konkret folgt dann $x^i = x_i$, aber $x^0 = - x_0$ mit i=1,2,3
Wenn man nun die entsprechende Invariante schreibt, so hat man
$(x_1)^2+ (x_2)^2+ (x_3)^2 - (x_0)^2 = (x^1*x_1) + (x^2*x_2) + (x^3*x_3) + (x^0*x_0)$,
also nur noch positive Vorzeichen. Sei mit μ,ν =1, 2, 3, 0 gemeint, so schreibt man kurz $x^\mu = g^{\mu\nu} * x_\nu$, entsprechend $dx^\mu = g^{\mu\nu} * dx_\nu$, usw.
Dabei wird stets über gleich lautende obere und untere Indizes summiert.

Analogon in der gewöhnlichen Geometrie
Das wirkt alles sehr künstlich, hat aber eine tiefere Bedeutung, der wir uns schrittweise nähern wollen. Betrachten wir in der gewöhnlichen Geometrie zwei Basisvektoren, die weder normiert noch zueinander orthogonal sind, und einen Vektor **c**, der damit dargestellt wird,
also $\mathbf{c} = c_1*\mathbf{a}_1 + c_2*\mathbf{a}_2$. Dann ist sein Längenquadrat
$\mathbf{c*c} = (c_1)^2*\mathbf{a}_1*\mathbf{a}_1 + (c_2)^2*\mathbf{a}_2*\mathbf{a}_2 + (c_1*c_2)*\mathbf{a}_1*\mathbf{a}_2 + (c_2*c_1)*\mathbf{a}_2*\mathbf{a}_1$
Es treten also nicht nur quadratische Faktoren auf. Nun bilden wir aus den vorliegenden Skalarprodukten eine Metrik-Matrix und wenden sie gleich an. Wir haben dann

$c^1 = (\mathbf{a}_1*\mathbf{a}_1 \quad \mathbf{a}_1*\mathbf{a}_2) * (c_1)$ Kovarianter Vektor =
$c^2 = (\mathbf{a}_2*\mathbf{a}_1 \quad \mathbf{a}_2*\mathbf{a}_2) \quad (c_2)$ **Metrik-Matrix** * kontravarianter Vektor

mit dem Effekt $\mathbf{c*c} = c^1*c_1 + c^2*c_2$, wie man durch Nachrechnen bestätigt.
Analoges gilt für ein Skalarprodukt $\mathbf{c*d} = (c_1*\mathbf{a}_1 + c_2*\mathbf{a}_2)*(d_1*\mathbf{a}_1 + d_2*\mathbf{a}_2) =$
$= (c_1*d_1)*\mathbf{a}_1*\mathbf{a}_1 + (c_2*d_2)*\mathbf{a}_2*\mathbf{a}_2 + (c_1*d_2)*\mathbf{a}_1*\mathbf{a}_2 + (c_2*d_1)*\mathbf{a}_2*\mathbf{a}_1 =$
$= (c_1 ,c_2)* (\mathbf{a}_1*\mathbf{a}_1 \quad \mathbf{a}_1*\mathbf{a}_2) * (d_1) = c^1*d_1 + c^2*d_2$ oder $= c_1*d^1 + c_2*d^2$
$\qquad (\mathbf{a}_2*\mathbf{a}_1 \quad \mathbf{a}_2*\mathbf{a}_2) \quad (d_2)$
$= \Sigma c_n*g^{nm}*d_m = \Sigma(\Sigma c_n*g^{nm})*d_m = \Sigma c_n*(\Sigma g^{nm}*d_m)$ summiert über n,m
g^{nm} ist die Metrik-Matrix, hier $(\mathbf{a}_n*\mathbf{a}_m)$

Metrik-Matrix in der inneren Geometrie

Nun könnte man sagen, diesen Zusatz-Formalismus brauchen wir eigentlich nicht. Anders ist es, wenn wir uns der **inneren Geometrie** zuwenden. Anschaulich kann man sie als Geometrie von Oberflächen sehen. Betrachten wir eine Kugel oder ein Ellipsoid. Sie wird beherrscht von zwei Parametern, dem Längenwinkel und dem Breitenwinkel. Man ist bestrebt, damit möglichst viele geometrische Beziehungen innerhalb der Oberfläche auszudrücken, und den Überraum (dreidimensional) möglichst wenig in Anspruch zu nehmen. Jeder Punkt der Oberfläche wird durch diese Parameter bestimmt, hier also $\mathbf{x} = \mathbf{x}(u_1,u_2)$. Dabei sind (u_1,u_2) die Parameter, im Beispiel die Winkel . Die (u_1,u_2) bilden ein orthogonales Netz, das man sich ebenflächig veranschaulichen kann (Winkel von 0 bis π bzw 0 bis 2π). Ohne so ein Basisparameternetz kommt man nicht aus. Lokal, am Ort $\mathbf{x}(u_1,u_2)$ hat man nun zwei **Tangentenvektoren,** die davon weggehen. Diese sind $\partial\mathbf{x}/\partial u_1$ und $\partial\mathbf{x}/\partial u_2$ (partielle Ableitungen). Beim ersten wird u_2 fix gehalten, beim zweiten ist u_1 fix. Diese bilden lokal das Basisvektorsystem, man sagt, lokal ein ebenes System. Was soll man sonst nehmen. Damit kann man nun die lokale Längen, auch die lokale Krümmung usw ausdrücken, analog zu vorher, wenn man identifiziert $\mathbf{a}_1= \partial\mathbf{x}/\partial u_1$ und $\mathbf{a}_2 = \partial\mathbf{x}/\partial u_2$.

Hier ist man auf die Metrik-Matrix angewiesen, wie oben gebildet, die nun nicht mehr konstant bleibt, sondern von (u_1,u_2) abhängig ist, also sich von Punkt zu Punkt ändert. Allerdings gibt es in der realen Geometrie keine Oberfläche, wo das Skalarprodukt eines Tangentenvektors mit sich selbst -1 ist, also negativ ist, wie beim obigen Metrik-Tensor. Es liegt hier eine so genannte indefinite Metrik vor.

Die Kugeloberfläche als Beispiel

Ausgangspunkt ist die Beschreibung der Kugel-**Oberfläche** durch Polarkoordinaten, in Wiederholung

$x = r*\sin\beta*\cos\alpha \quad y = r*\sin\beta*\sin\alpha \quad z = r*\cos\beta$

α entspricht dem Längengrad, β dem Breitengrad allerdings vom Nordpol aus gemessen. Der Radius r ist fix.

Nun bilden wir zu einem beliebigen Punkt **x** der Kugeloberfläche (x,y,z) bzw (r,β,α) die **Tangentenvektoren entlang der Parameterlinien** . Diese sind

$\mathbf{a}_1= \partial\mathbf{x}/\partial\alpha = (\partial x/\partial\alpha, \partial y/\partial\alpha, \partial z/\partial\alpha) = (-r*\sin\beta*\sin\alpha\ , r*\sin\beta*\cos\alpha\ , 0\ )$

$\mathbf{a}_2= \partial\mathbf{x}/\partial\beta = (\partial x/\partial\beta, \partial y/\partial\beta, \partial z/\partial\alpha) = (r*\cos\beta*\cos\alpha, r*\cos\beta*\sin\alpha\ -r*\sin\beta\ )$

Wir errechnen nun die Elemente der **Metrikmatrix** g^{ik}

$\mathbf{a}_1*\mathbf{a}_1 = r^2*\sin^2\beta \qquad \mathbf{a}_1*\mathbf{a}_2 = 0$

$\mathbf{a}_2*\mathbf{a}_1 = 0 \qquad \mathbf{a}_1*\mathbf{a}_2 = r^2$

Nun bilden wir das unter räumlichen Drehungen invariante **Längenelement** dl^2

$$dl^2 = dx^2 + dy^2 + dz^2 = g^{ik}*dq_i dq_k = (d\alpha,d\beta)*\begin{pmatrix} r^2*\sin^2\beta & 0 \\ 0 & r^2 \end{pmatrix}*\begin{pmatrix} d\alpha \\ d\beta \end{pmatrix} =$$

$$= r^2*\sin^2\beta*(d\alpha)^2 + r^2*(d\beta)^2$$

Die angegebenen Schritte entsprechen der Vorgehensweise der inneren Geometrie.

Im anschaulichen Beispiel kann man dl^2 auch leicht direkt erschließen.

Bei Änderung $d\alpha$ entlang des Breitengrades ist die Wegstrecke sichtlich $r*\sin\beta*d\alpha$, dabei ist $r*\sin\beta$ der Radius des jeweiligen Breitenkreises, bei Änderung $d\beta$ entlang des Längengrades ist die Wegstrecke $r*d\beta$.

15.11 Beschleunigte Bezugssysteme

Die Relativitätstheorie für beschleunigte Bezugssysteme oder die allgemeine für die Schwerkraft baut auf der inneren Geometrie auf, statt zwei- nun vierdimensional, also unanschaulich. Man denke sich als wiederum einen Überraum (nicht real, diesmal 5-dimensional) und ein orthogonales Parameternetz (x,y,z,ct) oder anders benannt (x_1, x_2, x_3, x_0). Im Hinblick auf die allgemeine Relativitätstheorie wird rückwirkend auch in der speziellen Relativitätstheorie gern der Metrik-Tensor $g^{\mu\nu}$ benutzt.

Die innere Geometrie hat
der deutsche Mathematiker Georg F. B. **Riemann** (1826-1866) erfunden.

15.12 Die rotierende Scheibe als Beispiel

Nicht-hauptdiagonale Metrik-Matrizen können auch durch Umsetzen auf andere Koordinaten entstehen. Betrachten wir eine mit der Winkelgeschwindigkeit ω **rotierende Scheibe.**

Wir beschreiben die Situation vom ruhenden Koordinatensystem K aus, mit dem Ursprung in der Scheibenmitte und nicht mitrotierend.

Ausgangspunkt ist auch hier die Beschreibung des geometrischen Gebildes wie zuvor: Ein Ereignispunkt habe von der Rotationsachse den Abstand r und lege in der Zeit dt den Winkel $\omega*dt$ zurück und habe zur Zeit t=0 den Winkel φ, zur Zeit t den Winkel $\omega t+\varphi$, also ist $\mathbf{x = r*\cos(\omega t+\varphi)}$ $\mathbf{y = r*\sin(\omega t+\varphi)}$ **z=z ct=ct**

Führen wir ein normiertes, orthogonales Basissystem mit den Basisvektoren $\mathbf{e}_1$, $\mathbf{e}_2$, $\mathbf{e}_3$, $\mathbf{e}_4$, betreffend die x-,y-,z- und ct-Richtung ein, so schreibt sich das

$(\mathbf{x},ct) = r*\cos(\omega t+\varphi)*\mathbf{e}_1 + r*\sin(\omega t+\varphi)*\mathbf{e}_2 + z*\mathbf{e}_3 + ct*\mathbf{e}_4$

Dabei ist bei Skalarprodukten zu beachten , dass gilt $\mathbf{e}_4*\mathbf{e}_4 = -1$, eine Sonderheit der Relativitätstheorie, was sie von der gewöhnlichen Geometrie unterscheidet. Konkret heißt das, beim Produkt zweier vierter Komponenten

anlässlich eines Skalarprodukts ist das Ergebnis negativ zu nehmen. Bei der folgenden Matrix betrifft es das Element $\mathbf{a}_4*\mathbf{a}_4$.
Wir wollen nun analog zur Kugel(oberfläche) vorgehen.
Wir fassen dies nun als „räumliches“ Gebilde auf , greifen irgendeinen Punkt **x** auf seiner Oberfläche auf und ermitteln die von ihm ausgehenden Tangentenvektoren entlang der Parameterlinien, betrifft r, φ, z und ct .

$\mathbf{a}_1= \partial\mathbf{x}/\partial r = (\cos(\omega t+\varphi) , \sin(\omega t+\varphi) , 0, 0)$

$\mathbf{a}_2= \partial\mathbf{x}/\partial\varphi = (-r*\sin(\omega t+\varphi) , r*\cos(\omega t+\varphi) , 0, 0)$

$\mathbf{a}_3= \partial\mathbf{x}/\partial z = (0 , 0 , 1 , 0)$

$\mathbf{a}_4= \partial\mathbf{x}/c\partial t = (-r/c*\omega*\sin(\omega t+\varphi) , r/c*\omega*\cos(\omega t+\varphi) , 0, 1)$

Nun bilden wir die Elemente der **Metrik-Matrix für die rotierende Scheibe**

$\mathbf{a}_1*\mathbf{a}_1 = 1$	$\mathbf{a}_1*\mathbf{a}_2 = 0$	$\mathbf{a}_1*\mathbf{a}_3 = 0$	$\mathbf{a}_1*\mathbf{a}_4 = 0$
$\mathbf{a}_2*\mathbf{a}_1 = 0$	$\mathbf{a}_2*\mathbf{a}_2 = r^2$	$\mathbf{a}_2*\mathbf{a}_3 = 0$	$\mathbf{a}_2*\mathbf{a}_4 = r^2\omega /c$
$\mathbf{a}_3*\mathbf{a}_1 = 0$	$\mathbf{a}_3*\mathbf{a}_2 = 0$	$\mathbf{a}_3*\mathbf{a}_3 = 1$	$\mathbf{a}_3*\mathbf{a}_4 = 0$
$\mathbf{a}_4*\mathbf{a}_1 = 0$	$\mathbf{a}_4*\mathbf{a}_2 = r^2\omega/c$	$\mathbf{a}_4*\mathbf{a}_3 = 0$	$\mathbf{a}_4*\mathbf{a}_4 = r^2\omega^2/c^2- 1$

Diese Matrix hat offenbar Elemente auch außerhalb der Hauptdiagonalen.
Nun bilden wir das unter Lorentztransformation invariante Ereignisabstandselement ds^2

$-ds^2 = dx^2 + dy^2 + dz^2 - c^2dt^2 = dq_\mu*g^{\mu\nu}*dq_\nu =$

$= (dr, d\varphi, dz, cdt) * (\mathbf{a}_\mu*\mathbf{a}_{\nu)} *[dr, d\varphi, dz, cdt] =$

$= (dr, d\varphi, dz, cdt) *[dr , r^2d\varphi + r^2\omega*dt, dz , r^2\omega/c*d\varphi + (r^2\omega^2/c^2 -1)*cdt] =$

$= dr^2 + r^2d\varphi^2 +dz^2 + r^2\omega*d\varphi dt + dz^2 + r^2\omega*d\varphi dt + (r^2\omega^2/c^2- 1)*c^2dt^2$

Also $\mathbf{-ds^2 = dr^2 + r^2d\varphi^2 +dz^2 + 2r^2\omega*d\varphi dt + dz^2 - (1 - r^2\omega^2/c^2)*c^2dt^2}$
für das rotierende System
Auch hier könnte man ds^2 direkt ermitteln, indem man die Differentiale für dx, dy, dz und cdt bildet , sodann ihre Quadrate und geeignet aufsummiert.

Ein Einschub: Wenn wir hier das Prinzip der augenblicklich gültigen Lorentztransformation inklusive der x-Achsenanpassung, tangentielle Ausrichtung am Beobachtungspunkt, anwenden wollen, so tun sich folgende verblüffende Ergebnisse auf:
Es entspricht dann $r*d\varphi$ gleich dx , dr gleich dy, $v=r*\omega$, somit:
Für einen am Beobachtungspunkt ruhenden Beobachter (System K´) sei die tangentielle Kurzstrecke $r*d\varphi'$ (r wie auch z ist in beiden Systemen gleich). Diese wird von einem im Rotationszentrum befindlichen Beobachter (System K) gemäß obiger Lorentzkontraktion verkürzt wahrgenommen, nämlich

$r*d\varphi = 1/\gamma* r*d\varphi'$ oder $d\varphi = 1/\gamma*d\varphi'$, also die Winkeldifferenz wird verkleinert in K wahrgenommen. Summiert sich die zu 2π in K′, so ist sie in K gleich $\gamma*2\pi$, also größer als 2π.
Vergeht für den Beobacher in K′ die Zeit τ, so für den Beobachter im Zentrum (System K) die Zeit $t = \gamma*\tau$ mit $\gamma= (1-r^2\omega^2/c^2)^{-1/2}$. Sie wird also da verlängert wahrgenommen.

15.13 Ein mit konstanter Geschwindigkeit v bewegtes System, Ausdeutung
Im Hinblick auf die Ausdeutung geben wir ein einfaches Beispiel:
Gegeben sei ein System K′, das sich entlang der x-Achse mit konstanter Geschwindigkeit v bewegt. Zur Zeit t=0 habe es bereits die Position x.
Es ist dann $\mathbf{(x,ct)} = (x + v/c*ct)*\mathbf{e}_1 + y*\mathbf{e}_2 + z*\mathbf{e}_3 + ct*\mathbf{e}_4$
Die Tangenten in Richtung der Parameterlinien sind dann
$\mathbf{a}_1= \partial\mathbf{x}/\partial x = (1, 0, 0, 0)$
$\mathbf{a}_2= \partial\mathbf{x}/\partial y = (0, 1, 0 \ 0)$
$\mathbf{a}_3= \partial\mathbf{x}/\partial z = (0, 0, 1, 0)$
$\mathbf{a}_4= \partial\mathbf{x}/c\partial t = (v/c, 0, 0, 1)$
Die Elemente der Metrik-Matrix $g_{\mu\nu} = (\mathbf{a}_\mu*\mathbf{a}_\nu)$ sind dann

$\mathbf{a}_1*\mathbf{a}_1 = 1$	$\mathbf{a}_1*\mathbf{a}_2 = 0$	$\mathbf{a}_1*\mathbf{a}_3 = 0$	$\mathbf{a}_1*\mathbf{a}_4 = v/c$
$\mathbf{a}_2*\mathbf{a}_1 = 0$	$\mathbf{a}_2*\mathbf{a}_2 = 1$	$\mathbf{a}_2*\mathbf{a}_3 = 0$	$\mathbf{a}_2*\mathbf{a}_4 = 0$
$\mathbf{a}_3*\mathbf{a}_1 = 0$	$\mathbf{a}_3*\mathbf{a}_2 = 0$	$\mathbf{a}_3*\mathbf{a}_3 = 1$	$\mathbf{a}_3*\mathbf{a}_4 = 0$
$\mathbf{a}_4*\mathbf{a}_1 = v/c$	$\mathbf{a}_4*\mathbf{a}_2 = 0$	$\mathbf{a}_4*\mathbf{a}_3 = 0$	$\mathbf{a}_4*\mathbf{a}_4 = v^2/c^2 - 1$

Nun bilden wir das unter Lorentztransformation invariante Ereignisabstandselement ds^2
$-ds^2 = (dx, dy, dz, cdt) * (\mathbf{a}_\mu*\mathbf{a}_\nu) *[dx, dy, dz, cdt] =$
$= (dx, dy, dz, cdt) *[dx +v/c*cdt , dy, dz , v/c*dx +(v^2/c^2-1)*cdt] =$
$= dx^2 + v/c*cdxdt +dy^2 +dz^2 +v/c*cdtdx +(v^2/c^2-1)+c^2dt^2$
Also $-ds^2 = dx^2 + 2v/c*dxcdt + dy^2 + dz^2 - (1 - v^2/c^2)*c^2dt^2$

Das **räumliche Längenelement** errechnet sich nach Formel
$dl^2 = (g_{ik} - g_{4i}*g_{4k}/g_{44})*dq^i*dq^k$ Summation über i,k = 1,2,3
Speziell hier:
$dl^2 = (g_{11}*dx^2 + g_{22}*dy^2 + g_{33}*dz^2) - (g_{41}*g_{41})/g_{44}* dx^2 =$
$= 1*dx^2 + 1*dy^2 + 1*dz^2 - (v/c*v/c)/(v^2/c^2 - 1)*dx^2 =$
$= dx^2* [1+ v^2/c^2 / (1-v^2/c^2)] + dy^2 +dz^2$
Also $\mathbf{dl^2 = dx^2/(1-v^2/c^2) + dy^2 + dz^2}$

Das **zeitliche Differenzelement** errechnet sich nach Formel
$\mathbf{d\tau^2 = 1/c^2*(-g_{44}) = (1 - v^2/c^2)*dt^2}$ Eigenzeit Siehe dazu auch [5, Band2]

Das erlaubt nun die Deutung:

Die rechte Seite , die Metrik-Matrix bzw $g_{\mu\nu}*dq^{\mu}*dq^{\nu}$, beschreibt die Situation vor Ort, also im System K´ mittels der Parameter des ruhenden Systems K. So ist dl^2 gemäß Ergebnis in K´ größer als in K , wo es $dx^2 + dy^2 + dz^2$ ist. Weiterhin ist $\mathbf{d\tau^2}$ gemäß Ergebnis in K´ kleiner , die vor Ort gültige Eigenzeit, als in K , wo es dt^2 ist.

Ist v=0 , so erhalten wir die Metrik

für das ruhende System K $-ds^2 = dx^2 + dy^2 + dz^2 - c^2dt^2$

Für die **rotierende Scheibe** berechnen sich analog

$\mathbf{dl^2 = dr^2 + r^2d\varphi^2/(1-r^2\omega^2/c^2) + dz^2}$ **sowie** $\mathbf{d\tau^2 = (1- r^2\omega^2/c^2)*dt^2}$

Ist $\omega = 0$ (keine Rotation) , so erhalten wir die Metrik für K in Zylinderkoordinaten $-ds^2 = dr^2 + r^2d\varphi^2 + dz^2 - c^2dt^2$ siehe auch [5, Band2]

Für die allgemeine Nutzung der Metrik $g^{\mu\nu}$ gibt es eine eigene Theorie, allerdings erst im Rahmen der allgemeinen Relativitätstheorie.

----

16. Das Produkt von Spinraum und Ortsraum

Der Spinraum ist nichts anderes als der zweidimensionale komplexe Vektorraum in der Anwendung als Spin. Wenn |**s**$_1$> und |**s**$_2$> die Basisvektoren des Spinraums sind, |x>|y>|z> die des Ortsraums, so sind die Basisvektoren des Produktraumes |**s**$_i$>|x>|y>|z> mit i=1 oder 2 .

Die elementaren hermiteschen Operatoren des Spinraums sind $\boldsymbol{\sigma_1}$, $\boldsymbol{\sigma_2}$, $\boldsymbol{\sigma_3}$, auch $\boldsymbol{\sigma_0}$,die elementaren hermiteschen Operatoren des Ortsraums sind **X,Y, Z** und $\mathbf{P_1}$, $\mathbf{P_2}$, $\mathbf{P_3}$.

Jeglicher Operator aus dem Spinraum vertauscht mit jedem Operator aus dem Ortsraum.

Da es verschiedenartige Räume sind, können keine Summen von Operatoren gebildet werden, so wie man auch Meter und Kilogramm nicht zusammenzählen kann, wohl aber können Produkte gebildet werden. Von allen bildbaren Operatorprodukten sind die von besonderem Interesse, die gleiche räumliche Orientierung haben. So ist $\boldsymbol{\sigma_1}$ der Spinoperator und $\mathbf{P_1}$ der Impulsoperator bezüglich der x-Richtung, analog $\boldsymbol{\sigma_2}$ und $\mathbf{P_2}$ bezüglich der y-Richtung und $\boldsymbol{\sigma_3}$ und $\mathbf{P_3}$ bezüglich der z-Richtung . Sollen Spin und Impuls simultane Eigenwerte sein, gleichzeitig messbar, so bieten sich so die Produktoperatoren $\boldsymbol{\sigma_i}$*$\mathbf{P_j}$ mit i,j=1,2,3 an, sämtliche sind hermitesch.

Beispiel:

$\boldsymbol{\sigma_3}$*$\mathbf{P_1}$ |φ> = λ|φ> mit den Lösungen (1,0)*exp(i*p_1*x) und (0,1)*exp(i*p_1*x) mit den Eigenwerten λ = 1 bzw λ = -1 sowie p_1. Statt $\mathbf{P_1}$ könnte genauso gut $\mathbf{P_2}$ oder $\mathbf{P_3}$ stehen, entsprechend sind die Lösungen (1,0)*exp(i*p_j*x) und (0,1)*exp(i*p_j*x) mit j=1,2,3 .D.h. zu einem Impuls p_1, p_2, p_3 ist **eine** Komponente des Spins, meist nimmt man die 3.Komponente, gleichzeitig messbar. Eine weitere nicht, weil sie, z.B. $\boldsymbol{\sigma_1}$ mit $\boldsymbol{\sigma_3}$*$\mathbf{P_1}$ nicht vertauscht.

16.1 Die Helizitätsgleichung

Zu einem gegebenen Impuls p_1, p_2, p_3 sucht man nun nicht eine Lösung, wo eine Komponente des Spin achsenorientiert ist, wie vorher , sondern in oder entgegen die Impulsrichtung orientiert ist. Klassisch hat man die Projektion des Drehimpulsvektors **l** auf den Impulsvektor **p**, etwa wenn eine Scheibe oder Kugel um eine Achse rotiert. Das Skalarprodukt ist **l*p = +-** l*p ist also das Produkt der Beträge der Drehimpulskomponente und des Impulses. In der QM wird die Eigenwertgleichung analog gebildet , nämlich **σ*P** |φ> = λ*p*|φ>

Dabei ist **σ*P** = $\boldsymbol{\sigma_1}$*$\mathbf{P_1}$ + $\boldsymbol{\sigma_2}$*$\mathbf{P_2}$ + $\boldsymbol{\sigma_3}$*$\mathbf{P_3}$,

p ist der Impulsbetrag, λ der Spineigenwert +-1 .

Er hat den Sondernamen **Helizität**:

Bei $\lambda = +1$ entspricht sie einer Rotation im Sinne einer **Rechtsschraube**, wenn man eine Schraube hineindreht,
bei $\lambda = -1$ entsprechend einer **Linksschraube**, entsprechend dem Herausdrehen einer Schraube.

Die **Helizitätsgleichung** lautet $(\sigma_1 * P_1 + \sigma_2 * P_2 + \sigma_3 * P_3)|\varphi> = \mu * |\varphi>$

Für die P_i können wir gleich die Eigenwerte p_i nehmen, somit

$$\begin{pmatrix} p_3 & p_1 - i*p_2 \\ p_1 + i*p_2 & -p_3 \end{pmatrix} \begin{pmatrix} x \\ y \end{pmatrix} = \mu * \begin{pmatrix} x \\ y \end{pmatrix}$$ Die zweidimensionale Helzitätsgleichung mit dem unbekannten Vektor (x,y)

Das **charakteristische Polynom** muss gleich 0 sein, also
$(p_3 - \mu)*(-p_3 - \mu) - (p_1 - i*p_2)*(p_1 + i*p_2) = 0$ oder $\mu^2 = p_1^2 + p_2^2 + p_3^2$ oder
$\mu = +- p = \lambda * p$ mit $\lambda = +1$ oder -1 und p= Impulsbetrag, der stets ≥ 0 ist
Die Form $\mu = \lambda * p$ ist eine Vorwegnahme

Für die **Lösung der Gleichung** konzentrieren wir uns zunächst auf die zweite Zeile und erhalten $y = x*(p_1+i*p_2)/(p_3+\mu)$ x beliebig, gültig für $(p_3+\mu) \# 0$
Wir errechnen das **Normquadrat** $(x^* \ y^*) * (x \ y) = x^* * x + y^* * y =$
$= x^* * x * [1+*(p_1-i*p_2)*(p_1+i*p_2)/(p_3+\mu)^2] =$
$= x^* * x * [(p_3^2 + \mu^2 + 2\mu p_3) + p_1^2 + p_2^2])/(p_3+\mu)^2 =$
$= x^* * x * (2\mu^2 + 2\mu p_3))/(p_3+\mu)^2 = x^* * x * 2\mu/(p_3+\mu)$ Dieses muß gleich 1 sein.
Setzen wir x=1, so ist somit der **Normierungsfaktor** gleich $[(p_3+\mu)/2\mu]^{1/2}$.
Fügen wir die Impulseigenfunktionen hinzu, so haben wir die normierte Lösung

----

$[(p_3+\mu)/2\mu]^{1/2} * [1, (p_1+i*p_2)/(p_3+\mu))]$ * $\mathbf{exp(+i*(p_1*x_1 + p_2*x_2 + p_3*x_3))}$
Normierungsfaktor * Spinor * dreidim. Impulseigenfunktion
Der Spaltenvektor wurde als Zeile geschrieben.

Ist die Helizität $\boldsymbol{\lambda = 1}$, also $\mu = 1*p$, so ist der erste Lösungs-Teil gleich

$$|\lambda=+1> = |+> = \frac{(p_3+p)^{1/2}}{(2p)^{1/2}} * \left[1, \ \frac{p_1+i*p_2}{p_3+p} \right]$$

Im Fall $p_1 = p_2 = 0$ und $p_3 > 0$, ist $p_3 = p$ somit ist die Lösung (1 0)
Im Fall $p_2 = p_3 = 0$ und $p_1 > 0$, ist $p_1 = p$ somit ist die Lösung $(2)^{-1/2}*(1\ 1)$
Im Fall $p_1 = p_3 = 0$ und $p_2 > 0$, ist $p_2 = p$ somit ist die Lösung $(2)^{-1/2}*(1\ i)$

Gemäß erster Zeile erhalten wir die Lösung $x = y*(p_1-i*p_2)/(-p_3+\mu)$
y beliebig, für $(p_3+\mu) \# 0$
Das Normierungsquadrat errechnet sich analog, wir setzen y =1,

$(p_1 - i*p_2)*(p_1 + i*p_2)/(-p_3+\mu)^2 + 1 = [(p_3^2 + \mu^2 - 2\mu p_3) + p_1^2 + p_2^2])/(-p_3+\mu)^2 =$
$= (2\mu^2 - 2\mu p_3))/(-p_3+\mu)^2 = 2\mu/(-p_3+\mu)$
Das ergibt den **Normierungsfaktor** $[(-p_3+\mu)/2\mu]^{1/2}$.

Ist die Helizität **λ = -1**, also μ = -1*p, so ist der erste Lösungs-Teil gleich

$$|\lambda = -1\rangle = |-\rangle = \frac{(p_3+p)^{1/2}}{(2p)^{1/2}} * \left[\frac{-(p_1 - i*p_2)}{p_3+p}, 1 \right]$$

Im Fall $p_1 = p_2 = 0$ und $p_3 > 0$, ist $p_3 = p$ somit ist die Lösung (0 1)
Im Fall $p_2 = p_3 = 0$ und $p_1 > 0$,ist $p_1 = p$ somit ist die Lösung $(2)^{-1/2}$ *(-1 1)
Im Fall $p_1 = p_3 = 0$ und $p_2 > 0$,ist $p_2 = p$ somit ist die Lösung $(2)^{-1/2}$ *(i 1)
Man kann auch aus der ersten Lösung die zweite erhalten, indem man p_i gegen $-p_i$ tauscht,also **p** => **-p**, sie mit $f = -(p_1 - i*p_2)/(p_3+p)$ aufmultipliziert und die Norm entsprechend behandelt. Analog umgekehrt. Die Impulsumkehr dreht also auch die Helizität um.
Sorge macht der Fall $p_1 = p_2 = 0$ und $p_3 = -p$, die Norm wird hier zu 0. Wenn wir auf die Ausgangsgleichung zurückgehen und einsetzen, erhalten wir
die Lösungen (1 0) für μ = -p oder λ = -1 und (0 1) für μ = p oder λ = 1
|φ> beschreibt also einen Zustand, wo nicht nur die Projektion, sondern klassisch der Drehimpuls **l** in oder gegen **p** orientiert ist.

Spinoren sind also vektorartige Lösungen, hier zweidimensional, die den Spin im Zusammenhang mit dem Impuls, auch Energie zum Ausdruck bringen und, wie wir hier sehen, eine typische Form, von **σp** und Ähnlichem herrührend, aufweisen. Sie sind eine Folge der Linearisierung der skalaren, eindimensionalen relativistischen (Energie-)Impuls-Beziehung, die Matrizen notwendig machen und dazu sind sie die zugehörigen Eigenvektoren. Siehe dazu auch die Weyl- und Diracgleichung. In den hiervorliegenden zur Helizitätsgleichung kann man gewissermaßen deren Urform sehen.

Wie man nachrechnet, transformiert sich
$i*\boldsymbol{\sigma}_2*|\lambda=+1\rangle^* = |\lambda=-1\rangle$ und $-i*\boldsymbol{\sigma}_2*|\lambda=-1\rangle^* = |\lambda=+1\rangle$

16.2 Die Weyl-Gleichung
Die Weyl-Gleichung beruht auf der relativistischen Impuls-Energie-Beziehung $E^2 - \mathbf{P}^2c^2 = m^2c^4$ .Sie sucht eine Lösung für **Spin-1/2-Teilchen der Masse m=0.**
Anmerkung: Hermann **Weyl**, amerik. Mathematiker und Philosoph, deutscher Herkunft (1885-1955)
Zur Vereinfachung setzen wir, wie allgemein üblich, h/2π =1 .

Um neben Impuls und Energie auch den Spin in der Gleichung unterzubringen, **linearisiert** man in der QM die Impuls-Energie-Beziehung mit dem Ansatz
$(\boldsymbol{\sigma_1} * c\mathbf{P}_1 + \boldsymbol{\sigma_2} * c\mathbf{P}_2 + \boldsymbol{\sigma_3} * c\mathbf{P}_3)\,|\varphi> = +- \boldsymbol{\sigma_0} * \mathbf{P}_0|\varphi>$
kurz $(\boldsymbol{\sigma} * c\mathbf{P})\,|\varphi> = +- \boldsymbol{\sigma_0} * \mathbf{P}_0|\varphi>$
mit $\mathbf{P}_0 = i*d/dt$, dem Energie-Operator.
Dieses ist die Weyl-Gleichung, eigentlich ein Paar von Gleichungen, zum einen für +E , zum anderen für –E. Es treten zwei Vorzeichen bei E ($E \geq 0$) auf, weil eine quadratische Beziehung für die Energie E vorliegt.

Das ist eine Gleichung für zwei Komponenten. **Jede** Komponente erfüllt obige Impuls-Energie-Beziehung. Denn multipliziert man die Gleichung von links mit $(\boldsymbol{\sigma} * c\mathbf{P})$, so hat man $(\boldsymbol{\sigma} * c\mathbf{P})(\boldsymbol{\sigma} * c\mathbf{P})\,|\varphi> = +- E * (\boldsymbol{\sigma} * c\mathbf{P})\,|\varphi>$.
Es ist $(\boldsymbol{\sigma} * c\mathbf{P})(\boldsymbol{\sigma} * c\mathbf{P}) = (\sigma_i * c\mathbf{P}_i) * (\sigma_j * c\mathbf{P}_j) = c^2 * \mathbf{P}_i\, \mathbf{P}_j * (\sigma_i * \sigma_j) =$
$= c^2 * \mathbf{P}_i\, \mathbf{P}_i * (\sigma_i * \sigma_i) + \frac{1}{2} * c^2 * \mathbf{P}_i\, \mathbf{P}_j * (\boldsymbol{\sigma_i} * \boldsymbol{\sigma_j} + \boldsymbol{\sigma_j} * \boldsymbol{\sigma_i})$
Dabei wird über i,j = 1,2,3 summiert. Nun ist $(\sigma_i * \sigma_i) = \sigma_0$ für jedes i
sowie $(\boldsymbol{\sigma_i} * \boldsymbol{\sigma_j} + \boldsymbol{\sigma_j} * \boldsymbol{\sigma_i}) = \mathbf{0}$ für jedes Paar i,j mit i#j.
Somit haben wir links $(\boldsymbol{\sigma} * c\mathbf{P})(\boldsymbol{\sigma} * c\mathbf{P}) = c^2 * (\mathbf{P}_1^2 + \mathbf{P}_2^2 + \mathbf{P}_3^2) * \boldsymbol{\sigma_0}$ und
und rechts $+- E * (\boldsymbol{\sigma} * c\mathbf{P})\,|\varphi> = (+-E) * (+-E)\,|\varphi> = \boldsymbol{\sigma_0} * E^2 * |\varphi>$ wenn wir $|\varphi>$ mit hin schreiben.
Wir haben also die Gleichung $c^2 * (\mathbf{P}_1^2 + \mathbf{P}_2^2 + \mathbf{P}_3^2) * \boldsymbol{\sigma_0}\,|\varphi> = E^2 * |\varphi>$ erhalten.
Jede dieser zwei Zeilen, somit jede Komponente, drückt die obige Energie-Impuls-Beziehung aus, für m=0.
Die Weyl-Gleichung hat offenbar Ähnlichkeit mit der Helizitätsgleichung.

Die allgemeine Lösungen der Weyl-Gleichungen sind
$\varphi_+(\mathbf{x},t) = |\lambda = +1> * \exp(+-i(\mathbf{px}-Et)$ und
$\varphi_-(\mathbf{x},t) = |\lambda = -1> * \exp(+-i(\mathbf{px}-Et)$ je für $+E = +pc > 0$
also allgemein Helizitäts-Spinor mal Impuls-Energie-Eigenfunktion.

Betrachten wir die erste Weyl-Gleichung $(\boldsymbol{\sigma} * c\mathbf{P})|\varphi> = + \boldsymbol{\sigma_0} * \mathbf{P}_0|\varphi>$
also mit Plus-Vorzeichen rechts, betrachten.
Es sei die Energie **positiv**, also +E , dann haben wir $(\boldsymbol{\sigma} * c\mathbf{P})\,|\varphi> = +E * |\varphi>$
Stets ist E=pc, somit $(\boldsymbol{\sigma} * c\mathbf{P})\,|\varphi> = +pc * |\varphi>$
Die Helizität λ ist dann zwangsläufig positiv, also $\lambda = +1$
Die in der Natur vorkommenden Antineutrinos erfüllen **diese** Gleichung:
Antineutrinos (+E) haben positive Helizität .

Betrachten wir die zweite Weyl-Gleichung $(\boldsymbol{\sigma}*c\mathbf{P})|\varphi\rangle = -\,\sigma_0*\mathbf{P}_0|\varphi\rangle$
also mit Minus-Vorzeichen rechts.
Es sei die Energie **positiv**, also +E , dann haben wir $(\boldsymbol{\sigma}*c\mathbf{P})\,|\varphi\rangle = -\,E*|\varphi\rangle$
Stets ist E=pc, somit $(\boldsymbol{\sigma}*c\mathbf{P})\,|\varphi\rangle = -\,pc*|\varphi\rangle$
Die Helizität λ ist dann zwangsläufig negativ, also $\lambda = -1$
Die in der Natur vorkommenden Neutrinos erfüllen **diese** Gleichung:
Neutrinos (+E) haben negative Helizität .

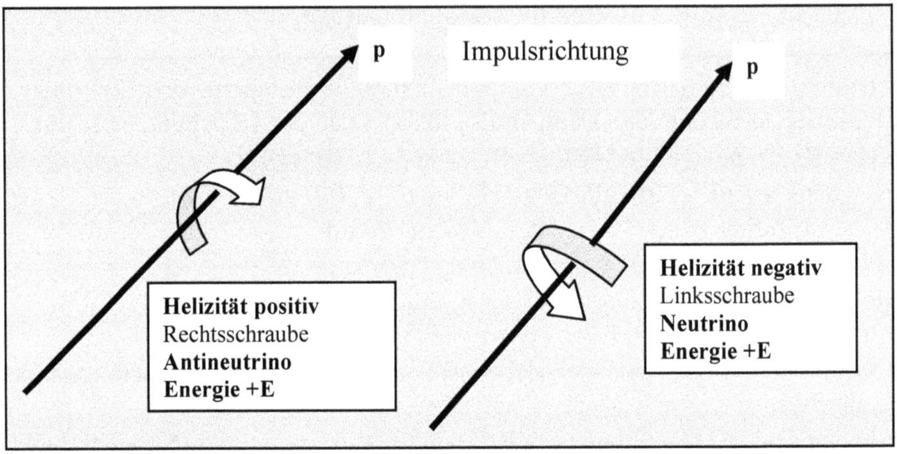

Weyl-Gleichung $(\boldsymbol{\sigma}*c\mathbf{P})|\varphi\rangle = +\,\sigma_0*\mathbf{P}_0|\varphi\rangle$ Gleichung $(\boldsymbol{\sigma}*c\mathbf{P})|\varphi\rangle = -\,\sigma_0*\mathbf{P}_0|\varphi\rangle$
Bem.: Sei ein x-y-z-Koordinatensystem und der Pfeil da in z-Richtung, so ist Rechtsschraubensinn gleich dem mathematisch positiven Umlaufsinn.

Die Weyl-Gleichungen braucht man also für die Beschreibung der Neutrinos und der mit ihnen verbundenen schwachen Wechselwirkung. Es gibt eine Lösung jeweils für +E und –E. Letztere dreht die Helizität um.
(Anti)Neutrinos sind massenlose Elementarteilchen mit Spin (Helizität) dem Betrag nach ½, die nur die schwache Wechselwirkung spüren und wie das Licht mit Lichtgeschwindigkeit den Raum durchfliegen. Sie haben keine Ruhe-Existenz. Zusammen mit dem Photon sind sie die einzigen dieser Art.
Sie entstehen bei Zerfällen von Elementarteilchen, z.B. beim Neutronenzerfall
$n \Rightarrow p + e + \boldsymbol{\nu}_e^{a} + 0.8$ MeV   Proton, Elektron, **Elektron-Antineutrino**
oder z.B. beim Myonzerfall
$\mu^- \Rightarrow e + \boldsymbol{\nu}_e^{a} + \nu_\mu$ Elektron, **Elektron-Antineutrino** , **Myon-Neutrino**

16.3 Raumspiegelung bei der Weylgleichung

Unter Raumspiegelung versteht man die Umkehrung der Vorzeichen der Ortskoordinaten.

Also aus x wird –x, aus y wird -y und aus z wird –z, kurz **x** => **-x .**

Die Raumspiegelung wird mit dem Buchstaben P bezeichnet.

Das hat zur Folge, dass sich auch die Impulsoperatoren ihr Vorzeichen ändern, wegen der Differentialquotienten, so wird z.B. aus d/dx dann d/d(-x) = -d/dx, also

$\mathbf{P_1} \Rightarrow -\mathbf{P_1}$, $\mathbf{P_2} \Rightarrow -\mathbf{P_2}$, $\mathbf{P_3} \Rightarrow -\mathbf{P_3}$ oder

$\mathbf{P_1}' = -\mathbf{P_1}$, $\mathbf{P_2}' = -\mathbf{P_2}$, $\mathbf{P_3}' = -\mathbf{P_1}$, $\mathbf{P_0}' = \mathbf{P_0}$

Der Drehimpuls, er versteht sich klassisch als **l** = **x** x **p** , bleibt also im Vorzeichen gleich, weil sowohl **x** wie **p** ihr Vorzeichen umdrehen, was sich aufhebt.

Was die **Raumspiegelung bei Gleichungen** anbetrifft, kann man auch so sagen: Man führt eine neues Koordinatensystem K' ein mit x = -x', y = -y', z = -z', aus dessen Sicht man die Situation neu beschreibt. Man tauscht in den Gleichungen wie in ihren Lösungen die ungestrichenen Größen gegen die gestrichenen aus (gleiche Werte!) und gestaltet die Gleichung um, so, dass sie der ursprünglichen möglichst gleich ist.

Den **Mechanismus der Transformation** wollen wir an der Impulseigenwertgleichung erläutern:

Diese lautet 1/i*d/dx exp(i*p*x) = p*exp(i*p*x) im ursprünglichen System K

Nun wollen wir eine Raumspiegelung vornehmen, wir wollen die Gleichung aus Sicht des gespiegelten Systems K' darstellen. Wir tauschen in der Gleichung x durch x = - x' aus und

haben 1/i*d/d(- x') exp((i*p*(- x')) = p*exp((i*p*(- x'))

oder -1/i*d/dx' exp(-i*p* x') = p*exp(-i*p*x')

oder 1/i*d/dx' exp(-i*p* x') = -p*exp(-i*p*x')

oder 1/i*d/dx' exp(i*(-p)* x') =(-p)*exp(i*(-p)*x')

Das ist also die Eigenwertgleichung aus Sicht von K' in einer der Ausgangsgleichung analogen Gestalt. Der Impuls p wird hier, wie man der Gleichung entnimmt, als Impuls –p wahrgenommen.

Da man sich nicht ins gespiegelte System begeben kann, sondern die Welt aus seinem System K beschreiben will, sucht man einen der Spiegelung äquivalenten Vorgang und dieser ist die Bewegung einer Masse mit dem Impuls –p.

Aus der Weyl-Gleichung $(\boldsymbol{\sigma}*c\mathbf{P})\ \varphi(\mathbf{x},t) = -\ \boldsymbol{\sigma}_0*\mathbf{P}_0\ \varphi(\mathbf{x},t)$ wird bei Raumspiegelung $\mathbf{S}\boldsymbol{\sigma}*c(-\mathbf{P}')\ S^{-1}\ S\ \varphi(-\mathbf{x}',t) = -\ \boldsymbol{\sigma}_0*\mathbf{P}_0\ S\varphi(-\mathbf{x}',t)$.

Allerdings S ist nicht findbar. Erst im Zusammenhang mit der Diracgleichung als Grenzfall m=0 kann S angegeben und die Raumspiegelung bewältigt werden.

16.4 Die Ladungskonjugation bei der Weyl-Gleichung

Wir gehen wiederum von der Gleichung $(\boldsymbol{\sigma}*c\mathbf{P})\varphi(\mathbf{x},t) = -\ \boldsymbol{\sigma}_0*\mathbf{P}_0\varphi(\mathbf{x},t)$ aus.

Ziel ist es, die Gleichung so umzuwandeln, dass aus einer Lösung für ein Antiteilchen mit negativer Energie eine mit positiver Energie wird.

Der erste Schritt ist, Gleichung samt Lösung **komplex-konjugiert** zu machen. Das bewirkt in der Energieeigenfunktion die Vorzeichenumkehr, also

$(\boldsymbol{\sigma}^* *c\mathbf{P}^*)\varphi^*(\mathbf{x},t) = -\ \boldsymbol{\sigma}_0*\mathbf{P}_0^*\ \varphi^*(\mathbf{x},t)$

Dabei wird aus $\mathbf{P}_\mu$ der Operator $\mathbf{P}_\mu{}^* = -\mathbf{P}_\mu{}'$, mit μ=0,1,2,3 , weil diese Operatoren die imaginäre Einheit i haben (aus i wird –i).

Komplizierter ist es für die $\boldsymbol{\sigma}_\mu$.

Es ist $\boldsymbol{\sigma}_1 = \boldsymbol{\sigma}_1{}^*$, $\boldsymbol{\sigma}_2 = -\ \boldsymbol{\sigma}_2{}^*$, $\boldsymbol{\sigma}_3 = \boldsymbol{\sigma}_3{}^*$, $\boldsymbol{\sigma}_0 = \boldsymbol{\sigma}_0{}^*$.

Das Aussehen der neuen Gleichung wäre erheblich gestört gegenüber der ursprünglichen.

Man braucht eine weitere Transformation, die die Matrizen, hier die σ-Matrizen anpasst.

Diese sei eine Matrix namens S mit seiner Inversen S^{-1} .Damit wird die Gleichung von links multipliziert. Wir betrachten beide Seiten einzeln und haben

$\mathbf{S}*(\boldsymbol{\sigma}^**\mathbf{P}^*)\ |\varphi>^* = (\mathbf{S}*\boldsymbol{\sigma}^** S^{-1})*\mathbf{P}^**S|\varphi>^*$ sowie $-\ \boldsymbol{\sigma}_0*\mathbf{P}_0{}^* *S|\varphi>^*$

Die gesuchte Matrix ist $S = i*\boldsymbol{\sigma}_2$, sie ist sogar unitär, also $S^{-1} = S^+$.

Sie bewirkt

$S*\boldsymbol{\sigma}_1{}^**S^{-1} = (i*\sigma_2)*\sigma_1{}^**(-\ i*\sigma_2) = (i*\sigma_2)*\ \sigma_1*(-\ i*\sigma_2) = \sigma_2*\sigma_1*\sigma_2 = -\ \boldsymbol{\sigma}_1$

$S*\sigma_2{}^**S^{-1} = (i*\sigma_2)\ \sigma_2{}^**(-\ i*\sigma_2) = (i*\sigma_2)*(-\sigma_2)*(-\ i*\sigma_2) = \sigma_2*(-\sigma_2)*\sigma_2 = -\boldsymbol{\sigma}_2$

$S*\sigma_3{}^**S^{-1} = (i*\sigma_2)*\ \sigma_3{}^**(-\ i*\sigma_2) = (i*\sigma_2)*\ \sigma_3*(-\ i*\sigma_2) = \sigma_2*\ \sigma_3*\sigma_2 = -\ \boldsymbol{\sigma}_3$

$S*\ \boldsymbol{\sigma}_0{}^** S^{-1} = +\ \boldsymbol{\sigma}_0$

kurz $S*\ \boldsymbol{\sigma}_i{}^** S^{-1} = -\ \boldsymbol{\sigma}_i$ oder $-S*\ \boldsymbol{\sigma}_i{}^** S^{-1} = \boldsymbol{\sigma}_i$ für i=1,2,3

Es ist nicht verwunderlich, dass die σ-Matrizen anzupassen sind, denn es liegt das Produkt von Ortsraum, Operatoren $\mathbf{P}_\mu$, und Spinraum (Matrizen $\boldsymbol{\sigma}_\mu$) vor und die Transformation wirkt im allgemeinen in beiden Räumen.

Die Ladungskonjugation, mit Namen **C**, allein bewirkt,
links Vorzeichenumkehr wegen der $\mathbf{P}_i$ und wegen der σ_i , also insgesamt keine,
rechts Vorzeichenumkehr wegen $\mathbf{P}_0$, also eine Veränderung der Ausgangsgleichung.
Aus $(\sigma^*c\mathbf{P})\varphi(\mathbf{x},t) = -\sigma_0^*\mathbf{P}_0\varphi(\mathbf{x},t)$
wird $(\sigma^*c\mathbf{P})^*i^*\sigma_2\varphi^*(\mathbf{x},t) = +\sigma_0^*\mathbf{P}_0^*i^*\sigma_2\varphi^*(\mathbf{x},t)$
Die Helizität dreht sich um $(i^*\sigma_2\varphi^*)$ wie auch das Vorzeichen der Energie.

Fügen wir die Raumspiegelung P hinzu,
so wird $\mathbf{P} \Rightarrow -\mathbf{P}'$ $\mathbf{P}_0 = \mathbf{P}_0'$ und $\varphi^*(\mathbf{x},t) \Rightarrow \varphi^*(-\mathbf{x}',t)$
CP bewirkt also insgesamt
$\sigma^*c(-\mathbf{P}')^*i^*\sigma_2\varphi^*(-\mathbf{x}',t) = +\sigma_0^*\mathbf{P}_0'^*i^*\sigma_2\varphi^*(-\mathbf{x}',t)$
Das ist die Ausgangsgleichung , allerdings mit der Lösung $i^*\sigma_2\varphi^*(-\mathbf{x}',t)$ im System K′
Man sagt, die Weyl-Gleichung ist invariant unter der **Transformation CP**, aber nicht invariant unter der Transformation P und C allein.

Nun betrachten wir für die Ausgangsgleichung $(\sigma^*c\mathbf{P})\,|\varphi\rangle = -\sigma_0^*\mathbf{P}_0|\varphi\rangle$ die **Wirkung auf ihre Lösungen**,
$|\varphi\rangle = |\lambda=-1\rangle\ ^*\exp(-i^*(Et-px)$ bzw $|\varphi\rangle = |\lambda=+1\rangle\ ^*\exp(+i(Et+px)$ für Energie +E bzw –E
Die **Transformation P** belässt die Funktionen $|\lambda=-1\rangle$ und $|\lambda=+1\rangle$,
bewirkt aber im Exponenten den Austausch von x gegen –x′ ,also
$|\varphi\rangle = |\lambda=-1\rangle^*\exp(+i^*(px-Et)) \Rightarrow |\varphi\rangle' = |\lambda=-1\rangle\ ^*\exp(-i^*(px'+Et)$ betrifft Energie +E
$|\varphi\rangle = |\lambda=+1\rangle^*\exp(-i^*(px-Et)) \Rightarrow |\varphi\rangle' = |\lambda=+1\rangle\ ^*\exp(+i^*(px'+Et)$ betrifft Energie -E

Bezüglich der **Transformation C** betrachten wir zunächst die Wirkung von

$$\mathbf{S = i^*\sigma_2 = i^* \begin{pmatrix} 0 & -i \\ i & 0 \end{pmatrix} = \begin{pmatrix} 0 & 1 \\ -1 & 0 \end{pmatrix}} \quad \text{also } S^*\begin{pmatrix}1\\0\end{pmatrix} = \begin{pmatrix}0\\-1\end{pmatrix} \quad \text{und } S^*\begin{pmatrix}0\\1\end{pmatrix} = \begin{pmatrix}1\\0\end{pmatrix}$$

Vertauscht also obere und untere Komponente, im ersten Fall mit Vorzeichenwechsel.

In den Lösungen wird aus i nun –i und umgekehrt, weil auch die Lösungen konjugiert-komplex gemacht werden. Zusammen mit S wird dann:
$|\lambda=-1\rangle = [(cp_3+E)/2E]^{1/2}{}^*[-(p_1-i^*p_2)/(p_3+p)\ \ 1] \Rightarrow$ dabei ist $E = cp$

$\Rightarrow |\lambda= -1\rangle' = [(cp_3+E)/2E]^{1/2} *[1 \quad +(p_1+i*p_2)/(p_3+p)] = |\lambda= +1\rangle$
und
$|\lambda=+1\rangle = [(cp_3+E)/2E]^{1/2}*[1 \quad +(p_1+i*p_2)/(p_3+p)] \Rightarrow$
$\Rightarrow |\lambda= -1\rangle' = [(cp_3+E)/2E]^{1/2} *[+(p_1-i*p_2)/(p_3+p) \; -1]= -|\lambda= -1\rangle$
Weiterhin wird bei C
Aus exp(i*(px-Et)) wird exp(-i*(px-Et) und
aus exp(-i*(px-Et) wird exp(+i*(px-Et))

In der **Kombination C und P** wird aus
exp(+i*(px-Et)) zunächst exp(-i*(px-Et)), das ist die Wirkung von C ,
sodann exp(-i*(p(-x′)-Et)) = exp(i*(px′+Et)) , das ist die Wirkung von P
insgesamt CP: exp(+i*(px-Et)) => exp(i*(px′+Et))
d.h. aus eingangs Energie +E, wird eine Lösung mit –E, das Teilchen wird zum Antiteilchen
Aus $|\lambda= -1\rangle \Rightarrow |\lambda=+1\rangle$ und aus $|\lambda= +1\rangle \Rightarrow -|\lambda= -1\rangle$
Das ist die Wirkung von $C*i*\sigma_2$
Aus exp(+i*(px+Et) wird exp(-i*(px+Et)), sodann exp(-i*(-px+Et)),
aus –E wird also +E, aus dem Antiteilchen wird ein Teilchen .
kurz $|\lambda=+1\rangle |-E\rangle \Rightarrow -|\lambda=-1\rangle |+E\rangle$
Und $|\lambda=-1\rangle |+E\rangle \Rightarrow |\lambda=+1\rangle|-E\rangle$
Aus der Sicht von K'' (CP) werden also die Rollen von Teilchen und Antiteichen vertauscht. Aber es gibt keine Gleichung, in dem Teilchen wie Antiteilchen beide positive Energie +E hätten. Im praktischen Rechnen, bei Wahl eines fixen Systems, muss man sich mit dem Sachverhalt, dass dem einen +E und dem anderen –E zukommt, abfinden.

----

17. Das Produkt von Ortszeitraum, Energievorzeichenraum und Spinraum

Der Energievorzeichenraum ist ein zweidimensionaler komplexer Vektorraum, formal dem Spinraum analog, aber mit einer anderen Bedeutung. Wir wollen im Folgenden die zugehörigen Paulimatrizen zur Unterscheidung vom Spinraum mit τ_0, τ_1, τ_2, τ_3, kurz τ_μ mit μ=0,1,2,3 bezeichnen.
Die Vektor-Basis des Produkts der beiden Räume ist
(1)(1), (1)(0), (0)(1), (0)(0)
(0)(0), (0)(1), (1)(0), (1)(1)
wobei sich jeweils der erste Vektor auf den Energievorzeichenraum bezieht, der zweite auf den Spinraum. Die elementaren Operatoren des Produktraums sind die kartesischen Produkte der Operatoren der Einzelräume,
also $\tau_0\sigma_0$, $\tau_1\sigma_k$, $\tau_2\sigma_k$, $\tau_3\sigma_k$, kurz $\tau_\mu\sigma_\nu$ mit $\mu,\nu = 0,1,2,3$
Jedes τ_μ vertauscht mit jedem σ_ν, weil sie ja zu getrennten Räumen gehören.
Die $\tau_\mu\sigma_\nu$ sind somit hermitesch .

Neben dieser **Zweierdarstellung** der Vektoren gibt es auch die **Viererdarstellung.**
Der Zusammenhang ist:
Zweierdarstellung = (a)(c) = (ac,ad,bc,bd) = Viererdarstellung
(b)(d) (als Zeile geschrieben)
Die Umkehrung ist nicht eindeutig. In jedem Fall kann man aber schreiben:
(ac,ad,bc,bd) = (1)(ac) + (0)(bc) = oberes Komponentenpaar
(0)(ad) (1)(bd) plus unteres Komponentenpaar
Das Skalarprodukt zweier Vektoren in Zweierdarstellung ist das Produkt der Skalarprodukte entsprechender Zweiervektoren, also
$(a_1)(b_1) * (c_1)(d_1) = (a_1^* * c_1 + a_2^* * c_2) * (b_1^* * d_1 + b_2^* * d_2)$
$(a_2)(b_2) \quad (c_2)(d_2)$
Dieses ist identisch mit dem Skalarprodukt entsprechender Vektoren in Viererdarstellung, auch Spinoren genannt, aber ist transparenter: In der Zweierdarstellung genügt bereits für die Orthogonalität, d.h. Skalarprodukt ist gleich 0, dass ein Paar entsprechender Zweiervektoren orthogonal zueinander ist. Ähnliches gilt für das Normquadrat und in der Folge für den Normierungsfaktor. Er ist das Produkt der Einzelfaktoren.
Wir werden von der Zweierdarstellung im Folgenden ausführlich Gebrauch machen.

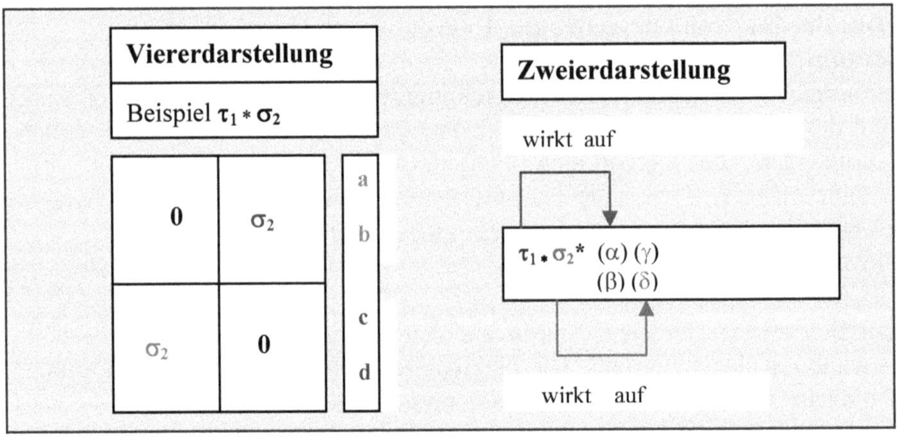

17.1 Die Dirac-Gleichung

Sie ist eine lineare Gleichung für Spin-1/2-Teilchen, die der relativistischen Beziehung $\mathbf{p}^2c^2 + m^2c^4 = E^2$ gerecht wird.

Im Gegensatz zur Weyl-Gleichung darf hier m#0 sein.

Der Ansatz ist wie dort, die **Linearisierung** durch Einführen von Matrizen zu erreichen, also

$\boxed{(\alpha_1 cP_1 + \alpha_2 cP_2 + \alpha_3 cP_3 + \beta mc^2)\,|\psi\rangle = \alpha_0 P_0\,|\psi\rangle}$ kurz $H|\psi\rangle = \alpha_0 P_0|\psi\rangle$

P_i sind die Impulsoperatoren, P_0 ist der Energieoperator

α_i und β sind Matrizen, α_0 ist die Einheitsmatrix, man schreibt sie meistens nicht hin.

Im Hinblick auf die Impuls-Energie-Beziehung verfährt man analog wie bei der Weyl-Gleichung. Man multipliziert beide Seiten von links mit H auf und hat links $H*H|\psi\rangle =$ mit i,j = 1,2,3

$=[\frac{1}{2}*(\alpha_i*\alpha_j + \alpha_j*\alpha_i)*c^2*P_i*P_j + cP_i(\alpha_i*\beta + \beta*\alpha_i)*mc^2 + \beta^2*m^2c^4]\,|\psi\rangle$

und rechts $\alpha_0 P_0 * H\psi\rangle = \alpha_0 P_0 * \alpha_0 P_0|\psi\rangle = \alpha_0(P_0)^2\,|\psi\rangle$

Um nun die gewünschte Form

$\boxed{(\alpha_0)[(cP_1)^2 + (cP_2)^2 + (cP_3)^2 + m^2c^4)]\,|\psi\rangle = \alpha_0(P_0)^2|\psi\rangle}$ zu erreichen,

pro Zeile, pro Komponente liegt die **Klein-Gordon-Gleichung** vor, die die Impuls-Energie-Beziehung unmittelbar zum Ausdruck bringt, ist es erforderlich, dass

$(\alpha_i*\alpha_j + \alpha_j*\alpha_i) = 0$ für i#j und $(\alpha_i)^2 = \alpha_0$ für i=j ist

sowie $(\alpha_i*\beta + \beta*\alpha_i) = 0$ und $\beta^2 = \alpha_0$

17.1.1 Verschiedene Sets antikommutierender Matrizen

Bei der Findung dieser **antikommutierenden Matrizen** denkt man zunächst an die σ_i , diese reichen aber nicht aus, weil sie nur drei sind, aber wegen β vier benötigt werden. Im Dreidimensionalen gibt es auch keine passenden Matrizen, wohl aber im Vierdimensionalen.

So kommen wir zurück zu den Produktmatrizen $\tau_\mu\sigma_\nu$ mit $\mu,\nu = 0,1,2,3$

τ_μ und σ_ν sind je Pauli-Matrizen, aber unter verschiedener Bedeutung und Raumzuordnung.

Dabei gibt es mehrere Auswahl-Möglichkeiten für die antikommutierenden Matrizen,

nämlich zum einen

$\alpha_i = \tau_1\sigma_i$ mit $i = 1,2,3$ und $\beta = \tau_3\sigma_0$ es gibt sogar eine fünfte nämlich $\tau_2\sigma_0$

Alle diese antikommutieren miteinander, weil bei gleichem τ_1 die σ_i antikommutieren (i#j) bzw weil τ_1 mit τ_3 bzw τ_2 antikommutiert und σ_i natürlich mit σ_0 kommutiert. Diese ist die gebräuchlichste Matrizenwahl,

sowie

$\alpha_i = \tau_3\sigma_i$ mit $i = 1,2,3$ und $\beta = -\tau_1\sigma_0$ dazu als fünfte $\tau_2\sigma_0$

schließlich

$\alpha_i = \tau_2\sigma_i$ mit $i = 1,2,3$ und $\beta = \tau_3\sigma_0$ dazu als fünfte $\tau_1\sigma_0$

Die Begründung für ihr Antikommutieren ist analog.

Die verschiedenen Matrizen-Sets sind durch unitären Transformationen verbunden. So geht die erste Auswahl in die zweite über

durch die **unitäre Transformation** $U = (2^{-1/2})*(\tau_0+i*\tau_2)$,

denn

$$U*\tau_1*U^+ = ½*(\tau_0+i*\tau_2)*\tau_1*(\tau_0-i*\tau_2) = ½*(\tau_0+i*\tau_2)*(\tau_1+\tau_3) =$$
$$= ½*((\tau_1+\tau_3+i(-i\tau_3)+i(i*\tau_1)) = ½*(\tau_1+2\tau_3-\tau_1) = \tau_3 .$$

Es ist $U^2 = ½*((\tau_0)^2-(\tau_2)^2+2i\tau_2)) = i*\tau_2 \qquad (U^+)^2 = -i*\tau_2$

Somit $U*\tau_3*U^+ = U(U*\tau_1*U^+)U^+) = i*\tau_2*\tau_1*(-i)*\tau_2 = (-i\tau_3)*\tau_2 = -\tau_1$

$$U*\tau_2*U^+ = ½*(\tau_0+i*\tau_2)*\tau_2*(\tau_0-i*\tau_2) = ½*(\tau_0+i*\tau_2)*(\tau_2-i*\tau_0) =$$
$$= ½*(\tau_2-i*\tau_0+i*\tau_0+\tau_{2)} = \tau_2$$

17.1.2 Lösung der Gleichung mit Einbeziehung der Helizitätsgleichung

Wir wählen, wie in der Literatur üblich, die erste Variante und haben dann als Dirac-Gleichung

$(\boldsymbol{\tau_1\sigma_i} *cP_i + \boldsymbol{\tau_3\sigma_0}*mc^2) |\psi\rangle = \boldsymbol{\tau_0\sigma_0} P_0 |\psi\rangle$ über i=1,2,3 summiert

Nun zur Lösung der Gleichung mit Einbeziehung der Helizitätsgleichung, d.h. die dritte Komponente des Spins zeigt in Richtung oder Gegenrichtung des Impulses.

Wir machen einen **Produktansatz**

|r> bezieht sich auf die $\boldsymbol{\tau_i}$, **|s>** bezieht sich auf die $\boldsymbol{\sigma_i}$.

Die Gesamtlösung ist dann das Produkts **$|\psi\rangle = |r\rangle|s\rangle$*exp(i(px-Et))**

Weil der Operator $\boldsymbol{\tau_0\sigma_i}*P_i$ mit dem Hamiltonoperator H auf der linken wie rechten Seite vertauscht, kann eine Lösung gefunden werden, die zusätzlich die Helizitätsgleichung erfüllt, die hier lautet $(\boldsymbol{\sigma_i} P_i) |s\rangle = \lambda*|s\rangle$ über i=1,2,3 summiert . Deren Lösung ist bekannt. Siehe Kapitel 16.1

Ersetzen wir in der Dirac-Gleichung $(\boldsymbol{\sigma_i} P_i) |s\rangle$ durch $\lambda*|s\rangle$,
weiterhin $P_0 |E,p_i\rangle = E*|E,p_i\rangle$, so verbleibt eine Gleichung nur noch für |r>, nämlich $(c*\lambda*\boldsymbol{\tau_1} + mc^2*\boldsymbol{\tau_3}) |r\rangle = E*|r\rangle$,
welche für λ = +p und für λ = -p zu lösen ist.

Diese Gleichung ist ihrerseits analog der Helizitätsgleichung :
c*λ spielt formal die Rolle von p_1 , mc^2 die Rolle von p_3, $p_2 = 0$, E spielt formal die Rolle der Helizität +-p und die τ_i spielen die Rolle der σ_i .

Zusammengefasst haben wir also zwei analog aufgebaute Gleichungen

$(\boldsymbol{\sigma_i} P_i) |s\rangle = \lambda*|s\rangle$ für |s> Eigenwert λ = +-p Helizität, Spin
$(c*\lambda*\boldsymbol{\tau_1} + mc^2*\boldsymbol{\tau_3}) |r\rangle = E*|r\rangle$ für |r> Eigenwert +-E Energie

----

Die beiden normierten Lösungen von |s> können wir unmittelbar aus 16.1 übernehmen und haben

$|\lambda{=}{+}1\rangle = |s+\rangle = [(p_3+p)/2p]^{1/2} * [1,\ (p_1+i*p_2)/(p_3+p)]$
$|\lambda{=}{-}1\rangle = |s-\rangle = [(p_3+p)/2p]^{1/2} * [-(p_1-i*p_2)/(p_3+p),\ 1]$

Die normierten Lösungen der Gleichung für |r> erhält man durch formales Einsetzen in die |s>-Lösungen

$p_1 \Rightarrow c*\lambda \quad p_2 \Rightarrow 0 \quad p_3 \Rightarrow mc^2 \quad p \Rightarrow E \quad \lambda = +-p$

$|r{+}{+}\rangle = ((E+mc^2)/2E)^{1/2} * (1,\ pc/(E+mc^2)$ für +E und λ = +p
$|r{+}{-}\rangle = ((E+mc^2)/2E)^{1/2} * (1,\ -pc/(E+mc^2)$ für +E und λ = −p
$|r{-}{+}\rangle = ((E+mc^2)/2E)^{1/2} * (-pc/(E+mc^2,\ 1)$ für -E und λ = +p
$|r{-}{-}\rangle = ((E+mc^2)/2E)^{1/2} * (pc/(E+mc^2,\ 1)$ für -E und λ = −p

----

Das charakteristische Polynom ist analog der Helizitätsgleichung, nämlich $p^2c^2 + m^2c^4 = E^2$.
Das ist die relativistische Energie-Impuls-Beziehung, wobei der Impuls nicht komponentenweise, sondern über seinen Betrag eingebracht wird.
Damit ist die Rolle des Energievorzeichenraums klar. Seine Eigenvektoren haben die Eigenwerte +E und –E. E erfüllt die Energiebeziehung für E, m und p, wobei vor p positives und negatives Vorzeichen sein kann. Der Spinraum ist dagegen für den Spin im Zusammenhang mit dem Impuls (Helizität) zuständig.

Die **Gesamtlösung** kann man nun aus den Lösungsteilen gemäß **|ψ> = |r>|s>*exp(i(px -Et)** zusammensetzen:

Der gemeinsame **Normierungsfaktor** ist $\frac{(E+mc^2)^{1/2}}{(2E)^{1/2}} * \frac{(p+p_3)^{1/2}}{(2p)^{1/2}}$

Die Vektoren |r>|s> sind |r++>|s+> , |r+->|s-> , |r-+>|s+> , |r-->|s-> , rechts stehen die gängigen Bezeichnungen

$[1 \quad pc/(E+mc^2)]$ *	$[1 \quad (p_1+ip_2)/(p+p_3)]$	u(**p**,+E,h= +)
$[1 \quad -pc/(E+mc^2)]$ *	$[-(p_1-ip_2)/(p+p_3) \quad 1]$	u(**p**,+E,h= –)
$[-pc/(E+mc^2) \quad 1]$ *	$[1 \quad (p_1+ip_2)/(p+p_3)]$	v(**p**,–E,h= +)
$[pc/(E+mc^2) \quad 1]$ *	$[-(p_1-ip_2)/(p+p_3) \quad 1]$	v(**p**,–E,h= –)

Der r-Anteil ist blau , der s-Anteil ist grün eingefärbt.
Die u-Lösungen kümmern sich also um die Energie +E, mit verschiedenem Spin s bzw Helizität h .Sie stehen für Elektronen (-e).
Die v-Lösungen kümmern sich also um die Energie -E, mit verschiedenem Spin s bzw Helizität h, Elektronen (-e) negativer Energie. Sie **vertreten** Positronen (+e) . Siehe auch Löchertheorie.

Mit den Abkürzungen $a = pc/(E+mc^2)$ und $b = (p_1+ip_2)/(p+p_3)$ schreiben sich dann die Viererspinoren, je als Zeile

u(**p**,E,h = +) = $f*(1 \quad b \quad a \quad ab)$ u(**p**,E,s = -) = $f*(-b^* \quad 1 \quad ab^* \quad -a)$
v(**p**,-E,h = +) = $f*(-a \quad -ab \quad 1 \quad b)$ v(**p**,-E,s = -) = $f*(-ab^* \quad a \quad -b^* \quad 1)$

Der **Spezialfall** $p_1=p_2=0$ und $p_3>0$ ergibt dann, mit dem Normierungsfaktor $((E+mc^2)/(2E))^{1/2}$

$[1 \quad pc/(E+mc^2)]$ * $[1 \quad 0]$	=	[1	0	$pc/(E+mc^2)$	0	]
$[1 \quad -pc/(E+mc^2)]$ * $[0 \quad 1]$	=	[0	1	0	$-pc/(E+mc^2)$	]
$[-pc/(E+mc^2) \quad 1]$ * $[1 \quad 0]$	=	[$-pc/(E+mc^2)$	0	1	0	]
$[pc/(E+mc^2) \quad 1]$ * $[0 \quad 1]$	=	[0	$pc/(E+mc^2)$	0	1	]

Die Vierervektoren sind jeweils als Zeile geschrieben .

In diesem Spezielfall, Impuls entlang der z-Achse, stimmen Spin und Helizität überein.

Bezüglich der **Normierung** gilt allgemein

$u^+(\mathbf{p},+)*u(\mathbf{p},+) = u^+(\mathbf{p},-)*u(\mathbf{p},-) = v^+(\mathbf{p},+)*v(+) = v^+(\mathbf{p},-)*v(\mathbf{p},-) = 1$

Also alle vier Spinoren sind auf 1 normiert

Bezüglich der **Orthogonalität** betrachten wir die Produktdarstellung |r>|s> . Es ist

$\mathbf{u^+(p,+)*u(p,-)} = 0$, weil deren |s> zueinander orthogonal sind, denn

$[1\ \ (p_1+ip_2)/(p+p_3)]^+ * [-(p_1-ip_2)/(p+p_3)\ \ 1] =$

$= [1\ \ (p_1-ip_2)/(p+p_3)] * [-(p_1-ip_2)/(p+p_3)\ \ 1] =$

$= 1* [-(p_1-ip_2)/(p+p_3)] + [(p_1-ip_2)/(p+p_3)] *1 = 0$

$\mathbf{v^+(p,+)*v(p,-) = 0}$ folgt genauso

$\mathbf{u^+(p,+)*v(p,+)} = 0$, weil deren |r> zueinander orthogonal sind, denn

$[1\ \ pc/(E+mc^2)]^+ * [-pc/(E+mc^2)\ \ 1] = 0$ die Klammerinhalte sind reell

$\mathbf{u^+(p,+)*v(p,-)} = 0$, weil deren |s> zueinander orthogonal sind, Rechnung wie zuvor

$\mathbf{u^+(p,-)*v(p,-)} = 0$, denn $[1\ \ -pc/(E+mc^2)]^+ * [\ pc/(E+mc^2)\ \ 1] = 0$

$\mathbf{u^+(p,-)*v(p,+)} = 0$, weil deren |s> zueinander orthogonal sind, Rechnung wie zuvor

Alle 4 Lösungen sind also zueinander orthogonal und hier auf 1 normiert, wie es für die Eigenlösungen, was die Orthogonalität anbetrifft, sein muss.

Wir fassen Normierung und Orthogonalität zusammen und haben

$\mathbf{u^+(p,r)*u(p,s)} = \delta_{rs}$ $\mathbf{v^+(p,r)*v(p,s)} = \delta_{rs}$

$\mathbf{u^+(p,r)*v(p,s)} = 0$ $\mathbf{v^+(p,r)*u(p,s)} = 0$

17.1.3 Lösung der Gleichung, wenn der Spin in oder entgegen der z-Achse zeigt

Wir verwenden Viererspinoren,

die beiden ersten, die oberen Komponenten seien mit **v** ,

die beiden unteren Komponenten seien mit **w** bezeichnet , also $|\psi> = \mathbf{(v,w)}$

Wegen der τ-Matrizen zerfällt dann die Gleichung

$(c\tau_1*\mathbf{p\sigma} + \tau_3\sigma_0*mc^2)\,|\psi> = \tau_0\sigma_0*P_0\,|\psi$ in zwei Gleichungen, nämlich

---

$c*\mathbf{p\sigma}*w + mc^2*v = E*v$ die Energie sei **+E**

$c*\mathbf{p\sigma}*v - mc^2*w = E*w$

Aus der zweiten Zeile folgt $w = \frac{c^*\mathbf{p\sigma}}{(E+mc^2)} * v$ v ist beliebig vorgebbar

wir wählen die Spin-Vektoren $v_1 = (1\ 0)$ oder $v_2 = (0\ 1)$.

Die Lösung ist dann
$$f^*\begin{pmatrix} 1 * v_r \\ c^*\mathbf{p\sigma}/(E+mc^2) * v_r \end{pmatrix}$$
Komponente 1 und2
Komponente 3 und 4
r=1 oder 2

Sowie:

$c^*\mathbf{p\sigma}^*w + mc^2{}^*v = -E^*v$ die Energie sei **-E**

$c^*\mathbf{p\sigma}^*v - mc^2{}^*w = -E^*w$

Aus der ersten Zeile folgt $v = \frac{- c^*\mathbf{p\sigma}}{(E+mc^2)} * w$ w ist beliebig vorgebbar

wir wählen die Spin-Vektoren $w_1 = (1\ 0)$ oder $w_2 = (0\ 1)$.

Die Lösung ist dann
$$f^*\begin{pmatrix} -c^*\mathbf{p\sigma}/(E+mc^2) * w_r \\ 1 * w_r \end{pmatrix}$$
Komponente 1 und 2
Komponente 3 und 4
r=1 oder 2

Für die Norm f folgt an Hand der Lösung mit v_r :

$1 = f^2{}^*(1 + p^2c^2/(E+mc^2)^2 = f^2{}^*[(E^2+2E^*mc^2+(mc^2)^2)+p^2c^2]/(E+mc^2)^2) =$

$= f^2{}^*[(2E^2+2E^*mc^2] /(E+mc^2)^2 = f^2{}^*[(2E^*(E+mc^2)] /(E+mc^2)^2 = f^2{}^*2E/(E+mc^2)$

Somit $\mathbf{f = [(E+mc^2)/2E]^{1/2}}$

Es wurde verwendet $(v_r{}^*\mathbf{p\sigma})(\mathbf{p\sigma}^* v_r) = (v_r{}^*p^2{}^*v_r) = p^2$

Aufgeschlüsselt ist

$$\mathbf{p\sigma}^*v_1 = \begin{pmatrix} p_3 & p_1-i^*p_2 \\ p_1+i^*p_2 & -p_3 \end{pmatrix}^*\begin{pmatrix}1\\0\end{pmatrix} = \begin{pmatrix} p_3 \\ p_1+i^*p_2 \end{pmatrix}$$

$$\mathbf{p\sigma}^*v_2 = \begin{pmatrix} p_3 & p_1-i^*p_2 \\ p_1+i^*p_2 & -p_3 \end{pmatrix}^*\begin{pmatrix}0\\1\end{pmatrix} = \begin{pmatrix} p_1-i^*p_2 \\ -p_3 \end{pmatrix}$$

Die allgemeinen Lösungen (z-Spin) sind dann, als Viererspinoren waagrecht hingeschrieben, mit dem Normierungsfaktor $((E+mc^2)/(2E))^{1/2}$

[1	0	$cp_3/(E+mc^2)$	$c(p_1+i*p_2)/(E+mc^2)$]	u(**p**,E,s=+)
[0	1	$c(p_1-i*p_2)/(E+mc^2)$	$-cp_3/(E+mc^2)$]	u(**p**,E,s=–)
[$-cp_3/(E+mc^2)$	$-c(p_1+i*p_2)/(E+mc^2)$	1	0]	v(**p**,-E,s=+)
[$-c(p_1-i*p_2)/(E+mc^2)$	$cp_3/(E+mc^2)$	0	1]	v(**p**,-E,s=–)

Der Spezialfall $p_1=p_2=0$ $p_3>0$,es ist dann $p_3=p$, ergibt dann dieselbe Lösung wie im Fall der Helizität. Spin s und Helizität h sind dann dasselbe. Auch der Normierungsfaktor ist dann derselbe.
Sichtlich sind die Lösungen einfacher, wenn der Spin parallel oder antiparallel zur z-Achse ist, als wenn er parallel oder antiparallel zur Flugrichtung des Teilchens (Helizität) ist.
Im Fall $p_1=p_2=0$ $p_3<0$ versagt die allgemeine Lösung mit Helizität. Hier kann die Lösung mit Spinorientierung an der z-Achse übernommen werden.

Auch hier ist zusammengefasst
$\mathbf{u}^+(\mathbf{p},r)*\mathbf{u}(\mathbf{p},s) = \delta_{rs}$ $\mathbf{v}^+(\mathbf{p},r)*\mathbf{v}(\mathbf{p},s) = \delta_{rs}$ $\mathbf{u}^+(\mathbf{p},r)*\mathbf{v}(\mathbf{p},s) = 0$ $\mathbf{v}^+(\mathbf{p},r)*\mathbf{u}(\mathbf{p},s) = 0$

Was bringt nun die Dirac-Gleichung mehr?:
Sie beachtet relativistische Beziehungen. So braucht man sie für hochenergetische Streuprozesse, auch für die Quark-Theorie.
Sie beschreibt und impliziert auch Antiteilchen.
Sie verfeinert das Wasserstoffspektrum, das sich aus der Schrödingergleichung ergibt, durch geringfügige Aufspaltung der Energieniveaus im Wesentlichen durch automatische Berücksichtigung des Spins (Spin-Bahn-Kopplung).
Aus ihr lässt sich die nicht-relativistische Pauli-Gleichung ableiten.
Sie erklärt das magnetisches Moment des Elektrons (siehe auch 10.2) .

17.1.4 Kovariante Darstellung der Gleichung

Im Hinblick auf die Lorentztransformation ist folgende Darstellung der Diracgleichung günstiger. Man führt die **γ-Matrizen** ein und schreibt um:

$$\gamma_0 = \beta \quad \gamma_i = \beta\alpha_i \quad \text{somit} \quad \gamma_0 = \tau_3\sigma_0 = \begin{pmatrix} \sigma_0 & 0 \\ 0 & -\sigma_0 \end{pmatrix}$$

$$\gamma_i = \beta\alpha_i = \tau_3\sigma_0*\tau_1\sigma_i = i*\tau_2\sigma_i = \begin{pmatrix} 0 & \sigma_i \\ -\sigma_i & 0 \end{pmatrix}$$

Unmittelbar folgt

$(\gamma_i)^2 = \beta\alpha_i{*}\beta\alpha_i = -\beta^2{*}(\alpha_i)^2 = -1$, $(\gamma_0)^2 = \beta^2 = 1$ Einheitsmatrix

$\gamma_\mu{*}\gamma_\nu + \gamma_\nu{*}\gamma_\mu = \beta\alpha_\mu{*}\beta\alpha_\nu + \beta\alpha_\nu{*}\beta\alpha_\mu = 0$, wenn $\mu \# \nu$ ist $\mu,\nu=0,1,2,3$

denn $= -\beta^2{*}(\alpha_\mu{*}\alpha_\nu + \alpha_\nu{*}\alpha_\mu) = 0$ für $\mu,\nu=1,2,3$,

$= \alpha_0{*}\alpha_\nu - \alpha_\nu{*}\alpha_0 = 0$ für $\mu=0,\nu\#0$ und $= -\alpha_\mu{*}\alpha_0 + \alpha_0{*}\alpha_\mu = 0$ für $\mu\#0,\nu=0$

Verschiedene γ_μ antikommutieren also, auch γ_0 . Insgesamt haben wir

$\boldsymbol{\gamma_\mu{*}\gamma_\nu + \gamma_\nu{*}\gamma_\mu = 0}$ für $\mu\#\nu$ und $\boldsymbol{(\gamma_i)^2 = -1}$ und $\boldsymbol{(\gamma_0)^2 = +1}$ sowie

$\boldsymbol{\gamma_i^{+} = -\gamma_i = \gamma_0\gamma_i\gamma_0}$ und $\boldsymbol{\gamma_0^{+} = +\gamma_0}$.

Als Hauptdiagonalmatrix geschrieben ist $\boldsymbol{\gamma_0} = (1\ \ 1\ \ -1\ \ -1)$.

Zusätzlich wird definiert, wenn auch hier nicht benötigt

$\boldsymbol{\gamma_5 = \gamma_0{*}\gamma_1{*}\gamma_2{*}\gamma_3} = \tau_3\sigma_0{*}i{*}\tau_2\sigma_1{*}i{*}\tau_2\sigma_2{*}i{*}\tau_2\sigma_3 = \boldsymbol{-i{*}\tau_1\sigma_0}$

Es folgt unmittelbar $\boldsymbol{(\gamma_5)^2 = -1}$ und $\boldsymbol{\gamma_\mu{*}\gamma_5 + \gamma_5{*}\gamma_\mu = 0}$ für $\mu=0,1,2,3$

Die Gleichung mit γ-Matrizen:

Aus $\boldsymbol{(\alpha_1 cP_1+\alpha_2 cP_2+\alpha_3 cP_3 + \beta mc^2 - \alpha_0 P_0)\,|\psi> = 0}$ wird

durch Multiplikation von links mit $\beta = \gamma_0$

$\boldsymbol{(\gamma_1 cP_1+\gamma_2 cP_2+\gamma_3 cP_3+mc^2 - \gamma_0 P_0)\,|\psi> = 0}$ oder

$(i{*}\tau_2\sigma_i{*}cP_i + mc^2 - \tau_3\sigma_0{*}P_0)\,|\psi> = 0$

Das Hermitesch-Konjugierte der Gleichung ist zunächst

$<\psi^+|(-\alpha_i cP_i + \beta mc^2 + \alpha_0 P_0) = 0$

Fügen wir $1=(\gamma_0)^2$ ein, so haben wir $<\psi^+\gamma_0|\,\gamma_0(-\alpha_i cP_i + \beta mc^2 + \alpha_0 P_0) = 0$

oder $<\psi^+\gamma_0|\,(-\gamma_i cP_i + mc^2 + \gamma_0 P_0) = 0$

oder $\boldsymbol{<\psi^+\gamma_0|\,(\gamma_i cP_i - mc^2 - \gamma_0 P_0) = 0}$

Wenn $|\psi>$ eine Lösung der Gleichung mit α-Matrizen ist, so ist sie zugleich ein Lösung der Gleichung mit γ-Matrizen. Denn es gilt allgemein für Matrizen:

Ist $A{*}\mathbf{x} = \mathbf{0}$ **,** so auch $BA{*}\mathbf{x} = \mathbf{0}$, denn $BA{*}\mathbf{x} = B(A{*}\mathbf{x}) = B{*}\,\mathbf{0} = \mathbf{0}$

Direktes Nachrechnen ergibt für die Lösungen:

Aus $(\mathbf{cp{*}\gamma} + mc^2 - p_0\gamma_0)\,|\psi> = \mathbf{0}$ geht hervor mit $\psi=(v,w)$

Für **Energie +E** $(\mathbf{cp\sigma}{*}w + mc^2{*}v - E{*}v) = 0$ und $(-\mathbf{cp\sigma}{*}v + mc^2{*}w + E{*}w) = 0$

v sei vorgegeben, z.B. $v = (1\ 0)$, dann $w = \mathbf{cp\sigma}/(E+mc^2){*}v$

Für **Energie –E** $(\mathbf{cp\sigma}{*}w + mc^2{*}v + E{*}v) = 0$ und $(-\mathbf{cp\sigma}{*}v + mc^2{*}w - E{*}w) = 0$

w sei vorgegeben, z.B. $w = (1\ 0)$, dann $v = -\,\mathbf{cp\sigma}/(E+mc^2){*}w$

Das sind dieselben Lösungen wie bei der α-Gleichung.

17.2 Die Herleitung der Weyl-Gleichungen aus der Dirac-Gleichung

Wir gehen aus von der Dirac-Gleichung in der Form

$(\boldsymbol{\tau_3\sigma_i} *cP_i - \boldsymbol{\tau_1\sigma_0}*mc^2) |\psi> = \boldsymbol{\tau_0\sigma_0} P_0| \psi>$ über i=1,2,3 summiert .

Da m=0 ist, entfällt der Term mit m, und wir können zwei getrennte Gleichungen, für die oberen und unteren Komponenten, schreiben.

$\boldsymbol{\sigma_i} *cP_i |u> = \boldsymbol{\sigma_0} P_0| u>$ mit $|\psi> =(|u>,|v>)$ Erste Weyl-Gleichung W1

$-\boldsymbol{\sigma_i} *cP_i |v> = \boldsymbol{\sigma_0} P_0 |v>$ mit $|\psi> =(|u>,|v>)$ Zweite Weyl-Gleichung W2

W1 ist die Lösung mit Rechtsschraubensinn, W2 mit Linksschraubensinn

Diese Dirac-Gleichung geht, wie wir gesehen haben,

durch die unitäre Transformation $U= (2^{-1/2})*(\boldsymbol{\tau_0}+i*\boldsymbol{\tau_2}$,siehe 17.1.2

aus der obigen Dirac-Gleichung $(\boldsymbol{\tau_1\sigma_i} *cP_i + \ldots)$ hervor,

somit können wir deren Lösungen mit Helizität mittels dieser Transformation als Lösung für die neue Gleichung umschreiben.

Die Eigenwerte bleiben dabei gleich, denn gilt allgemein $H|\psi> = h*|\psi>$,

so folgt $U*H*U^+*U|\psi> = h*U|\psi>$ h bleibt gleich

U bezieht sich nur auf den Lösungsteil |r>, siehe 17.1.2 ,

sie ist die Matrix $\mathbf{U=(2^{-1/2})*}\begin{pmatrix} \mathbf{1} & \mathbf{1} \\ \mathbf{-1} & \mathbf{1} \end{pmatrix}$

----

somit wird , Matrix mal Vektor, |r> wegen Schreibeinfachheit je als Zeile geschrieben, der |s>-Anteil bleibt gleich

$U*[1 \quad pc/(E+mc^2)] = (2^{-1/2})* \; [1+pc/(E+mc^2) \quad -1+pc/(E+mc^2)]$ =>

=> $2^{1/2}* [1 \quad 0]$ +E, +p W1

$U*[1 \quad -pc/(E+mc^2)] =(2^{-1/2})* \; [1-pc/(E+mc^2) \quad -1-pc/(E+mc^2)]$ =>

=> $2^{1/2}* [0 \; -1]$ +E, -p W2

$U*[-pc/(E+mc^2) \quad 1] = (2^{-1/2})* \; [1-pc/(E+mc^2) \quad +1+pc/(E+mc^2)]$ =>

=> $2^{1/2}* [0 \quad 1]$ -E, +p W2

$U*[pc/(E+mc^2) \quad 1] = (2^{-1/2})* \; [1+pc/(E+mc^2) \quad +1-pc/(E+mc^2)]$ =>

=> $2^{1/2}* [1 \quad 0]$ -E,-p W1

Wir haben rechts den Übergang für den Fall m=0 , es ist dann E=pc

Der Lösungsteil |s> bleibt zeilenweise gleich.

Die Lösung ist so, als wäre sie noch eine Viererspinor, aber es sind jeweils die oberen oder unteren beiden Komponenten unterdrückt, z.B. bei |r> = [0 1] sind die oberen gleich 0 , also sind es faktisch doch nur Zweierspinoren.

Der Normierungsfaktor $((E+mc^2)/2E)^{1/2}*((p+p_3)/2p)^{1/2}$

wird zu $(2^{-1/2})*((p+p_3)/2p)^{1/2}$

Es ist rechts angedeutet (W1,W2), zu welcher Weyl-Gleichung die Lösung gehört. Zur ersten W1, zuständig für die oberen beiden Komponenten, oder zur zweiten W2 für die unteren beiden Komponenten. Die Dirac-Gleichung, gewissermaßen als Übergleichung, reproduziert also für m=0 beide Weyl-Gleichungen.
Würde man Lösungen mit z-achsenorientiertem Spin gemäß 17.1.3 durch Setzung m=0 anstreben, bekommt man sichtlich Viererspinoren.

17.3 Raumspiegelung P

Die Ausgangsgleichung ist die Diracgleichung in Standardform

$(\boldsymbol{\tau_1\sigma_i}*(cP_i - eA_i) + \boldsymbol{\tau_3\sigma_0}*mc^2)\,|\psi> = \boldsymbol{\tau_0\sigma_0}*(cP_0 - eA_0)\,|\psi>$

Es wird über i=1,2,3 summiert.
e ist die elektrische Elementarladung, e>0, ein Elektron hat die Ladung –e
A_i ist das Vektorpotential für das Magnetfeld, A_0 ist das Potential für das elektrische Feld
Die Form dieser Gleichung, das Einbringen der Potentiale, die so genannte **minimale Substitution**, Austausch von cP_μ gegen $cP_\mu - eA_\mu$, mit μ=1,2,3,0 , ist bereits im Klassischen gegeben und wird in der QM nachvollzogen.

Die Koordinatentransformation von K' aus gesehen ist
$\mathbf{x' = -x,\ \ y' = -y,\ \ z' = -z},$ aber $t' = t$.

Das hat zur Folge $P_i' = -P_i$, mit i=1,2,3, aber $P_0' = P_0$
Hier ohne Begründung:
$A_i'(\mathbf{x}',t) = A_i(-\mathbf{x},t) = -\,A_i(\mathbf{x},t)$ mit i=1,2,3, aber $A_0'(-\mathbf{x},t) = A_0(\mathbf{x},t)$
d.h. die A_μ transformieren sich hier genauso wie die P_μ .
Das Vorgehen ist analog dem Vorgehen bei der Weyl-Gleichung.
Nun werden x,y,z, sowie P_i durch die gestrichenen Größen ersetzt und wir erhalten

$(-\boldsymbol{\tau_1\sigma_i}*(cP_i' - eA_i') + \boldsymbol{\tau_3\sigma_0}*mc^2)\,|\psi(-x_i',t)> = \boldsymbol{\tau_0\sigma_0}*(cP_0' - eA_0')\,|\psi(-x_i',t)>$

Um die ursprüngliche Form der Gleichung, wenn möglich, wiederherzustellen, wird eine Matrix S gesucht mit der Wirkung

$S(-\boldsymbol{\tau_1\sigma_i})S^{-1} = \boldsymbol{\tau_1\sigma_i}$ für i=1,2,3 und $S(\boldsymbol{\tau_3\sigma_0})S^{-1} = \boldsymbol{\tau_3\sigma_0}$

und in $S = \boldsymbol{\tau_3\sigma_0}$ gefunden, d.h. die Gleichung ist invariant bei der Transformation P.
Die transformierte Lösung, also $\psi'(x',t)$ von K' aus gesehen, ist $\psi'(x',t) = \boldsymbol{\tau_3\sigma_0}*\psi(-x_i',t)$. Kein Tausch der Komponentenpaare.

Würde man als Ausgangsgleichung

$(\boldsymbol{\tau_3\sigma_i}*(cP_i - eA_i) - \boldsymbol{\tau_1\sigma_0}*mc^2)\,|\psi> = \boldsymbol{\tau_0\sigma_0}*(cP_0 - eA_0)\,|\psi>$ wählen, so wäre die Wirkung von P zunächst

$(-\tau_3\sigma_i *(cP_i' - eA_i') - \tau_1\sigma_0*mc^2) |\psi(-x_i',t)> = \tau_0\sigma_0 *(cP_0' - eA_0') |\psi(-x_i',t)>$

und die die Form der Ausgangsgleichung wiederherstellende Transformation wäre $S = \tau_1\sigma_0$. Die dazu gehörende Lösung ist dann $\psi'(x',t) = \tau_1\sigma_0 *\psi(-x_i',t)$.
Das gilt nun insbesondere für die Weyl-Gleichung, wo m=0 gesetzt wird.

17.4 Ladungskonjugation C

Ausgangsgleichung ist

$(\tau_1\sigma_i*(cP_i - eA_i) + \tau_3\sigma_0*mc^2) |\psi> = \tau_0\sigma_0 *(cP_0 - eA_0) |\psi>$

Analog zum Vorgehen bei der Weyl-Gleichung wollen wir als Erstes die **Komplex-Konjugation** vornehmen für beide Seiten der Gleichung. Wir tauschen die Größen gegen die Komplex-konjugierten aus, betrachten also alles vom gesternten System aus, also

$\tau_1\sigma_i = (\tau_1\sigma_i)*$ für i=1,3 $\tau_1\sigma_2 = -(\tau_1\sigma_2)*$ $\tau_3\sigma_0 =(\tau_3\sigma_0)*$ $\tau_0\sigma_0 =(\tau_0\sigma_0)*$ sowie

$P_\mu = - P_\mu^* = -P'_\mu$ für μ=1,2,3,0

$A_\mu = A_\mu^* = A'_\mu$ für μ=1,2,3,0 weil die A_μ reell sind

Bemerkung: In jedem System K oder K' sind die P_μ gleich definiert, also 1/i*d/dx oder 1/i*d/dx' usw .

An der Lösung ψ werden alle Veränderungen mitvollzogen, sie wird am Ende mit ψ' benannt.

An und für sich müsste man alle rechts stehenden Größen mit Apostroph schreiben, der Einfachheit halber lassen wir sie bei den Matrizen weg.

Insbesondere geht dabei $(cP_\mu - eA_\mu)$ über in $(-cP'_\mu - eA'_\mu) = -(cP'_\mu + eA'_\mu)$

Nun multiplizieren die Gleichung wiederum mit einer **unitären Transformation S** auf, um die gewünschte Form zu erreichen.

Diese ist $S = i\tau_2*i\sigma_2 = - \tau_2*\sigma_2$. Im Weyl-Fall war es $i*\sigma_2$

Es ist dann $S*(\tau_1\sigma_i)^* *S^{-1} = \tau_1\sigma_i$ für i=1,2,3 und $S*(\tau_3\sigma_0)^* *S^{-1} = -\tau_3\sigma_0$

Wir haben links und rechts bei jedem Term ein Minuszeichen, mal -1, haben wir dann die Ausgangsform der Gleichung im gestrichenen System K' ,

nämlich $(\tau_1\sigma_i*(cP_i +eA_i) + \tau_3\sigma_0*mc^2) |\psi' > = \tau_0\sigma_0 *(cP_0 + eA_0) |\psi' >$

Bei den Operatoren haben wir die Apostrophe wieder weggelassen.

Auffallend ist das Vorzeichen +e

Die Lösung ist $\psi'(x,t) = S\psi*(x,t) = -\tau_2*\sigma_2 *\psi*(x,t)$

In ψ wird das obere Komponentenpaar gegen das untere Komponentenpaar getauscht (τ_2), zusätzlich wird der Spin umgedreht (σ_2). Wenn man eine Lösung $\psi(x,t)$ hat im System K, sagen wir mit –E und –e (Elektron negativer Energie), so wird dieselbe Lösung im System K' als $\psi'(x,t)$ mit +E und +e

(Positron positiver Energie und Ladung) wahrgenommen. Gemäß der Formel ist die Lösung von K auf K′ umzuschreiben.
Eine Diracgleichung beschreibt also entweder nur Elektronen mit Ladung –e, positiver und negativer Energie, oder, die mit **C** transformierte Diracgleichung beschreibt nur Positronen mit Ladung +e, positiver und negativer Energie.

Bei Wahl der Ausgangsgleichung

$(\boldsymbol{\tau}_3\boldsymbol{\sigma}_i*(cP_i - eA_i) - \boldsymbol{\tau}_1\boldsymbol{\sigma}_0*mc^2)\,|\psi> = \boldsymbol{\tau}_0\boldsymbol{\sigma}_0*(cP_0 - eA_0)\,|\psi>$

ist das Vorgehen ganz analog ,
die transformierende Matrix ist ebenfalls $S = -\boldsymbol{\tau}_2*\boldsymbol{\sigma}_2$ und
die transformierte Gleichung ist

$(\boldsymbol{\tau}_3\boldsymbol{\sigma}_i*(cP_i + eA_i) - \boldsymbol{\tau}_1\boldsymbol{\sigma}_0*mc^2)\,|\psi'> = \boldsymbol{\tau}_0\boldsymbol{\sigma}_0*(cP_0 + eA_0)\,|\psi'>$

mit der Lösung $\psi'(x,t) = S\psi^*(x,t) = -\boldsymbol{\tau}_2*\boldsymbol{\sigma}_2*\psi^*(x,t)$

17.5 Zeitumkehr T

Ausgangsgleichung ist wiederum

$(\boldsymbol{\tau}_1\boldsymbol{\sigma}_i*(cP_i - eA_i) + \boldsymbol{\tau}_3\boldsymbol{\sigma}_0*mc^2)\,|\psi> = \boldsymbol{\tau}_0\boldsymbol{\sigma}_0*(cP_0 - eA_0)\,|\psi>$

Zeitumkehr heisst $x' = x$, $y' = y$, $z' = z$, aber $\mathbf{t' = -t}$

.

In der Folge ist $P_i' = P_i$, mit i=1,2,3, aber $P_0' = -P_0$
Hier ohne Begründung ist

$A_i'(t') = A_i(-t) = -A_i(t)$, mit i=1,2,3, aber $A_0'(-t) = A_0(t)$.

Tauscht man wiederum die ungestrichenen Größen gegen die gestrichenen aus, so geht über $-eA_i$ in $+eA_i'$, also Änderung des relativen Vorzeichens in der Klammer,
auf der rechten Seite P_0 in $-P_0'$, auch Änderung des relativen Vorzeichens in der Klammer.
Um das alte Verhältnis der Vorzeichen in den Klammern wiederherzustellen, macht man nun zusätzlich die ganze Gleichung konjugiert-komplex, man sternt sie. Es wird dann $P_\mu = -P_\mu^* = -P'_\mu$ für μ=1,2,3,0 Das relativen Vorzeichen stimmen wieder.
Die Pauli-Matrizen würden dabei wie im Fall **C** wiederum deformiert werden.
Um die Ausgangsform wieder zu erreichen, suchen wir eine Matrix S mit der Wirkung

$S*(-\boldsymbol{\tau}_1\boldsymbol{\sigma}_i)^**S^{-1} = \boldsymbol{\tau}_1\boldsymbol{\sigma}_i$ für i=1,2,3 und $S(\boldsymbol{\tau}_3\boldsymbol{\sigma}_0)S^{-1} = \boldsymbol{\tau}_3\boldsymbol{\sigma}_0$

Wir finden sie in $S = \boldsymbol{\tau}_0*i\boldsymbol{\sigma}_2 = i*\boldsymbol{\tau}_0\boldsymbol{\sigma}_2$
und die Lösung ist $\psi'(x,t') = i*\boldsymbol{\tau}_0\boldsymbol{\sigma}_2*\psi^*(x,-t)$
Die Dirac-Gleichung ist also gegenüber der Transformation **T** invariant, also formgleich.

Zusammengefasst haben wir: $P\psi(x_i,t) = \boldsymbol{\tau_3\sigma_0} * \psi(-x_i',t)$,
$C\psi(x_i,t) = -\boldsymbol{\tau_2} * \boldsymbol{\sigma_2} * \psi^*(x,t)$, -e=>+e , $T\psi(x_i,t) = i * \boldsymbol{\tau_0} * \boldsymbol{\sigma_2} * \psi^*(x,-t)$ Somit
$PCT\psi(x_i,t) = (\boldsymbol{\tau_3\sigma_0})*(-\boldsymbol{\tau_2}*\boldsymbol{\sigma_2})*(i*\boldsymbol{\tau_0}*\boldsymbol{\sigma_2})*\psi(-x,-t) = -\boldsymbol{\tau_1}*\boldsymbol{\sigma_0}*\psi(-x_i,-t)$, -e=>+e
Es wird in ψ das obere Komponentenpaar gegen das untere getauscht.
Aus Elektronen werden Positronen und umgekehrt.

17.6 Die eigentliche Lorentztransformation L

Die Lorentztransformation ist
$(x') = L*(x)$ oder $(x'_\nu) = L_{\nu\mu}*(x_\mu)$ oder $(x_\mu) = L^{-1}{}_{\mu\nu}*(x_\nu)$.
Dabei ist $x_0 = ct$, dies beachtend sei temporär $P_0 = 1/c*P_0$ benannt
Die Ausgangsgleichung sei
$(\boldsymbol{\tau_3\sigma_i} *cP_i + \boldsymbol{\tau_1\sigma_0}*mc^2)\,|\psi> = \boldsymbol{\tau_0\sigma_0}\, P_0|\,\psi>$ mit i=1,2,3 summiert .
Es wurde also die Wahl getroffen $\alpha_i = \boldsymbol{\tau_3\sigma_i}$.
Für diese Zwecke ist es sinnvoll, sie von links mit $\beta/c= \boldsymbol{\tau_1\sigma_0}/c$ aufzumultiplizieren. Wir erhalten dann
$(-i\boldsymbol{\tau_2\sigma_i} *P_i - \boldsymbol{\tau_1\sigma_0}\, P_0\,)\,|\psi> = -\boldsymbol{\tau_0\sigma_0}*mc)\,|\psi>$,
bezeichnen $\gamma_i = -i\boldsymbol{\tau_2\sigma_i}$ und $\gamma_0 = \boldsymbol{\tau_1\sigma_0}$
und schreiben so $\boldsymbol{(\gamma_i *P_i - \gamma_0\, P_0\,)\,|\psi> = -mc\,|\psi>}$
Die entstandenen γ_i sind allerdings nicht mehr hermitesch.
Wir haben links ein Viererskalarprodukt von γ_μ und P_μ , rechts eine invariante Größe.
Wir fragen zunächst, wie sich P_μ transformiert. Es ist $P_\mu\,\phi \sim d\phi/x_\mu$
ϕ sei irgendeine Funktion mit μ =1,2,3,0
Nach den Regeln der Differentialrechnung ist
$d\phi/dx_\mu = \Sigma\, d\phi/x'_\nu*dx'_\nu/dx_\mu$ summiert über ν .
Es ist $dx'_\nu/dx_\mu = L_{\nu\mu}$ konstant, fix, siehe zuvor.
Somit ist $P_\mu = \Sigma\, P'_\nu*L_{\nu\mu}$ summiert über ν
Nun wollen wir die P_μ in der Gleichung durch die gestrichenen Größen austauschen und zur Vereinfachung der Darstellung des Viererskalarprodukts $\gamma^i = \gamma_i$ und $\gamma^0 = -\gamma_0$ setzen.
Die Gleichung lautet dann $\boldsymbol{\gamma^\mu * P_\mu\;\; |\psi> = -mc\,|\psi>}$ über μ summiert
Und wird zu $\gamma^\mu *(\Sigma\, P'_\nu*L_{\nu\mu})\,|\psi> = -mc\,|\psi>$ summiert über μ,ν
oder $P'_\nu*L_{\nu\mu}*\gamma^\mu\;|\psi> = -mc\,|\psi>$
Ziel ist, dass die gestrichene Gleichung dieselbe Form wie die ungestrichene hat, also die Form $\gamma^\nu * P'_\nu\;\;|\psi'> = -mc\,|\psi'>$
Die Setzung $L_{\nu\mu}*\gamma^\mu = \gamma^\nu$, über μ summiert, tut es nicht. Wir brauchen eine auf die γ bzw ψ wirkende Transformationsmatrix S, mit der wir ,wie gewohnt, die Gleichung aufmultiplizieren,

also $P'_\nu * L_{\nu\mu} * S\gamma^\mu S^{-1} * S|\psi\rangle = -mc * S\,|\psi\rangle$

Nun setzen wir erneut $L_{\nu\mu} * S\gamma^\mu S^{-1} = \gamma^\nu$ über μ summiert

oder nach Multiplikation von links mit S^{-1} und von rechts mit S :

$\mathbf{L_{\nu\mu} * \gamma^\mu = S^{-1} * \gamma^\nu * S}$ dabei wird über μ summiert, ν ist fix

Dieses ist die Bedingung zur Findung von S .

Im Folgenden wollen wir uns auf eine Lorentztransformation in Richtung der x-Achse beschränken. Sie lautet, in Wiederholung

$$\begin{pmatrix} x' \\ y' \\ z' \\ ct' \end{pmatrix} = \begin{pmatrix} \gamma & 0 & 0 & -\gamma*v/c \\ 0 & 1 & 0 & -1 \\ 0 & 0 & 1 & 0 \\ -\gamma*v/c & 0 & 0 & \gamma \end{pmatrix} * \begin{pmatrix} x \\ y \\ z \\ ct \end{pmatrix} = \begin{pmatrix} \gamma*(x - v/c*ct) \\ y \\ z \\ \gamma*(ct - v/c*x) \end{pmatrix}$$

Wir betrachten eine differentielle Transformation, d.h. $\delta\varphi = \delta v/c$ beliebig klein

Dann geht γ gegen 1 und die Matrix wird

$$\begin{pmatrix} 1 & 0 & 0 & -\delta\varphi \\ 0 & 1 & 0 & 0 \\ 0 & 0 & 1 & 0 \\ -\delta\varphi & 0 & 0 & 1 \end{pmatrix} = \mathbf{E} + \delta\varphi * \begin{pmatrix} 0 & 0 & 0 & -1 \\ 0 & 0 & 0 & 0 \\ 0 & 0 & 0 & 0 \\ -1 & 0 & 0 & 0 \end{pmatrix}$$

Wir können sie also zerlegen in eine Einheitsmatrix plus Änderungsmatrix.

Die ganze Transformation erhalten wir wieder durch unendliche Mehrfachanwendung der kleinen Transformation (siehe Kapitel 4.2)

Die gesuchte Matrix S, abhängig von der Transformation, brauchen wir dann auch nur bis zu Gliedern erster Ordnung entwickeln

und haben $S^{-1} = 1 + i*a\delta\varphi*\mathbf{s} + \ldots$ und $S = 1 - i*a\delta\varphi*\mathbf{s} + \ldots$

a ist ein fixer Faktor. **s** ist hier eine noch unbekannte Matrix.

Die rechte Seite der Bedingung wird dann zu

$S^{-1}*\gamma^\nu*S = (1+i*a\delta\varphi*\mathbf{s})*\gamma^\nu*(1-i*a\delta\varphi*\mathbf{s}) = \gamma^\nu + i*a\delta\varphi*(\mathbf{s}*\gamma^\nu - \gamma^\nu*\mathbf{s}) + \ldots$

Links haben wir $L_{\nu 1}*\gamma^1 + L_{\nu 0}*\gamma^0$

Konkret entstehen dann die Gleichungen

$1*\gamma^1 - \delta\varphi*\gamma^0 = \gamma^1 + i*a\delta\varphi*(\mathbf{s}*\gamma^1 - \gamma^1*\mathbf{s})$ für $\nu=1$

$-\delta\varphi*\gamma^1 + 1*\gamma^0 = \gamma^0 + i*a\delta\varphi*(\mathbf{s}*\gamma^0 - \gamma^0*\mathbf{s})$ für $\nu=0$

$1*\gamma^2 = \gamma^2 + i*a\delta\varphi*(\mathbf{s}*\gamma^2 - \gamma^2*\mathbf{s})$ für $\nu=2$

$1*\gamma^3 = \gamma^3 + i*a\delta\varphi*(\mathbf{s}*\gamma^3 - \gamma^3*\mathbf{s})$ für $\nu=3$

Daraus wird offenbar

$-\gamma^0 = i*a*(\mathbf{s}*\gamma^1 - \gamma^1*\mathbf{s})$ für $\nu=1$ und $-\gamma^1 = i*a*(\mathbf{s}*\gamma^0 - \gamma^0*\mathbf{s})$ für $\nu=0$

$0 = i*a\delta\varphi*(\mathbf{s}*\gamma^2 - \gamma^2*\mathbf{s})$ für $\nu=2$ und $0 = i*a\delta\varphi*(\mathbf{s}*\gamma^3 - \gamma^3*\mathbf{s})$ für $\nu=3$

Nun setzen wir ein $\gamma^i = \gamma_i = -i\tau_2\sigma_i$ und $\gamma^0 = -\gamma_0 = -\tau_1\sigma_0$ und haben dann
$\tau_1\sigma_0 = a*(\mathbf{s}*\tau_2\sigma_1 - \tau_2\sigma_1*\mathbf{s})$ für $\nu=1$ und $\tau_2\sigma_1 = a*(-\mathbf{s}*\tau_1\sigma_0 + \tau_1\sigma_0*\mathbf{s})$ für $\nu=0$
Nun ist ein guter Ansatz oder Raten gefragt. Prinzipiell kann man das auch methodisch machen, indem man ansetzt $\mathbf{s} = \Sigma\, \lambda_{\mu\nu}*\tau_\mu\sigma_\nu$ summiert über μ,ν, in die Gleichungen einsetzt und so durch Vergleich der beiden Seiten $\lambda_{\mu\nu}$ bestimmt.
Doch gibt es einige Anhaltspunkte: Gleichung1: **s** soll aus τ_2 rechts, τ_1 links machen, dazu braucht es τ_3. Es soll aus σ_1 rechts σ_0 links werden, dazu braucht es σ_1 selbst. Dieses passt auch zu Gleichung2.
Also machen wir den **Ansatz s** $= \tau_3\sigma_1$.
Einsetzen in Gleichung1 ergibt: Es ist $\tau_3\tau_2 = -i*\tau_1$ und $\tau_2\tau_3 = +i*\tau_1$ und so erhalten wir rechts $a*(-2i)*\tau_1\sigma_0$ Damit Gleichheit mit links besteht, folgt zudem $a*(-2i)=1$ oder $a = i/2$.
Probe an Gleichung2: Es ist $-\tau_3\tau_1 = -i*\tau_2$ und $\tau_1\tau_3 = -i*\tau_2$,
wiederum folgt $a*(-2i)=1$.
s vertauscht außerdem mit γ^2 und γ^3, wie es die Gleichungen für $\nu=2,3$ erfordern, denn es ist z.B. $\tau_3\sigma_1*\tau_2\sigma_2 = \tau_3\tau_2*\sigma_1\sigma_2 = (-\tau_2\tau_3)*(-\sigma_2\sigma_1) = \tau_2\sigma_2*\tau_3\sigma_1$.
Die volle Transformation S geht aus der differentiellen, ähnlich wie bei der unitären Transformation für eine Drehung, durch Exponieren hervor. Dabei wird aus $\delta\varphi = \delta v/c$ nicht v/c, wie man zunächst erwarten würde, sondern ein Winkel φ mit der Beziehung $\tanh\varphi = v/c$, gilt doch auch $\tanh\delta\varphi = \delta\varphi = \delta v/c$. Andernfalls würde auch die Lorentztransformation aus ihrer differentiellen Form falsch hervorgehen. Es ist dann auch
$\cosh\varphi = (1-v^2/c^2)^{-1/2} = \gamma$ und $\sinh\varphi = (v/c)*(1-v^2/c^2)^{-1/2} = (v/c)*\gamma$,
deswegen weil $\cosh\varphi = (1-\tanh^2\varphi)^{-1/2}$ und $\sinh\varphi = \tanh\varphi*(1-\tanh^2\varphi)^{-1/2}$ ist.
Obige Lorentztransformation schreibt sich dann, mit Weglassung der 1-Werte für y und z

$$\begin{pmatrix} x' \\ ct' \end{pmatrix} = \begin{pmatrix} \gamma & -\gamma*v/c \\ -\gamma*v/c & \gamma \end{pmatrix} * \begin{pmatrix} x \\ ct \end{pmatrix} = \begin{pmatrix} \cosh\varphi & -\sinh\varphi \\ -\sinh\varphi & \cosh\varphi \end{pmatrix} * \begin{pmatrix} x \\ ct \end{pmatrix}$$

Es ist also $S = \exp(i/2*\varphi*i\tau_3\sigma_1)$
Die Inverse ist $S^{-1} = \exp(-i/2*\varphi*i\tau_3\sigma_1) = \exp(i/2*(-\varphi*i\tau_3\sigma_1)$,
ist also zugleich die Transformation zur entgegen gesetzten Relativgeschwindigkeit v. S ist **nicht unitär**, denn $S^+ \# S^{-1}$,
aber es ist $S^{-1} = \beta* S^+*\beta$, denn $\tau_1\sigma_0*\tau_3\sigma_1*\tau_1\sigma_0 = -\tau_3\sigma_1$.

Wenn man am Ende mit β die Gleichung von links multipliziert, erhält man die transformierte, formgleich zur Ausgangsgleichung, mit gleichen α_i-Matrizen.
So ist hier $\beta*\gamma^i = \tau_1\sigma_0*(-i\tau_2\sigma_i) = \tau_3\sigma_i$.

Es gelten die Formeln exp(x) = cosh(x)+sinh(x)
und exp(-x) = cosh(x) – sinh(x)
Es ist hier $x = ½*\varphi*\tau_3\sigma_1$, weiterhin ist $(\tau_3\sigma_1)^2 = \tau_0\sigma_0$
sowie $(\tau_3\sigma_1)^3 = (\tau_3\sigma_1)^2*(\tau_3\sigma_1) = \tau_3\sigma_1$
Somit ist $S = \tau_0\sigma_0 * \cosh(½*\varphi) - \tau_3\sigma_1 * \sinh(½*\varphi)$
Der cosh hat nur gerade Potenzen, der sinh nur ungerade Potenzen.

Wenn wir stattdessen von der Dirac-Gleichung mit $\alpha_i = \tau_1\sigma_i$ und $\beta= \tau_3\sigma_0$ ausgehen, wiederum mit β von links aufmultiplizieren, so erhalten wir konkret die Matrizen $\gamma_i = i*\tau_2\sigma_i$ und $\gamma_0= \tau_3\sigma_0$.
Wiederum gilt $\gamma^i = \gamma_i$ und $\gamma^0 = - \gamma_0$.
In den beiden Gleichungen ist Entsprechendes zu ersetzen.
Wir übernehmen von oben
$-\gamma^0 = i*a*(\mathbf{s}*\gamma^1 - \gamma^1 *\mathbf{s})$ für ν=1 und $-\gamma^1 = i*a*(\mathbf{s}*\gamma^0 - \gamma^0 *\mathbf{s})$ für ν=0
und so wird daraus
$\tau_3\sigma_0 = a*(\mathbf{s}*\tau_2\sigma_1 - \tau_2\sigma_1*\mathbf{s})$ für ν=1 und $\tau_2\sigma_1 = a*(-\mathbf{s}*\tau_3\sigma_0 + \tau_3\sigma_0*\mathbf{s})$ für ν=0
Analog wie zuvor finden wir die Lösung $\mathbf{s} = \tau_1\sigma_1$ und a = i/2 wie vorher, dem sich alle Folgerungen anschließen

---

Führen wir das analog für die erste **Weyl-Gleichung** aus: $\sigma_i*cP_i |u> = \sigma_0 P_0|u>$
Wir multiplizieren mit $\beta= \sigma_2$
und bezeichnen $\gamma^i = \gamma_i =\beta*\sigma_i =(-i*\sigma_3, \sigma_0, i*\sigma_1)$, $-\gamma^0 = \gamma_0 = \sigma_2$
Aus $-\gamma^0 = i*a*(\mathbf{s}*\gamma^1 - \gamma^1 *\mathbf{s})$ für ν=1 und $-\gamma^1 = i*a*(\mathbf{s}*\gamma^0 - \gamma^0 *\mathbf{s})$ für ν=0
wird dann
$\sigma_2 = i*a*(-\mathbf{s}*i*\sigma_3 +i* \sigma_3*\mathbf{s})$ für ν=1 und $i*\sigma_3 = i*a*(-\mathbf{s}*\sigma_2 +\sigma_2*\mathbf{s})$ für ν=0
Mit der **Lösung** $\mathbf{s} = i*\sigma_1$ und a=1/2
Die Vertauschbarkeit von **s** mit γ^2 und γ^3 , wie obige Gleichungen es erfordern, ist gegeben, denn $\mathbf{s} \sim \sigma_1$ vertauscht mit σ_0 sowie mit σ_1 .

Die Lösung $\psi'(x',t)$ sammelt gewissermaßen alle Transformationen auf:
Austausch $x = L^{-1} x'$, dann Multiplikation mit β, dann mit S, gegebenenfalls Zurückführung auf die Ausgangsform durch Multiplikation mit $\beta^{-1} = \beta$,
also $\psi'(x',t) = \beta*S*\beta*\psi(L^{-1} x')$
Die Bedeutung der Transformationen **L** (eigentliche Lorentztranformation) , **P,C** und **T** liegt in der Vorstellung, dass alle physikalischen Prozesse unabhängig vom Koordinatensystem möglich sind. Gibt es sie im System K, dann auch im System K', beide Systeme sollen gleichwertig und

gleichberechtigt sein. Insbesondere soll jeder Prozess von jedem Lorentzsystem aus beschreibbar sein. Soll sollen auch die Gleichungen in jedem System gleich aussehen (**Kovarianz**). Die Lösungen ψ, die Beschreibung ein und desselben physikalischen Prozesses, mag von jedem System allerdings anders aussehen, deswegen Transformation.
Von diesem Ideal weicht die Weyl-Gleichung hinsichtlich **P** ab. In der Tat gibt es da auch experimental-physikalische Entsprechungen, im Widerspruch zur allgemeinen Anschauung, so beim Zerfall von Kobalt 60 oder dem Zerfall von Pion+, beide der schwachen Wechselwirkung zuzuordnen.

17.7 Beispiele zu den Transformationen P,C,T

Jeweils diese Beispiele (siehe auch 17.1.2 bzw 17.1.3)

[1 , 0 , $cp_3/(E+mc^2)$, $c(p_1+i*p_2)/(E+mc^2)$]*exp(i*(**px**-Et) = u(**p**,+E,s=+)

[1 $pc/(E+mc^2)$] * [1 $(p_1+ip_2)/(p+p_3)$]*exp(i*(**px**-Et) = u(**p**,+E,h=+)

Transformation $P\psi(x_i,t) = \boldsymbol{\tau_3\sigma_0} * \psi(-x_i, t)$

exp(i*(**px**-Et) => exp(i*(**p(-x)**-Et) = exp(i*(-**p**)x-Et) **p**=>–**p**, E=>E

Betrifft z-Spin-Lösung:

$\boldsymbol{\tau_3\sigma_0}$ *[…] = [1 , 0 , $-cp_3/(E+mc^2)$, $-c(p_1+i*p_2)/(E+mc^2)$]

p=>–**p** : […] => [1 , 0 , $+cp_3/(E+mc^2)$, $+c(p_1+i*p_2)/(E+mc^2)$]*exp(i*(-**p**)x-Et)

mit exp = u(**p**,+E,s=+)*exp(i*(-**p**)x-Et)

Ergebnis: Impulsumdrehung **p**=>–**p** , Spin bleibt gleich: **s** => **s**

Betrifft Helizitäts-Lösung:

$\boldsymbol{\tau_3\sigma_0}$ *[…] =[1 $-pc/(E+mc^2)$] * [1 $(p_1+ip_2)/(p+p_3)$]

p=>–**p** : […] => [1 $-pc/(E+mc^2)$] * [$-(p_1-ip_2)/(p+p_3)$ 1] siehe 16.1

mit exp: = u(**p**,+E,h=–)*exp(i*(-**p**)x-Et)

Gesamtergebnis: Impulsumdrehung **p**=>–**p** , Spin bleibt, Helizitätsumkehr

---

Transformation $T\psi(x_i,t) = i*\boldsymbol{\tau_0}*\boldsymbol{\sigma_2}*\psi^*(x,-t)$

exp(i*(**px**-Et) => exp(-i*(**px**-E(-t)) = exp(i*(-**p**)**x**-Et) **p**=>–**p**, E=>E

Betrifft z-Spin-Lösung:

$\boldsymbol{\tau_0}*i*\boldsymbol{\sigma_2}$ *[…] = [0 , -1 , $c(p_1+i*p_2)/(E+mc^2)$, $-cp_3/(E+mc^2)$] =>

wegen * => [0 , -1 , $c(p_1-i*p_2)/(E+mc^2)$, $-cp_3/(E+mc^2)$] =

p=>–**p** => [0 , -1 , $-c(p_1-i*p_2)/(E+mc^2)$, $+cp_3/(E+mc^2)$] =

mit exp = – [0 , 1 , $c(p_1-i*p_2)/(E+mc^2)$, $-cp_3/(E+mc^2)$] *exp(i*(-**p**)**x**-Et)

= -u(**p**,+E,s=–)*exp(i*(-**p**)x-Et)

Ergebnis: Impulsumdrehung **p**=>–**p** , Spinumdrehung: **s** => –**s**

Betrifft Helizitäts-Lösung:

τ_0*i*σ_2*[…] = [1 pc/(E+mc²)] *[-(p₁-ip₂)/(p+p₃) 1]

p=>–**p** […] => [1 pc/(E+mc²)] *[1 (p₁+ip₂)/(p+p₃)] siehe 16.1

mit exp = u(**p**,+E,h=+)*exp(i*((-**p**)**x**-Et))

Gesamtergebnis: Impulsumdrehung **p**=>–**p** , Spinumkehr, Helizität bleibt

---

Transformation C$\psi(x_i,t)$ = i*τ_2*i*σ_2*$\psi^*(x,t)$

exp(i*(**px**-Et) => exp(-i*(**px**-Et)) = exp[i*((-**p**)**x**-(-E)t)] **p**=>–**p**, E=>-E

Betrifft z-Spin-Lösung:

i*τ_2*i*σ_2*[…] = [c(p_1+i*p_2)/(E+mc^2) , -cp_3/(E+mc^2) , 0 , 1] =>

wegen * , => [c(p_1-i*p_2)/(E+mc^2) , -cp_3/(E+mc^2) , 0 , 1] =>

p=>–**p** => [-c(p_1-i*p_2)/(E+mc^2) , +cp_3/(E+mc^2) , 0 , 1]

mit exp = v(**p**,–E,s=–)*exp(i*(-**p**)**x**-(-E)t)= v(**p**,–E,s=–)*exp(-i*(px-Et))

Ergebnis:Impulsumdrehung **p**=>–**p**,Energieumdrehung E=>-E, Spinumkehr

---

Betrifft Helizitäts-Lösung:

i*τ_2*i*σ_2*[…] = [pc/(E+mc^2) , -1]*[-(p_1-ip_2)/(p+p_3) 1]

wegen * , => [pc/(E+mc^2) , -1]*[-(p_1+ip_2)/(p+p_3) 1]

p=>–**p** […] => [pc/(E+mc^2) , -1]*[1 (p_1+ip_2)/(p+p_3)] = siehe

= - [-pc/(E+mc^2) , 1]*[1 (p_1+ip_2)/(p+p_3)] =

mit exp = –v(**p**,–E,h= +)*exp(i*(-**p**)**x**-(-E)t)= –v(**p**,–E,h= +)*exp(-i*(px-Et))

Gesamtergebnis: Impulsumdrehung **p**=>–**p** ,Energieumdrehung E=>-E ,

Spinumkehr **s** => –**s**, Helizität bleibt h => h

P,C,T beschreiben einen Vorgang1 (in K) aus Sicht des transformierten Koordinatensystems K´. Wollen wir ihn doch wieder aus dem gewohnten System K beschreiben, so brauchen wir einen anderen, aber diesem äquivalenten, Vorgang2. Z.B. bei P: Vorgang1: m mit **p** und **s**; Vorgang2: m mit –**p** und **s**.

17.8 Kontinuitätsgleichung zur Dirac-Gleichung

Zunächst Multiplikation der Dirac-Gleichung von links mit ψ^+ :

$\psi^+ *[\alpha_i*(P_i - e*A_i) + m*\beta]\psi = \psi^+ *[\alpha_0*(P_0 - A_0)]\psi$ GL1

Bilden des Hermitesch-Konjugierte der Ausgangsgleichung und Multiplikation mit ψ von rechts:

$\psi^+ [\alpha_i*((-P_i) - e* A_i) + m*\beta]\psi = \psi^+ [\alpha_0*(-P_0) - A_0)]\psi$ GL2

Die α– und β–Matrizen sind hermitesch, bleiben also dabei gleich.

$(-P_i)$ bzw $(-P_0)$ sollen auf ψ^+ , also nach links wirken.

Subtraktion, Gleichung1 minus Gleichung2:

$\psi^+ *\alpha_i*(P_i\psi) -(-P_i\psi^+ \alpha_i*\psi = \psi^+ *(\alpha_0*P_0\psi) -(-P_0\psi^+ \alpha_0)*\psi$

Alle anderen Terme fallen weg.

Zu bedenken ist, dass die P_μ im Ortsraum Differentialoperatoren sind.

Da ist dann ihre Stellung zu ψ bzw ψ^+ wichtig.

Deswegen die Umstellung von - P_μ .

Es ist $P_i(\psi^+ \alpha_i*\psi) = \psi^+*\alpha_i (P_i\psi) + (P_i\psi^+)*\alpha_i\psi$

sowie $P_0(\psi^+\alpha_0*\psi) = \psi^+*\alpha_0(P_0\psi) + (P_0\psi^+)*\alpha_0\psi$

Somit insgesamt $P_i(\psi^+ \alpha_i*\psi) = P_0(\psi^+\alpha_0*\psi)$ kurz $\mathbf{P}*\mathbf{j} = P_0*\rho$

oder $1/i*\partial/\partial x_i(\psi^+\alpha_i*\psi) = i*\partial/\partial t(\psi^+\alpha_0*\psi)$ oder

$\boldsymbol{\Sigma\partial/\partial x_i(\psi^+ \alpha_i*\psi) + \partial/\partial t(\psi^+ \alpha_0*\psi) = 0}$

Das ist die Kontinuitätsgleichung mit Strom **j** und Ladung ρ .

Zusammengefasst ist der **Strom $\mathbf{j_\mu = (\psi^+ \alpha_\mu*\psi)}$** μ =1,2,3 bzw 0 $j_\mu = (\mathbf{j},\rho)$

17.9 Die Klein-Gordon-Gleichung

Die Klein-Gordon-Gleichung bringt die relativistische Impuls-Energie-Beziehung $\mathbf{p}^2c^2 + m^2c^4 = E^2$ unmittelbar zum Ausdruck.

Sie lautet so im Impulsraum $(\mathbf{p}^2c^2 + m^2c^4 - E^2)*\phi(\mathbf{p},E) = 0$

Nur wenn der Klammerausdruck gleich 0 ist, wenn die Impuls-Energie-Beziehung erfüllt ist, kann ϕ(p,E) verschieden von Null sein.

Im Ortsraum lautet sie $\mathbf{[(cP_1)^2 + (cP_2)^2 + (cP_3)^2 + m^2c^4 - (P_0)^2]*\psi(x,t) = 0}$

P_1, P_2, P_3 sind die Operatoren für den Impuls, P_0 ist der Operator für die Energie.

Die Zahl der Komponenten von ψ bzw ϕ ist 1. Die Gleichung ist also eindimensional.

Bei der Dirac-Gleichung haben wir gesehen, dass jede der 4 Komponenten ihrer Lösung für sich die Klein-Gordon-Gleichung erfüllt, bei der Weylgleichung sind es 2 Komponenten.

Man kann sie also so als eine Art von Übergleichung verstehen.

17.10 Die Kontinuitätsgleichung zur Klein-Gordon-Gleichung

Auch aus der Klein-Gordon-Gleichung lässt sich eine Kontinuitäts-gleichung ableiten.

Da der Klammerteil der Gleichung reell ist, folgt, dass neben ψ auch ψ^* die Gleichung erfüllt,

also $[(cP_i)^2+ m^2c^4 -(P_0)^2]*\psi = 0$ und $[(cP_i)^2+ m^2c^4 -(P_0)^2]*\psi^* = 0$

Nun multiplizieren wir die erste Gleichung von links mit ψ^* , die zweite Gleichung von rechts mit ψ , und bilden die Subtraktion erste Gleichung minus zweite Gleichung.

Kürzen wir ab, sei d stellvertretend für $\partial/\partial x$, $\partial/\partial y$, $\partial/\partial z$ oder $\partial/\partial t$,

so ist allgemein

$d[\psi^*(d\psi)] = (d\psi^*)*(d\psi) + \psi^*(d^2\psi)$ sowie

$d[(d\psi^*)*\psi] = (d^2\psi^*)*\psi + (d\psi^*)*(d\psi)$

somit

$d[\psi^*(d\psi)] - d[(d\psi^*)*\psi] = \psi^*(d^2\psi) -(d^2\psi^*)*\psi$

oder $d[\psi^*(d\psi)] - (d\psi^*)*\psi] = \psi^*(d^2\psi) - (d^2\psi^*)*\psi$

Somit

$0 = \psi^{*}*[(cP_i)^2+ m^2c^4 -(P_0)^2]\psi - [(cP_i)^2+ m^2c^4 -(P_0)^2]\psi^* * \psi =$

$= cP_i[\psi^*(cP_i\psi)] - (cP_i\psi^*)*\psi] - P_0[\psi^*(P_0\psi)] - (P_0\psi^*)*\psi]$

Das ergibt den Viererstrom

$j_i =c* \psi^*(cP_i\psi)] - (cP_i\psi^*)*\psi$ und $j_0 = \psi^*(P_0\psi)] - (P_0\psi^*)*\psi]$ oder

---

$\mathbf{j_i = c^2/i*[\psi^*(\partial\psi/\partial x_i)] - (\partial\psi^*/\partial x_i)*\psi]}$ und

$\mathbf{\rho = j_0 = i*[\psi^*(\partial\psi/\partial t)] - (\partial\psi^*/\partial t)*\psi]}$

---

und die Kontinuitätsgleichung

$P_i*j_i - P_0*j_0 = 0$ oder $1/i*\partial j_i/\partial x_i - i*\partial j_0/\partial t = 0$

oder $\mathbf{\Sigma\partial j_i/\partial x_i + \partial j_0/\partial t = 0}$ oder $\mathbf{div j + \partial j_0/\partial t = 0}$

Während im Diracfall die Matrizen α_μ bewirken, dass ein (Vierer)vektor für den Strom entsteht, tun dies im Klein-Gordon-Fall die Ableitungen $\partial/\partial x_\mu$.

Anmerkung: Walter **Gordon**, deutscher Physiker (1893-1939)

Anmerkung: Oskar **Klein**, schwedischer Physiker (1894-1977)

---

18. Transformationen an Operatoren und ihre Entsprechung im Reellen

Dieses ist uns schon begegnet, etwa bei der Dirac-Gleichung. Wir erinnern an die Transformationsformel, betreffend die eigentliche Lorentztransformation, nämlich $S^{-1}*\gamma^{\nu}*S = L_{\nu\mu}*\gamma^{\mu}$ über $\mu = 1,2,3,0$ summiert, ν fix

Der Operator, die zu transformierendeMatrix ist hier γ^{ν}, ν fix ,

die transformierende Matrix ist S .

Auf der rechten Seite haben wir eine Linearkombination über die Matrizen γ^{μ} mit reellen Koeffizienten $L_{\nu\mu}$, die die klassische Lorentztransformation im Reellen repräsentieren.

Gehen wir links alle 4 Matrizen γ^{ν} durch, so haben wir rechts je eine Zeile, in der Summe haben wir Matrix L mal Vektor (γ^{ν}).

Zusammenhänge dieser Art wollen wir nun näher betrachten.

Aufgabe von S ist die Transformation des Spinors, eines Zweier- oder Vierer-Hilbertvektors, anlässlich der Umstellung auf ein anderes Koordinatensystem, also $\psi' = S*\psi$. Geht ihm ein Operator voraus, sagen wir A,

so folgt $\mathbf{S*(A*\psi) = (S*A*S^{-1})*(S*\psi)}$.

Wir haben also einerseits das Transformationsgesetz für einen Vektor (links), andererseits für einen Operator oder Matrix (rechts).

Die Transformation S wollen wir, wie bei den Beispielen, in Exponentialform schreiben, also $S = \exp(i*a*\mathbf{s})$, eine Lie-Transformation mit $S^{-1} = \exp(-i*a*\mathbf{s})$.

18.1 Definierende Eigenschaften

Wir unterstellen nun, es liege ein vollständiger Satz von hermiteschen Matrizen H_{μ} in einem Raum vor, d.h. jede hermitesche Matrix H aus diesem Raum ist aus ihnen linear kombinierbar mit reellen Koeffizienten, also $H = \lambda_{\mu} * H_{\mu}$ über μ summiert, λ_{μ} reell

Beispiel: Die Pauli-Matrizen σ_{μ} mit $\mu=1,2,3,0$.

Dann folgt offensichtlich: Wie immer auch die Transformation links $(S*A*S^{-1})$ gestaltet ist, sofern dieser Ausdruck selbst hermitesch ist, haben wir rechts eine Linearkombination über die Basismatrizen. Ist nun A der Reihe nach eine der Matrizen H_{μ} , so bilden die Transformationen rechts insgesamt eine quadratische Matrix R mit reellen Elementen der Dimension μ.

Ist **s** hermitesch, so ist S unitär, denn es ist dann $S^{-1}= S^{+}$. Ist nun auch A hermitesch, so ist auch $(S*A*S^{-1})$ und auch $(S^{-1}*A*S)$ hermitesch.

Wir können also schreiben $\boxed{\mathbf{(S^{-1}*A_{\mu}*S) = R_{\mu\nu}* A_{\nu}}}$ summiert über ν , μ je fix

So hingeschrieben, haben wir Konformität mit dem Bisherigen. Das Koordinatensystem wird versetzt, nicht das Objekt.

18.2 Beispiel Matrizensatz σ_μ , Drehungen

Sei $\mathbf{H}_\mu = \boldsymbol{\sigma}_\mu$, der vollständige Satz der Pauli-Matrizen

$\mathbf{s} = \boldsymbol{\sigma}_1$, also $S = \exp(i*a*\sigma_1)$ und transformierend

A_μ der Reihe nach $\sigma_1, \sigma_2, \sigma_3$ und σ_0 . zu transformierende Objekte

Weiterhin $a = \varphi/2$, wie ein Winkel anzusehen. Dann ist

$S = \exp(i*a*\sigma_1) = \exp(i*\varphi/2*\sigma_1) =$

$= \sigma_0*\cos\varphi/2 + i*\sigma_1*\sin\varphi/2 = (c*\sigma_0 + i*d*\sigma_1)$

$S^{-1} = \exp(-i*a*\sigma_1) = \exp(-i*\varphi/2*\sigma_1) = \sigma_0*\cos\varphi/2 - i*\sigma_1*\sin\varphi/2 =$

$= (c*\sigma_0 - i*d*\sigma_1)$

gemäß Formeln $\exp(ix) = \cos x + i*\sin x$ und $\exp(-ix) = \cos x - i*\sin x$

c, d sind Bezeichnungen

Es ist dann

$R_{1\nu}*\sigma_\nu = (S^{-1}*\boldsymbol{\sigma}_1*S)$, also $(c*\sigma_0 - i*d*\sigma_1)*\boldsymbol{\sigma}_1*(c*\sigma_0 + i*d*\sigma_1) = \sigma_1$

weil σ_1 mit S vertauscht. Somit $R_{11} = 1$, $R_{12} = R_{13} = R_{10} = 0$

$R_{2\nu}*\sigma_\nu = (S^{-1}*\boldsymbol{\sigma}_2*S)$, also $(c*\sigma_0 - i*d*\sigma_1)*\boldsymbol{\sigma}_2*(c*\sigma_0 + i*d*\sigma_1) =$

$= \sigma_2*(c*\sigma_0 + i*d*\sigma_1)*(c*\sigma_0 + i*d*\sigma_1) =$ weil $\sigma_1*\sigma_2 = -\sigma_2*\sigma_1$

$= \sigma_2*(c^2*\sigma_0 - d^2*\sigma_0 + 2icd*\sigma_1) =$ weil $(\sigma_1)^2 = \sigma_0$

$= (c^2 - d^2)*\sigma_2 + 2cd*\sigma_3$ weil $\sigma_2*\sigma_1 = - i*\sigma_3$

Somit $R_{21} = 0$, $R_{22} = c^2 - d^2$, $R_{23} = 2cd$, $R_{20} = 0$

$R_{3\nu}*\sigma_\nu = (S^{-1}*\boldsymbol{\sigma}_3*S)$, also $(c*\sigma_0 - i*d*\sigma_1)*\boldsymbol{\sigma}_3*(c*\sigma_0 + i*d*\sigma_1) =$

$= \sigma_3*(c*\sigma_0 + i*d*\sigma_1)*(c*\sigma_0 + i*d*\sigma_1) =$ weil $\sigma_1*\sigma_3 = - \sigma_3*\sigma_1$

$= \sigma_3*(c^2*\sigma_0 - d^2*\sigma_0 + 2icd*\sigma_1) =$ weil $(\sigma_1)^2 = \sigma_0$

$= (c^2 - d^2)*\sigma_3 - 2cd*\sigma_2$ weil $\sigma_3*\sigma_1 = i*\sigma_2$

Somit $R_{31} = 0$, $R_{32} = -2cd$, $R_{33} = c^2 - d^2$, $R_{30} = 0$

$R_{0\nu}*\sigma_\nu = (S^{-1}*\boldsymbol{\sigma}_0*S) = \sigma_0 \quad \nu = 1,2,3$

Somit $R_{01} = R_{02} = R_{03} = 0$, $R_{00} = 1$ offenbar isoliert von den übrigen

---

Es ist nun, siehe trigonometrische Formeln,

$c^2 - d^2 = \cos^2\varphi/2 - \sin^2\varphi/2 = \cos\varphi$ und $2cd = 2*\cos\varphi/2*\sin\varphi/2 = \sin\varphi$

Somit lautet die Ergebnismatrix, mit Weglassung von $\mu = \nu = 0$

$$(R_{\mu\nu}) = \begin{pmatrix} 1 & 0 & 0 \\ 0 & \cos\varphi & \sin\varphi \\ 0 & -\sin\varphi & \cos\varphi \end{pmatrix}$$

Dieses entspricht einer Drehung des Koordinatensystems um den Winkel $+\varphi$ um die x-Achse oder gleichbedeutend einer Drehung des Objekts (Vektors) um $-\varphi$. φ ist der Winkel von der y-Achse aus in Richtung z-Achse.

Anschaulicher ist es, wenn wir entsprechende Rechnungen für $\mathbf{s} = \boldsymbol{\sigma_3}$ durchführen mit dem Ergebnis (entspricht einer Drehung um die z-Achse, φ ist dann der Winkel von der x-Achse aus in Richtung y-Achse).

$(R_{\mu\nu})$ = $(\cos\varphi \quad \sin\varphi \quad 0)$
$(-\sin\varphi \quad \cos\varphi \quad 0)$
$(0 \quad 0 \quad 1)$

Der Basisvektor (1,0,0) erhält, vom neuen KS ausgesehen, die Koordinaten $(\cos\varphi, -\sin\varphi, 0)$.

18.3 Beispiel Matrizensatz σ_μ , Lorentztransformation

Sei $\mathbf{H_\mu} = \boldsymbol{\sigma_\mu}$, wieder der vollständige Satz der Pauli-Matrizen

$\mathbf{s} = \boldsymbol{\sigma_1}$, also $S=\exp(i*a*\sigma_1)$ transformierend

A_μ der Reihe nach σ_1, σ_2 , σ_3 und σ_0 . zu tansformieren

Weiterhin $a = i*\varphi/2$ ein **imaginärer** Winkel , dann ist

$S = \exp(i*a*\sigma_1) = \exp(i*i\varphi/2*\sigma_1) = \sigma_0*\cos(i\varphi/2) + i*\sigma_1*\sin(i\varphi/2) =$
$= (c*\sigma_0 + i*d*\sigma_1)$

$S^{-1} = \exp(-i*a*\sigma_1) = \exp(-i*i\varphi/2*\sigma_1) = \sigma_0*\cos(i\varphi/2) - i*\sigma_1*\sin(i\varphi/2) =$
$= (c*\sigma_0 - i*d*\sigma_1)$

Es gelten die Beziehungen zwischen trigonometrischen und hyperbolischen Funktionen:

Sei $c = \cos(i\varphi/2) = \cosh\varphi/2$ und $d = \sin(i\varphi/2) = i*\sinh\varphi/2$

Es folgt $c^2 + d^2 = \cosh^2\varphi/2 - \sinh^2\varphi/2 = 1$ und

$c^2 - d^2 = \cosh^2\varphi/2 + \sinh^2\varphi/2 = \cosh\varphi$ sowie

$2*c*d = i*2*\cosh\varphi/2*\sinh^2\varphi/2 = i*\sinh\varphi$

Obige Rechnungen für den Fall der Drehungen können wir formal übernehmen und bekommen so die Ergebnisse:

$R_{11} = 1$, $R_{12} = R_{13} = R_{10} = 0$
$R_{21} = 0$, $R_{22} = c^2 - d^2$, $R_{23} = 2cd$, $R_{20} = 0$
$R_{31} = 0$, $R_{32} = -2cd$, $R_{33} = c^2 - d^2$, $R_{30} = 0$
$R_{01} = R_{02} = R_{03} = 0$, $R_{00} = 1$

Das ist formal richtig, die Matrix $(R_{\mu\nu})$ entspricht aber nicht der Lorentztransformation. Das liegt daran, dass die Komponente $\nu=0$ im Lorentz-Fall nicht isoliert von den übrigen sein darf. Sie entspricht der Zeitkomponente,

die eine Vermischung mit den Ortskomponenten, speziell hier mit der x-Komponente, eingeht. Das geht nur, indem wir die Matrix σ_0 an die Stelle $\nu = 2$ oder 3 verdrängen, indem wir den Matrizensatz $(\sigma_1,\sigma_2,\sigma_3,\sigma_0)$ mit einer Matrix β aufmultiplizieren, wie wir bereits im Kapitel 17.6 gesehen haben.
Wir wählen wie dort $\beta=\sigma_2$
und erhalten so der Reihe nach $\mathbf{(A_\mu) = (-i^*\sigma_3, \sigma_0, i^*\sigma_1, \sigma_2)}$
Das hat Vertauschungen der Ergebniszeilen zur Folge: 3 nach 1, 0 nach 2, 1 nach 3 und 2 nach 0 , gegebenenfalls zusätzlich mit einem Faktor –i oder i.
Somit nun

$A_1 = -i^*\sigma_3 \;\Rightarrow\; 2icd^*\sigma_2 + (-i)^*(c^2 - d^2)^*\sigma_3 = 2icd^*A_0 + (c^2 - d^2)^*A_1$

$A_2 = \sigma_0 \;\Rightarrow\; \sigma_0 = A_2$

$A_3 = i^*\sigma_1 \;\Rightarrow\; i^*\sigma_1 = A_3$

$A_0 = \sigma_2 \;\Rightarrow\; (c^2-d^2)^*\sigma_2 + 2cd^*\sigma_3 = (c^2-d^2)^*A_0 + 2cd\, ^*i^*A_1$

Die rechte Seite entspricht $R_{\mu\nu}{}^*A_\nu$, über ν summiert. Somit ist die Ergebnismatrix

$$(R_{\mu\nu}) = \begin{pmatrix} (c^2-d^2) & 0 & 0 & 2icd \\ 0 & 1 & 0 & 0 \\ 0 & 0 & 1 & 0 \\ 2icd & 0 & 0 & (c^2-d^2) \end{pmatrix} = \begin{pmatrix} \cosh\varphi & 0 & 0 & -\sinh\varphi \\ 0 & 1 & 0 & 0 \\ 0 & 0 & 1 & 0 \\ -\sinh\varphi & 0 & 0 & \cosh\varphi \end{pmatrix}$$

Der Vergleich mit der Transformation in ihrer Standardform
$x' = \gamma^*(x-(v/c)^*ct)$ usw ergibt die Interpretation für φ,
nämlich $\tanh\varphi = v/c$.
Erstaunlich ist , dass bereits die Matrizen σ_μ , mit etwas Nachhilfe, die Lorentztransformation, und damit die Relativitätstheorie in sich bergen.

18.4 Beispiel: Der Matrizensatz $\tau_\mu\, \sigma_\nu$

Das ist ebenfalls ein vollständiger Matrizensatz. Er umfasst 4*4=16 Matrizen.
Wir betrachten nun je eine ausgewählte transformierende Matrix $\mathbf{s} = \boldsymbol{\tau_m\sigma_n}$ m,n fix und eine zu transformierende Matrix $A = \tau_k\sigma_l$.
Es ist dann $S = \exp(i/2^*\varphi^*\tau_m\sigma_n)$ und $S^{-1}= \exp(-i/2^*\varphi^*\tau_m\sigma_n)$

$A' = (S^{-1*}A_\mu{}^*S) = \exp(-i/2^*\varphi^*\tau_m\sigma_n)^*\boldsymbol{\tau_k\sigma_l}{}^*\exp(i/2^*\varphi^*\tau_m\sigma_n) =$
$= (c^*\tau_0\sigma_0 - i^*d^*\tau_m\sigma_n)^*\, \boldsymbol{\tau_k\sigma_l}{}^*(c^*\tau_0\sigma_0 + i^*d^*\tau_m\sigma_n)$

mit $c = \cos\varphi/2$ und $d = \sin\varphi/2$

Fall1: $A=\tau_k\sigma_l$ kommutiert mit $\mathbf{s}=\tau_m\sigma_n$:Dann ist $A' = \tau_k\sigma_l = A$, weil $c^2+d^2=1$ ist.
Fall2: $A=\tau_k\sigma_l$ antikommutiert mit $\mathbf{s}=\tau_m\sigma_n$:
Dann ist $A' = \tau_k\sigma_l{}^*(c^*\tau_0\sigma_0 + i^*d^*\tau_m\sigma_n)^*(c^*\tau_0\sigma_0 + i^*d^*\tau_m\sigma_n) =$
$= \tau_k\sigma_l{}^*[(c^2-d^2)^*\tau_0\sigma_0 + 2icd^*\tau_m\sigma_n] = (c^2-d^2)^*\tau_k\sigma_l + 2icd^*\tau_k\sigma_l{}^*\tau_m\sigma_n =$
$= (c^2-d^2)^*A + 2icd^*A^*\mathbf{s}$

Durch konkrete Auswahl der Matrizen kommt es zu weiterer Vereinfachung des letzten Terms, z.B. $\tau_k\sigma_l*\tau_m\sigma_n = \tau_1\sigma_2*\tau_2\sigma_2 = i*\tau_3\sigma_0$.

Im Blick auf die Lorentztransformation (in Richtung x-Achse), als Anwendungsbeispiel, können wir wieder ansetzen wie im Kapitel 17.6 :
$A_\mu = \beta*(\tau_3\sigma_i ,\tau_0\sigma_0) = (i*\tau_2\sigma_i , \tau_3\sigma_0) = (\gamma_i ,\gamma_0)$ mit $\beta = \tau_3\sigma_0$ und $\mathbf{s} = \tau_1\sigma_1$,
fügen wir hinzu $\beta*\gamma_5 = \tau_3\sigma_0*\tau_2\sigma_0 = -i*\tau_1\sigma_0$, obwohl sie nicht benötigt wird.
Betrifft $A=A_1$: antikommutiert mit **s**, $A*\mathbf{s} = i*\tau_2\sigma_1*\tau_1\sigma_1 = \tau_3\sigma_0 = A_0$.
somit $A_1' = (c^2-d^2)*A_1 + 2icd*A_0$.
Betrifft $A=A_2$: kommutiert mit **s**, somit $A_2' = A_2$
Betrifft $A=A_3$: kommutiert mit **s**, somit $A_3' = A_3$
Betrifft $A=A_0$: antikommutiert mit **s**, $A*\mathbf{s} = \tau_3\sigma_0*\tau_1\sigma_1 = i*\tau_2\sigma_1 = A_1$.
somit $A_0' = (c^2-d^2)*A_0 + 2icd*A_1$.
Es ist $c^2-d^2 = \cosh\varphi$ sowie $2i*c*d = i*i*\sinh\varphi = -\sinh\varphi$ siehe oben
Schreiben wir den Zusammenhang hin $(A_\mu') = S^{-1}*A_\mu*S = R_{\mu\nu}*A_\nu$,
so erkennen wir wieder in $(R_{\mu\nu})$ die Lorentzmatrix wie oben.

Im Gegensatz etwa zu $A_\mu = (\sigma_i ,\sigma_0)$ bilden die $A_\mu = (\gamma_i ,\gamma_0)$ keinen vollständigen Matrizensatz. Umso erstaunlicher ist es, dass zur Darstellung der rechten Seite von $(S^{-1}*A_\mu*S) = R_{\mu\nu}*A_\nu$ keinen anderen Matrizen benötigt werden. Die Eigenschaft, dass sie unter sich antikommutieren, bleibt bei der Transformation mit S erhalten, denn ist allgemein
$A_\mu*A_\nu + A_\nu*A_\mu = 0$, so folgt $S^{-1}*(A_\mu*A_\nu + A_\nu*A_\mu)*S = 0$, somit auch $(S^{-1}*A_\mu*S)*(S^{-1}*A_\nu*S) + (S^{-1}*A_\nu*S)*(S^{-1}*A_\mu*S) = 0$. Man muss also im Bereich der antikommutierenden Matrizen bleiben und zwar im selben, denn bei $\varphi=0$ ist z.B. links $\gamma_1 = \gamma_1$ rechts. Damit ist nicht erklärt, warum rechts γ_5 nicht auftritt. Die faktische Rechnung ergibt es so.

18.5 Beispiel Translation (P,X)

Die Transformationsmatrix ist $S = \exp(i*a*P)$ und $S^{-1} = \exp(-i*a*P)$
s = P der Impulsoperator bezüglich x transformierend
X ist der Ortsoperator zu transformieren
a ist die Verschiebung (in x-Richtung)

Die Transformation ist dann $S^{-1}*X*S = \exp(-i*a*P)*X*\exp(i*a*P)$
Wir wollen ihre Wirkung über die Vertauschungsregel **P*X - X*P = -i*E** ermitteln. E ist der Einheitsoperator. Denken wir uns die Exponential-

funktionen als Potenzreihen für P entwickelt, so brauchen wir die Vertauschungsregel von P und X auch für höhere Potenzen von P.

Wir beweisen nun die **Vertauchungsregel $P^n * X - X * P^n = -i * n * P^{n-1}$**
für n=1,2,…
Beweis mit Induktion
Sie ist richtig für n=1 Mit $P^0 = E$ ist sie identisch mit der Eingangsregel
Annahme der Richtigkeit für n und Beweis für n+1 :
$P^{n+1}*X - X*P^{n+1} = P^{n+1}*X - (X*P^n)*P = P^{n+1}*X - (P^n*X + i*n*P^{n-1})*P$
denn gemäß Induktionsannahme ist $X*P^n = P^n*X + i*n*P^{n-1}$
$= P^{n+1}*X - P^n*(XP) - i*n*P^n = P^{n+1}*X - P^n*(PX+i) - i*n*P^n =$
$= P^{n+1}*X - P^{n+1}*X - i*P^n - i*n*P^n = -i*(n+1)*P^n$. Damit bewiesen
Die Vertauschungsregel gilt auch für n=0, die rechte Seite ist dann =0.
Formal ist $n*P^{n-1} = d/dP(P^n)$ also wie ein Differentialquotient,
analog zu $dx^n/dx = n*x^{n-1}$
Damit kann die Vertauschungsregel erweitert werden für Potenzreihen von P , nämlich
$(\Sigma a_n P^n)X - X(\Sigma a_n P^n) = -i*(\Sigma a_n * n * P^{n-1}) = -i*d/dP(\Sigma a_n P^n)$ summiert über n

---

Nun sind wir soweit, uns der eigentlichen Transformation zuzuwenden.
$X' = [\exp(-i*a*P)*X]*\exp(i*a*P) =$
$= [X*\exp(-i*a*P) - i*d/dP(\exp(-i*a*P))] * \exp(i*a*P) =$
$= X - i*(-i*a*\exp(-i*a*P))*\exp(i*a*P) = X - a*E = X - a$
kurz $X' = S^{-1}*X*S = X - a*E$ noch einfacher $x' = x - a$
Von einem um die Strecke a nach rechts versetzten Koordinatensystem K' aus gesehen, ist der x-Wert um a kleiner.

18.6 Beispiel Drehung allgemein (J_i)

Sei $H_i = J_i$, der Satz dreier Drehimpulsoperatoren J_1, J_2, J_3 .
Es gelten die Vertauschungsregeln
$J_1*J_2 - J_2*J_1 = i*J_3$, $J_2*J_3 - J_3*J_2 = i*J_1$, $J_3*J_1 - J_1*J_3 = i*J_2$.
Die transformiernde Matrix sei **s** = J_i , also $S = \exp(i*\varphi*J_i)$, $S^{-1} = \exp(-i*\varphi*J_i)$ und die zu transformierenden Objekte A_i seien der Reihe nach J_1, J_2, J_3 .
Die Transfomation entspricht einer Drehung um die x-Achse, φ ist der Drehwinkel. Dann ist $A' = S^{-1}*A*S = (1-i*\delta\varphi*\mathbf{s} + \ldots)*A*(1+i*\delta\varphi*\mathbf{s}+\ldots) =$
$= A - i*\delta\varphi*(\mathbf{s}*A - A*\mathbf{s}) + \ldots$
$A_\mu' = (S^{-1}*A_\mu*S) = R_{\mu\nu}* A_\nu$ soll nun für sehr kleinem Winkel δφ errechnet werden: Es sei der Reihe nach $A= A_1 = J_1$, $A= A_2 = J_2$, $A= A_3 = J_3$.

Dann ist mit $\mathbf{s} = J_1$:

$A_1' = A_1$

$A_2' = A_2 - i*\delta\varphi*(\mathbf{s}*A_2 - A_2*\mathbf{s}) =$

$\quad = A_2 - i*\delta\varphi*(J_1*J_2 - J_2*J_1) = A_2 - i*\delta\varphi*(i*J_3) = A_2 + \delta\varphi*A_3$

$A_3' = A_3 - i*\delta\varphi*(\mathbf{s}*A_3 - A_3*\mathbf{s}) =$

$\quad = A_3 - i*\delta\varphi*(J_1*J_3 - J_3*J_1) = A_3 - i*\delta\varphi*(-i*J_2) = A_3 - \delta\varphi*A_2$

Dasselbe nun für $\mathbf{s} = J_2$. Es ist dann

$A_1' = A_1 - i*\delta\varphi*(\mathbf{s}*A_1 - A_1*\mathbf{s}) =$

$\quad = A_1 - i*\delta\varphi*(J_2*J_1 - J_1*J_2) = A_1 - i*\delta\varphi*(-i*J_3) = A_1 - \delta\varphi*A_3$

$A_2' = A_2$

$A_3' = A_3 - i*\delta\varphi*(\mathbf{s}*A_3 - A_3*\mathbf{s}) =$

$\quad = A_3 - i*\delta\varphi*(J_2*J_3 - J_3*J_2) = A_3 - i*\delta\varphi*(i*J_1) = A_3 + \delta\varphi*A_1$

Dasselbe nun für $\mathbf{s} = J_3$. Es ist dann

$A_1' = A_1 - i*\delta\varphi*(\mathbf{s}*A_1 - A_1*\mathbf{s}) =$

$\quad = A_1 - i*\delta\varphi*(J_3*J_1 - J_1*J_3) = A_1 - i*\delta\varphi*(i*J_2) = A_1 + \delta\varphi*A_2$

$A_2' = A_2 - i*\delta\varphi*(\mathbf{s}*A_2 - A_2*\mathbf{s}) =$

$\quad = A_2 - i*\delta\varphi*(J_3*J_2 - J_2*J_3) = A_2 - i*\delta\varphi*(-i*J_1) = A_2 - \delta\varphi*A_1$

$A_3' = A_3$

Bleiben wir bei dem Fall $\mathbf{s} = J_1$. Als Matrix ausgebreitet, haben wir also

$$(\delta R_{\mu\nu}) = \begin{pmatrix} 1 & 0 & 0 \\ 0 & 1 & \delta\varphi \\ 0 & -\delta\varphi & 1 \end{pmatrix} = \begin{pmatrix} 1 & 0 & 0 \\ 0 & 1 & 0 \\ 0 & 0 & 1 \end{pmatrix} + \delta\varphi* \begin{pmatrix} 0 & 0 & 0 \\ 0 & 0 & 1 \\ 0 & -1 & 0 \end{pmatrix}$$

$$= E + \delta\varphi*D = E + \text{Änderung}$$

Wie wir schon gesehen haben, geht aus der kleinen Transformation, hier $E+\delta\varphi*D$, die volle hervor, indem man sie unendlich oft hintereinander ausführt, was sich durch Exponieren zusammenfassen lässt,

also $(R_{\mu\nu}) = \exp(\varphi*D) = E + \varphi*D - \varphi^2 D^2/2 + \ldots$

Zerlegung in gerade und ungerade Potenzen

ergibt $\exp(\varphi*D) = \cos\varphi D + \sin\varphi D$

Es ist $D^2 = (0\ 1\ 1)$ gültig auch für alle höheren geraden Potenzen

weiterhin ist

$D^3 = D^2*D = D$ gültig auch für alle höheren ungeraden Potenzen

$\cos(\varphi D) = E - \varphi^2 D^2/2 + \ldots = (E - D^2) + D^2*(1 - \varphi^2/2 + \ldots) = (E - D^2) + D^2*\cos\varphi$

$\text{Sin}(\varphi D) = \varphi D - \varphi^3 D^3/3 + \ldots = D*(\varphi - \varphi^3/3 + \ldots) = D*\sin\varphi$

Es ist $E = (1\ 1\ 1)$ somit ist dann $(E-D^2) = (1\ 0\ 0)$ die Hauptdiagonale, alles andere = 0

Somit ist die Ergebnis-Matrix

$$(R_{\mu\nu}) = \begin{pmatrix} 1 & 0 & 0 \\ 0 & \cos\varphi & \sin\varphi \\ 0 & -\sin\varphi & \cos\varphi \end{pmatrix}$$

Das entspricht einer Drehung des Koordinatensystems um den Winkel φ bzw des Objekts um den Winkel $-\varphi$ um die x-Achse

Der Winkel φ zeigt von der y-Achse zur z-Achse.

Die Drehimpulsoperatoren J_1, J_2, J_3 bewirken also Drehungen im Reellen.

Die Matrizen A_μ transformieren sich, was die rechte Seite an betrifft, wie Vektoren oder Spinoren.

Deren Transformation ist in unserem Fall $S = \exp(i*\varphi*J_i)$, i=1,2,3 fix.

Für kleine Winkel $\delta\varphi$ ist dies

$$\delta S*(A_j) = (E + i*\delta\varphi*J_i)*\begin{pmatrix} A_1 \\ A_2 \\ A_3 \end{pmatrix}$$

(A_i) sei hier nun ein Vektor

Da wir hierfür die linken Seiten jeweils kennen, siehe zuvor, können wir , dies nutzend, die Gestalt der Matrizen J_i mittels der rechten Seiten ermitteln.

Beispiel, Ermittlung von J_1 :

$$\begin{aligned} A_1' &= A_1 \\ A_2' &= A_2 + \delta\varphi*A_3 \\ A_3' &= A_3 - \delta\varphi*A_2 \end{aligned} = \begin{pmatrix} 1 & 0 & 0 \\ 0 & 1 & 0 \\ 0 & 0 & 1 \end{pmatrix}*\begin{pmatrix} A_1 \\ A_2 \\ A_3 \end{pmatrix} + i*\delta\varphi*\begin{pmatrix} 0 & 0 & 0 \\ 0 & 0 & -i \\ 0 & i & 0 \end{pmatrix}*\begin{pmatrix} A_1 \\ A_2 \\ A_3 \end{pmatrix}$$

$$= (E + i*\delta\varphi * \mathbf{J_1}) * (A_1, A_2, A_3)$$

Beispiel, Ermittlung von J_2 :

$$\begin{aligned} A_1' &= A_1 - \delta\varphi*A_3 \\ A_2' &= A_2 \\ A_3' &= A_3 + \delta\varphi*A_1 \end{aligned} = \begin{pmatrix} 1 & 0 & 0 \\ 0 & 1 & 0 \\ 0 & 0 & 1 \end{pmatrix}*\begin{pmatrix} A_1 \\ A_2 \\ A_3 \end{pmatrix} + i*\delta\varphi*\begin{pmatrix} 0 & 0 & i \\ 0 & 0 & 0 \\ -i & 0 & 0 \end{pmatrix}*\begin{pmatrix} A_1 \\ A_2 \\ A_3 \end{pmatrix}$$

$$= (E + i*\delta\varphi * \mathbf{J_2}) * (A_1, A_2, A_3)$$

Beispiel, Ermittlung von J_3 :

$$\begin{aligned} A_1' &= A_1 + \delta\varphi*A_2 \\ A_2' &= A_2 - \delta\varphi*A_1 \\ A_3' &= A_3 \end{aligned} = \begin{pmatrix} 1 & 0 & 0 \\ 0 & 1 & 0 \\ 0 & 0 & 1 \end{pmatrix}*\begin{pmatrix} A_1 \\ A_2 \\ A_3 \end{pmatrix} + i*\delta\varphi*\begin{pmatrix} 0 & -i & 0 \\ i & 0 & 0 \\ 0 & 0 & 0 \end{pmatrix}*\begin{pmatrix} A_1 \\ A_2 \\ A_3 \end{pmatrix}$$

$$= (E + i*\delta\varphi * \mathbf{J_3}) * (A_1, A_2, A_3)$$

Wir erhalten also für

$J_1 = \begin{pmatrix} 0 & 0 & 0 \\ 0 & 0 & -i \\ 0 & i & 0 \end{pmatrix}$ für $J_2 = \begin{pmatrix} 0 & 0 & i \\ 0 & 0 & 0 \\ -i & 0 & 0 \end{pmatrix}$ und für $J_3 = \begin{pmatrix} 0 & -i & 0 \\ i & 0 & 0 \\ 0 & 0 & 0 \end{pmatrix}$

18.7 Allgemeine Regel

Gegeben sei ein vollständiger Matrizensatz $\mathbf{H}_\mu$.
Die Transformationsmatrix sei $S = \exp(i*a*s)$,
ihre Inverse $S^{-1} = \exp(-i*a*\mathbf{s})$.
Die zu transformierenden Matrizen (Operatoren) seien $\mathbf{A}_\mu$ **und** $\mathbf{B}_\mu$ summiert.
Es ist also $(\mathbf{S}^{-1}*\mathbf{A}_\mu*\mathbf{S}) = \mathbf{R}^a{}_{\mu\nu}*\mathbf{H}_\nu$ und $(\mathbf{S}^{-1}*\mathbf{B}_\mu*\mathbf{S}) = \mathbf{R}^b{}_{\mu\nu}*\mathbf{H}_\nu$
Dann gilt die **Summenregel, betreffend** $\mathbf{A}_\mu$
$\mathbf{S}^{-1}*(\mathbf{A}_\mu+\mathbf{B}_\mu)*\mathbf{S} = (\mathbf{S}^{-1}*\mathbf{A}_\mu*\mathbf{S}) + (\mathbf{S}^{-1}*\mathbf{B}_\mu*\mathbf{S}) = (\mathbf{R}^a{}_{\mu\nu} + \mathbf{R}^b{}_{\mu\nu})*\mathbf{H}_\nu$
Also Addition der R-Matrizen
Produktregel, betreffend $\mathbf{A}_\mu$
$\mathbf{S}^{-1}*(\mathbf{B}*\mathbf{A}_\mu)*\mathbf{S} = (\mathbf{S}^{-1}*\mathbf{B}*\mathbf{S}) * (\mathbf{S}^{-1}*\mathbf{A}_\mu*\mathbf{S}) = (\mathbf{S}^{-1}*\mathbf{B}*\mathbf{S}) *(\Sigma\mathbf{R}_{\mu\nu}*\mathbf{A}_\nu)$
über ν summiert
Anwendungsbeispiel: Wir betrachten $B*A_\mu = \beta*\sigma_\mu$, hinsichtlich der Lorentztransformation mit $\beta=\sigma_2$ und $A_\mu = (\sigma_1, \sigma_2, \sigma_3, \sigma_0)$
Wir haben dann allgemein
$S^{-1}*(\beta*A_\mu)*S = (S^{-1}*\beta*S) * (S^{-1}*A_\mu*S) = (S^{-1}*\beta*S) *(\Sigma R_{\mu\nu}*A_\nu)$
über ν summiert, und konkret
$S^{-1}*(\sigma_2*\sigma_\mu)*S = (S^{-1}\sigma_2*S) * (S^{-1}*\sigma_\mu*S) = (S^{-1}*\sigma_2*S) *(\Sigma R_{\mu\nu}*A_\nu)$
Es ist $(S^{-1}*\sigma_2*S) = (c^2-d^2)*\sigma_2 + 2cd*\sigma_3 = = \cosh\varphi*\sigma_2 + i*\sinh\varphi*\sigma_3$
Siehe oben (18.3)

Die Matrix war
$(S^{-1}\sigma_2*S) * (S^{-1}*\sigma_\mu*S) = (\sigma_2*\cosh\varphi + \sigma_3*i*\sinh\varphi) *$

$$* \begin{pmatrix} \sigma_1 \\ \sigma_2*\cosh\varphi + \sigma_3*i*\sinh\varphi \\ -\sigma_2*i*\sinh\varphi + \sigma_3*\cosh\varphi \\ \sigma_0 \end{pmatrix} = \begin{pmatrix} -i*\sigma_3*\cosh\varphi - \sigma_2*\sinh\varphi \\ \sigma_0*(\cosh^2\varphi - \sinh^2\varphi) \\ i*\sigma_1*(\cosh^2\varphi - \sinh^2\varphi) \\ \sigma_2*\cosh\varphi + \sigma_3*i*\sinh\varphi \end{pmatrix}$$

Ist wie Faktor mal Vektor ist gleich Vektor
Beachtend, dass $\cosh^2\varphi - \sinh^2\varphi = 1$, stimmen die Ergebnisse mit oben (18.3) überein, allerdings war die Herleitung, zugegeben, viel mühsamer. Die weitere Behandlung ist wie oben.

Produktregel, betreffend die Matrix S

Es seien die Transformationen $\mathbf{S_a} = \exp(i*a*\mathbf{s_a})$ und $\mathbf{S_b} = \exp(i*b*\mathbf{s_b})$

Sie unterscheiden sich hinsichtlich des Laufparameters, meist Winkel, a und b, wie auch hinsichtlich der transformierenden Matrix $\mathbf{s}_a$ und $\mathbf{s}_b$,sollen aber auf dasselbe Objekt, z.B. Matrizensatz $\mathbf{A}_\mu$ einwirken,

also $(\mathbf{S_a}^{-1}*\mathbf{A}_\mu*\mathbf{S_a}) = \mathbf{R}^a{}_{\mu\nu}*\mathbf{A}_\nu$ und $(\mathbf{S_b}^{-1}*\mathbf{A}_\mu*\mathbf{S_b}) = \mathbf{R}^b{}_{\mu\nu}*\mathbf{A}_\nu$

Wir betrachten das Produkt dieser Transformation, ihre Hintereinanderausführung $\mathbf{S} = \mathbf{S_b}*\mathbf{S_a}$

mit der Inversen $\mathbf{S}^{-1} = \mathbf{S_a}^{-1}*\mathbf{S_b}^{-1}$. Es ist

$(\mathbf{S}^{-1}*\mathbf{A}_\mu*\mathbf{S}) = \mathbf{S_a}^{-1}*(\mathbf{S_b}^{-1}*\mathbf{A}_\mu*\mathbf{S_b})*\mathbf{S_a} =$

$\mathbf{S_a}^{-1}*(\mathbf{R}^b{}_{\mu\nu}*\mathbf{A}_\nu)*\mathbf{S_a} = \mathbf{R}^b{}_{\mu\nu}*(\mathbf{S_a}^{-1}*\mathbf{A}_\nu*\mathbf{S_a}) =$ summiert über ν

$= \mathbf{R}^b{}_{\mu\nu}*(\mathbf{R}^a{}_{\nu\rho}*\mathbf{A}_\rho) = \mathbf{R}^b{}_{\mu\nu}*\mathbf{R}^a{}_{\nu\rho}*\mathbf{A}_\rho$ summiert über ν und ρ

Der Transformation $\mathbf{S} = \mathbf{S_b}*\mathbf{S_a}$ auf der linken Seite entspricht also das Matrizenprodukt $(\mathbf{R}_{\mu\rho}) = (\mathbf{R}^b{}_{\mu\nu})*(\mathbf{R}^a{}_{\nu\rho})$ auf der rechten Seite.

Beispiel Drehungen:

$\mathbf{s_a} = \sigma_3$, $\mathbf{s_b} = \sigma_1$, $a = \gamma/2$ und $b = \alpha/2$, $A_i = (\sigma_1, \sigma_2, \sigma_3)$ i=1,2,3

$(R_{\mu\rho}) =$

$$\begin{pmatrix}1 & 0 & 0\\ 0 & \cos\alpha & \sin\alpha\\ 0 & -\sin\alpha & \cos\alpha\end{pmatrix} * \begin{pmatrix}\cos\gamma & \sin\gamma & 0\\ -\sin\gamma & \cos\gamma & 0\\ 0 & 0 & 1\end{pmatrix} = \begin{pmatrix}\cos\gamma & \sin\gamma & 0\\ -\cos\alpha*\sin\gamma & \cos\alpha*\cos\gamma & \sin\alpha\\ \sin\alpha*\sin\gamma & -\sin\alpha*\cos\gamma & \cos\alpha\end{pmatrix}$$

Drehung um x Drehung um z = Gesamtdrehung

Die Spaltenvektoren der Ergebnismatrix sind die Koordinaten der x-, y- und z-Achse des System K'' , dargestellt im System K. Die Drehung erfolgt jeweils um starre, nicht mit gedrehte Achsen.

So geht über (1 0 0) in $(\cos\gamma, -\cos\alpha*\sin\gamma, \sin\alpha*\sin\gamma)$.

Im ersten Schritt wird aus (1, 0, 0) der Vektor $(\cos\gamma, -\sin\gamma, 0)$.

---

19. Spin-1-0-Systeme, Maxwell-Gleichungen

Wir übernehmen von Kapitel 18.6 die dreidimensionalen **Drehimpulsmatrizen**

$J_1 = \begin{pmatrix} 0 & 0 & 0 \\ 0 & 0 & -i \\ 0 & i & 0 \end{pmatrix}$ $J_2 = \begin{pmatrix} 0 & 0 & i \\ 0 & 0 & 0 \\ -i & 0 & 0 \end{pmatrix}$ $J_3 = \begin{pmatrix} 0 & -i & 0 \\ i & 0 & 0 \\ 0 & 0 & 0 \end{pmatrix}$

mit den Drehimpulsvertauschungsregeln

$J_1*J_2 - J_2*J_1 = i*J_3$, $J_2*J_3 - J_3*J_2 = i*J_1$, $J_3*J_1 - J_1*J_3 = i*J_2$.

19.1 Eigenwerte und Eigenvektoren (S-Matrizen)

Wir ermitteln die Eigenvektoren und Eigenwerte zu J_3 :

$\mathbf{J_3 |m_i> = m^*|m_i>}$ $|m_i>$ ist ein dreidimensionaler (Eigen)vektor , i = 1,2,3

Das charakteristische Polynom ist

$\det(J_3 - m*E) = \det \begin{pmatrix} -m & -i & 0 \\ i & -m & 0 \\ 0 & 0 & -m \end{pmatrix} = (m^2-1)*(-m)$

Dieses gleich 0 gesetzt, hat als Lösung

die **Eigenwerte** $m_1 = 1$, $m_2 = 0$ $m_3 = -1$.

Die **Eigenvektoren** zu $\mathbf{m_1 = 1}$ $\mathbf{m_2 = 0}$ $\mathbf{m_3 = -1}$

$\begin{pmatrix} -m_i & -i & 0 \\ i & -m_i & 0 \\ 0 & 0 & -m_i \end{pmatrix} * \begin{pmatrix} x \\ y \\ z \end{pmatrix} = 0$ Index i je fix mit Normierung

$|m=1> = 2^{-1/2}*\begin{pmatrix} -1 \\ -i \\ 0 \end{pmatrix}$ $|m=0> = \begin{pmatrix} 0 \\ 0 \\ 1 \end{pmatrix}$ $|m=-1> = 2^{-1/2}*\begin{pmatrix} 1 \\ -i \\ 0 \end{pmatrix}$

Die Eigenvektoren sind offensichtlich orthogonal zueinander.

Der **Gesamtdrehimpuls** $J^2 = (J_1)^2 + (J_2)^2 + (J_3)^2 =$

$= (0,1,1) + (1,0,1) + (1,1,0) = (2,2,2) = 1*2*(1,1,1) = j(j+1)*(1,1,1)$

als Hauptdiagonalmatrizen geschrieben Also ist der Gesamtdrehimpuls j=1.

19.2 Zwei Arten von Basisvektoren

Wir haben somit zwei Sätze von Basisvektoren im Dreidimensionalen, die **Raumbasisvektoren** und die **Spinbasisvektoren**. (zu Spin 1).

Die Raumbasisvektoren sind $|r_1> = (1,0,0)$, $|r_2> = (0,1,0)$, $|r_3> = (0,0,1)$

Die obigen Eigenvektoren sind die Spinbasisvektoren, ausgedrückt durch Raumbasisvektoren.

Also ist $|s_1> = -2^{-1/2}*(|r_1>+i*|r_2>)$ $|s_2> = 2^{-1/2}*(|r_1>-i*|r_2>)$ $|s_3> = |r_3>$

Umgekehrt ist $|r_1> = -2^{-1/2}*(|s_1>-|s_2>)$ $|r_2> = 2^{-1/2}*i*(|s_1>+|s_2>)$ $|r_3> = |s_3>$

Im Allgemeinen wie auch im Folgenden drückt man einen Vektor oder Dreierspinor über Ortsbasisvektoren aus,
also $\mathbf{A} = A_1*|r_1> + A_2*|r_2> + A_3*|r_3>$.

19.3 Herleitung von Gleichungen mittels Spin-1-Matrizen

Im Weiteren wollen wir obige Drehimpulsmatrizen zum Spin 1 statt J_i nun S_i nennen. Sie sind als solche das Analogon zu den σ_i – Matrizen, die zum Spin ½ gehören. **p** sei der Impuls.
Wir bilden die Matrix (**pS**) und wenden sie auf **A** an.
$(\mathbf{pS})*\mathbf{A} = (p_1*S_1 + p_2*S_2 + p_3*S_3)*\mathbf{A} =$

$$= i*\begin{pmatrix} 0 & -p_3 & p_2 \\ p_3 & 0 & -p_1 \\ -p_2 & p_1 & 0 \end{pmatrix}*\begin{pmatrix} A_1 \\ A_2 \\ A_3 \end{pmatrix} = i*\begin{pmatrix} p_2*A_3 - p_3*A_2 \\ p_3*A_1 - p_1*A_3 \\ p_1*A_2 - p_2*A_1 \end{pmatrix} = i*(\mathbf{p} \times \mathbf{A})$$

Kurz $(\mathbf{pS})*\mathbf{A} = i*(\mathbf{p} \times \mathbf{A})$ **p** x **A** ist das Vektorprodukt von **p** und **A**

Unter **p** kann man sich einen Impuls und unter **A** ein Vektorpotential vorstellen.
Das ist doch einigermaßen verblüffend, dass mittels der Spin-1-Matrizen das klassische Vektorprodukt dargestellt werden kann. Das ist Vektoranalysis in Matrizenform.

Für die **Herleitung einer Gleichung für A** im Sinne der QM liegt es nahe, die Weyl-Gleichung $(c\mathbf{p}\boldsymbol{\sigma})\varphi = (p_0\sigma_0)\varphi$ nachzuahmen,
also anzusetzen $(c\mathbf{pS})*\mathbf{A} = (p_0S_0)*\mathbf{A}$ S_0 Einheitsmatrix.
Diese ist aber gleichbedeutend mit $i*(c\mathbf{p} \times \mathbf{A}) = p_0*\mathbf{A}$. Weil das Vektorprodukt von **p** und **A** ein Vektor senkrecht zu diesen beiden ist, kann dieser nicht proportional zu **A** sein, außer es ist $p_0=0$ oder **A=0.**
Dies führt also nicht zum Ziel.
Machen wir statt einem linearen einen quadratischen **Ansatz**, so haben wir $(c\mathbf{pS})^2*\mathbf{A} = (p_0S_0)^2*\mathbf{A}$. gleichbedeutend mit $-c\mathbf{p} \times (c\mathbf{p} \times \mathbf{A}) = (p_0)^2*\mathbf{A}$

Es ist $-\mathbf{p} \times (\mathbf{p} \times \mathbf{A}) = -\mathbf{p}*(\mathbf{pA}) + \mathbf{p}^2*\mathbf{A}$ Das ist ein Vektor, der in der **p-A-**Ebene liegt.
Soll die Gleichung $-(c\mathbf{pA})*c\mathbf{p} + c^2\mathbf{p}^2*\mathbf{A} = (p_0)^2*\mathbf{A}$ erfüllt sein, eine Linearkombination von **p** und **A** liegt vor, so muss das Skalarprodukt **pA**=0 sein, d.h **p** und **A** müssen senkrecht zueinander sein.

Machen wir **den Übergang vom Impulsraum zum Ortsraum** durch Einführen der Operatoren

p => 1/i*(∂/∂x, ∂/∂y, ∂/∂z) = 1/i*grad (Gradient) und, eine Folge davon,

p x **A** = 1/i*rot**A** (Rotation) und **pA** => 1/i*div**A** (Divergenz)

sowie p_0 => i*d/dt , so wird aus

-c**p** x (c**p** x **A**) = $(p_0)^2$*$\mathbf{A}$ => c^2rot(rot**A**) = - $\partial^2\mathbf{A}/\partial t^2$ = $\partial/\partial t(-\partial\mathbf{A}/\partial t)$

Sehen wir in **A** das magnetische Vektorpotential, in **B** = rot**A** die magnetische Flussstärke, (es ist $\mathbf{B}=\mu_0{*}\mathbf{H}$ **,** **H** magnetische Feldstärke) , in **E** = $-\partial\mathbf{A}/\partial t$ die elektrische Feldstärke, je ein dreidimensionaler Vektor, so wird daraus

c^2*rot**B** = $\partial\mathbf{E}/\partial t$ sowie div**B** =0, weil divrot stets =0 ist und div**A**=0. oder wegen $c^2 = 1/\varepsilon_0\mu_0$ rot**H** = d**D**/dt mit $\mathbf{B} = \mu_0{*}\mathbf{H}$ und $\mathbf{D} = \varepsilon_0{*}\mathbf{E}$

Das sind bereits die Maxwell-Gleichungen für das magnetische Feld allein, in Abwesenheit eines skalaren elektrischen Feldes (z.B. einer geladenen Kugel). Sie sind ausreichend für elektro-magnetische Wellen, für das Licht (Photonen), das keine statische elektrische Feldstärke enthält. Außerdem haben wir die Lorentzkonvention (div**A**=0) in der einfachen Form.

Aus $c^2\mathbf{p}^2{*}\mathbf{A} = (p_0)^2{*}\mathbf{A}$ wird $(\partial^2/\partial x^2 + \partial^2/\partial y^2+\partial^2/\partial z^2)c^2\mathbf{A} = \partial^2\mathbf{A}/\partial t^2$

oder $c^2\Delta\mathbf{A}= \partial^2\mathbf{A}/\partial t^2$ Das entspricht einer **Klein-Gordon-Gleichung** für 3 Komponenten und Masse m=0.

Anmerkung: James Clerk **Maxwell** , schottischer Physiker (1831-1879)

19.4 Hinzufügung des Spin-0-Anteils (R-Matrizen)

So wie wir das Bisherige, betreffend das Vektorpotential **A**, aus den Spin-1-Matrizen entwickelt haben, erhoffen wir durch Hinzufügung weiterer Matrizen den Spin-0-Anteil, betreffend das skalare elektrische Potential A_0 und das dazu gehörige Feld, zu bewältigen.

Wir definieren

$$R_1=\begin{pmatrix}0&0&0&1\\0&0&0&0\\0&0&0&0\\1&0&0&0\end{pmatrix}\quad R_2=\begin{pmatrix}0&0&0&0\\0&0&0&1\\0&0&0&0\\0&1&0&0\end{pmatrix}\quad R_3=\begin{pmatrix}0&0&0&0\\0&0&0&0\\0&0&0&1\\0&0&1&0\end{pmatrix}\quad R_0=\begin{pmatrix}1&0&0&0\\0&1&0&0\\0&0&1&0\\0&0&0&1\end{pmatrix}$$

Wir nennen sie **Randmatrizen** , weil von ihnen nur der Rand der 4x4-Matrizen belegt wird.

Im Folgenden denken wir uns auch die S_i-Matrizen vierdimensional erweitert durch Ränderung mit Nullen rechts und unten.

Sei der Drehimpuls-Eigenvektor für j=0 gleich $s_{00} = (0,0,0,1)$,

so ist $S_i{*}s_{00} = 0$ für i=1,2,3 ,

somit ist auch der Gesamtdrehimpus als Summe deren Quadrat gleich 0, also j=m=0.

Die Anwendung auf den vierdimensionalen Vektor ($\mathbf{A}$, A_0) ergibt

$$(\mathbf{pR})*\begin{pmatrix}\mathbf{A}\\ A_0\end{pmatrix} = (p_1*R_1+ p_2*R_2+ p_3*R_3)*\begin{pmatrix}\mathbf{A}\\ A_0\end{pmatrix} =$$

$$= \begin{pmatrix}0 & 0 & 0 & p_1\\ 0 & 0 & 0 & p_2\\ 0 & 0 & 0 & p_3\\ p_1 & p_2 & p_3 & 0\end{pmatrix}*\begin{pmatrix}A_1\\ A_2\\ A_3\\ A_0\end{pmatrix} = \begin{pmatrix}\mathbf{p}*A_0\\ \mathbf{p}*\mathbf{A}\end{pmatrix} \Rightarrow \begin{pmatrix}1/i*(\mathrm{grad}A_0)\\ 1/i*(\mathrm{div}\mathbf{A})\end{pmatrix}$$

Wie man sieht, kann man mittels der R-Matrizen Gradient (grad) und Divergenz (div) nachstellen.

Zusammengefasst $\boxed{(\mathbf{pS})*(\mathbf{A},A_0) = (i*(\mathbf{p} \times \mathbf{A}), 0)}$ und $\boxed{(\mathbf{pR})*(\mathbf{A},A_0) = (\mathbf{p}*A_0, \mathbf{p}*\mathbf{A})}$

Es folgt daraus

$(\mathbf{pR})^2*(\mathbf{A},A_0) = (\mathbf{pR})*(\mathbf{p}*A_0,\mathbf{pA}) = (\mathbf{p*(pA)}, \mathbf{p}^2A_0)$

$\Rightarrow (-\mathrm{grad}(\mathrm{div}\mathbf{A}), -\mathrm{div}(\mathrm{grad}A_0))$

$(\mathbf{pS})*(\mathbf{pR})*(\mathbf{A},A_0) = (\mathbf{pS})*(\mathbf{p}*A_0, \mathbf{p}*\mathbf{A}) = (i*\mathbf{p} \times \mathbf{p}*A_0,0) = \mathbf{0}$

$(\mathbf{pR})*(\mathbf{pS})*(\mathbf{A},A_0) = (\mathbf{pR})*(i*\mathbf{p} \times \mathbf{p}*A_0,0) = (\mathbf{0},\mathbf{p}*(i*\mathbf{p} \times \mathbf{A})) = \mathbf{0}$

$\mathbf{cpS)}^2*(\mathbf{A},A_0) \doteq (-\mathbf{p} \times (\mathbf{p} \times \mathbf{A}) , 0)$

Somit ist

$[\mathbf{p(S+R)*p(S+R)}]*(\mathbf{A},A_0) =$

$= [(\mathbf{pS})^2 + (\mathbf{pR})^2 + (\mathbf{pS})*(\mathbf{pR}) + (\mathbf{pR})*(\mathbf{pS})]*(\mathbf{A},A_0)$

$= [(\mathbf{pS})^2 + (\mathbf{pR})^2]*(\mathbf{A},A_0)$ Die gemischten Terme fallen also weg.

Wir machen für die Gleichung nun einen **neuen Ansatz**, indem wir die vollen 4x4-Matrizen (S_i+ R_i) benutzen,

nämlich $(\mathbf{cp(S+R)})^2*(\mathbf{A},A_0) = (p_0)^2*(\mathbf{A},A_0)$

Es ist $(\mathbf{cpS})^2*(\mathbf{A},A_0) \doteq (-\mathbf{cp} \times (\mathbf{cp} \times \mathbf{A}) , 0)$

und $(\mathbf{cpR})^2*(\mathbf{A}, A_0) = (\mathbf{cp*(cpA)}, c^2\mathbf{p}^2A_0)$

Durch Addition der beiden Teile wird die Gleichung zu

$-\mathbf{cp} \times (\mathbf{cp} \times \mathbf{A}) + \mathbf{cp*(cpA)} = (p_0)^2*\mathbf{A}$

oder $-\mathbf{cp*(cpA)} + c^2\mathbf{p}^2*\mathbf{A} + c^2\mathbf{p*(pA)} = (p_0)^2*\mathbf{A}$

sowie $c^2\mathbf{p}^2A_0 = (p_0)^2*A_0$

oder $c^2\mathbf{p}^2*\mathbf{A} = (p_0)^2*\mathbf{A} \Rightarrow c^2\Delta\mathbf{A}= \partial^2\mathbf{A}/\partial t^2$ betrifft das Vektorpotential

sowie $c^2\mathbf{p}^2A_0 = (p_0)^2*A_0 \Rightarrow c^2\Delta A_0= \partial^2A_0/\partial t^2$ betrifft das skalare Potential

Das sind die Maxwell-Gleichungen in Form einer 4-komponentigen **Klein-Gordon-Gleichung**.

Wie man sieht, fällt der Term mit (**pA**) weg, man kann also über ihn frei verfügen. Standard hierfür ist die

Lorentzkonvention $c\mathbf{p}*c\mathbf{A} = p_0*A_0$ oder $\mathrm{div}\mathbf{A} + 1/c^2*\partial A_0/\partial t = 0$

Da ($c\mathbf{p}$, p_0) wie auch ($c\mathbf{A}$, A_0) ein Vierervektor ist, kann man sie als ein Viererskalarprodukt mit dem lorentz-invarianten Wert 0 interpretieren.
Bemerkung: Bei einem Vierervektor muss jede Komponente gleiche Dimension haben. Bei ($c\mathbf{p}$, p_0) ist es die Dimension „Energie",
bei ($c\mathbf{A}$, A_0) ist es die Dimension von A_0 (Volt) Siehe dazu Kapitel 10.3

Mittels der Lorentzkonvention kann man die erste Gleichung, nämlich
$-c\mathbf{p} \times (c\mathbf{p} \times \mathbf{A}) + c\mathbf{p}*(c\mathbf{p}\mathbf{A}) = (p_0)^2*\mathbf{A}$
wie folgt umformen: $-c\mathbf{p} \times (c\mathbf{p} \times \mathbf{A}) = - c\mathbf{p}*(c\mathbf{p}\mathbf{A}) + (p_0)^2*\mathbf{A}$
Die rechte Seite davon wird zu
$- c\mathbf{p}*(c\mathbf{p}\mathbf{A}) + (p_0)^2*\mathbf{A} =$
$= -c\mathbf{p}*(1/c*p_0A_0) + (p_0)^2*\mathbf{A} = - p_0(\mathbf{p}A_0) + p_0*\, p_0\mathbf{A} = p_0*(p_0\mathbf{A} - \mathbf{p}A_0)$
Insgesamt also: $c^2*i\mathbf{p} \times (i\mathbf{p} \times \mathbf{A}) = -ip_0*i(p_0\mathbf{A} - \mathbf{p}A_0)$

---

oder insgesamt $c^2*\mathrm{rot}\mathbf{B} = d/dt\,(-d\mathbf{A}/dt - \mathrm{grad}A_0)$
Links erscheint die Definition der magnetischen Flußstärke **B**,
rechts die der elektrischen Feldstärke **E**.
Mit den Definitionen $\mathbf{B} = i*(\mathbf{p} \times \mathbf{A}) = \mathrm{rot}\mathbf{A}$
und $\mathbf{E} = i*(p_0*\mathbf{A} - \mathbf{p}A_0) = -\partial\mathbf{A}/\partial t - \mathrm{grad}A_0$
erhält man also $\mathrm{rot}\mathbf{B} = 1/c^2*\partial\mathbf{E}/\partial t$ die **erste** Maxwell-Gleichung

---

Nun einige **Folgerungen**:
$i*(\mathbf{p} \times \mathbf{E}) = i*[\mathbf{p} \times (i*p_0*\mathbf{A} - i*(\mathbf{p}A_0)] =$
$= -p_0*(\mathbf{p} \times \mathbf{A}) + (\mathbf{p} \times \mathbf{p})A_0 = -p_0*(\mathbf{p} \times \mathbf{A}) = -1/i*p_0*\mathbf{B}$
oder $\mathrm{rot}\mathbf{E} = -\partial\mathbf{B}/\partial t$ die **zweite** Maxwell-Gleichung
Aus $\mathbf{p}*\mathbf{B} = i*\mathbf{p}*(\mathbf{p} \times \mathbf{A}) = 0$ => $\mathrm{div}\mathbf{B} = 0$ Das Magnetfeld ist quellenfrei

---

$\mathbf{p}*\mathbf{B} = 0$ oder $\mathbf{p}*\mathbf{H} = 0$ bedeutet auch: **H** ist also senkrecht zum Impuls **p**,
z.B. zur Ausbreitungsrichtung des Lichts, zur Flugrichtung des Photons
Aus $\mathbf{p}*\mathbf{E} = \mathbf{p}*[i*p_0*\mathbf{A} - i*(\mathbf{p}A_0)] =$
$= i*p_0*(\mathbf{p}\mathbf{A}) - i*(\mathbf{p}^2A_0) = i*p_0*(p_0A_0) - i*(\mathbf{p}^2A_0) = i*[(p_0)^2A_0 - (\mathbf{p}^2A_0)] = 0$
=> $\mathrm{div}\mathbf{E} = 0$ auch $\mathrm{div}\mathbf{D} = 0$
$\mathbf{p}*\mathbf{E} = 0$ bedeutet auch: Auch **E** ist senkrecht zum Impuls **p**.

Weiterhin ergibt sich

E*B = - (p_0***A** –(**p**A_0))*(**p** x **A**) = - p_0***A***(**p** x **A**) +(**p**A_0))*(**p** x **A**) = 0

gemäß den Regeln für Vektorprodukte. Also auch **E** und **H** stehen senkrecht aufeinander. Beim Licht nennt man die Ebene, in der **E** schwingt die **Polarisationsebene**. Sie ist also senkrecht zur Schwingungsebene für **H** und zur Ausbreitungsrichtung **p .**

Anmerkung: Maxwell stellte 1873 die Maxwell-Gleichungen für ruhende Medien auf, diese wurden von Minkowski 1908 für bewegte Medien ergänzt.

Anmerkung: Hermann **Minkowski**, Litauen, Mathematiker (1864-1909)

19.5 Vertauschungsregeln

Die R_i zusammen mit den S_i gehorchen **Vertauschungsregeln**.- Diese sind

$[S_1, S_2] = i*S_3 \quad [S_2, S_3] = i*S_1 \quad [S_3, S_1] = i*S_2$

$[R_1, R_2] = i*S_3 \quad [R_2, R_3] = i*S_1 \quad [R_3, R_1] = i*S_2$

$[S_1, R_1] = 0 \quad [S_1, R_2] = i*R_3 \quad [S_1, R_3] = -i*R_2$

$[S_2, R_1] = -i*R_3 \quad [S_2, R_2] = 0 \quad [S_2, R_3] = i*R_1$

$[S_3, R_1] = i*R_2 \quad [S_3, R_2] = -i*R_1 \quad [S_3, R_3] = 0$

wie man durch "elementare Rechnungen" verifizieren kann.

Von Interesse ist auch, die Kommutatoren der Summen der S- und R-Matrizen zu studieren.

Es ist $[S_i+ R_i, S_j+ R_j] = [S_i,S_j] +[S_i,R_j] +[R_i,S_j] +[R_i,R_j]$ mit i,j = 1,2,3

Wie man entnehmen kann, ist dann

$[S_1+ R_1, S_2+ R_2] = i*S_3 + i*R_3 + i*R_3 + i*S_3 = 2i*(S_3 + R_3)$

$[S_2+ R_2, S_3+ R_3] = i*S_1 + i*R_1 + i*S_3 + i*R_1 = 2i*(S_1 + R_1)$

$[S_3+ R_3, S_1+ R_1] = i*S_2 + i*R_2 + i*R_2 + i*S_2 = 2i*(S_2 + R_2)$

Die **Kommutatoren** sind offenbar **wie bei den Pauli-matrizen.**

Die Antivertauschungsregeln sind

$\{S_1, S_2\} = -S_1^{12} \quad \{S_2, S_3\} = -S_1^{23} \quad \{S_3, S_1\} = -S_1^{13}$

$\{R_1, R_2\} = S_1^{12} \quad \{R_2, R_3\} = S_1^{23} \quad \{R_3, R_1\} = S_1^{13}$

$\{S_1, R_1\} = 0 \quad \{S_1, R_2\} = -S_2^{34} \quad \{S_1, R_3\} = S_2^{24}$

$\{S_2, R_1\} = S_2^{34} \quad \{S_2, R_2\} = 0 \quad \{S_2, R_3\} = -S_2^{14}$

$\{S_3, R_1\} = -S_2^{24} \quad \{S_3, R_2\} = S_2^{14} \quad \{S_3, R_3\} = 0$

Rechts wurden erweiterte Paulimatrizen verwendet. Die S- und R-Matrizen selber drücken sich damit wie folgt aus:

$S_1 = S_2^{23} \quad S_1 = -S_2^{13} \quad S_3 = S_2^{12} \quad R_1 = S_1^{14} \quad R_2 = S_1^{24} \quad R_3 = S_1^{34}$

Es ist $\{S_i+ R_i, S_j+ R_j\} = \{S_i,S_j\} +\{S_i,R_j\} +\{R_i,S_j\} +\{R_i,R_j\}$ mit i,j = 1,2,3

Wie man der Tabelle entnehmen kann, sind die **Antikommutatoren** $\{S_i+ R_i, S_j+ R_j\} = 0$ für i,j=1,2,3, genauso **wie bei den Pauli-matrizen** gilt $\{\sigma_i, \sigma_j\} = 0$

Es ist $(S_i+ R_i)^2 = (S_i)^2 + (R_i)^2 + (S_i*R_i+R_i*S_i) = (S_i)^2 + (R_i)^2 + 0 + 0$

$(S_1)^2 = (0,1,1,0)$, $(S_2)^2 = (1,0,1,0)$, $(S_3)^2 = (1,1,0,0)$,
$(R_1)^2 = (1,0,0,1)$, $(R_2)^2 = (0,1,0,1)$, $(R_3)^2 = (0,0,1,1)$
Somit ist $(S_i + R_i)^2 = (1,1,1,1)$ für i,j = 1,2,3,0
mit $S_0 = (1,1,1,0)$ und $R_0 = (0,0,0,1)$
Wieder **genauso** wie bei $(\sigma_\mu)^2 = 1$ für μ=1,2,3,0
Es wird deutlich, dass die $(S_i+ R_i)$ denselben Vertauschungsregeln und Antivertauschungsregeln gehorchen wie die Pauli-Matrizen σ_i .Selbst das Matrizenquadrat ist gleich. Dieses werden wir später nutzen (Kapitel 20).

Nun die Gleichung $(c\mathbf{p}(\mathbf{S}+\mathbf{R}))^2*(\mathbf{A},A_0) = (p_0)^2*(\mathbf{A},A_0)$ ausgedrückt mittels der S-R-Matrizen unter Beachtung derer (Anti)kommutatoren. Es ist

$\Sigma p_i*(S_i+R_i)*p_j*(S_j+R_j) = p_i*p_j*[S_i*S_j + R_i*R_j + S_i*R_j + R_i*S_j] =$ mit i,j =1,2,3
$= \Sigma p_i*p_i*[S_i*S_i + R_i*R_i + S_i*R_i + R_i*S_i] +$ mit i =1,2,3
$+ \Sigma p_i*p_j*[(\{S_i,S_j\}+\{R_i,R_j\}) + (\{S_i,R_j\}+\{R_i,S_j\})] =$ mit i<j
$= \Sigma p_i*p_i*[S_i*S_i + R_i*R_i + 0 + 0] +$ mit i =1,2,3
$+ \Sigma p_i*p_j*[(0) + (0)] =$ mit i<j siehe Antikommutatoren , Seite zuvor
$= \Sigma p_i*p_i*[S_0+R_0]$ mit i =1,2,3 $[S_0+R_0]$ ist die Vierereinheitsmatrix
Somit $\Sigma c^2*p_i*p_i*[S_0+R_0]*(\mathbf{A},A_0) = (p_0)^2*[S_0+R_0]*(\mathbf{A},A_0)$ summiert über i=1,2,3
Das sind die Maxwellgleichungen in Klein-Gordon-Form.

19.6 Die Deutung der R-Matrizen

So wie die S_1,-Matrizen die räumliche Drehung vermitteln, bewirken die R_i-Matrizen die eigentliche Lorentztransformation.
Wir betrachten die Transformation in x-Richtung:
Es ist $(R_1)^2 = (1,0,0,1)$ und $R_1^3 = (R_1)^2*R_1 = R_1$ dasselbe für höhere gerade und ungerade Potenzen. R_0 ist die Einheitsmatrix.
Es ist dann

$$\exp(i\varphi*iR_1) = \exp(-\varphi*R_1) = R_0 - \varphi R_1 + \varphi^2/2!*(R_1)^2 - \varphi^3/3!*R_1^3 + \ldots =$$
$$= (R_0 + \varphi^2/2!*(R_1)^2 + \varphi^4/4!* R_1^4 + \ldots) - (\varphi R_1 + \varphi^3/3!* R_1^3 + \ldots) =$$
$$= (R_0 - (R_1)^2) + (R_1)^2*\cosh\varphi - R_1*\sinh\varphi = \begin{pmatrix} \cosh\varphi & 0 & 0 & -\sinh\varphi \\ 0 & 1 & 0 & 0 \\ 0 & 0 & 1 & 0 \\ -\sinh\varphi & 0 & 0 & \cosh\varphi \end{pmatrix}$$

Das die Lorentz-Transformationsmatrix.
Hinsichtlich ihrer Deutung siehe Kapitel 18.3
Analoges gilt für R_2 und R_3

19.7 Allgemeines über Potentiale und Feldstärken

Rechnerisch lassen sich die Potentiale in der QM leichter behandeln als die Feldstärken.

Eine Feldstärke ist, allgemein gesprochen, die Potentialänderung pro Wegstück. Am einfachsten kommt das bei skalaren Potentialen, einem **Skalarpotential** im Eindimensionalen, zum Ausdruck.

So ist, um im Beispiel zu bleiben, $E_x = - dA_0/dx$, ist also dem Potentialzuwachs entgegengerichtet. Physikalisch werden eigentlich nur Feldstärken gemessen und wahrgenommen. Feldstärken sind nicht identisch mit der Kraft, die sie auslösen, sie brauchen noch ein Objekt, worauf sie wirken. Im Fall der Schwerkraft eine Masse, um ein Gewicht zu erzeugen, im Fall der elektrischen Feldstärke eine Ladung, auf die sie anziehend oder abstoßend einwirken. Der Verlauf der Feldstärke wird gern mit Feldlinien beschrieben und kann im Fall des Magnetismus mittels Eisenspäne auch sichtbar gemacht werden. Da Feldstärken mittels Differentialquotienten aus den Potentialen abgeleitet werden, gibt es mehr Feldstärkekomponenten als Potentiale. So gäbe es im Maxwell-Fall bei 4 Potentialen 16 Feldstärken, weil in diesem Fall die Ableitung nach der Zeit auch zum Tragen kommt. In Realität sind es 3 magnetische Feldstärken **H** und 3 elektrische Feldstärken **E**, siehe oben.

Insbesondere das Vektorpotential und die daraus folgende Feldstärke ist erklärungsbedürftig. So wie es in der Geometrie gewissermaßen eine Zweiheit gibt, die Gerade und der Kreis als einfache Grund-Gebilde, gibt es die auch bei den Potentialen. Die Gerade entspricht dem skalaren Potential. Ein Fortschreiten in die Richtung maximalen Gefälles bestimmt die Feldstärke. Beim **Vektorpotential** ist es das Umschreiten eines frei wählbaren Punktes, die Aufsammlung des Produktes Feldstärke mal Wegstück ist dann die dem Punkt zu zuordnende Feldstärke. Bei eine skalaren Potential ist dieses gleich 0. Ein Vektorpotental kann man auch mit einem Wirbel vergleichen, etwa einem Wirbelwind. Beim Kreisgang muß man entweder Kraft und Energie aufwenden oder bekommt Kraft und Energie zugefügt. Beim skalaren Potential heben sich bei einem Kreisgang Aufwand und Zufügung auf. Der Erschwerung des Bergaufstiegs folgt die Erleicherung des Bergabstiegs, wenigstens formell.

Dem Entgegengehen eines Wirbelwindes folgt keine entsprechende Erleichterung auf dem Weg der Rückkehr zum Ausgangspunktes.

Nun konkret, wir wollen rot**A** an einem einfachen Beispiel betrachten.

Von Interesse ist das Integral über einen geschlossenen Weg

§A*dr = §(A_1*dx + A_2*dy + A_3*dz)

A*dr ist das Skalarprodukt von **A** mit dem Wegstück **dr,** das sich komponentenweise darstellt. A_1 ist zuständig für den Beitrag in x-Richtung, usw. Jedes A_i ist eine Funktion von x,y,z , also $A_i(x,y,z)$. Wir betrachten nun den Umlauf entlang eines x-y-achsenparallelen Rechtecks der Länge a und Breite b. Es sei $A_3 = 0$ und z=0. Dann haben wir

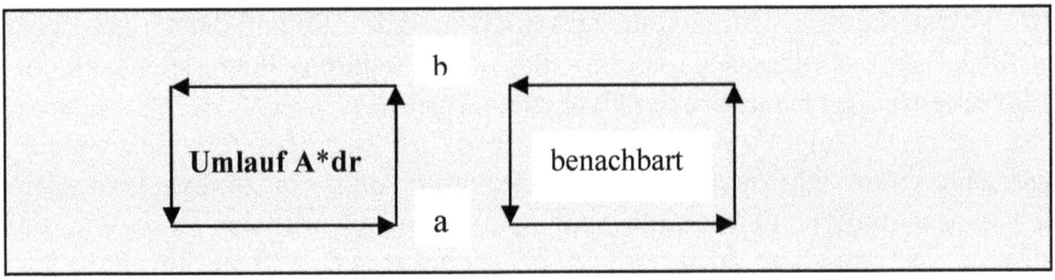

$\int(A_1(x,y=0,0)dx - \int(A_1(x,y=b,0)dx$
Integral von 0 bis a für y=0 bzw a bis 0 für y=b
Das ist die untere Kante minus obere Kante, minus, da entgegen gesetzte Richtung sowie
$\int(A_2(x=a,y,0)dy - \int(A_2(x=0,y,0)dy$
Integral von 0 bis b für x=a bzw b bis 0 für x=0
Das ist rechte Flanke minus linke Flanke
Nun machen wir b ganz klein,
dann ist $A_1(x, b, 0) = A_1(x,0,0) + db*\partial A_1(x,0,0)/\partial y + \ldots$
Machen wir auch a ganz klein,
dann ist $A_2(a, y, 0) = A_2(0,y,0) + da*\partial A_2(0,y,0)/\partial x + \ldots$
Aus der ersten Integraldifferenz wird dann $\int\text{-}dx*db*\partial A_1(x,0,0)/\partial y$
Aus der zweiten $\int dy*da*\partial A_2(x=0,y,0)/\partial x$
Sind beide, a und b klein, so ergibt sich als Summe,
als Umlaufwert $db*da*(-\partial A_1(0,0,0)/\partial x + \partial A_2(0,0,0)/\partial x)$
Teilen wir durch den Flächeninhalt da*db ,
so haben wir $(\mathrm{rot}\mathbf{A})_3 = (\partial A_2/\partial x - \partial A_1/\partial y)$

Analoges ergibt sich wenn wir den Rechteckumlauf nicht in der x-y-Ebenen, sondern in der
y-z-Ebene vollziehen, nämlich wir $(\mathrm{rot}\mathbf{A})_1 = (\partial A_3/\partial y - \partial A_2/\partial z)$ und in der
x-z-Ebene, nämlich $(\mathrm{rot}\mathbf{A})_2 = (\partial A_1/\partial z - \partial A_3/\partial x)$.
Es wird also jeweils die Komponente von rot**A** bedient, die nichts mit der Umlauf-Ebene zu tun hat.
Die A_i sind unabhängige Komponenten. Sind sie die Differential-quotienten von einer Funktion, z.B. von einem skalaren Potential, etwa $\partial A_0/\partial x_i$, so werden die Komponenten von rot**A** zu 0,
so ist im Beispiel $(\partial A_3/\partial y - \partial A_2/\partial z) = (\partial A_0/\partial z\partial y - \partial A_0/\partial y\partial z) = 0$.

Umlaufintegrale haben es an sich, dass bei benachbarten (Rechteck)umläufen, etwa zwei Rechtecke neben einander, die gemeinsamen Grenzlinien gegenläufig durchlaufen werden, siehe Figur, so dass sich deren Beiträge in der Summe aufhebt. Das hat zur Folge, dass die Summe der Einzeldurchläufe genauso groß ist wie der Durchlauf der Randlinien des Gebietes, die nur einmal durchlaufen werden. Bleiben wir beim Beispiel eines nun großen Rechtechs (a,b) in der x-y-Ebene, so gilt dann

§**A***d**r** =§rot**A***dadb **Gesamtumlauf = Summe der Einzelumläufe**

mit Rechteckgröße da*db. Das gilt auch allgemein, wenn auch hier nur demonstriert, in angepasster Form, auch bei krummen Flächen und heißt Satz von Stokes.

Anmerkung: George **Stokes**, irischer Mathematiker und Physiker (1819-1903)

Da rot**A** = **B** ist, bezeichnet man die durch eine Fläche gehende magnetische Feldstärke (Integral rechts) als magnetischen Fluß.

Beispiel aus der Hydrodynamik:

Die z-Achse werde in der x-y-Ebene (z=0) von einer Flüssigkeit mit fester Winkelgeschwindigkeit ω umflossen.

Die Geschwindigkeit **v** vertritt hier das Vektorpotential **A**.

Es ist (x,y) = (rcosωt, rsinωt),

somit **A** = **v** = (dx/dt,dy/dt) = (-rωsinωt, rωcosωt) = (-ω*y, ω*x)

Somit $(\mathrm{rot}\mathbf{A})_3 = (\partial A_2/\partial x - \partial A_1/\partial y) = (\partial v_2/\partial x - \partial v_1/\partial y) = \omega-(-\omega) = 2\omega$

Auf die gleiche Art gerechnet ergibt sich $(\mathrm{rot}\mathbf{A})_1 = (\mathrm{rot}\mathbf{A})_2 = 0$

rot**A** hat also hier an jeder x-y-Position denselben Wert, nämlich (0,0,2ω).

rot**A** zeigt also in Richtung der z-Achse und hat als Wert das Doppelte der Kreisumlauffrequenz. Das bringt den Begriff „Rotation“ sehr anschaulich zum Ausdruck.

Ein bereits im Kapitel 8.3 gebrachtes Beispiel:

Ist **B** homogen, also in Richtung und Betrag konstant,

es gilt **B** = rot**A** und div**B** = 0, dann ist

das dazu gehörige Vektorpotential **A** = ½***B** x **r**,

weil rot(½***B** x **r**) = **B** ist.

Rage **B** in die z-Richtung, dann ist **A** parallel zur x-y-Ebene und zeigt am Ort **r** gemäß Fußregel tangential je in Richtung des mathematisch positiven Umlaufsinn. Zu beachten, obwohl **B** konstant ist, ist **A** eine Funktion von **r** .

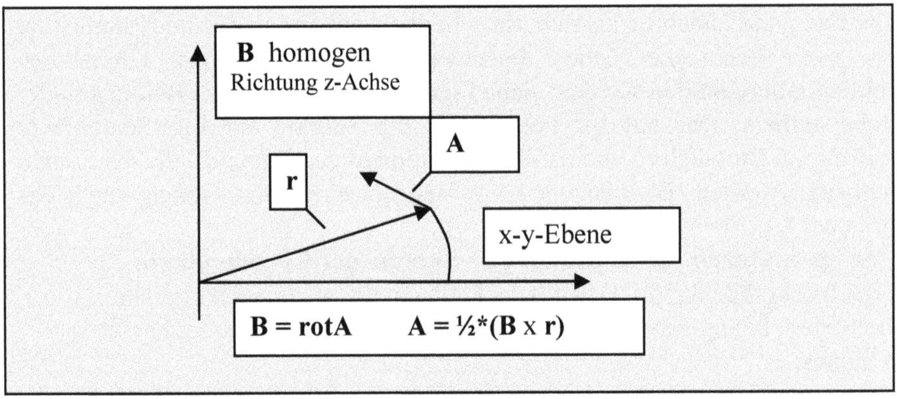

19.8 Die Hinzufügung von Strom und Ladung

Bleiben wir im Impulsraum, so lauten dann die Gleichungen
wegen $\mathbf{c^2 = 1/\varepsilon_0\mu_0}$

$c^2\mathbf{p}^2*\mathbf{A} - (p_0)^2*\mathbf{A} = 1/\varepsilon_0*\mathbf{j}$ dreidimensionaler elektrischer Strom

$\mathbf{p}^2A_0 - 1/c^2*(p_0)^2*A_0 = 1/\varepsilon_0*\rho$ eindimensionale elektrische Ladung

Die Gleichungen sind nun nicht mehr homogen, sondern inhomogen.
Das bedeutet, dass $c^2\mathbf{p}^2 - (p_0)^2 \# 0$ ist, die relativistische Energie-Impuls-Beziehung ist nicht erfüllt, es liegen so genannte **virtuelle Photonen** vor.
Offenbar ist **A** proportional **j** und A_0 proportional ρ.
Wenn $(c\mathbf{A},A_0)$ ein Vierervektor ist, dann ist es auch $(\mathbf{j},\rho)$.
Multiplizieren wir beide Gleichungen skalar mit **p** bzw p_0, so haben wir

$c^2\mathbf{p}^2*\mathbf{pA} - (p_0)^2*\mathbf{pA} = 1/\varepsilon_0*\mathbf{pj}$

$\mathbf{p}^2*p_0A_0 - 1/c^2*(p_0)^2*p_0A_0 = 1/\varepsilon_0*p_0\rho$

Subtraktion der beiden Gleichungen ergibt

$(c^2\mathbf{p}^2 - (p_0)^2)*\mathbf{pA} - (\mathbf{p}^2 - 1/c^2*(p_0)^2)*p_0A_0 = 1/\varepsilon_0*(-\mathbf{pj} - p_0\rho)$ oder

$(c^2\mathbf{p}^2 - (p_0)^2)(\mathbf{pA} - 1/c^2*p_0A_0) = 1/\varepsilon_0*(-\mathbf{pj} - p_0\rho)$

Aus der rechten Seite der Gleichung wird beim Übergang in den Ortsraum
$\mathrm{div}\mathbf{j} + d\rho/dt = 0$. Das ist die Kontinuitätsgleichung für Strom und Ladung. Wenn wir nun deren Gültigkeit unterstellen, die rechte Seite also gleich 0 ist, so muss auf der linken $(\mathbf{pA} - 1/c^2*p_0A_0) = 0$ sein Dieses ist aber die **Lorentzkonvention** , die so erzwungen wird. Sie sagt aus, dass auch $(c\mathbf{A},A_0)$ Mengencharakter haben, also eine Kontinuitätsgleichung genauso wie Strom und Ladung erfüllen.
Eine Kontinuitätsgleichung drückt das leicht ein sehbares Prinzip aus, was in ein umschlossenes Volumen einfließt, muß auch ausfließen, es sei denn es

findet im Inneren eine Dichteänderung statt. Die zugehörigen Gleichungen in Differentialform bringen die Verhältnisse für ein beliebig kleines Volumen dxdydz zum Ausdruck. Das Kleinvolumen könnte natürlich auch kugelförmig oder andersgestaltig sein.
Die angepassten **Gleichungen** im Ortsraum sind dann **zusammengefasst**:

$\mathrm{rot}\mathbf{H} - \partial\mathbf{D}/\partial t = \mathbf{j}$, $\mathrm{div}\mathbf{B} = 0$, $\mathrm{rot}\mathbf{E} = -\partial\mathbf{B}/\partial t$, $\mathrm{div}\mathbf{D} = \rho$, $\mathbf{B} = \mu_0{*}\mathbf{H}$, $\mathbf{D} = \varepsilon_0{*}\mathbf{E}$
oder
$\mathrm{rot}\mathbf{B} - 1/c^2{*}\partial\mathbf{E}/\partial t = \mu_0{*}\mathbf{j}$, $\mathrm{div}\mathbf{B} = 0$, $\mathrm{rot}\mathbf{E} = -\partial\mathbf{B}/\partial t$, $\mathrm{div}\mathbf{E} = 1/\varepsilon_0{*}\rho$
$\mathbf{c^2 = 1/\varepsilon_0\mu_0}$ erlaubt Umgestaltungen der Gleichungen
$-c^2\Delta\mathbf{A} + \partial A_0/\partial t^2 = 1/\varepsilon_0{*}\mathbf{j}$ sowie $-\Delta A_0 + 1/c^2{*}\partial A_0/\partial t^2 = 1/\varepsilon_0{*}\rho$
mit $\mathbf{B} = \mathrm{rot}\mathbf{A}$ und $\mathbf{E} = -\partial\mathbf{A}/\partial t - \mathrm{grad}A_0$ $\mathrm{div}\mathbf{A} + 1/c^2{*}\partial A_0/\partial t = 0$

Die **erste** Gleichung sagt, dass ein Magnetfeld von einem Strom verursacht wird, z.B. durch einen Strom in einem Draht, aber auch von der zeitlichen Änderung des elektrischen Feldes, z.B. bei einem Wechselstrom an einem Kondensator zwischen den Kondensatorflächen.
Die **zweite**, dass ein Magnetfeld eine Kontinuitätsgleichung nur im einfachen Sinne erfüllt, Einfluß ist gleich Ausfluß, es gibt keine lokalen Quellen, auch bei einem Magneten gibt es nur einen Durchfluß der Feldstärke.
Die **dritte**, dass Wirbel bei einem elektrischen Feld und damit zeitliche Änderung nur durch Magnetfeldänderung entstehen können, z.B. wenn man mit einem Magneten über einen Draht geht oder eine Drahtspule an einem Magneten vorbeigeht (Dynamo).
Die **vierte** sagt aus, dass eine auch ruhende Ladung, z.B. eine geladene Kugel, in ihrer Umgebung ein (statisches) elektrisches Feld erzeugt.
Unberücksichtigt wurden hier die Gleichungsabänderungen, die sich auf die Verhältnisse innerhalb von Materialien beziehen. Zu all diesem und auch dazu gibt es ausführliche Literatur.

Wenn wir die Rechnungen für **p*H**, **p*E** und **E*H** von oben für die inhomogenen Gleichungen nachvollziehen, haben wir
$\mathbf{p}{*}\mathbf{H} = i{*}\mathbf{p}{*}(\mathbf{p} \times \mathbf{A}) = 0$
p und **H** sind nach wie vor zueinander orthogonal zueinander
$\mathbf{p}{*}\mathbf{E} = = i{*}[(p_0)^2\ \mathbf{E}{*}\mathbf{H} = (\mathbf{p}^2A_0)] = -\ i{*}(p_0\rho)$
E ist nicht mehr orthogonal zu **p**
$\mathbf{E}{*}\mathbf{H} = 0$ **E** und **H** sind auch hier orthogonal zueinander.
E liegt also in der Ebene orthogonal zu **H**, in der auch **p** liegt, aber zu **p** mit einem Winkel verdreht.

19.9 **Zur allgemeinen Lösung der Gleichungen**

Für die allgemeine Lösung der Maxwell-Gleichungen kann stets ein Fourierintegral angesetzt werden, also eine Überlagerung aller partikulären Lösungen, der Impuls-Eigenfunktionen, nämlich

$A_1(x,y,z,t) = (2\pi)^{-3}*\int d^3\mathbf{p}*A_1(\mathbf{p})*\exp(i\mathbf{px}-p_0*t)$

$A_2(x,y,z,t) = (2\pi)^{-3}*\int d^3\mathbf{p}*A_2(\mathbf{p})*\exp(i\mathbf{px}-p_0*t)$

$A_3(x,y,z,t) = (2\pi)^{-3}*\int d^3\mathbf{p}*A_3(\mathbf{p})*\exp(i\mathbf{px}-p_0*t)$

$A_0(x,y,z,t) = (2\pi)^{-3}*\int d^3\mathbf{p}*A_0(\mathbf{p})*\exp(i\mathbf{px}-p_0*t)$

Eigentlich müßte A im Integral anders heißen, der Einfachheit halber sind sie gleich benannt. Damit kann man demonstrieren, wie Operatoren des Ortsraumes sich im Impulsraum in Form der Vektorrechnung darstellen.

Beispiel Rotation: $(\text{rot}\mathbf{A})_3 = (\partial A_2/\partial x - \partial A_1/\partial y) =$

$= (2\pi)^{-3}*\int d^3\mathbf{p}*A_2*ip_1*\exp(i\mathbf{px}-p_0*t) - \int d^3\mathbf{p}*A_1*ip_2*\exp(i\mathbf{px}-p_0*t)$

$= (2\pi)^{-3}*\int d^3\mathbf{p}*(A_2*ip_1-A_1*ip_2)*\exp(i\mathbf{px}-p_0*t) =$

$= i*(2\pi)^{-3}*\int d^3\mathbf{p}*(p_1*A_2-p_2*A_1)*\exp(i\mathbf{px}-p_0*t)$

Insgesamt $\text{rot}\mathbf{A} = i*(2\pi)^{-3}*\int d^3\mathbf{p}*(\mathbf{p} \times \mathbf{A})*\exp(i\mathbf{px}-p_0*t)$

Das ist pro Komponente von $\text{rot}\mathbf{A}$ ein Integral.

Also ist die wechselseitige Zuordnung $\text{rot}\mathbf{A} \Leftrightarrow i*(\mathbf{p} \times \mathbf{A})$

19.10 Darstellung der Gleichungen über eine Feldstärkematrix

Die Gleichung $(c\mathbf{p}(\mathbf{S}+\mathbf{R}))^2*(\mathbf{A},A_0) = (p_0)^2*(\mathbf{A},A_0)$ lässt sich auch schreiben in der Gestalt $(c\mathbf{pS})^2*(\mathbf{A},A_0) = [-(c\mathbf{pR})^2 + (p_0)^2]*(\mathbf{A},A_0)$

Es wird benutzt $\mathbf{B} = i*(\mathbf{p} \times \mathbf{A})$ und $\mathbf{E} = i*p_0*\mathbf{A} - i*(\mathbf{p}A_0)$

sowie $(\mathbf{pS})*(\mathbf{A},A_0) = (i*(\mathbf{p} \times \mathbf{A}), 0) = (\mathbf{B}, 0)$ und $(\mathbf{pR})*(\mathbf{A},A_0) = (\mathbf{p}*A_0, \mathbf{p}*\mathbf{A})$

Die rechte Seite ist

$[-(c\mathbf{pR})^2 + (p_0)^2]*(\mathbf{A},A_0) = -c^2*(\mathbf{p}*(\mathbf{pA}), \mathbf{p}^2A_0) + (p_0*p_0\mathbf{A}, p_0*p_0A_0) =$

Verwendung der Lorentzkonvention $\mathbf{pA} = 1/c^2*p_0A_0$ ergibt

$= -c^2*(\mathbf{p}*1/c^2*p_0A_0, \mathbf{p}*\mathbf{p}A_0) + (p_0*p_0\mathbf{A}, p_0*c^2*\mathbf{pA}) =$

$= [p_0*(-\mathbf{p}A_0 + p_0\mathbf{A}), c^2\mathbf{p}*(-\mathbf{p}A_0 + p_0\mathbf{A})] = [p_0*1/i*\mathbf{E}, c^2\mathbf{p}*1/i*\mathbf{E}] =$

$= 1/i*[p_0*\mathbf{E}, c^2\mathbf{p}*\mathbf{E}]$ Gemäß allgemeiner Formel $(\mathbf{pR})*(\mathbf{A},A_0) = (\mathbf{p}*A_0, \mathbf{p}*\mathbf{A})$ ist $(\mathbf{ER})*(c^2\mathbf{p},p_0) = (\mathbf{E}*p_0, \mathbf{E}*c^2\mathbf{p})$

Also ist von rechts nach links gelesen

$$1/i*(p_0\mathbf{E},c^2\mathbf{pE}) = -i*\begin{pmatrix} 0 & 0 & 0 & E_1 \\ 0 & 0 & 0 & E_2 \\ 0 & 0 & 0 & E_3 \\ E_1 & E_2 & E_3 & 0 \end{pmatrix}*\begin{pmatrix} c^2p_1 \\ c^2p_2 \\ c^2p_3 \\ p_0 \end{pmatrix}$$

Die Matrix ist gleich $E_1*R_1+ E_2*R_2+E_3*R_3$

Somit transponiert

$$-i*(p_0\mathbf{E},c^2\mathbf{pE})^\tau = -i*(c^2p_1\ \ c^2p_2\ \ c^2p_3\ \ p_0) * \begin{pmatrix}0 & 0 & 0 & E_1\\ 0 & 0 & 0 & E_2\\ 0 & 0 & 0 & E_3\\ E_1 & E_2 & E_3 & 0\end{pmatrix}$$

Betrifft linke Seite

Gemäß allgemeiner Formel $(\mathbf{pS})*(\mathbf{A},A_0) = (i*(\mathbf{p} \times \mathbf{A}), 0)$ ist

$$(\mathbf{pS})^2*(\mathbf{A},A_0) = (\mathbf{pS})*((\mathbf{pS})*(\mathbf{A}, A_0)) = (\mathbf{pS})*(i*\mathbf{p} \times \mathbf{A}, 0) =$$

$$= (\mathbf{pS})*(\mathbf{B}, 0) = (i*\mathbf{p} \times \mathbf{B}, 0) = (-i*\mathbf{B} \times \mathbf{p}, 0) = -(\mathbf{BS})*(\mathbf{p}, 0)$$

Somit

$$(c\mathbf{pS})^2*(\mathbf{A},A_0) = -(c^2\mathbf{BS})*(\mathbf{p},0)$$

$$= -(c^2B_1*S_1 + c^2B_2*S_2 + c^2B_3*S_3)*(\mathbf{p},0) =$$

$$= -i*\begin{pmatrix}0 & -B_3 & B_2 & 0\\ B_3 & 0 & -B_1 & 0\\ -B_2 & B_1 & 0 & 0\\ 0 & 0 & 0 & 0\end{pmatrix} * \begin{pmatrix}c^2p_1\\ c^2p_2\\ c^2p_3\\ 0\end{pmatrix}$$

Nun transponiert

$$-(c^2\mathbf{p},0)^\tau*\mathbf{BS}^\tau = -(c^2\mathbf{p},0)^\tau*[B_1*S_1^\tau+ B_2*S_2^\tau+ B_3*S_3^\tau] =$$

$$= -i*(c^2p_1,c^2p_2,c^2p_3,0) * \begin{pmatrix}0 & B_3 & -B_2 & 0\\ -B_3 & 0 & B_1 & 0\\ B_2 & -B_1 & 0 & 0\\ 0 & 0 & 0 & 0\end{pmatrix}$$

Die Ausgangs-Gleichung besagt $-(\mathbf{p},0)^\tau*c^2\mathbf{BS}^\tau = -i*(p_0\mathbf{E},c^2\mathbf{pE})^\tau$

Auf eine Seite, auf die linke Seite gebracht, haben wir also

$$-i*(c^2p_1\ \ c^2p_2\ \ c^2p_3\ \ p_0) *\begin{pmatrix}0 & B_3 & -B_2 & -E_1\\ -B_3 & 0 & B_1 & -E_2\\ B_2 & -B_1 & 0 & -E_3\\ -E_1 & -E_2 & -E_3 & 0\end{pmatrix} = \mathbf{0}$$

Das ist die Maxwell-Gleichung dargestellt mittels der Feldstärkematrix.

Die nächsten Schritte:

Wir multiplizieren mit -1, in der Matrix drehen sich die Vorzeichen um.

Wir dividieren durch c^2. Aus p_0 wird p_0/c , wenn gleichzeitig in der Matrix E_i gegen E_i/c abgeändert wird.

Wir ersetzen p_0/c durch $- p_0/c$. In der Matrix dreht sich dann in der 4.Zeile das Vorzeichen um und wird so in ihrer Gesamtheit schiefsymmetrisch

Insgesamt haben wir dann

$$i*(p_1\ p_2\ p_3\ -p_0/c)*\begin{pmatrix} 0 & -B_3 & B_2 & E_1/c \\ B_3 & 0 & -B_1 & E_2/c \\ -B_2 & B_1 & 0 & E_3/c \\ -E_1/c & -E_2/c & -E_3/c & 0 \end{pmatrix} = \mu_0*(j_1, j_2, j_3, c\rho)$$

Das ist die Maxwell-Gleichung dargestellt mittels der **Feldstärkematrix $F_{\mu\nu}$** nach Hinzufügung der **Viererstromdichte** (**j**, cρ)

Beispiel:

$i*(p_1*0+p_2B_3-p_3B_2 +p_0/c*E_1/c = \partial_2B_3-\partial_3B_2 - 1/c^2*\partial_0E_1 = (\mathrm{rot}\mathbf{B}-1/c^2*\partial_0\mathbf{E})_1 = \mu_0*j_1$

$\mathbf{i*(p_1\ \ p_2\ \ p_3\ \ -p_0/c) = (\partial/\partial x\ \ \partial/\partial y\ \ \partial/\partial z\ \ \partial/\partial ct\,) = (\partial/\partial x_\mu)} = (\partial_i\,, 1/c*\partial_0)$

bildet einen Vierervektor, gleichfalls die **Viererstromdichte** (j_ν) = (**j**, cρ)

In Kurzschrift ist also $\mathbf{(\partial/\partial x_\mu)F_{\mu\nu} = \mu_0*j_\nu}$ summiert über μ

Das ist Zeile mal jeweils Spalte = Zeile

Die **Kontinuitätsgleichung** ist $(\partial/\partial x_\mu)j_\mu = 0$ oder div**j** + ∂ρ/∂t = 0.

Dass eine derartige Umgestaltung der Gleichung möglich ist, beruht auf Eigenheiten der Matrizen R_μ bzw S_μ mit μ =1,2,3,0, nämlich: Es gilt für deren Elemente ,es sei hier die Matrizennummer oben angebracht:

$R^\rho_{\mu\nu} = R^\nu_{\mu\rho}$ Beispiel: $R^0_{11} = 1 = R^1_{10}$ R^0 ist die Einheitsmatrix

$S^\rho_{\mu\nu} = - S^\nu_{\mu\rho}$ Beispiel: $S^2_{13} = i = - S^3_{12}$ S^0 soll die Nullmatrix sein

Damit lässt sich die Umgestaltung wie folgt vornehmen:

Die μ-Komponente des Ergebnisvektors, betreffend **E**, ist dann

mit ρ,μ,ν =1,2,3,0

$(\mathbf{pR}+ p_0)*(\mathbf{E},0) = p_\rho*R^\rho_{\mu\nu}*E_\nu =$ summiert über ρ und ν , μ fix

mit $E_\nu = (\mathbf{E},0)$

$= E_\nu*R^\rho_{\mu\nu}*p_\rho = E_\nu*R^\nu_{\mu\rho}*p_\rho = (E_\nu*R^\nu)_{\mu\rho}*p_\rho$

Da E_0 gleich 0 ist, fällt die Matrix R^0 weg

Die weiteren Schritte sind wie oben.

Analog:

Die μ-te Komponente des Ergebnisvektors, betreffend **H**, ist

$(\mathbf{pS})*(\mathbf{H},0) = p_\rho*S^\rho_{\mu\nu}*H_\nu =$ summiert über ρ und ν, μ fix, mit $H_\nu = (\mathbf{H},0)$

$= H_\nu*S^\rho_{\mu\nu}*p_\rho = - H_\nu*S^\nu_{\mu\rho}*p_\rho = (-H_\nu*S^\nu)_{\mu\rho}*p_\rho$

Da H_0 gleich 0 ist, fällt die Matrix S^0 weg. Die weiteren Schritte sind wie oben.

Die elementaren S- und R-Matrizen mit ihren speziellen Eigenschaften erlauben also die Ableitung der Darstellung der Maxwell-Gleichung über eine Feldstärkematrix.

Die Feldstärken B und E als schiefsymmetrische Matrix

Die Komponenten der Feldstärken $\mathbf{B} = i*(\mathbf{p} \times \mathbf{A})$ und $\mathbf{E} = i*(p_0*\mathbf{A} - \mathbf{p}A_0)$ sind wie folgt mit der Feldstärkematrix verbunden:

$\mathbf{B} = (B_1\ \ B_2\ \ B_3) = i*(p_2*A_3 - p_3*A_2,\ p_3*A_1 - p_1*A_3,\ p_1*A_2 - p_2*A_1) =$
$= (F_{32}\ ,\ F_{13}\ ,\ F_{21})$

$\mathbf{E} = (E_1\ \ E_2\ \ E_3) = i*(p_0*A_1 - p_1*A_0,\ p_0*A_2 - p_2*A,\ p_0*A_3 - p_3*A_0) =$
$= c*(F_{10},\ F_{20},\ F_{30})$

Jeweils das zweite Indexpaar gibt die Position in der Matrix an, und zwar, wo das Element mit positivem Zeichen steht, z.B. $p_2*A_3 - p_3*A_2 = +B_1$ steht an Position 32, also gleich F_{32} . Man kann also zusammenfassen

$F_{\mu\nu} = -i*(p_\mu*A_\nu - p_\nu*A_\mu)$ mit $\mu,\nu = 1,2,3,0$
oder mit der Kurzschrift $\partial/\partial x_i = \partial_i = \partial^i$ und $-\partial/\partial t = -\partial_0 = \partial^0$
$F_{\mu\nu} = -(\partial^\mu A_\nu - \partial^\nu A_\mu)$

wenn man A_0 gegen A_0/c austauscht. Den Vierervektor kann man schreiben entweder $(c\mathbf{A},A_0)$ oder $(\mathbf{A},A_0/c)$. Hier ist offenbar die zweite Form angebracht. Man kann darin eine vierdimensionale Erweiterung des Vektorprodukts sehen.

Beispiele: $F_{32} = -i*(p_3A_2 - p_2A_3) = i*(p_2A_3 - p_3A_2) = (\partial_2A_3 - \partial_3A_2) = B_1$
$F_{30} = -\ i*(p_3A_0 - p_0A_3) = i*(p_0A_3 - p_3A_0) = -\partial_0A_3 - \partial_3A_0 = E_3$

Die **Maxwell-Gleichungen** sind invariant gegen Lorentztransformationen und können als Spezialfall der Klein-Gordon-Gleichung (m=0) interpretiert werden. Das ist insofern bemerkenswert, weil sie vor der Zeit der Relativitätstheorie und Quantentheorie entstanden sind. Elektromagnetische Felder, Ladungen und Ströme lassen sich offenbar nicht in den Rahmen der klassischen Physik zwingen, sonst hätte man es sicherlich damals getan.

Weil es nun nicht nur ein Photon gibt, sondern viele, geben die MGn auch ein gutes Beispiel für die Mehrteilchentheorie, der Quantenfeldtheorie, oft auch zweite Quantisierung genannt, ab. Eine Übersicht:

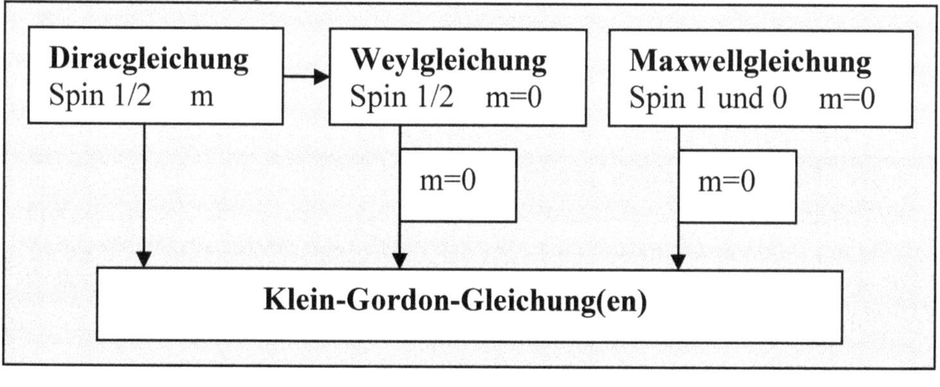

20. Spin-½-½-Systeme

Die Eigenvektoren $|jm> = |m_1m_2>$
für die Koppelung von Spin ½ mit Spin ½ sind,
es steht 1 für m = +½ und 2 für m = -½ : Zu lesen $|s_i> = |jm> = |m_1m_2>$

$|s_1> = |11> = |11>$ $\qquad$ $|s_2> = |12> = |22>$

$|s_3> = |10> = 2^{-1/2}*(|12> + |21>)$ $\qquad$ $|s_0> = |00> = 2^{-1/2}*(|12> - |21>)$

Die $|s_i>$ sind auf 1 normiert und orthogonal zueinander.

20.1 Basisvektoren in Matrizenform

Nun betrachten wir zwei Vektoren **a** und **b** , eine Matrix **A** und bilden den Ausdruck

$\mathbf{a*A*b = a*(A*b)} = \Sigma \mathbf{a_i}*(\Sigma \mathbf{A_{ij}}*\mathbf{b_j}) = \Sigma \mathbf{A_{ij}}*\ \mathbf{a_i}*\mathbf{b_j}$ summiert über i und j

Wir haben links Vektor mal (Matrix mal Vektor) und rechts, so kann man es interpretieren, eine Linearkombination (der Komponentenprodukte) $\mathbf{a_i}*\mathbf{b_j}$ mit den Koeffizienten $\mathbf{A_{ij}}$.

Diesen Mechanismus wollen wir nun verwenden, indem wir statt der Zahlen a_i*b_j symbolische Basisvektoren einsetzen. Ausführlich im Zweidimensionalen:

$$(|1>, |2>) * \begin{pmatrix} A_{11} & A_{12} \\ A_{21} & A_{22} \end{pmatrix} * \begin{pmatrix} |1> \\ |2> \end{pmatrix} = (|1>, |2>) * \begin{pmatrix} A_{11}*|1>+A_{12}*|2> \\ A_{21}*|1>+A_{22}*|2> \end{pmatrix} =$$

$$= A_{11}*|1>|1> + A_{12}*|1>|/2> + A_{21}*|2>|1> + A_{22}*|2>|2> =$$
$$= A_{11}*|11> + A_{12}*|12> + A_{21}*|21> + A_{22}*|22>$$

Man kann auch anders klammern, denn es ist

a*A*b = a*(A*b) = (a*A)*b im Beispiel:

$$(|1>,|2>) * \begin{pmatrix} A_{11} & A_{12} \\ A_{21} & A_{22} \end{pmatrix} * \begin{pmatrix} |1> \\ |2> \end{pmatrix} =$$

$$= (A_{11}*|1>+A_{21}*|2> ,\ A_{12}*|1>+A_{22}*|2>) * \begin{pmatrix} |1> \\ |2> \end{pmatrix} =$$

$$= A_{11}*|11>+A_{21}*|21> + A_{12}*|12>+A_{22}*|22>$$ Ergebnis wie zuvor

Liegen also **Basisvektoren |ij>** vor,
die sich **paarig** aus Einzelbasisvektoren |i> und |j> zusammensetzen, so kann man eine Linearkombination über sie auch durch eine Matrix ausdrücken.
Die **Matrix** beinhaltet die **Koeffizienten der Linearkombination** und hat die Dimension der Einzelbasisvektoren, im Beispiel 2*2.

Beispiele:

Zur Linearkombination $|12\rangle - |21\rangle$ gehört die Matrix $\begin{pmatrix} 0 & 1 \\ -1 & 0 \end{pmatrix}$

Denn $(|1\rangle\ |2\rangle)*\begin{pmatrix} 0 & 1 \\ -1 & 0 \end{pmatrix}*\begin{pmatrix} |1\rangle \\ |2\rangle \end{pmatrix} = (|1\rangle\ |2\rangle)*\begin{pmatrix} |2\rangle \\ -|1\rangle \end{pmatrix} = |12\rangle - |21\rangle$

Weiteres **Beispiel**: Es sei erinnert an den Zusammenhang zwischen **Ortsbasissystem und Spin-1-0-Basissystem** im Kapitel 19.

$|r_1\rangle = (1,0,0,0)$ $|r_2\rangle = (0,1,0,0)$ $|r_3\rangle = (0,0,1,0)$ $|r_0\rangle = (0,0,0,1)$ Ortsvektoren
$|s_1\rangle = (-1,-i,0,0)$ $|s_2\rangle = (1,-i,0,0)$ $|s_3\rangle = (0,0,1,0)$ $|s_0\rangle = (0,0,0,1)$ Spinvektoren

Es ist günstig, $|s_1\rangle$ und $|s_2\rangle$ so zu wählen, ein Phasenfaktor, insbesondere +-1, ist ja frei wählbar, um die Zuordnung der $|r_i\rangle$ zu den σ_i-Matrizen auf die gewünschte Form zu bringen.

Aus diesen beiden Zeilen ergeben sich unmittelbar die Beziehungen:

$|s_1\rangle = -2^{-1/2}*(|r_1\rangle+i*|r_2\rangle)$ $|s_2\rangle = 2^{-1/2}*(|r_1\rangle-i*|r_2\rangle)$ $|s_3\rangle = |r_3\rangle$ $|s_0\rangle = |r_0\rangle$
$|r_1\rangle = -2^{-1/2}*(|s_1\rangle-|s_2\rangle)$ $|r_2\rangle = 2^{-1/2}*i*(|s_1\rangle+|s_2\rangle)$ $|r_3\rangle = |s_3\rangle$ $|r_0\rangle = |s_0\rangle$

Drücken wir die $|s_i\rangle$ als Spin-½-Paare $|ij\rangle$ aus und setzen von oben ein, dann ist

$|r_1\rangle = -2^{-1/2}*(|11\rangle-|22\rangle)$ $|r_2\rangle = 2^{-1/2}*(+i)*(|11\rangle+|22\rangle)$
$|r_3\rangle = 2^{-1/2}*(|12\rangle+|21\rangle)$ sowie $|r_0\rangle = 2^{-1/2}*(|12\rangle-|21\rangle)$

Über Matrizen dargestellt haben wir also für die Ortsbasisvektoren

$|r_1\rangle = -2^{-1/2}*(|i\rangle)*\boldsymbol{\sigma_3}*(|j\rangle)$ $|r_2\rangle = 2^{-1/2}*(|i\rangle)*\mathbf{i}\boldsymbol{\sigma_0}*(|j\rangle)$
$|r_3\rangle = 2^{-1/2}*(|i\rangle)*\boldsymbol{\sigma_1}*(|j\rangle)$ sowie $|r_0\rangle = 2^{-1/2}*(|i\rangle)*\mathbf{i}\boldsymbol{\sigma_2}*(|j\rangle)$

Nun ist $-\boldsymbol{\sigma_3} = \boldsymbol{\sigma_1}*\mathbf{i}\boldsymbol{\sigma_2}$ $\mathbf{i}\boldsymbol{\sigma_0} = \boldsymbol{\sigma_2}*\mathbf{i}\boldsymbol{\sigma_2}$ $\boldsymbol{\sigma_1} = \boldsymbol{\sigma_3}*\mathbf{i}\boldsymbol{\sigma_2}$ $\mathbf{i}\boldsymbol{\sigma_2} = \boldsymbol{\sigma_0}*\mathbf{i}\boldsymbol{\sigma_2}$

Somit sind die Ortsbasisvektoren in Matrizendarstellung
$|r_1\rangle = 2^{-1/2}*(|i\rangle)*\boldsymbol{\sigma_1}*\mathbf{i}\boldsymbol{\sigma_2}(|j\rangle)$ $|r_2\rangle = 2^{-1/2}*(|i\rangle)*\boldsymbol{\sigma_2}*\mathbf{i}\boldsymbol{\sigma_2}(|j\rangle)$
$|r_3\rangle = 2^{-1/2}*(|i\rangle)*\boldsymbol{\sigma_3}*\mathbf{i}\boldsymbol{\sigma_2}(|j\rangle)$ $|r_0\rangle = 2^{-1/2}*(|i\rangle)*\boldsymbol{\sigma_0}*\mathbf{i}\boldsymbol{\sigma_2}(|j\rangle)$

Damit haben wie die gewünschte Reihenfolge der σ_μ – Matrizen bei den Ortsbasisvektoren erreicht. Mittels dieser Darstellung wollen wir später die Maxwell-Gleichungen neu formulieren.

Wie wir im letzten Kapitel gesehen haben, haben die $(S_\mu+R_\mu)$ **dieselbe Algebra** wie die σ_μ . In der Tat ist ihre Wirkung gleich.

Beispiel: $(S_1+R_1)*|r_2\rangle = \begin{pmatrix} 0 & 0 & 0 & 1 \\ 0 & 0 & -i & 0 \\ 0 & i & 0 & 0 \\ 1 & 0 & 0 & 0 \end{pmatrix}*\begin{pmatrix} 0 \\ 1 \\ 0 \\ 0 \end{pmatrix} = \begin{pmatrix} 0 \\ 0 \\ i \\ 0 \end{pmatrix} = i*|r_3\rangle$

Dem entspricht $2^{-1/2}*(|i\rangle)*\sigma_1*\boldsymbol{\sigma_2}*\mathbf{i}\boldsymbol{\sigma_2}(|j\rangle) = 2^{-1/2}*(|i\rangle)*\mathbf{i}\boldsymbol{\sigma_3}*\mathbf{i}\boldsymbol{\sigma_2}(|j\rangle) = i*|r_3\rangle$

Man kann also auch umgekehrt, aus den die σ_μ die Matrizen $(S_\mu+R_\mu)$ ableiten.
Das sei am Beispiel (S_1+R_1) demonstriert.
Es sind allgemein $|r_\mu\rangle = 2^{-1/2}*(|i\rangle)*\sigma_\mu*i\boldsymbol{\sigma}_2(|j\rangle)$
die Ortsbasisvektoren bei Matrizendarstellung
und (1,0,0,0), (0,1,0,0), (0,0,1,0), (0,0,0,1) bei Viererdarstellung.
Es ist $\langle r_\mu|r_\nu\rangle = \delta_{\mu\nu}$
Die Elemente der Vierer-Matrix sind dann $(S_1+R_1)_{\mu\nu} = \langle r_\mu|\sigma_1|r_\nu\rangle$

$$\begin{aligned}
\text{Es ist }\ \sigma_1*|r_0\rangle &= (|i\rangle)*\sigma_1*\boldsymbol{\sigma}_0*i\boldsymbol{\sigma}_2(|j\rangle) = (|i\rangle)*\boldsymbol{\sigma}_1*i\boldsymbol{\sigma}_2(|j\rangle) = 2^{1/2}*|r_1\rangle \\
\sigma_1*|r_1\rangle &= (|i\rangle)*\sigma_1*\boldsymbol{\sigma}_1*i\boldsymbol{\sigma}_2(|j\rangle) = (|i\rangle)*\boldsymbol{\sigma}_0*i\boldsymbol{\sigma}_2(|j\rangle) = 2^{1/2}*|r_0\rangle \\
\sigma_1*|r_2\rangle &= (|i\rangle)*\sigma_1*\boldsymbol{\sigma}_2*i\boldsymbol{\sigma}_2(|j\rangle) = (|i\rangle)*i*\boldsymbol{\sigma}_3*i\boldsymbol{\sigma}_2(|j\rangle) = i*2^{1/2}*|r_3\rangle \\
\sigma_1*|r_3\rangle &= (|i\rangle)*\sigma_1*\boldsymbol{\sigma}_3*i\boldsymbol{\sigma}_2(|j\rangle) = (|i\rangle)*(-i)\boldsymbol{\sigma}_2*\boldsymbol{\sigma}_2(|j\rangle) = -i*2^{1/2}*|r_2\rangle
\end{aligned}$$

Die nicht verschwindenden Matrixelemente $\mu\nu$ sind somit der Reihe nach
$2^{-1/2}*\langle r_1|\sigma_1|r_0\rangle = 1$, $2^{-1/2}*\langle r_0|\sigma_1|r_1\rangle = 1$,
$2^{-1/2}*\langle r_3|\sigma_1|r_2\rangle = i$, $2^{-1/2}*\langle r_2|\sigma_1|r_3\rangle = -i$
in Übereinstimmung mit obiger Matrix.
Matrixelemente $\langle r_i|\sigma_1|r_k\rangle$ mit i,k=1,2,3 gehören zu jeweiligen S-Matrix,
Matrixelemente $\langle r_0|\sigma_1|r_\nu\rangle$ oder $\langle r_\mu|\sigma_1|r_0\rangle$ mit μ,ν =1,2,3,0 gehören zu jeweiligen R-Matrix.

Das Verfahren ist allgemein. So könnte man zu den dreidimensionalen Matrizen λ_μ analog eine Neuner-Matrizen-Darstellung mit den Einheitsvektoren als Basisvektoren ableiten.
Der Vorteil der Matrizendarstellung ist, dass man auf Basis der vertrauten minder-dimensionalen Matrizen rechnen kann, wie wir es nachfolgend, Kapitel 20.4, tun werden.

20.2 Das Skalarprodukt zweier Vektoren in Matrizendarstellung.

Diese seien $(|i\rangle)*\mathbf{A}*(|j\rangle)$ und $(|k\rangle)*\mathbf{B}*(|l\rangle)$.
Aus der zugehörigen Linearkombination $\Sigma\mathbf{A}_{ij} * (|i\rangle|j\rangle)$ wird, auf die linke Seite, auf die Bra-Seite gebracht, $\Sigma\mathbf{A}^*_{ij} * (\langle i|\langle j|)$, summiert über i und j .
Wir wollen die Reihenfolge ij dabei gleich lassen,
aus $|ij\rangle = |i\rangle|j\rangle$ wird also $\langle ij| = \langle i|\langle j|$.
Dem entspricht in Matrizendarstellung $(\langle i|)*\mathbf{A}^**(\langle j|)$.
Somit wird das Skalarprodukt formal zu $(\langle i|)*\mathbf{A}^**(\langle j|)*(|k\rangle)*\mathbf{B}*(|l\rangle)$
Als Linearkombinationen geschrieben, haben wir
$\Sigma\mathbf{A}^*_{ij}*(\langle i|\langle j|) * \Sigma\mathbf{B}_{kl}*(|k\rangle|l\rangle) = \Sigma\mathbf{A}^*_{ij}*\mathbf{B}_{kl}*\langle i|\langle j|*|k\rangle|l\rangle$ summiert über i,j,k,l
Die Abarbeitung der Einzelskalarprodukte erfolgt der Reihe nach, also zuerst i mit k, dann j mit l.
Somit nur wenn i=k und j=l ist, gilt $\langle i|\langle j|*|k\rangle|l\rangle = 1$, sonst =0, also ist das

Skalarprodukt = $(<i|)*A^{*}*(<j|) * (|k>)*B*(|l>) = \Sigma A^{*}_{ij}*B_{ij}$ summiert über i,j

Die Elemente der zweiten Matrix werden gewissermaßen über die komplex-konjugiert gemachten Elemente der ersten Matrix gelegt, je miteinander multipliziert und alles summiert.

Das Verfahren entspricht direkt dem normalen Skalarprodukt

$(A_{11}^{*} *<11| + A_{12}^{*} *<12| +\ldots) * (B_{11} *|11> + B_{12} *|12> +\ldots) =$

$= A_{11}^{*} * B_{11} + A_{12}^{*} * B_{12} + \ldots$

Die Zuordnung wird durch das „Übereinanderlegen“ der Elemente erreicht, dem die Summierung folgt.

Beispiel: Skalarprodukt von $|i>|\sigma_2|j>$ mit $|i|>\sigma_1|j>$

Die Elementprodukte # 0 sind

$\Sigma A^{*}_{ij}*B_{ij} = A^{*}_{12}*B_{12} + A^{*}_{21}*B_{21} = i*1+ (-i)*1 = 0$

Ist **A hermitesch**, **B** muss es nicht sein, so ist $A^{*}_{ij} = A_{ji}$, und wir haben dann

Skalarprodukt = $\Sigma A^{*}_{ij}*B_{ij} = \Sigma A_{ji}*B_{ij}$ = Spur(**A*B**) summiert über i,j

Das ist die Summe der Hauptdiagonalelemente des Matrizenprodukts von **A** mit **B**. nIst diese gleich 0, so sind die Vektoren orthogonal zueinander.

Beispiel: Skalarprodukt von $|i>|\sigma_3|j>$ mit $|i>\sigma_0|j>$ Die Spur ist 1*1+(-1)*1 = 0

Nun sind alle Pauli-Matrizen wie auch **die erweiterten Pauli-Matrizen** hermitesch, gehören also zu dieser Gruppe. Multipliziert man sie miteinander, so entstehen wieder Matrizen gleicher Art.

(Erweiterte) Pauli-Matrizen haben nun die Eigenschaft, dass deren Spur gleich 0 ist, außer den Einheitsmatrizen.

Bei den (erweiterten) Pauli-Matrizen gibt es jeweils nur σ_1 und σ_2, Analoges für höhere Dimensionen, die dieselben Element-Plätze belegen. Deren Produkt-Summe ist aber immer gleich 0,

z.B. $\sigma^{*}_2*\sigma_1 = \Sigma\, \sigma^{*}_{2ji} *\sigma_{1ji} = i*1 +(-i)*1$, siehe zuvor.

Die Nicht-Hauptdiagonalmatrizen haben in der Hauptdiagonale nur Nullen. Multipliziert mit einer Hauptdiagonalmatrix, kann es bei Spurbildung nur 0 ergeben.

Verschiedene Hauptdiagonalmatrizen ergeben im Produkt ebenfalls nur 0, gemäß ihrer Definition. Denn die größere (mit mehr Elementen # 0 in der Diagonale) hat an den besetzten Stellen der kleineren (weniger Elemente # 0) nur Einsen stehen. Die kleinere hat in den folgenden Elementen ansonsten nur Nullen. Beispiele:

Die U3-Matrizen λ_3 = (1,-1,0) und λ_8 = (1,1,-2)

ergeben 1*1+(-1)*1+0*(-2) = 0 ,

weiterhin $\lambda_0 = (1,1,1)$ ergibt mit λ_8 $1*1 + 1*1 + 1*(-2) = 0$
Damit ist bewiesen, dass die mittels der auch **erweiterten Pauli-Matrizen** gebildeten **Ortsbasisvektoren** orthogonal zueinander sind, also ein Orthogonalsystem bilden .
Bei den gewöhnlichen Pauli-Matrizen sind es 4 Basisvektoren, bei der **U**3, den erweiterten Pauli-Matrizen der Dimension 3, sind es 9 Basisvektoren, usw. Das betrifft also nicht nur die Dimension 2 oder 3, sondern auch jede höhere Dimension. Also für jede $\mathbf{U_n}$ kann man ein derartiges Orts-Basisvektor-System errichten.

Das **Normquadrat** ist $\mathbf{\Sigma A^*_{ij} * A_{ij}}$ und
wenn **A** hermitesch ist = $\mathbf{\Sigma A_{ji} * A_{ij}}$ = Spur(**A*A**)
Bei allen Pauli-Matrizen ist
das Normquadrat = $Spur(\sigma_\mu * \sigma_\mu) = Spur(\sigma_0) = 2$ $\mu=1,2,3$ oder 0

20.3 Allgemeines Umsetzverfahren von Linearkombinationen mit Paar-Vektoren einerseits und Matrizen-Vektoren andererseits

Gegeben sei eine **Linearkombination** $\mathbf{\Sigma a_{ij} * |i\rangle |j\rangle}$, also mit Basisvektoren $|ij\rangle$.
Diese soll nun auf eine **Linearkombination mit Matrizen-Basis-Vektoren** $\mathbf{|m\rangle \lambda_\alpha |n\rangle}$ umgesetzt werden.
Es soll also gelten die Beziehung $\mathbf{\Sigma a_{ij} * |i\rangle |j\rangle = \Sigma x_\alpha * |m\rangle \lambda_\alpha |n\rangle}$
mit noch unbekannten x_α . Summation über alle Indizes
Dazu multiplizieren wir beide Seiten von links mit dem Bra-Vektor $\langle k|\lambda^*_\beta \langle l|$ je **β fix**
Dieser ist gleich, siehe oben, $\langle k|\lambda^*_\beta \langle l| = \Sigma \lambda^{*\,kl}_\beta \langle k|\langle l|$
Und so haben wir links $\Sigma a_{ij} * \langle k|\lambda^*_\beta \langle l| * |i\rangle |j\rangle = \Sigma a_{ij} * \Sigma \lambda^{*\,kl}_\beta \langle k|\langle l| * |i\rangle |j\rangle$
Es gibt nur einen Beitrag, wenn i=k und j=l ist,
also haben wir links $\mathbf{\Sigma a_{ij} * \lambda^{*\,ij}_\beta}$
Wir haben rechts $\Sigma x_\alpha * \langle k|\lambda^*_\beta \langle l| * |m\rangle \lambda_\alpha |n\rangle = x_\beta * Spur(\lambda_\beta * \lambda_\beta)$
Alle anderen Skalarprodukte , also für α#β , sind gleich 0, weil die Matrix-Vektoren orthogonal zueinander sind.
Weil die λ-Matrizen hermitesch sind, ist $\mathbf{\lambda^{*\,ij}_\beta = \lambda_\beta^{ji}}$
Zur **Ermittlung von $\mathbf{x_\beta}$** haben wir also die Beziehung
$\boxed{\mathbf{\Sigma a_{ij} * \lambda_\beta^{ji} = x_\beta * Spur(\lambda_\beta * \lambda_\beta)}}$ Dabei wird über i,j summiert.
Für jedes β steht so eine Beziehung . $Spur(\lambda_\beta * \lambda_\beta) = 2$ siehe auch 21.2 Ende

Im Prinzip haben wir das Skalarprodukt nachgeahmt. Man kann auch $\Sigma a_{ij}^*|i\rangle\lfloor j\rangle$ als Matrix-Vektor auffassen und damit das Skalarprodukt bilden, was sofort zum Ergebnis führt.

Man kann also jeglichen Matrix-Vektor $\Sigma a_{ij}^*|i\rangle\lfloor j\rangle$ nach orthogonalen Ortsbasisvektoren $|m\rangle\lambda_\beta\,|n\rangle$ zerlegen analog wie man einen Vektor in eine Linearkombination orthogonaler Basisvektoren auffächern kann.

Beispiel:

Es sei $a_{11} = 1$ und alle anderen ist $a_{ij} = 0$ **ij**=11 , Gesucht werden die x_i mit

$|11\rangle = x_1^*|m\rangle\boldsymbol{\sigma_1}|n\rangle + x_2^*|m\rangle\boldsymbol{\sigma_2}|n\rangle + x_3^*|m\rangle\boldsymbol{\sigma_3}|n\rangle + x_0^*|m\rangle\boldsymbol{\sigma_0}|n\rangle$

Es ist $\mathrm{Spur}(\sigma_\beta^*\sigma_\beta) = 2$ für jedes β

Somit sind die Beziehungen (seitenvertauscht) der Reihe nach

für β =1, 2, 3 und 0

$2^*x_1 = 1^*\boldsymbol{\sigma_1}^{11}$ $2^*x_2 = 1^*\boldsymbol{\sigma_2}^{11}$ $2^*x_3 = 1^*\boldsymbol{\sigma_3}^{11}$ $2^*x_0 = 1^*\boldsymbol{\sigma_0}^{11}$

Es ist $\boldsymbol{\sigma_1}^{11} = 0$ $\boldsymbol{\sigma_2}^{11} = 0$ $\boldsymbol{\sigma_3}^{11} = 1$ $\boldsymbol{\sigma_0}^{11} = 1$

Also ist das Ergebnis $|11\rangle = ½^*[|m\rangle\boldsymbol{\sigma_3}|n\rangle + |m\rangle\boldsymbol{\sigma_0}|n\rangle]$

Weiteres Beispiel:

Es sei $a_{12} = 1$ und alle anderen ist $a_{ij} = 0$ **ij**=12 , Gesucht werden die x_i mit

$|12\rangle = x_1^*|m\rangle\boldsymbol{\sigma_1}|n\rangle + x_2^*|m\rangle\boldsymbol{\sigma_2}|n\rangle + x_3^*|m\rangle\boldsymbol{\sigma_3}|n\rangle + x_0^*|m\rangle\boldsymbol{\sigma_0}|n\rangle$

Somit $2^*x_1 = 1^*\boldsymbol{\sigma_1}^{21} = 1$ $2^*x_2 = 1^*\boldsymbol{\sigma_2}^{21} = i$

$2^*x_3 = 1^*\boldsymbol{\sigma_3}^{21} = 0$ $2^*x_0 = 1^*\boldsymbol{\sigma_0}^{21} = 0$

Also ist das Ergebnis $|12\rangle = ½^*[|m\rangle\boldsymbol{\sigma_1}|n\rangle + i^*|m\rangle\boldsymbol{\sigma_2}|n\rangle]$

Nachrechnen: $|m\rangle\boldsymbol{\sigma_1}|n\rangle = |12\rangle+|21\rangle$ $|m\rangle\boldsymbol{\sigma_2}|n\rangle = -i^*|12\rangle + i^*|21\rangle$

$½^*[(|12\rangle + |21\rangle) + i^*(-i^*|12\rangle + i^*|21\rangle)] = |12\rangle$

Weiteres Beispiel:

Es sei $a_{21}=1$ und alle anderen ist $a_{ij} = 0$ **ij**=21 , Gesucht werden die x_i mit

$|21\rangle = x_1^*|m\rangle\boldsymbol{\sigma_1}|n\rangle + x_2^*|m\rangle\boldsymbol{\sigma_2}|n\rangle + x_3^*|m\rangle\boldsymbol{\sigma_3}|n\rangle + x_0^*|m\rangle\boldsymbol{\sigma_0}|n\rangle$

Gemäß Beziehung $x_\beta^*\mathrm{Spur}(\lambda_\beta^*\lambda_\beta) = \Sigma a_{ij}^*\lambda_\beta^{ji}$ β je fix, folgt

Somit $2^*x_1 = 1^*\boldsymbol{\sigma_1}^{12} = 1$ $2^*x_2 = 1^*\boldsymbol{\sigma_2}^{12} = -i$

$2^*x_3 = 1^*\boldsymbol{\sigma_3}^{12} = 0$ $2^*x_0 = 1^*\boldsymbol{\sigma_0}^{12} = 0$

Also ist das Ergebnis $|21\rangle = ½^*[|m\rangle\boldsymbol{\sigma_1}|n\rangle - i^*|m\rangle\boldsymbol{\sigma_2}|n\rangle]$

Nachrechnen: $|m\rangle\boldsymbol{\sigma_1}|n\rangle = |12\rangle+|21\rangle$ $|m\rangle\boldsymbol{\sigma_2}|n\rangle = -i^*|12\rangle + i^*|21\rangle$

$½^*[(|12\rangle + |21\rangle) - i^*(-i^*|12\rangle + i^*|21\rangle)] = |21\rangle$

20.4 Die Wirkungen von Operatoren auf Vektoren in Matrizenform

Wir wollen zunächst das **Analogon zu p_i*(S_i+R_i)*(A_ν)** studieren, mit (A_ν) = $(\mathbf{A},A_0)$.

Der Vektor (A_ν) wird als ein Ortsvektor über die Ortsbasisvektoren dargestellt:

$(\mathbf{A},A_0) = A_1*|r_1> + A_2*|r_2> + A_3*|r_3> + A_0*|r_0>$

Dabei sind $|r_\mu> = 2^{-1/2}*(|i>)*\boldsymbol{\sigma}_\mu*i\boldsymbol{\sigma}_2(|j>)$ mit μ =1,2,3,0 die Basisvektoren in Matrizenform.

Anstelle von $p_i*(S_i+R_i)*(A_\nu)$ tritt $p_i*\boldsymbol{\sigma}_i*(A_\nu)$ Summation über i = 1,2,3

Wir haben dann , summiert über i,j = 1,2,3

$(|i>)*[p_i*\boldsymbol{\sigma}_i* A_j\boldsymbol{\sigma}_j + p_i*\boldsymbol{\sigma}_i*A_0\boldsymbol{\sigma}_0] *i\boldsymbol{\sigma}_2(|j>) =$

$(|i>)*[p_i*A_i*\boldsymbol{\sigma}_i*\boldsymbol{\sigma}_i + 1/2*(p_i*A_j*\boldsymbol{\sigma}_i*\boldsymbol{\sigma}_j + p_j*A_i*\boldsymbol{\sigma}_j*\boldsymbol{\sigma}_i)+p_i*A_0\boldsymbol{\sigma}_i]*i\boldsymbol{\sigma}_2(|j>) =$

$(|i>)* [p_i*A_i*\boldsymbol{\sigma}_i*\boldsymbol{\sigma}_i + 1/2*(\boldsymbol{\sigma}_i*\boldsymbol{\sigma}_j*(p_i*A_j - p_j*A_i) \quad + p_i*A_0\boldsymbol{\sigma}_i]*i\boldsymbol{\sigma}_2(|j>) =$

Beispiel: $\sigma_1*\sigma_2*p_1*A_2 + \sigma_2*\sigma_1*p_2*A_1 = \sigma_1*\sigma_2*(p_1*A_2 - p_2*A_1)$

weil $\sigma_2*\sigma_1= - \sigma_1*\sigma_2$

Die Schiefsymmetrie von $\sigma_i*\sigma_j$ bezüglich i,j bewirkt dieselbe für $(p_i*A_j - p_j*A_i)$

Es ist $\boldsymbol{\sigma}_i*\boldsymbol{\sigma}_j = i*\varepsilon_{ijk}*\boldsymbol{\sigma}_k$ z.B. $\sigma_1*\sigma_2 = i*\varepsilon_{123}*\sigma_3 = \sigma_3$,

aber $\sigma_2*\sigma_1 = i*\varepsilon_{213}*\sigma_3 = -\sigma_3$

ε_{ijk}= 0 per Definition, wenn i gleich j ist.

$= (|i>)* [p_iA_i*\boldsymbol{\sigma}_0 + i/2*(\varepsilon_{ijk}*\boldsymbol{\sigma}_k*(p_i*A_j - p_j*A_i) \quad + p_i*A_0\boldsymbol{\sigma}_i] *i\boldsymbol{\sigma}_2(|j>) =$

$= \mathbf{p}*\mathbf{A}*|r_0> \qquad + i/2*\varepsilon_{ijk}*(p_i*A_j - p_j*A_i)* |r_k> + p_k*A_0*|r_k>$

Der erste Term, gleich **p*A**, entspricht div**A** , von Faktoren abgesehen, der zweite rot**A**. Ist z.B k=3, so ist es die Komponente $(p_1*A_2 – p_2*A_1)$.

Der dritte Term entspricht, vom Faktor abgesehen, gradA_0 .

> Wie man sieht, besteht die Methode darin, die Halb-Basisvektoren |i> bzw |j> links und rechts, ganz nach links bzw rechts zu verschieben und in der Mitte alle Operationen auszuführen. Erst am Ende werden sie wieder herein gezogen.

Nun betrachten wir das **Analogon zu p_0*(S_0+R_0)*(A_ν)**, nämlich$p_0*\boldsymbol{\sigma}_0*(A_\nu)$

$(|i>) p_0*\boldsymbol{\sigma}_0*A_\nu\boldsymbol{\sigma}_\nu*i\boldsymbol{\sigma}_2(|j>) =$

$= p_0*A_j *(|i>)\boldsymbol{\sigma}_0*\boldsymbol{\sigma}_j*i\boldsymbol{\sigma}_2(|j>) + p_0*A_0*(|i>)*\boldsymbol{\sigma}_0*i\boldsymbol{\sigma}_2(|j>) =$

$= p_0*A_j*|r_j> \qquad + p_0*A_0*|r_0>$

Der erste Term entspricht $\partial\mathbf{A}/\partial t$, der zweite $\partial A_0/\partial t$.

Nun allgemein: So wie mit Matrizen jede Linearkombination über |ij> nachgestellt werden kann, kann man durch Anwenden der Operatoren, hier eine Linearkombination über die σ_μ , jegliche andere Linearkombination über |ij> daraus erzeugen. Dabei genügt es offenbar, dass die Operatoren, die Matrizen nur auf die rechten $|j>$ einwirken. Darauf beruht das Verfahren. So braucht man hier keine 4x4-Matrizen, sondern kommt mit 2x2-Matrizen aus.

Wir haben also

dieselbe Algebra auf zwei verschiedenen Ebenen

Ebene1	Ebene2
n*n Basisvektoren $r_\nu = (|i>)\lambda_k(|j>)$ der Dimension n	n*n elementare Basisvektoren $r_\nu = (..,1,..)$ der Dimension n*n
Operative Matrizen λ_μ der Dimenion n*n	Ausgewählte Matrizen der Dimension (n*n) * (n*n)

Bezüglich der Überführung der operativen Matrizen siehe Beispiel in Kapitel 20.1 ($\sigma_\mu \Leftrightarrow (S_\mu+R_\mu)$)

20.5 Die Maxwell-Gleichungen, dargestellt über Matrizen-Basis-Vektoren

Analog zu $(c\mathbf{p}(\mathbf{S}+\mathbf{R}))^2*(\mathbf{A},A_0) = (p_0)^2*(\mathbf{A},A_0)$ lauten sie

$$c^2*(|i>)\ p_i\sigma_i*[p_j\sigma_j*A_l\boldsymbol{\sigma}_l + p_j*\sigma_j*A_0\boldsymbol{\sigma}_0]*(i\boldsymbol{\sigma}_2|j>) =$$
$$= (|i>)p_0\sigma_0*[p_0\sigma_0*A_i\boldsymbol{\sigma}_i + p_0*A_0*\boldsymbol{\sigma}_0]*(i\boldsymbol{\sigma}_2|j>)$$

Es werden jeweils die Komponenten 1,2,3 getrennt von der Komponente 0 behandelt. Summiert wird über i, j ,l =1,2,3

Die als Operator auftretenden Terme wurden rot eingefärbt.

Bem.: Die Indizes i,j im Inneren haben nichts zu tun mit denen bei $|i>$, $|j>$.

Die linke Seite ist, siehe zuvor, summiert über i,j,k

$$c^2*(|i>)\{p_i\boldsymbol{\sigma}_i*[p_j*A_j*\boldsymbol{\sigma}_0 + i/2*(\varepsilon_{jlk}*\sigma_k*(p_j*A_l - p_l*A_j) + p_j*A_0*\boldsymbol{\sigma}_j]\ \}*i\boldsymbol{\sigma}_2(|j>) =$$

Es ist $B_k = i/2*(\varepsilon_{jlk}*(p_j*A_l - p_l*A_j)$ bei Summation über i,j ,die Komponente k der magnetischen Feldflussstärke, dann ist

$$= c^2*\ (|i>)\ p_i\boldsymbol{\sigma}_i*[p_j*A_j*\boldsymbol{\sigma}_0 + B_k*\sigma_k + p_j*A_0*\boldsymbol{\sigma}_j]*i\boldsymbol{\sigma}_2(|j>) =$$

Die Lorentzkonvention $p_j*A_j = 1/c^2*p_0*A_0$ kommt von außen hinzu, somit

$$= c^2*\ (|i>)\ p_i\boldsymbol{\sigma}_i*[1/c^2*p_0*A_0*\boldsymbol{\sigma}_0 + B_k*\boldsymbol{\sigma}_k + p_j*A_0*\boldsymbol{\sigma}_j]*i\boldsymbol{\sigma}_2(|j>) =$$
$$= c^2*\ (|i>)\ p_i*1/c^2*p_0A_0*\boldsymbol{\sigma}_i + p_i*B_k*\boldsymbol{\sigma}_i*\boldsymbol{\sigma}_k + p_i*p_jA_0*\boldsymbol{\sigma}_i*\boldsymbol{\sigma}_j*i\boldsymbol{\sigma}_2(|j>) =$$

der Term $\Sigma_{ij}\ p_i*p_j*A_0*\boldsymbol{\sigma}_i*\boldsymbol{\sigma}_j$ mit i#j ist 0, weil $\sigma_i*\sigma_j+\sigma_j*\sigma_i=0$ für i#j

$$= c^2*(|i>)\ \{1/c^2*p_0*p_iA_0*\boldsymbol{\sigma}_i + p_i*B_k*\sigma_i*\sigma_k + p_i*p_iA_0*\boldsymbol{\sigma}_i*\boldsymbol{\sigma}_i\ \}*i\boldsymbol{\sigma}_2(|j>)$$
$$= c^2*(|i>)\ \{1/c^2*p_0*p_iA_0*\boldsymbol{\sigma}_i + p_i*B_k*\sigma_i*\sigma_k + p_i*p_i*A_0*\boldsymbol{\sigma}_0\ \}\ *i\boldsymbol{\sigma}_2(|j>) =$$
$$= c^2*(|i>)\ *$$
$$*\{1/c^2*p_0*p_iA_0*\boldsymbol{\sigma}_i + i/2*\varepsilon_{ikj}*\boldsymbol{\sigma}_j*(p_i*B_k - p_k*B_i) + p_i*p_i*A_0*\boldsymbol{\sigma}_0\ \}*i\boldsymbol{\sigma}_2(|j>)=$$
$$= c^2*\ (|i>)\ *$$
$$*\{1/c^2*p_0*p_iA_0*\boldsymbol{\sigma}_i + i/2*\varepsilon_{jki}*\boldsymbol{\sigma}_i*(p_j*B_k - p_k*B_j) + p_i*p_i*A_0*\boldsymbol{\sigma}_0\ \}*i\boldsymbol{\sigma}_2(|j>)\ \textbf{links}$$

Letzte Zeile Indexanpassung

Rechts

$(|i>)\{p_0*p_0A_i\boldsymbol{\sigma_i} + p_0*p_0A_0\boldsymbol{\sigma_0}\}*i\boldsymbol{\sigma_2}(\lfloor j>) =$

$= (|i>)\{p_0*(p_0A_i\boldsymbol{\sigma_i} + p_0A_0\boldsymbol{\sigma_0})\}*i\boldsymbol{\sigma_2}(\lfloor j>)$

Somit links und rechts für i=1,2,3 :

$c^2*(|i>)\ \{ i/2*\varepsilon_{ijk}*\boldsymbol{\sigma_i}*(p_j*B_k - p_k*B_j)\}*i\boldsymbol{\sigma_2}(\lfloor j>) =$

$= (|i>)\{ p_0*(p_0A_i - p_iA_0)\boldsymbol{\sigma_i}\}*i\boldsymbol{\sigma_2}(\lfloor j>)$

und für i=0 :

$c^2*(|i>)\ \{p_i*p_i*A_0*\boldsymbol{\sigma_0}\ *i\boldsymbol{\sigma_2}(\lfloor j>)\} = (|i>)\{ p_0*p_0A_0\boldsymbol{\sigma_0})\}\ *i\boldsymbol{\sigma_2}(\lfloor j>)$

Ist der Gesamtausdruck gleich 0, dann muss jeder "Koeffizient" zu einem Ortsbasisvektor gleich 0 sein. Also gibt es pro Orts-Basisvektor $(|i>)\boldsymbol{\sigma_i}*i\boldsymbol{\sigma_2}(\lfloor j>)$ bei i=1,2,3 bzw $(|i>)\boldsymbol{\sigma_0}*i\boldsymbol{\sigma_2}(\lfloor j>)$ bei i=0 eine Gleichung. Auf diese Weise wird die Gesamtgeichung in vier Gleichungen zerlegt.

Es ist $E_i = i*p_0A_i - i* p_i*A_0$ die i-te Komponente der elektrischen Feldstärke, es ist $(\mathrm{rot}\mathbf{B})_i = i/2*\varepsilon_{jki}*(p_j*B_k - p_k*B_j)$ summiert über j,k, i je fix

Die Gleichungen für i =1,2,3 sind so

$c^2*(|i>)\ i/2*\varepsilon_{jki}*\boldsymbol{\sigma_i}*(p_j*B_k - p_k*B_j)\ *i\boldsymbol{\sigma_2}(\lfloor j>) =$

$= (|i>)\ p_0*1/i*E_i*\boldsymbol{\sigma_i}\ *i\boldsymbol{\sigma_2}(\lfloor j>)$ für i=1,2,3

Die Gleichung für i=0 ist

$c^2*(|i>)\ p_i*p_i*A_0*\boldsymbol{\sigma_0}\ *i\boldsymbol{\sigma_2}(\lfloor j>) = (|i>)\ (p_0*p_0A_0\boldsymbol{\sigma_0})\ *i\boldsymbol{\sigma_2}(\lfloor j>)$ für i=0

Oder $c^2*\mathrm{rot}\mathbf{B} = \partial\mathbf{E}/\partial t$ 3 Gleichungen

denn $p_i \Rightarrow 1/i*\partial/\partial x_i$ und $p_0 \Rightarrow i*\partial/\partial t$

Sowie $c^2*\mathrm{divgrad}A_0 = \partial^2 A_0/\partial t^2$ 1 Gleichung

---

Den Strom kann man hinzufügen, indem man bei der μ-ten Gleichung rechts $\sim j_\mu*(|i>)*\sigma_\mu*i\sigma_2(\lfloor j>)$ hinschreibt oder bei der vereinigten Gleichung deren Summe.

Es ist erstaunlich, dass man mit den $\boldsymbol{\sigma_\mu}$-Matrizen allein die MW-Gleichungen ableiten kann. Nun wir haben zum einen Spin-½-½-Paare als Basisvektoren (Ortsvektoren), die wir in Matrizenform darstellen können. Es sind 2*2 = 4 Basisvektoren , genauso viele wie es σ–Matrizen gibt. Dieselben 4 Matrizen können wir aber auch als Operatoren benutzen. Mit einer Linearkombination über reelle Parameter , hier p_μ , kann jede hermitesche 2*2-Matrix dargestellt werden. Wirkt eine σ–Matrix als Operator auf eine σ–Matrix als Basisvektor ein (Multiplikation) , so ist zunächst ein Matrizenpaar da, das

sich aber wieder auf eine Matrix, (im allgemeinen U_n-Fall auf mehrere Matrizen) , reduzieren lässt. So entsteht wieder ein Basisvektor (im allgemeinen gegebenenfalls eine Linearkombination von Basisvektoren).
So kann man also alle 4 Basisvektoren händeln.
Außerdem werden dabei automatisch die schiefsymmetrischen Ausdrücke für die Feldstärken mittels $\sigma_\mu * \sigma_\nu$ –Paare , als deren Verursacher, generiert, wie wir gesehen haben.

---

21. Spin-½-½-Systeme mit Selbstwechselwirkung

Es wird angenommen, die Potentiale ($\mathbf{A}$,A_0) wirken wechselseitig auf Grund einer eindimensionalen oder mehrdimensionalen Farbladung, also nicht elektromagnetisch, auf sich ein . Das Wort Farbe steht für die neue Art der Wechselwirkung, ist also ein Kunstname. Um die Rechnungen zu vereinfachen, setzen wir hier c=1 und $\mu_0 = 1$, $\varepsilon_0 = 1$

21.1 Eindimensionale Selbstwechselwirkung

Die Ausgangsgleichung lautet, siehe Kapitel 19 :
$(\mathbf{p}(\mathbf{S}+\mathbf{R}))^2 * (\mathbf{A},A_0) = (p_0)^2 * (\mathbf{A},A_0)$
So wie das Diracfeld an ein Maxwell-Feld ankoppeln kann, d.h. z.B. Elektronen wechselwirken mit elektrischen und magnetischen Feldern, wollen wir nun das Maxwell-Feld an sich selbst ankoppeln, also mit sich selbst wechselwirken lassen.
Wir machen denselben Ansatz der minimalen Substitution wie dort, indem wir in der Gleichung die Potentiale bei $\mathbf{p}$ und p_0 unterbringen, also
$[(\mathbf{p} - g*\mathbf{A})(\mathbf{S}+\mathbf{R})]^2 * (\mathbf{A},A_0) = (p_0 - g*A_0)^2 * (\mathbf{A},A_0)$
g ist die Farb-Koppelungskonstante
Zu ihrer Lösung verpacken wir die neuen Ausdrücke, indem wir setzen:
$\mathbf{q} = (\mathbf{p} - g*\mathbf{A})$ und $q_0 = (p_0 - g*A_0)$ und
haben so $(\mathbf{q}(\mathbf{S}+\mathbf{R}))^2 * (\mathbf{A},A_0) = (q_0)^2 * (\mathbf{A},A_0)$
Damit ist die neue Gleichung wieder formgleich der Ausgangsgleichung und wir können uns deren Lösungen bedienen.
Die neuen Feldstärken sind dann
$\mathbf{B} = i*(\mathbf{q} \times \mathbf{A}) = i*(\mathbf{p} - g*\mathbf{A}) \times \mathbf{A} = i*\mathbf{p} \times \mathbf{A} - i*g*\mathbf{A} \times \mathbf{A} = i*(\mathbf{p} \times \mathbf{A})$
also wie zuvor
$\mathbf{E} = i*q_0*\mathbf{A} - i*\mathbf{q}A_0 = i*(p_0 - g*A_0)*\mathbf{A} - i*(\mathbf{p} - g*\mathbf{A})A_0 =$
$= i*p_0*\mathbf{A} - i*\mathbf{p}A_0 + (-i*g*A_0*\mathbf{A} + i*g*\mathbf{A}*A_0) = i*(p_0*\mathbf{A} - \mathbf{p}A_0)$
also wiederum wie zuvor
Die sich errechnenden Feldstärken **B** und **E** sind also formal genauso, als wäre die Selbstwechselwirkung nicht da.

Nun schreiben wir die Maxwellgleichung, ausgedrückt über die Feldstärken, erneut hin:
$i^*\mathbf{q} \times \mathbf{B} = -i^*q_0^*\mathbf{E}$ Im Standard-Fall ist das $\mathrm{rot}\mathbf{B} = \partial\mathbf{E}/\partial t$
oder $i^*(\mathbf{p} - g^*\mathbf{A}) \times \mathbf{B} = -i^*(p_0 - g^*A_0)^*\mathbf{E}$ oder
oder $i^*(\mathbf{p} \times \mathbf{B}) + i^*p_0^*\mathbf{E} = i^*g^*\mathbf{A} \times \mathbf{B} + i^*g^*A_0^*\mathbf{E}$
Links haben wir die bisherigen Terme, rechts die Zusatzterme.
Die rechts auftretenden Zusatzterme sind
$i^*g^*\mathbf{A} \times \mathbf{B} = - g^*\mathbf{A} \times (\mathbf{p} \times \mathbf{A})$
$i^*g^*A_0^*\mathbf{E} = - g^*A_0^*(p_0^*\mathbf{A} - \mathbf{p}A_0)$
Die Lorentzkonvention ist $\mathbf{q}^*\mathbf{A} = q_0^*A_0$
oder $(\mathbf{p}-g^*\mathbf{A})^*\mathbf{A} = (p_0 - g^*A_0)^*A_0$
oder $\mathbf{p}^*\mathbf{A} - p_0^*A_0 = g^*\mathbf{A}^*\mathbf{A} - g^*A_0^*A_0$ Rechts sind die Zusatzterme
Drücken wir die **Gleichung durch die Feldstärkematrix** aus,
analog zu $i^*p^\mu *F_{\mu\nu} = j_\nu$
mit $F_{\mu\nu} = -i^*(p_\mu^*A_\nu - p_\nu^*A_\mu)$ und $(p^\mu) = (p_1\ \ p_2\ \ p_3\ \ -p_0)$
Ersetzen wir
p^μ durch $q^\mu = (p^\mu - g^*A^\mu)$ mit $(q^\mu) = (q_1\ \ q_2\ \ q_3\ \ -q_0)$
und $(A^\mu) = (A_1\ \ A_2\ \ A_3\ \ -A_0)$,
so erhalten wir für die Feldstärkematrix
$-F_{\mu\nu} = i^*(q_\mu^*A_\nu - q_\nu^*A_\mu) = i^*(p_\mu^*A_\nu - p_\nu^*A_\mu) - i^*g^*(A_\mu^*A_\nu - A_\nu^*A_\mu) =$
$= i^*(p_\mu^*A_\nu - p_\nu^*A_\mu)$ sie ändert sich also nicht,
und für die Gleichung
$i^*q^\mu *F_{\mu\nu} = j_\nu$ nach Einsetzen $i^*p^\mu *F_{\mu\nu} - i^*g^*A^{\mu *}F_{\mu\nu} = j_\nu$
Es tritt also zusätzlich ein Wechselwirkungsterm auf, der die Gleichung nichtlinear macht. Ein vorläufiges Ergebnis. Siehe unten, die Gluongleichung.

21.2 Mehrdimensionale Selbstwechselwirkung, die Gluon-Gleichung

Über Wechselwirkung allgemein

Wir beginnen mit einer Betrachtung über Wechselwirkung.
Unterstellt, die Diracgleichung und Maxwellgleichung wäre eindimensional, so würde man die WW des Maxwell-Potentials A mit dem Dirac-Spinor durch $e^*A^*\phi$ angeben, also das Produkt der beiden Felder. Angenommen, beide Gleichungen wären zweidimensional, die Weyl-Gleichung ist es, so wird aus A eine zweidimensionale hermitische Matrix und aus ϕ ein zweidimensionaler Spinor. Hermitesch, weil auch die anderen Teile der Gleichung hermitesch sind. Analoges haben wir in der Vektorrechnung und Geometrie. Die Änderung eines Vektors erfolgt durch Multiplikation mit einer Matrix. Endlich dimensionierte hermitesche Matrizen können nun als Linearkombination von

Basismatrizen dargestellt werden, welche im Zweidimensionalen die Paulimatrizen sind, also Matrix $A = A_1*\sigma_1 + A_2*\sigma_2 + A_3*\sigma_3 - A_0*\sigma_0$.
Diese Matrizen bringen auch die raumzeitliche Orientierung zum Ausdruck. Der mit 1 indizierte Anteil bezieht sich auf die x-Achse, der mit 2 auf die y-Achse, der mit 3 auf die z-Achse und der mit 0 auf die Zeit(achse).
Entsprechend sind dann die **Koeffizienten** dieser Darstellung,
also A_1, A_2, A_3, A_0, als die **Potentiale** bezüglich dieser Achsen zu werten.

Der Diracfall

Dasselbe gilt im Diracfall. Die raumzeitlich orientierten Diracmatrizen
sind $\alpha_i = \tau_1*\sigma_i$ und $\alpha_0 = \tau_0*\sigma_0$, wobei die σ_i die räumliche Orientierung vorgeben. Wenn nun die Ankoppelung unabhängig von der Masse m ist und im Grenzfall m => 0 die Gleichung in zwei zweidimensionale Weyl-Gleichungen zerfällt, so ist wie da die WW-Matrix nur zweidimensional und es genügt die angegebene Darstellung von A mittels der Paulimatrizen mit vier Potentialen A_i, die sich bezüglich der Vorzeichen an den Impulsoperatoren p_i und dem Energieoperator p_0 anlehnen. Die Koppelungsmatrix ist also hier
$A = \tau_1*A_1\sigma_1 + \tau_1*A_2\sigma_2 + \tau_1*A_3\sigma_3 - \tau_0*A_0\sigma_0 =$
$= A_1*\alpha_1 + A_2*\alpha_2 + A_3*\alpha_3 - A_0*\alpha_0$
Das ist analog zum Impuls-Energie-Teil, der lautet,
$p_1*\alpha_1 + p_2*\alpha_2 + p_3*\alpha_3 - p_0*\alpha_0$. Deswegen kann man die Ankoppelung so schreiben, als würde man in der freien Gleichung, also in der Gleichung ohne WW-Term, p_μ gegen $p_\mu - eA_\mu$ austauschen.
Also aus $(p_i*\alpha_i\,\psi + m*\beta)\psi = p_0*\alpha_0\,\psi + e*(A_i*\alpha_i - A_0*\alpha_0)\psi$ mit dem WW-Term extra, wird durch Zusammenziehen
$(p_i - e*A_i)*\alpha_i\,\psi + m*\beta\psi = (p_0 - e*A_0)*\alpha_0\,\psi$
Das nennt man die **minimale Substitution**.

Farbankoppelung

Die die WW bewirkende Koppelungsmatrix A kann sich auch auf einen Produktraum beziehen. Als Beispiel: Raum1 sei die U2, Raum2 die U3. Wie wir gesehen haben, kommen wir zu den Potentialen, indem wir die Matrix A nach Basismatrizen zerlegen und **deren Koeffizienten als Potentiale** deuten. Bei der Zerlegung tritt dann hier das kartesische Produkt der jeweiligen Basismatrizen auf, wie schon öfter gesagt, wobei jeder Produktterm einen gemeinsamen Koeffizienten hat, nicht ein Produkt der Koeffizienten der einzelnen Räume.
Seien die Basismatrizen von Raum1 die Paulimatrizen, die von Raum2 die Matrizen der U3. Dann ist die Zerlegung
$A = A^1{}_1*\sigma_1\lambda_1 + A^2{}_1*\sigma_1\lambda_2 + \ldots + A^1{}_2*\sigma_2\lambda_1 + \ldots + A^0{}_0*\sigma_0\lambda_0$

Der untere Index bei den A-Koeffizienten beziehe sich als auf Raum1 mit Werten 1,2,3,0, der obere auf Raum2 mit Werten 1,2,…,7,8,0 .
So gibt es also in diesem Fall 4*9 Potentiale. Auch hier kann man den WW-Term in Form der minimalen Substitution schreiben,d.h. benachbart zu den p_μ .
Nun kennen die p_μ nur den realen Orts-Zeit-Raum, zudem auch die Paulimatrizen als Spinmatrizen korrelieren, nicht aber andere Räume wie etwa die U3. So muss man ihn mit einer entsprechenden Einheitsmatrix aufweiten.
Wir haben also den Impulsterm $\sigma_\mu\lambda_0{*}p_\mu{*}\psi$ einerseits und den WW-Term $\Sigma A^\nu{}_\mu{*}\sigma_\mu\lambda_\nu{*}\psi$,über ν summiert andererseits, μ je fix,
und in der Zusammenfassung $\sigma_\mu{*}(\lambda_0{*}p_\mu - g{*}\Sigma A^\nu{}_\mu{*}\lambda_\nu)\psi$, die minimale Substitution.Beziehen wir uns auf die **Diracgleichung**, so wird σ_μ gegen α_μ getauscht, wie wir zuvor gesehen haben. Die so aufgebaute Gleichung

$$[\alpha_\mu{*}(\lambda_0{*}p_\mu - g/2{*}\,\Sigma A^\nu{}_\mu{*}\lambda_\nu) + m{*}\beta\lambda_0]\psi = \alpha_0{*}(\lambda_0{*}p_0 - g/2{*}\Sigma A^\nu{}_0{*}\lambda_\nu)\psi$$

kann genutzt werden für die Beschreibung von Quarks (ψ), die an Gluonen ($A^\mu{}_\nu$) ankoppeln. g ist die zugehörige Koppelungskonstante.
Die Dimension des Spinors ψ ist 4*3, weil die Diracgleichung von Haus aus vierdimensional und die U3-Matrizen λ dreidimensional sind.
Diese Ankoppelung meint nicht die elektromagnetischen WW, Koppelungskonstante e, sondern hat zu tun mit der dreidimensionalen so genannten Farbladung, Koppelungskonstante g. Man vergibt gern die Farben rot, grün, blau, entsprechend den Indexes 1,2,3, obwohl die Namensgebung und Zuordnung rein willkürlich ist. Es ist üblich, $g/2{*}\lambda_\nu$ bzw $g{*}\lambda_\nu/2$ zu schreiben.

Die Gluon-Gleichung

Die Gluonen unterliegen ihrerseits einer Gleichung, die analog zur Maxwell-Gleichung aufgebaut ist. So wie man ein Photon als ein Spin-1/2-1/2-System auffassen kann, so wollen wir ein Gluon zusätzlich als ein Doppelsystem von zwei Farbladungen auffassen, also mit den Basisvektoren |ij> mit i,j = 1,2,3 , ein Kombisystem von je 2 Farben. Es hat wie ein Photon Spin 1, Masse 0 und Ladung 0 , kennt aber keine elektromagnetische Wechselwirkung.
So wie wir dort ein Orts-Basis-System auf Matrizenbasis eingeführt haben, siehe Kapitel 20, nämlich $|i\rangle\sigma_\mu|j\rangle$, kann man auch hier, weil es ein paariges Doppelsystem ist, gleichfalls ein analoges Basissystem einführen mit den **Basisvektoren** $|i\rangle\lambda_\alpha|j\rangle$ mit α =1,…,8,0 .
Dieses wollen wir für die Gluon-Gleichung verwenden.

Ein Lösung |A> soll sich dann durch diese Orts-Basisvektoren wie folgt darstellen $|A\rangle = |i\rangle(A^1{}_1{*}\lambda_1 + A^2{}_1{*}\lambda_2 + \ldots + A^1{}_2{*}\lambda_1 + \ldots\ldots + A^\alpha{}_0{*}\lambda_\alpha\, |j\rangle$

Bezüglich des Orts-Zeit-Raums soll das gewöhnliche Basissystem genommen werden.
Der untere Index bei den Komponenten $A^{\alpha}{}_{\mu}$ steht für die gewöhnlichen 4 Komponenten eines Maxwell-Vektors im Orts-Zeit-Raum, also μ=1,2,3,0,
der obere Index steht für Komponenten hinsichtlich des λ–Basissystems.
So kann man zusammenfassend und vereinfachend hierfür schreiben
$|A\rangle = |i\rangle(\mathbf{A}^{\alpha}*\boldsymbol{\lambda}_{\alpha}, A^{\alpha}{}_{0}*\lambda_{\alpha})|j\rangle$ summiert über α,
Das Fettgedruckte sind die Vektorpotentiale, gefolgt von den skalaren Potentialen.

Für die allgemeine Gleichung mit Selbstwechselwirkung wollen wir nun ansetzen $|i\rangle\, [(\mathbf{p} - g/2*\mathbf{A}^{\alpha}*\lambda_{\alpha})(S+R)]^2*(\mathbf{A}^{\alpha}*\boldsymbol{\lambda}_{\alpha}, A^{\alpha}{}_{0}*\lambda_{\alpha})\,|j\rangle =$
$= |i\rangle\, (p_0 - g/2*A^{\alpha}{}_{0}*\lambda_{\alpha})^2*(\mathbf{A}^{\alpha}*\boldsymbol{\lambda}_{\alpha}, A^{\alpha}{}_{0}*\lambda_{\alpha})\,|j\rangle$

Das ist analog der eindimensionalen Maxwell-Farb-Gleichung mit Selbstwechselwirkung.
Da die λ_{α} einen eigenen Raum bilden, vertauschen sie mit den S- und R-Matrizen.
Wir unterstellen, dass der Mechanismus der Matrix-Basis-Vektoren auch für mehr als zweidimensionale λ-Matrizen ausreichend ist.
Ähnlich wie dort verpacken wir
$\mathbf{q} = (\mathbf{p} - g/2*\mathbf{A}^{\alpha}*\lambda_{\alpha})$, $q_0 = (p_0 - g/2*A^{\alpha}{}_{0}*\lambda_{\alpha})$, $\mathbf{A} = \mathbf{A}^{\alpha}*\lambda_{\alpha}$, $A_0 = A^{\alpha}{}_{0}*\lambda_{\alpha}$
summiert je über α
Die Gleichung vereinfacht sich dann zu
$[\mathbf{q}*(S+R)]^2*(\mathbf{A},A_0) = (q_0)^2*(\mathbf{A}, A_0)$
und wird so formgleich der gewöhnlichen Maxwell-Gleichung.
Wir können also von dort das ganze Lösungsschema übernehmen. Wie im eindimensionalen Fall wollen wir auch hier die Gleichung über die Feldstärkematrix ausdrücken:
Wegen der Formgleichheit können wir ansetzen
$\mathbf{F_{\mu\nu} = -i*(q_{\mu}*A_{\nu} - q_{\nu}*A_{\mu})}$ **sowie** $\mathbf{i*q^{\mu}*F_{\mu\nu} = j_{\nu}}$

Wir rechnen nun die **Feldstärkematrix** aus und haben, wenn wir wieder entpacken
$i*F_{\mu\nu} = (p_{\mu} - g/2*A^{\alpha}{}_{\mu}*\lambda_{\alpha})\,(A^{\beta}{}_{\nu}*\lambda_{\beta}) - (p_{\nu} - g/2*A^{\gamma}{}_{\nu}*\lambda_{\gamma})\,(A^{\delta}{}_{\mu}*\lambda_{\delta}) =$
$= (p_{\mu}*A^{\beta}{}_{\nu}*\lambda_{\beta} - p_{\nu}*A^{\alpha}{}_{\mu}*\lambda_{\alpha}) - g/2*A^{\alpha}{}_{\mu}*A^{\beta}{}_{\nu}*\lambda_{\alpha}\lambda_{\beta} + g/2*A^{\gamma}{}_{\nu}*A^{\delta}{}_{\mu}*\lambda_{\gamma}\lambda_{\delta}$
Dabei wird je über $\alpha,\beta,\gamma,\delta$ summiert, μ,ν sind je fix

---

Die **letzten beiden** Terme behandeln wir weiter und haben

$-g/2*A^{\alpha}{}_{\mu}*A^{\beta}{}_{\nu}*\lambda_{\alpha}\lambda_{\beta} + g/2*A^{\gamma}{}_{\nu}*A^{\delta}{}_{\mu}*\lambda_{\gamma}\lambda_{\delta} =$

$= -g/2*(A^{\alpha}{}_{\mu}*A^{\beta}{}_{\nu}*\lambda_{\alpha}\lambda_{\beta} - A^{\delta}{}_{\mu}*A^{\gamma}{}_{\nu}*\lambda_{\gamma}\lambda_{\delta})$

Wir gehen nun alle Kombinationsfälle durch, es ist $\mu \# \nu$, wie auch sonst.

Ist $\alpha=\beta=\gamma=\delta$, so ist offenbar der Klammerterm =0.

Abgesehen davon, brauchen wir keine Extra-Indizes (δ,γ), sondern können sie (α,β) gleichsetzen, also $(\alpha,\beta) = (\delta,\gamma)$,

dann gilt für die Faktoren $A^{\alpha}{}_{\mu}*A^{\beta}{}_{\nu} = A^{\delta}{}_{\mu}*A^{\gamma}{}_{\nu}$,

und wird haben dann für den Klammerterm

$-g/2*A^{\alpha}{}_{\mu}*A^{\beta}{}_{\nu}*(\lambda_{\alpha}\lambda_{\beta} - \lambda_{\beta}\lambda_{\alpha}) = -g/2*A^{\alpha}{}_{\mu}*A^{\beta}{}_{\nu}*2i*f_{\alpha\beta\gamma}*\lambda_{\gamma}$

gemäß Vertauschungsregel $(\lambda_{\alpha}\lambda_{\beta} - \lambda_{\beta}\lambda_{\alpha}) = 2i*f_{\alpha\beta\gamma}*\lambda_{\gamma}$ wobei über γ summiert wird

---

Da über α und β summiert wird, kann man im **ersten** Klammerterm α und β in γ umbenennen. Wir erhalten somit

$i*F_{\mu\nu} = [(p_{\mu} *A^{\gamma}{}_{\nu} - p_{\nu}*A^{\gamma}{}_{\mu}) - g/2*A^{\alpha}{}_{\mu}*A^{\beta}{}_{\nu}*2i*f_{\alpha\beta\gamma}]*\lambda_{\gamma} = i*F^{\gamma}{}_{\mu\nu}*\lambda_{\gamma}$

Summation über α,β und γ .

Also ist $\boxed{\mathbf{F^{\gamma}{}_{\mu\nu} = -i*(p_{\mu} *A^{\gamma}{}_{\nu} - p_{\nu}*A^{\gamma}{}_{\mu}) - g*A^{\alpha}{}_{\mu}*A^{\beta}{}_{\nu}*f_{\alpha\beta\gamma}}}$

Summation über α,β , γ fix

Es gibt also pro λ_{γ} , entsprechend pro λ-Basisvektor,

eine **Feldstärkematrix $F^{\gamma}{}_{\mu\nu}$.**

Nun gehen wir die **Gleichung** an und haben für die **linke Seite**

$q^{\mu} *F_{\mu\nu} = (p^{\mu} - g/2*A^{\alpha\mu}*\lambda_{\alpha})*F^{\beta}{}_{\mu\nu}*\lambda_{\beta} =$

$= p^{\mu}*F^{\beta}{}_{\mu\nu}*\lambda_{\beta} - g/2*A^{\alpha\mu}*F^{\beta}{}_{\mu\nu}*\lambda_{\alpha}\lambda_{\beta}$ Summation über μ,α,β

dabei ist $(p^{\mu}) = (p_1 \;\; p_2 \;\; p_3 \;\; -p_0)$ und $A^{\alpha\mu} = (A^{\alpha}{}_1 ,A^{\alpha}{}_2 ,A^{\alpha}{}_3 , -A^{\alpha}{}_0)$

Letzteres ist notwendig, damit das relative Vorzeichen zwischen p und A stets negativ bleibt. In Wiederholung $p_i = 1/i*\partial/\partial x_i$ und $p_0 = i*\partial/\partial dt$

Da jedes $\lambda_{\alpha}\lambda_{\beta}$ als eine Linearkombination über λ_{γ} dargestellt werden kann, also $\lambda_{\alpha}\lambda_{\beta} = c_{\alpha\beta\gamma} *\lambda_{\gamma}$ mit α,β fix, Summation über γ , würden wir erhalten

$q^{\mu} *F_{\mu\nu} =[p^{\mu}*F^{\gamma}{}_{\mu\nu} - g/2*c_{\alpha\beta\gamma} *A^{\alpha\mu}*F^{\beta}{}_{\mu\nu}]*\lambda_{\gamma}$ summiert über α,β,γ

Nun wollen wir aber die Gleichung zusätzlich in α und β antisymmetrisch machen, gewisserweise nach dem Motto maximale Antisymmetrie anstreben. Zum Term $A^{\alpha\mu}*F^{\beta}{}_{\mu\nu}*\lambda_{\alpha}\lambda_{\beta}$ fügen wir deshalb den Term $- A^{\alpha\mu}*F^{\beta}{}_{\mu\nu}*\lambda_{\beta}\lambda_{\alpha}$ hinzu , haben dann also $A^{\alpha\mu}*F^{\beta}{}_{\mu\nu}*(\lambda_{\alpha}\lambda_{\beta} - \lambda_{\beta}\lambda_{\alpha}) = A^{\alpha\mu}*F^{\beta}{}_{\mu\nu}*2i*f_{\alpha\beta\gamma}*\lambda_{\gamma}$.

Das hat zur Folge, dass sich bei der Summierung über α und β antisymmetrische Paare bilden, z.B. vereinfacht geschrieben,

$A^{1\mu}*F^{2}{}_{\mu\nu}*f_{12\gamma}*\lambda_\gamma + A^{2\mu}*F^{1}{}_{\mu\nu}*f_{21\gamma}*\lambda_\gamma = (A^{1\mu}*F^{2}{}_{\mu\nu} - A^{2\mu}*F^{1}{}_{\mu\nu})*f_{12\gamma}*\lambda_\gamma$

Der Klammerausdruck ist gegen Vertauschung 1 gegen 2 antisymmetrisch, zusammen mit $f_{12\gamma}$ ist der Term symmetrisch.

Die Strukturkontanten $f_{\alpha\beta\gamma}$ sind in in α und β antisymmetrisch, d.h. $f_{\beta\alpha\gamma} = - f_{\alpha\beta\gamma}$ und sind =0, wenn $\alpha = \beta$ ist, also $f_{\alpha\alpha\gamma} = 0$.

Das ergibt dann den Gleichungsteil

$q^{\mu} *F_{\mu\nu} = [\, p^{\mu}*F^{\gamma}{}_{\mu\nu} - g*i*f_{\alpha\beta\gamma} *A^{\alpha\mu}*F^{\beta}{}_{\mu\nu}]*\lambda_\gamma$ summiert über α,β,γ

Die Gleichung ist eingerahmt von den Halbbasisvektoren |i> und |j> und so, an die λ_γ herangezogen, erscheinen wieder die Basisvektoren $|i>\lambda_\gamma|j>$.

Die **Gesamtgleichung** kann man nun nach λ-Basisvektoren **zerlegen**, gemäß dem Satz: Wenn eine Linearkombination über orthogonale Basisvektoren = 0 ist, so müssen alle Koeffizienten gleich 0 sein. Letztere entsprechen den Einzelgleichungen.

Pro Basisvektor, also pro γ und λ_γ , steht nun eine Gleichung

$\boxed{i*p^{\mu}*F^{\gamma}{}_{\mu\nu} + g*f_{\alpha\beta\gamma} *A^{\alpha\mu}*F^{\beta}{}_{\mu\nu} = 0}$ Summation über α,β und μ

Jede Gleichung hat ihrerseits 4 Komponenten wie eine gewöhnliche Maxwell-Gleichung. Diese Gleichung ist unabhängig von der Dimension der λ-Matrizen.

So wollen wir sie für den bereits bearbeiteten Fall der **Dimension 1** anwenden. Da gibt es nur eine λ-Matrix. Diese ist identisch mit der Zahl 1. α,β,γ können also nur den Wert 1 annehmen wie auch $c_{\alpha\beta\gamma}$. Die Strukturkonstante der Vertauschungsregel sind natürlich 0, also $f_{\alpha\beta\gamma} = 0$.

Deshalb fällt der Wechselwirkungsterm weg und es verbleibt $i*p^{\mu}*F_{\mu\nu} = 0$, also dieselbe Gleichung wie ohne Selbstwechselwirkung. Das kommt daher, weil die Strukturkonstanten $f_{\alpha\beta\gamma}$, nicht $c_{\alpha\beta\gamma}$ Verwendung finden.

Das macht den Unterschied zu obigem Ergebnis.

Nun zum Fall der **Dimension 2**, also wenn zwei Farbladungen vorhanden sind. Die λ–Matrizen sind hier die Pauli-Matrizen σ_μ in der Rolle als Farbmatrizen.

Hier ist $\sigma_\alpha\sigma_\beta = i*\varepsilon_{\alpha\beta\gamma} *\sigma_\gamma$ und $(\sigma_\alpha\sigma_\beta - \sigma_\beta\sigma_\alpha) = 2i*\varepsilon_{\alpha\beta\gamma} *\sigma_\gamma$ $\alpha,\beta,\gamma = 1,2,3$

Somit haben wir 3 Feldstärkematrizen

$i*F^{\gamma}{}_{\mu\nu} = (p_\mu *A^{\gamma}{}_{\nu} - p_\nu*A^{\gamma}{}_{\mu}) - i*g*\varepsilon_{\alpha\beta\gamma} *A^{\alpha}{}_{\mu}*A^{\beta}{}_{\nu}$

mit γ =1,2,3 Summation über α und β

und wir haben 3 Gleichungen $i*p^{\mu}*F^{\gamma}{}_{\mu\nu} + g*\varepsilon_{\alpha\beta\gamma} *A^{\alpha\mu}*F^{\beta}{}_{\mu\nu} = 0$
ebenfalls für γ=1,2 und 3
Der Fall γ=0 wird aus anderen Gründen ausgeschlossen. Siehe auch [12]

Der Fall der **Dimension 3** ist identisch mit der Gleichung für die Gluonen, die die Bindungskräfte zwischen den Quarks vermitteln analog wie virtuelle Photonen die elektromagnetischen Kräfte erzeugen. Die Farbmatrizen sind hier die Matrizen der U3.

Die Strukturkonstanten $f_{\alpha\beta\gamma}$ und $c_{\alpha\beta\gamma}$ sind hier komplizierter, nicht mit einem Ausdruck angebbar wie im Fall der Dimension 2 . Man kann sie aus Tabellen entnehmen. Ohne den Fall γ=0 sind es hier 8 Feldstärkematrizen und 8 Gleichungen, je vierdimensional, betreffend Ort und Zeit.

Die Ankoppelung des Stroms

Der Strom j ist ein reeller (Vierer)vektor und möge pro Basisvektor eine Komponente haben.

Also können wir schreiben $j = j^{\gamma}{}_{\mu}* \, |i>\lambda_{\gamma}|j>$ summiert über γ .

In die Gleichung eingebracht, haben wir nach dem Zerlegen in Einzelgleichungen und dem Weglassen der Basisvektoren somit

$$\boxed{i*p^{\mu}*F^{\gamma}{}_{\mu\nu} + g*f_{\alpha\beta\gamma} *A^{\alpha\mu}*F^{\beta}{}_{\mu\nu} = j^{\gamma}{}_{\nu}}$$

γ je fix , ν meint die vier Orts-Zeit-Komponenten

Der Strom j selber wird bei einem Quark-Gluonen-System von den Quarks erzeugt. Er muss sich also aus dessen Dirac-Spinoren zusammensetzen lassen.

Dazu wollen wir die **Kontinuitätsgleichung zur Dirac-Gleichung** ableiten:
Zunächst Multiplikation von links mit ψ^+ :

$\psi^+ *[\alpha_i*(\lambda_0*p_i - g/2*\Sigma A^{\nu}{}_i*\lambda_\nu)+m*\beta\lambda_{0]}]\psi = \psi^+*[\alpha_0*(\lambda_0*p_0 - g/2*\Sigma A^{\nu}{}_0*\lambda_\nu)]\psi$
i=1,2,3

Bilden des Hermitesch-Konjugierte der Gleichung und Multiplikation mit ψ von rechts:

$\psi^+ [\alpha_i*(\lambda_0*(-p_i) - g/2*\Sigma A^{\nu}{}_i*\lambda_\nu) + m*\beta\lambda_{0]}]\psi =$
$= \psi^+ [\alpha_0*(\lambda_0*(-p_0) - g/2*\Sigma A^{\nu}{}_0*\lambda_\nu)]\psi$

Die α–, β– und λ-Matrizen sind hermitesch, bleiben also dabei gleich.
$(-p_i)$ bzw $(-p_0)$ sollen auf ψ^+ , also nach links wirken.
Subtraktion, Gleichung1 minus Gleichung2:

$\psi^+ *\alpha_i*\lambda_0*(p_i\psi) -(-p_i\psi^+ \alpha_i*\lambda_0*\psi = \psi^+ *(\alpha_0*\lambda_0*p_0\psi) -(-p_0 \psi^+ \alpha_0*\lambda_0)*\psi$

Alle anderen Terme fallen weg. Zu bedenken ist, dass die p_μ im Ortsraum Differntialoperatoren sind. Da ist dann ihre Stellung zu ψ bzw ψ^+ wichtig.

Deswegen die Umstellung von - p_μ .
Es ist $p_i(\psi^+ \alpha_i*\lambda_0*\psi) = \psi^+*\alpha_i\lambda_0*(p_i\psi) + (p_i\psi^+)*\alpha_i\lambda_0*\psi$
sowie $p_0(\psi^+ \alpha_0*\lambda_0*\psi) = \psi^+*\alpha_0\lambda_0*(p_0\psi) + (p_0\psi^+)*\alpha_0\lambda_0*\psi$
Somit insgesamt $p_i(\psi^+*\alpha_i*\lambda_0*\psi) = p_0(\psi^+*\alpha_0*\lambda_0*\psi)$ kurz $\mathbf{p}*\mathbf{j} = p_0*\rho$.
Das ist die Kontinuitätsgleichung mit Strom **j** und Ladung ρ .
Zusammengefasst ist der **Strom** $j_\mu = (\psi^+*\alpha_\mu*\lambda_0*\psi)$ μ=1,2,3 bzw 0 $j_\mu = (\mathbf{j},\rho)$

Den **Spinor** ψ mit seinen 4*3 Komponenten kann man sich so aufgebaut denken, dass der Reihe nach von oben nach unten jeweils drei Komponenten für die dreidimensionalen λ-Matrizen da sind bei gleichen Werten der sonstigen Parameter. Das entspricht gemäß Kästchenmethode das Ersetzen der Elemente von α_μ durch λ-Matrizen, genauer das Einsetzen der Matrizen ineinander, eine Art Schachtelung. Eine τ–Matrix enthält anstelle der Elemente σ–Matrizen, diese wiederum anstelle der Elemente λ –Matrizen, z.B. $\tau_1\sigma_2\lambda_0$.
Beim gewöhnlichen Dirac-Spinor mit seinen vier Komponenten ist es genauso, nur eben zwei Stufen, z.B. $\tau_1\sigma_2$.
Bleiben wir bei den α_μ-Matrizen und λ-Matrizen , so kann man die Komponenten von ψ doppelt indizieren, nämlich $\psi^n{}_\mu$.
Der obere Index bezieht sich auf die drei Basisvektoren |n> hinsichtlich der λ-Matrizen , der untere auf die vier Orts-Zeit-Basis-Einheits-Vektoren $|r_\mu\rangle$, betreffend x,y,z,ct und die α-Matrizen. Schreiben wir die Basismatrizen hin, so kann man ψ als eine Linearkombination darstellen,
nämlich $\psi = \Sigma\psi^n{}_\alpha * |r_\alpha\rangle|n\rangle$ summiert wird über α und n .

Bemerkung zur Antisymmetrie: Sie veringert die Zahl der Komponenten erheblich. Sei gegeben A_μ und B_ν, je der Dimension n, und somit auch die n^2 Komponenten $A_\mu*B_\nu$. So sind es bei Bildung von $(A_\mu*B_\nu - A_\nu*B_\mu)$ nur noch $(n^2-n)/2$ antisymmetrische Komponenten.
Zum Beispiel bei n=4 (Maxwellgleichungen) sind es statt 16 ,nämlich $(\partial_\mu A_\nu)$, nur noch 6 Komponenten $(\partial_\mu A_\nu - \partial_\nu A_\mu)$, die Feldstärken.
Zum Beispiel: $A^\alpha{}_\mu*A^\beta{}_\nu$, μ,ν fix, α,β von1 bis 8 sind es statt 64 Terme nur 28 Terme $A^\alpha{}_\mu*A^\beta{}_\nu*f_{\alpha\beta\gamma}+A^\beta{}_\mu*A^\alpha{}_\nu*f_{\beta\alpha\gamma} = (A^\alpha{}_\mu*A^\beta{}_\nu - A^\beta{}_\mu*A^\alpha{}_\nu)*f_{\alpha\beta\gamma}$

Die Farbströme
Der Strom ist dann zunächst **das kartesische Produkt** der Linearkombinationen für ψ^+ und ψ, gebildet analog einem Skalarprodukt, also Summation über gleich positionierte Terme, hier indiziert mit α .Dieses betrifft

den Dirac-Teil. Für den Farb-Anteil gilt das nicht, hier werden $|m>$ und $|n>$ beliebig zueinander kombiniert, andernfalls hätte der Strom nur gleichfarbige Farb-Paare.

Die **μ-te Komponente des Stroms** im Orts-Zeit-Raum ist

$\mathbf{j_\mu} = (\psi^+ * \alpha_\mu * \psi) = (\Sigma \psi^m{}_\alpha{}^* * |r_\alpha>|m>)*[(\alpha_\mu)_{\alpha\beta} * \Sigma \psi^n{}_\beta * |r_\beta>|n>)] =$

nach Umordnung

$= \boldsymbol{\psi^m{}_\alpha{}^* * \psi^n{}_\beta * (\alpha_\mu)_{\alpha\beta}} * \mathbf{[|r_\alpha>|r_\beta>|m>|n>]}$

summiert über α,β, m,n μ fix = 1,2,3,0

Man kann in $[|r_\alpha>(\alpha_\mu)_{\alpha\beta}|r_\beta>]$ einen Orts-Zeit-Basisvektor in Matrizenform in Richtung μ sehen, wenn über α,β summiert wird.
Diese Vektoren haben die Norm 1 und sind orthogonal zueinander.

Nun kümmern wir uns um die Basisvektoren $|m>|n>$.
Diese sind nun, ähnlich wie beim Spin, vom „Spinbasissystem" mit den Basisvektoren $\mathbf{|m>|n>}$ auf ein „Ortsbasissystem" mit den Basisvektoren $\mathbf{|k>\lambda_\delta{}^{kl}|l>}$ (Summation über k,l) umzusetzen, den **Farbbasisvektoren**. Hinzukommen noch die eigentlichen Ortsvektoren , also ist die vollständige Basis $|r_\alpha>|r_\beta>*|k>\lambda_\delta|l>$.

Greifen wir zu fixem α,β die Teil-Linearkombination $\Sigma a_{\alpha\beta mn}*|r_\alpha>|r_\beta>*|m>|n>$ heraus, summiert über m,n.
Die $a_{\alpha\beta mn}$ sollen die Koeffizienten zusammengefasst vertreten,
also $a_{\alpha\beta mn} = \psi^m{}_\alpha{}^* * \psi^n{}_\beta * (\alpha_\mu)_{\alpha\beta}$.
Es soll also die Beziehung gelten
$\Sigma a_{\alpha\beta mn}*|r_\alpha>|r_\beta>*\mathbf{|m>|n>} = \Sigma x_{\alpha\beta\delta}* |r_\alpha>|r_\beta>* \mathbf{|k>\lambda_\delta|l>}$, summiert über m,n,k,l ,δ . $x_{\alpha\beta\delta}$ sind die gesuchten Koeffizienten zur neuen Basis.
Wir vereinfachen durch die Bezeichnung $|\delta> = |k>\lambda_\delta|l>$
Multiplikation von links mit $<r_\alpha|<r_\beta|$ macht daraus, wegen Orthogonalität
$\mathbf{\Sigma a_{\alpha\beta mn}*|m>|n> = \Sigma x_{\alpha\beta\delta}*|\delta>}$, α,β je fix,
Das bringt also die Ortsbasisvektoren weg.
Wir haben also links eine Linearkombination über die Basisvektoren $|m>|n>$, rechts eine Linearkombination mit den „neuen" Basisvektoren, die mittels δ durchnummeriert sind.

Zum weiteren Vorgehen, Ermittlung der $x_{\alpha\beta\delta}$, siehe auch Kapitel 20.3.

Wir multiplizieren von links beide Seiten skalar mit $<k|\lambda^*_\delta<l|$, δ nun fix, haben also links

$<k|\lambda_\delta^{*kl}<l| \; * \; a_{\alpha\beta mn}*|m>|n> \; = \; \lambda_\delta^{*kl} \; *a_{\alpha\beta mn}*<k|<l||m>n> \; = \; \lambda_\delta^{*mn} \; * \; a_{\alpha\beta mn}$

summiert über k,l,m,n

und wir haben rechts $x_{\alpha\beta\delta}*<\delta|\delta> = x_{\alpha\beta\delta} * \mathrm{Spur}(\lambda_\delta*\lambda_\delta)$

andere Skalarparodukte sind =0

Also $\Sigma a_{\alpha\beta mn}*\boldsymbol{\lambda}_\delta^{*m\,n} = \mathbf{x}_{\alpha\beta\delta} * \mathbf{Spur}(\boldsymbol{\lambda}_\delta*\boldsymbol{\lambda}_\delta)$ α,β sowie δ je fix

Die Matrix $(\lambda_\delta\lambda_\delta)$ ist hauptdiagonal und hat nur 2 Elemente mit Wert je 1, sofern λ_δ nicht selbst hauptdiagonal ist, ($\delta=0$ soll ausgenommen sein) , übrigens auch bei höherer Dimension als 2 oder 3 .

Es ist also Spur $(\lambda_\delta\lambda_\delta) = 2$. Damit die Spur auch für λ_8 stimmt, muss man umdefinieren $\lambda_8 \Rightarrow (1/3)^{1/2}*\lambda_8$

Ist λ allgemein n-dimensional, so ist die neueste Hauptdiagonalmatrix (1,...1,-(n-1)) und die Spur somit $(n-1)+(n-1)^2 = n^2 - n$. Soll sie = 2 sein, so folgt für den Vorfaktor $[(n^2-n)/2]^{-1/2}$, siehe n=2 oder n=3 wie zuvor.

Einsetzen von $a_{\alpha\beta mn}$ in die Formel ergibt also , es ist $\lambda_\delta^{*m\,n} = \lambda_\delta^{n\,m}$

$x_{\alpha\beta\delta} = ½*[\psi^m{}_\alpha{}^* * \psi^n{}_\beta *(\boldsymbol{\alpha}_\mu)_{\alpha\beta}*\boldsymbol{\lambda}_\delta^{nm}]$ summiert über m,n, α,β,δ fix

Summieren wir auch über α,β ,

so haben wir $x_\delta = ½*\Sigma[\psi^{m*} * \boldsymbol{\alpha}_\mu *\lambda_\delta^{nm} *\psi^n] = \mathbf{j}^\delta{}_\mu$

Das ist der Anteil des Farb-Stroms, die zum Orts-Zeitvektor $|r_\mu>$ und zum Farbvektor $|\delta> = |k>\lambda_\delta|l>$ gehört. Es gibt also 8 Farbströme (λ_0 ist ausgenommen).

Schreiben wir die Basisvektoren dazu,

so haben wir für den Anteil in Richtung μ, also in Richtung der x,y,z,ct-Achse

$\mathbf{j}_\mu = \mathbf{½*[\boldsymbol{\psi}^m{}_\alpha{}^* *(\boldsymbol{\alpha}_\mu)_{\alpha\beta}* \boldsymbol{\lambda}_\delta^{nm} * \boldsymbol{\psi}^n{}_\beta] \; * \; (|r_\alpha>|r_\beta>)*(|k>\boldsymbol{\lambda}_\delta|l>)}$

Summation über α,β,m,n und δ

Es mag von Interesse sein, die total antisymmetrischen **Strukturkonstanten** $\mathbf{f_{\alpha\beta\gamma}}$ der SU_3, die zum
Kommutator $\lambda_\alpha\lambda_\beta - \lambda_\beta\lambda_\alpha = 2i*f_{\alpha\beta\gamma}*\lambda_\gamma$ gehören, explizit anzuschreiben:

$\alpha\beta\gamma$	**123**	**147**	**156**	**246**	**257**	**345**	**367**	**458**	**678**
$f_{\alpha\beta\gamma}$	**1**	½	-½	½	½	½	-½	$½*3^{1/2}$	$½*3^{1/2}$

Alle anderen folgen gemäß $f_{\beta\alpha\gamma} = - f_{\alpha\beta\gamma}$, Beispiel $f_{213} = -1$, $f_{\alpha\gamma\beta} = - f_{\alpha\beta\gamma}$, Beispiel $f_{174} = -½$, oder $f_{\gamma\beta\alpha} = - f_{\alpha\beta\gamma}$ oder sind = 0,
Beispiel $f_{134} = 0$, also Ziffern, die im Angebot nicht vorkommen.
Allgemein, bei Vertauschung von Indizesnachbarn ändert sich das Vorzeichen.
Man muss also schauen, ob die Ziffern α und β im Angebot vorkommen und entsprechende Umstellungen vornehmen.
Beispiel: $[\lambda_6,\lambda_7] = 2i*(f_{673}*\lambda_3 + f_{678}*\lambda_8) = 2i*(-½*\lambda_3 + ½*3^{1/2}*\lambda_8)$
λ_8 ist hier nicht in Rohform, sondern $3^{-1/2}$*Rohform.
Beispiel: $[\lambda_7,\lambda_8] = 2i*f_{786}*\lambda_6 = 2i*½*3^{1/2}*\lambda_6$
Zu beachten ist, dass über γ summiert wird. So tritt die Kombination 45 wie auch 67 in der ersten Zeile zweimal auf, entsprechend sind es rechts zwei Matrizen. Siehe dazu auch Kapitel 13.6.
Bem.: Die Zahl der Vertauschungen, um aus $\alpha\beta\gamma$ das gewünschte Muster z.B. $\gamma\beta\alpha$ zu machen, entscheidet über das Vorzeichen. Minus, wenn sie ungerade ist. Plus, wenn sie gerade ist.
Beispiel: $\alpha\beta\gamma \Rightarrow - \beta\alpha\gamma \Rightarrow + \beta\gamma\alpha \Rightarrow - \gamma\beta\alpha$

Dass die Strukturkonstanten antisymmetrisch sind, allgemein, für jede Dimension, ist nicht überraschend, denn aus $\lambda_\alpha\lambda_\beta - \lambda_\beta\lambda_\alpha = 2i*f_{\alpha\beta\gamma}*\lambda_\gamma$ folgt zwangsläufig $\lambda_\beta\lambda_\alpha - \lambda_\alpha\lambda_\beta = -2i*f_{\alpha\beta\gamma}*\lambda_\gamma = 2i*(-f_{\alpha\beta\gamma})*\lambda_\gamma = 2i*f_{\beta\alpha\gamma}*\lambda_\gamma$
Das Besondere ist hier, dass sie total antisymmetrisch sind.

----

22. Anzahlraum, Erzeugungsoperatoren und Vernichtungsoperatoren

Die Tatsache, dass es nicht nur ein Teilchen (gleicher Sorte) in der Natur gibt, sondern viele, insbesondere auch, dass sich deren Anzahl ändern kann, führte zur Einführung von Erzeugungs- und Vernichtungsoperatoren in der QM, um so eine adäquate theoretische Beschreibung zu ermöglichen. So kann z.B. ein angeregtes Wasserstoffatom durch Absenken in ein tieferes Energieniveau ein Lichtquant aussenden, das es vorher nicht gab, also erzeugen. Umgekehrt kann es auch ein vorhandenes Lichtquant (Photon) schlucken, also vernichten, um dabei in ein höheres Energieniveau zu gelangen. Beim Zerfall eines Neutron wird das Neutron vernichtet, d.h. es existiert nachher nicht mehr, und gleichzeitig wird ein Proton, Elektron und ein Antineutrino erzeugt.
Die Anzahl der Teilchen pro Sorte kann sich also ändern, auch 0 werden.
Wir wollen nun Erzeugungs- und Vernichtungsoperatoren in elementarer Weise betrachten. Dazu führen wir zunächst den Anzahlraum ein.

22.1 Der Anzahlraum

Die Anzahl soll von 0 ganzzahlig bis ins Unendliche gehen. Pro Zahl führen wir einen Basisvektor ein, ein Einheitsvektor, und zwar soll sein, hier als Zeile geschrieben,
(1 0 0 …) Basisvektor zur Anzahl 0
(0 1 0 0 …) Basisvektor zur Anzahl 1
(0 0 1 0 0…) Basisvektor zur Anzahl 2, usw.
Eine andere mehr symbolische Bezeichnung ist |0>, |1>, |2>,… ,
also |anzahl> = |n>
Dazu gehöre ein hermitescher Operator, eine Hauptdiagonalmatrix, der die Eigenwerte enthält, bezeichnet mit N

$$N = \begin{pmatrix} 0 & 0 & 0 & 0 & \dots \\ 0 & 1 & 0 & 0 & \dots \\ 0 & 0 & 2 & 0 & \dots \\ 0 & 0 & 0 & 3 & \dots \\ \text{usw} \end{pmatrix}$$ **Anzahlmatrix** mit 0 beginnend

---

Es gilt dann die **Eigenwertgleichung N*|n> = n*|n>**

z.B. $$\begin{pmatrix} 0 & 0 & 0 & 0 & \dots \\ 0 & 1 & 0 & 0 & \dots \\ 0 & 0 & 2 & 0 & \dots \\ \dots & & & & \\ \dots \end{pmatrix} * \begin{pmatrix} 0 \\ 0 \\ 1 \\ 0 \\ \dots \end{pmatrix} = 2 * \begin{pmatrix} 0 \\ 0 \\ 1 \\ 0 \\ \dots \end{pmatrix}$$

Damit haben wir einen neuen Raum kennen gelernt, gekennzeichnet durch eine und nur eine Hauptdiagonalmatrix N, den zugehörigen Eigenwerten n und den zugehörigen Basisvektoren.
Es ist zu beachten, auch die Anzahl 0 ist in N vermerkt und hat einen eigenen Basisvektor.
Dieser Raum scheint besonders einfach zu sein, allerdings ist er, wie hier angegeben, unendlich dimensional.

22.2 Schiebeoperatoren im Anzahlraum (Erzeugung und Vernichtung)

Aus mathematischer Sicht interessieren Operatoren (Matrizen), die von einem Basisvektor zum benachbarten führen, wo sich also der Eigenwert n um 1 erhöht oder um 1 absenkt. Aus physikalischer Sicht spricht man gern von Erzeugung oder Vernichtung, weil sich die Teilchenzahl entsprechend ändert.
Nennen wir den Erzeugungs-Operator E und den Vernichtungs-Operator V.
Dann soll sein $\mathbf{E*|n> = \alpha*|n+1>}$ analog $\mathbf{V*|n> = \beta*|n-1>}$
E senkt also im Basisvektor die 1 um eine Stufe nach unten, V um eine Stufe nach oben.
E als Matrix hat deshalb nur in der Nebendiagonale unmittelbar links neben der Hauptdiagonalen Elemente verschieden von 0,
V nur in der Nebendiagonale unmittelbar rechts neben der **Hauptdiagonalen**.

Also E = $(\mathbf{0} \quad 0 \quad 0 \quad 0 \ldots)$ analog V = $(\mathbf{0} \quad \beta_1 \quad 0 \quad 0 \ldots)$
$(\alpha_1 \quad \mathbf{0} \quad 0 \quad 0 \ldots)$ $(0 \quad \mathbf{0} \quad \beta_2 \quad 0 \ldots)$
$(0 \quad \alpha_2 \quad \mathbf{0} \quad 0 \ldots)$ $(0 \quad 0 \quad \mathbf{0} \quad \beta_3 \ldots)$
$(\ldots \quad \alpha_3 \quad \mathbf{0} \ldots.$ $(\ldots\ldots\ldots \mathbf{0} \ldots.$

Schreiben wir wieder vereinfachend $E*|n> = \alpha*|n+1>$
Wir wollen nun das Normquadrat von $\alpha*|n+1>$ ausrechnen.
Dieses ist einerseits $<n+1|\alpha*\alpha|n+1> = \alpha*\alpha$,
weil $<n|n> = 1$ für jedes n, α wird als reell unterstellt.
Und andererseits $<n|E^+*E|n> = <n|E^+*\alpha|n+1> = \alpha*<n|E^+|n+1>$
Somit $\alpha*<n|E^+|n+1> = \alpha*\alpha$, also $<n|E^+|n+1> = \alpha$
oder $E^+|n+1> = \alpha*|n>$
Somit ist die Adjunkte von E, also E^+ , Vernichtungsoperator mit demselben α , und kann mit V gleichgesetzt werden, andernfalls hätten wir zwei Vernichtungsoperatoren, d.h.
$E*|n> = \alpha*|n+1>$ $\mathbf{E^+ = V}$ $V|n+1> = \alpha*|n>$
also $\boldsymbol{\beta_n = \alpha_n}$ für alle n=1,2,...

Analog folgt $\mathbf{V^+ = E}$ genau $\mathbf{E*|n> = \alpha_{n+1}*|n+1>}$ und $\mathbf{V*|n+1> = \alpha_{n+1}*|n>}$
Diese Formeln sind allgemeingültig, unabhängig von den Werten der α_n .

Nun zur Ermittlung der α_n : Aus E und V kann man unmittelbar zwei hermitesche, hauptdiagonale Matrizen bilden, nämlich EV und VE.
Sie sind hermitesch,
denn $(EV)^+ = V^+*E^+ = E*V$ und $(VE)^+ = E^+*V^+ = V*E$
Nun wollen wir uns an der Anzahlmatrix N orientieren.
Es ist $VE|n> = V*\alpha_{n+1}*|n+1> = (\alpha_{n+1})^2* |n>$
und $EV|n> = E*\alpha_n*|n-1> = (\alpha_n)^2* |n>$
Sowohl VE wie EV reproduzieren den Zustand |n> wieder wie auch N selbst. Sie bieten sich also an , mit N gleichgesetzt zu werden.
Betrachten wir den unteren Rand, den Zustand |0>.
Es ist $VE|0> = (\alpha_1)^2* |0>$.
VE kann also nicht mit N identifiziert werden, denn $(\alpha_1)^2$ ist ungleich 0 und kann somit den Eigenwert 0 nicht bringen.
Versuch mit EV. Es ist $\mathbf{V|0> = 0}$ Das ist der **Nullvektor**, wie man sieht, wenn man die V-Matrix mit dem Spaltenvektor (1 0 0 ...) multipliziert.
Somit ist $EV|0> = 0 = 0*|0>$.Der Eigenwert ist richtig.
Weiterhin ist $EV|1> = (\alpha_1)^2* |1>$
Der Eigenwert ist richtig, wenn $(\alpha_1)^2 = 1$ gesetzt wird.
Allgemein $EV|n> = (\alpha_n)^2* |n> = n|n>$, richtig,
wenn $(\alpha_n)^2 = n$ gesetzt wird .
Somit **N=EV**, wenn $\boldsymbol{\alpha_n = (n)^{1/2}}$, es ist dann $\mathbf{EV|n> = n|n>}$
Es folgt dann auch zwangsläufig $\mathbf{VE|n> = (n+1)\ |n>}$
Das ergibt auch $(VE-EV)\ |n> = 1*|n>$
oder **VE - EV= 1** also gleich der Einheitsmatrix.
Letzteres ist also der zu E und V gehörende Kommutator.

Zusammengefasst: $\mathbf{E|n> = (n+1)^{1/2}*|n+1>}$ und $\mathbf{V|n+1> = (n+1)^{1/2}*|n>}$
Welche Werte die α_n auch haben mögen, es errechnen sich in jedem Fall die Hauptdiagonalmatrizen
$\mathbf{EV = (0\ ,\ (\alpha_1)^2\ ,\ (\alpha_2)^2\ ,\ (\alpha_3)^2\ ,\ \ldots)}$ und
$\mathbf{VE = ((\alpha_1)^2\ ,\ (\alpha_2)^2\ ,\ (\alpha_3)^2\ ,\ (\alpha_4)^2\ ,\ \ldots)}$

Die spezielle Formel für die α_n haben wir nur erreicht durch **Anbindung an N** . Würden wir das nicht tun, so könnten die α_n beliebige Zahlen sein, z.B. alle gleich 1. E und V sind also Schiebeoperatoren ähnlich wie J_+ und J_- bei der

Drehimpulsalgebra, die dort den Zustand |jm> in |jm+1> bzw |j,m-1> überführen mit passenden Faktoren. Wie wir gesehen haben, kann N durch E*V sogar ersetzt werden, so dass eigentlich nur zwei elementare zueinander konjugierte, aber nicht hermitesche Matrizen, eben E und V, für die ganze Anzahlalgebra notwendig zu sein scheinen.

22.3 Die Anfügung des Anzahlraums an die bisherigen Räume

Wir haben bislang schon gesehen, dass in der QM Produkträume notwendig sind, um die verschiedenen Aspekte, die verschiedenen Observablen, Quantenzahlen unterzubringen wie z.B. der Produktraum für x,y,z,t und Spin s. In gleicher Weise wird nun der Anzahlraum einem bisherigen Produktraum angefügt und wird so ein erweiterter **Produktraum**. Der Basisvektor ist dann das kartesische Produkt der Einzelbasisvektoren inklusive dem Anzahlbasisvektor.
Beispiel: |p>|n> Es sind n Teilchen genau mit dem Impuls p vorhanden. Ist der Impuls ein anderer, etwa q mit q#p, so ist auch der Basisvektor des Produktraumes ein anderer, nämlich |q>|n>, auch die |n> gehören nur zu diesem q. Genau müsste man schreiben $|q>|n_q>$. E und V wirken nur auf |n> , z.B. $E|p>|n> = (n+1)^{1/2} *|p>|n+1>$. Das ist nichts ungewöhnliches, die Operatoren eines Teilraums wirken eben nur auf diesen Teilraum, so wirkt der Operator P nur auf |p>, meist, im Ortsraum, mit exp(ipx) wiedergegegeben.
Häufig bringt man die anderen Quantenzahlen an den Erzeugungs- oder Vernichtungsoperator wie Indizes an oder man schreibt in Klammern Argumente dazu. Das dient , um zu unterscheiden, auf welchen Vektor E oder V einwirken soll. Zum Beispiel hätte man zu schreibén statt E|p>|n> nun genau $E_p|p, n_p> = (n+1)^{1/2}*|p, n_p+1>$ oder $E_p|n_p> \exp(ipx) = (n+1)^{1/2}*|n_p+1> \exp(ipx)$
Zu bemerken ist auch, dass in der Literatur statt E und V meist geschrieben wird $\mathbf{a}_+$ statt E und $\mathbf{a}_-$ statt V. Damit bringt man die Konjugation zueinander stärker zum Ausdruck.
Dieser Anzahlraum mit unbeschränkter Teilchenzahl n findet Anwendung bei den Bosonen. Darunter versteht man (Elementar)teilchen mit ganzzahligem Spin, also mit Spin 0 oder 1 oder 2 usw, z.B. die Photonen und die Mesonen.

22.4 Der endlich dimensionierte Anzahlraum

Bislang haben wir den nach oben offenen Anzahlraum betrachtet, wo der Eigenwert n beliebig groß werden darf. Nun wollen Anzahlräume betrachten, wo n eine Obergrenze hat, nennen wir sie nmax . Rein technisch gehen wir so vor, dass wir uns die Matrizen für E und V nach wie vor unendlich denken, aber bei Überschreiten der Dimension d, diese ist **d = nmax + 1**, die Matrizen, was Spalten und Zeilen anbetrifft, nur noch mit Nullen ausfüllen.

Beispiel: Dimension = 3, d.h. nmax=2 sowie n=0,1,2

$$E = \begin{pmatrix} \mathbf{0} & 0 & 0 & 0 \ldots \\ \alpha_1 & \mathbf{0} & 0 & 0 \ldots \\ 0 & \alpha_2 & \mathbf{0} & 0 \ldots \\ 0 & 0 & 0 & \mathbf{0} \ldots \end{pmatrix} \quad \text{analog } V = \begin{pmatrix} \mathbf{0} & \alpha_1 & 0 & 0 \ldots \\ 0 & \mathbf{0} & \alpha_2 & 0 \\ 0 & 0 & \mathbf{0} & 0 \ldots \\ 0 & 0 & 0 & \mathbf{0} \ldots \end{pmatrix}$$

also $\alpha_3 = \alpha_4 = \ldots = 0$ nur α_1 und α_2 sind verschieden von 0

Wir können dann obige Formeln übernehmen, wenn wir nur für höher indizierte α Null einsetzen, also

EV = $(0, (\alpha_1)^2, (\alpha_2)^2, 0, \ldots)$ und

VE = $((\alpha_1)^2, (\alpha_2)^2, 0, 0, \ldots)$ für nmax=2

Andererseits ist N = (0 ,1 ,2 ,0 ,0 ,0) was gleich EV sein muss.

Daraus folgt $\alpha_1 = 1$ und $\alpha_2 = (2)^{1/2}$, dazu $\alpha_3 = \alpha_4 = \ldots = 0$

Dieses ist für höhere Dimensionen d, d = nmax + 1, leicht fortsetzbar.

Es ist dann $\boldsymbol{\alpha_1 = 1, \alpha_2 = (2)^{1/2}, \alpha_3 = (3)^{1/2}, \ldots, \alpha_{nmax} = (nmax)^{1/2}}$

Bildet man den Kommutator , so folgt

VE – EV =

$= ((\alpha_1)^2, (\alpha_2)^2 - (\alpha_1)^2, (\alpha_3)^2 - (\alpha_2)^2, \ldots, (\alpha_{nmax+1})^2 - (\alpha_{nmax})^2, 0, 0, 0\ldots)$

Speziell für nmax=2: VE - EV = (1, 1, -2) ,

α_{nmax+1} und folgende sind stets gleich 0

Allgemein **VE-EV = (1,1, …,1 , -nmax)** für jede Dimension

Bildet man den Anti-Kommutator , so folgt

VE + EV =

$= ((\alpha_1)^2, (\alpha_2)^2 + (\alpha_1)^2, (\alpha_3)^2 + (\alpha_2)^2, \ldots, (\alpha_{nmax+1})^2 + (\alpha_{nmax})^2, 0, 0, 0\ldots)$

Soll dieser gleich eins sein, also VE + EV = 1, Einheitsmatrix**,** so muss sein $(\alpha_1)^2 = 1$ und notgdrungen $(\alpha_2)^2 = (\alpha_3)^2 = \ldots = 0$,

d.h. dieses ist **nur im Zweidimensionalen** möglich.

Siehe dazu auch nachfolgendes Kapitel 22.5

Offensichtlich ist der Kommutator nicht mehr so einfach wie beim unbegrenzten Anzahlraum, ein Beispiel dafür, dass das Ausweiten ins Unendliche des Öfteren eine Vereinfachung bringt.

Aber offenbar ist der Kommutator gleich der jeweils neuesten Hauptdiagonalmatrix der U_n .Also im Fall der U_2 ist es die Matrix (1, -1) = $\boldsymbol{\sigma_3}$, im Fall der U_3 ist es die Matrix $\boldsymbol{\lambda_8}$, usw

Man kann natürlich E und V auch mehrfach anwenden. Aus den Matrizen ist ersichtlich, dass stets $\mathbf{(E)^d = 0}$ also die Nullmatrix ist wie auch $\mathbf{(V)^d = 0}$
Im Fall nmax=2 ist also $E^3 = V^3 = 0$, im Fall nmax=1 ist $E^2 = V^2 = 0$

22.5 Der zweidimensionale Anzahlraum

Die allgemeinen Formeln sind natürlich auch hier anwendbar. Wir können also die Ergebnisse gleich hin schreiben.
Es ist d=2, nmax = 1 , weiterhin ist $\alpha_1 = 1$, alle übrigen α_n sind gleich 0.
Die Basisvektoren sind |0> = (1 0) für n=0 und |1> = (0 1) für n=1 .

Es ist E = (0 0) und V = (0 1) N = EV = (0 0) VE = (1 0)
(1 0) (0 0) (0 1) (0 0)

Der **Kommutator** ist **VE - EV = (1 , -1) =** σ_3 .

Der **Antikommutator**, das Besondere,
ist **VE + EV = (1, 1)** = σ_0 = die Einheitsmatrix.

Der zweidimensionale Anzahlraum findet Verwendung bei den sogenannten Fermionen. Das sind (Elementar)teilchen mit halbzahligem Spin, also 1/2, 3/2, usw wie z.B. die Elektronen. Sie drücken das Pauliprinzip aus, dass zu gegebenen Quantenzahlen höchstens 1 Teilchen vorhanden sein darf.

22.6 Vereinfachte Schreibweise für Diagonalmatrizen

Diagonalmatrizen sind Matrizen , die nur in <u>einer</u> Diagonalen parallel zur Hauptdiagonalen Elemente haben oder in der Hauptdiagonalen selbst. Wir bezeichnen sie mit D und bezeichnen mit der Ziffer 0, die Hauptdiagonale, mit 1 die erste rechte Nebendiagonale, mit 2 die zweite rechte Nebendiagonale, usw. Wir bezeichnen mit -1 die erste linke Nebendiagonale unmittelbar neben der Hauptdiagonalen, mit -2 die links nächst benachbarte usw und schreiben nur noch die Elemente der betroffenen Diagonalen hin, von oben beginnend.
Beispiele: Sei d=3,
dann ist N = D(0/ 0, 1, 2) , $E = D(-1/\ 1, 2^{1/2})$, $V = D(1/\ 1, 2^{1/2})$
Es ist $EE = D(-2/\ 2^{1/2})$ und $VV = D(2/\ 2^{1/2})$
Allgemein $E = D(-1/\ \alpha_1 , \alpha_2 , \alpha_3 , \ldots)$ und $V = D(+1/\ \alpha_1 , \alpha_2 , \alpha_3 , \ldots)$

22.7 Rechnen mit Diagonalmatrizen

Die **Summe zweier Diagonalmatrizen**

D(m/ α_1 , α_2 , α_3 , ...) + D(n/ β_1 , β_2 , β_3 , ...) ist dann wieder eine Diagonalmatrix, wenn m=n ist.

Die Summe ist dann D(m/ $\alpha_1+\beta_1$, $\alpha_2+\beta_2$, ...) m=n.

Ist m#n , so bleiben die Diagonalmatrizen einfach nebeneinander stehen.

Das Produkt zweier Diagonalmatrizen

Das Produkt zweier Diagonalmatrizen ist wieder eine Diagonalmatrix.
Ist die Diagonalennummer m bzw n,
so ist die Diagonalnummer der Ergebnis-Diagonalmatrix m+n.
Beispiel: D(-1,....) * D(2/ ...) = D(1/ ...)
Zur Bestimmung der Elemente der Ergebnismatrix, ist es zunächst nur erforderlich, die Diagonalenanfänge in Verbindung zu bringen,
die Folge-Elemente ergeben sich dann einfach.
Demonstration an einem Beispiel:

D(-1/ ...) =	(**0**	0	0	0 ...)	D(2/ ...) =	(**0**	0	β_1	0	...)
	(α_1	**0**	0	0 ...)		(0	**0**	0	β_2	)
	(0	α_2	**0**	0 ...)		(0	0	**0**	0	β_3)
	(0	0	α_3	**0** ...)		(0	0	0	**0**	....)

Die Startelemente sind α_1 und β_1 .
Ihre Position in der jeweiligen Matrix ist (2,1) und (1,3), je (Zeile, Spalte)
Die Position des Ergebniselements ist gemäß Matrizenrechnung (2,3).
Dafür schreiben wir symbolisch (2,1)*(1,3) = (2,3).

Nun der allgemeine Fall (i,j)*(k,l)

Gilt für die Startelemente j=k, so folgt (i,j)*(j,l) = (i,l) siehe Beispiel zuvor
Ist j#k, dann muss dafür gesorgt werden, dass die inneren Indizes j und k gleich werden. Das verlangt die Matrizenrechnung für die Produktbildung $A_{ij}*B_{jl} = C_{il}$
Das geht nur, indem der kleinere Index angehoben wird. Parallel dazu muss man auch seinen Partnerindex i bzw l anheben. Man schreitet also vom Startelement ausgehend in der Diagonalen weiter, bis die Indizes übereinstimmen.
Ist j=k, so folgt (i,j)*(j,l) = (i,l) Anhebung 0
Ist j<k , so ist die Anhebung k-j,
somit (i+(k-j) , j+(k-j)) * (k,l) = (i+(k-j) , l)
Ist j>k , so ist die Anhebung j-k,
somit (i , j) * (k+(j-k),l+(j-k)) = (i , l+(j-k))

Ist das so errechnete erste Ergebniselement „mitten“ in der Ergebnisdiagonalen, so sind führende Nullen voranzustellen, und zwar so viele, bis man den nächsten Matrizenrand erreicht (links oder oben).
Bei der ersten Element-Produktbildung ist der zugehörige Lauf-Index entsprechend anzuheben.
Beispiel: D(2/ …) * D(2/ …) => (1,3)*(1,3) => (1,3) * (3,5) = (1,5) ist das erstes errechenbares Element
Das erste errechnete Element liegt am oberen Matrizenrand und hat keine vorausgehenden Nullen. Ergebnis: D(4/ $\alpha_1*\beta_3$, $\alpha_2*\beta_4$, …)
Die Anhebung war 0 bzw 2, also ist das erste Produkt $\alpha_1*\beta_{1+2}$.

Beispiel: D(-1/ …) * D(-1/ …) => (2,1)*(2,1) => (3,2) * (2,1) = (3,1) erstes errechenbares Element
Das erste Ergebniselement liegt am linken Matrizenrand, keine vorausgehende Nullen.
Die Anhebung war 1 bzw 0 , also Beginn mit $\alpha_{1+1}*\beta_1$.
Ergebnis: D(-2/ $\alpha_2*\beta_1$, $\alpha_3*\beta_2$, …)

Beispiel: D(-1/ …) * D(1/ …) => (2,1)*(1,2) = (2,2) erstes errechenbares Element
Das erste Ergebniselement liegt nicht am Matrizenrand, eine vorausgehende Null . Ergebnis: D(0/ 0, $\alpha_1*\beta_1$, $\alpha_2*\beta_2$, …)

Die Ergebnisdiagonale wird abgeschnitten, wenn sie über den rechten oder unteren Matrizenrand geht. Fehlen Ergebniselemente bis zum rechten oder unteren Rand, so sind dafür Nullen einzusetzen.
Ermittlung der Indizes des ersten Matrizenelements (i,j) aus der Diagonalmatrixnummer.
Es liege vor die Diagonalmatrix D(n/ …) .
Die Matrizenelemente seien (i,j)
Ist $n \geq 0$, null oder positiv , so ist i=1und j=n+1 , also (1,n+1)
Das Startelement (1,n+1) der Diagonalen ist am oberen Matrizenrand.
Ist $n < 0$, negativ, so ist i = -n+1 und j=1 , also (-n+1, 1)
Das Startelement (-n+1, 1) der Diagonalen ist am linken Matrizenrand.
Beispiel: VV*EE = D(2/ $2^{1/2}$) * D(-2/ $2^{1/2}$) = D(0/ 2, 0, 0) mit Nullen wurde ergänzt
Startelement*Startelement = erstes Ergebniselement: (1,3)*(3,1) = (1,1)

Rezeptartige Zusammenfassung

Sei zu errechnen das **Produkt**

$\mathbf{D(m/ \alpha_1 , \alpha_2 , \alpha_3 , \ldots) * D(n/ \beta_1 , \beta_2 , \beta_3 , \ldots)}$

Ermittlung der Position der **Startelemente (i,j)*(k,l)**

Wenn m≥0, dann (1,m+1) wenn m<0 , dann (-m+1,1) = (i,j)

Wenn n≥0, dann (1,n+1) wenn n<0 , dann (-n+1,1) = (k,l)

Anpassung der inneren Indizes durch **Anhebung h** und Ermittlung des ersten Zielelements

Ist j=k, so ist h=0 somit **(i,j)*(j,l) = (i,l)** = (ie,je)

Ist j<k , so ist h =k-j, somit **(i+h) , j+h)) * (k,l) = (i+h , l)** = (ie,je) Ergebnis-

Ist j>k , so ist h = j-k, somit **(i , j) * (k+h,l+h) = (i , l+h)**= (ie,je) element

---

Eintragen vorausgehender Nullen in die Ergebnisdiagonale

Ist ie ≤ je, so sind es n0 =ie-1 , ist ie > je, so sind es n0=je-1 Nullen

Im Fall ie<je beginnt die Ergebnisdiagonale am oberen Matrizenrand,
bei ie>je beginnt sie am linken Matrizenrand .

Multiplikation der Elemente der Reihe nach bei Berücksichtigung der Indexanhebung h

Wenn j≤k :

$\mathbf{D(m/ \alpha_1 , \alpha_2 , \alpha_3 , \ldots) * D(n/ \beta_1 , \beta_2 , \beta_3 , \ldots) =}$ Indexhebung bei α

$\mathbf{= D(n+m)/ n0\text{-}Nullen, \alpha_{1+h} * \beta_1 , \alpha_{2+h} * \beta_2 , \ldots)}$

Wenn j>k :

$\mathbf{D(m/ \alpha_1 , \alpha_2 , \alpha_3 , \ldots) * D(n/ \beta_1 , \beta_2 , \beta_3 , \ldots) =}$ Indexhebung bei β

$\mathbf{= D(n+m) /n0\text{-}Nullen, \alpha_1 * \beta_{1+h} , \alpha_2 * \beta_{2+h} , \ldots)}$

Beispiel: $D(1/ \alpha_1 , \alpha_2 , \alpha_3 , \ldots) * D(1/ \beta_1 , \beta_2 , \beta_3 , \ldots)$

Es ist m=1 und n=1 Startelemente: (1,2) * (1,2) entspechend (i,j)*(k,l)

j=2 > k=1 somit h= 2-1 =1 (1,2)*(1+1,2+1) = (1,3) = (ie,je) erstes Ergebniselement

Es ist ie=1 < je=3 , somit vorausgehende Nullen n0 = ie-1 = 0

Somit $D(1/ \alpha_1 , \alpha_2 , \alpha_3 , \ldots) * D(1/ \beta_1 , \beta_2 , \beta_3 , \ldots) = D(2/ \alpha_1 * \beta_2 , \alpha_2 * \beta_3 , \ldots)$

Beispiel: $D(1/ \alpha_1 , \alpha_2 , \alpha_3 , \ldots) * D(0/ \beta_1 , \beta_2 , \beta_3 , \ldots) =$

Startelemente: m=1: m≥0, also (1,m+1) = (1,2) = (i,j)

n=0: n≥0, also (1,n+1) = (1,1) = (k,l)

Anhebung: h=1 => (1,2)*(2,2) = (1,2) = (ie,je) erstes Ergebniselement

Führende Nullen: ie$\leq$je, also n0 = ie-1 = 0
Ergebnis: = D(1/ α_1*β_2 , α_2*β_3 , ...) j$\leq$k

Beispiel: D(0/ α_1 , α_2 , α_3 , ... / ...) * D(1/ β_1 , β_2 , β_3 , ...) =
Startelemente: m=0: m$\geq$0, also (1,m+1) = (1,1) = (i,j)
n=1: n$\geq$0, also (1,n+1) = (1,2) = (k,l)
Anhebung: h=0 => (1,1)*(1,2) = (1,2) = (ie,je) erstes Ergebniselement
Führende Nullen: ie$\leq$je, also n0 = ie-1 = 0
Ergebnis: = D(1/ α_1*β_2 , α_2*β_3 , ...) j$\leq$k

Beispiel: D(-1/ α_1 , α_2 , α_3 , ...) * D(0/ β_1 , β_2 , β_3 , ...) =
Startelemente: m=-1: m$\geq$0, also (-m+1,1) = (2,1) = (i,j)
n=0: n$\geq$0, also (1,n+1) = (1,1) = (k,l)
Anhebung: h=0 => (2,1)*(1,1) = (2,1) = (ie,je) erstes Ergebniselement
Führende Nullen: ie>je, also n0 = je-1 = 0
Ergebnis: = D(-1/ α_1*β_1 , α_2*β_2 , ...) j$\leq$k

Nun verknapt:
Beispiel: D(-1/ α_1 , α_2 , α_3 , ...) * D(1/ β_1 , β_2 , β_3 , ...) = m=-1,n=1
Startelemente: (i,j)*(k,l) = (2,1)*(1,2) = (2,2) = (ie,je) h=0
Führende Nullen: ie$\leq$je, also n0 = ie-1 = 1
Ergebnis: = D(0/ 0, α_1*β_1 , α_2*β_2 , ...) j$\leq$k

Beispiel: D(1/ α_1 , α_2 , α_3 , ...) * D(-1/ β_1 , β_2 , β_3 , ...) = m=1,n=-1
Startelemente: (i,j)*(k,l) = (1,2)*(2,1) = (1,1) = (ie,je) h=0
Führende Nullen: ie$\leq$je, also n0 = ie-1 = 0
Ergebnis: = D(0/ α_1*β_1 , α_2*β_2 , ...) j$\leq$k

Die Dimension d der Matrizen spielt eigentlich keine Rolle . Man kann sich die Matrix entweder in eine größere Nullmatrix eingebettet denken oder man beendet die Diagonalmatrizen passend .
Sei im Beispiel die Dimension je d=4 .
Dann gibt es in der ersten rechten Nebendiagonale die Elemente
α_1, α_2 , α_3 bzw β_1, β_2 ,β_3 und in der Ergebnisdiagonale, die zweite rechte Nebendiagonale, nur die Elemente α_1*β_2 , α_2*β_3 .

Es ist EE = D(-2/ $2^{1/2}$) , V = D(1/ 1, $2^{1/2}$) sowie E = D(-1/ 1, $2^{1/2}$)
und N = EV = D(0/ 0,1,2)

Berechne EE*V
Es ist d=3 , m=-2, n=1 Startelemente somit (3,1)*(1,2) = (3,2) =(ie,je)
h=0 n0= 2-1 =1 also EE*V = D(-1/ 0, $2^{1/2}$)

Berechne E*EV
Es ist d=3 , m=-1, n=0 Startelemente somit (2,1)*(1,1) = (2,1) =(ie,je)
h=0 n0= 1-1 =0 also E*EV = D(-1/ 1*0 ,$2^{1/2}$ *1) = D(-1/ 0, $2^{1/2}$)
Wie gemäß Assoziativgesetz zu erwarten,
ergibt sich EEV= EE*V = E*EV

22.8 Die Mächtigkeit der Schiebeoperatoren

Wir haben schon gesehen, dass man aus E und V die Anzahlmatrix N wie auch N+1 bilden kann. Es stellt sich die Frage, kann man auch andere Matrizen oder gar alle Basismatrizen zu gegebenen dimensioniertem Raum bilden.
Kümmern wir uns zunächst um hermitesche Matrizen.
Betrachten wir den Fall nmax=2, also Dimension 3.
Hermitesche Matrizen sind dann EV, VE, EE, VV, EEVV, VVEE.
Die Matrizen sind im einzelnen
EV = D(0/ 0, 1, 2) und VE = D(0/ 1, 2, 0)
EE = D(-2/ $2^{1/2}$) und VV = D(2/ $2^{1/2}$)
EEVV = D(0/ 0, 0, 2) und VVEE = D(0/ 2,0,0)
Wir sehen, sie reichen nicht aus, die ersten Nebendiagonalen kommen nicht vor.
So fügen wir hinzu E = D(-1/ 1, $2^{1/2}$) , V = D(1/ 1, $2^{1/2}$)
sowie EEV = D(-1/ 0, $2^{1/2}$) und EVV = D(1/ 0, $2^{1/2}$)
Wir könnten noch weitere bilden. Wir haben also mindestens so viele Matrizen wie es Elemente gibt. Wählen wir aus und ordnen sie nach Diagonalen (D=nummer) , so haben wir
D=0: EV,EEVV, VVEE, D=-1: E,EEV, D=-2: EE
sowie D=1: V,EVV, D=2: VV
Nun zur allgemeinen Lösung:
Die Matrizendimension sei d . Die Nummer der Diagonale sei n.
Es sei n>0 und n<d .
Wir fragen , wie viele aus E und V gebildete Produktmatrizen gibt es , die genau diese Diagonale n belegen.
Antwort: Es gibt eine Erste, nämlich E^n , weitere $E^{n+1}V$, $E^{n+2}V^2$, usw , sofern die Potenz kleiner als d bleibt, weil $E^d = V^d = 0$.
Genau: Es gibt d - n solche Matrizen
Bespiel: d=3, n=1 , es gibt d-n=2 Matrizen, nämlich E und E^2V

Wenn wir fragen wie viele Elemente hat die Diagonale n ,
so sind es ebenfalls d-n . Es gibt also genauso viele Ergebnisdiagonalmatrizen der Form $E^a V^b$ wie es Elemente in der Diagonalen gibt. Sie sind also gleich mächtig.
Ist $n<0$, so ist die Situation dieselbe. Es werden nur V und E getauscht. Im Fall d=3 und n=-1 sind es die Matrizen V und V^2E . Deren Anzahl ist dann
d - |n|.
Ist n=0, die Hauptdiagonale, so ist die Potenz bei E und V dieselbe, also EV, E^2V^2, usw .Das sind d - 1 Matrizen. Eine ist noch notwendig, z.B. VE oder V^2E^2 oder die Einheitsmatrix usw Die Zahl der Matrizen ist also mindestens so mächtig wie die Zahl der Elemente der Diagonalen.
Unterstellen wir, dass die so entstehenden Diagonalen linear unabhängig sind, so sind sie in der Lage, die reelle Basis der Ein-Element-Matrizen zu ersetzen. Man kann also jede jedenfalls endlich dimensionierte Matrix durch eine Linearkombination derartig entstandenen Diagonalen ersetzen, gegebenenfalls mit imaginären oder komplexen Koeffizienten.
Beispiel: Im Fall d=3 ist E = $D(-1/\ 1, 2^{1/2})$ und EEV = $D(-1/\ 0, 2^{1/2})$, dann ist
$D(-1/\ 1,0) = D(-1/\ 1, 2^{1/2}) - D(-1/\ 0, 2^{1/2})$ = E – EEV Erzeugungsoperator der U2
$D(+1/\ 1,0) = D(1/\ 1, 2^{1/2}) - D(1/\ 0, 2^{1/2})$ = V–EVV Vernichtungsoperator der U2
In der Tat
$D(-1/\ 1,0) * D(-1/\ 1,0) = D(-2/\ \alpha_2*\alpha_1 , \alpha_3*\alpha_2 , \ldots) = D(-2/\ 0*1) = D(-2/\ 0)$
Denn n=m=-1 (i,j)*(k,l)=(2,1)*(2,1) => (3,2)*(2,1) = (3,1) = (ie,je)
h=1 n0=1 - 1=0

22.9 Herleitung der Drehimpulsalgebra mittels Schiebeoperatoren

Es handelt sich um einen endlich dimensionierten Anzahlraum, die Dimension sei j .

Die zentrale Hauptdiagonalmatrix sei identisch mit der Drehimpulsmatrix J_3 . Sie enthält als Eigenwerte die dritte Komponenten m mit Werten von +j bis -j ,von oben beginnend.

Die Schieboperatoren seien wieder E und V . E senkt die 1 im Basisvektor um eine Stufe, bewirkt also den Übergang von m zu m-1 , V hebt die 1 im Basisvektor um eine Stufe, bewirkt den Übergang von m zu m+1 .

Es ist allgemein $E = D(-1/\ \alpha_1, \alpha_2, \ldots)$ und $V = D(+1/\ \alpha_1, \alpha_2, \ldots)$

Die Hauptdiagonalmatrizen EV und VE haben nur positive Eigenwerte oder Null. Hier brauchen wir aber auch negative Eigenwerte. So setzen wir stattdessen an

$$J_3 = VE - EV = D(0/\ (\alpha_1)^2, (\alpha_2)^2 - (\alpha_1)^2, (\alpha_3)^2 - (\alpha_2)^2, \ldots, (\alpha_d)^2 - (\alpha_{d-1})^2)$$

d ist die Dimension der Matrizen, z.B. d=3 bei j=1 und
die Eigenwerte m sind 1, 0 ,-1

Die Eigenwerte $(\alpha_1)^2$, $(\alpha_2)^2 - (\alpha_1)^2$,... haben der Reihe nach
die Werte m = j, j-1, j-2,...,-j

und die Funktion $E^*|0\rangle = \alpha_1^*|1\rangle \quad E^*|1\rangle = \alpha_2^*|2\rangle$ usw

Dabei wird mit $|0\rangle$ der in der Matrix oberste Zustand m=j identifiziert,
mit $|1\rangle$ der Zustand m=j-1, usw

Nun wollen wir die $(\alpha_{\nu+1})^2$ so bestimmen,

dass sie die Eigenwerte $m = j-\nu$ mit $\nu=0,1,2,\ldots,2j$ richtig wiedergeben.

Es ist

$$(\alpha_{\nu+1})^2 = (\alpha_1)^2 + [(\alpha_2)^2 - (\alpha_1)^2] + [(\alpha_3)^2 - (\alpha_2)^2] + \ldots + [(\alpha_{\nu+1})^2 - (\alpha_\nu)^2)] =$$
$$= \quad j \quad + \quad (j-1) \quad + \quad (j-2) \quad + \ldots \quad + \quad (j-\nu-1)$$

Also $(\alpha_{\nu+1})^2 = \Sigma\, j - \Sigma\, i = (\nu+1)^*j - \frac{1}{2}^*\nu^*(\nu+1) = (\nu+1)^*(j - \nu/2)$ summiert wird von i=0 bis ν

Erläuterung: j kommt ν+1 mal vor , $\Sigma\, i = 1+2+\ldots+\nu = \frac{1}{2}^*\nu^*(\nu+1)$

Grenzfälle ν=0: $(\alpha_1)^2 = j$ und ν=2j : $(\alpha_{2j+1})^2 = 0$

Beispiel: j=1 ν=2 dann $j-\nu/2 = 0$, $(\alpha_3)^2 = 0$

An dem Faktor $(j - \nu/2)$ erkennt man, dass j nur ganzzahlig oder halbzahlig sein kann , damit bei hinreichend großem ν $(\alpha_{\nu+1})^2 = 0$ wird. Das ist notwendig, damit die Erzeug-Sequenz nach endlichen Schritten abbricht.

Nun schreiben wir die gewonnene Formel um unter Benutzung von m .

Es ist $\nu = j - m$

$(\alpha_{\nu+1})^2 = (\nu+1)*(j - \nu/2)$ $= (j-m+1)*(j-1/2*(j-m)) = ½*(j-m+1)*(j+m) =$
$= ½*(j^2 - m^2 + j + m) =$ **$½*[j(j+1) - m(m-1)]$** mit $\nu = 0,1,\ldots$
$\alpha_{\nu+1}$ ist die positive Wurzel daraus.

Für die Herleitung war **nur notwendig** die Vorgabe der zentralen Hauptdiagonalmatrix J_3 und ihre Dimension sowie die **allgemeine** Algebra der Schiebeoperatoren E und V für den endlich dimensionierten Anzahlraum.

Der Vergleich mit der üblichen Schreibweise bei der Drehimpulsalgebra, nämlich
$J_+|jm\rangle = f*|j\ m+1\rangle$ und $J_-|j\ m+1\rangle = f*|j\ m\rangle$, ergibt
$E = (2^{-1/2})*J_-$ und $V = (2^{-1/2})*J_+$ oder $J_- = (2^{1/2})*E$ und $J_+ = (2^{1/2})*V$
In der Tat ist $J_3 = VE - EV = ½*(J_+*J_- - J_-*J_+)$

Aus den Schiebeoperatoren V und E bzw J_+ und J_- können nun in bekannter Weise die Operatoren J_1 und J_2 bzw deren Matrizen gewonnen werden, um die Algebra zu vervollständigen .
Es ist $J_1 = ½*(J_+ + J_-)$ und es ist $J_2 = -i/2*(J_+ - J_-)$.
oder $J_1 = (2^{-1/2})*(V+E)$ und $J_2 = -i*(2^{-1/2})*(V - E)$
So ist dann z.B.:
$J_1*J_2 = -i/2*(V^2 - VE + EV - E^2)$
$J_2*J_1 = -i/2*(V^2 + VE - EV - E^2)$
$[J_1,J_2] = J_1*J_2 - J_2*J_1 = -i/2*(-2VE+2EV) = i*(VE - EV) = i*J_3$

Beispiel: **Matrizen zu J=1** : $(\alpha_{\nu+1})^2 = [(\nu+1)*(j - \nu/2)]$ => (1,1) für $\nu=0,1$
Bei E ist das die linke Nebendiagonale, bei V ist es die rechte Nebendiagonale
Dann ist $J_1 = (2^{-1/2})*\begin{pmatrix}0 & 1 & 0\\ 1 & 0 & 1\\ 0 & 1 & 0\end{pmatrix}$ $J_2 = -i*(2^{-1/2})*\begin{pmatrix}0 & 1 & 0\\ -1 & 0 & 1\\ 0 & -1 & 0\end{pmatrix}$ $J_3 = \begin{pmatrix}1 & 0 & 0\\ 0 & 0 & 0\\ 0 & 0 & -1\end{pmatrix}$

Beispiel: **J=3/2**: $(\alpha_{\nu+1})^2 = [(\nu+1)*(j - \nu/2)]$ => (3/2 ,2 ,3/2) für $\nu=0,1,2$
Siehe auch Kapitel 13.3

22.10 Sonder-Antivertauschungsregeln für den zweidimensionalen Anzahlraum

Der Standard-Antikommutator ist **VE + EV = (1, 1)** = σ_0

Nun wissen wir, dass der Anzahlraum in Praxis nicht isoliert da steht, sondern verknüpft ist mit Teilchen-Eigenschaften, konkret hier Impuls p und Spin s. So schreiben wir V(p,s) und E(p,s). Die Vernichtung und Erzeugung bezieht sich dann speziell auf Teilchen mit p und s. **Liegen andere p und s vor, so wird ein anderer Anzahlraum aufgemacht**.

Standardaussage war bislang, die Räume wissen nichts von einander, also vertauschen die zughörigen (Schiebe)operatoren mit denen des anderen Raums. Um das Pauli-Prinzip allgemein zu formulieren, darf das hier nicht gelten, sondern die Schiebeoperatoren müssen antikommutieren, auch dann wenn sie verschiedenen Räumen angehören, so als wissen sie nun doch voneinander. Wollen wir statt verschiedener p und s zur Vereinfachung nun wieder Indizes schreiben, so lauten die Vertauschungsregeln

---

$V_i*E_j + E_j*V_i = \delta_{ij}*1$ also =0 , wenn i # j und =1, wenn i = j , sowie

$E_i*E_j + E_j*E_i = 0$ und $V_i*V_j + V_j*V_i = 0$ für alle i,j

Würden sie vertauschen, so müsste bei i#j je ein Minuszeichen stehen.

Um dieses nun zu erreichen ohne in Widerspruch zum Bisherigen zu geraten, brauchen wir eine **Sonder-Konstruktion**:

Wir betrachten die Matrizen im Zweidimensionalen mit i=1 und j=2

$a_1 = \begin{pmatrix} 0 & 1 \\ 0 & 0 \end{pmatrix}$ $a_1^+ = \begin{pmatrix} 0 & 0 \\ 1 & 0 \end{pmatrix}$ $\sigma_3^1 = \begin{pmatrix} 1 & 0 \\ 0 & -1 \end{pmatrix}$ sowie $a_2 = \begin{pmatrix} 0 & 1 \\ 0 & 0 \end{pmatrix}$ $a_2^+ = \begin{pmatrix} 0 & 0 \\ 1 & 0 \end{pmatrix}$

Wir haben also Schiebeoperatoren und eine σ_3 - Matrix im Raum1 sowie Schiebeoperatoren im Raum2. Die Schiebeoperatoren der verschiedenen Räume vertauschen wie gewohnt .Nun bilden wir Kombi-Operatoren, nämlich

$b_1 = a_1$, $b_1^+ = a_1^+$ betrifft Raum1, das ist nur eine Umbenennung ,

nun aber

$b_2 = \sigma_3^1*a_2$, $b_2^+ = \sigma_3^1*a_2^+$ betrifft Raum2

Das zweite ist das Hermitesch-Konjugierte zum Ersten

Der Raum2-Operator b_2 und damit auch b_2^+ ist also gegenüber a_1 und a_1^+ durch eine σ_3 -Matrix ergänzt, die sich auf den Raum1 bezieht,

hat also gewissermaßen auch einen Fuß im Raum1 .

Aus den Matrizendarstellungen leiten sich nun durch Ausmultiplizieren unmittelbar folgende Beziehungen ab

$a_1*\sigma_3^1 = - a_1$ $\sigma_3^1*a_1 = a_1$ $a_1^+*\sigma_3^1 = a_1^+$ $\sigma_3^1*a_1^+ = - a_1^+$

So folgt dann beispielsweise

$b_1*b_2 + b_2*b_1 = a_1 * \sigma_3{}^1*a_2 + \sigma_3{}^1*a_2 *a_1 = a_1*\sigma_3{}^1 *a_2 + a_2 *\sigma_3{}^1*a_1 =$

$= -a_1*a_2 + a_2*a_1 = 0$ $\sigma_3{}^1$ vertauscht mit a_2 , weil sie verschiedenen Räumen angehören.

Mittels dieser so ergänzten b-Matrizen kann man also die Antikommutation auch bei einander fremden Räumen erreichen.

Analog geht man nun vor bei mehr als zwei Räumen, beispielsweise bei 3 Räumen:

Man belässt die bisherigen b-Operatoren und fügt hinzu

$b_3 = \sigma_3{}^1*\sigma_3{}^2*a_3$ und somit $b_3{}^+ = \sigma_3{}^1*\sigma_3{}^2*a_3{}^+$.

$\sigma_3{}^1$ gehört Raum1 an, $\sigma_3{}^2$ gehört zu Raum2 und a_3 und $a_3{}^+$gehören zur Raum3 . So vertauschen sie auch miteinander.

Beispielrechnung:

$b_2*b_3 + b_3*b_2 = \sigma_3{}^1*a_2 * \sigma_3{}^1*\sigma_3{}^2*a_3 + \sigma_3{}^1*\sigma_3{}^2*a_3 * \sigma_3{}^1*a_2 =$

$= a_2*\sigma_3{}^2 *a_3 + a_3 * \sigma_3{}^2*a_2 = -a_2*a_3 + a_3*a_2 = 0$

Es ist z.B. $\sigma_3{}^1*\sigma_3{}^1 = \sigma_0{}^1$

Anderes Beispiel

$b_1*b_3 + b_3*b_1 = a_1 * \sigma_3{}^1*\sigma_3{}^2*a_3 + \sigma_3{}^1*\sigma_3{}^2*a_3 * a_1 =$

$= a_1*\sigma_3{}^1*\sigma_3{}^2*a_3 + \sigma_3{}^2*a_3 *\sigma_3{}^1*a_1 = -a_1* \sigma_3{}^2*a_3 + \sigma_3{}^2*a_2 *a_1 = 0$

Allgemein bildet man

$\mathbf{b_n = \sigma_3{}^1*\sigma_3{}^2*\ldots*\sigma_3{}^{n-1}*a_n}$ und $\mathbf{b_n{}^+ = \sigma_3{}^1*\sigma_3{}^2*\ldots*\sigma_3{}^{n-1}*a_n{}^+}$, es ist $\mathbf{b_1 = a_1}$

Man fügt also dem Operator $\mathbf{a_n}$ und $\mathbf{a_n{}^+}$ je einen Vertreter tieferer Stufe, je aus dem Raum geringerer Nummer, bei, der bei Vertauschung mit einem Operator tiefer Stufe diesen verändert, so dass Antikommutierung entsteht. Im eigenen Raum, Nummer n, sind sie schadlos, ohne Beeinflussung der Antikommutierung.

In Praxis schreibt man nur die antikommutierenden b-Operatoren an, aber man weiß nun, wie sie aus den a-Operatoren hervorgehen.

Wir wollen nun das Antikommutieren genauer studieren:

Das Vakuum, sagen wir für zwei Zustände 1 und 2,

sei beschrieben duch (1)(1) = |00>

(0)(0)

Zustand 1 steht für Eigenwertset1, z.B. für Spin aufwärts, hier Spalte 1

Zustand 2 steht für Eigenwertset2, z.B. für Spin abwärts, hier Spalte 2

Ist der Zustand besetzt, ist jeweils die 1 unten.

Nun soll wirken $b_1^+ |00> = a_1^+|00> = |10>$ weiterhin

$b_2^+b_1^+|00> = \sigma_3^1 * a_2^+ * a_1^+|00> = a_2^+ * \sigma_3^1 a_1^+|00> =$

$= a_2^+ * \sigma_3^1|10> = - a_2^+|10> = -|11>$ denn $\sigma_3|1> = \begin{pmatrix}1 & 0\\ 0 & -1\end{pmatrix} * \begin{pmatrix}0\\ 1\end{pmatrix} = - \begin{pmatrix}0\\ 1\end{pmatrix}$

Nun soll wirken

$b_2^+ |00> = \sigma_3^1 * a_2^+|00> = + |01>$ denn $\sigma_3|0> = \begin{pmatrix}1 & 0\\ 0 & -1\end{pmatrix} * \begin{pmatrix}1\\ 0\end{pmatrix} = + \begin{pmatrix}1\\ 0\end{pmatrix}$

weiterhin

$b_1^+b_2^+|00> = a_1^+ * \sigma_3^1 a_2^+|00> = a_1^+\sigma_3^1 * a_2^+|00> = a_1^+\sigma_3^1 |01> =$

$= + a_1^+ |01> = +|11>$

Es kommt also auf die Reihenfolge der Erzeugung (bzw Vernichtung) an.

Sei nun

$b_2^+b_1^+b_2^+|00> = \sigma_3^1 a_2^+ * a_1^+ * \sigma_3^1 a_2^+|00> = \sigma_3^1 * a_1^+ * \sigma_3^1 * a_2^+ a_2^+|00> = 0$,

weil $a_2^+ a_2^+ = 0$ Nullmatrix

Genauso

$b_1^+b_2^+b_1^+|00> = a_1^+ * \sigma_3^1 a_2^+ * a_1^+|00> = \sigma_3^1 * a_1^+ * a_2^+ * a_1^+|00> =$

$= -a_1^+ * a_2^+ * a_1^+|00> = - a_2^+ * a_1^+ a_1^+|00> = 0$, weil $a_1^+ a_1^+ = 0$ Nullmatrix

Mehrfachanwendung desselben Operators $a_i^+ * a_i^+$ oder $a_i * a_i$ ergibt 0 .

Wenn man bei der Erzeugreihenfolge mit der höchten Nummer beginnt, dann absteigend, findet kein Vorzeichenwechsel statt, weil die σ_3^i –Matrizen die Vakuumszustände $|0> = (1\ 0)$ jeweils unverändert lassen.

Beispiel:

$b_1^+b_2^+b_3^+|000> =$

$= a_1^+ * \sigma_3^1 a_2^+ * \sigma_3^1 * \sigma_3^2 * a_2^+ |000> = a_1^+ * \sigma_3^1 a_2^+ |001> = a_1^+|011> = |111>$

Paariges Vertauschen benachbarter b-Operatoren bewirkt einen Vorzeichenwechsel.

Kommt es nur auf das Ergebnis an und ist die Erzeugreihenfolge unwichtig, so kann man das Ergebnis als eine **gleichwertige Überlagerung** aller möglichen Erzeugfolgen ansetzen. Beispiel: $b_1^+b_2^+b_3^+ + b_1^+b_3^+b_2^+ + b_3^+b_2^+b_1^+ + \ldots|000>$

Damit die Erzeugfolge im jeweiligen Teilergebnis erkennbar ist, ist es besser, im Vektor |…> statt 0 und 1 jeweils die Zustandsnummer in der Reihenfolge der Erzeugung einzutragen und Vakuumszustände 0 wegzulassen. Beispiele:

$b_1^+b_2^+b_3^+|0> = |123>$, $b_2^+|0> = |2>$, $b_2^+b_1^+|0> = -|21>$, $b_1^+b_2^+|0> = |12>$

Der Erzeugung jedes Einzelterms, kann, wenn man ins Detail geht, im obigen Sinn vorgenommen werden, z.B.

$b_3^+b_2^+|000> = \ldots = - |011>$ => $- |32>$

Je nach Vertauschung treten alternative Vorzeichen auf, im Beispiel:

$b_1^+b_2^+b_3^+ + b_1^+b_3^+b_2^+ + b_3^+b_2^+b_1^+ + \ldots|0> = |123> - |132> - |321> +- \ldots$

Letztlich entsteht so ein, bezüglich der Zustandsnummern, der Raumnummern, total antisymmetrisches Ergebnis. Siehe dazu auch Kapitel 11.1

Es gibt hier also eine Konstruktion, um das Antikommutieren bei verschiedenen Räumen zu gewährleiten. Unterstellt es gäbe keine, so stellt sich die mathematisch-philosophische Frage, ob es erlaubt wäre, formal, abstrakt Antikommutatorregeln hinzuschreiben, ohne sie mit Zahlen, mit Matrizen, usw nachstellen zu können? Die Frage stellt sich allgemein: Darf man abstrakte mathematische Gebilde definieren, die letztlich nicht aus dem Zahlenraum heraus konkretisiert werden können? Diese Frage wollen wir offen lassen, Fachleute mögen da eine Antwort haben. Die Tendenz unsererseits ist nein.

---

23. Linearkombinationen mit Schiebeoperatoren

23.1 Diskrete Linearkombinationen

Es sei gegeben die Linearkombination $A = \Sigma_i(a_i*V_i + b_i*E_i)$
sowie eine zweite Linearkombination $B = \Sigma_j(c_j*V_j + d_j*E_j)$
mit Summation über i bzw j .Bem.:Die Koeffizienten sind meistens die Wellenfunktionen, die Basisvektoren eines **einzelnen** Teilchens, z.B. exp(ipx) .
Der Index bei E und V soll Zugehörigkeit zu a_i, b_i bzw zu c_j, d_j ausdrücken.
Nun bilden wir die Produkte , Summation über i,j

$A*B = (a_i*V_i + b_i*E_i)*(c_j*V_j + d_j*E_j) =$
$= a_i*c_j*V_i*V_j + a_i*d_j*V_i*E_j + b_i*c_j*E_i*V_j + b_i*d_j*E_i*E_j$

$B*A = (c_j*V_j + d_j*E_j)*(a_i*V_i + b_i*E_i) =$
$= c_j*a_i*V_j*V_i + c_j*b_i*V_j*E_i + d_j*a_i*E_j*V_i + d_j*b_i*E_j*E_i$

Der **Kommutator** $[A,B] = A*B - B*A =$
$= a_i*c_j*(V_i*V_j - V_j*V_i) + a_i*d_j*(V_i*E_j - E_j*V_i) +$
$+ b_i*c_j*(E_i*V_j - V_j*E_i) + b_i*d_j*(E_i*E_j - E_j*E_i)$
$= a_i*c_j*[V_i,V_j] + a_i*d_j*[V_i,E_j] + b_i*c_j*[E_i,V_j] + b_i*d_j*[E_i,E_j]$
Also gleich der Summe der bei Kombination von i mit j bildbaren Teil-Kommutatoren.
Wenn die E und V den **Bosonen-Vertauschungsregeln** unterliegen, also den Regeln
$[V_i,E_j] = V_i*E_j - E_j*V_i = \delta_{ij}*1$ also =0 , wenn i # j und =1, wenn i = j , sowie
$[E_i,E_j] = E_i*E_j - E_j*E_i = 0$ und $[V_i,V_j] = V_i*V_j - V_j*V_i = 0$,
Dann ist der Kommutator, bei Summation über i,j

$[A,B] = A*B - B*A = a_i*d_j*\delta_{ij}*1 - b_i*c_j*\delta_{ij}*1 = (a_i*d_j - b_i*c_j)*\delta_{ij}*1$
Es ist $\delta_{ij} = \delta_{ji}$ Also nur Terme mit i=j bringen einen Beitrag.

Der **Antikommutator** $\{A,B\} = A*B+B*A =$
$= a_i*c_j*(V_i*V_j + V_j*V_i) + a_i*d_j*(V_i*E_j + E_j*V_i) +$
$+ b_i*c_j*(E_i*V_j + V_j*E_i) + b_i*d_j*(E_i*E_j + E_j*E_i) =$
$= a_i*c_j*\{V_i,V_j\} + a_i*d_j*\{V_i,E_j\} + b_i*c_j*\{E_i,V_j\} + b_i*d_j*\{E_i,E_j\}$
Also gleich der Summe der bei Kombination von i mit j bildbaren Teil-Antikommutatoren.
Wenn die E und V den **Fermionen-Vertauschungsregeln** unterliegen, also den Regeln $\{V_i,E_j\} = V_i*E_j + E_j*V_i = \delta_{ij}*1$
also =0 , wenn i # j und =1, wenn i = j , sowie
$\{E_i,E_j\} = E_i*E_j + E_j*E_i = 0$ und $\{V_i,V_j\} = V_i*V_j+V_j*V_i = 0$,siehe Kapitel zuvor

Dann ist der Antikommutator, bei Summation über i,j

$\{A,B\} = A*B + B*A = a_i*d_j*\delta_{ij}*1 + b_i*c_j*\delta_{ij}*1 =$
$= (a_i*d_j + b_i*c_j)*\delta_{ij}*1$ Also nur Terme mit i=j bringen einen Beitrag.

In dieser diskreten Form spielen die Kommutatoren keine große Rolle, aber sie sind transparenter als im kontinuierlichem Fall.
Anmerkung: Satyendra Nath **Bose**, indischer Physiker (1894-1974)
Anmerkung: Enrico **Fermi**, italienischer Physiker (1901-1954)

23.2 Projektionsmatrizen

Es sei gegeben zu einer Eigenwertgleichung $A*\phi = \lambda*\phi$
die Eigenlösung ϕ zum Eigenwert λ .
Dann kann man aus den Komponenten von ϕ eine Matrix bilden,
nämlich $(\phi_\alpha * \phi_\beta^*)$.
Die **Matrix** $(\phi_\alpha * \phi_\beta^*)$ kann man als **Projektionsoperator** auffassen, das gilt allgemein, denn die Zeilen der Matrix bzw die Spalten der Matrix kann man wie folgt schreiben, im Zweidimensionalen erläutert:

$$(\phi_\alpha*\phi_\beta^*) = \begin{pmatrix}\phi_1\phi_1^* & \phi_1\phi_2^* \\ \phi_2\phi_1^* & \phi_2\phi_2^*\end{pmatrix} = \begin{matrix}\phi_1*(\phi_1^* \;\; \phi_2^*) \\ \phi_2*(\phi_1^* \;\; \phi_2^*)\end{matrix} \quad \text{bzw} = \begin{matrix}(\phi_1)*\phi_1^* & (\phi_1)*\phi_2^* \\ (\phi_2) & (\phi_2)\end{matrix}$$

Das ist jeweils Faktor mal Zeilenvektor bzw Spaltenvektor mal Faktor.
Skalarmultiplikation von rechts mit einem Spaltenvektor zu einem anderen Eigenwert ergibt je 0 wegen der Orthogonalität der Eigenvektoren.
Mit sich selbst ergibt es ϕ_1 bzw ϕ_2 , wenn er auf eins normiert ist, d.h. der Spinor reproduziert sich wieder.
Analoges gilt für die Multiplikation mit einem komplex-konjugierten Zeilenvektor von links .
Mit einer Projektionsmatrix kann man aus einer Linearkombination über die Lösungen zur Eigenwertgleichung, die gewünschte Lösung herausprojezieren.

Dies wollen wir am **Beispiel der Helizitätsgleichung** $\mathbf{p\sigma*\phi} = p*\phi$ erläutern:
Lösung $\boldsymbol{\phi} = |\boldsymbol{\lambda=+1}\rangle = [(p_3+p)/2p]^{1/2} *[1, (p_1+i*p_2)/(p_3+p)]$ Eigenwert +1*p
Die zwei Komponenten sind also
$\phi_1 = [(p_3+p)/2p]^{1/2} *1$, $\phi_2 = [(p_3+p)/2p]^{1/2} *[(p_1+i*p_2)/(p_3+p)]$
Dann ist die Matrix

$$(\phi_\alpha * \phi_\beta^*) = \begin{pmatrix}a & c\\ b & d\end{pmatrix} = 1/2p*\begin{matrix}[(p_3+p) & (p_1-i*p_2)] \\ [(p_1+i*p_2) & (p - p_3)]\end{matrix} = 1/2p*((\mathbf{p*\sigma} + p_0*\sigma_0)_{\alpha\beta})$$

betrifft positive Helizität

Lösung ϕ = **|λ=-1>** = $[(p_3+p)/2p]^{1/2}$ *[$-(p_1-i*p_2)/(p_3+p)$, 1] Eigenwert -1*p
also $\phi_1 = [(p_3+p)/2p]^{1/2} *[-(p_1-i*p_2)/(p_3+p)]$ und $\phi_2 = [(p_3+p)/2p]^{1/2} *1$
Es ist dann
$a = \phi_1*\phi_1^* = [1/2p]*(p - p_3)$ $b = \phi_2*\phi_1^* = [1/2p]*[-(p_1+i*p_2)]$
$c = \phi_1*\phi_2^* = b^* = - [1/2p]*(p_1-i*p_2)$ $d = \phi_2*\phi_2^* = [1/2p]*(p_3+p)$
denn $a= [(p_3+p)/2p]*[(p - p_3)*(p + p_3)/(p + p_3)^2] = [1/2p]*(p - p_3)$

Somit ist die Projektionsmatrix

$$(\phi_\alpha * \phi_\beta^*) = \begin{pmatrix} a & c \\ b & d \end{pmatrix} = (1/2p)*\begin{bmatrix} (-p_3+p) & -(p_1-i*p_2) \\ -(p_1+i*p_2) & (p_3+p) \end{bmatrix} = ((1/2p)*(-\mathbf{p}*\boldsymbol{\sigma}+p*\sigma_0)_{\alpha\beta})$$

betrifft negative Helizität So, als wäre der Impuls negativ.

Ein einfacheres Verfahren, um hier zur Projektionsmatrix zu kommen, ist folgendes:
Mein schreibt zuerst die Eigenwertgleichung zum Eigenwert +p hin:

$$(\mathbf{p}*\boldsymbol{\sigma} - p*\sigma_0)*\begin{pmatrix}\phi_1\\ \phi_2\end{pmatrix} = 0 \quad \text{Multiplikation mit } \phi_1^* \Rightarrow (\mathbf{p}*\boldsymbol{\sigma} - p*\sigma_0)*\begin{pmatrix}\phi_1\phi_1^*\\ \phi_2\phi_1^*\end{pmatrix} = 0$$

Dann Multiplikation mit ϕ_2^* . Beides zu einer Matrix zusammenfassen =>

$$(\mathbf{p}*\boldsymbol{\sigma} - p*\sigma_0)*\begin{pmatrix}\phi_1\phi_2^*\\ \phi_2\phi_2^*\end{pmatrix} = 0 \qquad (\mathbf{p}*\boldsymbol{\sigma} - p*\sigma_0) * \begin{pmatrix}\phi_1\phi_1^*, & \phi_1\phi_2^*\\ \phi_2\phi_1^*, & \phi_2\phi_2^*\end{pmatrix} = 0 \quad \text{Nullmatrix}$$

Die gesuchte Matrix $(\phi_\alpha*\phi_\beta^*)$ ist hermitesch und offenbar
gleich $1/2p*(\mathbf{p}*\boldsymbol{\sigma} + p*\sigma_0)$,
denn $(\mathbf{p}*\boldsymbol{\sigma} - p*\sigma_0) *(\mathbf{p}*\boldsymbol{\sigma} + p*\sigma_0) = (p_1^2+ p_2^2+ p_3^2 - p^2)*\sigma_0 = 0$
Denn der Klammerfaktor ist die Impuls-Energie-Beziehung und somit gleich 0.

Gehen wir von der Eigenlösung zu –p aus, so ist die Gleichung
$(\mathbf{p}*\boldsymbol{\sigma} + p*\sigma_0)\phi=0$ und die Matrix $(\phi_\alpha*\phi_\beta^*) = (1/2p)*(\mathbf{p}*\boldsymbol{\sigma} - p*\sigma_0)$
aus analogen Gründen.

Andererseits kann man die **Projektionsmatrix aus der Eigenwertgleichung** gewinnen. Sei gegeben zu einer Eigenwertgleichung $\mathbf{A*\phi = \lambda*\phi}$
die Eigenlösung ϕ_+ zum Eigenwert λ_+ , also $A*\phi_+ = \lambda_+*\phi_+$,
die Eigenlösung ϕ_- zum Eigenwert λ_- , also $A*\phi_- = \lambda_-*\phi_-$.
Dann ist $(A + \lambda_+*1)*\phi_+ = 2\lambda_+*\phi_+$ und $(A + \lambda_+*1)*\phi_- = (\lambda_-+\lambda_+)*\phi_-$
Analog $(A + \lambda_-*1)*\phi_- = 2\lambda_-*\phi_-$ und $(A + \lambda_-*1)*\phi_+ = (\lambda_++\lambda_-)*\phi_+$
Wenn es nun nur zwei Eigenwerte wie hier gibt und zudem gilt $\lambda_+ + \lambda_- = 0$ dann ist offenbar

$1/(2\lambda_+)*(A + \lambda_+*1)$ ein Projektionsoperator zu ϕ_+ und **$1/(2\lambda_-)*(A + \lambda_-*1)$ ein Projektionsoperator** zu ϕ_- .

Das trifft zu bei der Eigenwertgleichung $(\mathbf{p}*\boldsymbol{\sigma} - p*\sigma_0)*\phi = 0$ mit den Eigenwerten +p und -p
Wie auch nachfolgend bei der Diracgleichung mit den Eigenwerten +E und –E
Es verbleibt die Frage, inwieweit die auf verschiedenen Wegen gewonnenen Projektionsmatrizen übereinstimmen, dieselben sind.

Nun der allgemeine **Beweis** , dass die Projektionsmatrix $X = 1/(2\lambda)*(A + \lambda*1)$ mit der Matrix $(\phi_\alpha\phi_\beta^*)$ übereinstimmt,also kurz $X =(\phi_\alpha\phi_\beta^*)$, wenn gilt $X\phi = \phi$.
Es ist also $X\phi = \phi$ oder $X_{\alpha\gamma}* \phi_\gamma = \phi_\alpha$ summiert über γ
Betrachte eine Zeile α der Matrix X mit den Elementen $X_{\alpha1}\ X_{\alpha2}\ X_{\alpha3}$ ....
Dieser Zeilenvektor, nennen wir ihn **z**, wird also skalar mit dem Spaltenvektor ϕ multipliziert , was ϕ_α ergibt,
also $(X_{\alpha1}\ X_{\alpha2}\ X_{\alpha3} \ldots) * (\phi_1\ \phi_2\ \phi_3 \ldots) = \phi_\alpha$ kurz $\mathbf{z}*\boldsymbol{\phi} = \phi_\alpha$
Dieser Vektor **z** muss als Linearkombination all der Basisvektoren darstellbar sein , die zum Eigenwert λ gehören, keine anderen , damit auch die Projektion = 0 gewährleistet ist.
Sagen wir es sind zwei Basisvektoren **a** und **b** . Da wir auf der Bra-Seite sind, im Hinblick auf das Skalarprodukt, brauchen wir sie komplex-konjugiert.
Also $\mathbf{z} = (X_{\alpha1}\ X_{\alpha2}\ X_{\alpha3} \ldots) = a*\mathbf{a}^* + b*\mathbf{b}^*$ mit $\mathbf{a}^**\mathbf{a} = \mathbf{b}^**\mathbf{b} = 1$
und $\mathbf{a}^**\mathbf{b} = \mathbf{b}^**\mathbf{a} = 0$
Wenn nun ist $\boldsymbol{\phi} = \mathbf{a}$, also $X\mathbf{a}=\mathbf{a}$, dann ist $\mathbf{z}*\boldsymbol{\phi} = (a*\mathbf{a}^* + b*\mathbf{b}^*)*\mathbf{a} = a_\alpha$
somit folgt $a = a_\alpha$
Wenn nun ist $\boldsymbol{\phi} = \mathbf{b}$, also $X\mathbf{b}=\mathbf{b}$,dann ist $\mathbf{z}*\boldsymbol{\phi} = (a*\mathbf{a}^* + b*\mathbf{b}^*)*\mathbf{b} = b_\alpha$
somit folgt $b = b_\alpha$
Also ist $\mathbf{z} = a_\alpha*\mathbf{a}^* + b_\alpha*\mathbf{b}^* = a_\alpha*(a_1^*\ a_2^*\ a_3^* \ldots) + b_\alpha*(b_1^*\ b_2^*\ b_3^* \ldots)$
Somit ist das Matrizenelement $X_{\alpha\beta} = a_\alpha a_\beta^* + b_\alpha b_\beta^*$ bei zwei Basisvektoren
Die Gesamtprojektionsmatrix stellt sich also als Summe von Einzelprojektionsmatrizen dar, die je nur auf einem Basisvektor beruhen.
Beispiel Diracgleichung:
Zu +E gibt es die Basisvektoren u(E,s=+) und u(E,s=-)
Im Fall nur eines Basisvektors ϕ ist dann $X_{\alpha\beta} = \phi_\alpha\phi_\beta^*$
Der Beweis ist wie man sieht sehr allgemein.

Nun wollen wir den **Diracfall** behandeln (siehe auch Kapitel 17.1)
Die Gleichung lautet ($c\mathbf{p}*\alpha + mc^2*\beta - p_0)*\psi = 0$
mit $\alpha_i = \tau_1*\sigma_i \quad \alpha_0 = \tau_0*\sigma_0 \quad \beta = \tau_3*\sigma_0$

Wir betrachten nun die Lösung $\psi = u$ zu positiver Energie +E, nämlich
$(c\mathbf{p}*\alpha + mc^2*\beta - E)*u(p,s) = 0$
Nach obigem Verfahren kann man aus u eine hermitesche 4x4-Projektions-Matrix bilden, nämlich $(u_\alpha*u_\beta^*)$.
Nun gibt es zwei u-Lösungen , zu Spin + und Spin – bzw Helizität, also u(+) und (u-).
Entsprechend gibt es zwei Matrizen $(u^+_\alpha*u^+_\beta{}^*)$ und $(u^-_\alpha*u^-_\beta{}^*)$.
Erstere kann man als Projektionsmatrix zu +E und s= + sehen, die zweite zu +E und s= – sehen.
Ihre Summe $(u^+_\alpha*u^+_\beta{}^*) + (u^-_\alpha*u^-_\beta{}^*)$ ist dann offenbar ein Projektionsoperator zu +E, der sowohl die Plus-Spin (Term1) wie die Minus-Spin (Term2) übrig lässt, also heraus projektiert, in jedem Fall die Plus-E-Lösung belässt und die Negativ-E-Lösung zu 0 macht.
Andererseits ergibt sich die Projektionsmatrix gemäß obiger Formel mit $A = c\mathbf{p}*\alpha + mc^2*\beta$ und $\lambda_+ = E$ zu $1/2E*(c\mathbf{p}*\alpha + mc^2*\beta + E)$

Wir betrachten nun die Lösung $\psi = v$ zu negativer Energie –E , aber positivem Impuls p
Die Gleichung lautet $(c\mathbf{p}*\alpha - mc^2*\beta - E)*v(p,s) = 0$ Es gilt Analoges.
Die Projektionsmatrix ist dann einerseits $[(v^+_\alpha*v^+_\beta{}^*) + (v^-_\alpha*v^-_\beta{}^*)]$ und Andererseits gemäß Formel $-1/2E*(c\mathbf{p}*\alpha + mc^2*\beta - E)$

Es mag von Vorteil sein, die **Projektionsmatrix** $1/(2E)*(c\mathbf{p}*\alpha+mc^2*\beta+E)$ explizit hinzuschreiben, betrifft +E und +p, und zu vergleichen

$1/(2E)*$	$[mc^2+E$	0	cp_3	$c(p_1-ip_2)]$	Projektionsmatrix
	$[0$	mc^2+E	$c(p_1+ip_2)$	$-cp_3]$	für +E (sowie +**p**)
	$[cp_3$	$c(p_1-ip_2)$	$-mc^2+E$	$0]$	betrifft u-
	$[c(p_1+ip_2)$	$-cp_3$	0	$-mc^2+E]$	Lösungen

In Wiederholung:
Die allgemeinen Lösungen mit z-Achsen-Spin sind , als Viererspinoren waagrecht hingeschrieben, mit dem Normierungsfaktor $((E+mc^2)/(2E))^{1/2}$

[1	0	$cp_3/(E+mc^2)$	$c(p_1+i*p_2)/(E+mc^2)$]	u(**p**,E,s = +)
[0	1	$c(p_1-i*p_2)/(E+mc^2)$	$-cp_3/(E+mc^2)$]	u(**p**,E,s = -)
[$-cp_3/(E+mc^2)$	$-c(p_1+i*p_2)/(E+mc^2)$	1	0]	v(**p**,-E,s =+)
[$-c(p_1-i*p_2)/(E+mc^2)$	$cp_3/(E+mc^2)$	0	1]	v(**p**,-E,s = -)

Rechnen wir nun einige Beispiele für $(u^+_\alpha*u^+_\beta{}^*) + (u^-_\alpha*u^-_\beta{}^*)$ aus und vergleichen wir sie mit der Projektionsmatrix:

$(u^+_1*u^+_1{}^*) + (u^-_1*u^-_1{}^*) = (E+mc^2)/(2E) * [1*1+0*0] = (E+mc^2)/(2E)$

Offenbar Übereinstimmung , der Faktor ist f = 1 .

$(u^+_1*u^+_2{}^*) + (u^-_1*u^-_2{}^*) = (E+mc^2)/(2E) * [1*0+0*1] = 0$

$(u^+_1*u^+_3{}^*) + (u^-_1*u^-_3{}^*) = (E+mc^2)/(2E) * [1*cp_3/(E+mc^2)+0] = cp_3/2E$

$(u^+_1*u^+_4{}^*) + (u^-_1*u^-_4{}^*) = (E+mc^2)/(2E) * [1*c(p_1-i*p_2)/(E+mc^2)+0] = c(p_1-i*p_2)/2E$

$(u^+_2*u^+_2{}^*) + (u^-_2*u^-_2{}^*) = (E+mc^2)/(2E) * [0*0+1*1] = (E+mc^2)/(2E)$

$(u^+_2*u^+_3{}^*)+(u^-_2*u^-_3{}^*) = (E+mc^2)/(2E) * [0+1*c(p_1+i*p_2)/(E+mc^2)]=c(p_1+i*p_2)/2E$

$(u^+_2*u^+_4{}^*) + (u^-_2*u^-_4{}^*) = (E+mc^2)/(2E) * [0+1*(-cp_3)/(E+mc^2)+0] = -cp_3/2E$

$(u^+_3*u^+_4{}^*) + (u^-_3*u^-_4{}^*) = (E+mc^2)/(2E) *$

$*[cp_3/(E+mc^2)*c(p_1-i*p_2)/(E+mc^2)+c(p_1-i*p_2)/(E+mc^2)*(-cp_3)/(E+mc^2)] = 0$

$(u^+_4*u^+_4{}^*) + (u^-_4*u^-_4{}^*) = (E+mc^2)/(2E) *$

$*[c(p_1+i*p_2)/(E+mc^2)*c(p_1-i*p_2)/(E+mc^2) + (-cp_3)/(E+mc^2) * (-cp_3)/(E+mc^2)] =$

$= 1/(2E*(E+mc^2)) *c^2*p^2 = 1/(2E*(E+mc^2)) *(E^2-m^2c^4) = 1/(2E*(E+mc^2))*$

$*(E+mc^2)*(E-mc^2) = 1/(2E) * (E-mc^2) = (1/2E)*(c\mathbf{p}*\boldsymbol{\alpha} + mc^2*\beta + E)_{44}$

Wir haben also je Übereinstimmung.

Nun die **Projektionsmatrix** $-1/(2E)*(c\mathbf{p}*\boldsymbol{\alpha} + mc^2*\beta - E)$, betrifft –E und +**p**

-1/(2E)*

* [mc^2+E	0	cp_3	$c(p_1-ip_2)$]	Projektionsmatrix
[0	mc^2+E	$c(p_1+ip_2)$	$-cp_3$]	für –E (und +**p**)
[cp_3	$c(p_1-ip_2)$	$-mc^2+E$	0]	betrifft v-Lösungen
[$c(p_1+ip_2)$	$-cp_3$	0	$-mc^2+E$]	

Eine Beispielrechnung zum Vergleich:

$v^+_1{}^* v^+_4{}^* + v^-_1*v^-_4{}^* = (E+mc^2)/(2E) * [0+(-c*(p_1-i*p_2))/(E+mc^2)] =$

$= -c(p_1-i*p_2)/2E = (-1/2E)*(c\mathbf{p}*\boldsymbol{\alpha} + mc^2*\beta - E)_{14}$

Bei den Lösungen der Diracgleichung mit Helizität führt es zu denselben Projektionsmatrizen.

23.3 Übergang zum Kontinuierlichen

Wir erinnern an den Übergang vom diskreten Ortsraum zum kontinuierlichen Ortsraum (Kapitel 3.5). In analoger Weise vollzieht er sich hier. Die ganzzahligen Indizes werden durch Variable, Impuls **p** und Spin s abgelöst. Aus der Summe wird ein Integral. Die 1, genau das Kroneckersymbol δ_{ij} auf der rechten Seite der Kommutatoren, muss durch eine Deltafunktion ersetzt werden, denn erst das Integral über den Kommutator liefert die 1 , also

----

[V(p)*E(q) – E(q)*V(p)] = δ(q-p) , denn es ist dann

$\int dq*[V(p)*E(q) - E(q)*V(p)] = \int dq*\delta(q-p) = 1$ Bem.: $\delta(p-q) = \delta(q-p)$

[E(p)*E(q) – E(q)*E(p)] = 0 , [V(p)*V(q) – V(q)*V(p)] = 0

Der Übergang der Gleichung zu Lösungen mit Schiebeoperatoren:

Die Eigenfunktionen sind elementare Lösungen der freien Klein-Gordon-Gleichung oder der Dirac-Gleichung, jedenfalls einer Eigenwertgleichung.

Die **Hinzufügung von Schiebeoperatoren**, die ja Matrizen sind, quasi als Lösungen der Eigenwertgleichung kann man sich wie folgt vorstellen: Hat eine DG wie hier zwei Partiallösungen L1 und L2, so ist auch a*L1+b*L2 eine Lösung, a,b konstant. Seien nun $a=A_{ik}$ und $b=B_{ik}$ stellungsgleiche Elemente der Matrizen A und B, so haben wir mit $A_{ik}*L1+ B_{ik}*L2 = C_{ik}$ pro Matrixelement eine Lösung und insgesamt ist so die gesamte Matrix C eine Lösung oder eine Matrix voller Lösungen. Hier sind A und B die Erzeuger- und Vernichter-matrizen. So ergänzt können sie nun auf den jeweiligen Anzahlraum wirken. Sie bringen so den Lösungsraum der K-G-Gleichung oder der Diracgleichung mit dem Anzahlraum zusammen. Besonders deutlich wird das bei der Spektraldarstellung, aufgelöst nach Impulsen. Den Partiallösungen je zu **p** (Spinoren mit exp-Funktion) wird je ein Erzeuger oder Vernichter zugeordnet, wo sonst nur je eine skalare 1 stand, aber pro **p** mit eigenem Anzahlraum. Die Anzahloperatoren, die sonst nur den einfachen Anzahlraum mit seinen Vektoren |n> kennen, werden so gewissermassen mit den Attributen (Impuls, Spin,...) bekleidet und so unterschiedlich gemacht, spezifiziert. Bei nicht aufgelösten Operatoren z.B. $\psi(\mathbf{x},t)$ und $\psi^+(\mathbf{x},t)$, siehe nachfolgend, wird pro Ort **x** ein neuer Anzahlraum aufgemacht., also mit den Basisvektoren |n,**x**>. Also aus Sicht einer DG haben wir eine Hinzufügung von Schiebeoperatoren zu den Lösungen, aus Sicht der Operatoren eine Kombination der Operatoren mit den DG-Lösungen. Wir erhalten so kombinierte, spezifizierte Schiebeoperatoren.

Betrachten wir weiter zunächst den **Bosonen-Fall.**
Die Koeffizienten sind im Wesentlichen die drei Impuls-Eigenfunktionen und die Energie-Eigenfunktion , die man als eine Exponentialfunktion zusammenfassen kann, nämlich
$(2\pi)^{-3/2}*\exp(i*(\mathbf{p}*\mathbf{x} - E_p*t))$ E_p ist die Energie zum Impuls **p** , $E_p= +(\mathbf{p}^2+m^2)^{1/2}$
bzw das Konjugiert-komplexe $(2\pi)^{-3/2}*\exp(-i*(\mathbf{p}*\mathbf{x}- E_p*t))$
Man kombiniert also die Eigenfunktion zum Impuls **p** und gegebenenfalls auch Spin s mit dem Erzeugungs- oder Vernichtungsoperator.

Nun bildet man die Überlagerung aller Impulseigenfunktionen und Schiebeoperatoren, um den Erzeuger und Vernichter bezüglich **x** zu erhalten

$\phi(\mathbf{x},t) = (2\pi)^{-3/2}*\int d^3p*np*$
$*\{V(p)*\exp(i*(\mathbf{p}*\mathbf{x}- E_p*t)) + E(p)*\exp(-i*(\mathbf{p}*\mathbf{x}- E_p*t))\}$

np ist ein noch unbekannter Integral-Normierungsfaktor, abhängig von **p**

V(p) ist der Vernichtungsoperator zum Impuls **p** und zugleich zur Energie E_p
E(p) ist der Erzeugungsoperator zum Impuls **–p** und zugleich zur Energie $-E_p$
Er wird aber als Vernichtungsoperator interpretiert, weil –E zu erzeugen gleichbedeutend ist mit +E zu vernichten. Somit ist die Gesamtheit ein **Vernichtungsoperator** für ein Teilchen an der Stelle **x** und zur Zeit t.
Wegen des symmetrischen Aufbaus ergibt sich unmittelbar $\phi^+(\mathbf{x},t) = \phi(\mathbf{x},t)$

Nehmen wir eine zweite Überlagerung für einen anderen Ort und eine andere Zeit hinzu. Wir bezeichnen die zu **x** gehörende Zeit mit x_0 ,
die zu **y** gehörende mit y_0 , also

$\phi(\mathbf{x},x_0) = (2\pi)^{-3/2}*\int d^3p*np*$
$*\{V(p)*\exp(i*(\mathbf{p}*\mathbf{x}- E_p*x_0)) + E(p)*\exp(-i*(\mathbf{p}*\mathbf{x}- E_p*x_0))\}$
$\phi(\mathbf{y},y_0) = (2\pi)^{-3/2}*\int d^3q*nq*$
$*\{V(q)*\exp(i*(\mathbf{q}*\mathbf{y}- E_p*y_0)) + E(q)*\exp(-i*(\mathbf{q}*\mathbf{y}- E_p*y_0))\}$

Dafür schreiben wir nun kurz mit $x = (\mathbf{x},x_0)$ und $y = (\mathbf{y},y_0)$

$\boldsymbol{\phi(x) = (2\pi)^{-3/2}*\int d^3p*np*\{V(p)*\exp(i*p*x) + E(p)*\exp(-i*p*x)\}}$
mit $\mathbf{p*x = (p*x}- E_p*\mathbf{x_0)}$
$\boldsymbol{\phi(y) = (2\pi)^{-3/2}*\int d^3q*nq*\{V(q)*\exp(i*q*y) + E(q)*\exp(-i*q*y\}}$
mit $\mathbf{q*y = (q*y}- E_q*\mathbf{y_0)}$

Es ist dann $\phi(x)*\phi(y) = (2\pi)^{-3}*\int d^3p*d^3q*np*nq*$
$\{ V(p)*E(q) * \exp(i*p*x) * \exp(-i*q*y) +$
$+ E(p)*V(q) * \exp(-i*p*x) * \exp(i*q*y) +$
$+ V(p)*V(q)* \exp(i*p*x) * \exp(i*q*y) +$
$+ E(p)*E(q) * \exp(-i*p*x) * \exp(-i*q*y)\}$

Analog ist $\phi(y)*\phi(x) = (2\pi)^{-3}*\int d^3p*d^3q*np*nq*$
$\{V(q)*E(p) * \exp(i*q*y) * \exp(-i*p*x) +$
$+ E(q)*V(p) * \exp(-i*q*y)* \exp(i*p*x) +$
$+ V(q)*V(p)* \exp(i*q*y) * \exp(i*p*x) +$
$+ E(q)*E(p) * \exp(-i*q*y) * \exp(-i*p*x) \}$

Der Kommutator ist dann $[\phi(x),\phi(y)] = \phi(x)*\phi(y) - \phi(y)*\phi(x) =$
$= (2\pi)^{-3}*\int d^3p*d^3q*np*nq*$
$*\{ [V(p)*E(q) - E(q)*V(p)]* \exp(i*p*x)* \exp(-i*q*y) +$
$+ [E(p)*V(q) - V(q)*E(p)] * \exp(-i*p*x)*\exp(i*q*y)\}$

Die Terme mit V(p)*V(q) bzw V(q)*V(p) sowie E(p)*E(q) bzw E(q)*E(p) heben sich auf, fallen also weg,
weil $V(p)*V(q) = V(q)*V(p)$ und $E(p)*E(q) = E(q)*E(p)$ ist,
sodass nur diese verbleiben.

Wie man sieht, ist der Kommutator, betreffend x und y, eine Summe der Kommutatoren, betreffend p und q .
Weil nun gilt $[V(p)*E(q) - E(q)*V(p)] = \delta(q-p)$, im Kontinuum,
können die verbleibenden Kommutatoren je durch die δ –Funktion ersetzt werden, also $[\phi(x),\phi(y)] = (2\pi)^{-3}*\int d^3p*d^3q*np*nq*$
$*\{\delta(q-p) * \exp(i*p*x)* \exp(-i*q*y) - \delta(q-p) * \exp(-i*p*x)*\exp(i*q*y)\}$

Die Integration über q,
es werden dabei E_q zu E_p und nq zu np und allgemein q zu p,
liefert dann $[\phi(x),\phi(y)] = (2\pi)^{-3}*\int d^3p*np*np*$
$*\{\exp(i*p*x)* \exp(-i*p*y) - \exp(-i*p*x)*\exp(i*p*y)\}$
Also $[\phi(x),\phi(y)] = (2\pi)^{-3}*\int d^3p*np*np*\{\exp(i*p*(x-y)) - \exp(-i*p*(x-y))\} =$
$= (2\pi)^{-3}*\int d^3p*np*np*$
$* \{\exp(i*(\mathbf{p}*(\mathbf{x} - \mathbf{y}) -E_p*(x_0 - y_0)) - \exp(-i*(\mathbf{p}*(\mathbf{x} - \mathbf{y}) - E_p*(x_0 - y_0))\}$

Es ist nun **allgemein** dreidimensional

$\int d^3p*\exp(i*(\mathbf{p}*(\mathbf{x}-\mathbf{y}) = \int d^3p*[\cos(\mathbf{p}*(\mathbf{x}-\mathbf{y})+ i*\sin(\mathbf{p}*(\mathbf{x}-\mathbf{y}))] =$

$= \int d^3p*[\cos(\mathbf{p}*(\mathbf{x}-\mathbf{y})] = \int d^3p*\exp(-i*(\mathbf{p}*(\mathbf{x}-\mathbf{y})$ Der Sinus-Anteil fällt bei der Integration weg, weil der Beitrag von **p** durch den Beitrag von –**p** bei der Integration aufgehoben wird. Somit kann er ohne Fehler mit umgekehrten Vorzeichen wieder hinzugefügt werden.

Somit kann man weiterschreiben

$[\phi(x),\phi(y)] = (2\pi)^{-3}*\int d^3p*np*np*$

$* \exp(i*(\mathbf{p}*(\mathbf{x}-\mathbf{y}) *\{\exp(-i*E_p*(x_0- y_0)) - \exp(i*E_p*(x_0- y_0)\}$

Nun ist $\exp(-i* E_p*(x_0- y_0)) - \exp(i* E_p*(x_0- y_0)\} = -2i*\sin(E_p*(x_0- y_0))$

Somit ist der **Bosonen-Kommutator**

$[\phi(x),\phi(y)] = (2\pi)^{-3}*\int d^3p*np*np*\{\exp(i*p*(x-y)) - \exp(-i*p*(x-y)\}$

$= -2i*(2\pi)^{-3}*\int d^3p*np*np*\{\exp(i*(\mathbf{p}*(\mathbf{x}-\mathbf{y})) * \sin(E_p*(x_0- y_0))\}$

mit $np = (2E_p)^{-1/2}$

Der unbekannte Integral-Normierungsfaktor, hier zunächst ohne Beweis, lautet $np = (2E_p)^{-1/2}$

Bei Gleichzeitigkeit, also wenn $x_0 = y_0$ ist, ist der Kommutator offensichtlich gleich 0, d.h. $\phi(\mathbf{x},t)$ vertauscht mit $\phi(\mathbf{y},t)$.

Die rechts stehende **Kommutator-Funktion** hat einen eigenen Namen, nämlich $[\phi(x),\phi(y)] = \phi(x)*\phi(y) - \phi(y)*\phi(x) = i*\Delta(x-y)$.

Nun wollen wir den **Fermionen-Fall** betrachten.

Die Eigenfunktionen gehorchen der Dirac-Gleichung. Der Anzahlraum ist zweidimensional (Fermionen) und es liegen einfache Antikommutatoren vor: Wenn die E und V den Fermi-Vertauschungsregeln unterliegen, dann ist im Kontinuierlichen

---

$\mathbf{V}(\mathbf{p},r)*\mathbf{E}(\mathbf{q},s) + \mathbf{E}(\mathbf{q},s)*\mathbf{V}(\mathbf{p},r) = \delta_{rs}*(\boldsymbol{\delta}(\mathbf{q}-\mathbf{p})$

$\mathbf{E}(\mathbf{p},r)*\mathbf{E}(\mathbf{q},s) + \mathbf{E}(\mathbf{q},s)*\mathbf{E}(\mathbf{p},r) = \mathbf{0}$ und

$\mathbf{V}(\mathbf{p},r)*\mathbf{V}(\mathbf{q},s) + \mathbf{V}(\mathbf{q},r)*\mathbf{V}(\mathbf{p},s) = \mathbf{0}$

Die Deltafunktion $\delta(q-p)$ tritt an die Stelle des Kroneckersymbols δ_{ij} .

Die Impulse **p** und **q** übernehmen zugleich die Rolle der Indizes.

r, s sind die Spins (3.Komponente oder Helizität)

Wie im Bosonenfall setzen wir eine Überlagerung an:
$\psi(\mathbf{x},x_0) = (2\pi)^{-3/2} * \int d^3p * np *$
$* \{V(p,s) * \mathbf{u}(p,s) * \exp(i*(\mathbf{p}*\mathbf{x} - E_p*x_0)) +$
$+ E(p,s) * \mathbf{v}(-p,s) * \exp(-i*(\mathbf{p}*\mathbf{x} - E_p*x_0))\}$
Dabei ist u(p,s) die Dirac-Eigenfunktion zu Impuls **p**, Spin s und positiver Energie E_p ,und es ist v(-p,s) die Dirac-Eigenfunktion zu negativem Impuls **-p**, Spin s und negativer Energie - E_p .
u und **v** sind je Viererspinoren, haben also je 4 Komponenten, analog zu Vektoren.
np ist ein von **p** abhängiger Normierungsfaktor für das Integral.
Das sind also die elementaren Lösungen der freien Dirac-Gleichung.

Um Verwechslungen zu vermeiden, muss man die Namensgebung aufweiten.
Man bezeichnet neu b(p,s) = V(p,s) und $d^+(p,s)$ = E(p,s) . b wie auch b^+ sind also der u-Lösung zugeordnet, d wie auch d^+ sind der v-Lösung zu geordnet.
Da u und v nicht durch Komplex-Konjugation auseinander hervorgehen, kann man nicht b^+ der v-Lösung zuordnen, sondern muss deren Operatoren extra benennen, eben d und d^+ .
Die b unter sich wie auch die d unter sich, gehorchen den für E und V angegebenen Anti-Vertauschungsregeln. Wechselseitig, also b mit d , anti-vertauschen sie, analog zu E und V, als wären p und q verschieden.

Kürzen wir wieder ab mit x = $(\mathbf{x},x_0)$ und p*x = $(\mathbf{p}*\mathbf{x} - E_p*x_0)$, so schreibt sich die Überlagerung nun wie folgt

$$\psi(\mathbf{x},x_0) = (2\pi)^{-3/2} * \int d^3p * np *$$
$$* \{ b(p,s) * \mathbf{u}(p,s) * \exp(i*p*x) + d^+(-p,s) * \mathbf{v}(-p,s) * \exp(-i*p*x) \}$$

Die Lösungen **u** , **v** sind orthogonal zueinander und auf 1 normiert.
Der Integral-Normierungsfaktor np ist nicht identisch mit dem im Bosonenfall.
Es ist dann

$$\psi^+(\mathbf{x},x_0) = (2\pi)^{-3/2} * \int d^3p * np *$$
$$* \{b^+(p,s) * \mathbf{u}^+(p,s) * \exp(-i*p*x) + d(-p,s) * \mathbf{v}^+(-p,s) * \exp(i*p*x)\}$$

Anders als im Bosonenfall ist ψ^+ nicht identisch mit ψ .
$\psi(\mathbf{x},x_0)$ in seiner Gesamtheit wird als **Vernichtungsoperator** interpretiert, weil –E erzeugen soviel ist wie +E vernichten , entsprechend wird $\psi^+(\mathbf{x},x_0)$ als **Erzeugungsoperator** angesehen, je für ein Teilchen am Ort **x** zur Zeit x_0 .

Sei also

$\psi(\mathbf{x},x_0) = (2\pi)^{-3/2} * \int d^3p * np *$

$* \{b(p,s)*u(p,s)*\exp(i*p*x) + d^+(p,s)*v(-p,s)*\exp(-i*p*x)\}$

und

$\psi^+(\mathbf{y},y_0) = (2\pi)^{-3/2} * \int d^3p * nq *$

$* \{b^+(q,r)*u^+(q,r)*\exp(-i*q*y) + d(q,r)*v^+(-q,r)*\exp(i*q*y)\}$

Wir betrachten das **Produkt zweier Komponenten α und β** der Viererspinoren ψ und ψ^+

$\psi_\alpha(\mathbf{x},x_0) * \psi_\beta^+(\mathbf{y},y_0) = (2\pi)^{-3} * \int d^3p * d^3q * np * nq *$

$\{b(p,s)*b^+(q,r) *u_\alpha(p,s)*u_\beta^*(q,r) *\exp(i*(p*x-q*y)) +$

$b(p,s)*d(q,r) *u_\alpha(p,s)*v_\beta^*(-q,r) *\exp(i*(p*x+q*y)) +$

$d^+(p,s)*b^+(q,r) *v_\alpha(-p,s)*u_\beta^*(q,r) *\exp(-i*(p*x+q*y)) +$

$d^+(p,s)*d(q,r) *v_\alpha(-p,s)*v_\beta^*(-q,r) *\exp(-i*(p*x-q*y))\}$

Nun das Produkt

$\psi_\beta^+(\mathbf{y},y_0) * \psi_\alpha(\mathbf{x},x_0) = (2\pi)^{-3} * \int d^3p * d^3q * np * nq *$

$\{b^+(q,r)*b(p,s) *u^*_\beta(q,r)*u_\alpha(p,s) *\exp(i*(p*x-q*y)) +$

$d(q,r)*b(p,s) *v^*_\beta(-q,r)*u_\alpha(p,s) *\exp(i*(p*x+q*y)) +$

$b^+(q,r)*d^+(p,s)*u^*_\beta(q,r)*v_\alpha(-p,s) *\exp(-i*(p*x+q*y) +$

$d(q,r)*d^+(p,s) *v^*_\beta(-q,r)*v_\alpha(-p,s) *\exp(-i*(p*x-q*y))\}$

Dann ist der **Antikommutator**

$\{\psi_\alpha(\mathbf{x},x_0),\psi_\beta^+(\mathbf{y},y_0)\} = \psi_\alpha(\mathbf{x},x_0)*\psi_\beta^+(\mathbf{y},y_0) + \psi_\beta^+(\mathbf{y},y_0)*\psi_\alpha(\mathbf{x},x_0) =$

$= (2\pi)^{-3} * \int d^3p * d^3q * np * nq *$

$\{[b(p,s)*b^+(q,r) + b^+(q,r)*b(p,s)] * u_\alpha(p,s)*u_\beta^*(q,r) * \exp(i*(p*x-q*y)) +$

$[b(p,s)*d(q,r) + d(q,r)*b(p,s)] * u_\alpha(p,s)*v_\beta^*(-q,r)* \exp(i*(p*x+q*y)) +$

$[d^+(p,s)*b^+(q,r) + b^+(q,r)*d^+(p,s)]* v_\alpha(-p,s)*u_\beta^*(q,r) * \exp(-i*(p*x+q*y)) +$

$[d^+(p,s)*d(q,r) + d(q,r)*d^+(p,s)] * v_\alpha(-p,s)*v_\beta^*(-q,r)* \exp(-i*(p*x-q*y))\}$

Der zweite und dritte Antikommutator [] ist gleich 0 gemäß den Vertauschungsregeln.

Daran sieht man, wie wichtig die zusätzlichen Antivertauschungsregeln sind.

Der erste und vierte Antikommutator ist dann 0, wenn $\delta_{rs} = 0$ ist, wenn also die beteiligen Spinorenkomponenten zu verschiedenen Spins oder Helizitäten gehören.

Auch ist der Antikommutator, betreffend x und y eine Summe, ein Integral der Antikommutatoren, betreffend p und q .

Für die verbleibenden beiden ersten können wir Deltafunktionen gemäß den Vertauschungsregeln hinschreiben, also

$\{\psi_\alpha(\mathbf{x},x_0),\psi_\beta^+(\mathbf{y},y_0)\} = (2\pi)^{-3}*\int d^3p*d^3q*np*nq*$
$\{\ \delta_{rs}*\delta(\mathbf{q-p}) * u_\alpha(p,s)*u_\beta^*(q,r) \quad * \exp(i*(p*x-q*y)) +$
$\ \delta_{rs}*\delta(\mathbf{q-p}) * v_\alpha(-p,s)*v_\beta^*(-q,r) * \exp(-i*(p*x-q*y))\ \}$

Integration der Deltafunktionen über **q** und Summation über die Spinindizes r,s ergibt **q=p**

$\{\psi_\alpha(\mathbf{x},x_0),\psi_\beta^+(\mathbf{y},y_0)\} = (2\pi)^{-3}*\int d^3p*np*np*$
$\{\ \delta_{rs}*\ u_\alpha(p,s)*u_\beta^*(p,r)*\exp(i*p*(x-y)) +$
$+\ \delta_{rs}*\ v_\alpha(-p,s)*v_\beta^*(-p,r)*\exp(-i*p*(x-y))\ \} =$

$= \ (2\pi)^{-3}*\int d^3p*np*np*$
$*\ \{[\ u_\alpha(p,+)*u_\beta^*(p,+) \quad + u_\alpha(p,-)*u_\beta^*(p,-)] \quad * \exp(i*p*(x-y) +$
$+ [\ v_\alpha(-p,+)*v_\beta^*(-p,+) + v_\alpha(-p,-)v_\beta^*(-p,-)] \ * \exp(-i*p*(x-y)\}$

Die Ausdrücke in den Eckklammern kann man mittels der **Projektionsmatrizen** ersetzen.

$[u_\alpha(p,+)*u_\beta^*(p,+) + u_\alpha(p,-)*u_\beta^*(p,-)] \quad = \ 1/2E*[c\mathbf{p}*\boldsymbol{\alpha} + mc^2*\beta + E]_{\alpha\beta}$
$[v_\alpha(-p,+)*v_\beta^*(-p,+) + v_\alpha(-p,-)v_\beta^*(-p,-)] = -1/2E*[c(\mathbf{-p})*\boldsymbol{\alpha} + mc^2*\beta - E]_{\alpha\beta}$.

Von der Gesamtmatrix interessiert dann je das Element $\alpha\beta$.

Das ergibt die **allgemeine Lösung für den Antikommutator**

$\{\psi_\alpha(\mathbf{x},x_0),\psi_\beta^+(\mathbf{y},y_0)\} = (2\pi)^{-3}*\int d^3p*np*np\ *1/2E*$
$*\ \{[c\mathbf{p}*\boldsymbol{\alpha} + mc^2*\beta + E]_{\alpha\beta} * \exp(i*p*(x-y))$
$+ [(c\mathbf{p}*\boldsymbol{\alpha} - mc^2*\beta + E]_{\alpha\beta} \ * \exp(-i*p*(x-y))\}$

Wir betrachten nun zunächst den **Fall $x_0 = y_0$**, also **gleiche Zeit**, dann ist
$\exp(i*p*(x-y) = \exp(i*\mathbf{p}*(\mathbf{x-y}))$ und $\exp(-i*p*(x-y) = \exp(-i*\mathbf{p}*(\mathbf{x-y}))$
Bei der Integration über **p** wird nun **p** wie auch –**p** erfasst, so dass man im zweiten Teil **p** gegen –**p** tauschen kann, ohne den Wert des Integral zu ändern.
So kann man zusammenfassen $\{\psi_\alpha(\mathbf{x},x_0),\psi_\beta^+(\mathbf{y},x_0)\} =$
$(2\pi)^3*\int d^3p*np*np*1/2E**\{[(c\mathbf{p}*\boldsymbol{\alpha} + mc^2*\beta + E]_{\alpha\beta}* \exp(i*p*(x-y) +$
$[(c(\mathbf{-p})*\boldsymbol{\alpha} - mc^2*\beta + E]_{\alpha\beta} * \exp(i*p*(x-y)\} =$

$= (2\pi)^{-3} * \int d^3p * np * np * 1/(2E) * [2E]_{\alpha\beta} * \exp(i * \mathbf{p} * (\mathbf{x}-\mathbf{y})) =$

$= (2\pi)^{-3} * \int d^3p * np * np * \delta_{\alpha\beta} * \exp(i * \mathbf{p} * (\mathbf{x}-\mathbf{y}))$

weil $[2E]_{\alpha\beta} = 2E * \delta_{\alpha\beta}$, ist hauptdiagonal

Um die Deltafunktion als Ergebnis zu bekommen, definieren wir die Integral-Norm zu $np * np = 1$ und haben dann

$\{\psi_\alpha(\mathbf{x}, x_0), \psi_\beta^+(\mathbf{y}, x_0)\} = (2\pi)^{-3} * \int d^3p * \delta_{\alpha\beta} * \exp(i * \mathbf{p} * (\mathbf{x}-\mathbf{y})) = \delta_{\alpha\beta} * \boldsymbol{\delta}(\mathbf{x}-\mathbf{y})$

Somit: Der gleichzeitige Antikommutator = 0, wenn die Komponentenindizes verschieden sind, aber auch wenn die Orte verschieden sind.

Bemerkung: Man ist daran interessiert, dass der Antikommutator für $\{\psi_\alpha, \psi_\beta^+\}$, also für Teilchen am Ort **x** und **y**, möglichst analog ist zu dem entsprechenden Impuls-Antikommutator $\{V(p), E(q)\} = \delta(q-p)$,

also für Teilchen mit dem Impuls **p** und **q.**

Zurück zum a**llgemeinen Fall $x_0 = y_0$ oder x_0 # y_0** , also auch **verschiedene Zeiten**:

Vom Bosonenfall her wissen wir,

es ist $i * \Delta(x,y) = (2\pi)^{-3} * \int d^3p * (1/2E) * \{\exp(i * p * (x-y)) - \exp(-i * p * (x-y)\}$

siehe zuvor

Wendet man auf dieses Integral, also auf $i * \Delta$,

den **Operator** $[c\mathbf{P} * \boldsymbol{\alpha} + mc^2\beta + P_0]$ an,

so erhält man beim ersten exp-Term $[c\mathbf{p} * \boldsymbol{\alpha} + mc^2\beta + E)] * \exp(i * p * (x-y))$

und beim zweiten exp-Term

$-[c(-\mathbf{p}) * \boldsymbol{\alpha} + mc^2\beta - E] * \exp(-i * p * (x-y)) =$

$= [c\mathbf{p} * \boldsymbol{\alpha} - mc^2\beta + E] * \exp(-i * p * (x-y))$

Es entsteht also die oben angegebene Lösung für den Antikommutator , wenn man schreibt

$\{\psi_\alpha(\mathbf{x}, x_0), \psi_\beta^+(\mathbf{y}, y_0)\} = (2\pi)^{-3} * \int d^3p * np * np * 1/2E *$

$* \{[c\mathbf{p} * \boldsymbol{\alpha} + mc^2 * \beta + E]_{\alpha\beta} * \exp(i * p * (x-y) +$

$+ [c\mathbf{p} * \boldsymbol{\alpha} - mc^2 * \beta + E]_{\alpha\beta} * \exp(-i * p * (x-y)\}$

Somit ist der **Fermionen-Antikommutator** für freie Dirac-Teilchen

$\{\psi_\alpha(\mathbf{x}, x_0), \psi_\beta^+(\mathbf{y}, y_0)\} = [(c\mathbf{P} * \boldsymbol{\alpha} + mc^2\beta + P_0]_{\alpha\beta} * i * \Delta(x,y)$

mit $\mathbf{P} = 1/i * \partial/\partial\mathbf{x}$ und $P_0 = i * \partial/\partial t$ Das führt also zu obigem Antikommutator.

Man kann also den Fermionen-Antikommutator auf den Bosonen-Kommutator, auf die Funktion Δ , zurückführen, auf die dann noch ein Operator einwirkt.

Durch γ_μ-Matrizen ausgedrückt, haben wir

$[(c\mathbf{P}*\alpha + mc^2\beta + P_0]_{\alpha\beta} = \gamma_0(c\mathbf{P}*\gamma + mc^2 + \gamma_0 P_0]_{\alpha\beta}$

Die **Klein-Gordon-Gleichung** vermag auch geladene Teilchen vom Typ Bosonen, konkretes Beispiel Pionen, zu beschreiben, die in einem Teilchen-Antiteilchen-Verhältnis sind.

Die Entwicklungen sind dann analog der Dirac-Gleichung

$\phi(\mathbf{x},x_0) = (2\pi)^{-3/2}*\int d^3p*np*\{b(p)*exp(i*p*x) + d^+(-p)*exp(-i*p*x)\}$

$\phi^+(\mathbf{x},x_0) = (2\pi)^{-3/2}*\int d^3p*np*\{b^+(p)*exp(-i*p*x) + d(-p)*exp(i*p*x)\}$

mit $p*x = (\mathbf{p}*\mathbf{x}-E_p*x_0)$ und $np = (2E_p)^{-1/2}$

b(p) vernichte ein Teilchen positiver Ladung, $b^+(p)$ erzeuge ein Teilchen positiver Ladung mit Impuls **p** und Energie E.

d(p) vernichte ein Teilchen negativer Ladung, $d^+(p)$ erzeuge ein Teilchen negativer Ladung mit Impuls –**p** und Energie –E.

Für b(p) und $b^+(p)$ gelten hier die Bosonen-Vertauschungsregeln,

konkret $[b(\mathbf{p}),b^+(p')] = \delta(\mathbf{p}-\mathbf{p}')$, alle anderen Paare vertauschen

für d(p) und $d^+(p)$ gelten ebenfalls unabhängig davon die Bosonen-Vertauschungsregeln,

konkret $[d(\mathbf{p}),d^+(p')] = \delta(\mathbf{p}-\mathbf{p}')$, alle anderen Paare vertauschen.

Kombinationen aus beiden Lagern, b und d gemischt, vertauschen stets.

Beim skalaren Feld ist d=b und $d^+ = b^+$, also eine Unterscheidung in b und d nicht nötig.

Teilchen und Antiteilchen sind da identisch (z.B. neutrale Pionen).

---

24. Folgerungen

24.1 Der Operator für die Gesamtenergie

Nochmals die Entwicklungen, gemeint ist der Dirac-Fall:

$\psi(\mathbf{x},x_0) = (2\pi)^{-3/2} *$

$*\int d^3p*np*\{b(p,s)*\mathbf{u}(p,s)*\exp(i*p*x) + d^+(p,s)*\mathbf{v}(-p,s)*\exp(-i*p*x)\}$

$\psi^+(\mathbf{x},x_0) = (2\pi)^{-3/2} *$

$*\int d^3p*np*\{b^+(p,s)*\mathbf{u}^+(p,s)*\exp(-i*p*x) + d(p,s)*\mathbf{v}^+(-p,s)*\exp(i*p*x)\}$

Der Gesamtenergie-Operator ist gegeben

durch das Integral $\mathbf{H} = \int \mathbf{d^3x}*\psi^+(\mathbf{x})*\mathbf{P_0}\psi(\mathbf{x})$

Das Integral erstreckt sich also über den ganzen Ortsraum.

Einsetzen der Entwicklungen und Ausführen von $P_0 \sim i*\partial/\partial t$ ergibt

$H = \int d^3x*(2\pi)^{-3}*\int d^3p*d^3q*np*nq*$

$\{b^+(p,s)*u^+(p,s)*\exp(-i*p*x) + d(p,s)*v^+(-p,s)*\exp(i*p*x)\}*$

$*\{b(q,s)*u(q,s)*E*\exp(i*q*x) + d^+(q,s)*v(-q,s)*(-E)*\exp(-i*q*x)\}$

$= \int d^3x*(2\pi)^{-3}*\int d^3p*d^3q*np*nq*$

$\{b^+(p,s)*b(q,r) * u^+(p,s)*u(q,r) * E * \exp(-i*(p-q)*x) +$

$d(p,s)*d^+(q,r) * v^+(-p,s)*v(-q,r) * (-E)* \exp(i*(p-q)*x) +$

$b^+(p,s)*d^+(q,r) * u^+(p,s)*v(-q,r) * (-E)* \exp(-i*(q+p)*x) +$

$d(p,s)*b(q,r) * v^+(-p,s)*u(q,r) * E * \exp(i*(q+p)*x)\}$

Allgemeine Formel: $\int d^3x* \exp(i*\mathbf{a}*\mathbf{x}) = (2\pi)^3*\delta(\mathbf{a})$

Wir erhalten also nach Integration über **x** in der ersten und zweiten Zeile an Stelle der exp-Funktion $(2\pi)^3*\delta(\mathbf{q-p})$ und in der dritten und vierten Zeile $(2\pi)^3*\delta(\mathbf{q+p})*\exp(+-i*2E*t)$

Anschließende Integration über **q** macht **q** zu **p** bzw **q** zu **-p**

$H = \int d^3p*np*np*$

$\{b^+(p,s)*b(p,r) * u^+(p,s)*u(p,r) * E +$

$d(p,s)*d^+(p,r) * v^+(-p,s)*v(-p,r) *(-E) +$

$b^+(p,s)*d^+(-p,r) * u^+(p,s)*v(p,r) *(-E)*\exp(i*2E*t) +$

$d(p,s)*b(-p,r) * v^+(-p,s)*u(-p,r) *E *\exp(-i*2E*t)\}$

Nun gelten die Skalarprodukte $v^+(p,s)*u(p,r) = 0$

somit auch $v^+(-p,s)*u(-p,r) = 0$ wie auch $u^+(p,s)*v(p,r) = 0$

Die dritte und die vierte Zeile wird so zu 0

$u^+(p,s)*u(p,r) = v^+(-p,s)*v(-p,r) = \delta_{rs}$ Betrifft Zeile eins und zwei. Somit

---

Der **Energieoperator über den gesamten Raum** ist also

$$\mathbf{H} = \Sigma\int d^3p*E*\ [b^+(p,s)*b(p,s) - d(p,s)*d^+(p,s)]$$

Integration über Impuls **p** und Summation über die Spins s

24.2 Der Operator für den Gesamt-Impuls

Analoger Ansatz und Rechung jeweils für den Impuls ($\sim 1/i*\partial/\partial x, \ldots$) ergibt

$$\mathbf{P} = \Sigma\int d^3p*\mathbf{p}*\ [b^+(p,s)*b(p,s) - d(p,s)*d^+(p,s)]$$

Integration über **p** und Summation über s

Das sind eigentlich drei Operatoren und Integrale, je für P_1, P_2 und P_3.

24.3 Der Operator für die Gesamt-Ladung

Zunächst der Ansatz $\mathbf{Q} = (-e)*\int d^3x*\psi^+(x)*\psi(x)$

Klarstellung: Zur u-Lösung gehört Energie +E, Impuls +**p** und Ladung –e (Elektron), zur v-Lösung gehört Energie -E, Impuls -**p** und Ladung –e (wie beim Elektron).

Einsetzen der Entwicklungen liefert, ganz analog wie bei der Berechnung von H, an Stelle von +E oder –E tritt je –e, deshalb

$$\mathbf{Q} = \int d^3p*(-e)*\ [b^+(p,s)*b(p,s) + d(p,s)*d^+(p,s)]$$

Integration über **p** und Summation über s

24.4 Interpretation

Folgendes macht man sich am besten am Gesamtenergieoperator klar.

$b^+(p,s)$ erzeugt ein „u-Teilchen“, ein Teilchen mit Energie +E, Impuls +**p** und Ladung (-e) . Das ist gleichbedeutend mit der **Erzeugung eines Elektrons**.

$b^+|0\rangle = |1$ Elektron$\rangle$, Energiebilanz +(+E) = +E

$b^-(p,s)$ vernichtet ein „u-Teilchen“, ein Teilchen mit Energie +E, Impuls +**p** und Ladung (-e). Das ist gleichbedeutend mit der **Vernichtung eines Elektrons**. Es ist $b^-|0\rangle = 0$, $b^-|1$ Elektron$\rangle = |0\rangle$, Energiebilanz – (+E) = 0

$b^+b|n\rangle = n*|n\rangle$ Anzahl Elektronen = n

$d^+(p,s)$ erzeugt ein „v-Teilchen“, ein Teilchen mit Energie -E, Impuls -**p** und Ladung (-e), erzeugt ein **Loch** im See (siehe nachfolgend). Das ist, was die Diracgleichung unmittelbar sagt. Das kann (nach einer C-Transformation) als **Erzeugung** eines Teilchens mit +E , +**p** und (+e), eines **Positrons** uminterpretiert werden.

Es ist $d^+|0\rangle = |1$ Loch$\rangle$ => $|1$ Positron$\rangle$, => Energiebilanz –(-E) = +E

d^-(p,s) vernicht ein „v-Teilchen“, ein Teilchen mit Energie -E, Impuls -**p** und Ladung (-e), vernichtet ein Loch im See. Das Loch wird aufgefüllt. Das ist physikalisch gleichbedeutend mit der **Vernichtung** eines Teilchens mit +E ,+**p** und (+e), **eines Positrons.**
Es ist $d^-|0\rangle = 0$, $d^-|1\ \text{Loch}\rangle = |0\rangle$, Energiebilanz $-(+E) = -E$
$d^+d|m\rangle = m*|m\rangle$ Anzahl Positronen = m

Anwendung von $\psi^+(\mathbf{x},x_0)$ bzw $\psi(\mathbf{x},x_0)$ auf den Grundzustand $|0\rangle$ ergibt

$$\psi^+|0\rangle = (2\pi)^{-3/2} * \int d^3p*np*b^+(p,s)*\mathbf{u}^+(p,s)*\exp(-i*p*x)\,|0\rangle$$
$$= |1\ \text{Elektron mit}\ \mathbf{x},y,z,t,s\rangle$$
$$\psi|0\rangle = (2\pi)^{-3/2} * \int d^3p*np*d^+(-p,s)*\mathbf{v}(-p,s)*\exp(+i*p*x)\,|0\rangle$$
$$= |1\ \text{Positron mit}\ x,y,z,t,s\rangle$$

Divergenzen: Wendet man den bei den Gesamtoperatoren H, analog bei **P** und Q , im Integral auftretenden Term auf den Grundzustand, das Vakuum $|0\rangle$ an, so ist jeweils pro p und s
$E*[b^+(p,s)*b(p,s) - d(p,s)*d^+(p,s)]\,|0\rangle = 0 - E*|0\rangle$
Also nicht gleich 0 wie man es beim Vakuum erwarten würde.

Es bedarf also einer **Abänderung**, um die klassisch gewohnte Vorstellung über das Vakuum aufrecht zu erhalten. Es ist, bei Benutzung des Antikommutators:
$E*[b^+(p,s)*b(p,s) - d(p,s)*d^+(p,s)] =$
$= E*[b^+(p,s)*b(p,s) + d^+(p,s)*d(p,s) - \{d(p,s),d^+(p,s)\}] =$
$= E*[b^+(p,s)*b(p,s) + d^+(p,s)*d(p,s) - \delta(\mathbf{0})]$
Angewendet auf das Vakuum ist nun $[\ldots]*|0\rangle = 0 + 0 - E*\delta(\mathbf{0})*\,|0\rangle$

Es ergibt sich der gewünschte Wert 0 abzüglich eines unendlichen Energiewertes. Dieser Wert wird, gemäß der so genannten **Löchertheorie,** dem unendlichen „See negativer Elektronen“ zugeschrieben, je also mit -E bestückt, der im Normalfall voll besetzt ist und keine Kandidaten mehr aufnehmen kann, analog wie bei besetzten Schalen in einem Atom (Pauli-Prinzip). Wirkt d^+(p,s) auf ihn, so wird in ihm ein –E vernichtet, es entsteht ein **Loch**, was äquivalent zur Erzeugung eines Positrons mit +E ist. Es gibt also nach dieser Vorstellung im See soviel Löcher wie es Positronen gibt. Wirkt d(p,s) ,so wird ein Positron vernichtet und im See ein Loch aufgefüllt. Siehe Figur folgend.
Der unendliche Energiewert wird nun nicht berücksichtigt, da alle Energien wie auch Impulse relativ zum Vakuum gemessen werden.

Der Term für die **Energie** im Integral geht also über in
$E*[b^+(p,s)*b(p,s) - d(p,s)*d^+(p,s)]$ =>
=> $\mathbf{E*[b^+(p,s)*b(p,s) + d^+(p,s)*d(p,s)] =}$
= E*[Anzahl Elektronen plus Anzahl Positronen bei Anwendung auf ein Ensemble]
Analoges gilt pro **Impulskomponente**.

Bei der **Ladung** ist der entsprechende Term
$(-e)* [b^+(p,s)*b(p,s) + d(p,s)*d^+(p,s)] =$
$= (-e)*[b^+(p,s)*b(p,s) - d^+(p,s)*d(p,s) + \{d(p,s),d^+(p,s)\}] =$
denn $d*d^+ = -d^+*d + (d*d^+ + d^+*d)$
$= (-e)*[b^+(p,s)*b(p,s) - d^+(p,s)*d(p,s) + \delta(\mathbf{0})]$
Die unendliche negative Ladung des Sees wird wiederum weggelassen.
Der Term geht also über in
$(-e)*[b^+(p,s)*b(p,s) + d(p,s)*d^+(p,s)]$ =>
=> $\mathbf{(-e)*[b^+(p,s)*b(p,s) - d^+(p,s)*d(p,s)] =}$
= (-e)*[Anzahl Elektronen minus Anzahl Positronen bei Anwendung auf ein Ensemble]
Ensemble meint: Es seien zu einem Impuls p und Spin s n Elektronen vorhanden, also ein Zustand |n,p,s> und m Positronen, also ein Zustand |m,p,s>
Dann ist der Ladungsbeitrag zu p,s eben (–e)*(n - m), denn
$b^+(p,s)*b(p,s)$ |n,p,s> = n*|n,p,s> und $d^+(p,s)*d(p,s)$ |m,p,s> = m*|m,p,s>
Bei Fermionen kann allerdings n und m nur 0 oder 1 sein.

Sieht man sich die Abänderung betroffener Terme an, so besteht sie faktisch darin, dass man im Ausgangsterm $d(p,s)*d^+(p,s)$ gegen $-d^+(p,s)*d(p,s)$ austauscht. Man sagt, man bringt sie in
Normalordnung: **Auf einen Zustand sollen zuerst die Vernichter und dann die Erzeuger wirken**, also Erzeuger links, Vernichter rechts.
Zusatzregel: Bei der Reihenfolge-Vertauschung von Vernichter und Erzeuger, hier d und d^+, wird bei Fermionen jeweils das Vorzeichen umgedreht, bei Bosonen bleibt es gleich, gemäß den Vertauschungsregeln.
Die Wirkung auf das Vakuum, Anzahl ist gleich 0, also der Zustand |0> ist dann nicht irgendein Eigenwert, sondern eben 0,
also konkret $d^+(p,s)*d(p,s)$ |0,p,s> = 0*|0,p,s> = 0 .
Die Besetzungszahl kann bei anderen Werten p,s auch eine andere sein. Vakuum meint also hier Besetzungszahl betreffend p,s ist gleich 0.

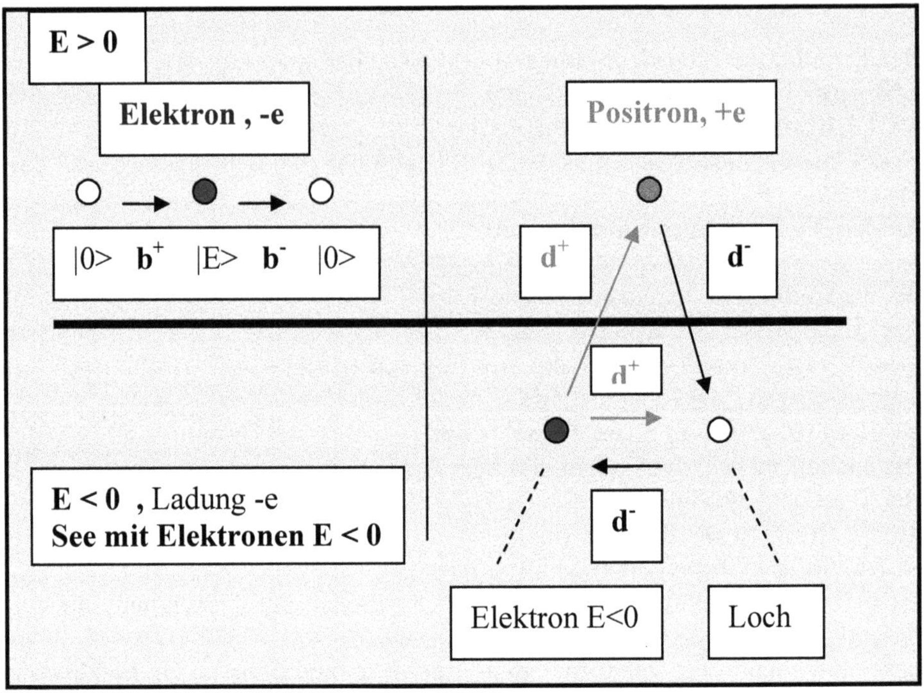

Interpretation gemäß Dirac-**Löchertheorie**
Auf der Ebene der Diracgleichung finden nur die waagrechten Pfeile statt.
Durch C-Transformation wird uminterpretiert, schräge Pfeile.

24.5 Das Normalprodukt, das Wicksche Theorem

Zu diesem Vorgang gibt es eine ausführliche Theorie.

Das zeitgeordnete Produkt. Wir betrachten zwei so genannte Feldoperatoren im obigem Sinn $\phi(x_1)$ und $\phi(x_2)$. Weil es einfacher ist, wählen wir den **Bosonen-Fall**, es gelten also Kommutatorregeln.

x_1 stehe für $(\mathbf{x}_1,t_1)$ und x_2 für $(\mathbf{x}_2,t_2)$, also beliebige Orte und Zeiten.

Zeitgeordnet heißt, der Operator in einem Produkt mit der früheren Zeit steht rechts, wirkt zuerst, der mit der späteren Zeit steht links, wirkst später, entsprechend der natürlichen Vorstellung. Man schreibt $T(\phi(x_1)\phi(x_2))$.

Dieses ist also $\phi(x_1)*\phi(x_2)$, wenn $t_1> t_2$ oder $\phi(x_2)*\phi(x_1)$, wenn $t_2> t_1$ ist.

Dieses wird sozusagen händisch vorgegeben, von außen vorgeschrieben.

Im Folgenden wollen wir unterstellen, dass Zeitordnung vorliegt. Der jeweils größere Index soll zu einer früheren Zeit gehören.

Das normalgeordnete Produkt. Die Vernichtungsoperatoren stehen rechts, wirken also zuerst, die Erzeugungsoperatoren stehen links, wirken danach.

Einrahmende Doppelpunkte : links und rechts : kennzeichnen die Normalordnung.

Beides, Zeitordnung wie Normalordnung möchte man nun in Einklang bringen. Wir betrachten die Situation, indem wir uns erneut einer einfachen Schreibweise bedienen.

Es sei $\phi(x_1) = E_1(x_1) +V_1(x_1) \; = \; E_1 +V_1$

und $\phi(x_2) = E_2(x_2) +V_2(x_2) \; = \; E_2 +V_2$,

also jeweils Erzeuger plus Vernichter.

Dann ist $\phi(x_1)*\phi(x_2) = (E_1 +V_1)* (E_2 +V_2) =$

$= \{E_1*E_2 + E_1*V_2 + V_1*E_2 + V_1*V_2 \} =$

$= \; E_1*E_2 + E_1*V_2 + (E_2*V_1 +c*1) + V_1*V_2 =$

$= [E_1*E_2 + E_1*V_2 + E_2*V_1 + V_1*V_2] + c*1 =: \phi(x_1)*\phi(x_2): +c*1$

denn $\mathbf{V_1*E_2 - E_2*V_1 = c*}$**Einheitsmatrix** siehe nachfolgend

----

Es sei erinnert an Bosonenoperatordarstellung für die Stellen x_1 und x_2

$\phi(x_1) = \; (2\pi)^{-3/2}*\int d^3p*np*\{V(p)*\exp(i*p*x_1) + E(p)*\exp(-i*p*x_1)\}$

$\phi(x_2) = \; (2\pi)^{-3/2}*\int d^3q*nq*\{V(q)*\exp(i*q*x_2) + E(q)*\exp(-i*q*x_2)\}$

Wir sehen je zwei Teilintegrale. Diese entsprechen der Reihe nach V_1,E_1 und V_2,E_2 . Es sei auch erinnert an den Bosonen-Kommutator

$[\phi(x_1),\phi(x_2)] = \; \phi(x_1)*\phi(x_2) - \phi(x_2)*\phi(x_1) \; = i*\Delta(x_1- x_2)$

Die linke Seite entspricht $[E_1 +V_1, E_2 +V_2]$

Wir haben rechts eine Funktion stehen, entspricht c, (mal Einheitsoperator). Siehe Kapitel 23.3 Später wird sie mit $c=d_{12}$ benannt, Kontraktion.
Der Übergang vom Voll-Produkt {…} zum Normalprodukt […] besteht also darin, bei Termen, wo es notwendig ist , V gegen E zu tauschen, bei Kommutatorregel $V_1*E_2 \Rightarrow E_2*V_1$, bei Antikommutatorregel $V_1*E_2 \Rightarrow -E_2*V_1$. Sie sind dann „wertmässig“ nicht mehr dasselbe. Durch Nutzung der Kommutatorregel (oder Antikommutatorregel) kann dann gleiche Bilanz wieder hergestellt werden.

„Multipliziert“ man nun von rechts mit dem Vakuumzustand $|0\rangle$, gleichfalls von links, so ist $\langle 0|\phi(x_1)*\phi(x_2)|0\rangle = \langle 0|:\phi(x_1)*\phi(x_2):|0\rangle + c*\langle 0|0\rangle$
Nun produziert das Normalprodukt auf den Zustand $|0\rangle$ angewendet keinesfalls den Zustand $|0\rangle$ wieder, in Folge dessen ist
$\langle 0|:\phi(x_1)*\phi(x_2):|0\rangle = 0$, weiterhin ist $\langle 0|0\rangle = 1$.
Somit ist $c= \langle 0|\phi(x_1)*\phi(x_2)|0\rangle$ und wir erhalten die Grund-Formel

Grundformel $\phi(x_1)*\phi(x_2) = :\phi(x_1)*\phi(x_2): + \langle 0|\phi(x_1)*\phi(x_2)|0\rangle$

Liegt Zeitordnung vor, so lautet sie
$T\phi(x_1)*\phi(x_2) =: \phi(x_1)*\phi(x_2): + \langle 0|T\phi(x_1)*\phi(x_2)|0\rangle$
Das (zeitgeordnete) Produkt zweier Feldoperatoren ist also gleich ihrem Normalprodukt plus einer „Konstante“ (mal Einheitsoperator).
Das Voll-Produkt und das Normalprodukt unterschieden sich nur beim Term V_1*E_2 bzw E_2*V_1 . Daraus folgt unmittelbar, dass auch gilt
$\mathbf{V_1*E_2 = E_2*V_1 + \langle 0|T\phi(x_1)*\phi(x_2)|0\rangle}$ **.**
Dieses werden wir später nutzen. Diese **Grundformel** ist **das** Werkzeug für die Umgestaltung eines Feldoperatorprodukts in Normalprodukte.
Den Term $\langle 0|T\phi(x_1)*\phi(x_2)|0\rangle$ nennt man **Kontraktion,** eine „c-Zahl“ , wir bezeichnen sie künftig hier mit d_{12} , allgemein mit $\mathbf{d_{ij}}$. Wie wir im letzten Kapitel gesehen haben , auch Kapitel 27, ist sie eine Funktion, entstanden aus einem komplizierten Integral.
Statt einem $\boldsymbol{\phi(x_i)}$ darf auch $\boldsymbol{\phi^*(x_i)}$ stehen oder ein anderer Feldoperator. Voraussetzung ist, dass zwischen ihnen (i und j) eine analoge Vertauschungsregel besteht. Vertauschen sie , so ist $d_{ij} = 0$.
Sind die $\phi(x_i)$ indiziert, z.B. $\psi_\alpha(x_i)$ im Diracfall, so sind sie im Ausdruck auch indiziert zu verwenden.

Liege nun Zeitordnung vor und sei mit x_2 die frühere, mit x_1 die spätere Zeit verknüpft, also $T\phi(x_1)*\phi(x_2) = \phi(x_1)*\phi(x_2)$, so sieht man an dem Term E_2*V_1 , dass das Normalprodukt für sich die Zeitordnung nicht einhalten kann, denn V_1 wirkt zuerst, gehört aber zu einer späteren Zeit als E_2. Die Zeitordnung bezieht sich also auf die Reihenfolge der $\phi(x_i)$ des Voll-Produkts, die Normalordnung wirkt danach mit höherer Priorität.

Umgekehrt kann man schreiben $:\phi(x_1)*\phi(x_2): = \phi(x_1)*\phi(x_2) - \langle 0|\phi(x_1)*\phi(x_2)|0\rangle$
Es wird also ein zahlenartiger Term abgezogen.
Darin besteht u.a.**der Sinn des Normalprodukts**, divergierende Terme abzuziehen, um endlich Werte zu erhalten (siehe oben, Ladung).

In diesem Licht schreiben sich
die modifizierten Formeln für Energie,Impuls und Ladung wie folgt

$H = \int d^3x * :\psi^+(x)*P_0\psi(x): = \int d^3p*E* :[b^+(p,s)*b(p,s) - d(p,s)*d^+(p,s)]:$

$\mathbf{P}_i = \int d^3x * :\psi^+(x)*P_i\psi(x): = \int d^3p*\mathbf{p}_i* :[b^+(p,s)*b(p,s) - d(p,s)*d^+(p,s)]:$

$Q = (-e)* \int d^3x * :\psi^+(x)*\psi(x): = \int d^3p*(-e)* :[b^+(p,s)*b(p,s) + d(p,s)*d^+(p,s)]:$

Die Einordnung eines weiteren Feldoperators in ein vorhandenes Normalprodukt

Dieses brauchen wir als Zwischenschritt für das Wicksche Theorem.
Das allgemeine Verfahren soll am Beispiel $:\phi(x_1)*\phi(x_2)*\phi(x_3):*\phi(x_4)$,
also die Einfügung von $\phi(x_4)$ in das vorhandene Normalprodukt erläutert werden. Zunächst:

Ermittlung der Terme des Produkts der Feldoperatoren:

$\phi(x_1)*\phi(x_2)*\phi(x_3) = (E_1+V_1)*(E_2+V_2)*(E_3+V_3) =$
$= E_1*E_2*E_3 + E_1*E_2*V_3 + E_1*V_2*E_3 + E_1*V_2*V_3 +$
$+ V_1*E_2*E_3 + V_1*E_2*V_3 + V_1*V_2*E_3 + V_1*V_2*V_3$ Bem.: $2*2*2 = 2^3$ Terme

Diese Terme werden nun in Normalordnung gebracht:

$:\phi(x_1)*\phi(x_2)*\phi(x_3): = E_1*E_2*E_3 + E_1*E_2*V_3 + E_1*E_3*V_2 + E_1*V_2*V_3 +$
$+ E_2*E_3*V_1 + E_2*V_1*V_3 + E_3*V_1*V_2 + V_1*V_2*V_3$

An den blauen Termen unterscheiden sich beide Darstellungen

Nun vollziehen wir die Einordnung von E_4 an den Termen von $:\phi(x_1)*\phi(x_2)*\phi(x_3):$

Zunächst betrachten wir die Terme mit V_3 . Beim Vertauschen mit E_4 entsteht je der vertauschte Term sowie ein Term mit Kontraktion d_{34} .

$E_1*E_2*E_3*E_4$, $E_1*E_3*V_2*E_4$, $E_2*E_3*V_1*E_4$, $E_3*V_1*V_2*E_4$ Das sind die Terme, die nicht betroffen sind, ohne Vertauschung

$E_1*E_2*V_3*E_4 = E_1*E_2*E_4*V_3 + E_1*E_2*d_{34}$
$E_1*V_2*V_3*E_4 = E_1*V_2*E_4*V_3 + E_1*V_2*d_{34}$
$E_2*V_1*V_3*E_4 = E_2*V_1*E_4*V_3 + E_2*V_1*d_{34}$
$V_1*V_2*V_3*E_4 = V_1*V_2*E_4*V_3 + V_1*V_2*d_{34}$
Die Summe der Terme mit Kontraktion bilden das um V_3 verjüngte Normalprodukt, konkret $d_{34}*(E_1*E_2+E_1*V_2+E_2*V_1+V_1*V_2) = d_{34}*:\phi(x_1)*\phi(x_2):$
Denn streicht man im ursprünglichen Normalprodukt bei allen Termen, die V_3 enthalten, V_3 heraus, es entsteht wieder ein Normalprodukt. Das ist leicht einsichtig, wenn man bedenkt, dass das Ausgangsprodukt $(E_1+V_1)*(E_2+V_2)*(E_3+V_3)$ zu den Termen des Normalprodukts führt und wenn man darin z.B. V_3 streicht. In den Termen die V_3 enthalten, kommt nicht E_3 vor.
Nun betrachten wir die Terme mit V_2 beim Vertauschen mit E_4.
$E_1*E_2*E_3*E_4$, $E_2*E_3*V_1*E_4$, $E_1*E_2*E_4*V_3$, $E_2*V_1*E_4*V_3$ Terme, die nicht betroffen sind
$E_1*E_3*V_2*E_4 = E_1*E_3*E_4*V_2 + E_1*E_3*d_{24}$
$E_1*V_2*E_4*V_3 = E_1*E_4*V_2*V_3 + E_1*V_3*d_{24}$
$E_3*V_1*V_2*E_4 = E_3*V_1*E_4*V_2 + E_3*V_1*d_{24}$
$V_1*V_2*E_4*V_3 = V_1*E_4*V_2*V_3 + V_1*V_3*d_{24}$
Auch hier ist $d_{24}*(E_1*E_3+E_1*V_3+E_3*V_1+V_1*V_3) = d_{24}*:\phi(x_1)*\phi(x_3):$
Schließlich betrachten wir die Terme mit V_1 beim Vertauschen mit E_4.
$E_1*E_2*E_3*E_4$, $E_1*E_2*E_4*V_3$, $E_1*E_3*E_4*V_2$, $E_1*E_4*V_2*V_3$ Terme, die nicht betroffen sind
$E_2*E_3*V_1*E_4 = E_2*E_3*E_4*V_1 + E_2*E_3*d_{14}$
$E_3*V_1*E_4*V_2 = E_2*E_4*V_1*V_2 + E_3*V_2*d_{14}$
$V_1*E_4*V_2*V_3 = E_4*V_1*V_2*V_3 + V_2*V_3*d_{14}$
$E_2*V_1*E_4*V_3 = E_2*E_4*V_1*V_3 + E_2*V_3*d_{14}$
Auch hier ist $d_{14}*(E_1*E_3+E_3*V_2+V_2*V_3+E_2*V_3) = d_{14}*:\phi(x_2)*\phi(x_3):$
Es kommen noch die Terme hinzu, wenn wir rechts statt mit E_4 nun mit V_4 multiplizieren, was keiner Vertauschung bedarf und unmittelbar an die ursprünglich normal geordneten Terme angehängt werden kann.
Die am Ende verbleibenden Terme ohne Kontraktion, hier alle nicht betroffenen und alle nach dem Istgleichzeichen stehenden, inklusive der Terme mit V_4, bilden ihrerseits ein Normalprodukt, hier $:\phi(x_1)*\phi(x_2)*\phi(x_3)*\phi(x_4):$
In der Summe hat man also
$:\phi(x_1)*\phi(x_2)*\phi(x_3):*\phi(x_4) = :\phi(x_1)*\phi(x_2)*\phi(x_3)*\phi(x_4):+$ Normalprodukt mit $\phi(x_4)$
$+ :\phi(x_1)*\phi(x_2):*d_{34} + :\phi(x_1)*\phi(x_3):*d_{24} + :\phi(x_2)*\phi(x_3):*d_{14}$ allgemein $:\ldots:*d_{i4}$
Das Bildungsgesetz für die Einfügung eines weiteren ϕ in ein vorhandenes Normalprodukt ist offenbar analog zu vorhin und allgemein. Pro Vertauschung

entsteht eine Kontraktion mit einem um einem Grad reduzierten Normalprodukt. Zu dem kommt noch ein um einen Grad höheres Normalprodukt einmalig hinzu.

Formel für die Einordnung von $\phi(x_{n+1})$ in ein Normalprodukt vom Grad n

$$:\phi(x_1)*\phi(x_2)*\ldots*\phi(x_n):*\phi(x_{n+1}) =$$

$$= :\phi(x_1)*\phi(x_2)*\ldots*\phi(x_{n+1}): +$$ das volle (n+1)-Normalprodukt

$$+ \Sigma :\phi(x_1)*\ldots*\phi(x_{i-1})*\phi(x_{i+1})*\ldots*\phi(x_n):*d_{i\,n+1}$$ je (n-1)-Vollnormalprodukt

summiert über i Der Index **i** läuft von n bis 1 je ohne $\phi(x_i)$

Es wird je nur **ein** $\phi(x_i)$ aus dem n-Normalprodukt herausgerupft.

Mit dieser Formel lässt sich nun jedes Produkt sukzessive normal ordnen, beginnend mit n=1 oder 2. Es tritt auf das Normalprodukt mit dem Grad **n+1** sowie allen möglichen Normalprodukten mit Grad **n-1** (ohne Vertauschung), durch Weglassung je einer Ziffer, gefolgt von eine Kontraktion, die ziffernmäßig ergänzt.

Anwendung: Zerlegung von $\phi(x_1)*\phi(x_2)*\phi(x_3)$ in Normalprodukte

Bereits bekannt $\phi(x_1)*\phi(x_2) = :\phi(x_1)*\phi(x_2): + d_{12}$

Multiplikation dieser Darstellung beidseitig von rechts mit $\phi(x_3)$ ergibt

$$\phi(x_1)*\phi(x_2)*\phi(x_3) = :\phi(x_1)*\phi(x_2):*\phi(x_3) + \phi(x_3)*d_{12}$$

Nun Entfaltung des Zweitterms gemäß Einordnungsformel:

$$:\phi(x_1)*\phi(x_2):*\phi(x_3) = :\phi(x_1)*\phi(x_2)*\phi(x_3): + :\phi(x_1):*d_{23} + :\phi(x_2):*d_{13}$$

Somit insgesamt $\phi(x_1)*\phi(x_2)*\phi(x_3) =$

$$= :\phi(x_1)*\phi(x_2)*\phi(x_3): + :\phi(x_1):*d_{23} + :\phi(x_2):*d_{13} + :\phi(x_3):*d_{12}$$

Anwendung: Umgestaltung von $\phi(x_1)*\phi(x_2)*\phi(x_3)*\phi(x_4)$ in Normalprodukte

Bereits bekannt $\phi(x_1)*\phi(x_2)*\phi(x_3) =$

$$= :\phi(x_1)*\phi(x_2)*\phi(x_3): + \phi(x_1)*d_{23} + \phi(x_2)*d_{13} + \phi(x_3)*d_{12}$$

Multiplikation dieser Darstellung beidseitig von rechts mit $\phi(x_4)$ ergibt

$$\phi(x_1)*\phi(x_2)*\phi(x_3)*\phi(x_4) = :\phi(x_1)*\phi(x_2)*\phi(x_3):*\phi(x_4) + :\phi(x_1):*\phi(x_4)*d_{23} +$$

$$+ :\phi(x_2):*\phi(x_4)*d_{13} + :\phi(x_3):*\phi(x_4)*d_{12} + :\phi(x_3):*\phi(x_4)*d_{12}$$

Die einzelnen Terme rechts werden nun entfaltet gemäß Einordnungsformel:

$$:\phi(x_1)*\phi(x_2)*\phi(x_3):*\phi(x_4) = :\phi(x_1)*\phi(x_2)*\phi(x_3)*\phi(x_4): +$$

$$+ :\phi(x_1)*\phi(x_2):*d_{34} + :\phi(x_1)*\phi(x_3):*d_{24} + :\phi(x_2)*\phi(x_3):*d_{14}$$

$$:\phi(x_1):*\phi(x_4)*d_{23} = (:\phi(x_1)*\phi(x_4): + d_{14})*d_{23} = :\phi(x_1)*\phi(x_4):*d_{23} + d_{14}*d_{23}$$

$$:\phi(x_2):*\phi(x_4)*d_{13} = :\phi(x_2)*\phi(x_4):*d_{13} + d_{24}*d_{13}$$

$$:\phi(x_3):*\phi(x_4)*d_{12} = :\phi(x_3)*\phi(x_4):*d_{12} + d_{34}*d_{12}$$

Einsetzen bringt das Ergebnis

$$\phi(x_1)*\phi(x_2)*\phi(x_3)*\phi(x_4) = :\phi(x_1)*\phi(x_2)*\phi(x_3)*\phi(x_4): +$$
$$+ :\phi(x_1)*\phi(x_4):*d_{23} + d_{14}*d_{23} + :\phi(x_2)*\phi(x_4):*d_{13} + d_{24}*d_{13} +$$
$$+ :\phi(x_3)*\phi(x_4):*d_{12} + d_{34}*d_{12}$$

Einführung einer verknappten Schreibweise

Statt z.B. $\phi(x_1)$ schreiben wir nur den Index, hier also 1.
Schwarz, wenn der Index zu einem Normalprodukt gehört,
rot, wenn er zu einer Kontraktion d_{ij} gehört. Auf der linken Seite ist stets das Feldoperatorprodukt gemeint . So haben wir der Reihe nach
Die **Einordnungsformeln** schreiben sich beispielsweise

$:\phi(x_1):*\phi(x_2) = 12 + 12$

$:\phi(x_1)*\phi(x_2):*\phi(x_3) = 123 + 123 + 123$

$:\phi(x_1)*\phi(x_2)*\phi(x_3):*\phi(x_4) = 1234 +1234 +1234 +1234$

$:\phi(x_1)*\phi(x_2)*\phi(x_3)*\phi(x_4):*\phi(x_5) = 12345 + 12345 +12345 +12345 +12345$

Die **Voll-Produkte** als Linearkombination von Normalprodukten, Beispiele:

$\phi(x_1) = 1$, $\phi(x_1)*\phi(x_2) = 12 + 12$, $\phi(x_1)*\phi(x_2)*\phi(x_3) = 123 +123 +123 +123$

$\phi(x_1)*\phi(x_2)*\phi(x_3)*\phi(x_4) = (1234+1234+1234+1234) +$
$+(1234+14*23) + (1234+13*24) + (1234+12*34) =$
$= 1234 + 1234+ 1234+1234 + 1234+ 1234+ 1234 +(12*34 +13*24 +14*23)$

Dieses nun bildlich:

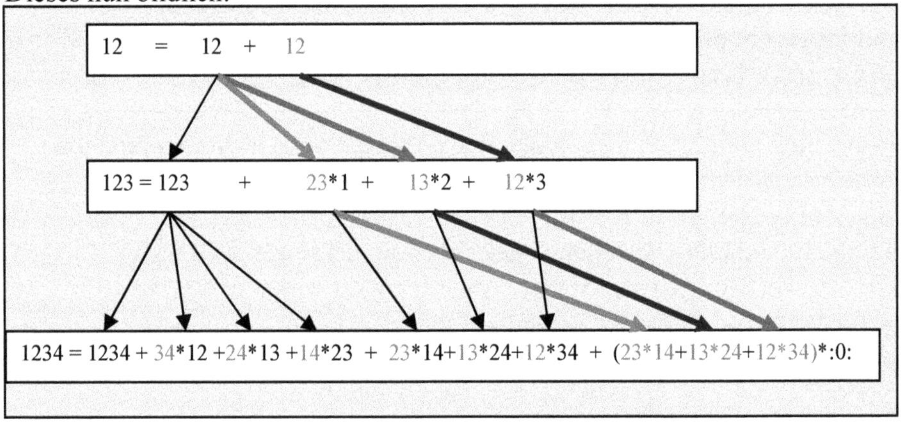

Das Bild zeigt die Termentwicklung, beginnend mit Stufe 2, über Stufe 3 nach Anfügung von3, hin zu Stufe 4 nach Anfügung von 4 je mit Einordnungsformel
Aus dem Bild kann man unmittelbar entnehmen:

Pro Term kommen alle Ziffern vor. Allgemeine Begründung: Sie sind anfangs im Vollnomalproduktterm, z.B. in 1234 . Findet eine Kontraktion statt, so wird der Normalterm abgemagert, die nun fehlenden Ziffern gehen in die Kontraktion über, z.B. 34*12, usw

Jeder Term wird beim Übergang zur nächsten Stufe gemäß Einordnungsformel behandelt. Dabei entsteht je ein Term mit **einem** Grad höher (Obernormalprodukt) und weitere Terme mit **einem** Grad niedriger (Unternormalprodukte). Gemäß Einordnungsformel treten neben dem Obernormalprodukt **alle möglichen** Unternormalprodukte auf.

Die beim Übergang entstehenden Terme können eventuell auf verschiedenen Wegen angesteuert werden. Im Bild wird der Endterm (23*14+13*24+12*34)*:0: über die Vorterme 23*1 + 13*2 +12*3 angesteuert, generiert. Das ist also dann der Fall, wenn die Vor-Normalprodukte (hier :1:, :2:, :3:) sich dabei auf dasselbe Normalprodukt (hier :0: ,leer) verjüngen. Pro Beitrag treten wieder alle Ziffern auf, z.B. 13*24 .

Dieses kann man nun umgekehrt nutzen, um zu einem schließlich entstehenden Term alle zu ihm gehörenden Kontraktionen zu ermitteln, ohne den Entstehungsweg sukzessive zu gehen:

Wir erläutern das an einem Beispiel. Ein entstandener Term sei 1234*5 . 1234 symbolisiert die noch unbekannten Kontraktionen. Die 1 muß offenbar durch eine Kontraktion aus einem Normalprodukt ausgewandert sein. Das kann sein anlässlich der Andockung von 2, 3 oder 4.

War es die **2**, so entstand die Kontraktion 12 . Diese Ziffern stehen nicht mehr zur Verfügung. Auf demselben Weg muß auch die 3 weggegangen sein anlässlich eines mit 12 bereits behafteten Terms , nur möglich bei der Andockung von 4. So entsteht das Produkt 12*34 .

War es die **3** , so entstand die Kontraktion 13 . Die 2 ging so dann weg beim Anfügen von 4 an einem mit 13 bereits behafteten Term . Es entsteht 13*24 .

War es schließlich die **4**, so entstand 14. Auf demselben Weg musste auch die 2 weggehen, nur möglich durch die 3, so entsteht die Kontraktion 14*23 .

All diese Kontraktionen gehören zum Normalprodukt :5: ,

also ist 1234 = 12*34 +13*24 + 14*23 .

Das gibt nun Anlaß zur allgemeinen **Formel**, Zerlegung in Paarkontraktionen:

12…m = 12*34*…*(m-1,m) + alle möglichen Umordnungen

Die Zahl der Ziffern m muss stets gerade sein.

Jeder Term ist das Produkt von m/2 Paarkontraktionen.

In jeder Paarkontraktion ist die erste Ziffer kleiner als die zweite.

Eine Umordnung eines Terms besteht darin, die Ziffern auszutauschen bei Einhaltung der Größen-Bedingung.

Das Vertauschen von Paarkontraktionen untereinander bringt keinen neuen Fall. Beispiel: 123456 = 12*34*56 + 13*24*56 + 14*23*56 + 15*23*46 + …

Die Anzahl der Summanden bei einer allgemeinen Kontraktion:
Gegeben sei eine **Mehr-Paar-Kontraktion** 12 …m , also mit m Ziffern. m ist stets gerade Gefragt ist die **Anzahl der Produkte** 12*34*…*(m-1 m) auf Grund von Permutationen:
In jedem Produkt kommen alle Ziffern genau einmal vor.
Die Anzahl aller Permutationen über m Ziffern ist m!
Bei jedem Paar muss die erste Ziffer kleiner sein als die zweite. So ist z.B. …*41*… nicht erlaubt, vielmehr …*14*… . Pro Paar also statt 2 nur 1 Version. Ein Produkt besteht aus m/2 Paaren. Also ist Permutationsanzahl um den Faktor $2^{m/2}$ zu teilen.
Die Reihenfolge der Paare im Produkt ist beliebig. Eine Vertauschung bringt keinen neuen Fall. Somit ist die Anzahl weiterhin um die Zahl der Vertauschungen der Paare zu teilen, also um (m/2)!

Das ergibt insgesamt **Anzahl der Summanden** = $\dfrac{\mathbf{m!}}{\mathbf{2^{m/2} * (m/2)!}}$

Beispiele:
2 ziffrig, also m=2 Anzahl = 2*1 / [2*1!] = 1 In der Tat es gibt nur 12
4 ziffrig, also m=4 Anzahl = 4*3*2*1 / [4*2!] = 3 12*34,13*24,14*23
6 ziffrig, also m=6 Anzahl = 6*5*4*3*2*1 / [8*3!] = 15

Wie ändert sich nun die Anzahl der Summanden, wenn ein weiteres Ziffernpaar hinzukommt:
Es ist $(m+2)! / [2^{(m+2)/2} * ((m+2)/2)!] =$
$= m!/[2^{m/2} * (m/2)!] * \{(m+2)*(m+1) / [2*((m+2)/2)]\} =$
$= m! / [2^{m/2} * (m/2)!] * (m+1)$
kurz: **Anzahl(m+2) = Anzahl(m) * (m+1)**
Beispiel:Bei m=2 ist die Anzahl 1, somit bei m+2=4 ist die Anzahl 1*(2+1)= 3
Beispiel:Bei m=4 ist die Anzahl 3,somit bei m+2=6 ist die Anzahl 3*(4+1)= 15

Die Zerlegung eines Feldoperatorprodukts in eine Linearkombination von Normalprodukten heißt **Wick-Theorem**, sie wurde erstmalig von Wick (1950) erbracht und bewiesen.
Anmerkung: Cian-Carlo **Wick**, italienischer Physiker (1909-1992)

Anzahl der Summanden N bei einer Darstellung über Normalprodukte:
Nehmen wir das nun bekannte Beispiel $\phi(x_1)*\phi(x_2)*\phi(x_3)*\phi(x_4)$,
also 1234 = 1234 + 1234+ 1234+1234 + 1234+ 1234+ 1234 + 1234
Die Zahl der Summenden auf der rechten Seite ist also 8.
Das ist zum einen das Vollnormalprodukt, dann alle Terme, wo 2 rote Ziffern eine Kontraktion ausdrücken, dann alle Terme mit 4 roten Ziffern für die Kontraktion(en), usw
Nun allgemein: Sei n der Grad der Produkte, hier n=4
Jeder Term hat gleich viele Ziffern, nämlich n, hier 4
Sei k die Anzahl der roten Ziffern in einem Term, der Kontraktionsziffern.
Dann gibt es n!/(k!*(n-k)!) Möglichkeiten der verschiedenen Ziffernwahl, also entsprechend viele Terme. k ist stets gerade.
Bei n=4 und k=0 folgt 4!/(0!*4!) = 1   Das ist der Term 1234
Bei n=4 und k=2 folgt 4!/(2!*2!) = 6   Das sind die Terme 1234,…,1234
Bei n=4 und k=4 folgt 4!/(4!*0!) = 1   Das ist der Term 1234
Die allgemeine Formel ist also **N = Σn!/(k!*(n-k)!)**
summiert über k = 0,2,…,≤n
Beispiel: n=3 , dann ist N = 3!*[1/(0!*3!) + 1/(2!*1!)] = 1+3 = 4
Beispiel: n=6 , dann ist
N = 6!*[1/(0!*6!) + 1/(2!*4!) + 1/(4!*2!) +1/(6!*0!)] =1+15+15+1=32
Beispiel: n=7 , dann ist
N = 7!*[1/(0!*7!) + 1/(2!*5!) + 1/(4!*3!) +1/(6!*1!)] =1+21+35+7=64

Wie man schon an den Beispielen sieht, gilt sogar für deren Summe
N = Σn!/(k!*(n-k)!) **=** $\mathbf{2^{n-1}}$ summiert über k = 0,2,…,≤n
Zum **Beweis** verwenden wir
die **binomischen Formel** $\mathbf{(a+b)^n}$ **= Σn!/(k!*(n-k)!) *** $\mathbf{a^k b^{n-k}}$ summiert über k = 0,1,2,…,n
Für unsere Zwecke brauchen wir aber nur die Summation über die geraden k , also k = 0,2,…
Ersetzt man in der Formel a durch –a, also $\mathbf{(-a+b)^n}$, so werden auf der rechten Seite alle Terme mit ungeraden k negativ, weil $(-a)^k = -a^k$ für k ungerade.
Bildet man die Summe
$(a+b)^n + (-a+b)^n$, so fallen alle Terme mit ungeradem k weg und es verbleibt das Doppelte der Summe der Terme mit geradem k.
Nun setzen wir ein a=1 und b=1.
Dann haben wir
2^n = 2*Σn!/(k!*(n-k)!) für k=0,2,…,≤n   oder 2^n = 2*N oder **N=** $\mathbf{2^{n-1}}$

Der Vakuumerwartungswert eines Feldoperatorprodukts
Ein Feldoperatorenprodukt $\boldsymbol{\phi(x_1)*\phi(x_2)*...*\phi(x_n)}$ lässt sich also über eine **Linearkombination von Normalprodukten** darstellen.
Ist n ungerade, so sind es nur Normalprodukte.
Ist n gerade, so ist dazu am Ende ein Term, der nur aus Kontraktionen besteht.

Nun ist der Vakuumerwartungswert eines Normalprodukts stets gleich 0,
also $<0|{:}\phi(x_1)*...*\phi(x_m){:}\,|0> = 0$ unabhängig von m.
Rahmt man die Darstellung auf beiden Seiten mit $<0|$ und $|0>$ ein, so folgt daraus

$<0|\phi(x_1)*\phi(x_2)*...*\phi(x_n)\,|0> = 0$ **wenn n ungerade ist**

$<0|\phi(x_1)*\phi(x_2)*...*\phi(x_n)\,|0> = 12...n$ **wenn n gerade ist**, rechts rot gleich dem End-Kontraktionsterm

---

Beispiel: Zusätzlich den Kontraktionsterm in Paarkontraktionen auflösen
$<0|\phi(x_1)*\phi(x_2)*\phi(x_3)*\phi(x_4)|0> = <0|\phi(x_1)*\phi(x_2)\,|0> * <0|\phi(x_3*\phi(x_4)|0> +$
$+ <0|\phi(x_1)*\phi(x_3)|0> * <0|\phi(x_2*\phi(x_4)|0> + <0|\phi(x_1)*\phi(x_4)|0> * <0|\phi(x_2*\phi(x_3)|0>$
In Kurzschrift: 1234 = 12*34 + 13*24 + 14*23

Die Verjüngung eines Feldoperatorprodukts
Wie gesagt, ein Feldoperatorprodukt kann als eine Linearkombination von Normalprodukten dargestellt werden. Das erinnert an die Darstellung eines Vektors als Linearkombination über zueinander orthogonale Basisvektoren. Den Koeffizienten bei einem Basisvektor kann man isolieren und ermitteln, indem man die Linearkombination mit diesem Basisvektor skalar aufmultipliziert. Es stellt sich die Frage, ob es hier ähnlich möglich ist, den Koeffizienten bei einem Normalprodukt – entspricht dem Basisvektor – zu isolieren und zu bestimmen. Bei einem Feldoperatorprodukt mit geradem Grad n ist das letzte Glied bereits allein stehend und so isoliert, siehe zuvor. Irgendeinen anderes Glied, Koeffizienten, wollen wir wie folgt isolieren:
Wir ersetzen beim Produkt $\phi(x_1)*\phi(x_2)*...*\phi(x_n)$ beidseitig ausgewählte $\phi(x_i)$ durch Einheitsoperatoren, analog zu Einheitsmatrizen E, noch einfacher gesagt, durch die Zahl 1 oder noch einfacher ausgedrückt durch Weglassung.

Nehmen wir die Grundformel
$\phi(x_1)*\phi(x_2) = {:}\phi(x_1)*\phi(x_2){:} + <0|\phi(x_1)*\phi(x_2)|0>$
Sei etwa $\phi(x_2)$ durch die Einheitsoperator E ersetzt bzw identisch mit ihm, so folgt $\phi(x_1)*E = {:}\phi(x_1)*E{:} + <0|\phi(x_1)*E|0>$ oder $\phi(x_1) = {:}\phi(x_1){:}$
denn d_{12} wird zu 0. Wir sind so von der Stufe n=2 zur Stufe n=1 gelangt.

Nehmen wir das Beispiel
$\phi(x_1)*\phi(x_2)*\phi(x_3) =$
$= :\phi(x_1)*\phi(x_2)*\phi(x_3): + \phi(x_1)*d_{23} + \phi(x_2)*d_{13} + \phi(x_3)*d_{12}$
Es sei $\phi(x_2) = E$, dann folgt $\phi(x_1)*E*\phi(x_3) = :\phi(x_1)*E*\phi(x_3): + E*d_{13}$,
denn $d_{23} = d_{12} = 0$ oder $\phi(x_1)*\phi(x_3) = :\phi(x_1)*\phi(x_3): + d_{13}$
Wir sind so von Stufe 3 zu Stufe 2 gelangt und haben d_{13} isoliert.

Weiteres Beispiel:
$\phi(x_1)*\phi(x_2)*\phi(x_3)*\phi(x_4) = :\phi(x_1)*\phi(x_2)*\phi(x_3)*\phi(x_4): +$
$+ :\phi(x_1)*\phi(x_4):*d_{23} + :\phi(x_2)*\phi(x_4):*d_{13} + :\phi(x_3)*\phi(x_4):*d_{12} +$
$+ (d_{14}*d_{23} + d_{34}*d_{12} + d_{24}*d_{13})$
Wir wollen d_{12} isolieren, dazu setzen wir $\phi(x_3) = \phi(x_4) = E$ und haben
$\phi(x_1)*\phi(x_2)*E*E = :\phi(x_1)*\phi(x_2)*E*E: +$
$+ :\phi(x_1)*E):*d_{23} + :\phi(x_2)*E:*d_{13} + :E*E:*d_{12} + (d_{14}*d_{23} + d_{34}*d_{12} + d_{24}*d_{13})$
oder $\phi(x_1)*\phi(x_2) = :\phi(x_1)*\phi(x_2): + E*d_{12}$
denn $d_{13} = d_{23} = d_{14} = d_{24} = d_{34} = 0$ und $:E*E: = E*E = E$
Umrahmt man beide Seiten mit $<0|$ und $|0>$,
so folgt $<0|\phi(x_1)*\phi(x_2)|0> = d_{12}$, denn $<0|E|0> = 1$

Damit ist die allgemeine Methode klar: Sei
$\phi(x_1)*\phi(x_2)*...*\phi(x_n) = :\phi(x_1)*\phi(x_2)*...*\phi(x_n): +\ldots+ \mathbf{d*:\phi(x_i)*\phi(x_j)*...*\phi(x_k):} +\ldots$
d hat die Indizes 1 bis n **ohne** die i,j,…k, die im Normalprodukt vorkommen.
Um d bei irgendeinem Normalprodukt zu isolieren, setzt man
$\phi(x_i) = \phi(x_j) = ... = \phi(x_k) = E$, also die ϕ, die zum Normalprodukt zu d gehören.
Wir erhalten auf der linken Seite das Produkt um diese ϕ verjüngt, gleichfalls rechts.
Links vor dem so entstehenden d*E bleiben noch verjüngte Normalprodukte übrig. Rechts von d*E gegebenenfalls auch, aber nicht mehr Normalprodukte, in denen alle verjüngenden ϕ vorkommen. Ist dem so, so ist in deren Koeffizienten mindestens ein d_{ij} , wo wenigstens eine Ziffer gleich i, j,…,k ist. Damit ist dann $d_{ij}=0$ und auch der gesamte Koeffizient ist gleich 0, weil dieser die Summe von Paarprodukten ist, wo in jedem Produkt jede Ziffer vorkommt (siehe oben).
Einrahmung mit $<0|$ und $|0>$ macht auf der rechten Seite die Normalprodukte zu Null und isoliert d und wir haben
allgemein $\mathbf{<0|\phi(x_1)*\phi(x_2)*...*\phi(x_n)}$ ohne $\mathbf{\phi(x_i),\phi(x_j),...,\phi(x_k)|0> = d}_{\text{gleiche Indizes}}$

Man kann es auch so begründen: Die Darstellung eines Feldoperatorprodukts über Normalprodukte bekommt man, indem man sukzessive eine weiteres ϕ an das Bisherige anfügt und einordnet

(... = $:\phi(x_1)*\phi(x_2)*\ldots*\phi(x_n):*\phi(x_{n+1}) =$ **...** $+ d_{i\,n+1}*\ldots+\ldots$)

Ist dieses $\phi = E$, so ist $d_{i\ n+1} = 0$, so dass dieses nie in der (endgültigen) Darstellung vorkommen kann.

Jede Setzung von einem ϕ zu ϕ=E oder anders gesagt, jede Weglassung von einem ϕ , führt die Darstellung um eine Stufe zurück. Werden alle ϕ eines Terms weggelassen, um d zu isolieren, es seien m viele, so erhalten wir eine Darstellung von der Stufe n - m. In dieser ist d der letzte Term (ohne ϕ). Die Stufe n-m ist stets eine gerade Zahl, Ausnahme n=2 mit m=1, so dass es auch stets einen Endterm d gibt. Denn:

Ist n gerade, so ist stets auch m gerade, somit auch n-m.

Ist n ungerade, so ist stets auch m ungerade, somit ist n-m gerade.

Beispiele: siehe zuvor

Das führt nun zur allgemeinen Formel, wenn n gerade ist,
ansonsten ist es gleich 0 :

$\boldsymbol{<0|\phi(x_1)*\phi(x_2)*\ldots*\phi(x_n)}$ ohne $\boldsymbol{\phi(x_i),\phi(x_j),\ldots,\phi(x_k)|0> = 12*\ldots*n}$ ohne **i,j,…k**

Rechts rot. Dieses kann nun in Paarprodukte ausgedrückt werden (siehe oben).

Beispiel wie zuvor:

$<0|\phi(x_1)*\phi(x_2)*\phi(x_3)*\phi(x_4)|0> = <0|\phi(x_1)*\phi(x_2)\,|0>*<0|\phi(x_3)*\phi(x_4)|0> +$

$+ <0|\phi(x_1)*\phi(x_3)\,|0>*<0|\phi(x_2)*\phi(x_4)\,|0> + <|\phi(x_1)*\phi(x_4)\,|0>*<0|\phi(x_2)*\phi(x_3)|0>$

Das Normalprodukt bringt Vorteile beim Rechnen gegenüber dem Produkt der Feldoperatoren. Außerdem kann es durch Weglassung insbesondere des konstanten Endteils Singularitäten beseitigen, wie wir es bei den Feldoperatoren für H, **P** und Q getan haben.

Bezüglich der Kontraktionen siehe auch Zweipunktfunktionen in Kapitel 27.7

Die Formeln für das Wicksche Produkt sind formal dieselben, wenn statt irgend welcher $\phi(x_i)$ die gesternten Operatoren dastehen , also $\phi^*(x_i)$. Insbesondere bei **Dirac-Feldoperatoren**, bei Fermionen, ist das von Bedeutung, weil da die Kontraktionen ohne Sternung verschwinden (siehe auch 27.7)

Die Grundformel ist da

$\psi_\alpha(\mathbf{x},x_0)*\psi_\beta^+(\mathbf{y},y_0) = \boldsymbol{:}\psi_\alpha(\mathbf{x},x_0)*\psi_\beta^+(\mathbf{y},y_0)\boldsymbol{:} + <0|\psi_\alpha(\mathbf{x},x_0)*\psi_\beta^+(\mathbf{y},y_0)|0>$

Dagegen

$\psi_\alpha(\mathbf{x},x_0)*\psi_\beta(\mathbf{y},y_0) = \mathbf{:}\psi_\alpha(\mathbf{x},x_0)*\psi_\beta(\mathbf{y},y_0)\mathbf{:} + \langle 0|\psi_\alpha(\mathbf{x},x_0)*\psi_\beta(\mathbf{y},y_0)|0\rangle =$

$= \mathbf{:}\psi_\alpha(\mathbf{x},x_0)*\psi_\beta(\mathbf{y},y_0)\mathbf{:} + 0$ Kontraktion gleich 0

Als Folge davon ist z.B. $\psi(x_1)*\psi^+(x_2)*\psi(x_3) =$

$= \mathbf{:}\psi(x_1)*\psi^+(x_2)*\psi(x_3)\mathbf{:} + \mathbf{:}\psi(x_1)\mathbf{:}*d_{23} - \mathbf{:}\psi^+(x_2)\mathbf{:}*d_{13} + \mathbf{:}\psi(x_3)\mathbf{:}*d_{12}$

wobei die Kontraktion $d_{13} = 0$ **,** weil sie keinen gesternten Feldoperator enthält.

Pro Term haben wir hier ein **Vorzeichenregel** zu beachten (ohne Beweis): Jeder Term rechts ist bezüglich der Ziffern eine Permutation, z.B. bei Term1 ist sie 123, bei Term2 ist sie 123, bei Term3 ist sie 213 und bei Term4 ist sie 312. Ist nun die Anzahl der Transpositionen, der Paarvertauschungen, um aus der Standardanordnung, hier 123, die jeweilige Permutation zu erhalten, **gerade**, so ist das Vorzeichen positiv, ist sie **ungerade**, so ist das Vorzeichen negativ. So z.B. hier beim Term3 123 => 213 eine Paarvertauschung, also Vorzeichen – . Dieses weil die Dirac-Erzeuger/Vernichter miteinander **anti**kommutieren.

Beispiel: 1234 = 1234+1234+1234+1234 +1234+1234+1234+1234 =

= 1234+1234–1324+1423 +2314–2413+1234 + 12*34–13*24+ 14*23

---

25. Die Klein-Gordon-Gleichung und die Gleichung des harmonischen Oszillators

25.1 Der klassische harmonische Oszillator

Wir wollen ihn an einem Beispiel verdeutlichen:
An einem Gummiband mit Dehnungskonstante α hänge eine Kugel der Masse m. Das Band ist also durch das Gewicht der Kugel vorgespannt. Man bringe nun die Kugel in nicht zu starke Vertikalschwingungen, indem man es dehnt und dann loslässt, und vernachlässige gedanklich die mitwirkende Reibung. Die Abwärtskoordinate sei positiv und mit x bezeichnet. Dem Aufhängepunkt sei x=0 zugeordnet.
Die auf die Kugel einwirkenden Kräfte sind $+mg - \alpha * x$
Schwerkraft minus Dehnungskraft, die Schwerkraft zieht nach unten, das Band nach oben.

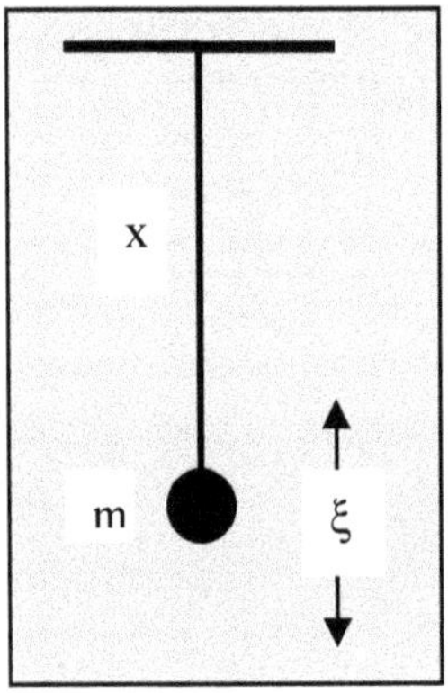

Die Beschleunigung der Kugel und somit ihre Bewegungsgleichung ist dann
$m*d^2x/dt^2 = mg - \alpha*x$
Für die Ruhelage x_0 gilt dann $mg - \alpha*x_0 = 0$
Führe Koordinaten relativ zum Ruhepunkt ein: $\xi = x - x_0$
Dann ist $mg - \alpha*x = mg - \alpha*(\xi + x_0) = -\alpha*\xi$
Die Gleichung geht über in $\mathbf{m*d^2\xi/dt^2 = -\alpha*\xi}$
Sie hat die Lösung $\mathbf{\xi(t) = A*\sin(\omega t)}$ oder cos, mit der Kreisfrequenz $\omega=2\pi\nu$

Einsetzen ergibt $-A*m*\omega^2*\sin(\omega t) = -\alpha*A*\sin(\omega t)$ somit $\mathbf{m*\omega^2 = \alpha}$
So können wir die Gleichung in die für sie typische Form bringen
$\mathbf{m*d^2\xi/dt^2 + m*\omega^2*\xi = 0}$

Multipliziert man die Gleichung mit $d\xi/dt$,
also $m*d^2\xi/dt^2*d\xi/dt + m*\omega^2*\xi*d\xi/dt = 0$,
beachtet, dass ist $d(d\xi/dt)^2/dt = 2*d\xi/dt*d^2\xi/dt^2$ und $d(\xi^2)/dt = 2\xi*d\xi/dt$,
so erhält man nach Integration über t die Teile $(d\xi/dt)^2$ bzw ξ^2 und im Verbund mit der Gleichung die **Energiebeziehung**

$$\tfrac{1}{2}*m*(d\xi/dt)^2 + \tfrac{1}{2}*m*\omega^2*\xi^2 = E$$

Term1 ist die kinetische Energie am Ort ξ, Term2 die potentielle Energie am Ort ξ und die Integrationskonstante rechts ist die Gesamtenergie.
Die potentielle Energie erhält man auch gemäß

$$\int K(\xi)d\xi = \int \alpha*\xi*d\xi = \tfrac{1}{2}*\alpha*\xi^2 = \tfrac{1}{2}*m*\omega^2*\xi^2$$

25.2 Der eindimensionale harmonische Oszillator in der QM

Die Schrödingergleichung für dasselbe Potential wie im Klassischen lautet

$$[1/(2m)*P^2 + \tfrac{1}{2}*m*\omega^2*x^2]\phi(x) = E*\phi(x) \quad \text{mit } P = h/(2\pi i)*d/dx$$

Für diese spezielle Gleichung gibt es zwei Lösungswege, einmal als Differentialgleichung, zum anderen über eine algebraische Methode.
Wir konzentrieren uns auf Letztere.
Ziel ist es nun , die Quadrate P^2 und x^2 möglichst symmetrisch darzustellen.
Gewissermaßen im Vorblick auf die Lösung ziehen wir für die linke Seite einen Faktor vor

$$(1/(2m)*P^2 + \tfrac{1}{2}*m*\omega^2*x^2) = \tfrac{1}{2}*(h\omega/2\pi)*[2\pi/(hm\omega)*P^2 + (2\pi m\omega/h)*x^2]$$

Für die in eckigen Klammern stehenden Ausdrücke führen wir vereinfachende Bezeichnungen ein , nämlich

$$\mathbf{A = [(2\pi\omega m)/h]^{1/2}*x} \quad \text{und}$$

$$\mathbf{B = [(2\pi/(h\omega m)]^{1/2}*P = [(2\pi/(h\omega m)]^{1/2}*(h/(2\pi i))*d/dx}$$

Die Gleichung lautet nun also $\mathbf{\tfrac{1}{2}*(h\omega/2\pi)*[B^2+A^2]*\phi(x) = E*\phi(x)}$
Besteht zwischen P und x die Vertauschungsrelation $\mathbf{[P,x] = h/(2\pi i)}$
so ist die daraus folgende Vertauschungsrelation

$$\mathbf{[B,A]} = = [(2\pi/(h\omega m)]^{1/2}* [(2\pi\omega m)/h]^{1/2}*[P,x] = (2\pi/h)*(h/(2\pi i) = \mathbf{1/i}$$

Wir führen nun die Operatoren ein

$$\mathbf{a = (2)^{-1/2}*(A+i*B)} \text{ und } \mathbf{a^+ = (2)^{-1/2}*(A-i*B)}$$

oder $\mathbf{a} = (2)^{-1/2}*([(2\pi\omega m)/h]^{1/2}*x + i*[(2\pi/(h\omega m)]^{1/2}*P)$, $\mathbf{a^+ = \ldots - \ldots}$
x und P ausgedrückt über die Schiebeoperatoren sind dann

$$\mathbf{x = [h/(4\pi\omega m)]^{1/2} *[a + a^+]} \quad \text{und} \quad \mathbf{P = [h\omega m/4\pi]^{1/2} *1/i*[a - a^+]}$$

Dann folgt für deren Vertauschungsrelation

$[a, a^+]$ $= ½*[(A+i*B), (A-i*B)] = ½* \{i*[B,A] - i*[A,B]\} =$
$= 1/2*\{2i*[B,A]\} =$ **1**
Die Vertauschungsregel ist dieselbe wie bei den (bosonischen) Schiebe-operatoren des unendlich dimensionierten Anzahlraums.
Man kann also die dortige Algebra übernehmen.

Weiterhin folgt
$H = ½* [A^2+B^2] = ½*[(A+i*B)*(A-i*B) - i*(BA-AB)] =$
$= a*a^+ - 1/2 = a*a^+ - 1/2*(a*a^+ - a^+*a)$
Somit $\mathbf{H} = ½*[A^2+B^2] = \mathbf{½*(a*a^+ + a^+*a)}$
Wegen, gemäß Vertauschungsrelation $a*a^+ = 1+ a^+*a$,
können wir weiterschreiben
$H = ½*[(1+ a^+*a) + a^+*a] = a^+*a + 1/2 = N + 1/2$
N ist der Anzahloperator

Einsetzen in die Gleichung ergibt die neue Gleichung
$\mathbf{(h\omega/2\pi)* [a^+*a + 1/2]*\phi = E*\phi}$
Die linke Seite ist hauptdiagonal mit den Energieeigenwerten in der Diagonale.
Diese sind also $\mathbf{E_n = (h\omega/2\pi)*(n+ 1/2)}$ mit n = 0, 1, 2,...
Sieht man die linke Seite der Gleichung als Matrix,
so ist ϕ ein Vektor $(\phi_0, \phi_1, \phi_2, \ldots.)$

Die **Schiebeoperatoren a^+ und a** führen dann von einer Lösung zur je benachbarten,
gemäß den Formeln $a^+*\phi_n(x) = (n+1)^{1/2}\phi_{n+1}(x)$ und $a*\phi_n(x) = (n)^{1/2}\phi_{n-1}(x)$
oder in der bisherigen Bezeichnung
$a^+*|n\rangle = (n+1)^{1/2}*|n+1\rangle$ und $a*|n\rangle = (n)^{1/2}*|n-1\rangle$

Kennt man $\phi_0(x)$, so kann man so $\phi_1(x)$, danach $\phi_2(x)$, usw ermitteln, indem man a^+ benutzt.
Da ϕ eine Funktion von x ist, braucht man a^+ in der Darstellung mit dem Differentialquotienten,also
$a^+ = (2)^{-1/2}*(A-i*B) = (2)^{-1/2}*([(2\pi\omega m)/h]^{1/2} *x - [h/(2\pi\omega m)]^{1/2} *d/dx)]$
Mit der Abkürzung $\alpha = [h/(2\pi\omega m)]^{1/2}$ lauten die Schiebeoperatoren dann
$\mathbf{a^+ = (2)^{-1/2}*\{x/\alpha - \alpha*d/dx\}}$ und $\mathbf{a = (2)^{-1/2}*\{x/\alpha + \alpha*d/dx\}}$

Die erste Lösung, den Grundzustand $\phi_0(x)$ bekommt man, indem man den Vernichter a auf ihn anwendet, was 0 ergeben muss, also $a*\phi_0(x) = 0$, was so zu seiner Differentialgleichung führt, nämlich $\mathbf{(x/\alpha + \alpha*d/dx)\phi_0(x) = 0}$
mit der normierten Lösung $\mathbf{\phi_0(x) = (\pi)^{-1/4}*(\alpha)^{-1/2}*exp(-x^2/(2\alpha^2))}$

Die **Zeitabhängigkeit** kann man hinzufügen, indem man $\phi_n(x)$ ergänzt zu $\mathbf{\phi_n(x)*exp(-iE_nt)}$ mit $E_n = (h\omega/2\pi)*(n+ 1/2)$ und n=0,1,2,…
Erst die Quantisierung des harmonischen Oszillators bringt also mehrere Lösungen und damit mehrere Energiestufen, mit n durchnumeriert, im Klassischen gibt es nur eine Lösung. Vergleichbar etwa mit einer Saite mit Grundschwingung und Oberschwingungen.
Das Besondere am harmonischen Oszillator in der QM ist, dass er äquidistante Energiestufen hat und dass sich sein Hamiltonoperator durch Schiebeoperatoren darstellen lässt, die man aus P und X bildet und die zwischen diesen Stufen vermitteln.

25.3 Lösung der Klein-Gordon-Gleichung, Ein-Teilchen-System

Ausgangspunkt ist die Klein-Gordon-Gleichung
$\mathbf{[(cP_1)^2 + (cP_2)^2 + (cP_3)^2 + m^2c^4]\psi = (P_0)^2\psi}$ mit
$P_i = h/2\pi i * d/x_i$ $P_0 = i*h/2\pi * d/dt$ $(cP_i)^2 = -c^2h^2/(4\pi^2)*d^2/x_i^2$
$(P_0)^2 = -h^2/(4\pi^2)* \partial^2/\partial t^2$
Somit ist $h^2/(4\pi^2)*\partial^2\psi/\partial t^2 - c^2h^2/(4\pi^2)*\Delta\psi + m^2c^4*\psi = 0$

Zu ihrer Lösung machen wir einen **Separationsansatz** $\mathbf{\psi(x,t) = \phi(x)*q(t)}$
$c^2\mathbf{P}^2\phi(\mathbf{x})*q(t) = -m^2c^4\phi(\mathbf{x})*q(t) + (P_0)^2\phi(\mathbf{x})*q(t)$
Beidseitige Division durch $\phi(\mathbf{x})*q(t)$ ergibt
$c^2\mathbf{P}^2\phi(\mathbf{x}) / \phi(\mathbf{x}) = -m^2c^4 + (P_0)^2q(t)/q(t)$
Die linke Seite ist eine Funktion von **x**, die rechte von t . Beide Seiten können nur gleich sein, wenn sie einer gleichen Konstante, nennen wir sie λ, entsprechen. Also haben wir
$c^2\mathbf{P}^2\phi(\mathbf{x}) /\phi(\mathbf{x}) = \lambda$ oder $c^2\mathbf{P}^2\phi(\mathbf{x}) = \lambda*\phi(\mathbf{x})$ sowie
$-m^2c^4+ (P_0)^2q(t) /q(t) = \lambda$ oder $(P_0)^2q(t) = (\lambda+m^2c^4)*q(t)$
Somit haben wir nun nur über λ verkoppelte sonst unabhängige Gleichungen erhalten. Die Lösung der ersten Gleichung ist
$\phi(\mathbf{x}) = (2\pi)^{-3/2}*exp(i\mathbf{kx})$ oder $\phi(\mathbf{x}) = (2\pi)^{-3/2}*exp(-i\mathbf{kx})$ mit $\mathbf{k} = (2\pi/h)*\mathbf{p}$
also die Impulseigenfunktionen, mit dem **Eigenwert** $\lambda = c^2\mathbf{p}^2$

Die Gleichung für q(t) entspricht der „Kraft“gleichung des **klassischen** harmonischen Oszillators, siehe 25.1 , in der Form
$(P_0)^2 q(t) = (c^2\mathbf{p}^2+m^2c^4)*q(t)$ oder $h^2/(4\pi^2)*d^2q/dt^2 + (c^2\mathbf{p}^2+m^2c^4)*q(t) = 0$
oder $\mathbf{d^2q/dt^2 + \omega^2*q(t) = 0}$ mit $\omega^2 = (c^2\mathbf{p}^2+m^2c^4)*4\pi^2/h^2 = E^2*4\pi^2/h^2$

Es ist also $E = (h/2\pi)*\omega$ und $\mathbf{p} = (h/2\pi)*\mathbf{k}$
Die Verwendung von **k** und ω statt **p** und E erleichtert das Anschreiben.
So schreiben sich z.B. die Eigenfunktionen
$\exp(i*(2\pi/h)*(\mathbf{p}x-Et) = \exp(i*(\mathbf{k}x-\omega t)$
q(t) hier in der QM entspricht ξ(t) bzw x(t) dort im Klassischen.
Im klassischen Fall, siehe Beispiel, ist ω^2 durch Masse und Dehnungskonstante α bestimmt, hier durch die Separationskonstante und durch die Ruheenergie der Masse.
Die Lösung q(t) kann man über den Sinus und den Cosinus ausdrücken, aber auch über $\exp(+i\omega t)$ und $\exp(-i\omega t)$.
Wir haben also insgesamt die Lösungsanteile, ohne Vorfaktor,
für $\phi(\mathbf{x}) = \exp(i\mathbf{kx})$ und $\exp(-i\mathbf{kx})$ sowie $\exp(+i\omega t)$ und $\exp(-i\omega t)$ für q(t).
Man fügt sie nun so zusammen, dass sie ebenen Wellen entsprechen, also
$\exp(i\mathbf{kx})*\exp(-i\omega t) = \exp(i(\mathbf{kx}-\omega t)$ auslaufende Welle,
läuft Richtung $+\mathbf{k}$ **,** $\omega \geq 0$
$\exp(-i\mathbf{kx})*\exp(+i\omega t) = \exp(-i(\mathbf{kx}-\omega t)$ einlaufende Welle,
läuft Richtung $-\mathbf{k}$**,** $\omega < 0$
Soweit zur Lösung der Klein-Gordon-Gleichung für ein Ein-Teilchen-System.

25.4 Quantisierung der Klein-Gordon-Gleichung, Mehrteilchensystem

Nun kann man einen Schritt weitergehen. Wie man nun den klassischen harmonischen Oszillator der QM unterwerfen kann, kann man nun auch den Anteil an der Klein-Gordon-Gleichung, der dem klassischen harmonischen Oszillator entspricht, der Gleichung für q(t), nämlich $\mathbf{d^2q/dt^2 + \omega^2*q(t) = 0}$, einer weiteren Quantisierung unterwerfen. Es ist also die q-Koordinate und auch die Impulskoordinate p , man spricht von verallgemeinerten Koordinaten, anhand derer die weitere Quantisierung durchgeführt wird.

Dabei kann man die Schrödingergleichung benutzen. Die Variable q hat dann die Rolle von x, ansonsten geht es analog zu Kapitel 25.2 . Man bekommt Lösungen als Funktionen von q und t , die mit n durchnumeriert sind. Konkret ist man aber in diesem Zusammenhang an den funktionalen Lösungen $\phi_n(q)$

nicht interessiert, es genügt deren symbolische oder algebraische Darstellung durch die Basisvektoren |n>.
Die Lösung ist also exp(+iωt)* |n> und exp(-iωt)* |n> wiederum n = 0,1,2,…

Nun blicken wir auf den anderen Teil der K-G-Gleichung,
nämlich $\mathbf{P}^2\phi(\mathbf{x}) = \mathbf{p}^2 * \phi(\mathbf{x})$
mit dem Zusammenhang $\omega^2 = (c^2\mathbf{p}^2+m^2c^4)*4\pi^2/h^2 = E^2*4\pi^2/h^2$. **p** ist beliebig
Liegt nun ein Energieniveau n*E statt nur E vor, also eine Stufung von E ,
so erzwingt das auch die Stufung für p und m,
denn $(nE)^2= n^2*(c^2\mathbf{p}^2+m^2c^4)*= (c^2(n\mathbf{p})^2+(n*mc^2)^2$
Das legt nun nahe, von mehreren Teilchen zu sprechen, wenn eben die Energie E , der Impuls **p** und die Masse m mehrfach, n-fach vorhanden sind.

So kann man auch die Lösung für ein n-Teilchen-System aufstocken zu
exp(i**kx**)*exp(-iωt)* |n> = exp(i(**kx**-ωt)* |n> und
exp(-i**kx**)*exp(+iωt)* |n> = exp(-i(**kx**-ωt)* |n>

Aus Kapitel 25.2 haben wir gelernt, dass die **Schiebeoperatoren** a^+ und a, künftig nun mit $\mathbf{b}^+$ und **b** bezeichnet, die den Hamiltonoperator H aufbauen, eben auch von einer Lösung zur anderen führen.
Wir können dessen Formeln übernehmen, wenn wir das dortige m = 1 setzen.
Sie lauten hier also

$$b^+ = (2)^{-1/2}*(A-i*B) =(2)^{-1/2}*\{ [(2\pi\omega)/h]^{1/2}*q - i*[(2\pi/(h\omega)]^{1/2}*P\} =$$
$$= (2)^{-1/2}*[(2\pi/(h\omega)]^{1/2}*\{\omega*q - i*P\}$$
$$\mathbf{b}^+ = [(2\pi/h)*1/(2\omega)]^{1/2} * [\omega*q - i*P]$$
$$\mathbf{b} = [(2\pi/h)*1/(2\omega)]^{1/2} * [\omega*q + i*P]$$

Zusammengefasst haben wir

$E = (h/2\pi)*\omega$ oder $\omega = (2\pi/h)*E$

$\omega^2 = (c^2\mathbf{p}^2+m^2c^4)*4\pi^2/h^2 = E^2*4\pi^2/h^2 = c^2\mathbf{k}^2+m^2c^4*4\pi^2/h^2 = c^2\mathbf{k}^2+\mu^2c^4$

mit $\mu = m*(2\pi/h)$

$b^+ = [(2\pi/h)*1/(2\omega)]^{1/2} * [\omega*q - i*P] = [1/(2E)]^{1/2} * [(2\pi/h)*E*q - i*P]$

$b = [(2\pi/h)*1/(2\omega)]^{1/2} * [\omega*q + i*P] = [1/(2E)]^{1/2} * [(2\pi/h)*E*q + i*P]$

$H = \frac{1}{2}*(b*b^+ + b^+*b)$

$E_n = (h\omega/2\pi)*(n + 1/2)$ mit n = 0, 1, 2,…

Damit bei Anwendung von b^+ oder b man von der einen Lösung der K-G-Gleichung zu der benachbarten kommt, ist es notwendig, den funktionalen

Anteil der Lösung den Schiebeoperatoren zuzuschlagen, sie um diese zu erweiten, also

b^+ => exp(-i(**kx**-ωt))*b^+ sowie b => exp(+i(**kx**-ωt))*b

Beispiel: [exp(-i(**kx**-ωt)*b^+] |n> = exp(-(i**kx**-iωt))*$(n+1)^{1/2}$*|n+1>

Die Vertauschungsregeln für b^+ und b bleiben bei der Erweiterung gleich wie auch der Hamiltonoperator H, weil sich die verschiedenen exp-Funktionen gegenseitig aufheben.

Welche der exp-Funktionen b^+ und welche b zugeordnet wird , ist hier offen und wird erst nachfolgend bei der Darstellung von q und p beantwortet.

Aus b^+ und b kann man nun durch Summenbildung q ableiten:

$(b^+ + b) = 2*[(2\pi/h)*1/(2\omega)]^{1/2} *\omega*q$

somit $\mathbf{q = [(h/2\pi)*1/(2\omega)]^{1/2} *(b^+ + b)}$

Durch Differenzbildung erhalten wir

$(b^+ - b) = -2*[(2\pi/h)*1/(2\omega)]^{1/2} *i*P$

somit $\mathbf{P = i*[(h/2\pi)*(\omega/2)]^{1/2} *(b^+ - b)}$

Nun schreiben wir hin:

die erweiterten Operatoren für q und P

$q(\mathbf{x},t) = [(h/2\pi)*1/(2\omega)]^{1/2} * [b*\exp(+i(\mathbf{kx}-\omega t)) + b^+*\exp(-i(\mathbf{kx}-\omega t))]$

$P(\mathbf{x},t) = -i*[(h/2\pi)*(\omega/2)]^{1/2} * [b*\exp(+i(\mathbf{kx}-\omega t)) - b^+*\exp(-i(\mathbf{kx}-\omega t))]$

Aus dieser Darstellung von q errechnet sich

$\partial q/\partial t = -i*[(h/2\pi)*\omega/(2)]^{1/2} * [b*\exp(+i(\mathbf{kx}-\omega t)) - b^+*\exp(-i(\mathbf{kx}-\omega t))] = P$

$\partial q/\partial \mathbf{x} = i*[(h/2\pi)*1/(2\omega)]^{1/2} *\mathbf{k}*[b*\exp(+i(\mathbf{kx}-\omega t)) - b^+*\exp(-i(\mathbf{kx}-\omega t))]$

Das sind drei Komponenten. So ist z.B. $\partial q/\partial y$ = (genauso)*k_y*[wie vorher]

Es folgt weiterhin

$\partial^2 q/\partial t^2 =$

$= -\omega^2*[(h/2\pi)*1/(2\omega)]^{1/2} * [b*\exp(+i(\mathbf{kx}-\omega t))+b^+*\exp(-i(\mathbf{kx}-\omega t))] = -\omega^2*q$

Der Operator q erfüllt also dieselbe Gleichung wie die Variable x im Klassischen. Er ist offenbar die zentrale Größe bei der Quantisierung.

Es gilt ∂q/∂t =P . Verwendet man nun b^+ und b mit ihren Erweiterungen, so erzwingt das wegen exp(+- iωt) genau obige Zuordnung, damit die Formeln auch für andere Zeiten als t=0 formal gleich bleiben. Diese ist einigermaßen paradox, würde man doch erwarten, dass zu b^+ die Funktion mit exp(-iωt) und zu b dann exp(+iωt) zugeordnet wird, damit bei Anwendung des Energieoperators (h/2π)*i*∂/∂t zum einen +E, zum anderen -E erscheint.

Dieser Satz von (Schiebe)operatoren b^+ und b gilt nun für jeden Impuls **p** , der ja über die Separationskonstante in ω^2 präsent wird. **Zu jedem p gehört also ein eigener Oszillator** im klassischen Sinn. Jedes **p** hat somit einen so gestalteten eigenen Operatorensatz. Diese weitere Quantisierung bewirkt also, dass wir für jedes **p** einen eigenen (bosnischen) Anzahlraum aufziehen mit Besetzungszahlen n =0,1,2,….
Wir sind so für die Klein-Gordon-Gleichung vom Einteilchensystem zum Mehrteilchensystem gekommen. Wir tun aber zunächst weiterhin so, als läge nur **ein** fixes **p** bzw ω^2 vor.

Nun kann man zu jedem **p** einen derartigen Anzahlraum aufziehen. Wie nun in der QM für ein Teilchen genau am Ort **x** alle ebenen Wellen , alle Impulseigenfunktionen gleichmäßig überlagert werden, setzt man für die **Erzeugung/Vernichtung eines Teilchens am Ort x** eine Überlagerung an, nämlich

$$\psi(\mathbf{x},t) = (2\pi)^{-3/2}*\int q(\mathbf{k},t)d^3k = (2\pi)^{-3/2}*\int d^3k*$$
$$*[(h/2\pi)*1/(2\omega)]^{1/2}*[b(\mathbf{k})*\exp(+i(\mathbf{kx}-\omega t)) + b^+(\mathbf{k})*\exp(-i(\mathbf{kx}-\omega t))]$$

Zu beachten: Der gesuchte Integralnormierungsfaktor $(2\omega)^{-1/2}$ ergibt sich hier aus dem Kontext.
Dieser Operator wendet sich an Teilchen, die nur die Attribute Masse m, Impuls p und Energie E haben, ohne Spin, also Spin=0, so genannte skalare Teilchen. Er ist sowohl Vernichtungs- wie Erzeugungsoperator. Auf das totale Vakuum angewendet, erzeugt er ein Teilchen zu irgendeinem Impuls **k** (eine Überlagerung aller **k**-Möglichkeiten) , auf einen besetzten Zustande $|n_\mathbf{k}>$ angewendet , senkt er ab auf $|n_\mathbf{k}-1>$ oder hebt an auf $|n_\mathbf{k}+1>$.

25.5 Die Feldoperatoren für Impuls und Energie

Es sei nun für dq/dt ein Integral über alle möglichen Werte von **k** angesetzt. Dieses entspricht der zeitlichen Ableitung von $\psi(\mathbf{x},t)$,
denn $\Pi = d\psi/dt = (2\pi)^{-3/2}*\int dq(\mathbf{k},t)/dt*d^3k$, somit

$$d\psi/dt = (2\pi)^{-3/2}*\int dq(\mathbf{k},t)/dt*d^3k = -i*(2\pi)^{-3/2}\int d^3k*$$
$$*[(h/2\pi)*(\omega/(2)]^{1/2}*[b(\mathbf{k})*\exp(+i(\mathbf{kx}-\omega t)) - b^+(\mathbf{k})*\exp(-i(\mathbf{kx}-\omega t))]$$

Π wird der zu ψ konjugierte Impuls genannt

Gleichfalls sei für dq/d**x** eine Überlagerung über alle möglichen Werte von **k**, wegen des Produkts nachfolgend neu benannt mit **q**, angesetzt. Dieses entspricht der räumlichen Ableitung von ψ.
$d\psi/d\mathbf{x} = (2\pi)^{-3/2}*\int dq/d\mathbf{x}*d^3q$, somit

$$d\psi/d\mathbf{x} = (2\pi)^{-3/2}*\int dq/d\mathbf{x}*d^3q = i*(2\pi)^{-3/2}\int d^3q*$$
$$* [(h/2\pi)*1/(2\omega)]^{1/2} *\mathbf{q}*[b(\mathbf{q})*\exp(+i(\mathbf{qx}-\omega t)) - b^+(\mathbf{q})*\exp(-i(\mathbf{qx}-\omega t))]$$

Das sind eigentlich drei Integrale, siehe oben. Dafür gibt es keinen eigenen Namen.

Wir interessieren uns nun für das **Produkt der Integrale**, zusätzlich integriert über den gesamten **x**-Raum, also für

$$-\mathbf{W} = \int \frac{d\psi}{dt} * \frac{d\psi}{d\mathbf{x}} * d^3x = \int d^3x[(2\pi)^{-3/2}*\int d^3k*\frac{dq}{dt} *[(2\pi)^{-3/2}*\int d^3q*\frac{dq}{d\mathbf{x}}$$

Das sind eigentlich drei Integrale, für W_x , W_y und W_z , ein jedes für eine Raumkomponente . Man kann sie aber gut zusammengefasst behandeln.
Mit d/d**x** ist der Gradient grad gemeint, der eben drei Komponenten hat.
Das Produkt der Vorfaktoren vor den Klammern ist $(h/2\pi)*(1/2)$
Es ist dann

$$-\mathbf{W} = (2\pi)^{-3}*\int d^3k*d^3q*d^3x *(h/2\pi)*(1/2)*\mathbf{q}*$$
$$*[b(\mathbf{k})*\exp(+i(\mathbf{kx}-\omega_p t)) - b^+(\mathbf{k})*\exp(-i(\mathbf{kx}-\omega_k t))]*$$
$$*[b(\mathbf{q})*\exp(+i(\mathbf{qx}-\omega_q t)) - b^+(\mathbf{q})*\exp(-i(\mathbf{qx}-\omega_q t))]$$

Wir kürzen ab $kx = (\mathbf{kx}-\omega_k t))$ bzw $qx = (\mathbf{qx}-\omega_q t))$

Das Produkt der Klammern ist dann [...]*[...] =

$$= b(\mathbf{k})*b(\mathbf{q})*\exp(+i(k+q)x) + b^+(\mathbf{k})*b^+(\mathbf{q}) *\exp(-i(k+q)x) -$$
$$- b^+(\mathbf{k})*b(\mathbf{q}) *\exp(-i(k-q)x) - b(\mathbf{k})*b^+(\mathbf{q}) *\exp(+i(k-q)x)$$

Es wird zuerst über **x** integriert, dabei entstehen Deltafunktionen, nämlich

$$\int \exp(+i(k+q)x)\, d^3x = (2\pi)^3*\delta(\mathbf{q+k})*\exp(-i(\omega_k+ \omega_q)*t) \Rightarrow$$
$$\Rightarrow \mathbf{q} = -\mathbf{k} \quad \omega(-\mathbf{k}) = \omega(\mathbf{k})$$
$$\int \exp(-i(k+q)x)\, d^3x = (2\pi)^3*\delta(\mathbf{q+k})*\exp(+i(\omega_k+ \omega_q)*t)$$
$$\int \exp(-i(k-q)x)\, d^3x = (2\pi)^3*\delta(\mathbf{q - k})*\exp(+i(\omega_k- \omega_q)*t) \Rightarrow \mathbf{q = k}$$
$$\int \exp(+i(k-q)x)\, d^3x = (2\pi)^3*\delta(\mathbf{q - k})*\exp(- i(\omega_k- \omega_q)*t)$$

Bei der weiteren Integration über **q** führen die Deltafunktionen zu Wertersetzungen, nämlich **q = -k** bzw **q = k**

$$-\mathbf{W} = (h/2\pi)*(1/2m)* \int d^3k*$$
$$*\{-\mathbf{k}*[b(\mathbf{k})*b(-\mathbf{k})*\exp(+2i\omega_p*t) + b^+(\mathbf{k})*b^+(-\mathbf{k})*\exp(-2i\omega_p*t)]$$
$$- \mathbf{k}*[b^+(\mathbf{k})*b(\mathbf{k}) + b(\mathbf{k})*b^+(-\mathbf{k})] \}$$

Wir betrachten die erste Eck-Klammer:
Es gilt b(**k**)*b(**q**) – b(**q**)*b(**k**) = 0
sowie b^+(**k**)*b^+(**q**) - b^+(**q**)*b^+(**k**) = 0   für **k # q**
Das gilt dann auch für **q = -k**
Bei der Integration über **k** kommt man nun an die Stelle **k** und es ist dann **k***[b(**k**)*b(**-k**)] und
an die Stelle –**k** und da ist (-**k**)*b(-**k**)*b(**k**) = (-**k**)*b(**k**)*b(-**k**) wegen der Vertauschungsbeziehung. Die exp-Funktion ist an beiden Stellen gleich, weil $\omega_{-k} = \omega_k$. In der Summe heben sich also beide Anteile auf.
Dasselbe gilt für b^+(**k**)*b^+(-**k**)*exp(-2iω_k*t).
Somit ist die erste Eck-Klammer gleich 0.

So verbleibt nur die zweite Eck-Klammer:

$\mathbf{W} = (h/2\pi)*(1/2)* \int d^3k*\mathbf{k}*[b^+(\mathbf{k})*b(\mathbf{k}) + b(\mathbf{k})*b^+(\mathbf{k})] =$

$= (h/2\pi)*(1/2)* \int d^3k*\mathbf{k}*[2*b^+(\mathbf{k})*b(\mathbf{k}) + 1] =$

$= (h/2\pi)*\int d^3k * \mathbf{k}*b^+(\mathbf{k})*b(\mathbf{k})$ Man setzt allgemein m=1

Die 1 bzw **k** geht weg, weil einmal +**k** zum anderen –**k** beim Integral erfasst wird, wie zuvor.

Also $\mathbf{W} = \int d^3p*\mathbf{p}*b^+(\mathbf{p})*b(\mathbf{p})]$ **Feld-Impuls-Operator über den x-Gesamtraum**

Bei den Operatoren b^+ und b dient **k** bzw **p** nur als Index,
um sie auseinander zuhalten, somit kann man gleichsetzen
b^+(**k**) = b^+(**p**) und b(**k**) = b(**p**) .
Sind die Impulse gerastert, nicht kontinuierlich sondern diskret, also $\mathbf{p}_i$, mit i durchnumeriert, so tritt an die Stelle des Integrals ein Summenzeichen.
Das ist der **Feld-Impuls-Operator** , sichtbar eine Summe (Integral) der Impulsbeiträge zu jedem **p** , nämlich je Impuls **p** mal Anzahl der Teilchen zum Impuls **p** .Das ist ein Ergebnis, das unserer Anschauung entspricht. Er ist analog zum Energie-Operator aufgebaut.
Dass man durch das Produkt dieser Integrale zum Impulsoperator kommt, ist durch das Ergebnis plausibel, aber nicht von vornherein einsehbar. Den Beweis hierfür liefert die Lagrange-Methode, erweitert für Feldoperatoren

----

Der Operator **W** gibt Anlass zur **Eigenwertgleichung W|w> = w|w>** für ein Teilchenfeld.

|**w**> ist die Eigenfunktion, w der Impulseigenwert des gesamten Feldes. Das ist eine Kurzschrift. Eigentlich sind es drei Eigenwertgleichungen und Eigenwerte, für jede Impulskomponente eine.

Dazu:

Wir berechnen zunächst die Vertauschungsrelationen. Den **Index k** lassen wir der Einfachheit halber weg. Damit die einfachen Vertauschungsregeln gelten (ohne Deltafunktion), denken wir uns **k** gerastert.

Basis ist die Relation **$[b,b^+] = 1$** und die allgemeinen Kommutator-Rechenregeln

$[A,BC] = [A,B]C + B[A,C]$ sowie $[B,A] = -[A,B]$ und $[A,A] = 0$

Es ist dann

$[b^+*b\,,\,b] = -\,[b\,,\,b^+*b] = -\,[b,b^+]*b = -b$

$[b*b^+\,,\,b] = -\,[b\,,\,b*b^+] = -b*[b,b^+] = -b$

$[b^+*b\,,\,b^+] = -\,[b^+,\,b^+*b] = -b^+*[b^+,b] = b^+$

$[b*b^+\,,\,b^+] = -\,[b^+,\,b*b^+] = -[b^+,b]*b^+ = b^+$

Damit folgen die Vertauschungsrelationen

$[\mathbf{W}\,,\,b] = -\mathbf{k}b$ sowie $[\mathbf{W}\,,\,b^+] = \mathbf{k}b^+$ betreffend den Feld-Impulsoperator

$[H\,,\,b] = -(h/2\pi)*\omega*b$ sowie $[H\,,\,b^+] = (h/2\pi)*\omega*b^+$

betreffend den Feld-Energieoperator

Wegen $H = \int d^3k*(h/2\pi)*\omega*½*(\,b*b^+ + \,b^+*b)$

Es folgt aus **W**|**w**> = **w**|**w**> und **W***b = b*W - **k***b

W(b|**w**>) = (b***W** - **k***b) |**w**> = **(w-k)**(b|**w**>)

also (b|**w**>) ist ebenfalls Eigenfunktion mit Eigenwert **(w-k)**, gegenüber **w** um **k** kleiner.

Wird also ein Teilchen mit Impuls **k** vernichtet, so senkt sich der Gesamtimpuls um **k**.

Siehe dazu auch [2, Band2]

Es folgt aus **W**|**w**> = **w**|**w**> und **W***b^+ = b^+*W + **k***b^+

W(b^+|**w**>) = (b^+***W** + **k***b^+)|**w**> = **(w+k)**(b^+|**w**>)

also (b^+|**w**>) ist ebenfalls Eigenfunktion mit Eigenwert **(w+k)**, gegenüber **w** um **k** größer.

Wird also ein Teilchen mit Impuls **k** erzeugt, so hebt sich der Gesamtimpuls um **k**.

Analoge Betrachtungen gelten für den Feld-Energieoperator H , betreffend die elementare Energie $(h/2\pi)*\omega$.

Die **Eigenvektoren von W** ist jedes Ensemble $|n_1>|n_2>|n_3>|n_4>\dots$, wobei n_1 die Besetzungszahl zum Impuls $\mathbf{k}_1$, entsprechend n_2 die Besetzungszahl zum Impuls $\mathbf{k}_2$,usw
Am einfachsten ist das vorzustellen , wenn die Impulse diskret und durchnummerierbar sind.
Die n_i können auch 0 sein.
Die Eigenwerte sind dann $\mathbf{w} = n_1*\mathbf{k}_1 + n_2*\mathbf{k}_2 + n_3*\mathbf{k}_3 +\dots$
Der Gesamtimpuls ist dann $(h/2\pi)*\mathbf{w}$ gemäß der Beziehung zwischen **k** und **p** .

Die **Eigenvektoren von H** sind auch für den Feldenergieoperator H verwendbar.
Die Eigenwerte sind da $E_{n1n2..} = (h/2\pi)*\ (n_1*\omega_1 + n_2*\omega_2 + n_3*\omega_3 +\dots)$
Hier ist also zu berücksichtigen, dass die Impulse in die Energie mit eingehen gemäß der Beziehung $E_i = (h/2\pi)*\omega_i = (c^2\mathbf{p}_i^2+m^2c^4)^{1/2}$

Die unendliche **Nullzustandsenergie** wird weggelassen mit dem Argument, dass es nicht auf die absolute Energie an kommt, sondern nur auf Energiedifferenzen. Diese ist unendlich, weil **jeder** Leerzustand $|0>$ zu $\mathbf{p}_i$ mit einem Energiewert $½*(h/2\pi)*\omega_i$ beiträgt. Beim Impuls gibt es das nicht. Zu einem Leerzustand $|0>$ ist jeweils auch der Impuls gleich 0.

Es stellt sich die Frage, wie ist das Verhältnis der Feldoperatoren für Energie und Impuls zu den elementaren Operatoren ist, zum einen $\sim i\partial/\partial dt$, zum anderen $\sim 1/i*\partial/\partial\mathbf{x}$ **.** Wenn wir auf die Schrödingergleichung blicken, da gibt es den Energieoperator auch zweimal, einmal für ihre linke Seite, beim harmonischen Oszillator ist es $\sim(P^2+\omega^2x^2)$ und einmal für die rechte Seite in seiner elementaren Form, eben $\sim i*\partial/\partial t$. Die Feldoperatoren entsprechen der linken Seite. Die Schiebeoperatoren b und b^+ gingen durch Umformung aus der linken Seite des harmonischen Oszillators hervor. Dass der Feldenergieoperator aus bilinearen Produkten der Schiebeoperatoren besteht, ist dann nicht überraschend, weil auch P und x quadratisch links auftreten.
Nicht so durchsichtig sind die Verhältnisse beim Feldimpulsoperator. Das Analogon dazu gibt es weder in der klassischen Physik noch in der Ein-teilchen-QM . Es gibt keine Gleichung mit einer linken Seite, aus der er hervorginge. Er wendet sich ähnlich wie der entsprechende Energieoperator an

ein Ensemble von Teilchen über den gesamten Ortsraum. Insofern liegt die Vermutung nahe, dass es ihn gibt und dass er ähnlich aufgebaut ist.

Die Begründung und **Herleitung des Feld-Impulsoperators** erfolgt über die Betrachtung einer Translation, der Versetzung eines Systems oder Koordinatensystems um eine Strecke **a**. So wurde bereits der elementare Impulsoperator gefunden , siehe Kapitel 4.2 und 4.4 .

Daher ein kurzer Rückblick auf Kapitel 4 .

Sei $\phi(x)$ eine eindimensionale Funktion von x . Dann erhalten wir $\phi(x+a)$ durch eine unitäre Transformation unter Benutzung des Impulsoperators P

$\phi(x+a) = U(a)\phi(x) = \exp(i*a*P)\phi(x) = (1+i*a*P+(-ia)^2*P^2+\ldots)\phi(x)$

mit $P = 1/i*d/dx$

Geht der Funktion ein geeigneter Operator voraus, also statt $\phi(x)$ nun $A*\phi(x)$, dann ist die Transformation wie folgt

$(A\phi(x))' = U*(A\phi(x)) = UAU^+*U\phi(x)$ mit $U = \exp(i*a*P)$

A für sich transformiert sich wie

$UAU^+ = (1+i*a*P+(ia)^2*P^2+\ldots)*A*(1-i*a*P+(-ia)^2*P^2+\ldots) =$

$= A + i*a*(P*A-A*P)+ (ia)^2* \ldots.$

Ist die Translation sehr klein, differentiell, also nur δa, so kann man sich mit dem ersten Glied begnügen und hat $A' = A+\delta A = A + i*\delta a*[P,A]$ mit dem Kommutator von P und A.

Wir wenden uns nun dem Feldoperator $\psi(\mathbf{x},t)$ zu und betrachten eine kleine Translation von ihm, nämlich $\psi(\mathbf{x}+\delta\mathbf{a},t)$.

Nun gilt hier Doppeltes:

Einerseits ist er wie eine Funktion von **x**, also ist die kleine Translation

$\psi(\mathbf{x}+\delta\mathbf{a},t) = \psi(\mathbf{x},t) + i*\delta\mathbf{a}*\mathbf{P}*\psi(\mathbf{x},t) = \psi(\mathbf{x},t) + \delta\mathbf{a}*d\psi(\mathbf{x},t)/d\mathbf{x}$,

andererseits ist er wie ein Operator zu transformieren, also

$\psi(\mathbf{x}+\delta\mathbf{a},t) = \psi(\mathbf{x},t) + i*\delta\mathbf{a}*[\mathbf{W},\psi(\mathbf{x},t)]$

Beides muss gleich sein, also folgt die Beziehung

$i*\delta\mathbf{a}*[\mathbf{W},\psi(\mathbf{x},t)] = \delta\mathbf{a}*d\psi(\mathbf{x},t)/d\mathbf{x}$ oder $i*[\mathbf{W},\psi(\mathbf{x},t)] = d\psi(\mathbf{x},t)/d\mathbf{x}$

wobei der Operator **W** analog zu **P** zuvor ist , aber noch unbekannt ist.

Das sind in Kurzschrift wieder drei Beziehungen. Die Beziehung betreffend die x-Achse ist dann $i*[W_x ,\psi(\mathbf{x},t)] = \partial\psi(\mathbf{x},t)/\partial x$

Den Operator W_x findet man durch Probieren und Erraten , nämlich

$W_x = \int\partial\psi(\mathbf{x},t)/\partial t * \partial\psi(\mathbf{x},t)/\partial x*d^3x$ + Konstante

---

Nachprüfen

$i^*[W_x, \psi(\mathbf{x},t)] = i^*[\int \partial\psi/\partial t^* \partial\psi/\partial\xi^* d^3\xi\ ,\ \psi(\mathbf{x},t)] =$

$= -\, i^*[\psi(\mathbf{x},t), \int \partial\psi/\partial t^* \partial\psi/\partial\xi^* d^3\xi] =$

$= -i^*\{\int [\psi(\mathbf{x},t)\ ,\ \partial\psi(\boldsymbol{\xi},t)/\partial t]^*\ \partial\psi(\boldsymbol{\xi},t)/\partial\xi^* d^3\xi +$

$+ \int \partial\psi(\boldsymbol{\xi},t)/\partial t^* [\psi(\mathbf{x},t)]\ ,\ \partial\psi(\boldsymbol{\xi},t)/\partial\xi]^* d^3\xi\ \}$

Gemäß obiger Formel für [A,BC] , ξ ersetzt als Integrationsvariable x , **x** ist in diesem Zusammenhang wie eine Konstante. Deswegen darf man $\psi(\mathbf{x},t)$ in das Integral hineinziehen.

Es gelten die Vertauschungsregel

$[\psi(\mathbf{x},t), \psi(\boldsymbol{\xi},t)] = 0$ sowie $[\psi(\mathbf{x},t), \partial\psi(\boldsymbol{\xi},t)/\partial t] = i^*\delta(\boldsymbol{\xi}-\mathbf{x})$ je bei gleichem t

Es folgt, dass auch $[\psi(\mathbf{x},t)\ ,\ \partial\psi(\boldsymbol{\xi},t)/\partial\xi] = 0$, weil

$\partial\psi(\boldsymbol{\xi},t)/\partial\xi = 1/h^*\ (\psi(\xi+h,t) - \psi(\xi,t))$ mit h gegen 0

Nun vertauscht jeder Teil des Differentialquotienten, z.B. $(\psi(\xi+h,t)$ mit $\psi(\mathbf{x},t)$, somit auch der ganze Differentialquotient. Somit fällt das zweite Integral weg . Den Kommutator im ersten Integral können wir ersetzen durch die Deltafunktion $i^*\delta(\boldsymbol{\xi}-\mathbf{x})$.

$i^*[W_x, \psi(\mathbf{x},t)] = (-i)^*(i)^* \int \delta(\boldsymbol{\xi}-\mathbf{x})^*\ \partial\psi(\boldsymbol{\xi},t)/\partial\xi^* d^3\xi = \partial\psi(\mathbf{x},t)/\partial x$

somit

$W_x = \int \partial\psi/\partial dt^* \partial\psi/\partial dx\ ^*\ d^3x$ erfüllt also die geforderte Vertauschungsregel.

Analoges gilt dann für W_y und W_z , also für ganz **W .**

Was für den Impulsoperator die Translation ist, die örtliche Versetzung, ist für den **Hamiltonoperator** H die zeitliche Versetzung. Deswegen kann man analoge Betrachtungen betreffend t und H anstellen:

Die kleine zeitliche Versetzung ist

einerseits

$\psi(\mathbf{x}, t+\delta t) = \psi(\mathbf{x},t) + i^*\delta t^*(i^*\partial/\partial t)^*\psi(\mathbf{x},t) = \psi(\mathbf{x},t) - \delta t^*\partial\psi(\mathbf{x},t)/\partial t$,

andererseits $\psi(\mathbf{x}, t+\delta t) = \psi(\mathbf{x},t) + i^*\delta t^*[H,\psi(\mathbf{x},t)]$

Somit muss sein

$i^*\delta t^*[H,\psi(\mathbf{x},t)] = -\ \delta t^*\partial\psi(\mathbf{x},t)/\partial t$ oder $i^*[H,\psi(\mathbf{x},t)] = -\ \partial\psi(\mathbf{x},t)/\partial t$

Das ist eine Bestimmungsgleichung für H.

H ist uns schon bekannt in der Darstellung über den Impulsraum. Auf diesem Weg kann diese Formel auch nachgeprüft werden.

H in der Darstellung im Ortsraum, d.h. über $\psi(\mathbf{x},t)$ und der örtlichen und zeitlichen Ableitungen, gewinnt man über die Lagrange-Methode mit dem Ergebnis **H =**

$$\mathbf{= \tfrac{1}{2}*\int((\partial\psi/\partial t)^2 + c^2*(\partial\psi/\partial x)^2 + c^2*(\partial\psi/\partial y)^2 + c^2*(\partial\psi/\partial z)^2 + (mc^2*\psi)^2)*d^3x}$$

H ist also gleich der Summe der Ableitungsquadrate plus einen Anteil, der von der Ruheenergie herrührt. Siehe dazu auch [7,Band2]

Nun der **Nachweis**

$$\int(\partial\psi/\partial t)^2*d^3x = (2\pi)^{-3}*(-i)^2*(h/2\pi)*1/2*\int d^3k*d^3q*d^3x*(\omega(k)*\omega(q))^{1/2}*$$

$$*[b(\mathbf{k})*\exp(+ikx) - b^+(\mathbf{k})*\exp(-ikx)]*[b(\mathbf{q})*\exp(+iqx) - b^+(\mathbf{q})*\exp(-iqx)]$$

Das Produkt der Klammern ist dann $[\ldots]*[\ldots] =$

$$b(\mathbf{k})*b(\mathbf{q})*\exp(+i(k+q)x) \;+\; b^+(\mathbf{k})*b^+(\mathbf{q})*\exp(-i(k+q)x) -$$

$$b^+(\mathbf{k})*b(\mathbf{q})*\exp(-i(k-q)x) - b(\mathbf{k})*b^+(\mathbf{q})*\exp(+i(k-q)x)$$

Es wird wiederum zuerst über **x** integriert, dabei entstehen Deltafunktion, die führen zu Wertersetzungen **q** => **+k** bzw **–k** wie oben. Somit wird

$$\int(\partial\psi/\partial t)^2*d^3x =$$

$$(-1)*(h/2\pi)*1/2*\int d^3k*\omega(k)*$$

$$\{[b(\mathbf{k})*b(\mathbf{-k})*\exp(+2i\omega_k*t) + b^+(\mathbf{k})*b^+(\mathbf{-k})*\exp(-2i\omega_k*t)] -$$

$$- [b^+(\mathbf{k})*b(\mathbf{k}) + b(\mathbf{k})*b^+(\mathbf{k})]\}$$

Weiterhin ist

$$\int(\partial\psi/\partial\mathbf{x})^2*d^3x = (2\pi)^3*i^2*(h/2\pi)*1/2*\int d^3k*d^3q*d^3x(1/(\omega(k)*1/\omega(q))^{1/2}*\mathbf{k}*\mathbf{q}*$$

$$*[b(\mathbf{k})*\exp(+ikx) - b^+(\mathbf{k})*\exp(-ikx)]*[b(\mathbf{q})*\exp(+iqx) - b^+(\mathbf{q})*\exp(-iqx)]$$

Analoges Vorgehen wie zuvor führt zu

$$\int(\partial\psi/\partial\mathbf{x})^2*d^3x = i^2*(h/2\pi)*1/2*\int d^3k*1/\omega(k)*$$

$$*\{\mathbf{k}*(\mathbf{-k})*[b(\mathbf{k})*b(\mathbf{-k})*\exp(+2i\omega_k*t) + b^+(\mathbf{k})*b^+(\mathbf{-k})*\exp(-2i\omega_k*t)]$$

$$*\mathbf{k}*\mathbf{k}*[b^+(\mathbf{k})*b(\mathbf{k}) + b(\mathbf{k})*b^+(\mathbf{k})]\}$$

Schließlich errechnen wir

$$\int\psi^2*d^3x = (2\pi)^{-3}*(h/2\pi)*1/2*\int d^3k*d^3q*d^3x*(1/(\omega(k)*1/\omega(q))^{1/2}*$$

$$*[b(\mathbf{k})*\exp(+ikx) + b^+(\mathbf{k})*\exp(-ikx)]*[b(\mathbf{q})*\exp(+iqx) + b^+(\mathbf{q})*\exp(-iqx)]$$

Analoges Vorgehen wie zuvor führt zu

$$\int\psi^2*d^3x = (h/2\pi)*1/2*\int d^3k*1/\omega(k)*$$

$$*\{[b(\mathbf{k})*b(\mathbf{-k})*\exp(+2i\omega_k*t) + b^+(\mathbf{k})*b^+(\mathbf{-k})*\exp(-2i\omega_k*t)] +$$

$$+ [b^+(\mathbf{k})*b(\mathbf{k}) + b(\mathbf{k})*b^+(\mathbf{k})]\}$$

Nun die Addition aller drei Integrale

Bezeichne

$A = [b(\mathbf{k})*b(-\mathbf{k})*\exp(+2i\omega_k*t) + b^+(\mathbf{k})*b^+(-\mathbf{k})*\exp(-2i\omega_k*t)]$

$B = [b^+(\mathbf{k})*b(\mathbf{k}) + b(\mathbf{k})*b^+(\mathbf{k})]$

Dann haben wir Summe =

$= (h/2\pi)*1/2*\int d^3k*[\omega*(-A+B)] + [c^2\mathbf{k}^2/\omega*(A+B)] + [\mu^2c^4/\omega)*(A+B)]$

Wir haben $A*(-\omega + (c^2\mathbf{k}^2+\mu^2c^4)/\omega) = A*(-\omega + \omega) = 0$

Sowie $B*(\omega + (c^2\mathbf{k}^2+\mu^2c^4)/\omega) = 2*\omega*B$

Also insgesamt $H = ½*(h/2\pi)*\int d^3k*\omega(\mathbf{k})*[b^+(\mathbf{k})*b(\mathbf{k}) + b(\mathbf{k})*b^+(\mathbf{k})]$

Das ist der bereits abgeleitete Feldoperator für die Energie.

Dieses Verfahren nennt sich **kanonische Quantisierung**. Historisch wurde so vorgegangen. Ausgangspunkt war hier die **Lagrange-Methode**. Es ist nicht so durchsichtig, wie im Kapitel zuvor, hat aber allgemeineren Charakter.

Wir haben einen gewissen Einblick in die Quantenfeldtheorie gewonnen, sowohl für freie Diracfelder wie auch für freie Bosonenfelder.

Auch sie können verkoppelten Gleichungen unterliegen, die analog zur Einteilchentheorie aufgebaut sind. Als Feldoperatoren sind sie gewissermaßen eine Stufe höher als die gewöhnliche QM.

Um wieder zu gewohnten Eigenwertgleichungen zu kommen, lässt man sie auf die Anzahlbasisvektoren |n> , so auch auf |0> wirken. Um aus ihnen Funktionen abzuleiten, rahmt man die Feldoperatoren oder Produkte von ihnen mit Anzahlbasisvektoren ein, z.B. mit <0|O|0>, man bekommt so „Matrixelemente" der Feldoperatoren. Dadurch gelangt man wieder in den Bereich der gewöhnlichen (relativistischen) QM.

Große Probleme bereiten die Divergenzen, das Unendlich-werden von Integralen. Dazu gibt es eine ausgefeilte, für den Nicht-Fachmann nicht zugängliche Theorie, die **Renormierung**. Ein anderer Ausweg ist die Einführung einer **indefiniten Metrik**, siehe auch [13]. Aber auch da bewegt man sich auf einer höheren Ebene, die nur von Spezialisten zu verstehen und zu beurteilen ist.

---

26. Die Green-Methode

26.1 Die Stufenfunktion und Allgemeines über Residuen und Pole

Es sei nochmals an einem einfachen eindimensionalen klassischen Beispiel die **Deltafunktion** vorgestellt. Gemäß Newton gilt die Beschleunigungsformel Masse mal Beschleunigung ist gleich Kraft, also $m*d^2x/dt^2 = K(t)$.

Nun möge die Kraft nur sehr kurz zum Zeitpunkt t_0 auf den Körper einwirken, vergleichbar mit einem Hammerschlag. Das drücken wir durch eine Deltafunktion aus, also $m*d^2x/dt^2 = a*\delta(t- t_0)$.

Integration der Gleichung über t liefert dann

$m*(dx/dt) = a$ für $t \geq t_0$ und $= 0$ für $t < t_0$.

Der anfangs ruhende Körper wird also „schlagartig" auf die Geschwindigkeit $v = dx/dt = a/m$ gebracht.

Die Geschwindigkeit v ist dieselbe, als würde auf den Körper eine konstante Kraft a eine Sekunde lang einwirken.

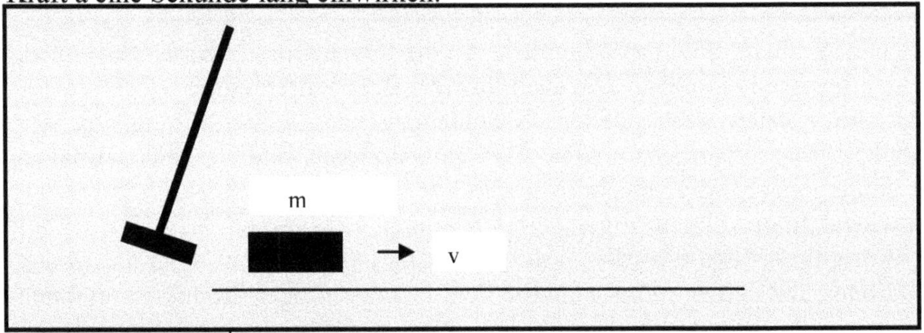

also $\boldsymbol{\delta(\tau) = (1/2\pi)*\int \exp(i\omega\tau)d\omega}$.

Die gesuchte Funktion ist dann, fürs erste,

$v(\tau) = (a/m)*(1/2\pi i)* \int d\omega*(1/\omega)*\exp(i\omega\tau)$, denn die Differentiation nach τ liefert wieder die Deltafunktion. Dies bedarf aber einer Nachkommentierung, denn auf dem reellen Integrationsweg von minus bis plus unendlich liegt ein so genannter **Pol**, eine Unendlichkeitstelle ersten Grades, nämlich an der Stelle $\omega = 0$.

Wir konzentrieren uns auf das Integral $\boldsymbol{\Theta(\tau) = (1/2\pi i)*\int d\omega*(1/\omega)*\exp(i\omega\tau)}$ **.**

Diese Funktion heißt **Stufenfunktion**. Wir erwarten von ihr, das sie für $\tau<0$ gleich 0 ist und für $\tau>0$ gleich 1 ist, also der Graph eine Stufe bildet.

Für sie gilt also $\boldsymbol{d\Theta(\tau)/d\tau = \delta(\tau)}$.

Eine Funktion, die bei kleineren Zeiten 0 ist , erst dann einsetzt wie hier (Stufe aufwärts), heißt **retardiert**. Eine Funktion, die bei kleineren Zeiten # 0 ist , dann zu Null wird (Stufe abwärts) , heißt **avanciert**.

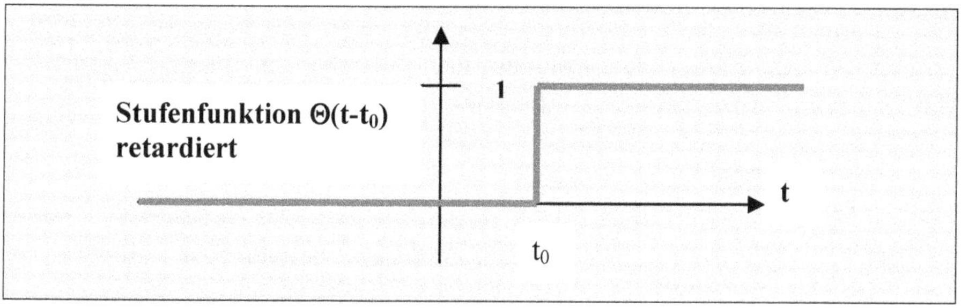

Nun zunächst Allgemeines:
Die **Integration bei Vorhandensein eines Pols auf der reellen Achse** behandelt man in der Weise, dass man sich den Wertebereich für ω vom Reellen ins Komplexe erweitert denkt. Statt der reellen Achse hat man dann die komplexe Ebene für ω .
Bei der Integration läuft man nun nicht durch den Pol hindurch, sondern umfährt ihn unten oder oben, also im negativen oder positiven Imaginärteilbereich, entweder indem man einen kleinen Halbkreis um den Pol legt oder indem man den Integrationsweg leicht ins Imaginäre versetzt. Wir wählen das Erstere. Beispiel:

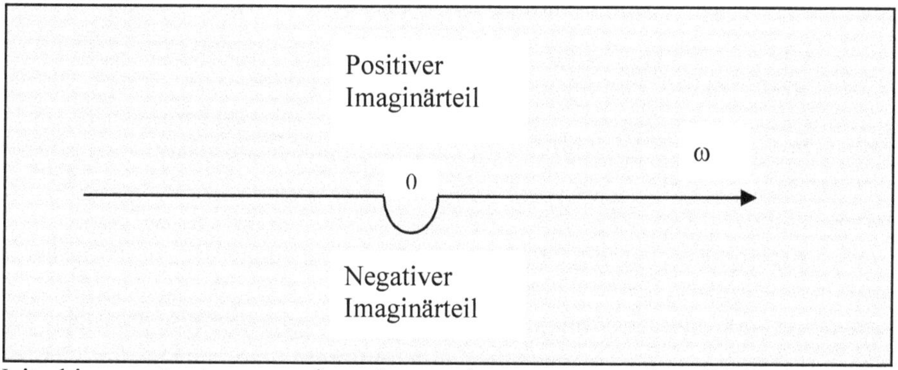

Weiterhin ergänzt man den Integrationsweg an der Pfeilspitze (im Unendlichen) durch eine Halbkreis im oberen oder unteren Bereich, der dann wieder zum Achsenanfang zurückführt.
So erhält man einen geschlossenen Integrationsweg.
Je nach Wahl des geschlossenen Integrationsweges liegt der Pol innen oder außen.
Liegt er außen und ist die Funktion regulär, so ist der Umlaufintegralwert gleich null.
Liegt er innen, so ist der Wert des Integrals bei Umlauf gegen den Uhrzeiger $2\pi i$ mal dem so genannten **Residuum .**

Beides ist ansonsten von der Form des geschlossenen Weges unabhängig. Das Residuum ist der Zähler des Pols an der Polstelle im Integral inklusive Vorfaktor: Somit **Integralwert = (2πi)*Residuum**

$$f(a) = \frac{\mathbf{1}}{\mathbf{2\pi i}} * \S d\zeta * \frac{\mathbf{f(\zeta)}}{\mathbf{\zeta - a}} = \textbf{Residuum}$$

Umlaufintegral. Der Umlauf ist im mathematisch positiven Sinn, d.h. im Gegenuhrzeigersinn.

Der Pol liegt bei a , die Zählerfunktion $f(\xi)$ muss **regulär** sein , d.h. differenzierbar. Sie darf z.B. keine Nullstellen im Nenner innerhalb des Umlaufgebietes haben. Das ist der **Cauchy-Integralsatz**.
Anmerkung: Augustin Louis **Cauchy**, frz. Mathematiker, (1789-1857)

Den **Residuumsatz** kann man sich leicht plausibel machen, wenn man das Umlaufintegral §dz/z ausrechnet. Bei Verwendung von Polarkoordinaten und einem Kreisweg haben wir $z = r*\exp(i\alpha)$ und $dz = i*r*\exp(i\alpha)*d\alpha$
Einsetzen ergibt $\S dz/z = \S(i*r*\exp(i\alpha))/(r*\exp(i\alpha))*d\alpha = i*\S d\alpha = 2\pi i$
Es bleibt also nur noch ein Integral über den Winkel übrig, das nicht zu Null wird, sondern pro Wegstück anwächst. Schließt man den Kreis ganz eng um den Pol an der Stelle a, so geht in der Cauchy-Formel der Zähler $f(\xi)$ im Limes $r \Rightarrow 0$ über in f(a). Im diesem Beispiel ist $f(\xi) = 1 = f(a=0)$

Andere Potenzen von z, positive wie negative, auch nicht ganzzahlige, führen beim Umlauf zu Null.
Beispiel: $\S dz/z^2 = \S(r^{-2}*\exp(-2i\alpha)*\ i*r*\exp(i\alpha)*d\alpha = i/r*\S\exp(-i\alpha)*d\alpha =$
$= i/r*(1/(-i)*[\exp(-i\alpha)$ an der Stelle 2π minus an der Stelle $0] = 0$, weil der []-Wert an der Stelle 2π derselbe ist wie an der Stelle 0.
Man denkt sich also den Integranden in eine Potenzreihe mit positiven wie negativen Potenzen von z aufgefächert (Laurentreihe) und konzentriert sich auf die Terme der Art ~1/z , die allein beim Umlauf zum Integralwert beitragen.
Anmerkung: Pierre Alphonse **Laurent**, franz. Mathematiker (1813-1854)

Nun wollen wir diese Erkenntnisse der Funktionentheorie auf unser Beispiel, der Spektraldarstellung der Stufenfunktion, anwenden und

die **Berechnung des Integrals** $\mathbf{\Theta(\tau)} = \dfrac{\mathbf{1}}{\mathbf{2\pi i}} * \S d\omega * \dfrac{\mathbf{\exp(i\omega\tau)}}{\omega}$

durchführen.

Es entspricht $\omega = \zeta$ bezüglich der Cauchy-Formel Die Polstelle ist a = 0
Es entspricht $\exp(i\omega\tau) = f(\zeta)$
Das Integral erstreckt sich von minus unendlich bis plus unendlich. Um die Vorteile des Residuensatzes zu nutzen, ergänzen wir den Integrationsweg durch einen Halbkreis.
Der Pol soll im Inneren liegen. Er werde von unten umfahren und der Integrationsweg durch den oberen Halbkreis geschlossen gemacht. Dann folgt gemäß Cauchy-Formel:
Residuum = $1/(2\pi i)$*§$d\omega$*$[\exp(i\omega\tau)]/\omega$ =
= $1/(2\pi i)$ * [$\exp(i\omega\tau)$ an der Stelle ω =0] = $1/(2\pi i)$

$$\text{Es ist also } \S d\omega * \frac{\exp(i\omega\tau)}{\omega} = 2\pi i$$

der Wert des **Umlaufintegrals**.

Nun wollen wir den **Anteil am Umlaufintegral §$d\omega*(1/\omega)*\exp(i\omega\tau)$** studieren, den der **obere Halbkreis** mit dem Radius r beiträgt:
Es sei τ positiv:
Für einen Punkt auf ihm ist **ω = $r*\exp(i*\alpha) = r*\cos\alpha + i*r*\sin\alpha$**
und damit ist $d\omega = i*r*d\alpha*\omega$ und $d\omega/\omega = i*d\alpha$
Das Integral für den Halbkreis oben ($0 \leq \alpha \leq \pi$) ist also
Ho = $\int d\omega/\omega*[\exp(i\omega\tau)] = i*\int d\alpha*[\exp(i*\tau*r*\cos\alpha) * \exp(-\tau*r*\sin\alpha)]$

Nun folgen **Abschätzungen**:
Betrag von $\int d\omega/\omega*[\exp(i\omega\tau)] \leq \int d\alpha*1*\exp(-\tau*r*\sin\alpha)]$ $0\leq\alpha\leq\pi$
Denn, die erste exp-Funktion ist nur oszillierend, dem Betrag nach ≤ 1.

Es gilt **$\sin\alpha > \alpha/2$** für **$0\leq \alpha \leq\pi/2$** , denn
$\sin\alpha = (\alpha - \alpha^3/3!) + (\alpha^5/5! - \alpha^7/7!) + \ldots$
So ist allgemein für jedes Paar, beginnend mit n=1
$(\alpha^n/n! - \alpha^{n+2}/(n+2)!) = \alpha^n/n! * (1- \alpha^2/[(n+1)(n+2)])$
Nun ist $(1- \alpha^2/[(n+1)(n+2)]) > (1- \alpha^2/[2*3])$ Letzteres ist für das erste Paar
Wenn also das erste Paar positiv ist, so dann auch alle folgenden Paare.
Für das erste Paar gilt:
$(\alpha - \alpha^3/3!) > \alpha/2$ oder $(\alpha - \alpha^3/3!) > 1/2$, denn
$(1 - \alpha^2/3!) \geq (1- \pi^2/4*1/3!) = 1- 0.411 = 0.589$
Das erste Paar ist also positiv und erfüllt bereits die Abschätzung.
Alle anderen Paare sind dann auch positiv.
Somit $\sin\alpha < \alpha/2$ und damit

$\int d\alpha * \exp(-\tau * r * \sin\alpha)] \leq \int d\alpha * \exp(-\tau * r * \alpha/2)$ für $0 \leq \alpha \leq \pi/2$
denn je kleiner der Abklingfaktor, desto größer das Integral.

Das Integral $\int d\alpha * \exp(-\tau * r * \sin\alpha)$ für $0 \leq \alpha \leq \pi$ ist **gleich dem 2-Fachen** für das für $0 \leq \alpha \leq \pi/2$.
Denn für das Integral $I = \int d\beta * \exp(-\tau * r * \sin\beta)$ mit den Grenzen $\pi/2$ bis π mache man die Substitution
$\beta = \pi - \alpha$ oder $\alpha = \pi - \beta$, $d\beta = -d\alpha$, $\sin\beta = \sin(\pi - \alpha) = \sin\alpha$
Dann wird daraus $I = -\int d\alpha * \exp(-\tau * r * \sin\alpha)$ mit Grenzen $\pi/2$ bis 0
Nach Umdrehen der Grenzen wird das Minus-Zeichen wieder zu Plus .

Die Ausrechnung des Abschätzungsintegrals ist also
$|\mathbf{Ho}| \leq 2 * \int d\alpha * \exp(-\tau * r * \alpha/2) =$ Integration α von 0 bis $\pi/2$
Substitution $\xi = \tau * r * \alpha/2 \quad d\alpha = 2/(r * \tau) * d\xi$ also
$= 2 * 2/(r * \tau) * \int d\xi * \exp(-\xi) =$ **$4/(r * \tau) * [1 - \exp(-r * \tau/4)]$** für α von 0 bis $\pi/2$

Betrachten wir das Ergebnis, so sehen wir: Geht der Halbkreisradius r gegen unendlich, so geht der Wert des Halbkreis-Integrals-oben gegen 0 , wegen $\sim 1/r$, die exp-Funktion geht gegen 0, d.h. der unendliche Halbkreis trägt nichts zum Umlaufintegral bei . Das bedeutet: Das Achsen-Integral von minus unendlich bis plus unendlich ist dem Wert nach gleich dem Umlaufintegral §$d\omega * [\exp(i\omega\tau)]/\omega = 2\pi i$ wenn der Pol $\omega = 0$ im Innern liegt. Wie aus der Abschätzung hervorgeht, kann das das Integral über den gegenteiligen Halbkreis für den Umlauf nicht verwendet werden, da es nicht Null ist, sondern sogar divergiert.

Es sei τ negativ: Wir schließen den Integrationsweg von der Pfeilspitze ausgehend durch eine Halbkreis im unteren Bereich. Da der Pol in gleicher Weise umfahren wird wie zuvor, also außerhalb liegt, ist das Umlaufintegral gleich 0 .
Es interessiert wieder der **Anteil des unteren Halbkreises** Hu am Integral, also
$Hu = \int d\omega * [\exp(i\omega\tau)]/\omega$ von Winkel 0 bis $-\pi$.
Der Übergang zu Polarkoordinaten führt wie vorher zu
$Hu = \int d\omega/\omega * [\exp(i\omega\tau)] = i\int d\alpha * [\exp(i * \tau * r * \cos\alpha) * \exp(-\tau * r * \sin\alpha)]$
Da nun τ negativ ist wie auch der Winkel α , ist es für $(-\tau * r * \sin\alpha)$ genauso wie wenn τ und α positiv wären und von 0 bis π integriert würde, also der Fall zuvor. Somit ist auch Hu gleich 0 .

Also: Das Achsen-Integral von minus unendlich bis plus unendlich ist dem Wert nach gleich 0 und gleich dem Umlaufintegral
§dω*[exp(iωτ)]/ω = 0 , wenn der Pol ω = 0 im Äußeren liegt.

In beiden Fällen hat also der (unendliche) Halbkreis nichts zum Umlaufintegral beigetragen. Andererseits hat die Residuenmethode rasch zum Wert des Umlaufsintegrals geführt. Damit hat man also eine Möglichkeit gefunden, Integrale über die ganze reelle Achse auszurechnen, sofern eine Abschätzung ergibt, dass der Halbkreis-Beitrag im Limes gegen Null geht. Beim Umlaufintegral muss man wissen, welchen Pol man mitnimmt, im Inneren, und welchen man weglässt, im Äusseren.

Man kann wie folgt zusammenfassen:
Umlaufintegral = Achsenintegral + Halbkreisintegral.
Das Halbkreisintegral = 0, wenn der exp-Exponent am Halbkreis negativ wird, so dass der Wert mit r gegen unendlich rasch abfällt. Im Einzelnen:
Bei **exp(iωτ)** muss (τ*r*sinα) ≥ 0 sein, r Radius, α Winkel, τ „die Zeit"
Ist τ>0, so muss α ≥ 0 sein, der Halbkreis ist oben, wird im Gegenuhrzeigersinn durchlaufen Ist τ<0 , so muss α ≤ 0 sein, der Halbkreis ist unten, wird im Uhrzeigersinn durchlaufen.
Bei **exp(-iωτ)** muss (τ*r*sinα) ≤ 0 sein. Für τ>0 ist dann der untere Halbkreis zu wählen, bei τ<0 ist der obere Halbkreis zu wählen.
Um also ein Umlaufintegral auf ein Achsenintegral reduzieren zu können, kommt es darauf an, ob zu einem Pol oder zu Polen ein passenden Halbkreisintegral findbar ist , das gleich 0 ist.
Kurz: Ist der Exponent positiv, so ist der obere Halbkreis = 0, ist der Exponent negativ, so ist der untere Halbkreis = 0, also ohne Beitrag beim Durchlauf.

26.2 Tabellelarische Zusammenfassung der Achsen-Pol-Situation

Nun wollen wir die Ergebnisse verallgemeinern und tabellarisch zusammenfassen:

Sei gegeben das Integral $$G = \S d\omega * \frac{\exp(+i\omega\tau)}{\omega - \omega_P}$$ ω_P ist die Stelle des Pols auf der Achse

retardierend Fall1:
τ > 0 G # 0 Zu wählen Halbkreis oben, im Gegenuhrzeigersinn
Ergebnis: G = + 2πi* exp(iω_Pτ)
τ < 0 G = 0 Zu wählen Halbkreis unten, im Uhrzeigersinn , Ergebnis: G = 0

---

avancierend Fall2:

$\tau < 0$ G#0 Zu wählen Halbkreis unten, im Uhrzeigersinn
Ergebnis: $G = -2\pi i * \exp(i\omega_P\tau)$

$\tau > 0$ G=0 Zu wählen Halbkreis oben, im Gegenuhrzeigersinn
Ergebnis: $G = 0$

Sei gegeben das Integral $\mathbf{G = \S d\omega * \frac{\exp(-i\omega\tau)}{\omega - \omega_P}}$ ω_P ist die Stelle des Pols

retardierend Fall3:

$\tau > 0$ G#0 Zu wählen Halbkreis unten, im Uhrzeigersinn
Ergebnis: $G = -2\pi i * \exp(-i\omega_P\tau)$

$\tau < 0$ G=0 Zu wählen Halbkreis oben, im Gegenuhrzeigersinn
Ergebnis: $G = 0$

---

avancierend Fall4:

$\tau < 0$ G#0 Zu wählen Halbkreis oben, im Gegenuhrzeigersinn
Ergebnis: $G = +2\pi i * \exp(-i\omega_P\tau)$

$\tau > 0$ G=0 Zu wählen Halbkreis unten im Uhrzeigersinn
Ergebnis: $G = 0$

Die Ergebnisse können unmittelbar mit der Cauchy-Formel ermittelt werden bei Beachtung des Umlaufsinns.
Halbkreis oben bedeutet immer Durchlauf im Gegenuhrzeigersinn,
Halbkreis unten bedeutet immer Durchlauf im Uhrzeigersinn.
Bei einem Wertepaar G#0 und G=0 wird der Pol in gleicher Weise umfahren, aber je ein anderer Halbkreis genommen, sodass der Pol zum einen drinnen liegt, zum andern draußen ist. Bei G#0 ist der Pol gegenseitig zum Halbkreis zu umfahren, damit er im Innern liegt.
Retardierend heißt, in Achsenrichtung, kommt zuerst der Wert G=0, an der Stelle $\tau=0$ der Sprung, die Stufe nach oben, und dann der Wert G#0.
Die "Wirkung" setzt verzögert ein.
Avancierend heißt, in Achsenrichtung, kommt zuerst der Wert G#0, an der Stelle $\tau=0$ der Sprung, die Stufe nach unten, und dann der Wert G=0.
Die "Wirkung" setzt vorzeitig ein.

26.3 Die Green-Funktionen

Man kann sie so definieren:

(homogener Differentialoperator)*Green-Funktion = Deltafunktion

Gegen über der homogenen Differentialgleichung stets rechts statt 0 die Deltafunktion.

Anmerkung: George **Green**, brit. Mathematiker und Physiker (1793-1841)

26.3.1 Stufenfunktion

Wir haben sie bereits in Kapitel 26.1 kennengelernt,
nämlich bei $m*dv/dt = a*\delta(t- t_0)$.

Der homogene Differentialoperator ist hier d/dt , die zugehörige homogene Gleichung ist $dv/dt = 0$.

Die Gleichung für die Green-Funktion ist $\mathbf{[d/dt]G(t\text{-}t_0) = \delta(t\text{-}t_0)}$.

Die Lösung ist die Greenfunktion $\mathbf{G(t- t_0) = \Theta(t- t_0)}$, die **Stufenfunktion**.

Es ist dann $v(t- t_0) = a/m*G(t- t_0)$.

Das bedeutet G=0 für $(t- t_0)<0$ und G#0 für$(t- t_0) \geq 0$

26.3.2 Die Greenfunktion zum harmonischen Oszillator

Nun betrachten wir die Gleichung $[d^2/dt^2 + \omega_0^2]*G(t\text{-}t_0) = \delta(t\text{-}t_0)$

Wir kürzen ab $\tau = t - t_0$ und haben dann
die Gleichung $\mathbf{[d^2/d\tau^2 + \omega_0^2]*G(\tau) = \delta(\tau)}$

Das entspricht einem harmonischen Oszillator , z.B. einem Pendel, das zur Zeit t_0 angestoßen wird. Wir erwarten als Lösung G =0 für $\tau<0$ und G#0 für $\tau>0$.

Wir benutzen wieder die **Spektraldarstellungen** und haben

einerseits $G(\tau) = (1/2\pi)*\int G(\omega)*\exp(i\omega\tau)d\omega$ und

andererseits $\delta(\tau) = (1/2\pi)*\int \exp(i\omega\tau)d\omega$

je eine Fourier-Darstellung, einer Darstellung über ebene Wellen.

Nun die **Anwendung des homogenen Operators**

$$2\pi*[d^2/d\tau^2 +\omega_0^2]G(\tau) = -\int G(\omega)*(\omega^2\text{-}\omega_0^2)*\exp(i\omega\tau)d\omega = \int \exp(i\omega\tau)d\omega$$

Der **Vergleich beider Seiten** insbesondere der exp-Funktionen
ergibt $\mathbf{G(\omega) = -1/(\omega^2- \omega_0^2)}$

und damit $$\mathbf{G(\tau) = (1/2\pi)*\int G(\omega)*\exp(i\omega\tau)d\omega = -(1/2\pi)*\int \frac{\exp(i\omega\tau)}{(\omega^2 - \omega_0^2)}*d\omega}$$

Das ist bereits die Lösung in Spektraldarstellung.

Nun zur **Ausrechnung dieses Integrals**

$$\text{Es ist}\quad \frac{1}{(\omega^2 - \omega_0^2)} = \frac{1}{2\omega_0} * \left[\frac{1}{(\omega - \omega_0)} - \frac{1}{(\omega + \omega_0)}\right]$$

d.h. es sind 2 Pole vorhanden, bei $+\omega_0$ und bei $-\omega_0$, somit auch zwei Integrale.

Betrifft **$\tau \geq 0$ retartierend**

Der Pol $\omega = +\omega_0$: Das Integral ist $P_+ = \int \frac{\exp(i\omega\tau)}{(\omega - \omega_0)} * d\omega = 2\pi i * \exp(i\omega_0\tau)$

Wir nehmen Bezug auf obige Tabelle, es liegt Fall1 vor:
Der Pol $+\omega_0$ wird unten umlaufen und der Umlauf über den oberen Halbkreis ergänzt für G#0.

Betrifft Pol $\omega = -\omega_0$:

Das Integral ist $P_- = \int \frac{\exp(i\omega\tau)}{(\omega + \omega_0)} * d\omega = 2\pi i * \exp(-i\omega_0\tau)$

Wir nehmen Bezug auf obige Tabelle, es liegt Fall1 vor:
Der Pol $-\omega_0$ wird ebenfalls unten umlaufen und der Umlauf über den oberen Halbkreis ergänzt für G#0.

Für G , der Summe, werden dann beide Pole unten umlaufen, und mir dem oberen Halbkreis ergänzt, wenn G#0 sein soll, ansonsten mit dem unteren Halbkreis, wenn G=0 sein soll. Somit ist

$$G(\tau) = (1/2\pi) * \int G(\omega) * \exp(i\omega\tau) d\omega = -(1/2\pi) * 1/(2\omega_0) * (P_+ - P_-) =$$
$$= -1/(2\omega_0) * (1/2\pi) * 2\pi i * [\exp(i\omega_0\tau) - \exp(-i\omega_0\tau)] =$$
$$= -1/(2\omega_0) * i * [(2i) * \sin(\omega_0\tau)] \quad \text{, also}$$

$G(t - t_0) = (1/\omega_0) * \sin(\omega_0(t - t_0))$ für $t > t_0$ bzw $G(t - t_0) = 0$ für $t < t_0$

Bleiben wir beim Beispiel Pendel. Bis zum Zeitpunkt t_0 ruhte es, seit dem Kraftstoß zu t_0 führt es eine sinusartige Bewegung aus. Ist der Kraftstoß $a * \delta(t - t_0)$, so ist auch die Lösung $a * G(t - t_0)$.

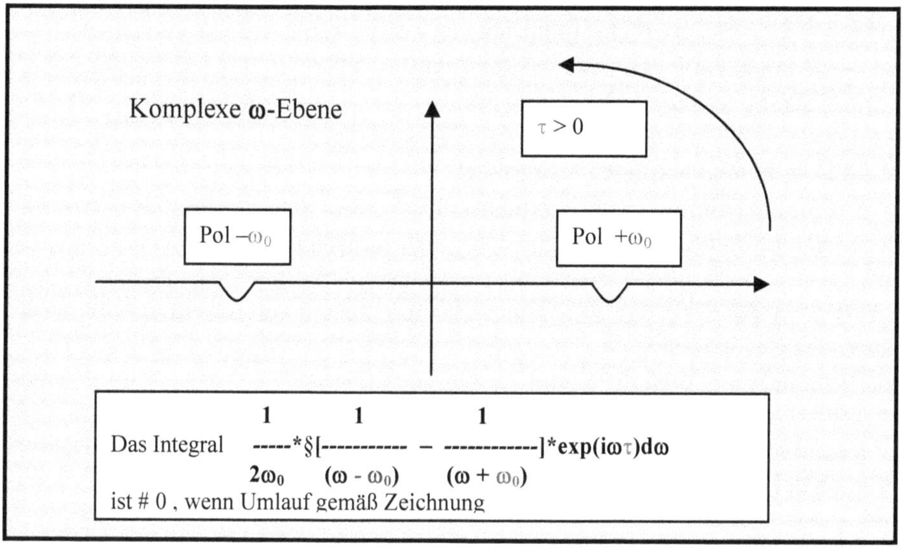

Beim harmonischen **Oszillator mit Dämpfung** ist die Sache sehr ähnlich:
Die Gleichung für die Greenfunktion ist

$$[d^2/d\tau^2 + 2\gamma*d/d\tau + \omega_0^2]*G(\tau) = \delta(\tau)$$

Einsetzen der Spektraldarstellungen und Ausführen des Operators und Vergleich beider Seiten führen zu $(-\omega^2 + 2\gamma i\omega + \omega_0^2)*G(\omega) = 1$,
also $G(\omega) = -1/((\omega^2 - 2\gamma i\omega - \omega_0^2)$

Die Pole sind an den Nullstellen des Polynoms , also $(\omega - i\gamma)^2 = \omega_0^2 - \gamma^2$.
Es sei der **Dämpfungsfaktor** $2\gamma \geq 0$ und $\omega_0^2 > \gamma^2$.
ω_0 ist die Frequenz ohne Dämpfung.
Bezeichne $\omega_{00} = (\omega_0^2 - \gamma^2)^{1/2}$
Die **Pole** sind dann $\omega_+ = i\gamma + \omega_{00}$ und $\omega_- = i\gamma - \omega_{00}$
Dann ist

$$1/(\omega^2 - 2\gamma i\omega - \omega_0^2) = 1/[(\omega-\omega_+)*(\omega-\omega_-)] = 1/(2\omega_{00})*[1/[(\omega-\omega_+) - 1/(\omega-\omega_-)]$$

Beide Pole liegen im positiven Imaginärbereich.
Für **τ>0** wird für G#0 das Achsenintegral mit dem oberen Halbkreisintegral ergänzt.

$$G(\tau) = (1/2\pi)*\int G(\omega)*\exp(i\omega\tau)d\omega =$$
$$= -(1/2\pi)*\int 1/((\omega^2 - 2\gamma i\omega - \omega_0^2)*\exp(i\omega\tau)d\omega =$$
$$= -(1/2\pi)*1/(2\omega_{00})*[\int[1/[(\omega-\omega_+) - 1/(\omega-\omega_-)]*\exp(i\omega\tau)d\omega$$

Nach der Residuenmethode ist dann

$G(\tau) = -(1/2\pi)*1/(2\omega_{00})*2\pi i*[\exp(i\omega_+\tau) - \exp(i\omega_-\tau)] =$
$= -i/(2\omega_{00})*\exp(-\gamma\tau)*[\exp(i\omega_{00}\tau) - \exp(i\omega_{00}\tau)] =$
$= -i/(2\omega_{00})*\exp(-\gamma\tau)*2i*\sin(\omega_{00}\tau)$

Also $\mathbf{G(\tau) = 1/(\omega_{00})*\exp(-\gamma\tau) * \sin(\omega_{00}\tau)}$
Die Amplitude nimmt also exponentiell ab, die Schwingfrequenz ω_{00} ist geringer als im Fall ohne Dämpfung (ω_0), aber konstant.

Für $\mathbf{\tau<0}$ wird für G=0 das Achsenintegral mit dem unteren Halbkreisintegral ergänzt, das gleich 0 ist:
Beide Pole liegen außerhalb. Somit ist dann $G(\tau) = 0$

Die Greenfunktion kann genutzt werden, um die Lösung für den harmonischen Oszillator bei einer einwirkenden Kraft K(t) anzugeben.

26.3.3 Die Greenfunktion zur Klein-Gordon-Gleichung

Die zugehörige Gleichung, ohne Zeitanteil, lautet
$\mathbf{(P^2 + m^2)G(x) = \delta(x)}$ synonym $\mathbf{(\Delta - m^2)G(x) = -\delta(x)}$
c wurde gleich 1 gesetzt.
Wir schreiben beidseitig die Spektraldarstellungen hin und haben
$G(\mathbf{x}) = (1/2\pi)^3*\int d^3p*G(\mathbf{p})*\exp(i\mathbf{px})$ und $\delta(\mathbf{x}) =(1/2\pi)^3*\int d^3p*\exp(i\mathbf{px})$
p ist der dreidimensionale Impulsvektor und **x** der dreidimensionale (starre) Ortsvektor, **px** ist deren Skalarprodukt
Anwenden des homogenen Operators ergibt
$(\mathbf{P}^2 + m^2)G(\mathbf{x}) = (1/2\pi)^3*\int d^3p*G(\mathbf{p})*(\mathbf{p}^2+m^2)*\exp(i\mathbf{px}) =$
$= (1/2\pi)^3*\int d^3p*\exp(i\mathbf{px}) = \delta(\mathbf{x})$
Durch Vergleich beider Seiten folgt $G(\mathbf{p}) = [1/(\mathbf{p}^2+m^2)]$

Somit $G(\mathbf{x}) = (1/2\pi)^3*\int d^3p*\dfrac{\exp(i\mathbf{px})}{\mathbf{p}^2+m^2} = \dfrac{\mathbf{1}}{\mathbf{4\pi}} * \dfrac{\mathbf{\exp(-mr)}}{\mathbf{r}}$ siehe Folgendes

---

Nun zur **Berechnung dieses Integrals** $G(\mathbf{x})$
Bezeichne $r =|\mathbf{x}|$ und $p = |\mathbf{p}|$ also je deren Beträge oder Längen
Dann ist $\mathbf{p}^2 = p^2$ und $\mathbf{px} = pr*\cos\beta$
Dabei ist β der Winkel zwischen dem (variablen) **p** und dem (starren) **x** ist.

Nun wollen wir das infinitesimale **Volumenelement $\mathbf{d^3p}$** umschreiben: Wir betrachten an der Pfeilspitze von **p** ein kleines Bogenelement der Breite $p*d\beta$ und der Dicke dp, das den **x**-Vektor ringförmig umläuft. Zur Vereinfachung denke man sich den **x**-Vektor in Richtung der x-Achse. Der Ringumfang ist $p*\sin\beta*2\pi$.

Das Volumenelement ist somit $p*d\beta*dp*p*\sin\beta*2\pi = 2\pi*p^2*dp*\sin\beta*d\beta$

Die Integration läuft dann bezüglich p von 0 bis ∞ ,

und bezüglich β von 0 bis π.

Damit können wir das Integral I umschreiben in

$$I = \int d^3p* \frac{\exp(i\mathbf{px})}{\mathbf{p}^2+m^2} = 2\pi*\int dp*d\beta* \frac{p^2}{p^2+m^2} * \exp(ipr\cos\beta)*\sin\beta$$

Die Integration über β allein liefert mit der

Substitution $\xi = \cos\beta$ und $d\xi = -\sin\beta*d\beta$

und den neuen Grenzen von +1 bis -1

$\int d\beta*\exp(ipr\cos\beta)*\sin\beta = -\int d\xi*\exp(ipr\xi) =$

$= -$ [1/(ipr)*exp(iprξ) an der Grenze -1 minus an +1] =

$= -1/(ipr)*[\exp(-ipr) - \exp(ipr)] = 1/(ipr)*[\exp(ipr) - \exp(-ipr)] =$

$= 2/(pr)*\sin(pr)$

Allgemeine Bemerkung: Liegt ein Integral $\int f(x)dx$ mit den Grenzen a bis b vor, sowie eine Substitution $\xi = u(x)$, so sind die neuen Grenzen u(a) und u(b) .

Einsetzen ergibt

$I = 2\pi*\int dp*1/(ir)*[p/(p^2+m^2)]*[\exp(ipr) - \exp(-ipr)]$ mit p von 0 bis ∞

Das kann man als zwei Integrale schreiben .

Für das zweite Integral $\int dp*1/(ir)*[p/(p^2+m^2)]*[-\exp(-ipr)]$ machen wir die Substitution $q = -p$ somit $dp = -dq$ und wir erhalten

$= \int -dq*1/(ir)*[-q/(q^2+m^2)]*[-\exp(iqr)]$ mit den Grenzen 0 bis $-\infty$

Vertauschen der Grenzen zu $-\infty$ bis 0 dreht das Vorzeichen um und wir erhalten

$= \int dq*1/(ir)*[q/(q^2+m^2)]*[\exp(iqr)]$ mit den Grenzen $-\infty$ bis 0

Das ist dasselbe Integral wie das erste, nur mit anderen Grenzen. So können wir statt q wieder p schreiben und beide zusammenfassen

$I = 2\pi/(ir)* \int dp*[p/(p^2+m^2)]*[\exp(ipr)]$ mit p von $-\infty$ bis $+\infty$

Anwenden des Residuensatzes: Der Integrand hat Pole bei +im und bei –im , also diesmal nicht auf der Achse, für m#0

Wegen $1/(p^2+m^2) = 1/(p^2 - (im)^2) = 1/2im*[1/(p-im) - 1/(p+im)]$ folgt

$I = -\pi/(mr)* \int dp*p*[1/(p-im) - 1/(p+im)]*[\exp(ipr)]$

In diesem Fall liegen also die Pole nicht auf der Achse, es ist keine Umfahrung notwendig, sondern im positiven oder negativen Imaginärbereich.

In der oberen komplexen p–Ebene fällt [exp(ipr)] exponentiell ab, in der unteren nicht, sondern divergiert, was nicht verwendbar ist. Somit kommt nur der obere Pol in Frage, wo da das Integral über den Halbkreis zu 0 wird.

Somit ist das Achsen-Integral gleich 2πi*Residuum an der Stelle p = im , also

---

$\mathbf{G(x)} = (1/2\pi)^3 * \mathbf{I} =$

$$= (1/2\pi)^3 *(2\pi i)*(-\pi)/(mr)*[im*\exp(-mr)] = \frac{1}{4\pi} * \frac{\exp(-mr)}{r}$$

mit $r = |\mathbf{x}|$

26.4 Anwendungen von Green-Funktionen

Wir verwenden die Green-Funktion der Gleichung $(\Delta - m^2)G(\mathbf{x}) = -\delta(\mathbf{x})$, die also lautet $G(\mathbf{x}) = (1/4\pi)*(1/|\mathbf{x}|)*\exp(-m|\mathbf{x}|)$,

für die Darstellung eines statischen elektrischen Feldes einer Ladung.

Wir weiten die Gleichung und die Lösung der Green-Funktion auf zu

$(\Delta - m^2)G(\mathbf{x}-\mathbf{x}') = -\delta(\mathbf{x}-\mathbf{x}')$ und $G(\mathbf{x}-\mathbf{x}') = (1/4\pi)*(1/|\mathbf{x}-\mathbf{x}'|)*\exp(-m|\mathbf{x}-\mathbf{x}'|)$

Der Nullpunkt wird also von $\mathbf{x}' = 0$ nach $\mathbf{x}'$ versetzt.

26.4.1 Anwendung für das statische elektrische Potential

Gesucht wird **das statische elektrische Potential** $\phi(\mathbf{x})$ am Ort **x,**

das von einer **Punktladung** $\rho(\mathbf{x}) = e*\delta(\mathbf{x}-\mathbf{x}')$, die sich am Ort $\mathbf{x}'$ befindet, bewirkt wird

und das somit der Gleichung unterliegt

$\Delta\phi(\mathbf{x}) = -1/\varepsilon_0* \rho(\mathbf{x}) = -e/\varepsilon_0*\delta(\mathbf{x}-\mathbf{x}')$

Die Lösung ist offenbar $\phi(\mathbf{x}) = e/\varepsilon_0*G(\mathbf{x}-\mathbf{x}')$ mit m=0 ,

also $\Delta G(\mathbf{x}-\mathbf{x}') = - \delta(\mathbf{x}-\mathbf{x}')$

$$\text{mit } G(\mathbf{x}-\mathbf{x}') = (1/4\pi)*\frac{1}{|\mathbf{x}-\mathbf{x}'|} \quad \text{wegen } m=0$$

Nun nehmen wir an, es liege eine **allgemeine Ladungsverteilung** $\rho(\mathbf{x})$ vor.

Die Ladungsverteilung stellen wir uns als Summe von Punktladungen vor oder als Integral über den Raum $\rho(\mathbf{x}) = \int d^3x'*\delta(\mathbf{x}-\mathbf{x}')*\rho(\mathbf{x}')$. Das kann man so interpretieren: Wenn die Integration an die Stelle $\mathbf{x}'$ kommt, wird die Punktladung $\delta(\mathbf{x}-\mathbf{x}')*\rho(\mathbf{x}')$ wirksam, aktiviert.
Nun vollziehen wir die Schritte an der Gleichung $\Delta G(\mathbf{x}-\mathbf{x}') = -\delta(\mathbf{x}-\mathbf{x}')$ nach:
Wir multiplizieren die Gleichung beidseitig mit $\rho(\mathbf{x}')$ und haben
$\Delta G(\mathbf{x}-\mathbf{x}')*\rho(\mathbf{x}') = -\delta(\mathbf{x}-\mathbf{x}')*\rho(\mathbf{x}')$ Die Gleichung bleibt richtig , Δ wirkt auf $\mathbf{x}$.
Nun integrieren wir über $\mathbf{x}'$ beidseitig und haben
$\Delta[\int d^3x'*G(\mathbf{x}-\mathbf{x}')*\rho(\mathbf{x}')] = -\int d^3x'*\delta(\mathbf{x}-\mathbf{x}')*\rho(\mathbf{x}') = -\rho(\mathbf{x})$
Offenbar erfüllt dann die Lösung $\phi(\mathbf{x}) = 1/\varepsilon_0*\int d^3x'*G(\mathbf{x}-\mathbf{x}')*\rho(\mathbf{x}')$,
eine Lösung der homogenen Gleichung kann noch hinzugefügt werden,
die Gleichung $\Delta\phi(\mathbf{x}) = -1/\varepsilon_0*\rho(\mathbf{x})$
Nach Einsetzen haben wir also die Lösung

$$\phi(\mathbf{x}) = 1/\varepsilon_0*(1/4\pi)*\int d^3x'* \frac{\rho(\mathbf{x}')}{|\mathbf{x}-\mathbf{x}'|}$$

Der Beitrag jeder Punktladung am Ort $\mathbf{x}'$ am Potential ϕ am Ort $\mathbf{x}$ ist also $\rho(\mathbf{x}')*(1/|\mathbf{x}-\mathbf{x}'|)$.
Er ist umso geringer, je weiter diese vom so genannten Aufpunkt $\mathbf{x}$ entfernt ist.
Ein Potential dieser Art heißt Coulomb-Potential.

26.4.2 Anwendung für die zeitunabhängige dreidimensionale Schrödingergleichung

Diese lautet $\Delta\phi(\mathbf{x}) + 8m\pi^2/h^2*(E - V(\mathbf{x}))*\phi(\mathbf{x}) = 0$
Wir vereinfachen die Schreibweise durch Setzung
$k^2 = 8m\pi^2/h^2*E$ und $U(x) = 8m\pi^2/h^2*V(x)$
und haben dann $\mathbf{\Delta\phi(x) + k^2*\phi(x) = U(x)*\phi(x)}$ als Ausgangsgleichung.

Die zugehörige homogene kräftefreie Gleichung hat rechts 0 stehen.
Wir machen sie inhomogen durch eine Deltafunktion,
also $\mathbf{(\Delta + k^2)*G(x-x') = \delta(x-x')}$
Sie ist also homogen bis auf die inhomogene Stelle $\mathbf{x} = \mathbf{x}'$.
Die Lösung ist die offenbar obige Greenfunktion (Klein-Gordon, 26.3.3) , wenn man formal $-m^2 = k^2$ oder $m = \pm ik$ setzt und $G(\mathbf{x}-\mathbf{x}')$ durch $-G(\mathbf{x}-\mathbf{x}')$ ersetzt. Weil die Pole nun auf der reellen Achse liegen, ist eine kleine Umfahrung notwendig. Im Folgenden sei die negative Greenfunktion gemeint.

Analog wie zuvor multiplizieren die Gleichung beidseitig mit $U(\mathbf{x}')*\phi(\mathbf{x}')$ und integrieren über $\mathbf{x}'$ und haben dann

$$(\Delta + k^2)*[\int d^3x'*G(\mathbf{x}-\mathbf{x}')*U(\mathbf{x}')*\phi(\mathbf{x}')] =$$

$$= - \int d^3x'*\delta(\mathbf{x}-\mathbf{x}')*U(\mathbf{x}')*\phi(\mathbf{x}') = U(\mathbf{x})*\phi(\mathbf{x})$$

Offenbar ist dann die Lösung $\phi(\mathbf{x}) = \int d^3x'*G(\mathbf{x}-\mathbf{x}')*U(\mathbf{x}')*\phi(\mathbf{x}')$
und nach Einsetzen der Green-Funktion

$$\phi(\mathbf{x}) = -(1/4\pi)*\int d^3x'* \frac{\exp(+ik|\mathbf{x}-\mathbf{x}'|)}{|\mathbf{x}-\mathbf{x}'|} *U(\mathbf{x}')*\phi(\mathbf{x}')$$

Dieser Lösung $\phi(\mathbf{x})$ kann man noch eine beliebige Lösung der homogenen Gleichung $\phi_0(\mathbf{x})$ hinzufügen.
Das legt die zu oben analoge Interpretation nahe:
Die Wellenfunktion $\phi(\mathbf{x})$ am Ort $\mathbf{x}$ setzt sich zusammen aus der Summe der Beiträge von den Orten $\mathbf{x}'$. Jeder Beitrag ist proportional zur Wellenfunktion am Quellort $\phi(\mathbf{x}')$ und dem dortigen Potentialwert $U(\mathbf{x}')$ und kommt um den Faktor $(1/|\mathbf{x}-\mathbf{x}'|)*\exp(+ik|\mathbf{x}-\mathbf{x}'|)$ geschwächt und wellenartig am Ort $\mathbf{x}$ an.
Das ist eine Integralgleichung für $\phi(\mathbf{x})$, weil ϕ auch im Integranden auftritt.
Da ist ein Unterschied zur Gleichung für das elektro(magnetische) Potential, wo Ladung oder Strom als selbständige unabhängige inhomogene Größe rechts auftreten.
Man kann die Integralgleichung schematisieren, indem man schreibt
$\phi(\mathbf{x}) = \phi_0(\mathbf{x}) + \int d^3x'*K(\mathbf{x}-\mathbf{x}')*\phi(\mathbf{x}')$ $K(\mathbf{x}-\mathbf{x}')$ nennt man den **Integralkern** der Integralgleichung.

Die Integralgleichung bietet eine gute Basis, um **Näherungsmethoden** , bekannt unter dem Namen **Bornsche Näherungen**, zu ihrer Lösung insbesondere für Streuprobleme anzuwenden. Dabei geht man davon aus, dass das Potential U nur eine kleine Störung darstellt gegenüber der Energie E. Um dies auszudrücken, schreiben wir statt U nun λV , wobei λ eine kleine Zahl , im wesentlichen die so genannte Koppelungskonstante ist. Im elektromagnetischen Fall ist sie charakterisiert durch 1/137 .
Die Integral-Gleichung lautet somit $\phi(\mathbf{x}) = \int d^3x'*G(\mathbf{x}-\mathbf{x}')*\lambda V(\mathbf{x}')*\phi(\mathbf{x}')$
Zu ihrer Lösung macht man einen **Reihen-Ansatz** bezüglich λ

$$\phi(\mathbf{x}) = \phi_0(\mathbf{x}) + \lambda\phi_1(\mathbf{x}) + \lambda^2\phi_2(\mathbf{x}) + \lambda^3\phi_3(\mathbf{x}) + \ldots$$

Das ist eine Potenzreihe in λ , mit rasch abnehmenden Gliedern, weil λ klein ist. Bemerkung: $K(\mathbf{x}-\mathbf{x}')$ enthält bereits ein λ .

$\phi_0(\mathbf{x})$ ist eine Lösung der homogenen Gleichung, also der Gleichung ohne Wechselwirkungsterm U , konkret hier $(\Delta + k^2)\phi_0(\mathbf{x}) = 0$
Man unterstellt, dass sie den Hauptanteil an der Gesamtlösung stellt, weil eben U nur eine kleine Störung sein soll.
Einsetzen ergibt

$$\phi_0 + \lambda\phi_1 + \lambda^2\phi_2 + \ldots = \phi_0 + \int d^3x'^*K(\mathbf{x}-\mathbf{x}')^*[\phi_0 + \lambda\phi_1 + \lambda^2\phi_2 + \ldots] =$$

$$= \phi_0 + \int d^3x'^*K^*\phi_0 + \lambda^*\int d^3x'^*K^*\phi_1 + \lambda^{2*}\int d^3x'^*K^*\phi_2 + \ldots$$

Man muss rechts ϕ_0 hinzufügen oder links abziehen, sonst ist die Gleichung falsch.
Man kann es auch besser begründen: Wirkt $(\Delta + k^2)$ links und rechts, so reproduziert sich die Gleichung , aber der Anteil mit ϕ_0 wird zu Null.
Vergleich der Glieder gleicher λ-Potenz links und rechts ergibt der Reihe nach
$\phi_0(\mathbf{x}) = \phi_0(\mathbf{x})$ hier ist $\lambda=0$ und $U=0$
$\phi_1(\mathbf{x}) = \int d^3x'^*K(\mathbf{x}-\mathbf{x}')^*\phi_0(\mathbf{x}')$ λ-Potenz=1, nachfolgend 2, usw

$$\phi_2(\mathbf{x}) = \int d^3x'^*K(\mathbf{x}-\mathbf{x}')^*\phi_1(\mathbf{x}') = \int d^3x'^*K(\mathbf{x}-\mathbf{x}')^*\int d^3x''^*K(\mathbf{x}'-\mathbf{x}'')^*\phi_0(\mathbf{x}'') =$$

$$= \iint d^3x'd^3x''^*K(\mathbf{x}-\mathbf{x}')^*K(\mathbf{x}'-\mathbf{x}'')^*\phi_0(\mathbf{x}'') \quad \text{usw}$$

Der Index ist also gleich der Zahl der Integrale, Integrationsvariablen und Integralkerne.
Das legt den Mechanismus der Näherungsmethode offen.

26.4.3 Der Streuvorgang zur Schrödingergleichung (allgemein)

Ausgangspunkt ist die Gleichung bzw Integral-Gleichung
$\Delta\phi(\mathbf{x}) + k^{2*}\phi(\mathbf{x}) = U(\mathbf{x})^*\phi(\mathbf{x})$ Gleichung
$\phi(\mathbf{x}) - \phi_0(\mathbf{x}) = \lambda\int d^3x'^*G(\mathbf{x}-\mathbf{x}')^*V(\mathbf{x}')^*\phi(\mathbf{x}')$ Integralgleichung , $U = \lambda^*V$
mit $G(\mathbf{x}-\mathbf{x}') = (-1/4\pi)^*(1/|\mathbf{x}-\mathbf{x}'|)^*\exp(ik|\mathbf{x}-\mathbf{x}'|)$ siehe 26.4.2
Es wurde +ik statt –ik gewählt, weil auslaufende Wellen interessieren.

Das streuende Objekt befinde sich im Zentrum $\mathbf{x} = 0$, z.B. ein Atomkern.
Der zur Streuung merklich beitragende Bereich $\mathbf{x}'$ befindet sich eng um dieses Zentrum. Der die Streuung beobachtende Bereich $\mathbf{x}$, der Aufpunkt, ist weit davon entfernt.

Deswegen kann man wie folgt **nähern**. Sei mit $r = |\mathbf{x}|$, der Abstand vom Zentrum zum Aufpunkt bezeichnet. Dann ist
$|\mathbf{x}-\mathbf{x}'| = [(\mathbf{x}-\mathbf{x}')^2]^{1/2} = [\mathbf{x}^2+\mathbf{x}'^2-2\mathbf{x}\mathbf{x}']^{1/2} = r^*[1+\mathbf{x}'^2/r^2-2\mathbf{x}\mathbf{x}'/r^2]^{1/2} =\sim r - \mathbf{x}\mathbf{x}'/r$.
denn $2\mathbf{x}\mathbf{x}'/r^2$ ist sehr klein, $\mathbf{x}'^2/r^2$ besonders klein, vernachlässigbar, und es gilt ja die Formel $[1-a]^{1/2} = 1-a/2$, wenn a sehr klein ist.

Weiterhin ist näherungsweise 1/(|**x**-**x**′|) =~ 1/r
Es ist **k** der Wellenvektor der einlaufenden Welle, **k**′ der in Richtung **x** gestreuten Welle und es sei k =k′ , also deren Beträge sind gleich.
Dann ist k|**x**-**x**′| =~ k*(r – **xx**′/r) = k*r – (k**x**/r)**x**′) = k*r – **k**′**x**′

Aus der **Green-Funktion** (1/|**x**-**x**′|)*exp(ik|**x**-**x**′|)
wird dann 1/r*exp(ikr-i**k**′**x**′) = 1/r*exp(ikr) * exp(-i**k**′**x**′)

Den ersten Teil kann man vor das Integral ziehen, so hat man
$\phi(\mathbf{x})$ - $\phi_0(\mathbf{x})$ = [(1/r)*exp(ikr)]* f(β) Kugelwelle mal Streuamplitude
mit f(β) = (-λ/4π)∫d^3x'*exp(-i**k**′**x**′)*V(**x**′)*ϕ(**x**′)

Aus der ersten Eckklammer entnehmen wir, dass eine auslaufende **Kugelwelle** entsteht, aus der zweiten, dem Integral, dass deren Intensität vom Streuwinkel β abhängt. β ist der Winkel zwischen einlaufender Welle **k** und der in Richtung **x** auslaufender Welle **k**′. f(β) heißt **Streuamplitude.**
Die Kugelwelle rührt offenbar von der Green-Funktion her und ist so unabhängig vom Potential U und tritt auch bei jeder Iteration auf.

Wir berechnen die **erste Bornsche Näherung**.
Die **einlaufende Welle** sei $\phi_0(\mathbf{x})$ = exp(i**kx**)
Sie ist eine Lösung der homogenen Gleichung
Die **auslaufende Welle** ist dann $\phi_1(\mathbf{x})$ =1/r*exp(ikr)]*f_1(β)
mit
f_1(β) = (-λ/4π)∗∫d^3x'*exp(-i**k**′**x**′)*V(**x**′)*exp(i**kx**′) =
= (-λ/4π)∗∫d^3x'*exp(i**qx**′)*V(**x**′) mit **q** = **k** – **k**′ .
Nun wird unterstellt V(**x**′) ist kugelsymmetrisch.
Sei γ der Winkel zwischen **q** und **x**′ . Dabei ist **q** fix.
Statt **x**′ schreiben wir **x** , der Schreibvereinfachung halber.
Der Winkel γ dient allein als Integrationshilfe. Dann ist **qr** = qrsinγ
Das Volumenelement d^3x' ersetzen wir durch 2π*r^2sinγdγdr
Dann ist f_1(β) = (-λ/4π)∗∫2π*r^2sinγdγdr*exp(iqrcosγ)*V(r)
Die Teilintegration über γ liefert
∫sinγdγ*exp(iqrcosγ) = [-1/iqr*exp(iqxcosγ an π minus an 0] =
= -1/iqr*(exp(-iqr) -(exp(+iqr)) = 2/qr*sin(qr)

Somit ist $\mathbf{f_1(\beta) = -\lambda * \int dr * r^2 * \frac{\sin(qr)}{qr} * V(r)}$ eine noch allgemeine Formel

---

26.4.4 Der Streuvorgang beim (abgeschirmten) Coulombpotential

Nun setzen wir ein konkretes Potential ein und integrieren über r .
Das Potential sei
$V(\mathbf{x}) = \mathbf{V(r) = (1/r)*exp(-ar)}$ ein **abgeschirmtes Coulombpotential**.
Die Abschirmung, der stärkere Abfall des Potential als nur 1/r , kommt durch die e-Funktion zum Ausdruck.
Gemäß zeitunabhängige Schrödingergleichung ist, siehe zuvor
$k^2 = 8m\pi^2/h^2*E$ und $U(r) = \lambda*V(r) = 8m\pi^2/h^2*A*V(r)$
also $\lambda = 8m\pi^2/h^2*A$, A ist die Potentialstärke, z.B. $Z*e^2/(4\pi\varepsilon_0)$
mit Z Kernladungszahl, e Elementarladung, ε_0 elektrische Feldkonstante
Dann ist $\mathbf{f_1(\beta) = (-\lambda/q) * \int dr * \sin(qr) * \exp(-ar)}$.

Zur Erleichterung seiner Berechnung
erweitern wir sin(qr) zu cos(qr) + i*sin(qr) = exp(iqr),
berechnen damit das Integral und nehmen dann davon den Imaginärteil,
es ist ja sinqr = Imexp(iqr) . Da das Integral ansonsten reell ist, ist das erlaubt.
Somit

$$f_1(\beta) = (-\lambda/q)*\mathrm{Im}\int dr*\exp(iqr)*\exp(-ar) = (-\lambda/q)*\mathrm{Im}\int dr*\exp((iq-a)r) =$$
$$= (-\lambda/q)*\mathrm{Im}[1/(iq-a)*\exp((iq-a)r) \text{ an } r = \infty \text{ minus } r = 0] =$$
$$= (-\lambda/q)*\mathrm{Im}(1/(a-iq)$$
$$\mathrm{Im}(1/(a-iq) = \mathrm{Im}[(a+iq)/(a^2+q^2)] = q/(a^2+q^2)$$

Also insgesamt $f_1(\beta) = \frac{-\lambda}{(a^2+q^2)}$ mit $q^2 = \mathbf{q}^2 = (\mathbf{k} - \mathbf{k}')^2$

speziell für das abgeschirmte Coulombpotential Siehe auch [17]
Zusammenfassend haben wir die Formel

$$f_1(\beta) = (-\lambda/4\pi)*\int d^3x'*\exp(i\mathbf{qx}')*V(\mathbf{x}') = \frac{-\lambda}{\mathbf{q}^2 + a^2} \quad \text{mit } V(r') = \frac{\exp(-ar')}{r'}$$

Nun eine Nebenrechnung
$q^2 = (\mathbf{k} - \mathbf{k}')^2 = \mathbf{k}^2 + \mathbf{k}'^2 - 2\mathbf{kk}' = 2k^2 - 2k^2\cos\beta = 2k^2*(1-\cos\beta)$
Es ist $1 = \cos^2(\beta/2) + \sin^2(\beta/2)$ $\cos\beta = \cos(2*\beta/2) = \cos^2(\beta/2) - \sin^2(\beta/2)$

Zusammensetzen ergibt $q = 2k\sin(\beta/2)$ β ist der Ablenkwinkel
Somit $f_1(\beta) = -\lambda/(a^2+q^2) = -\lambda/[(a^2+4k^2\sin^2(\beta/2)]$
Der differentielle Wirkungsquerschnitt ist dann
dσ $= 2\pi\sin\beta d\beta * |f(\beta)|^2 =$

$$= 2\pi\sin\beta d\beta*\lambda^2*\frac{1}{(a^2+q^2)^2} = 2\pi\sin\beta d\beta*\lambda^2*\frac{1}{[(a^2+4k^2\sin^2(\beta/2)]^2}$$

Dabei ist $2\pi\sin\beta d\beta$ wie auch im Klassischen das Ausflugs-Raumelement, eine ringartige Fläche auf der Einheitskugel zwischen den Winkeln β und $\beta+d\beta$.

Für ein **reines Coulombpotential** ist a =0 und somit
$d\sigma = 2\pi\sin\beta d\beta*\lambda^2/(4k^2)^2*1/[\sin^4(\beta/2)]$
Dabei ist $\boldsymbol{\lambda^2/(4k^2)^2 = (A/4E)^2 = (A/2mv^2)}$ siehe oben
Das ist gleich der Rutherford-Formel, wie wir sie klassisch in Kapitel 12.2.3 abgeleitet haben.

Für das **abgeschirmte Coulombpotential**, auch **Yukawa-Potential** benannt, ist also der **differentielle Wirkungsquerschnitt**

$$\boldsymbol{d\sigma = 2\pi\sin\beta d\beta*(A/4E)^2*\frac{1}{[a^2/4k^2 + \sin^2(\beta/2)]^2}}$$

Der **totale Wirkungungsquerschnitt σ** ist dann
das Integral $\sigma = \int d\sigma/d\beta * d\beta$ β von 0 bis π
Bezeichne $\boldsymbol{a^2/4k^2 = b^2}$, dann ist das wesentliche Integral
$I = \int d\beta*\sin\beta / [(b^2+ \sin^2(\beta/2)]^2 =$
$= \int d\beta*2\sin(\beta/2)*\cos(\beta/2) / [(b^2+ \sin^2(\beta/2)]^2$
wegen $\sin\beta = 2\sin(\beta/2)*\cos(\beta/2)$
Substitution $\xi = \sin(\beta/2)$, dann ist $d\xi = ½*\cos(\beta/2)*d\beta$
Integrationsgrenzen von 0 bis 1
$I = \int 2d\xi*2\xi / [b^2+ \xi^2)]^2 = 2* [-1 / (b^2+ \xi^2)$
an den Grenzen $\xi= 1$ minus $\xi= 0$] =
$= 2*[-1/(b^2 + 1) + 1/b^2] = 2*(-b^2 + b^2+1)/[(b^2+1)*b^2] =$
$= 2 / [(b^2+1)*b^2]$ mit $b^2 = a^2/4k^2$

$$\text{Somit ist } \boldsymbol{\sigma} = 2\pi*(A/4E)^2 * \frac{2}{(b^2+1)*b^2} \text{ der totale Wirkungsquerschnitt}$$

Dieser ist endlich, divergiert nicht, im Coulomb-Fall (a=0 oder b=0) divergiert er. Da divergiert bereits der differentielle Wirkungsquerschnitt dσ für den Ablenkwinkel β = 0 .
Dagegen bleibt der Beitrag dσ an σ für Winkel β zwischen 0 und dβ beim abgeschirmten Coulombpotential (Yukawa-Potential) endlich, wie man aus den Formeln entnehmen kann.
Anmerkung: Hideki **Yukawa**, japanischer Physiker (1907-1981)

Nun zur **Begründung der Formel** $\mathbf{d\sigma = 2\pi\sin\beta d\beta*|f(\beta)|^2}$

Gemäß Kapitel 12.2 ist $d\sigma = |j_{aus}|*dF / |j_{ein}| = \frac{|j_{aus}|}{|j_{ein}|} *2\pi*r^2\sin\beta*d\beta$

Die Beträge deswegen , weil dσ sich als Fläche positiv versteht.
Für eine **Kugelwelle** $[(1/r)*\exp(ikr)]*f(\beta)$ ist $j_{aus} = p/m*1/r^2*|f(\beta)|^2$
die Dichte des Stroms in Radialrichtung mit Winkel β ,
der durch die Fläche $dF = 2\pi*r^2\sin\beta*d\beta$ geht.
Es ist $j_{ein} = p/m$ die Stromdichte der **ebenen Welle**, der parallel einlaufenden Teilchen. Siehe Kapitel 8.3.1
Das führt unmittelbar zur Formel, die so keine Abhängigkeit von r mehr hat.

---

27. Die Green-Methode, Fortsetzung

Raum-zeitliche Greenfunktionen: Die bisher ermittelten Green-Funktionen bezogen sich entweder auf die Zeit oder auf den Raum.
Nun betrachten wir solche, die sich auf beides beziehen.

27.1 Betreffend die Klein-Gordon-Gleichung

$[c^2\mathbf{P}^2 + m^2c^4 - (P_0)^2]*\phi(\mathbf{x},t)= 0$ mit $P_i = (h/2\pi)*1/i*\partial/\partial x_i$, $P_0 = (h/2\pi)*i*\partial/\partial t$
Die Gleichung für die Greenfunktion ist dann
$[c^2\mathbf{P}^2 + m^2c^4 - (P_0)^2]*G(\mathbf{x},t) = \delta(\mathbf{x},t)$
oder auch, nach Multiplikation mit$(-1/c^2)$ und Setzung $(h/2\pi) = 1$
$[\Delta - m^2c^2 - 1/c^2*\partial^2/\partial t^2]*G(\mathbf{x},t) = - 1/c^2*\delta(\mathbf{x},t)$
Wir setzen beidseitig die Spektraldarstellung an und haben
Green- und Deltafunktion nun vierdimensional.
$G(\mathbf{x},t) = (1/2\pi)^4*\int d^3pdE*G(\mathbf{p},E)*\exp(i\mathbf{px})*\exp(-iEt)$ und
$\delta(\mathbf{x},t) =(1/2\pi)^4*\int d^3pdE*\exp(i\mathbf{px})*\exp(-iEt)$

Bem.: Bei der Delta-Funktion kann man +iEt oder –iEt schreiben.

Anwenden des homogenen Operators links unter dem Integral und Vergleich der Faktoren vor den exp-Funktionen mit der rechten Seite ergibt
$(c^2\mathbf{p}^2 + m^2c^4 - E^2)*G(\mathbf{p},E) = 1$,
also $G(\mathbf{p},E) = 1/(c^2\mathbf{p}^2 + m^2c^4 - E^2) = -1/[1/(\omega^2 - \omega_0^2)]$
wobei $\omega_0^2 = c^2\mathbf{p}^2 + m^2c^4$ und $\omega = E$ Dies im Hinblick auf die spätere Integration und somit

---

$$G(\mathbf{x},t) = (1/2\pi)^4 * \int d^3p dE * \frac{-1}{E^2 - c^2\mathbf{p}^2 - m^2c^4} * \exp(i\mathbf{px})*\exp(-iEt)$$

---

oder
$$G(\mathbf{x},t) = -(1/2\pi)^4 * \int d^3p \exp(i\mathbf{px}) * \int dE * \frac{\exp(-iEt)}{E^2 - (c^2\mathbf{p}^2 + m^2c^4)}$$

Hinsichtlich der **Integration über E** führt der Nenner zu zwei Polen, nämlich bei $\omega_- = -(c^2\mathbf{p}^2 + m^2c^4)^{1/2}$ und bei $\omega_+ = +(c^2\mathbf{p}^2 + m^2c^4)^{1/2}$
oder $\omega_- = -\omega_0$ und bei $\omega_+ = +\omega_0$
Nun die bereits bekannte Zerlegung
$[1/(\omega^2 - \omega_0^2)] = (1/2\omega_0)*[1/(\omega - \omega_0) - 1/(\omega + \omega_0)]$
Wir haben es nun so aufbereitet, dass wir uns an den Fall harmonischer Oszillator, Kapitel 26.2 Fall b, anschließen können.
Die E-Integration gehe wieder über die gesamte reelle Achse. Der den Weg ergänzende Halbkreis wird wiederum so gewählt, dass $\exp(-i\omega t)$, genauer $\exp(-*i*ir\sin\alpha*t)$ zu einer Abklingfunktion (Exponent negativ) für den Halbkreis(radius) wird, damit das Integral entlang des Halbkreises zu Null wird. Das ist Pol-unabhängig.
Sei die Zeit t positiv, dann wird der untere Halbkreis zu Null ($\sin\alpha$ ist dann negativ). Der gewünschte Pol ω_+ oder ω_- ist dann oben zu umfahren, wenn er zu G beitragen soll. Soll er nicht zu G beitragen, ist er unten zu umfahren und liegt dann so außerhalb des Umlaufs. Der Umlaufsinn ist mathematisch negativ, das Umlaufintegral ist also negativ zu nehmen.
Gemäß der Tabelle in Kapitel 26.2 liegt Fall3 vor.

Für den Pol $\omega_+ = +\omega_0$ ist dann das Umlaufintegral, obiges – wird mitbeachtet
$G_+(\mathbf{x}, t) = +(1/2\pi)^4 * \int d^3p \exp(i\mathbf{px})*2\pi i*(1/(2\omega_0)*\exp(-i\omega_+ t)$

Für den Pol $\omega_- = -\omega_0$ ist dann das Umlaufintegral

$G_-(\mathbf{x}, t) = + (1/2\pi)^4 * \int d^3p \exp(i\mathbf{px}) * 2\pi i * (1/(2\omega_0) * \exp(-i\omega_- t)$

Für G insgesamt ist, beide Pole werden mitgenommen,

$G = G_+(\mathbf{x}, t) - G_-(\mathbf{x}, t) =$

$= i/(2\pi)^3 * \int d^3p \exp(i\mathbf{px}) * (1/(2\omega_0) * [\exp(-i\omega_0 t) - \exp(+i\omega_0 t)]$

Wir wollen nun dieses **Integral G berechnen** (beide Pole):

Aufbereitung für die Integration: $\mathbf{px} = pr\cos\beta$

d^3p wird ersetzt durch $2\pi * p^2 * dp * \sin\beta * d\beta$

$r = |\mathbf{x}|$, β ist der Winkel zwischen dem starren Vektor **x** und dem variablen Vektor **p**

$G(\mathbf{x},t) = i/(2\pi)^3 * \int 2\pi * p^2 * dp * \sin\beta * d\beta * \exp(ipr\cos\beta) *$

$* (1/(2\omega_0) * [\exp(-i\omega_0 t) - \exp(+i\omega_0 t)]$

Integration über β :

$\int \sin\beta * d\beta * \exp(ipr\cos\beta) = -1/(ipr) * [\exp(ipr\cos\beta)$ an π minus an $0] =$

$= -1/(ipr) * [\exp(-ipr) - \exp(+ipr)]$

Ergebnis einsetzen:

$G = 1/r * (1/2\pi)^2 * \int p * dp * [\exp(+ipr) - \exp(-ipr)] *$

$* (1/(2\omega_0) * [\exp(-i\omega_0 t) - \exp(+i\omega_0 t)]$ mit p-Grenzen 0 bis $+\infty$

Nun ist generell

$\int p * dp * \exp(-ipa) * f(p^2) =$ mit $\{0$ bis $+\infty\}$

$= - \int p * dp * \exp(-ipa) * f(p^2) =$ mit $\{+\infty$ bis $0\}$

$= - \int p * dp * \exp(ipa) * f(p^2)$ mit $\{-\infty$ bis $0\}$

nach Substitution $q = -p$, $dq = -dp$, dann statt q wieder p

---

So können wir die ersten beiden Terme zusammenfassen, indem wir das p-Integral von 0 bis $+\infty$ umschreiben in ein Integral von $-\infty$ bis $+\infty$ mit dem Ergebnis

---

$\mathbf{G = 1/r * (1/2\pi)^2 * \int pdp * \exp(+ipr) * (1/(2\omega_0) * [\exp(-i\omega_0 t) - \exp(+i\omega_0 t)]}$

mit p-Grenzen $-\infty$ bis $+\infty$

Nun vollziehen wir den **Grenzübergang m => 0** ,
es wird dann $\omega_0 = cp$ $dE = cdp$ Dann wird
$1/(2\omega_0)*[\exp(-i\omega_0 t) - \exp(+i\omega_0 t)]$ => $1/2cp*$ $[\exp(-ipct) - \exp(+ipct)]$
Das Integral wird zu
$G(\mathbf{x},t) = G_+ - G_- = 1/2rc*(1/2\pi)^2*\int dp*\{\exp(ip(r-ct)) - \exp(ip(r+ct))\}$
mit p von $-\infty$ bis $+\infty$
$= 1/2rc*(1/2\pi)^2*(2\pi)*\{\delta(r-ct) - \delta(r+ct)\}= 1/rc*(1/4\pi)*\{\delta(r-ct) - \delta(r+ct)\}$

Somit ist die Greenfunktion bei **m=0**

$$G(\mathbf{x},t) = \frac{1}{4\pi c*r}*\{\delta(r-ct) - \delta(r+ct)\} \qquad r = |\mathbf{x}|$$

Aufgeweitet um Koordinatendifferenzen haben wir also
$G(\mathbf{x}-\mathbf{x}',t-t') = 1/(4\pi c|\mathbf{x}-\mathbf{x}'|)*\{\delta[|\mathbf{x}-\mathbf{x}'| - c(t-t')] - \delta[|\mathbf{x}-\mathbf{x}'| + c(t-t')]\}$
Die Deltafunktionen verursachen eine zeitliche Retardierung bzw eine Avancierung der Wirkung des Quellpunktes $\mathbf{x}'$ beim Aufpunkt $\mathbf{x}$.

27.2 Das retardierte Potential einer allgemeinen elektrischen Ladungsverteilung

Die zugehörige Maxwell-Gleichung ist $[\Delta - 1/c^2*\partial^2/\partial t^2]\phi(\mathbf{x},t) = -1/\varepsilon_0*\rho(\mathbf{x},t)$
$\phi(\mathbf{x},t)$ ist das zeitabhängige gesuchte elektrische Potential,
$\rho(\mathbf{x},t)$ ist die Ladungsdichte
Wir wollen die Green-Methode anwenden.
Da die Ursache der Wirkung vorausgeht, **physikalisch** die Zukunft nicht auf die Gegenwart wirkt, kann nur der erste Teil der zuletzt abgeleiteten Green-Funktion verwendet werden,
die zu $[\Delta - 1/c^2*\partial^2/\partial t^2]*G(\mathbf{x},t) = - 1/c^2*\delta(\mathbf{x},t)$ gehört.
Wir erweitern wieder die G-Funktion und δ-Funktion, indem wir an den Argumenten Differenzen einsetzen. Der Operator wirkt dann auf das Ungestrichene.

Nun folgt die typische Aufbereitung, die zur Lösung führt:
Zunächst
$[\Delta - 1/c^2*d^2/dt^2]\ G(\mathbf{x}-\mathbf{x}',t-t')*\rho(\mathbf{x}',t') = -1/c^2*\delta(\mathbf{x}-\mathbf{x}',t-t')*\rho(\mathbf{x}',t')$
Sodann
$[\Delta -1/c^2*\partial^2/\partial t^2]\int d^3x'dt'G(\mathbf{x}-\mathbf{x}',t-t')*\rho(\mathbf{x}',t') =$
$= -1/c^2*\int d^3x'dt'\delta(\mathbf{x}-\mathbf{x}',t-t')*\rho(\mathbf{x}',t') = -1/c^2*\rho(\mathbf{x},t)$

Also ist die Lösung $\phi(\mathbf{x},\tau) = c^2/\varepsilon_0 * \int d^3x' dt' G(\mathbf{x}-\mathbf{x}', t-t') * \rho(\mathbf{x}', t')$

Bem.: Erfüllt H*G = - δ , dann erfüllt H*aG = - aδ , wenn a irgendein Faktor ist.

Einsetzen der Greenfunktion aus Kapitel 27.1 ergibt:

$$\phi(\mathbf{x},t) = c^2/\varepsilon_0 * \int d^3x' dt' * (1/4\pi c|\mathbf{x}-\mathbf{x}'|) * \delta[|\mathbf{x}-\mathbf{x}'| - c(t-t')] * \rho(\mathbf{x}', t')$$

Nun die Integration über t′ bzw τ′ :

Es ist $\delta[|\mathbf{x}-\mathbf{x}'| - c(t-t')] = \delta[ct' - (ct - |\mathbf{x}-\mathbf{x}'|)]$

Setze τ′ = ct′, dann ist dt′ = dτ′/c

Also

$$\phi(\mathbf{x},t) = c^2/\varepsilon_0 * \int d^3x' d\tau'/c * (1/4\pi c|\mathbf{x}-\mathbf{x}'|) * \delta[\tau' - (ct - (|\mathbf{x}-\mathbf{x}'|)] * \rho(\mathbf{x}', \tau'/c) =$$

$$= c^2/\varepsilon_0 * \int d^3x' * 1/c * (1/4\pi c|\mathbf{x}-\mathbf{x}'|) * \rho(\mathbf{x}', (ct - |\mathbf{x}-\mathbf{x}'|)/c]$$

Die Integration war gemäß Formel $\int \delta(x-a) * f(x) dx = f(a)$

Also haben wir

$$\phi(\mathbf{x},t) = 1/\varepsilon_0 * \int d^3x' * \frac{\rho(\mathbf{x}', t - (|\mathbf{x}-\mathbf{x}'|)/c)}{4\pi * |\mathbf{x}-\mathbf{x}'|}$$

x ist der Aufpunkt, **x**′ der jeweilige Quellpunkt

Interpretation: Das Potential am **Aufpunkt x** zur Zeit t setzt sich aus den Beiträgen der **Quellpunkte x**′ über den gesamten Raum und über die gesamte Zeit zusammen. Der Beitrag einer Punktladung vom Ort **x**′ nimmt mit dem Abstand |**x**-**x**′| ab, wie im statischen Fall, und richtet sich nach der Ladung, wie sie in der Vergangenheit, genau zur Zeit t-(|**x**-**x**′|)/c war. Die Wirkung macht sich gewissermaßen mit Lichtgeschwindigkeit c vom Quellpunkt zum Aufpunkt auf den Weg. Wenn sie genau zum Zeitpunkt t ankommen soll, muss sie zu einem fixen Zeitpunkt vorher aufbrechen. Die Wirkung der Ladung ist also verzögert, **retardiert**.

27.3 Das elektrische Potential einer bewegten Punktladung

Nun wollen wir die gewonnene Formel für eine bewegte Punktladung anwenden:

Die Punktladung e möge sich zur Zeit t′ am Ort $\mathbf{x}_e$ befinden.

Die Ladungsdichte beschreiben wir mit der Deltafunktion

$\rho(\mathbf{x}') = e * \delta(\mathbf{x}' - \mathbf{x}_e)$,

x′ ist die Integrationsvariable, die den ganzen Raum „durchsucht“,

x ist der Aufpunkt, der Beobachtungspunkt, wo das Feld gemessen wird.

$\phi(\mathbf{x},t) = c^2/\varepsilon_0 * \int d^3x'dt' * (1/4\pi c|\mathbf{x}-\mathbf{x}'|) * \delta[|\mathbf{x}-\mathbf{x}'| - c(t-t')] * e * \delta(\mathbf{x}'-\mathbf{x}_e)$

oder $\phi(\mathbf{x},t) = e/4\pi\varepsilon_0 * \int d^3x'cdt' * (1/|\mathbf{x}-\mathbf{x}'|) * \delta[ct' - (ct - (|\mathbf{x}-\mathbf{x}'|)] * \delta(\mathbf{x}'-\mathbf{x}_e)$

Nun integrieren wir über **x´** . Gemäß der letzten Deltafunktion ist dann

$\phi(\mathbf{x},t) = e/4\pi\varepsilon_0 * \int cdt' * (1/|\mathbf{x}-\mathbf{x}_e|) * \delta[ct' - (ct - (|\mathbf{x}-\mathbf{x}_e|)]$

Zu beachten: **x** ist gewissermaßen fix, $\mathbf{x}_e$ ist eine Funktion von t´ .
$\mathbf{x}_e(t')$ beschreibt den Weg , den die Ladung e im Raum macht.
Bezeichne nun
$\mathbf{r} = \mathbf{x}-\mathbf{x}_e$ und $r(t') = |\mathbf{x}-\mathbf{x}_e|$, der Abstand als Funktion der Zeit t´ , wegen $\mathbf{x}_e(t')$.
Damit ist $\phi(\mathbf{x},t) = e/(4\pi\varepsilon_0) * \int cdt' * [1/r(t')] * \delta[ct' - (ct - r(t')]$
Für die t´-Integration über die Deltafunktion muß man eine Substitution angeben, um die Standardwirkung der Deltafunktion entgegen zu nehmen.
Substitution $q = [ct' - (ct - r(t')]$, siehe auch Kapitel 4.8
dann ist $dq = cdt' + dr/dt' * dt' = (1 + dr/cdt') * cdt'$
oder $cdt' = dq/(1 + dr/cdt')$
$\phi(\mathbf{x},t) = e/(4\pi\varepsilon_0) * \int dq * [1/(1 + dr/cdt')] * [1/r(t')] * \delta(q)$
Die Vorschrift q=0 führt zu $t' = t - r(t')/c$
Das ist eine Gleichung für t´ , die bei Kenntnis von r(t´) zu lösen ist.
Somit
$\phi(\mathbf{x},t) = e/4\pi\varepsilon_0 * [1/(1 + dr/cdt')] * [1/r(t')]$ an der Stelle $t' = t - r(t')/c$
Nun ist $\mathbf{v} = d\mathbf{x}_e/dt = - d(\mathbf{x}-\mathbf{x}_e)/dt = -d\mathbf{r}/dt$ mit $\mathbf{x}-\mathbf{x}_e = \mathbf{r}$
r zeigt von $\mathbf{x}_e$ nach **x**
Dann ist $dr/dt = \mathbf{r}/r * d\mathbf{r}/dt = - \mathbf{rv}/r$ mit $r = |\mathbf{r}|$ **x** ist fix
Somit auch $dr/dt' = - \mathbf{rv}/r$ zur Zeit t´

Somit wird $\phi(\mathbf{x},t) = e/(4\pi\varepsilon_0) * [1/(r + r/c * dr/dt')] = 1/(4\pi\varepsilon_0) * \dfrac{e}{r - \mathbf{rv}/c}$ z.Z. t´

Dabei sind für r, **r**, **v** die zum Zeitpunkt t´ geltenden Werte einzusetzen, mit $t' = t - r(t')/c$

Beispiel: Die Ladung e bewegt sich in radialer Richtung von **x** weg,
dann ist $\mathbf{v} \sim -\mathbf{r}$ und $\mathbf{rv} = -rv$ und so $\phi \sim e/r * 1/(1+v/c)$ z.Z. t´
Beispiel: Die Ladung e bewegt sich in radialer Richtung auf **x** zu,
dann ist $\mathbf{v} \sim \mathbf{r}$ und $\mathbf{rv} = rv$ und so $\phi \sim e/r * 1/(1-v/c)$ z.Z. t´
Beispiel: Die Ladung e bewegt sich senkrecht zum Vektor **r** ,
dann ist $\mathbf{rv} = 0$ und so $\phi \sim e/r$ unabhängig von t´

Für das Vektorpotential kann auf ähnliche Weise

die Formel $\mathbf{A}(\mathbf{x},t) = 1/(4\pi\varepsilon_0 ca) * \dfrac{e\mathbf{v}}{r - \mathbf{rv}/c}$ z.Z. t′ abgeleitet werden.

Diese Formeln wurden erstmalig von A. Lienard und E. Wiechert angegeben.
Anmerkungen:
Alfred-Marie **Lienard** , frz. Physiker (1869-1958)
Emil **Wiechert** , deutscher Physiker und Seismologe (1861-1928)

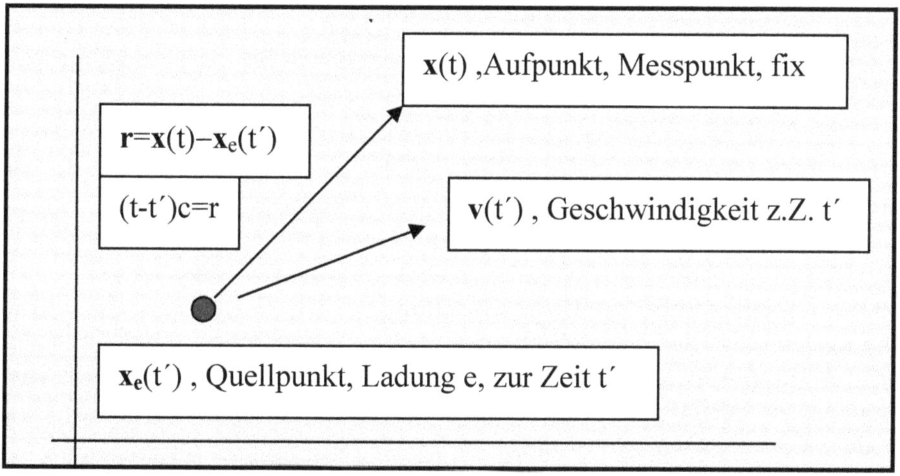

27.4 Die Greenfunktion zur Weyl-Gleichung
Ausgangspunkt ist die Weyl-Gleichung
in der Form $(\boldsymbol{\sigma_i * cP_i\, \phi(x,t) = \sigma_0\, P_0\, \phi(x,t)})$ Summation über i=1,2,3
die wir zur inhomogenen Gleichung für die Green-Funktion machen:
$(\sigma_i * cP_i - \sigma_0 P_0)G(\mathbf{x},t) = \delta(\mathbf{x},t)$

Die Gleichung ist zweikomponentig, σ_μ und G sind entsprechende Matrizen, rechts ist die Einheitsmatrix hinzu zu denken. Nun wollen wir G ermitteln:

Wir multiplizieren die Gleichung von links mit $(\sigma_i * cP_i + \sigma_0 P_0)$ und haben links
$(\sigma_i * cP_i + \sigma_0 P_0)*(\sigma_i * cP_i - \sigma_0 P_0) = (\sigma_i cP_i)^2 - (\sigma_0 P_0)^2 = (cP_i)^2 - (P_0)^2 =$
$= c^2\mathbf{P}^2 - (P_0)^2$

Anwenden auf die Spektraldarstellungen

$G(\mathbf{x},t) = (1/2\pi)^4 * \int d^3p dE * G(\mathbf{p},E) * \exp(i\mathbf{px}-iEt)$ und

$\delta(\mathbf{x},t) = (1/2\pi)^4 * \int d^3p dE * \exp(i\mathbf{px}-iEt)$

Wir haben einerseits

$[c^2\mathbf{P}^2 - (P_0)^2]G(\mathbf{x},t) = (1/2\pi)^4 * \int d^3p dE * G(\mathbf{p},E) * [c^2\mathbf{p}^2 - E^2] * \exp(i\mathbf{px}-iEt)$

und andererseits

$[\sigma_i * cP_i + \sigma_0 P_0]\, \delta(\mathbf{x},t) = (1/2\pi)^4 * \int d^3p dE * [\boldsymbol{\sigma} * c\mathbf{p} + \sigma_0 * E] * \exp(i\mathbf{px}-iEt)$

Der Vergleich beider Seiten ergibt dann

$G(\mathbf{p},E) = [\boldsymbol{\sigma} * c\mathbf{p} + \sigma_0 * E] / [c^2\mathbf{p}^2 - E^2]$

Im Zähler treten also Matrizen auf, der Nenner ist wie bei der Klein-Gordon-Gleichung.

$$\text{Somit } G(\mathbf{x},t) = (1/2\pi)^4 * \int d^3p dE * \frac{\boldsymbol{\sigma} * c\mathbf{p} + \sigma_0 * E}{c^2\mathbf{p}^2 - E^2} * \exp(i\mathbf{px}-iEt)$$

27.5 Die Greenfunktion zur Dirac-Gleichung

Ausgangspunkt ist die Dirac-Gleichung

in der Form $(\gamma_i * cP_i + mc^2 - \gamma_0 P_0)\, |\psi\rangle = 0$, siehe 17.1.4, die wir zur inhomogenen Gleichung für die Green-Funktion machen:

$(\gamma_i * cP_i + mc^2 - \gamma_0 P_0) G(\mathbf{x},t) = -\delta(\mathbf{x},t)$

Die Gleichung ist vierkomponentig, γ_μ und G sind entsprechende Matrizen, rechts ist die Einheitsmatrix hinzudenken. Zur ihrer Algebra:

Es ist $\gamma_\mu * \gamma_\nu + \gamma_\nu * \gamma_\mu = 0$, wenn mit $\mu \# \nu$ ist $\mu,\nu = 0,1,2,3$

sowie $(\gamma_i)^2 = -1$ und $(\gamma_0)^2 = +1$

Nun wollen wir G ermitteln:

Wir multiplizieren die Gleichung von links mit $(\gamma_i * cP_i - mc^2 - \gamma_0 P_0)$

$(\gamma_i * cP_i - mc^2 - \gamma_0 P_0) * (\gamma_j * cP_j + mc^2 - \gamma_0 P_0) = (\gamma_i cP_i)^2 + (\gamma_0 P_0)^2 - (mc^2)^2 =$

$= -(cP_i)^2 + (P_0)^2 - (mc^2)^2$

Anwenden auf die Spektraldarstellungen

$G(\mathbf{x},t) = (1/2\pi)^4 * \int d^3p dE * G(\mathbf{p},E) * \exp(i\mathbf{px}-iEt)$ und

$\delta(\mathbf{x},t) = (1/2\pi)^4 * \int d^3p dE * \exp(i\mathbf{px}-iEt)$

ergibt einerseits

$[-(cP_i)^2 + (P_0)^2 - (mc^2)^2] G(\mathbf{x},t) =$

$= (1/2\pi)^4 * \int d^3p dE * G(\mathbf{p},E) * [-c^2\mathbf{p}^2 + E^2 - (mc^2)^2] * \exp(i\mathbf{px}-iEt)$

Und andererseits

$[\gamma_i *cP_i - mc^2 -\gamma_0 P_0)]\ \delta(\mathbf{x}.t) =$
$= (1/2\pi)^4*\int d^3pdE*[\boldsymbol{\gamma}*c\mathbf{p} - mc^2 - \gamma_0 *E]*\exp(i\mathbf{px}-iEt)$
Der Vergleich beider Seiten ergibt dann, rechts steht $-\delta(\mathbf{x},t)$
$G(\mathbf{p},E) = [\boldsymbol{\gamma}*c\mathbf{p} - mc^2 - \gamma_0 *E] / [c^2\mathbf{p}^2 - E^2 + (mc^2)^2]$
Im Zähler treten also Matrizen auf, der Nenner ist wie bei der Klein-Gordon-Gleichung.

$$\text{Somit } G(\mathbf{x},t) = (1/2\pi)^4*\int d^3pdE * \frac{\boldsymbol{\gamma}*c\mathbf{p} - mc^2 - \gamma_0 *E}{\mathbf{c^2p^2} - E^2 + (mc^2)^2} * \exp(i\mathbf{px}-iEt)$$

Die Greenfunktion G kann verwendet werden, um die Gleichung mit Potential auf Integralform zu bringen mittels der vorgestellten Methode.
So lautet sie für die Dirac-Gleichung,
$\Psi(x) = \psi(x) + e\int d^4y\ G(x-y)*\alpha_\mu A^\mu(y)\Psi(y)$
$\Psi(x)$ sei z.B. das Feld eines Elektrons
$\psi(x)$ ist die Lösung der homogenen Gleichung für das Elektron, ohne Potential
α_μ sind die Dirac-Matrizen
$A^\mu(y)$ ist das elektromagnetische Potential
Im einfacheren Fall gibt man $A^\mu(y)$ von außen vor,
z.B. das skalare Potential $A^0(y)$
Man kann nun auch $A^\mu(y)$ als Lösung einer Maxwell-Gleichung sehen, die mit Ψ verkoppelt ist, z.B. dass das elektromagnetische Feld von einem Proton her stammt, in dem sich das Elektron bewegt:
$[c^2\mathbf{P}^2 - P_0^2]*\ A^\mu(\mathbf{x},t) = j^\mu$ mit $j^\mu = e\psi_p^*\alpha_\mu\psi_p$ Ladung und Strom des Protons
Die Lösung für $A^\mu(\mathbf{x},t)$ kann man mittels des Stroms des Protons als Integral darstellen und in die erste Gleichung einsetzen und so sich auf diese Gleichung konzentrieren.
So einfach das zunächst mal erscheint, so kompliziert ist deren Ausführung, etwa um auf diese Weise das Streuproblem Elektron-Proton zu lösen. Das ist Sache der Spezialisten und wir wollen es hier mit einem Literaturhinweis belassen [7] .

27.6 Weiteres über die Greenfunktion

Bei der die Greenfunktion definierende allgemeine Gleichung, nämlich
(homogener Differentialoperator)*Green-Funktion = Deltafunktion,
kann man noch einen Schritt zurückgehen
durch den Ansatz $\Theta(t-t')*\phi(x,t) = \int G(x-x',t-t')*\phi(x',t')*dx'$

$\Theta(t-t') = 1$ für $t > t'$, sonst=0 , Stufe aufwärts

Die Stufenfunktion Θ sorgt dafür, dass nur frühere Zeiten t' auf eine spätere Zeit t einwirken können, ein Ausdruck für die **Kausalität**.

Das Integral rechts beschreibt die Beitrage $\phi(x',t')$, summiert über den ganzen Raum, die zu einem fixen, früheren Zeit t' als t, zum aktuellen $\phi(x,t)$ beitragen. Ist $t' > t$, so soll beidseitig alles zu 0 werden, kein Einwirken der Zukunft auf die Gegenwart.

Es sei $[H - i\partial/\partial t]\phi(x,t) = 0$ z.B. die Schrödingergleichung ohne Potential

Anwenden des []-Operators auf beide Seiten der Ansatz-Beziehung

ergibt einerseits

$[H - i\partial/\partial t]\ \Theta(t-t')*\phi(x,t) = \Theta(t-t')*[H - i\partial/\partial t]\phi(x,t) - \phi(x,t)*i\partial/\partial t\ \Theta(t-t')$

$= 0 - \delta(t-t')*\phi(x,t) = - \delta(t-t')*\int d^3x'*\delta(x-x')*\phi(x') =$

$= -\int d^3x'*\delta(t-t')*\delta(x-x')*\phi(x')$ weil $\phi(x,t) = \int d^3x'*\delta(x-x')*\phi(x')$

und andererseits

$[H - i\partial/\partial t]\int d^3x' G(x-x',t-t')*\phi(x',t') =$

$= \int d^3x'*(H - i\partial/\partial t)G(x-x',t-t')*\phi(x',t')$

Der Vergleich ergibt

$(H - i\partial/\partial t)G(x-x',t-t') = -\delta(t-t')*\delta(x-x')$ als Gleichung für die Green-Funktion.

Der Ansatz bringt das Huygens-Prinzip zum Ausdruck. Voraussetzung ist hier , dass nur die 1.Ableitung in der Zeit ($\partial/\partial t$) vorkommt. Die Greenfunktion findet im Allgemeinen für die inhomogene Gleichung Verwendung, hier aber auch für die homogene Gleichung und deren Lösung in Form eines Integrals. Siehe dazu auch [7, Band1]

27.7 Zweipunktfunktionen

27.7.l Die Zweipunktfumktion zur Klein-Gordon-Gleichung

Wir betrachten zunächst die Klein-Gordon-Gleichung

$(c^2\mathbf{P}^2 + m^2c^4)\phi = P_0{}^2\phi$

Die Entwicklungen des Bosonenfeldes sind, siehe auch Kapitel 26

$\phi(x) = (2\pi)^{-3/2}*\int d^3p*np*\{V(p)*\exp(i*p*x) + E(p)*\exp(-i*p*x)\}$

$\phi(y) = (2\pi)^{-3/2}*\int d^3q*nq*\{V(q)*\exp(i*q*y) + E(q)*\exp(-i*q*y\}$

$np = (2E_p)^{-1/2}$ Mit $x = (\mathbf{x},x_0)$ und $y = (\mathbf{y},y_0)$

sowie $p*x = (\mathbf{p}*\mathbf{x}- E_p*x_0)$ und $q*y = (\mathbf{q}*\mathbf{y}- E_p*y_0)$

Die **Zweipunktfunktion** ist dann die Funktion $F(x,y) = \mathbf{<0|\phi(x)*\phi^*(y)|0>}$

Es ist $\mathbf{\phi(x)*\phi^*(y)} = (2\pi)^{-3}*\int d^3p*d^3q*np*nq*$

$\{ V(p)*E(q)* \exp(i*p*x) *\exp(-i*q*y) +$

$+ E(p)*V(q)* \exp(-i*p*x)*\exp(i*q*y) +$

$+ V(p)*V(q)* \exp(i*p*x)*\exp(i*q*y) +$

$+ E(p)*E(q)* \exp(-i*p*x)*\exp(-i*q*y)\}$

Auf das (totale) Vakuum $|0>$ angewendet ergibt sich 0 für $E(p)*V(q)$ und $V(p)*V(q)$, da aber auch von links mit $<0|$ multipliziert wird, ist auch $<0|E(p)*E(q)|0> = 0$, weil $E(p)*E(q)|0>$ nicht den Grundzustand $|0>$ ergibt.

Es verbleibt

$<0|\phi(x)*\phi^*(y)|0> =$

$= <0| (2\pi)^{-3}*\int d^3p*d^3q*np*nq* V(p)*E(q)*\exp(i*p*x) *\exp(-i*q*y) |0>$

Nun ist $<0| V(\mathbf{p})*E(\mathbf{q}) |0> = <0| \delta(\mathbf{q}-\mathbf{p}) |0> = \delta(\mathbf{q}-\mathbf{p})$ somit wird

$<0|\phi(x)*\phi^*(y)|0> =$

$= (2\pi)^{-3}*\int d^3p*d^3q*np*nq*\delta(\mathbf{q}-\mathbf{p})*\exp(i*p*x) *\exp(-i*q*y)$

Integration über **q** ergibt $\mathbf{q} = \mathbf{p}$ und Verwendung von $np = (2E_p)^{-1/2}$ ergibt

---

$F(x,y) = <0|\phi(x)*\phi^*(y)|0> =$

$= (2\pi)^{-3}*\int d^3p*1/(2E_p)*\exp[i*\mathbf{p}*(\mathbf{x}-\mathbf{y})]*\exp[-i*(E_p*(x_0 - y_0)]$

Deutung von $<0|\phi(x)*\phi^*(y)|0>$: Es wird zu einem früheren Zeitpunkt y_0 am Ort **y** ein Teilchen erzeugt, das zu einem späteren Zeitpunkt x_0 am Ort **x** vernichtet wird, nachdem es sich dorthin bewegt hat.

Also muss sein $x_0 \geq y_0$. Wegen dieser Zeitordung kann man auch schreiben

$<0|\phi(x)*\phi^*(y)|0> = <0|T\phi(x)*\phi^*(y)|0>$.

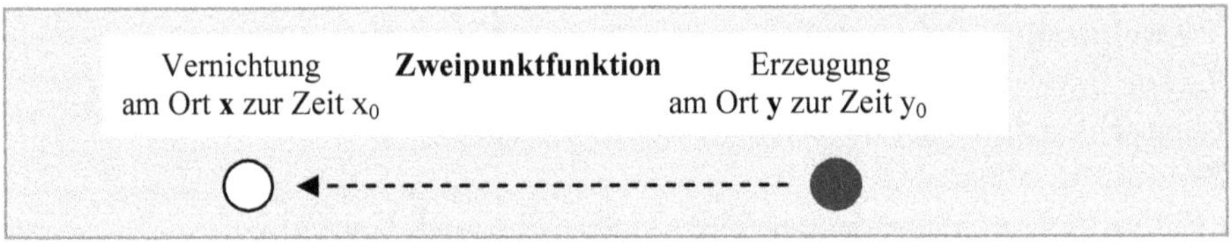

Es ist Usus, die Zweipunktfunktionen über ein **vierdimensionales Integral** anzugeben, um auch die Energiebeziehung zwischen E und **p** unterzubringen. Dazu wollen wir den Energieanteil im Integral

$1/(2E_p)* \exp[-i*(E_p*(x_0- y_0)]$ in ein eigenes Integral umzuwandeln.

Es gilt die Energiebeziehung $E_p{}^2 = \mathbf{p}^2c^2+m^2c^4$

Das gibt Anlass zu den Polen bei $E_p= +- (\mathbf{p}^2c^2 + m^2c^4)^{1/2}$.

Wir machen Anleihe beim Integral für den harmonischen Oszillator, Kapitel 26.3.2, nämlich

$\int[1/(\omega^2- \omega_0{}^2)]*\exp(-i\omega\tau)d\omega = (1/2\omega_0)* \int[1/(\omega - \omega_0) – 1/(\omega + \omega_0)]*\exp(-i\omega\tau)d\omega$

Es entspricht $\omega_0 = +(\mathbf{p}^2c^2+m^2c^4)^{1/2}$ $\omega = E$ $d\omega = dE$ $\tau = x_0 - y_0 \geq 0$

Es liegt vor $\exp(-i\omega\tau)$, es ist $\tau > 0$. Um Sinne der Tabelle in Kapitel 26.2 ist es der Fall3. So wird das Halbkreisintegral zu 0, wenn der untere Halbkreis gewählt wird.

Der Pol $\omega_0 = +E_p$ soll mitgenommen werden, der Pol Pol $\omega_0 = -E_p$ soll außerhalb des Umlaufgebietes liegen, so dass sein Anteil am Integral gleich 0 ist.

Formal können also beide Pole hingeschieben werden, $1/(\omega^2- \omega_0{}^2)$, wenn auch der eine auf Grund der Wegwahl nichts beiträgt.

Also $<0|T\phi(x)*\phi^*(y)|0> =$

$\sim (2\pi)^{-3}*\int d^3p* \exp[i*\mathbf{p}*(\mathbf{x}-\mathbf{y})]*1/2\pi*\int d\omega*[1/(\omega^2- \omega_0{}^2)]*\exp(-i\omega\tau) =$

$= (2\pi)^{-4}*\int d^3pdE *\exp[i*\mathbf{p}*(\mathbf{x}-\mathbf{y})]*[1/(E^2 - \mathbf{p}^2c^2 - m^2c^4) * \exp[-i*(E*(x_0- y_0)]$

Also

$$F(x,y) = <0|T\phi(x)*\phi^*(y)|0> = +i*(2\pi)^{-4}*\int d^3pdE * \frac{\exp[i*p*(x-y)]}{(E^2 - \mathbf{p}^2c^2 - m^2c^4)}$$

Pol +E ,unterer Halbkreis für F # 0

Die Integration über E soll nun zu dem Integral zurückführen, das wir erweitert haben. Gemäß Tabelle ergibt die Integration über den Pol

$\omega_0 = +E_p$ den Wert $-2\pi i*f(\omega_0) = -2\pi i*\exp(-iE_p\tau)$. Um Übereinstimmung zu bekommen, braucht also das Integral den Vorfaktor +i .

Das Achsenintegral über E wurde ergänzt durch den unteren Halbkreis. Der linke Pol ist vom Umlaufgebiet ausgeschlossen, der rechte Pol liegt in seinem Inneren.Der Umlauf ist im Uhrzeigersinn.Der Halbkreisanteil ist 0

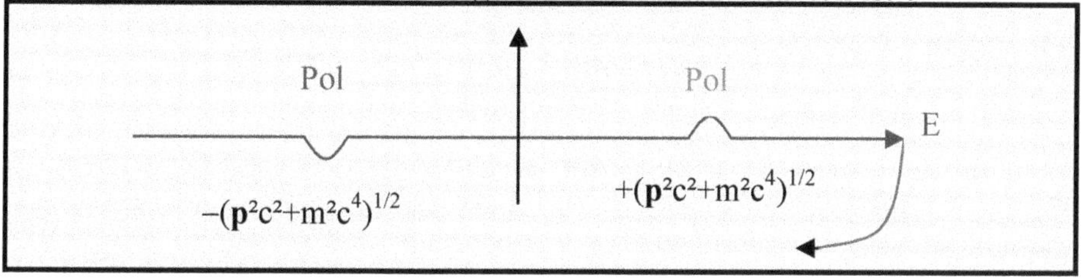

27.7.2 Die Zweipunktfumktion zur Weyl-Gleichung

Nun zur Weyl-Gleichung $c\mathbf{P}\boldsymbol{\sigma}*\phi = P_0*\sigma_0\phi$

Die Entwicklungen sind

$\phi(x) = (2\pi)^{-3/2}*\int d^3p*np*\{b(p,s)*u(p,s)*\exp(i*p*x)\}$

also Energie +E und Helizität +1

$\phi(y) = (2\pi)^{-3/2}*\int d^3q*nq*\{b(q,r)*u(q,r)*\exp(i*q*y)\}$

Die Zweipunktfunktion ist dann,vereinfacht gesagt,

die Funktion $\mathbf{<0|T\phi(x)*\phi^*(y)|0>}$ np = 1

u(p,s) ist ein zweikomponentiger Spinor, deswegen schreiben wir F(x,y) jeweils für ein Komponentenpaar α,β hin:

Es ist

$F_{\alpha\beta}(x,y) = \mathbf{<0|\phi_\alpha(x)*\phi_\beta^*(y)|0>} =$

$= <0|\ (2\pi)^{-3}*\int d^3p*d^3q*np*nq*$ α,β=1,2 fix

$*\ b(p,s)*b^+(q,r)*u_\alpha(p,s)*u_\beta^*(q,r)*\exp(i*p*x)*\exp(-i*q*y)\ |0>$

alle anderen Terme sind null.

Nun ist $<0|\ V(\mathbf{p})*E(\mathbf{q})\ |0> = <0|\ \delta(\mathbf{q-p})\ |0> = \delta(\mathbf{q-p})$

Die Deltafunktion ist notwendig, damit die Integrale Sinn geben.

Integration über **q** ergibt somit:

$\mathbf{<0|\phi_\alpha(x)*\phi_\beta^*(y)|0>} =$

$= (2\pi)^{-3}*\int d^3p*\ [u_\alpha(p,s)*u_\beta^*(p,r)]*\exp[i*\mathbf{p}*(\mathbf{x-y})]*\exp[-i*(E*(x_0-y_0)]$

Es ist $[u_\alpha(p,s)*u_\beta^*(p,r)]$ gleich dem Element α,β der Projektionsmatrix $[1/2E*(c\mathbf{p}*\boldsymbol{\sigma} + E*\sigma_0)]_{\alpha\beta}$, siehe dazu auch Kapitel 23.2.

Also $F_{\alpha\beta}(x,y) = \mathbf{<0|\phi_\alpha(x)*\phi_\beta^*(y)|0>} =$

$= (2\pi)^{-3}*\int d^3p*\ [1/2E*(c\mathbf{p}*\boldsymbol{\sigma} + E*\sigma_0)]_{\alpha\beta}*\exp[i*\mathbf{p}*(\mathbf{x-y})]*\exp[-i*(E*(x_0-y_0)]$

Nun wollen wir das Integral auf das Vierdimensionale erweitern, blicken insbesondere auf den Teil 1/2E* $\exp[-i*(E*(x_0- y_0)]$, beziehen dabei die Energiebeziehung $E^2 = \mathbf{p}^2c^2$ mit ein, die zu 2 Polen Anlass gibt und verfahren wieder analog wie zuvor.

Es entspricht $\omega_0 = pc \quad \omega = E \quad d\omega = dE \quad \tau = x_0 - y_0 \geq 0$

$\exp(-i\omega\tau) = \exp[-i*(E*(x_0- y_0)]$

$(1/2\omega_0)* \int[1/(\omega - \omega_0) - 1/(\omega + \omega_0)]*\exp(-i\omega\tau)d\omega = \int[1/(\omega^2- \omega_0^2)]*\exp(-i\omega\tau)d\omega$

Es liegt vor $\exp(-i\omega\tau)$, es ist $\tau > 0$, im Sinne der Tabelle Kapitel 26.2 ist es also Fall3:

Als ergänzender Halbkreis ist der untere zu nehmen, Umlauf im Uhrzeigersinn,

der Pol $\omega_+ = +\omega_0 = pc$ soll mitgenommen, der Pol $\omega_- = -\omega_0 = -pc$ soll ausgeschlossen werden bei der Integration über E , wie zuvor. Bezüglich des Vorfaktors +i ist die Begründung wie zuvor. Also haben wir das Integral

---

$F_{\alpha\beta}(x,y) = \mathbf{<0|T\phi_\alpha(x)*\phi_\beta^*(y)|0>} =$

$$= i* (2\pi)^{-4}*\int d^3p dE* \frac{[c\mathbf{p}*\boldsymbol{\sigma} + E*\sigma_0)]_{\alpha\beta}}{(E^2 - \mathbf{p}^2c^2)} * \exp[i*p*(x-y)]$$

27.7.3 Die Zweipunktfumktion zur Dirac-Gleichung

Nun zur Dirac-Gleichung $(c\boldsymbol{\alpha}\mathbf{P} + mc^2*\beta)*\psi = P_0*\psi$

Die Entwicklungen sind

$\psi(\mathbf{x},x_0) = (2\pi)^{-3/2}*\int d^3p*np*$

$* \{ b(p,s)*\mathbf{u}(p,s)*\exp(i*p*x) + d^+(-p,s)*\mathbf{v}(-p,s)*\exp(-i*p*x) \}$

$\psi^+(\mathbf{y},y_0) = (2\pi)^{-3/2}*\int d^3q*nq*$

$* \{b^+(q,r)*\mathbf{u}^+(q,r)*\exp(-i*q*y) + d(-q,r)*\mathbf{v}^+(-q,r)*\exp(i*q*y)\}$

Betrifft Elektronen α,β fix

Es ist $F_{\alpha\beta}(x,y) = <0|\psi_\alpha(\mathbf{x},x_0)*\psi_\beta^+(\mathbf{y},y_0)|0> = <0| (2\pi)^{-3}*\Sigma\int d^3p*d^3q*np*nq*$

$* b(p,s)*b^+(q,r) *u_\alpha(p,s)*u_\beta^*(q,r) *\exp(i*p*x) *\exp(-i*q*y) |0> =$

$= (2\pi)^{-3}*\Sigma\int d^3p* u_\alpha(p,s)*u_\beta^*(p,r) *\exp[i*\mathbf{p}*(\mathbf{x}-\mathbf{y})]*\exp[-i*(E_p*(x_0-y_0)]$

mit $x_0 \geq y_0$ Summation Σ über die Spins r,s

Es ist $<0|b(q,r)*b^+(p,s) |0> = <0| \delta(\mathbf{q}-\mathbf{p}) |0> = \delta(\mathbf{q}-\mathbf{p})$

$\Sigma u_\alpha(p,s)*u_\beta^*(p,r) = [u_\alpha(p,+)*u_\beta^*(p,+) + u_\alpha(p,-)*u_\beta^*(p,-)] =$ summiert über r,s

$= 1/2E*[c\mathbf{p}*\boldsymbol{\alpha} + mc^2*\beta + E]_{\alpha\beta}$ = Projektionsmatrix

Also

$F_{\alpha\beta}(x,y) = <0|\psi_{\boldsymbol{\alpha}}(\mathbf{x},x_0)*\psi_{\boldsymbol{\beta}}^{+}(\mathbf{y},y_0)|0> = (2\pi)^{-3}*\Sigma\int d^3p*$

$* 1/2E *[c\mathbf{p}*\boldsymbol{\alpha} + mc^2*\beta + E]_{\alpha\beta} * \exp[i*\mathbf{p}*(\mathbf{x}-\mathbf{y})]*\exp[-i*E*(x_0- y_0)]$

Nun die Erweiterung zum vierdimensionalen Integral:

Es entspricht analog zum Weyl-Fall:

$\omega_0 = +(\mathbf{p}^2c^2+m^2c^4)^{1/2} \quad \omega = E \quad \tau = x_0-y_0 \geq 0$

Es liegt vor $\exp(-i\omega\tau)$, es ist $\tau >0$, also wiederum Fall3, als ergänzender Halbkreis ist der untere zu nehmen, der Pol $\omega_+ = +\omega_0$ soll mitgenommen, der Pol $\omega_- = -\omega_0$ soll ausgeschlossen werden bei der Integration über E , wie zuvor, also:

$F_{\alpha\beta}(x,y) = <0|\psi_{\boldsymbol{\alpha}}(\mathbf{x},x_0)*\psi_{\boldsymbol{\beta}}^{+}(\mathbf{y},y_0)|0> =$

$$= i*(2\pi)^{-4}*\int d^3p dE* \frac{[c\mathbf{p}*\boldsymbol{\alpha} + mc^2*\beta + E]_{\alpha\beta}}{(E^2 - \mathbf{p}^2c^2 - m^2c^4)} * \exp[i*p*(x-y)]$$

Ein Achsenintegral , linker negativer Pol exklusiv, rechter positiverPol inklusiv,ergänzender Halbkreis unten,Uhrzeigersinn,Halbkreisintegral = 0

Dabei ist $p*(x-y) = \mathbf{p}*(\mathbf{x}-\mathbf{y}) -E*(x_0- y_0)$

Betrifft Positronen β,α fix

$F_{\beta\alpha}(x,y) = <0|\psi_{\boldsymbol{\beta}}^{+}(\mathbf{y},y_0)*\psi_{\boldsymbol{\alpha}}(\mathbf{x},x_0)|0> = <0|\ (2\pi)^{-3}*\Sigma\int d^3p*d^3q*np*nq*$

$*d(q,r)*d^{+}(p,s)\ \ *v^{*}_{\beta}(-q,r)*v_{\alpha}(-p,s) *\exp(i*(q*y-p*x))\ |0> =$

$= (2\pi)^{-3}*\int d^3p*\ v^{*}_{\beta}(-p,s)*v_{\alpha}(-p,r) *\exp[-i*\mathbf{p}*(\mathbf{x}-\mathbf{y})]*\exp[+i*E_p*(x_0- y_0)]$

Summation über die Spins r,s , mit $y_0 \geq x_0$, also $\tau = x_0- y_0 < 0$

Dabei wurde benutzt $<0|d(q,r)*d^{+}(p,s)\ |0> = <0|\ \delta(\mathbf{q}-\mathbf{p})\ |0> = \delta(\mathbf{q}-\mathbf{p})$

und es wurde über $\mathbf{q}$ integriert

$\Sigma v^{*}_{\beta}(-p,r)*v_{\alpha}(-p,s) = [v_{\alpha}(-p,+)*v_{\beta}^{*}(-p,+) + v_{\alpha}(-p,-)v_{\beta}^{*}(-p,-)] =$

$= -1/2E*[c(-\mathbf{p})*\boldsymbol{\alpha}+mc^2*\beta-E]_{\alpha\beta} = 1/2E*[c\mathbf{p}*\boldsymbol{\alpha} - mc^2*\beta+E]_{\alpha\beta}$ Projektionsmatrix

α,β fix, Summierung über r,s , Eigenwerte $-\mathbf{p}$, -E

$F_{\beta\alpha}(x,y) = <0|\psi_{\boldsymbol{\beta}}^{+}(\mathbf{y},y_0)*\psi_{\boldsymbol{\alpha}}(\mathbf{x},x_0)|0> = (2\pi)^{-3}*\Sigma\int d^3p*$

$* 1/2E *[c\mathbf{p}*\boldsymbol{\alpha} - mc^2*\beta + E]_{\alpha\beta} * \exp[-i*\mathbf{p}*(\mathbf{x}-\mathbf{y})]*\exp[i*E_p*(x_0- y_0)]$

Nun die Erweiterung zum vierdimensionalen Integral, so dass sich dieses Ergebnis zustande kommt:
Es entspricht $\omega_0 = (\mathbf{p}^2c^2+m^2c^4)^{1/2}$ $\omega_P = -\omega_0$ $\omega = E_p$ $\tau = x_0 - y_0 < 0$
Ansatz $\exp(-i\omega\tau)$ und $\tau < 0$. Das entspricht Fall4 gemäß Tabelle.

Somit $F_{\beta\alpha}(x,y) = <0|\psi^+_\beta(\mathbf{y},y_0)*\psi_\alpha(\mathbf{x},x_0)|0> =$

$$= i*(2\pi)^{-4}*\int d^3p dE* \frac{[c\mathbf{p}*\boldsymbol{\alpha} - mc^2*\beta + E]_{\alpha\beta}}{(E^2 - \mathbf{p}^2c^2 - m^2c^4)} *\exp[-i*p*(x-y)]$$

Ein Achsenintegral , linker negativer Pol inklusiv, rechter positiver Pol exklusiv, $\tau < 0$, ergänzender Halbkreis oben, Gegenuhrzeigersinn, Halbkreisintegral = 0 Integration über E muss das Ausgangsintegral ergeben.
Betrachtung: $(1/2\omega_0)*[1/(\omega - \omega_0) - 1/(\omega + \omega_0)]*\exp(-i\omega\tau)] =>$
$=> (1/2\omega_0)*[- 1/(\omega + \omega_0)]*\exp(-i\omega\tau) =>$
$=> 1/(2E_p)*(-1)*(+2\pi i)*\exp(-i(-E_p)\tau) = -1/(2E_p)*2\pi i*\exp[+iE_p*(x_0- y_0)]$
Der Vorfaktor ist also +i .
Die Pol-Umfahrung ist also dieselbe wie in Figur, Kapitel 27.1.1 ,
bei Elektronen wird mit dem unteren Halbkreis ergänzt,
bei Positronen wird mit dem oberen Halbkreis ergänzt.

Zweipunktfunktionen finden Anwendung beim Normalprodukt, siehe dazu auch das Wicksche Theorem in Kapitel 24.5 . Dort heißen sie , verallgemeinert, Kontraktionen. Wesentlich ist, dass sich bei der Produktbildung, sagen wir $\psi_\alpha(\mathbf{x},x_0)*\psi_\beta^+(\mathbf{y},y_0)$, im Impulsraum Paare wie $b(p,s)*b^+(q,r)$ oder $d(q,r)*d^+(p,s)$ finden, denn nur sie können, eingerahmt von <0| ….|0>, einen Beitrag bringen. Diese würden sich z.B. bei $<0|\psi_\alpha(\mathbf{x},x_0)*\psi_\beta(\mathbf{y},y_0)|0>$ nicht finden lassen, so dass diese Zweipunktfunktion gleich 0 ist.
Von Bedeutung ist auch, dass Mehrpunktfunktionen, insbesondere auch **Vierpunktfunktionen**, also vier Feldoperatoren zwischen <0| und |0>, als Summe von Produkten von Zweipunktfunktionen dargestellt werden können, siehe auch 24.5 . Das ist von Bedeutung, weil Zweipunktfunktionen als Viererimpuls-Integral bzw als Funktion bekannt sind.

Damit haben wir gewisse Anfänge der Quantenfeldtheorie gebracht, insbesondere haben wir den Anzahlraum in die QM integriert und so das Tor

zur Mehrteilchentheorie geöffnet. Allerdings haben wir noch nicht eine Stufe erreicht , die konkrete Probleme löst.
Der Weg dahin beginnt mit Gleichungen für die Erzeugungs- und Vernichtungsoperatoren, den Schiebeoperatoren im Anzahlraum. Sie sind analog zu den Gleichungen der Einteilchentheorie, z.B. der Dirac-Gleichung oder der Maxwell-Gleichung. Auch die Verkoppelung der Gleichung untereinander ist analog aufgebaut. Der Wechselwirkungsterm wird dabei meist als Normalprodukt geschrieben, um die physikalischen Beiträge des Grundzustandes |0> möglichst gering zu halten. Bevorzugt werden die Gleichungen so dann mittels der Greenfunktionen als Integralgleichungen geschrieben.
Mehr-Teilchen entsprechen zunächst Produkten von Vernichtungs- und Erzeugoperatoren.
Durch Einrahmen mittels der Anzahlbasisvektoren <n| und |m> werden aus den Feldoperatorprodukten Funktionen. Indem sich die Integralgleichung auf einen bestimmten Feldoperator bezieht innerhalb des Produkts, sagen wir auf $\psi(x_1)$, entstehen so Gleichungen für Funktionen. Man kommt also so von der Feldoperatorebene wieder zur Funktionsebene wie in der gewöhnlichen QM. Im Einzelnen sei auf entsprechende Fachliteratur verwiesen.

---

28. Abschluss

Wollen wir uns bildlich von der QM verabschieden und den Weg in ihr darstellen:

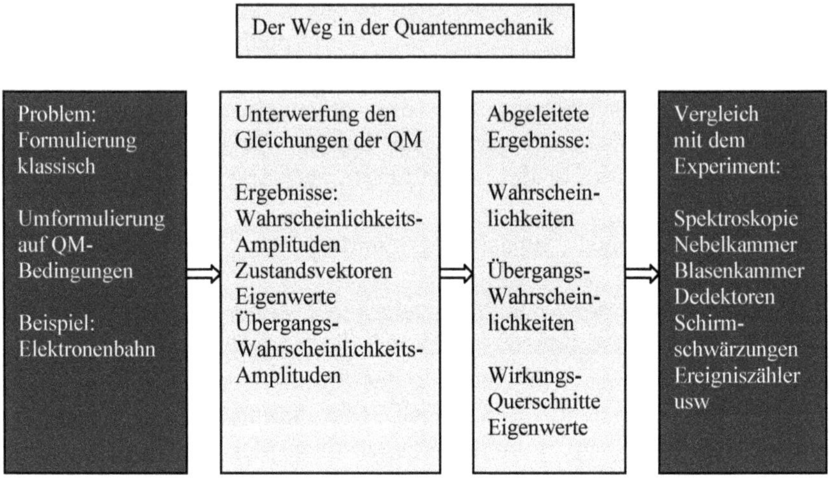

Im blauen Bereich ist der Mensch tätig,
im gelben Bereich übergibt er sich der Theorie der QM.

Die Quantenmechanik ist heute allgemein anerkannt. Wie man und wieweit man ihr Möglichkeitsfeld in einer konkreten Theorie verwendet, mag unterschiedlich sein. Sie stellt also ein weit gestecktes Feld dar, in dem verschiedene Theorien z.B über die Elementarteilchen erwachsen können. Ein Hinausgehen über sie, eine Übertheorie, die sie wiederum als nur als Näherung für physikalische Gegebenheiten ansieht, ist möglicherweise im Rahmen mathematisch-physikalischer Beschreibung nicht mehr formulierbar, natürlich ein Spekulation, aber es stellt sich so der Eindruck.

Elementare Räume als Bausteine der Quantenmechanik

| x-Ortsraum in Konkurrenz x-Impuls | y-Ortsraum in Konkurrenz y-Impuls | z-Ortsraum in Konkurrenz z-Impuls | t-Zeitraum in Konkurrenz Energie |

| x-y-z-Raum konkurrierende Bahn-Drehimpuls-Operatoren $L_1 L_2 L_3$ | 2-dim Raum konkurrierende Spin-Operatoren $\sigma_1 \sigma_2 \sigma_3$ | 3-dim Raum konkurrierende λ-Operatoren $\lambda_1 \lambda_2 \lambda_3 \lambda_4 \ldots$ |

| x-y-z-Spin-Raum Bahndrehimpuls mal Spin $[L_1 L_2 L_3] * [\sigma_1 \sigma_2 \sigma_3]$ Die L_i vertauschen mit den σ_j | Anzahl-Raum, je pro individuelle Eigenwerte x,y,z,t, l, s,... bzw $p_1 p_2 p_3$ E l,s,... |

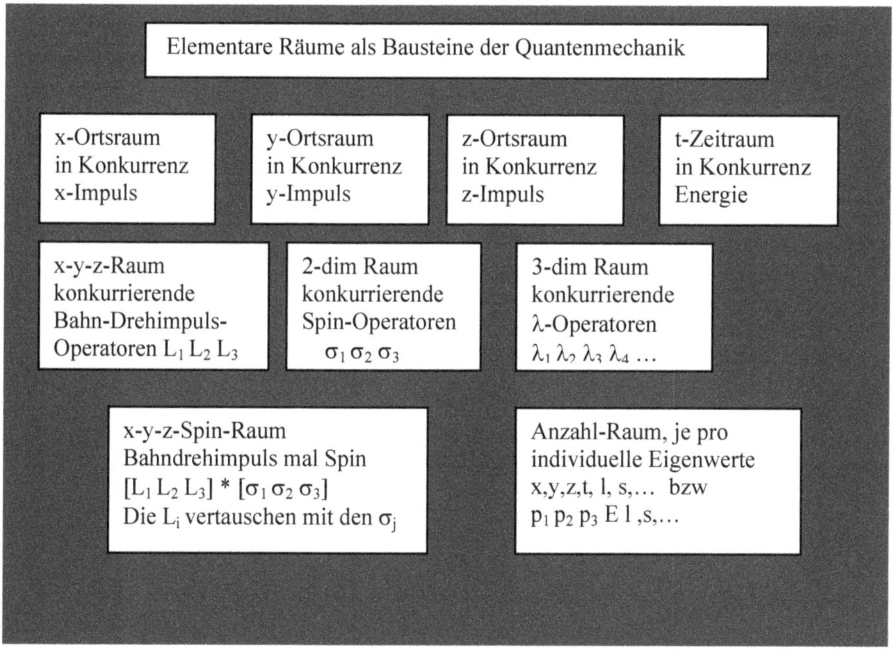

Ohne Räume mit Operatoren in Konkurrenz gäbe es keine QM. Man würde im Klassischen verbleiben, bräuchte diese Begriffe nicht. Endliche Räume haben von Haus aus konkurrierende Operatoren. Ein Anzahlraum ist entweder endlich oder abzählbar unendlich.

Welche endliche Räume, z.B. Isospin,... hinzugefügt werden, ist Sache der speziellen Theorie und von der QM nicht vorgegeben. Wenn man so will, ist die QM eine Art Mathematik, erfunden und benutzt, um die physikalischen Gegebenheiten adäquat zu beschreiben.

Literatur

[1] H. Teichmann , Einführung in die Atomphysik , Bibliographisches Institut Mannheim(1957)
[2] A. Messiah, Quantum Mechanics, Band 1 und 2 , North-Holland Publishing Company Amsterdam (1965),
[3] S. Flügge , Rechenmethoden der Quantentheorie , Springer-Verlag Berlin (1965)
[4] Becker/Sauter , Theorie der Elektrizität, Band1,2 und 3 , Teubner Verlagsgesellschaft Stuttgart (1964)
[5] L.D. Landau E.M.Lifschitz , Lehrbuch der theoretischen Physik , Band 1 und 2 , Akademie-Verlag-Berlin (1967)
[6] G. Süssmann , Einführung in die Quantenmechanik , Bibliographisches Institut Mannheim(1963)
[7] J.D. Bjorken, S.D. Drell , Relativistische Quantenmechanik , Band 1 und 2 , Bibliographisches Institut Mannheim(1964)
[8] [H.J. Lipkin , Anwendung von Lieschen Gruppen in der Physik , Bibliographisches Institut Mannheim(1967)
[9] H. Rollnik , Teilchenphysik, Band 1 und 2, Bibliographisches Institut Mannheim(1971)
[10] G. Källen , Elementarteilchenphysik , Bibliographisches Institut Mannheim(1964)
[11] R.E. Marshak , E.C.G.Sudarshan , Einführung in die Physik der Elementarteilchen , Bibliographisches Institut Mannheim(1964)
[12] M. Böhm , W.Hollik , Eichtheorien der starken und schwachen Wechselwirkung, Zeitschrift Physik in unserer Zeit, Verlag Chemie GmbH, Wiesbaden (1979)
[13] W. Heisenberg, Einführung in die einheitliche Feldtheorie der Elementarteilchen, S. Hirzel Verlag Stuttgart (1967)
[14] G.F. von Weizsäcker , Aufbau der Physik , Carl Hanser Verlag München Wien (1985)
[15] Brockhaus Enzyklopädie , Band 1-24 , F.A. Brockhaus Mannheim (1987)
[16] H. Fritsch , Quarks , R. Piper & Co. Verlag , München Zürich (1983)
[17] K. Fischer , Streuung am Coulombpotential in Bornscher Näherung , Zulassungsarbeit (1967)

Stichwortverzeichnis

Über den Autor: Geboren 1942 im Kr. Dingolfing.

Gymnasium, Studium Mathematik/Physik,

Spezialgebiet Quantenmechanik, Lehramtstätigkeit,

EDV-Entwickler, nach Pensionierung verstärkt

Zuwendung zur Quantenmechanik und ähnlichen

Themen.

Zur Auflage 2 : Die Auflage 2 bringt gegenüber Auflage 1 technische Verbesserungen, Verschönerungen und die Behebung offenbar unvermeidlicher Flüchtigkeitsfehler. Inhaltlich bringt sie geringfügige Ergänzungen.

Zur Auflage 3 : Die Auflage 3 bringt gegenüber Auflage 2 technische Verbesserungen, insbesondere eine Textverdichtung. Inhaltlich bringt sie nur geringfügige Ergänzungen. Sie passt sich im Titel dem Buch2 an.

Lightning Source UK Ltd.
Milton Keynes UK
UKHW020741140719
346077UK00006B/47/P

9 783839 161425